U0204244

Perry 小鼠实验系列丛书

Perry小鼠实验
给药技术

Perry's Drugs Administration on Laboratory Mouse

刘彭轩　著

北京大学出版社
PEKING UNIVERSITY PRESS

图书在版编目（CIP）数据

Perry 小鼠实验给药技术 / 刘彭轩著 . —北京：北京大学出版社，2022.10
（Perry 小鼠实验系列丛书）
ISBN 978-7-301-33128-6

Ⅰ. ①P… Ⅱ. ①刘… Ⅲ. ①鼠科—实验医学—药理学 Ⅳ. ①Q959.837.06

中国版本图书馆CIP数据核字（2022）第110728号

Translation from the English language edition:
Liu's Principles and Practice of Laboratory Mouse Operations: A Surgical Atlas
by Pengxuan Liu and Don Liu

书　　名	Perry小鼠实验给药技术 Perry XIAOSHU SHIYAN GEIYAO JISHU
著作责任者	刘彭轩　著
责任编辑	黄　炜
标准书号	ISBN 978-7-301-33128-6
出版发行	北京大学出版社
地　　址	北京市海淀区成府路205号 100871
网　　址	http://www.pup.cn　新浪微博：@北京大学出版社
电子信箱	zpup@pup.cn
电　　话	邮购部 010-62752015 发行部 010-62750672 编辑部 010-62764976
印 刷 者	北京九天鸿程印刷有限责任公司
经 销 者	新华书店
	720毫米×1020毫米　16开本　24.25印张　456千字
	2022年10月第1版　2022年10月第1次印刷
定　　价	290.00元

影像编辑　　王成稷

病理编辑　　寿旗扬

美术编辑　　罗豆豆

专业顾问　　赵德明

共同作者

（以拼音为序）

纪　莲

倪鑫炎

叶明霞

感谢专业图片支持

（以拼音为序）

管恩雨　李晓峰　刘大海　宋柳江　辛晓明

伊力扎提·伊力哈木　张桂贤

特别鸣谢

（以拼音为序）

济南益延科技发展有限公司

界定医疗科技（北京）有限责任公司

思科诺思生物科技（北京）有限公司

苏州西山生物技术有限公司

中动创新（北京）新媒体科技有限公司

中生北动（北京）科技发展有限公司

序

挚友 Perry（刘彭轩）是一位少有的治学严谨而为人至诚的学者。无论是求学、做事和为人，都是一丝不苟，务求真实完善。然而在他获取了成就之后，首先会想到专业进步…… 如何去继续开拓、创新，如何去帮助更多的人。

实验动物模型是临床医学、药学以及生物、基因治疗等多种学科研究的基石。在这些学科中，许多重大发现或进展是建立在一些合乎严格科学要求标准的动物模型上的，其实验操作之重要性可想而知。可惜的是，具有如此重要学问的一环，在世界的学术界里面很难找到一本与之相匹配的，既有权威性，又富有实用性，既容易理解，又附有大量清晰图片的著作，故而这本书为专业人员期待已久。在书中，不但有 Perry 在实验小鼠解剖、操作程序设计和技术关键三个方面所做的系统研究，而且不乏其尚未发表的、世界最新的专业技术和知识。Perry 对实验小鼠某些解剖结构的深入研究，也已达到当今世界前所未有的深度。他以这些新发现重新审视流行的技术，大范围地修正之。其大有卅年不飞，一飞冲天之势。

本书不但是 Perry 个人 30 余年的心血成就，也是他理念的结晶。本书不拘泥于传统，而是挑战并且超越固有的思维方式。其讲究坚持真理与切身实践，决不容许没有科学证据的苟且或借用，而且更代表了现代学者迈入新领域的决心与引领走向新旅程的能力。如今，本书的中英文版分别由北京大学出版社和自然科学、技术和医学 (STM) 领域全球最大的图书和学术期刊出版社之一的斯普林格（Springer）出版社出版，与图书同时推出的还有数百个专业视频。我深信，本书必将被世界各国该领域学者奉为经典之作!

本人有幸得以在 30 多年前与 Perry 在工作上结识，旋即成为挚友。工作之外，Perry 与我结为君子之交。有时难得相见，但见面时经常畅谈竟夜，天文地理，古今中外，以及家常琐事无所不谈。故我对他撰写此书之呕心沥血的过程所知甚深。如今得以看到这本著作即将问世并造福学者、学术界，甚至为人类做贡献，的确令人鼓舞骄傲。更蒙他相邀作序，不胜荣幸。

刘　顿
美国眼科学会会员
美国眼科协会最高荣誉奖获得者
美国眼科委员会主考官
美国多种医科、眼科专业杂志编委会成员、评审员
美国眼科整形重建外科学会高级指导教授
美国密苏里大学眼科主任教授
美国南加州大学眼科前主任教授、校长特别顾问

2022 年夏于美国密歇根

凡例

一、《Perry 实验小鼠实用解剖》（以下简称《实用解剖》）为“Perry 小鼠实验系列丛书”（以下简称“丛书”）的基础分册，介绍了小鼠实验技术操作的基础。《Perry 小鼠实验标本采集》（以下简称《标本采集》）、《Perry 小鼠实验给药技术》（以下简称《给药技术》）、《Perry 小鼠实验手术操作》（以下简称《手术操作》）为丛书的技术分册，涵盖了小鼠实验中常用的和创新的专业手术技巧和操作技术。

二、《标本采集》《给药技术》《手术操作》在介绍操作技术时，大部分包括背景、解剖基础、器械与耗材、操作方法（含操作讨论）等内容。“背景”对一项技术操作当前状况、使用范围等予以简单介绍；“解剖基础”是在《实用解剖》基础上，对本章涉及的局部解剖做针对性的介绍；“器械与耗材”列出技术操作中涉及的主要器械与耗材；“操作方法”详细介绍各技术的操作流程，图、文、视频并茂，操作方法中的“→”“↓”等符号用于向读者提示大致的阅读方向。其中的“操作讨论”围绕技术操作展开，内容包括对可能出现问题的分析及其解决办法、操作技术的要点和应用范围、操作结果的检验等。

三、理论和实际应用联系紧密，各种操作技术之间也相互关联，任何一种技术都不可能独立地存在，因此，为了方便读者更好地查找、运用理论知识和技术要点，在基础分册和三本技术分册中分别用不同颜色的数字给读者以提示。其中，颜色代表不同的分册，红色为《实用解剖》，绿色为《标本采集》，蓝色为《给药技术》，咖啡色为《手术操作》；数字代表章的序号。例如，❸ 表示读者可以参阅《实用解剖》第 3 章的相关知识。随套装图书赠送的解剖–操作检索总图的颜色标记亦从此例。另外，数字的位置体现了与知识点的相关性。在每册书的最后附有“丛书索引”，可以查询所涉及的理论知识和技术要点的章名，便于读者有针对性地阅读图书或观看视频。

四、在各技术分册的“器械与耗材”中给出了所用器械的名称，在“操作方法”中，为了描述的简洁，在不影响理解、不出现混淆的情况下，一些常用器械和耗材用其简称，例如，用剪子、镊子代指“器械与耗材”中给出的各类剪子和镊子，用针持代指显微针持，用烧烙器代指电烧烙器，控制器代指小鼠控制器等。

五、四本分册都采用“互联网+”技术，分别通过一书一码为读者提供专业操作视频，在书内标注▶之处，即表示该操作有相应视频可供读者学习;《实用解剖》还为读者提供了一个实验人员在线交流互动的平台。

目录

前言 …… 1

第一篇　灌胃及腹腔注射 …… 5

第 1 章　灌胃 …… 7
第 2 章　腹腔注射概论 …… 12
第 3 章　常规腹腔注射 …… 16
第 4 章　孕鼠腹腔注射 …… 20
第 5 章　新生鼠腹腔注射 …… 22
第 6 章　巨脾小鼠腹腔注射 …… 25
第 7 章　膀胱充盈腹腔注射 …… 31
第 8 章　首过消除回避腹腔注射 …… 33

第二篇　肌肉注射 …… 35

第 9 章　肌肉注射概论 …… 37
第 10 章　肌肉外注射 …… 41
第 11 章　大收肌注射 …… 44
第 12 章　胫前肌内注射 …… 47
第 13 章　胫前肌外膜下注射 …… 50
第 14 章　股直肌注射 …… 53
第 15 章　斜方肌注射 …… 57
第 16 章　斜方肌膜下注射 …… 60

第 17 章　腹肌注射 …………………………………………… 62
第 18 章　股二头肌外膜下注射 ………………………………… 65
第 19 章　子宫肌肉注射 ………………………………………… 68
第 20 章　子宫颈注射 …………………………………………… 70

第三篇　皮肤给药 …………………………………………… 73

第 21 章　皮肤给药概论 ………………………………………… 75
第 22 章　表皮搽药 ……………………………………………… 80
第 23 章　躯干部皮下注射 ……………………………………… 84
第 24 章　腹股沟皮下注射 ……………………………………… 89
第 25 章　新生鼠皮下注射 ……………………………………… 92
第 26 章　耳廓注射 ……………………………………………… 95
第 27 章　皮内注射 ……………………………………………… 99
第 28 章　皮肌注射 ……………………………………………… 102
第 29 章　全皮注射 ……………………………………………… 105
第 30 章　真皮下层注射 ………………………………………… 108
第 31 章　泛皮注射 ……………………………………………… 111

第四篇　皮下腺体穿皮注射 …………………………………… 115

第 32 章　腮腺注射 ……………………………………………… 117
第 33 章　乳腺注射 ……………………………………………… 120
第 34 章　雄鼠包皮腺注射 ……………………………………… 123
第 35 章　汗腺注射 ……………………………………………… 126

第五篇　静脉注射 …………………………………………… 129

第 36 章　静脉注射概论 ………………………………………… 131
第 37 章　眼眶静脉窦注射 ……………………………………… 133
第 38 章　舌下静脉注射 ………………………………………… 136
第 39 章　颈外静脉注射 ………………………………………… 138
第 40 章　后腔静脉注射 ………………………………………… 146
第 41 章　门静脉注射 …………………………………………… 149
第 42 章　盲肠静脉注射 ………………………………………… 152
第 43 章　肾静脉注射 …………………………………………… 154

第 44 章　雄鼠生殖静脉注射 …… 157
第 45 章　雌鼠生殖静脉注射 …… 160
第 46 章　髂腰静脉注射 …… 163
第 47 章　腹壁后静脉注射 …… 166
第 48 章　阴茎背静脉注射 …… 169
第 49 章　阴茎头注射 …… 176
第 50 章　股静脉注射 …… 181
第 51 章　股静脉皮支注射 …… 186
第 52 章　股静脉肌支注射 …… 192
第 53 章　隐静脉注射 …… 195
第 54 章　跖背静脉注射 …… 198
第 55 章　尾侧静脉注射 …… 201

第六篇　膜给药 …… 211

第 56 章　膜给药概论 …… 213
第 57 章　眼球表面给药 …… 216
第 58 章　球结膜下注射 …… 219
第 59 章　舌黏膜下注射 …… 223
第 60 章　滴鼻 …… 226
第 61 章　肝浆膜下注射 …… 228
第 62 章　脾浆膜下注射 …… 230
第 63 章　肾浆膜下注射 …… 235
第 64 章　肾纤维膜下注射 …… 239
第 65 章　膀胱膜下注射 …… 242
第 66 章　肠系膜下注射 …… 247
第 67 章　卵巢浆膜下注射 …… 251
第 68 章　睾丸白膜下注射 …… 253
第 69 章　凝固腺管筋膜内注射 …… 256
第 70 章　神经外膜下注射 …… 259

第七篇　器官注射 …… 263

第 71 章　脑内注射 …… 265
第 72 章　前房注射 …… 268
第 73 章　玻璃体内注射 …… 271

第 74 章　眼球后注射 …… 274
第 75 章　肺注射 …… 277
第 76 章　肝注射 …… 282
第 77 章　脾注射 …… 285
第 78 章　肾注射 …… 289
第 79 章　精囊注射 …… 292
第 80 章　子宫腔注射 …… 295
第 81 章　腰椎穿刺 …… 298
第 82 章　骨髓腔注射 …… 301
第 83 章　膝关节腔注射 …… 304
第 84 章　腹主动脉筋膜注射 …… 308
第 85 章　股动静脉筋膜下注射 …… 311
第 86 章　浅筋膜内注射 …… 313
第 87 章　提睾肌外筋膜内注射 …… 315
第 88 章　前列腺筋膜内注射 …… 318
第 89 章　淋巴结注射 …… 321
第 90 章　神经节注射 …… 327

第八篇　间接给药 …… 331

第 91 章　间接给药概论 …… 333
第 92 章　鼻腔灌注 …… 335
第 93 章　经气管灌注肺 …… 339
第 94 章　经胆总管灌注肝 …… 343
第 95 章　经胆总管灌注胰腺 …… 346
第 96 章　经肾盂灌注膀胱 …… 349
第 97 章　经凝固腺灌注膀胱 …… 352
第 98 章　经尿道灌注精囊 …… 355
第 99 章　经尿道灌注前列腺 …… 359
第 100 章　经尿道灌注凝固腺 …… 363
第 101 章　经阴道灌注子宫 …… 365

从书索引 …… 371

前言

给药技术是临床医学治疗技术的重要组成部分，在小鼠实验中也是不可或缺的。在体重仅为人类的 1/3000 的小鼠身上给药，技术精准度要求很高，方式、方法亦很多。一线从事小鼠实验操作的人员（以下简称“操作者”）不但需要达到更高的技术要求，而且还要在实验中充分发挥自己的想象力和创造力，方可跨越专业小鼠操作的门槛。

在缺乏师资和教材的情况下，操作者可以参考临床给药技术，但是不可简单地套用，一定要先了解小鼠的生理和解剖特点，有针对性地设计满足自己实验需求的给药操作程序。

与临床一样，小鼠机体表面给药可以通过涂抹和滴注等方法，机体内部给药主要采用直接注射和间接灌注等方法。小鼠常用给药方法有五大类：灌胃、腹腔注射、肌肉注射、皮肤相关注射和静脉注射。笔者总结个人几十年临床手术和动物实验操作经验时，惊讶地发现自己的操作与目前流行的小鼠实验中的五大类常用给药方法竟然有众多格格不入之处。

第一类是灌胃。笔者通过小鼠颈部解剖研究，摒弃了传统专业文献中介绍的先仰头后进针的操作程序，重新设计并实践了实用灌胃法，同时也明晰了食管实用解剖知识，修正了灌胃针头长度的选择原则。

第二类是腹腔注射。笔者提出了小鼠与人体腹腔的解剖区别，以及由此设计的针对不同状况的多种专业注射技术。在技术研发过程中，不但考虑到小鼠的解剖、生理和病理状态，还关注到小鼠心理变化对注射方式选择的影响。第一次提出了腹腔注射药物吸收途径的选择技术。

第三类是肌肉注射。当前不乏专业教材盲目套用临床方法，指导操作者在小鼠大腿上垂直进针注射。当我们了解了小鼠肌肉解剖特点后，就知道如此注射药物不可能进入肌肉中，而是聚集在股骨后间隙。在肌肉电穿孔转基因实验中，药物是否完全注入肌肉内，是活体实验成败的关键。笔者深入分析了多种较大肌肉的解剖特点，提出了三种肌肉相关注射（肌肉内注射、肌肉间注射和肌膜下注射）的适应条件、操作方法，以及这三种注射在不同肌肉中的 20 种操作方法。

第四类是皮肤相关注射。经对小鼠周身皮肤的病理解剖研究和注射实践，笔者否定了目前流行的皮内注射和皮下注射的概念，提出五类皮肤相关注射方法和十种具体注射程序。

第五类是静脉注射。目前流行的用于注射的静脉基本只用三两支，如尾侧静脉、眼眶静脉窦等，业内罕见系统全面地介绍各种可用于注射的静脉的生理解剖特点，以及详细的注射方法。笔者尽可能将小鼠全身可供注射的静脉血管和静脉窦一一进行了检验评估，在本书中介绍了 19 种静脉注射的适应条件和方法，给读者提供了更多的选择；还特别介绍了根据不同静脉的解剖特点而设计的多种注射后止血方法。

最后，本书还有两大特色给药操作系列值得一提。对于小体形动物注射给药极具实用价值，是小鼠给药技术的新亮点。

一是膜给药技术。笔者根据多年实践经验，提出了“膜给药”的概念。鉴于小鼠体形小，针头对组织器官刺入所造成的物理损伤相对严重，设计了一系列膜下注射技术，使药物注入器官表面而不伤及器官本身。在本书中，就肝浆膜、肾浆膜和纤维膜、膀胱浆膜和黏膜等 10 余种膜的膜下注射技术做了专章介绍。

二是借用小鼠本身体内管道行间接给药，这也是本书介绍的一个特色给药操作系列。例如，在笔者精研了雄鼠生殖解剖后，发现精囊、凝固腺、前列腺、输精管和膀胱都在一个极其狭小的区域内与尿道连通。精准地临时结扎某些管道，可以经尿道将药液灌注到设计好的靶器官，这样可以对细小而难以直接给药的器官行间接给药。

总而言之，小鼠给药是系列专业操作，需要根据实验课题的需要而专门设计。保持小鼠给药技术的专业性就是根据小鼠的生理、解剖特点，设计专门服务于实验课题的操作程序。我相信，随着同道们的实践和总结，这个系列专业操作技术会越来越完善，操作内容会越来越丰富。此书为抛砖引玉，但愿同道们能一起努力，将小鼠实验操作技术学发扬光大。

本书能顺利出版发行，少不了众多专业友人的鼎力相助。

首先，感谢共同作者纪莲、倪鑫炎和叶明霞三位专家为本书锦上添花。

其次，感谢王成稷的无私付出。本书图片占比极大，而且大多数操作都有视频展示。

王成稷担任本书的专业手术影像编辑。他不但投入了大量的时间精力亲自操刀手术，同时还做摄影录像工作，以及专业图片和视频编辑。身兼数职，工作量之大，技术难度之高不难想象。本书顺利出版，其功不可没。

再次，还要感谢同道好友提供的专业图片支持。

感谢北京大学出版社对本书的高度认同和锲而不舍的全力支持，在疫情中坚持出版工作，使之终得以面世。

最后，感谢美国著名的医学大师、美国眼科协会最高荣誉奖获得者刘顿教授为本书作序。

刘彭轩

2022 年春

灌胃及腹腔注射

第一篇

第 1 章

灌胃

一、背景

灌胃是常用的小鼠给药方式。但目前在实验中所谓的灌胃，大多是灌食管。也就是说，药物不是通过插入胃里的灌胃针入胃，而是直接灌进小鼠食管，让其自行吞咽入胃。

当用到一些特殊药物，例如，pH 非常低的药物时，实验要求必须灌胃，以免药物损伤食管，这时，务必注意选择足够长的灌胃针，保证将药物一步到位地送入胃中。作为一种肌性管道，食管在不同条件下长度变化较大。在灌胃操作时，小鼠食管的长度比在尸体解剖时测量的要长。

灌胃技术操作安全、快速，许多人都可以熟练运用。新手在熟悉解剖的基础上，掌握了操作要领，同样也能取得很好的效果。

二、解剖基础

小鼠口腔（图 1.1）上部前 1/3 为硬腭，后 2/3 为软腭，咽后壁是软腭的终端。如果舌根被针头顶住，可使得咽喉封闭而阻止灌胃针进入。

小鼠食管发自咽部，穿过横膈，最远端连接胃贲门，其弹性很好。25 g 成年小鼠从口腔到胃贲门的长度约为 4 cm。当小鼠饱食，处于直立体位时，会出现胃下垂，此时食管会被拉长。如果灌胃针是大塑料头，随着灌胃针摩擦食管，食管会被进一步拉长，长度可达 6 cm。因此，入胃灌注时，所选针头的长度至少要比解剖时测量的尺寸长 1/3。图 1.2 显示 4 cm 灌胃针未能入胃。

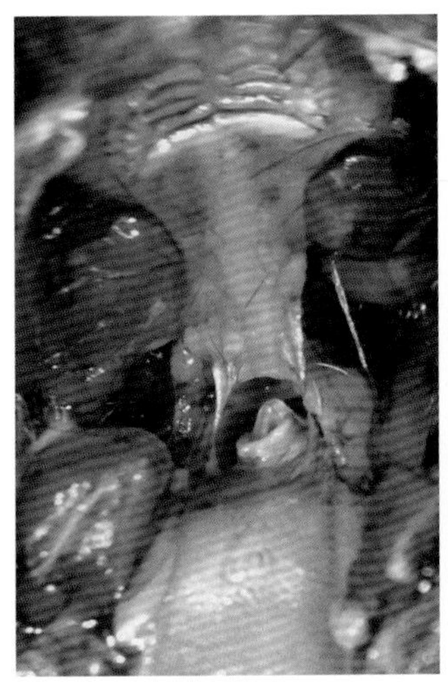

图 1.1　小鼠的口腔

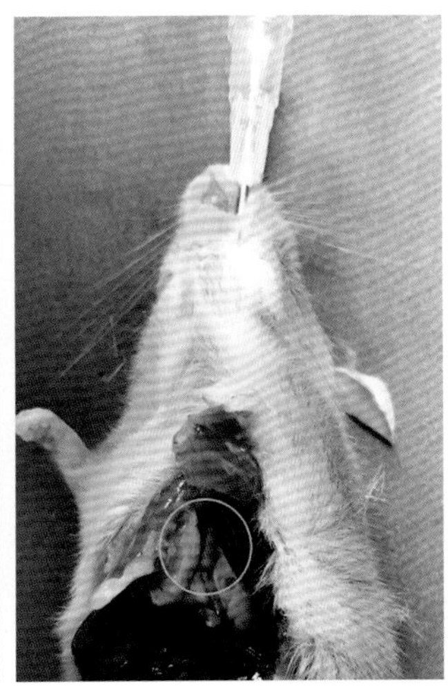

图 1.2　用 4 cm 灌胃针灌胃，图中显示其未能到达横膈。圆圈示灌胃针头的顶端

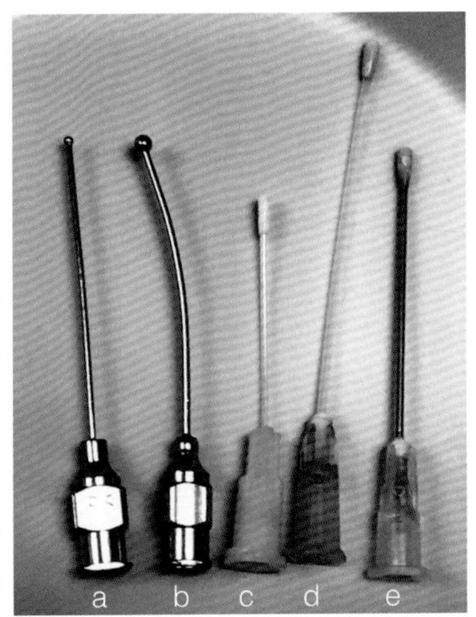

图 1.3　小鼠灌胃针头

三、器械与耗材

（1）1 mL 注射器。

（2）灌胃针头（图 1.3）。小鼠灌胃针头有多种。长度上可有多种选择。从形态上分，有直杆和弯杆两种；从材料上分，有全金属、全塑料和金属杆塑料头等。① 全塑料针头（图 1.3c，d）。被用全塑料针头多次灌胃的小鼠，有咬针头的倾向。② 全金属针头（图 1.3a）。小圆头者，针头进入气管的阻力小，还有刺穿食管的危险。③ 金属针塑料头（图 1.3e）。安全系数大，针头不容易进入气管。

四、操作方法

灌胃的具体手法有多种，这里介绍两种，各有特点。第一种为拇食指持针式，适用于熟练者，优点是安全系数大，缺点是灌注时需要换指；第二种为拇中指持针式，优点是灌注时无须换指，缺点是安全性不如第一种手法。

（一）灌胃手法：拇食指持针式（图 1.4）▶

1. 小鼠无须麻醉。

↓

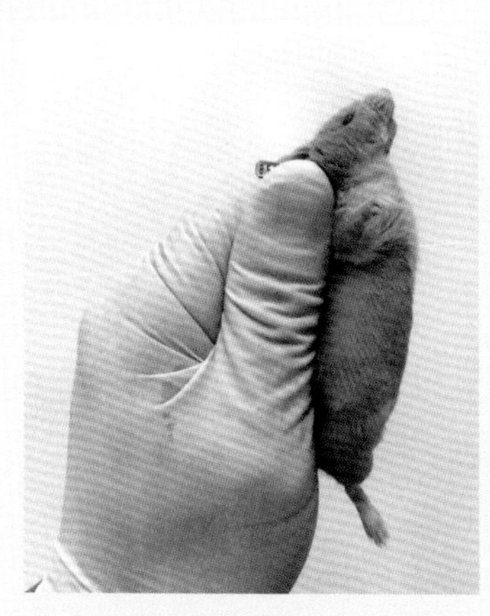

2. 左手以常规“V”形手势擒拿小鼠，抓持自耳部以下到背部的大面积皮肤，保证能成功地控制小鼠身体。食指和拇指尽可能向前挤压胸椎和腰椎，降低生理弯曲的角度。如果胸椎弯曲大，灌胃针容易刺穿食管。→

3. 使小鼠头上位，但是不必严格垂直地面，以方便操作为宜。不必特意取仰头位。合格的灌胃抓持小鼠要有几个体态标志：小鼠双前肢外展；头呈 45° 上仰，无法转动，无法探头；口微张，呼吸通畅且不挣扎。→

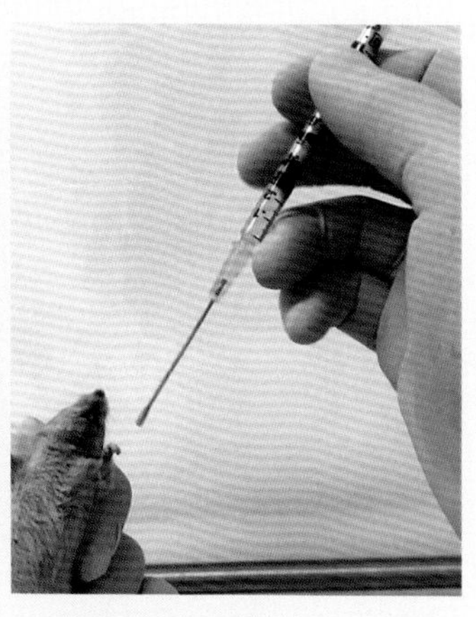

4. 右手拇指和食指松持注射器。中指控制注射器前倾，无名指控制注射器后倾。↓

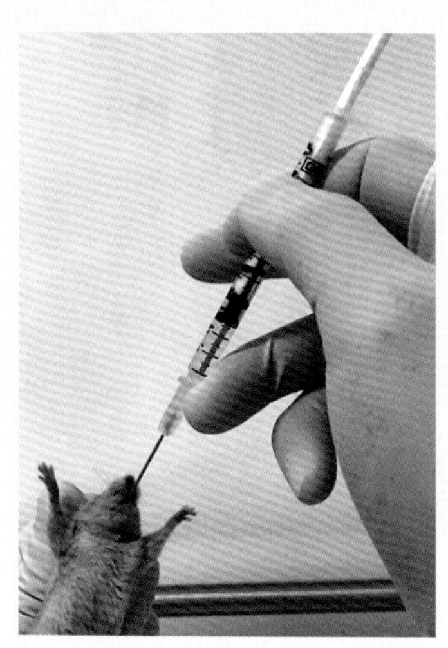

5. 将针头轻贴小鼠硬腭插入口中，不必有意下压舌头，不必强行由左侧嘴角进入口腔；右手无名指放在注射器前面，将针头向后挑，以保证针头贴着上颚滑行；中指相应无压力。这是一个特殊的灌胃手势。→

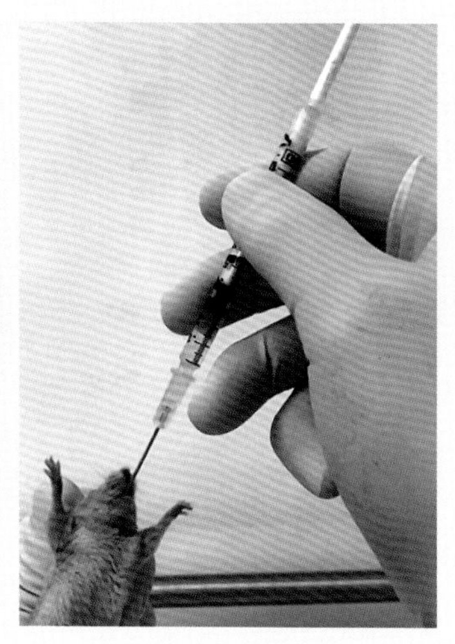

6. 当针头到达后咽时，无名指离开注射器，中指将针头轻度向前压。整个注射器向后仰，带动小鼠头部后仰，使针头拐进食管。→

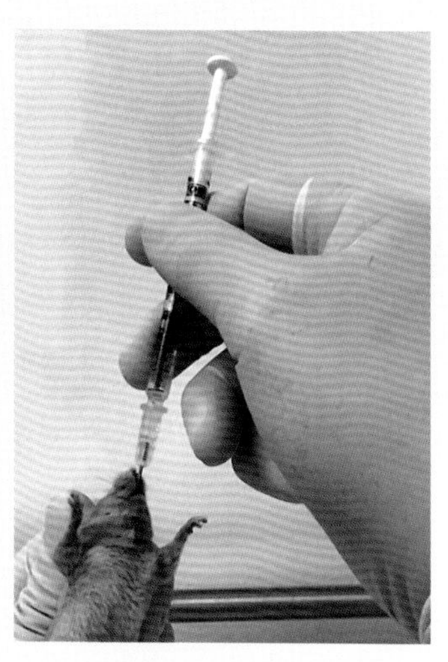

7. 此时应该能感觉食管很滑顺，针头可以顺利地全插入食管。↓

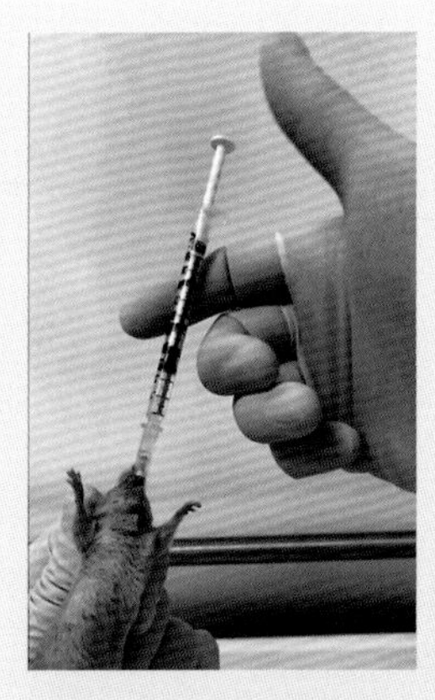

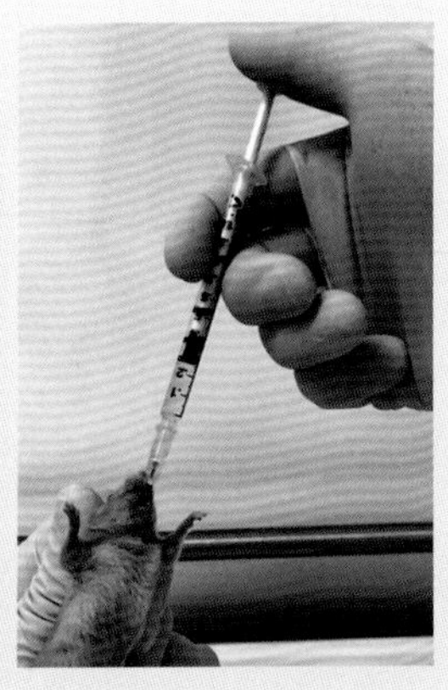

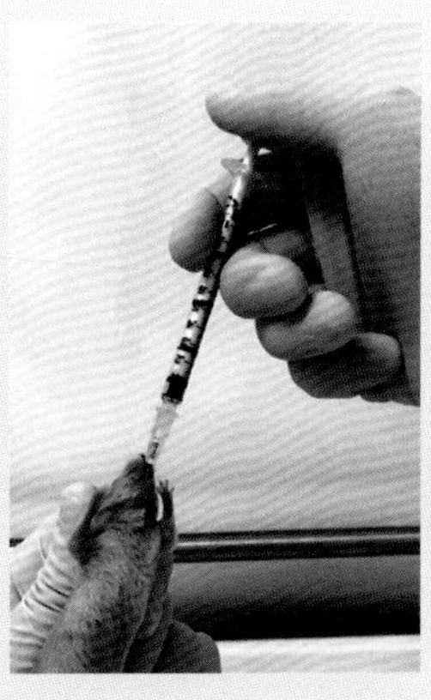

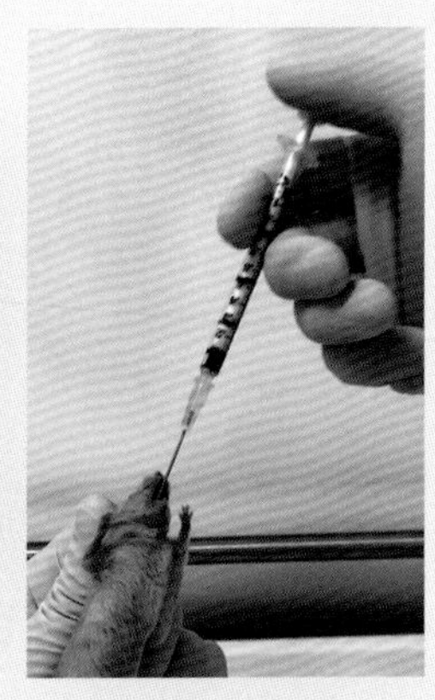

8. 此时可以松开手，手势由持针式变换为注射式。在转换过程中，注射器仅靠在手指上。→

9. 手势转换成注射式。→

10. 将药液匀速注入食管。→

11. 拔出针头时，注射式手势保持不变。↓

→ 12. 将小鼠以后肢先着地的方式放回笼中。

图 1.4　灌胃手法：拇食指持针式

（二）灌胃手法：拇中指持针式（图 1.5）▶

1. 小鼠无须麻醉。

↓

2. 持鼠同“拇食指持针式”。

↓

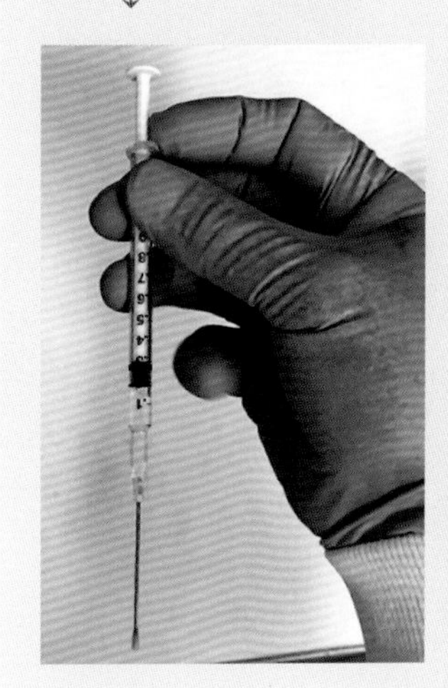

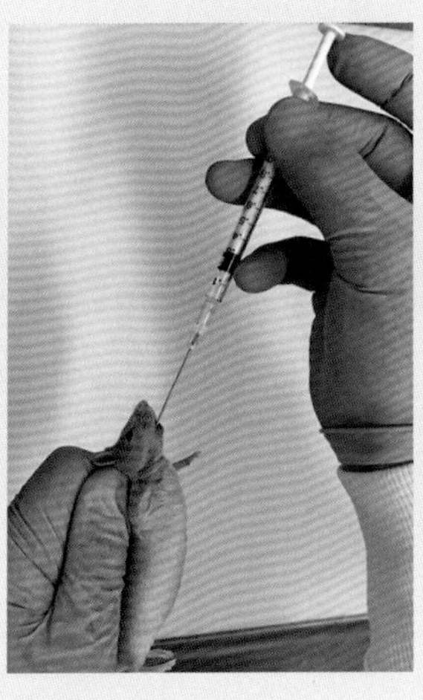

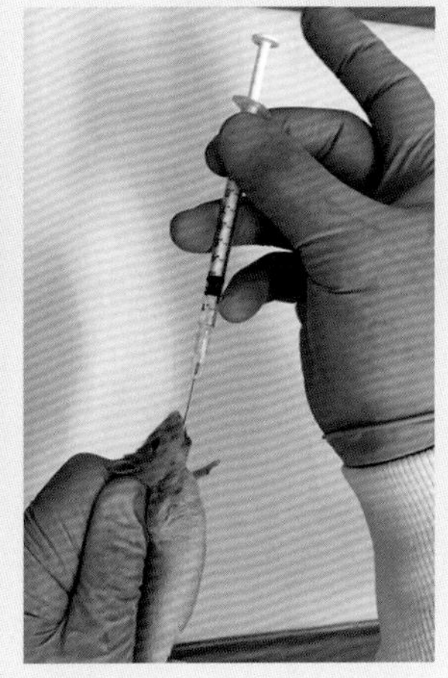

3. 以右手拇指和中指拿持注射器。→

4. 针头进入口腔，以小拇指将针筒轻向上顶，使针头沿上颚滑向后咽。→

5. 然后以无名指向内轻压针筒，使针头进入食管。↓

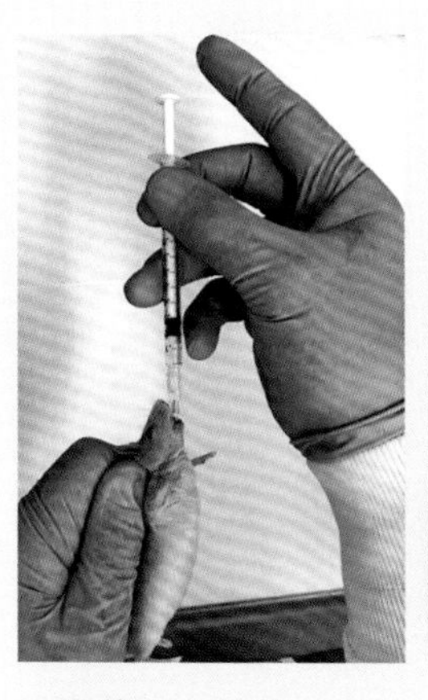

6. 顺势直立针筒，将针头缓缓插入食管。→

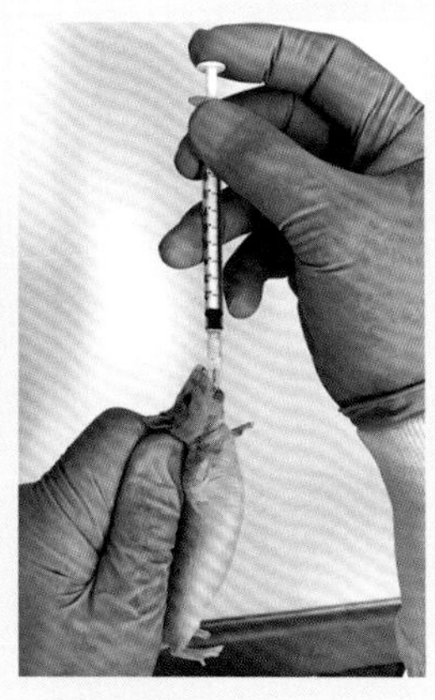

7. 此时以食指匀速下压，将药液灌入。→

8. 灌注完毕，拔针。↓

9. 保持小鼠直立位数秒钟后，以后肢先着地的方式放回笼中。

图 1.5 灌胃手法：拇中指持针式

操作讨论

（1）捉拿小鼠时，前端必须到达双耳，这样才能有效控制小鼠，使其头部不能转动。

（2）捉拿小鼠时，拇指和食指分开不少于 4 cm，这样双指合拢，才能有效地夹紧小鼠大面积背皮。

（3）针头不必严格从口角进入，关注点应在针头抵达身体正中线上的位置，针杆则随其自然。有时针头插入食管后，针头滑到一侧口角，并不影响灌胃。

（4）针头只有完全抵达咽后壁时，才可以上抬与食管成直线。如果过早上抬，针头会与气管呈直线，发生灌肺而致死小鼠。

（5）如果实验要求将针头插入胃中方可注入药物，必须选择至少 6 cm 长的灌胃针。

（6）刺穿食管：原因是没有沿着脊椎的生理弯曲行针，或者擒拿小鼠时没有固定好体位。必要时，在擒拿小鼠过程中可有意将中指垫在胸椎后，有利于减小胸椎弯曲。

（7）如何鉴别灌胃针头进入食管还是气管？一旦灌胃针头进入气管，小鼠会激烈挣扎。

（8）灌胃针头的选择：直杆较弯杆更容易掌握针的位置，也更容易操作。塑料头的针头较全金属针头大得多，不容易插入气管。一旦进入气管，小鼠挣扎明显。故更安全。

第 2 章

腹腔注射概论

一、背景

就给药方式而言，腹腔注射是最常用的一种方式。其操作需要器材少，方便迅速，且小鼠无须麻醉。整个操作过程看起来像很容易进行，实验人员通常也不会有太多的考虑，但笔者想特别指出的是，这是一个严重的误解，而且其后果很严重。事实上，我们所知道的“腹腔注射”几乎就是一个“黑匣子”，人们都不知道里面发生了什么，其“输出”的结果总是让人惊讶，充满了不确定性，甚至容易出现并发症。

在本章中，笔者将介绍一些新的和明确的小鼠腹腔解剖发现。一旦这一点清楚了，大家就可以理解为什么传统的“腹腔注射”并不总是以预期的方式呈现结果。笔者还将展示一个在人体中不存在的新的解剖器官——生殖脂肪囊，并介绍它的实际意义。

二、解剖基础

（一）小鼠腹腔

小鼠腹腔的范围是腹膜壁层包绕的全部空间。此空间内有全部腹膜脏层包裹的组织器官和腹膜腔。

腹腔空间很大，前面从横膈膜的腹膜壁层开始，后面到阴囊；背部界限是背部腹膜壁层，其紧贴背部肌肉和筋膜的腹面；腹部紧贴腹肌。

为了讨论方便，把腹腔（图 2.1）分为两个部分，固定腹腔和移行腹腔。固定腹腔是腹腔的主要部分。阴囊为移行腹腔。

雌鼠也有阴囊，不过比雄鼠的小。阴囊内有部分生殖脂肪囊填充。小鼠腹膜脏层包绕的组织器官包括：肝、胆囊、胰腺、胃肠、肾、输尿管、膀胱、精囊、凝固腺、输精管、

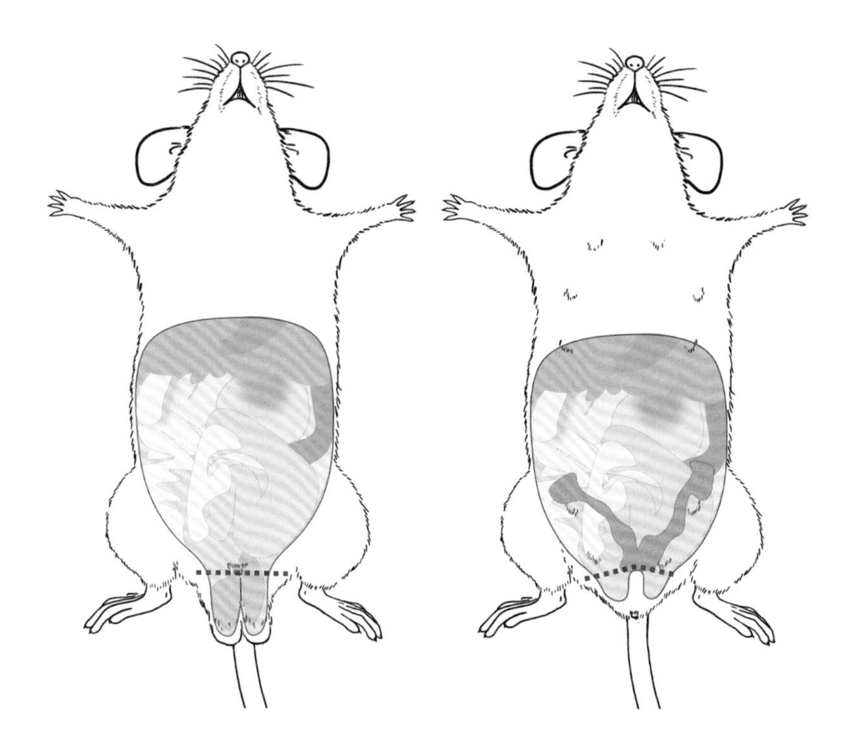

图 2.1　小鼠腹腔范围示意。虚线以上为固定腹腔，虚线以下为移行腹腔。左为雄鼠，右为雌鼠

子宫、输卵管、卵巢，以及生殖脂肪囊。腹膜脏层不包裹直肠远端、包皮腺等器官。不被包裹的血管有：腹主动脉、后腔静脉、髂腰动静脉、腰动静脉。

（二）药物注入腹膜腔后的吸收途径

针头刺入腹腔后，多数情况下药物被注入腹膜腔，进而弥散至整个腹膜腔。由于脏器间有系膜相连，将腹膜腔分隔得曲曲绕绕的，尤其在药物黏稠、注射量小时，药物在腹膜腔内的分布并非均匀。

肠系膜有巨大的表面积，大量进入腹膜腔的药物可以透过肠系膜血管进入门脉系统，经过肝进入后腔静脉，出现肝首过消除现象。

药物也可以完全被注入生殖脂肪囊，直接进入后腔静脉而避免了肝首过消除。

生殖脂肪囊（图 2.2）位于后腹腔内两侧，是传统腹腔注射进针部位。其内有细小血管和毛细血管，一旦药物完全注入此处而不进入腹膜腔，药物可以避免进入门静脉。所以在腹腔注射中，生殖脂肪囊注射是避免药物肝首过消除的首选方法。

药物既可以透过肠系膜进入血液循环，同时也可以通过多种浆膜进入其他脏器，继而直接通过后腔静脉进入血液循环。

由于腹腔注射是非直视操作，因此，很难确保药液全部注入腹膜腔。腹腔注射中药物

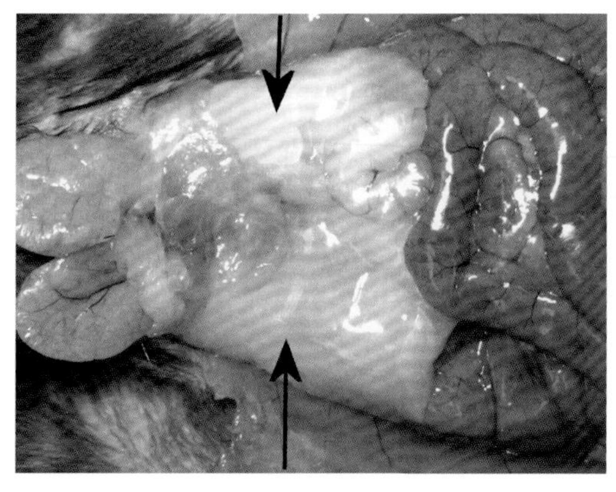

a. 雄鼠

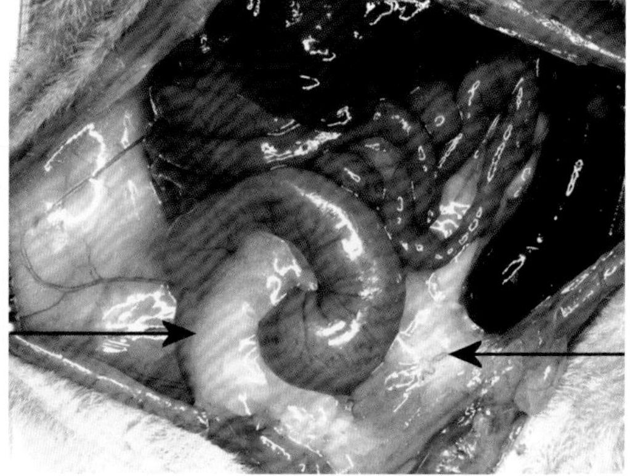

b. 雌鼠

图 2.2　生殖脂肪囊，如箭头所示

吸收有两种主要途径：药物经过门静脉吸收后进入血液循环；药物不经过门静脉，只经后腔静脉进入血液循环。

同样，腹腔注射药物的分布范围亦无法直视，所以注射效果和对小鼠的伤害都是未知数。这种操作差异，在小鼠实验中需要考虑在内。

小鼠的肝相对很大，占据了前腹部大部分区域（图 2.3），因此，腹腔注射不可选择在前腹部进行，以避免将其刺伤。

（三）腹腔注射操作分类

归纳起来，实验小鼠腹腔注射操作分为以下几类：

图 2.3　小鼠腹腔脏器

（1）常规腹腔注射。

（2）特殊生理腹腔注射。例如，孕鼠、新生鼠腹腔注射，详见“第 4 章 孕鼠腹腔注射”❹“第 5 章 新生鼠腹腔注射”❺。

（3）特殊病理腹腔注射。例如，巨脾小鼠，详见“第 6 章 巨脾小鼠腹腔注射”❻。

（4）特殊心理腹腔注射。例如，适应了腹腔注射小鼠的膀胱充盈腹腔，详见“第 7 章 膀胱充盈腹腔注射”❼。

（5）特殊药理腹腔注射。例如，需要避免首过消除的药物，可以做生殖脂肪囊注射。详见“第 8 章 首过消除回避腹腔注射”❽。

（6）特殊时期腹腔注射。例如，长时间麻醉状态下的小鼠膀胱充盈，或尿道梗阻导致膀胱充盈，详见“第 7 章 膀胱充盈腹腔注射”❼。

无论哪一种腹腔注射的操作，都无法明确药物对小鼠的损伤情况。大多数药物都难以准确评估其进入血液循环的途径。因此，能够使用皮下注射的药物，尽量采用皮下注射而避免使用腹腔注射；首过消除率高的药物也不适于腹腔注射。

第 3 章

常规腹腔注射

一、背景

腹腔注射是最常用的小鼠给药方法之一，尽管操作非常方便，但也有需要慎重之处。除了避免刺伤肝以外，还应避免肠、脾以及膀胱被针头刺伤。

腹腔注射没有一种一成不变的方法，要根据小鼠的具体情况进行。例如，膀胱充盈的小鼠、巨脾小鼠、孕鼠和新生鼠应根据各自特点采取不同的方法。原则上是将药物注入腹膜腔，而不是腹腔内的其他组织器官。本章介绍的是常规腹腔注射法，适用于一般情况，而且不考虑药物首过消除问题。

二、解剖基础

肝区、脾区和膀胱区是腹腔注射禁区。小鼠的肝几乎覆盖整个前腹部。膀胱位于腹中线上。积尿多时，直径可大于 6 mm。所以常用的注射区域在后腹部两侧。右利者方便选择左后腹，如图 3.1 所示，为腹中线一侧 1 cm 左右，大致在骶骨水平范围。在雌鼠的第 4 到第 5 乳头之间。

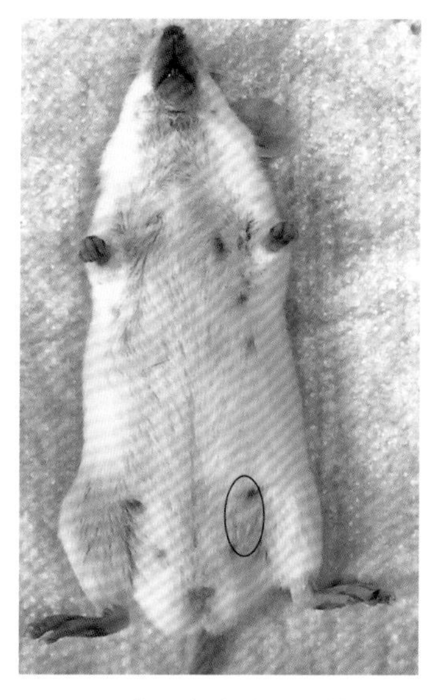
图 3.1　常用腹腔注射区域

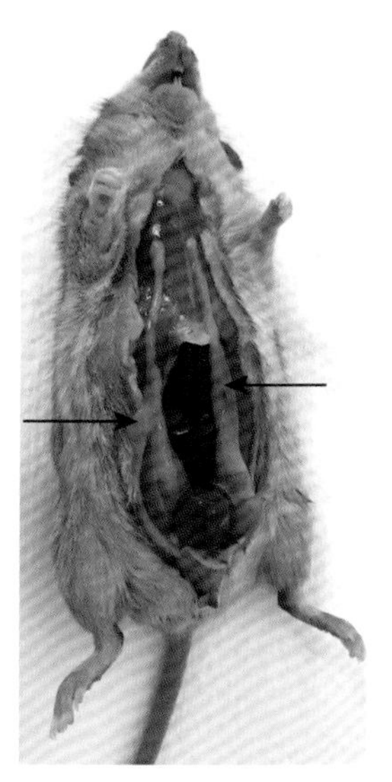
图 3.2　拉直的生殖脂肪囊

雄鼠后腹腔内腹面两侧为生殖脂肪囊（图 3.2 ～图 3.5）覆盖。此脂肪囊为中空袋形。雄鼠生殖

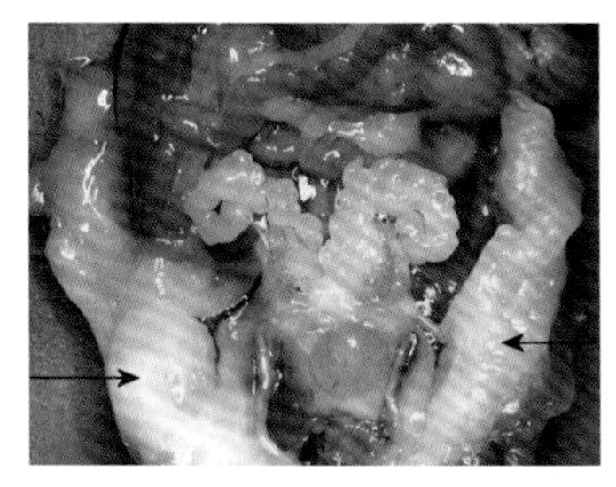
图 3.3　生殖脂肪囊

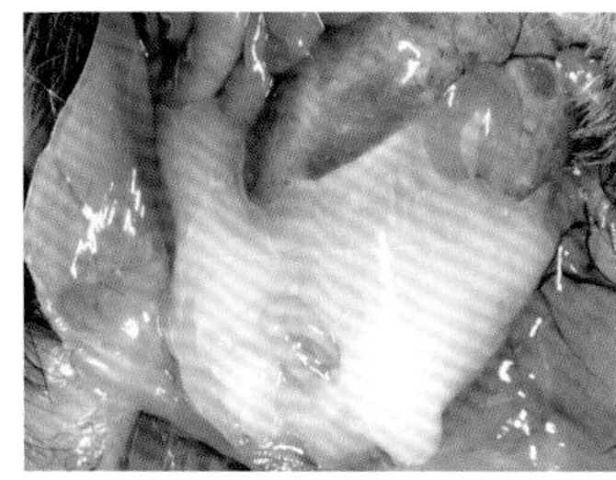
图 3.4　雌鼠生殖脂肪囊

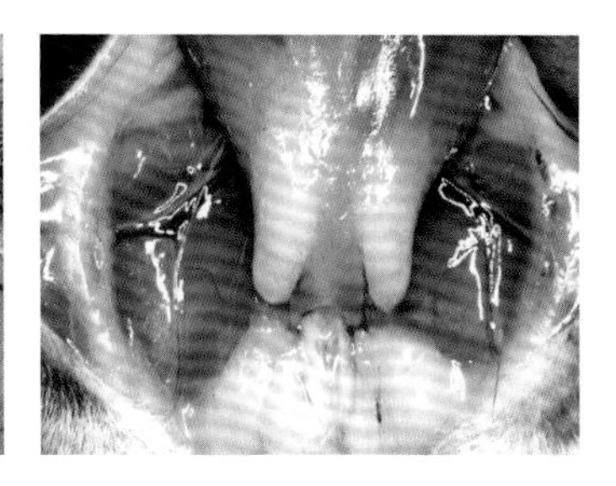
图 3.5　部分生殖脂肪进入雌鼠阴囊

脂肪囊较长，雌鼠生殖脂肪囊较短。生殖脂肪囊内有生殖动静脉和膀胱动静脉等血管走行。

三、器械与耗材

29 G 针头；1 mL 注射器。

四、操作方法

（一）常规腹腔注射法（图 3.6）▶

1. 小鼠无须麻醉，常规擒拿。

↓

2. 控制小鼠后，左手手心向上，令小鼠腹面向上。

↓

3. 左手中指将尾根压于大鱼际。用无名指将左后爪压在中指上。如果操作者的手较小，可以用小指将小鼠左后爪压在无名指上。→

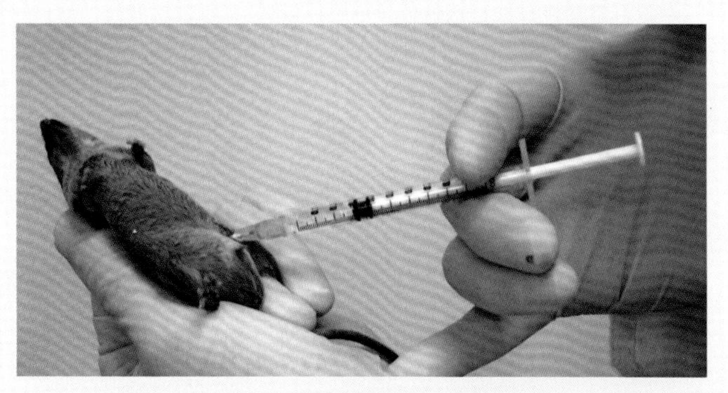
4. 右手食指和中指夹持注射针筒。注射前拇指勿触及针芯，以免无意中推动针芯而发生漏液。右手小指顶在左手小鱼际上，以稳定右手，避免针头刺入深度不稳定。↓

5. 针头以小于 45° 刺入左后腹壁，以针孔完全进入腹腔为原则。针头刺穿皮肤和腹壁时有明显的破壁感，尤其在针头不锐利时破壁感更明显。↓

6. 用右手拇指推动针芯进行注射，其余 4 指保持稳定不动。↓

7. 注射后迅速拔出针头，小鼠归笼。

图 3.6　常规腹腔注射法

操作讨论

（1）避免针头划伤小鼠腹壁：如果没有控制小鼠左后肢，小鼠挣扎时，常用左后爪抓住针头猛然撕扯，这时针头可划伤腹壁；在针尖刚刚刺入皮肤时，可以导致腹壁和皮肤全层被针尖侧刃划开；因此，控制小鼠时，需要同时控制其左后肢。

（2）避免针头刺入膀胱：小鼠膀胱充盈时，若针头刺入点靠近腹中线，容易刺入膀胱。当小鼠经多次腹腔注射刺激后，应激反应下降，甚至消失，被抓时不再出现排尿，膀胱非常充盈时，轻触后腹部，会有明显的触及皮下硬物的感觉，此时应注意刺入点的位置。雄鼠尿道梗阻时，也会出现膀胱过度充盈的现象。

（3）避免针头刺伤肝：小鼠的肝相对较大。针头刺入点靠前有刺伤肝的可能。因此，针尖不可进入前腹部，尤其对某些肝异常肿大的小鼠，注射时更需注意。

（4）避免针尖触及肠道：进针过深、针尖锐利、进针速度过快，都可能刺伤肠道。针尖刺入皮肤后，继续进针的速度要适度减慢；不可一味追求针尖的锐利。

（5）避免针尖触及精囊。雄鼠精囊很大，针尖锐利且刺入速度快时，很容易刺伤精囊而未察觉。

（6）尿液粪便污染。小鼠被抓持时，多会发生应激性排便，因此，将小鼠头向下倾斜，避免尿液污染操作者的衣物。不要在洁净区域（例如，手术台）上方行腹腔注射，而应选择不怕排泄物污染之处。

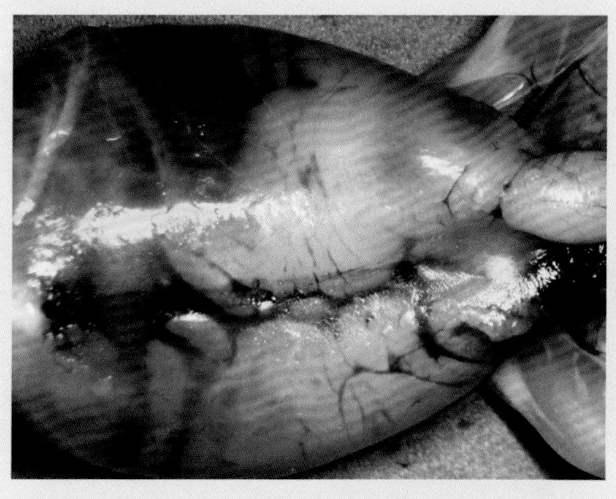

图 3.7　腹腔注射药物。绿色染料做腹膜腔注射，红色染料做生殖脂肪囊注射。两种染料在体内不会混合

（7）腹腔注射（图 3.7）的药物常会被注入生殖脂肪囊，从膀胱静脉和生殖静脉等吸收后直接进入后腔静脉，而不进入门脉系统，如此，药物没有首过消除过程。因此，同样是腹腔注射，药物进入腹膜腔还

是进入生殖脂肪囊，对于首过消除率高的药物，药效会产生很大的差异。

（8）如果同笼有多只小鼠需要注射，为避免混淆，注射后的小鼠最好临时另笼放置。

（9）防止药液溢出。药液溢出多见于注射药液过多，同时小鼠固定手势不当造成腹腔压力过大时。因此，注射大量药液时，可将针头于皮下潜行 1 cm 后再调整角度刺入腹腔，注射速度不可太快，同时抓持小鼠不要太紧。

（二）大剂量注射法（图 3.8）▶

1. 注射器准备：注射器先吸入 100 μL 空气，再吸入药液。

↓

2. 常规抓持小鼠。

↓

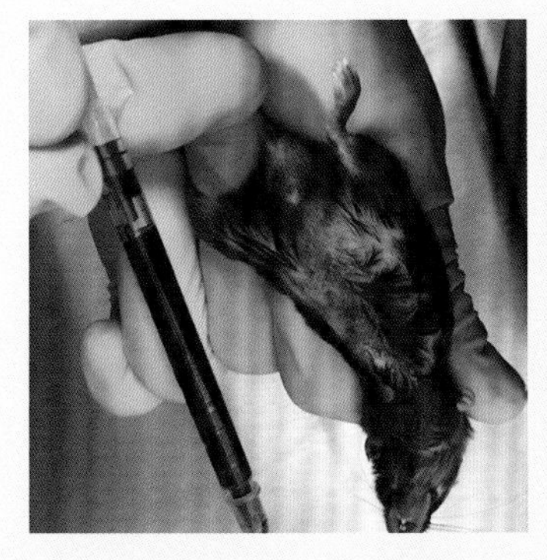

3. 取准备好的注射器，针头向下拿持。→

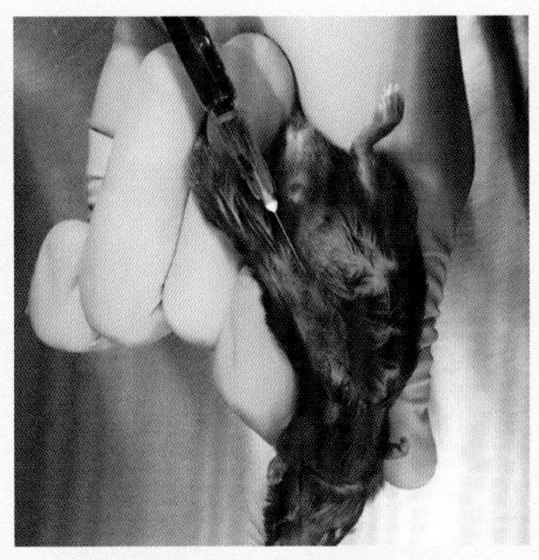

4. 将针头平行于腹壁刺入皮下，潜行 1 cm。→

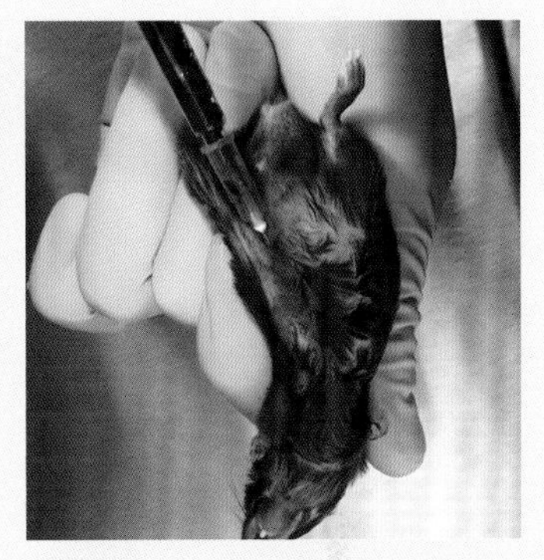

5. 调整针头角度，斜向下刺入腹腔。↓

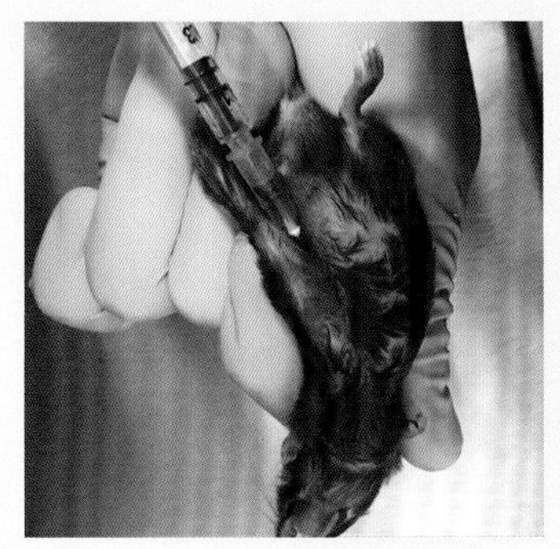

6. 将药液完全注入腹腔，空气仍保留在注射器中。→

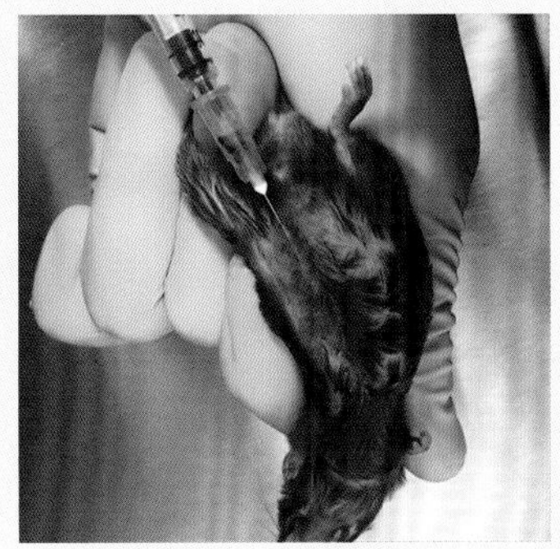

7. 将针尖回抽至皮下后，边注射空气边拔针。→

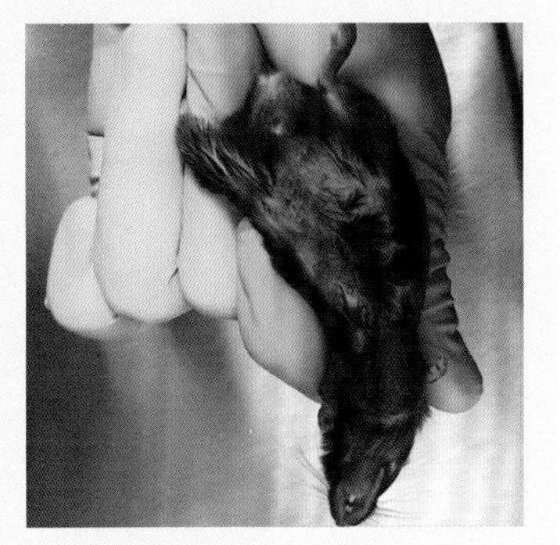

8. 当 100 μL 空气完全注入皮下时，将针头完全拔出皮肤，造成皮下针道气栓。此时可确保没有药液能从形成空气栓塞的皮下气道溢出腹腔。

图 3.8　大剂量注射法

第 4 章 孕鼠腹腔注射①

一、背景

对于孕鼠，应尽量避免行腹腔注射，因为会对饱满腹腔内的脏器和胚胎造成较大的损伤风险。不得已而为之时，在捉拿和穿刺等操作上应采取特殊措施。

二、解剖基础

雌鼠具有“Y”形双子宫，一次可以孕育十余只小鼠（图 4.1）。孕晚期，脏器被前顶，腹腔向腹面和两侧隆起，腹腔内脏器移动度小。

小鼠在胸部有 3 对乳头，鼠蹊部有第 4 对和第 5 对乳头（图 4.2）。

图 4.1　孕育小鼠的子宫

图 4.2　小鼠的乳头

① 本章作者：叶明霞。

三、器械与耗材

29 G 针头；1 mL 注射器；皮肤镊。

四、操作方法

孕鼠腹腔注射法见图 4.3。

1. 小鼠无须麻醉。

↓

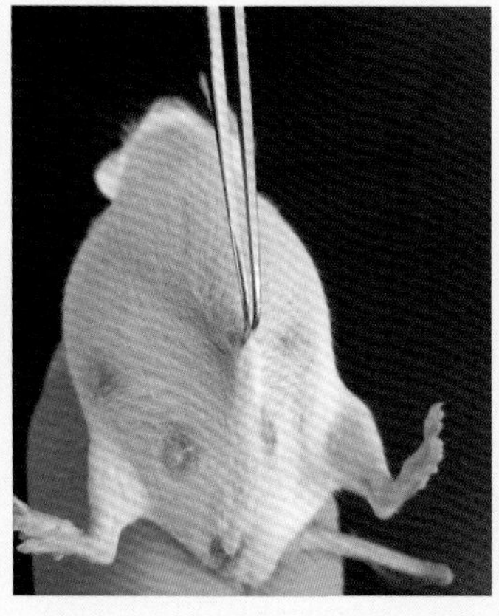

2. 由于腹部隆起，孕鼠后爪无法抓扯注射针头，故用常规“V”形手势捉拿孕鼠时，无须控制后肢。→

3. 助手在与小鼠第 4 对乳头平行的位置，用镊子夹起腹中线脐上部皮肤和腹壁。→

4. 从提起的腹壁处进针。进针点位于腹中线第 4 对和第 5 对乳头之间，以小角度刺入腹腔。↓

5. 一旦针孔进入腹腔，无须刺入过深，立刻注射。↓

6. 缓慢拔针，尽量避免药液在高腹压状态下溢出。

图 4.3　孕鼠腹腔注射法

操作讨论

（1）进针位置的解剖学基础：进针点位于夹起的腹壁下方的空隙处，避开脏器和胎鼠。

（2）进针深度和角度的考虑：进针有落空感即停止进针，角度小于 30°。

（3）最大注射量：不超过 0.1 mL/10 g。

（4）镊子不可只夹住皮肤，应确保夹住皮肤和腹肌。

第 5 章

新生鼠腹腔注射①

一、背景

新生鼠因其腹腔小、腹壁紧和脏器移动度小等特点，大大限制了注入腹腔的药液量，同时注射损伤内脏的危险性较成鼠大。

与成鼠相比，新生鼠腹腔注射时的固定手法尤其需注意，不可抓持太紧，以免损伤幼鼠。

二、解剖基础

新生鼠尚无体毛，皮肤薄，呈半透明状，可以清楚看到腹壁血管和表浅内脏分布，有利于避开针尖对大血管和内脏的损伤。

沿锁骨中线，可见双侧胸外皮动静脉纵向走行，一直延伸到腹部。肚脐清晰。肝可进入腹腔的上半部。饱食后可见胃内的乳凝块，以此可了解胃的位置和大小（图 5.1）。饱食后胃可抵后腹部。

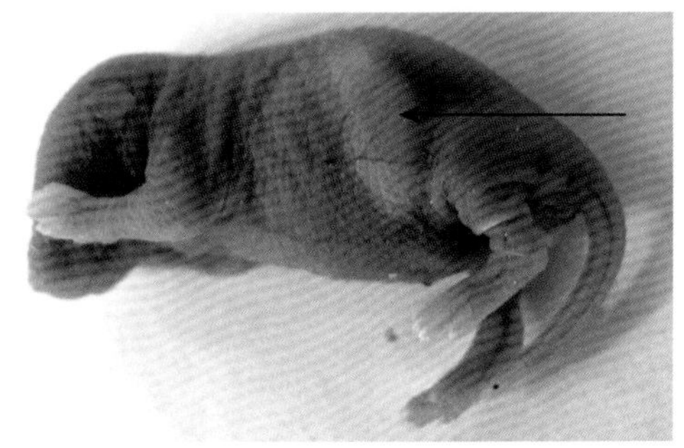

图 5.1　小鼠的胃，如箭头所示

① 本章作者：叶明霞。

三、器械与耗材

29 G 针头；100 μL 微量进样器。

四、操作方法

新生鼠腹腔注射法见图 5.2。

1. 小鼠无须麻醉。

↓

2. 纵向抓持小鼠，即将左手的拇指和食指平行于新生鼠的体轴，轻轻夹持小鼠身体两侧，避免鼠体侧弯。中指垫在背后。

↓

3. 将新生鼠头部朝向操作者手心，腹部向上，后肢和尾部无须固定。

↓

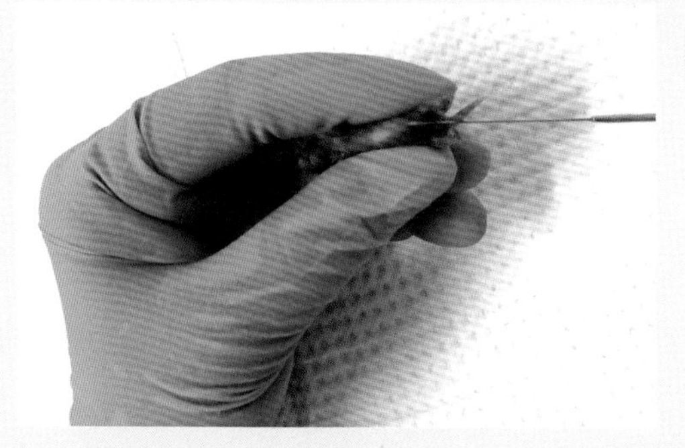

4. 于肚脐旁 1 mm 处进针。↓

5. 基本平行腹壁进针，进入腹腔 2 mm 即可注射。→

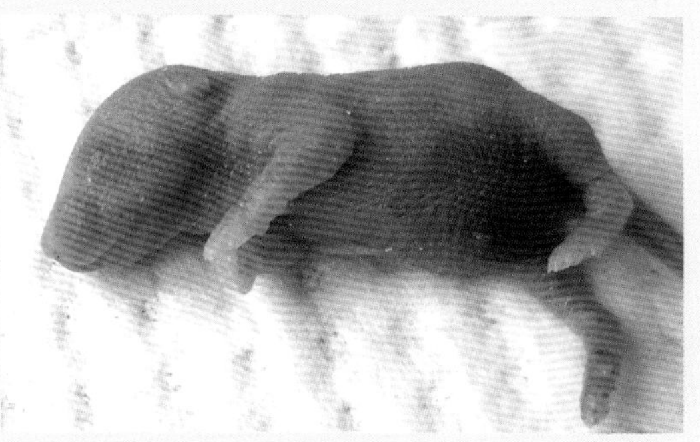

6. 药液颜色显示注射分布区仅存于后腹部。

图 5.2　新生鼠腹腔注射法

操作讨论

（1）新生鼠不可过紧抓持，以免造成挤压伤，而且在注射后拔针时，还会引起药物外溢。原则上能限制新生鼠躯体活动即可。

（2）抓持新生鼠时保持幼体不过度弯曲。做腹腔注射时不建议横向抓持（手指与幼体体轴垂直）（图 5.3），如此容易抓持过紧而造成内脏挤压伤。

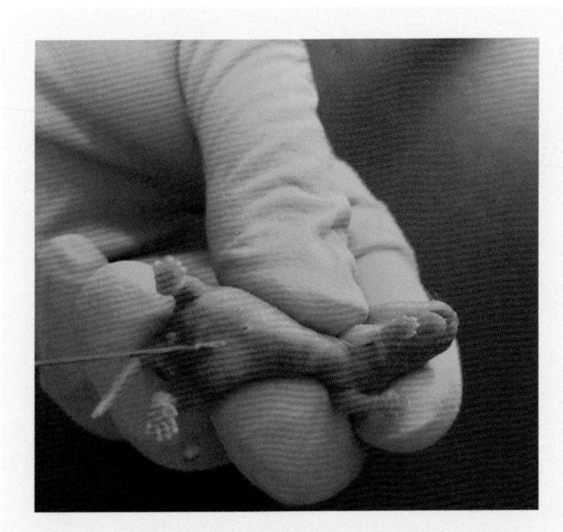
图 5.3　横向抓持小鼠

（3）进针点要回避胸外皮动静脉血管。

（4）新生鼠腹腔空间小，注射量不宜超过 20 μL。为避免注射过量，注射器内不可过量吸入药物。

（5）新生鼠内脏分布明显不同于成鼠。鉴于肝、胃等脏器达到后腹部，进针点不宜过高。若无法避免在胃所在位置进针，注意保持水平进针角度，以确保针头不伤及任何脏器和大血管。

（6）如果可以行浅筋膜注射，不要选择腹腔注射。

第 6 章

巨脾小鼠腹腔注射

一、背景

有些小鼠的脾巨大，例如，镰状细胞贫血小鼠。巨大的脾覆盖了常规腹腔注射的左后腹，无法用常规方法行腹腔注射，必须采用特殊的注射方法。有些小鼠的脾超过腹中线，可以在右后腹注射；如果脾完全横贯后腹部，可以选择阴囊腔注射。本章介绍阴囊腔和阴囊腔系膜的概念，以及右后腹注射法、雄鼠和雌鼠阴囊腔注射法。

二、解剖基础

1. 脾

正常小鼠的脾（图 6.1）长约 1 cm，位于左肋下，不超过腹中线。异常巨大的脾（图

图 6.1　正常小鼠的脾

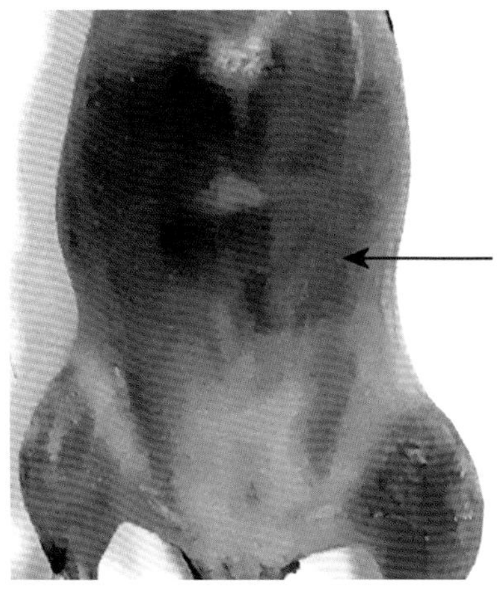

图 6.2　小鼠的脾超过腹中线，如箭头所示

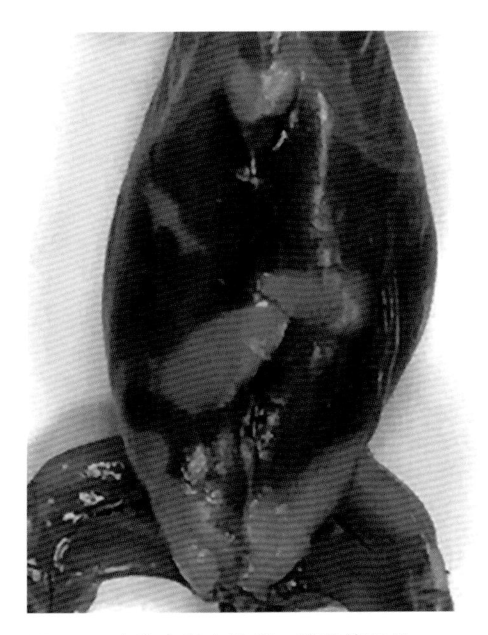
图 6.3　去除小鼠皮肤后，脾隐约可见

图 6.4　开腹后的巨脾状态

6.2），脾尾可以超过腹中线；更有甚者，脾横贯后腹（图 6.3～图 6.4），在后腹表面就可以明显触摸到质硬且巨大的脾。

2. 阴囊腔

雄鼠阴囊腔是腹腔在其后端向体外的延伸。睾丸可以自由进出阴囊腔（图 6.5 ～图 6.7）。睾丸悬在躯干外时，阴囊腔被撑长。睾丸进入体内时，阴囊腔内仅余少量生殖脂肪囊，与雌鼠的状态相似（图 6.8）。

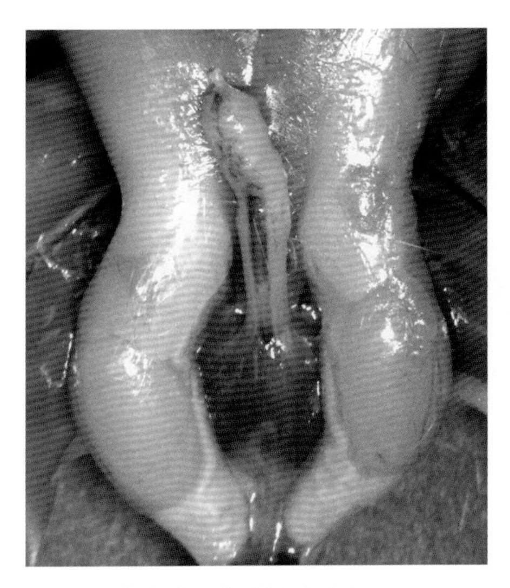
图 6.5　睾丸在阴囊腔远端形态

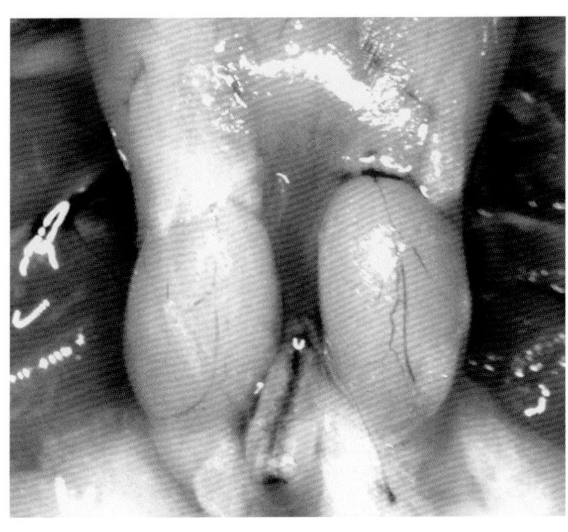
图 6.6　睾丸在阴囊腔近端形态

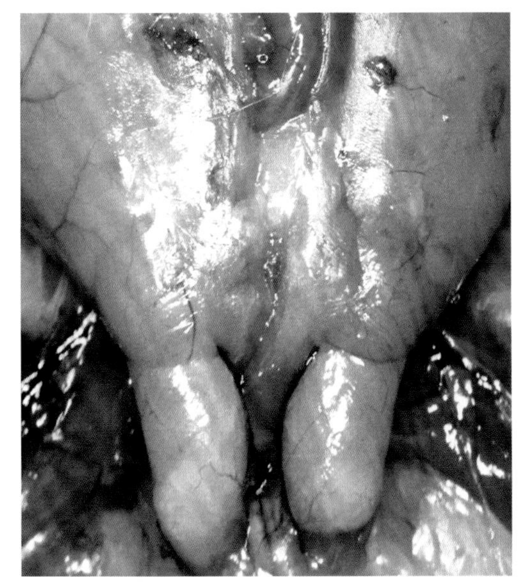
图 6.7 睾丸在体内时的阴囊腔形态

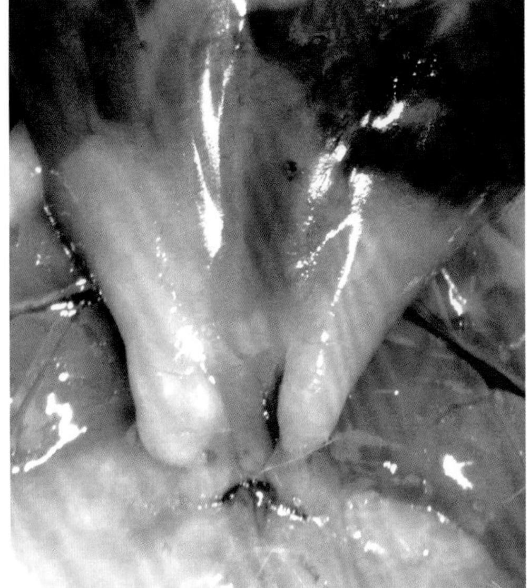
图 6.8 雌鼠的阴囊腔

3. 阴囊的解剖层次

阴囊（图 6.9）由外到内依次分为皮肤、浅筋膜、提睾肌外筋膜（图 6.10）、提睾肌、阴囊腔。附睾和远端输精管以阴囊腔系膜（图 6.11）与提睾肌浆膜相连。睾丸和附睾在腹腔内时，提睾肌（图 6.12）因阴囊腔系膜的牵拉向前，可以进入腹内。

在阴囊腔内注射，药物可以进入整个腹膜腔。进行阴囊腔内的生殖脂肪囊注射，药物通过细小静脉吸收，进入髂内静脉，汇入后腔静脉，避免了药物的肝首过消除。

雌鼠阴囊腔也是腹腔远端在腹部的延伸，内为生殖脂肪囊填充。同样地，可以进行阴囊腔注射，使药物进入整个腹膜腔，也可以进行阴囊腔内的生殖脂肪囊注射。

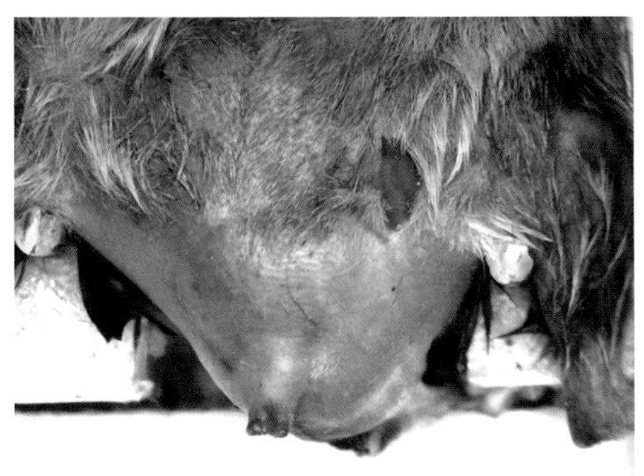
图 6.9 睾丸在体内时的阴茎和阴囊状态

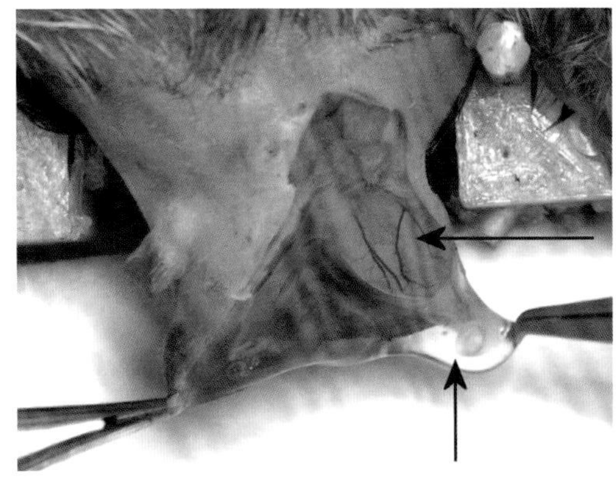
图 6.10 注射生理盐水后充盈起来的提睾肌外筋膜。上箭头示睾丸，下箭头示提睾肌外筋膜

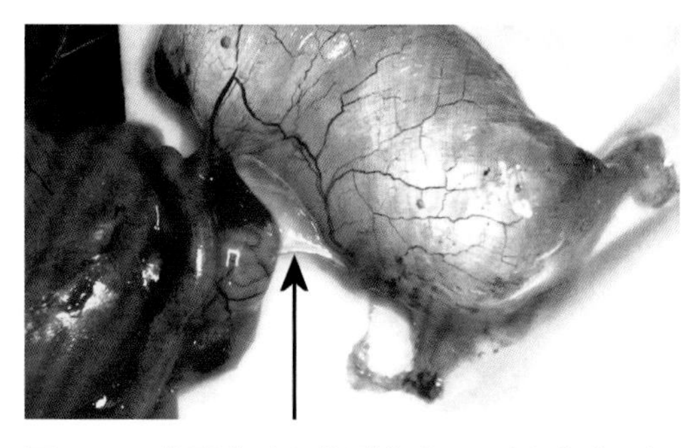

图 6.11　将阴囊腔翻转到体内，可以看到阴囊腔系膜，如箭头所示

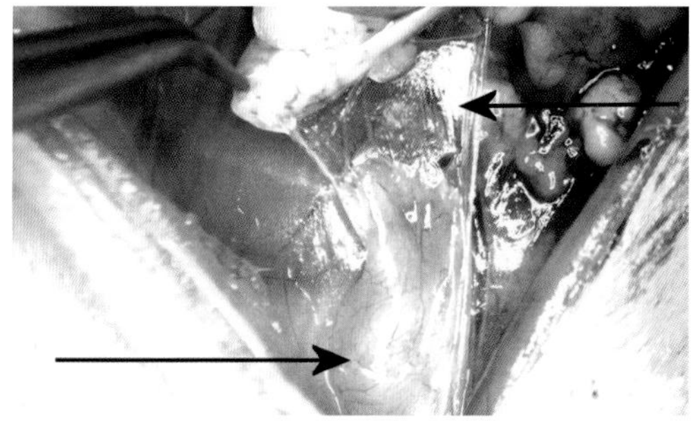

图 6.12　上箭头示阴囊腔系膜，下箭头示提睾肌

三、器械与耗材

25 G 针头；1 mL 注射器。

四、操作方法

（一）右后腹注射法（图 6.13）▶

1. 小鼠无须麻醉。
↓

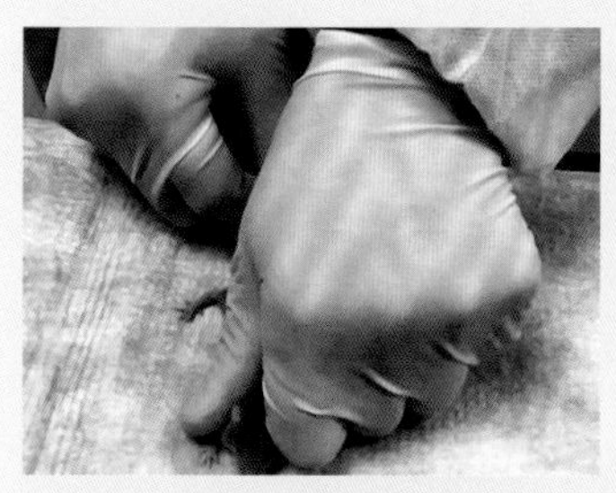

2. 常规“V”形手势捉拿小鼠，先拉尾按压小鼠颈部。→

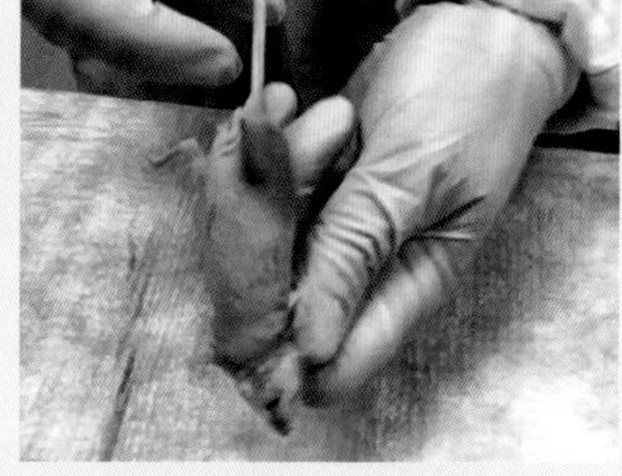

3. 翻转小鼠。→

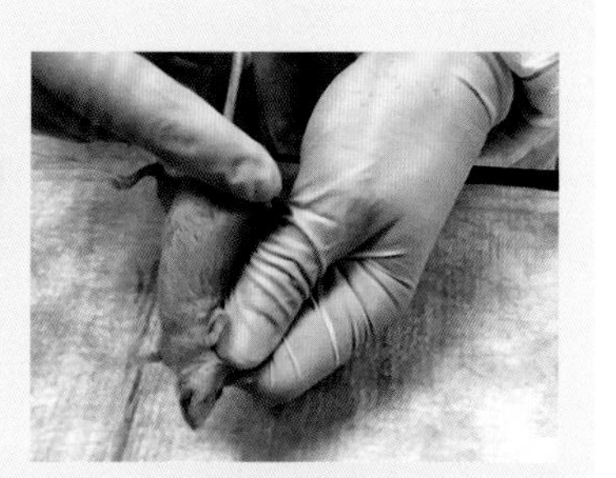

4. 右手中指将小鼠右后肢推向左手大鱼际部位。↓

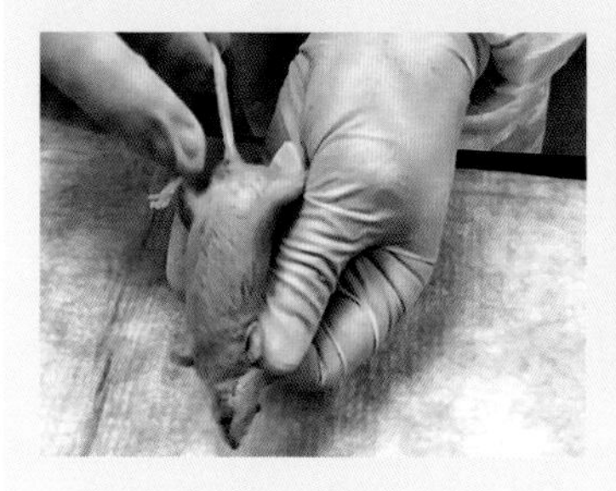

5. 左手中指将小鼠右后肢压在大鱼际上。→

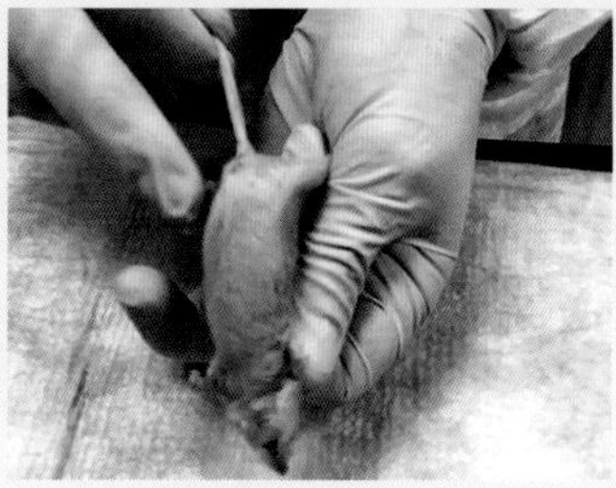

6. 左手无名指将小鼠左后肢压到中指上。→

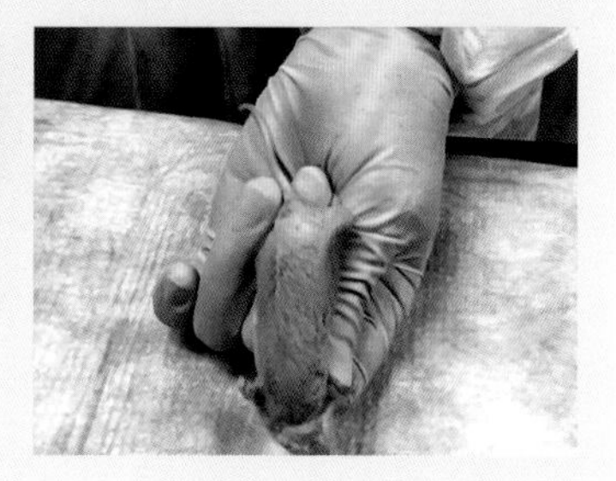

7. 左手完成小鼠控制，如图所示。↓

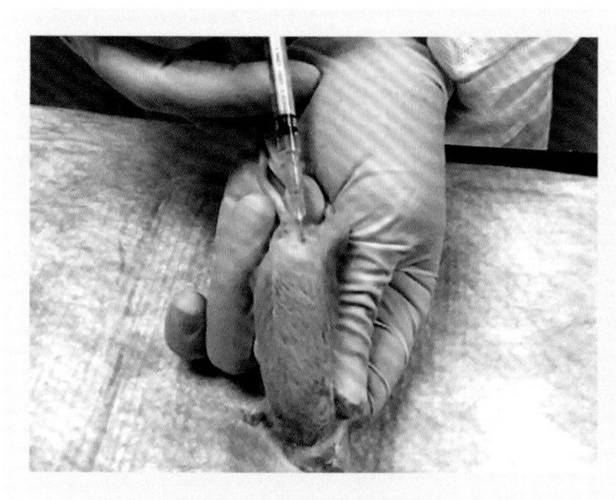

9. 注射后立刻拔针。

8. 于右后腹进针，深度不超过 1 cm。→

图 6.13　右后腹注射法

（二）雄鼠阴囊腔注射法（躯干外腹腔进针）（图 6.14）▶

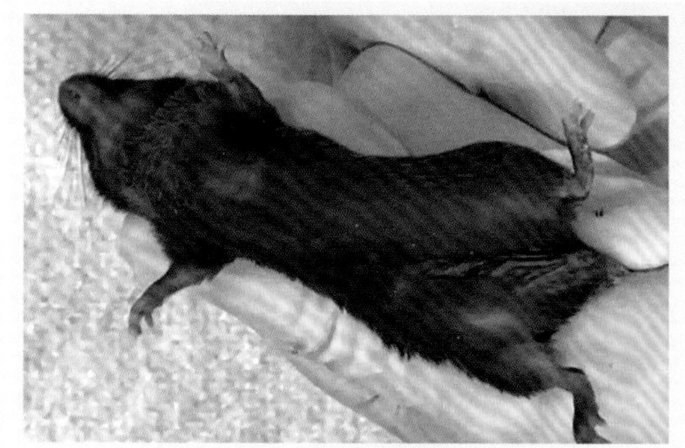

1. 将小鼠固定在手中。→

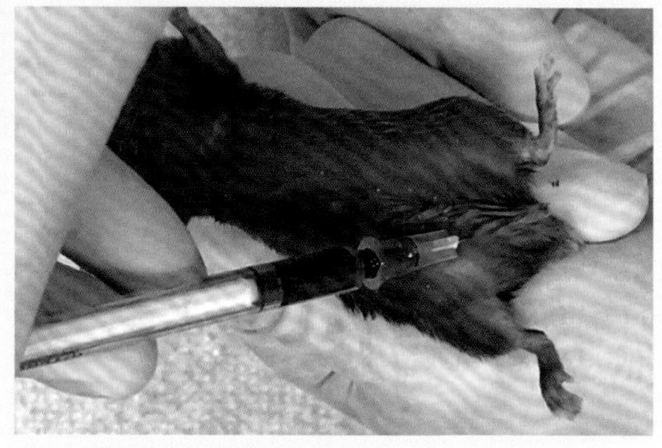

2. 于后腹部腹中线旁 1 mm 处，针头以 30° 刺入皮肤，改成 10° 进入阴囊腔。↓

3. 匀速注入药物后拔针。

图 6.14　雄鼠阴囊腔注射法

操作讨论

阴囊腔注射染料后，可以看到染料完全进入整个腹腔（图 6.15）。

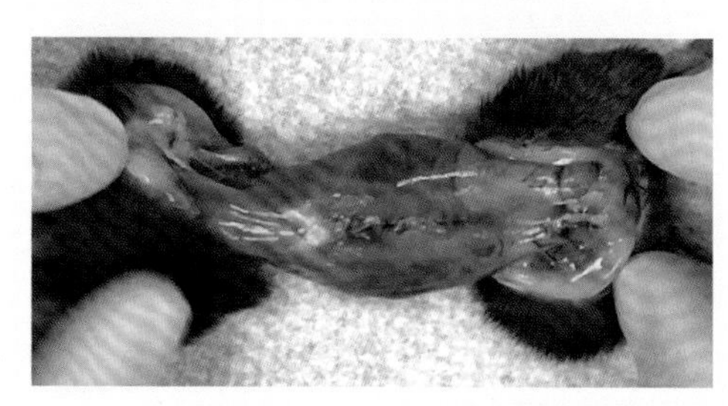

图 6.15　染料注入阴囊腔后的分布

（三）雌鼠阴囊腔注射法（躯干外腹腔进针）（图 6.16）▶

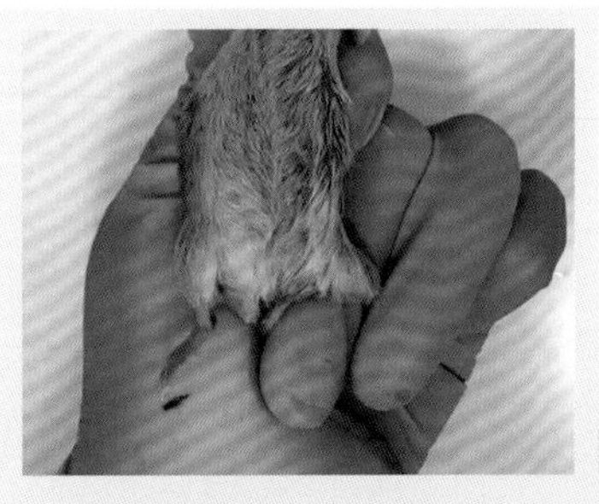

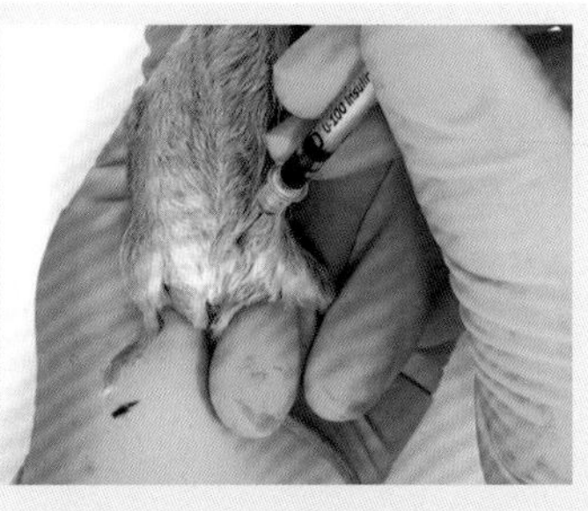

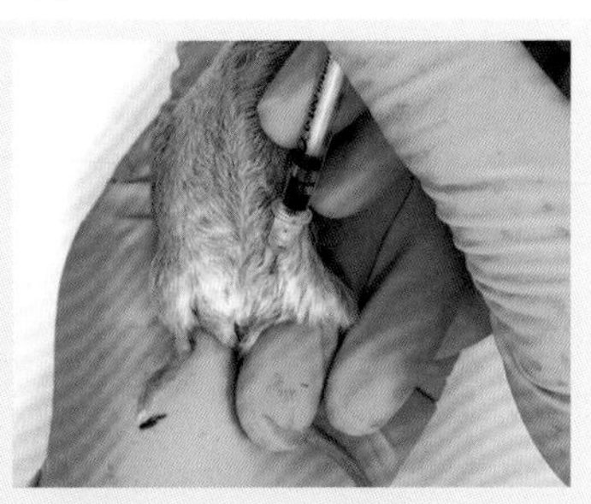

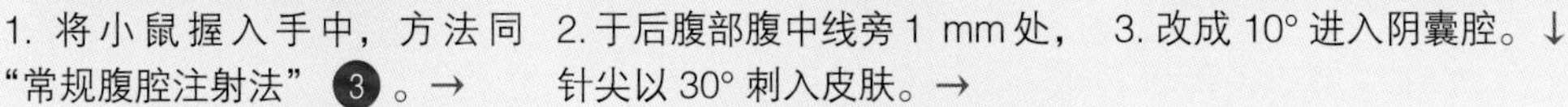

1. 将小鼠握入手中，方法同“常规腹腔注射法” ❸ 。→

2. 于后腹部腹中线旁 1 mm 处，针尖以 30° 刺入皮肤。→

3. 改成 10° 进入阴囊腔。↓

4. 匀速注入药物后拔针。

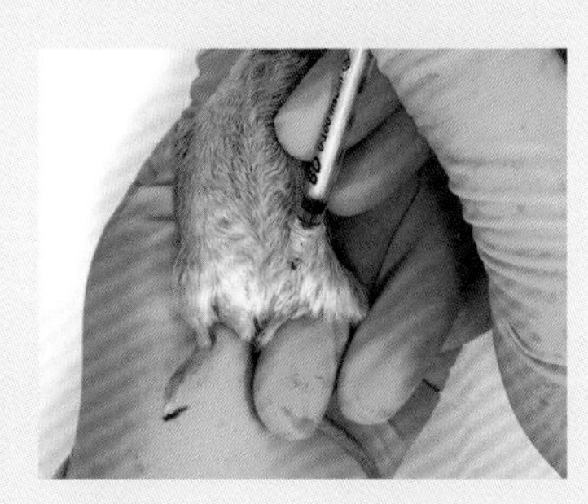

图 6.16　雌鼠阴囊腔注射法

操作讨论

（1）与雄鼠一样，在向阴囊腔注入染料后，可见染料完全进入整个腹腔（图 6.17）。从后向前行雌鼠阴囊腔注射，刺入脂肪囊的概率更小。

（2）雌鼠阴囊腔生殖脂肪囊注射，可以避免药物首过消除。技术关键是：注射位置略深，针尖需要进入脂肪囊；注射药物量不可过大。图 6.18 是蓝色药物注入生殖脂肪囊后的状况，可见药物仅存于脂肪囊内，而不进入腹腔。

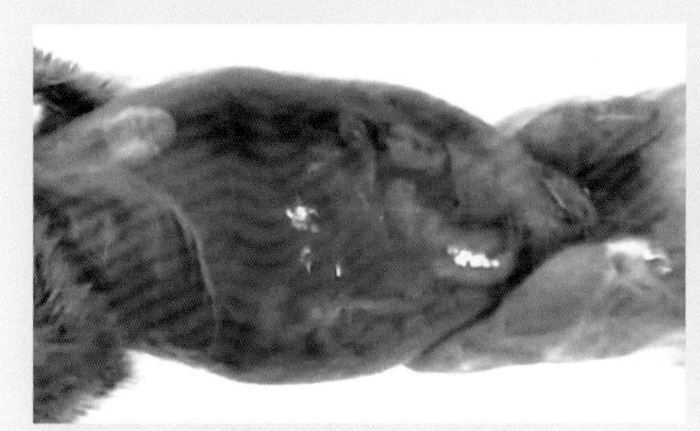

图 6.17　染料注入阴囊腔后的分布

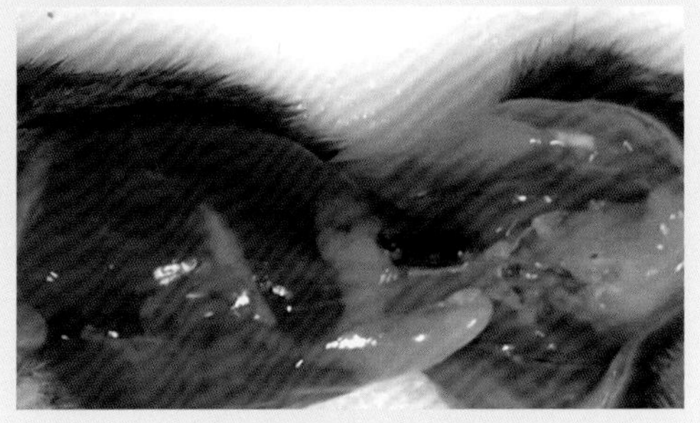

图 6.18　蓝色药物注入生殖脂肪囊，仅存于脂肪囊中，未进入腹腔

第 7 章

膀胱充盈腹腔注射

一、背景

小鼠被捉拿时，会发生应激性排尿，因此，在行腹腔注射时，小鼠膀胱一般处于非充盈状态。但亦有例外情况，膀胱会高度充盈，甚至膀胱直径可大于 6 mm。 在膀胱充盈时行腹腔注射，其操作方法有别于常规。

二、解剖基础

在行小鼠腹腔注射前，常见的膀胱充盈大致有以下几种原因：小鼠先行气体麻醉，没有发生应激性排尿；连续多日反复行腹腔注射，小鼠已经适应，同样不会发生应激性排尿；麻醉已持续了一段时间，行腹腔注射时，膀胱里存积了大量尿液。罕见的原因有：小鼠尿道梗阻，导致膀胱极度充盈。

判断膀胱是否充盈，可以轻触小鼠腹部，若膀胱处感触较硬，则显示膀胱处于充盈状态，备皮后可以看到膀胱明显隆起（图 7.1）。去除皮肤后，充盈的膀胱可以透过腹壁清楚看到（图 7.2）。开腹后显示其约占据腹腔宽度的 1/2（图 7.3）。

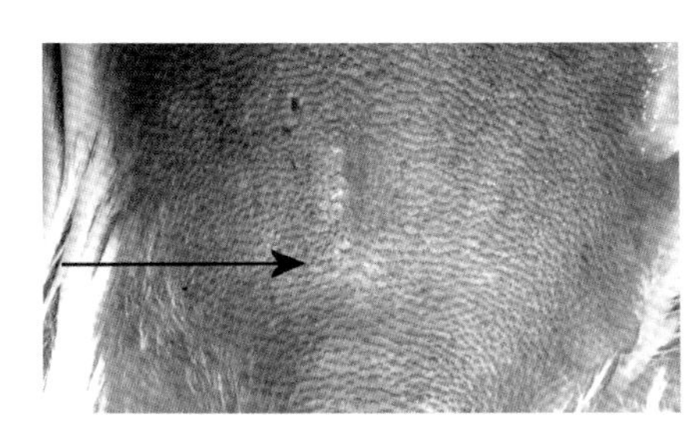

图 7.1　膀胱充盈时，在皮肤上可见隆起

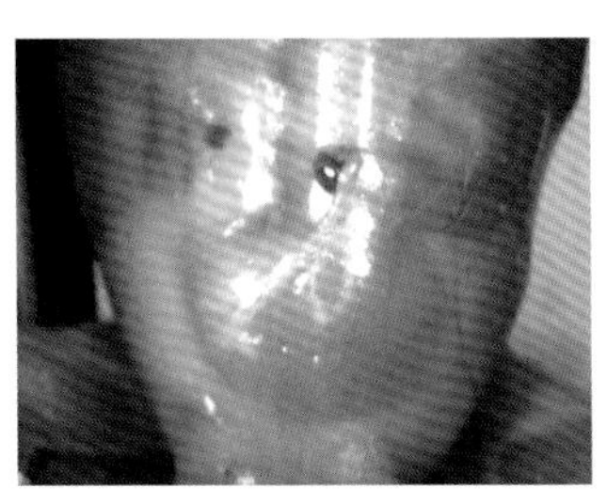

图 7.2　除去皮肤后看到的充盈的膀胱

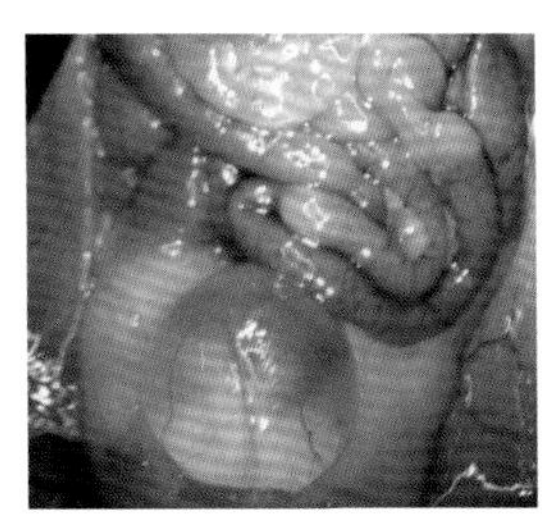

图 7.3　开腹后看到的充盈的膀胱

三、器械与耗材

29 G 针头胰岛素注射器 。

四、操作方法

小鼠膀胱充盈时，腹腔注射法不同于常规方法，主要有以下三种。

（一）腹腔侧面注射法（图 7.4）

常规手法捉拿小鼠，进针点要偏于外侧，不能进入半侧腹宽的 1/2。

（二）腹腔后面注射法（图 7.5）

常规手法捉拿小鼠，进针点位于腹腔后沿，进针 3 mm 注射。

图 7.4　腹腔侧面注射法

图 7.5　腹腔后面注射法

图 7.6 显示在腹腔后面注射后，药液进入腹膜腔，没有进入腹膜后。

a. 药液在腹膜腔中

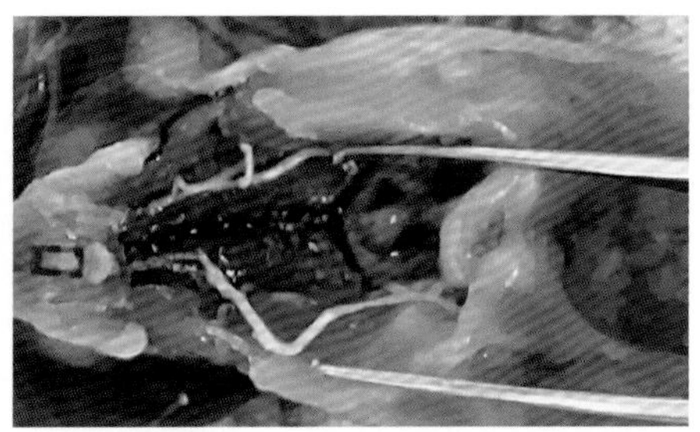

b. 腹膜后没有药液

图 7.6　腹腔后面注射的效果

（三）阴囊腔注射法

阴囊腔注射在雄鼠和雌鼠中都可以进行。详细操作参见“第 6 章　巨脾小鼠腹腔注射”❻。

第 8 章

首过消除回避腹腔注射

一、背景

小鼠行腹腔注射后，药液一般进入腹膜腔，部分经门静脉吸收，进入肝。药物在肝中代谢，部分药效改变，称为首过消除。腹腔注射时避免首过消除的方法，就是将药物注射到生殖脂肪囊等其他腹膜腔外组织器官中（不包括胰腺和肝脏）。如此，药物不进入腹膜腔，而是通过组织器官中的微小血管吸收经后腔静脉回心。首过消除腹腔注射首选器官是生殖脂肪囊。本章以此为例。

二、解剖基础

小鼠腹腔后部腹面左、右各有一条生殖脂肪囊（图 8.1），正好分布在常规腹腔注射的部位。其表面为腹膜脏层覆盖，中空，脂肪囊内有生殖静脉（图 8.2）和膀胱上静脉等血管经过。

雄鼠的生殖脂肪囊（图 8.3）呈条状，拉直可达数厘米。肥胖小鼠的生殖脂肪囊尤其大（图 8.1）。

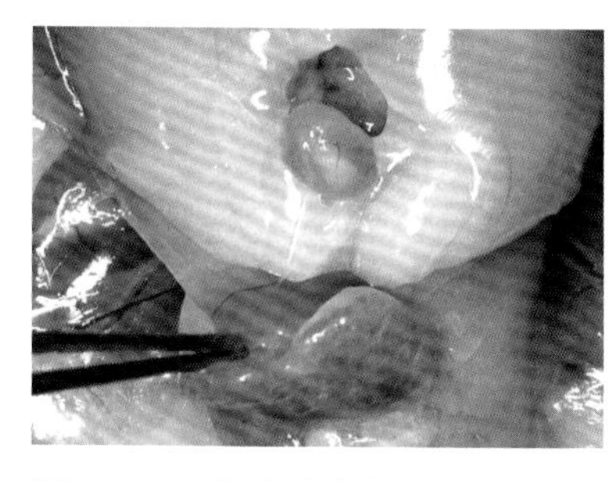

图 8.1　开腹后看到的肥胖小鼠的生殖脂肪囊

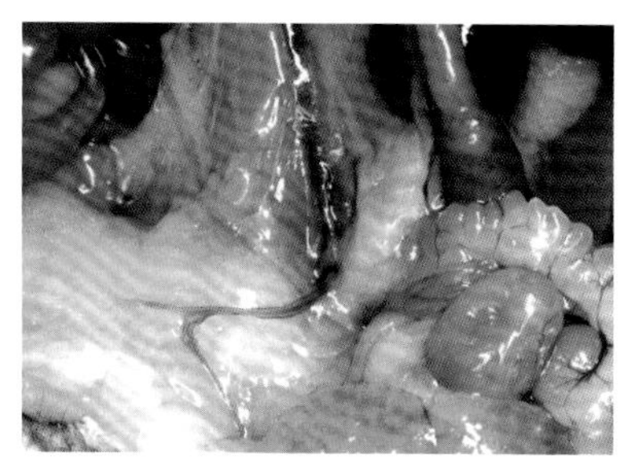

图 8.2　生殖静脉在生殖脂肪囊内走行

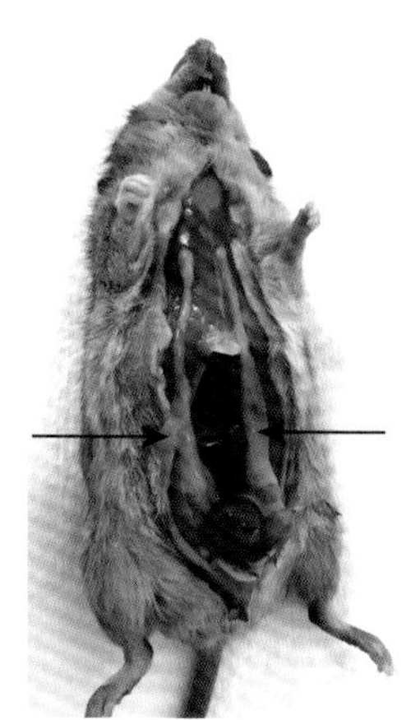

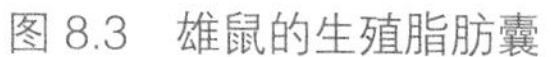

图 8.3　雄鼠的生殖脂肪囊

三、器械与耗材

29 G 针头胰岛素注射器。

四、操作方法

以雄鼠为例介绍首过消除回避腹腔注射法（图 8.4）。▶

1. 小鼠无须麻醉。

↓

2. 按照“常规腹腔注射法”控制小鼠 ❸ 。

↓

3. 于左后腹部小角度进针，针头刺穿腹壁后再进深 2 ～ 3 mm，即可注射。

↓

4. 缓慢注射，注射量不超过 50 μL。

↓

5. 注射时针头不要在腹腔内变动位置。

↓

6. 注射后迅速拔出针头。

图 8.4　首过消除回避腹腔注射法

操作讨论

（1）本方法在正式实验中无法立刻验证注射质量，操作者需要多次练习，即时检验效果，方可提高成功率。

（2）图 8.5 显示注射效果，可见蓝色药液仅在脂肪内，而腹膜腔没有蓝染。

（3）瘦小的小鼠不宜用此方法。

（4）雌鼠的生殖脂肪囊注射为阴囊内注射。参见“第 6 章 巨脾小鼠腹腔注射” ❻ 中的“雌鼠阴囊腔注射法”的操作讨论部分。

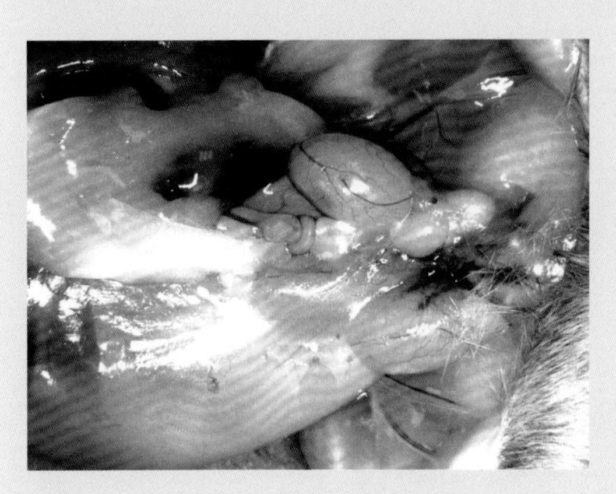

图 8.5　首过消除回避腹腔注射的效果

肌肉注射

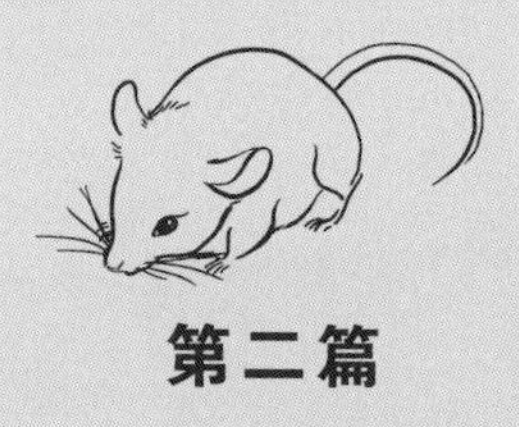

第二篇

第 9 章

肌肉注射概论

临床肌肉注射是将药液注入肌肉内。就小鼠而言，肌肉注射不能直接简单地套用临床操作手法，因为小鼠体重仅约为人体的 1/3000，即使用小号针头，例如，目前小鼠肌肉注射使用较多的 25 G 针头，以临床垂直进针的方法，将药液注入肌肉内（例如，股二头肌），和临床相比也会有不同的效果：巨大的针尖穿透小鼠股二头肌，药液不可能保留在肌肉内。

大多数临床肌肉注射的目的是将药物注射到肌肉内，使药液通过肌肉内的毛细血管进入血液循环系统。目前，小鼠肌肉注射药物的目的地有两处：一是血液循环系统，二是肌肉内。

（1）血液循环系统。对于此归属的药物，注射精准性要求不高，即使药物漏到肌肉周围的筋膜内，甚至绝大部分乃至全部都在肌肉外也无妨，药物最终会进入血液循环。

（2）肌肉。对于此归属的药物，注射要求将药物全部保留在肌纤维之间。药物靶点是肌细胞，例如，经电穿孔的肌肉转基因操作。

肌肉相关注射分为三种（图 9.1）：肌肉外注射、肌膜下注射和肌肉内注射。

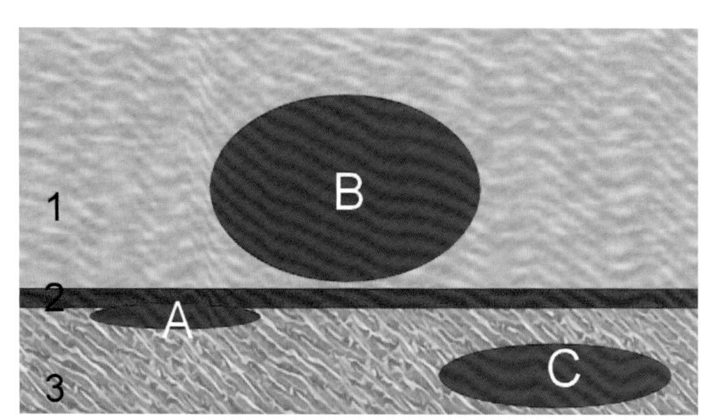

1. 肌肉外筋膜；2. 肌膜；3. 肌肉组织；A. 肌膜下注射；B. 肌肉外注射；C. 肌肉内注射

图 9.1　肌肉注射区

一、肌肉外注射

肌肉外注射是将药液注入肌肉外的筋膜内。筋膜蓄积液体能力很强，而且组织疏松，承受压力小，是液体容易聚集之处。但需要指出的是，一般肌肉外注射不是操作者的目的，而是肌肉内注射失误所造成的结果。如果给药目的是使药物进入血液循环，这样注射所获得的药效还是可以接受的。既然如此，建议最好采取不刺伤肌肉就直接把药物注入肌肉外的方法。因此，笔者研发了股骨后间隙注射法取代常规的肌肉注射。图 9.2 示镊子翻起股二头肌，暴露股骨后间隙，这是股骨后间隙注射法中药物的目的地。

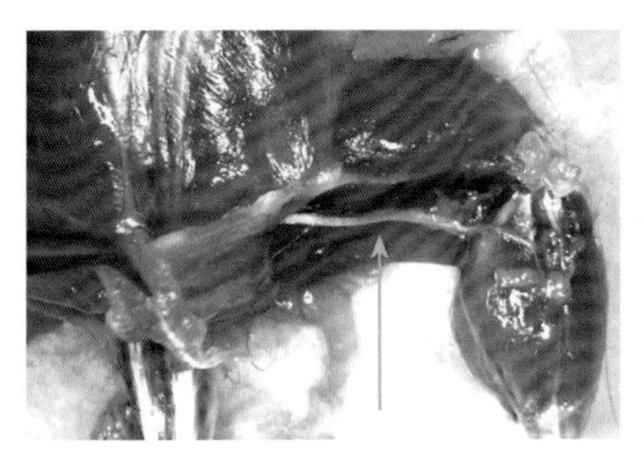

图 9.2　骨骼后间隙，如箭头所示

以肌肉为目标的肌肉外注射有两类：骨骼肌外注射和平滑肌外注射。

（一）骨骼肌外注射

传统的小鼠肌肉注射多是直接模仿临床的臀中肌注射，在小鼠股二头肌上垂直进针。由于针孔长度大于肌肉厚度，所以注射时股二头肌被刺穿（图 9.3），药液基本不在肌肉内，而是存在于股骨后间隙中。

（二）平滑肌外注射

鉴于肠平滑肌非常薄，进针难度极大，笔者研发了肠系膜间隙注射法（图 9.4），使药液聚集在肠平滑肌外的肠系膜间隙内，然后自行渗入肠平滑肌。

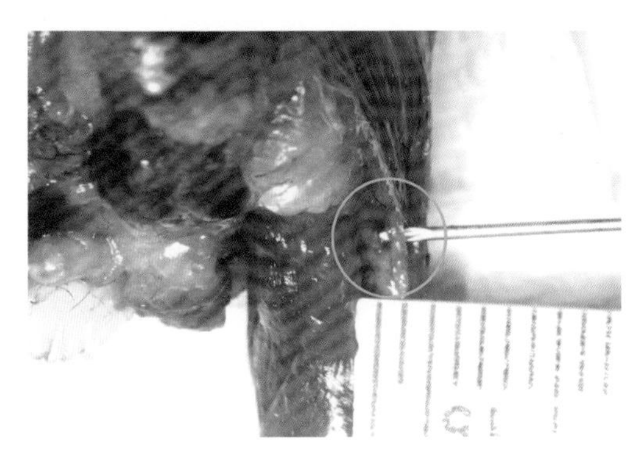

图 9.3　垂直进针，显示针孔长度长于肌肉厚度

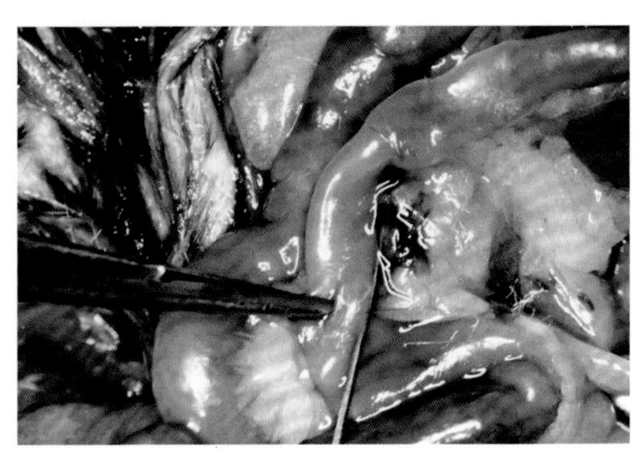

图 9.4　肠系膜间隙注射

二、肌膜下注射

小鼠肌肉很小，针头刺入对肌肉的创伤很大。如果将针头刺入肌膜和肌肉之间注射，对肌肉基本无损伤。

肌膜下注射的实质是将药物注射到肌外膜（图9.5）下，令药物挤入肌束膜间，再通过肌束膜吸收进入肌肉内的毛细血管中。

肌膜下注射的优点是药物可直接渗入肌纤维之间，吸收快；肌肉损伤小。缺点是技术要求高，常需麻醉小鼠，切开皮肤，还需使用显微镜。

常用于肌膜下注射的肌肉有胫前肌（图9.6）、股二头肌、股直肌。

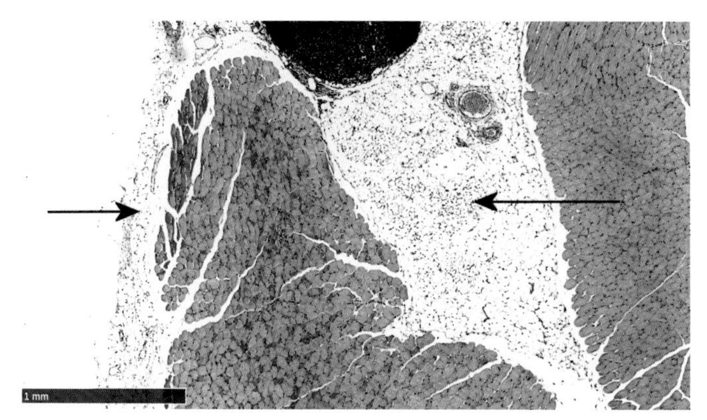

图9.5　与小鼠肌肉相关的肌外膜、肌束膜以及深筋膜。左箭头示肌外膜，右箭头示深筋膜，肌肉间白色“裂纹”为肌束膜

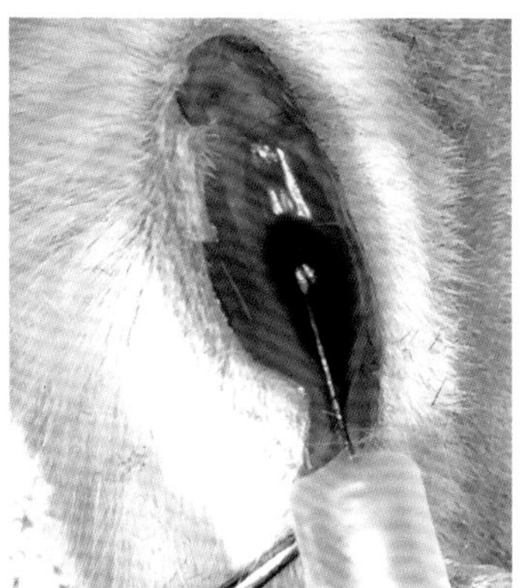

图9.6　直视下胫前肌肌膜下注射

三、肌肉内注射

肌肉内注射的优点是操作比肌膜下注射简单，可以不切开皮肤，不需麻醉，不用显微镜。

缺点是针头刺入肌肉时对肌肉的损伤较严重。图9.7为小鼠肌肉病理切片。蓝色圆环为25 G注射针头的截面积。红色矩形示针头侧面观。可见针尖损伤断面达几十束肌纤维。

肌肉内注射的主要肌肉有大收肌（图9.8）、斜方肌、胫前肌、腓肠肌、股直肌、子宫肌等。

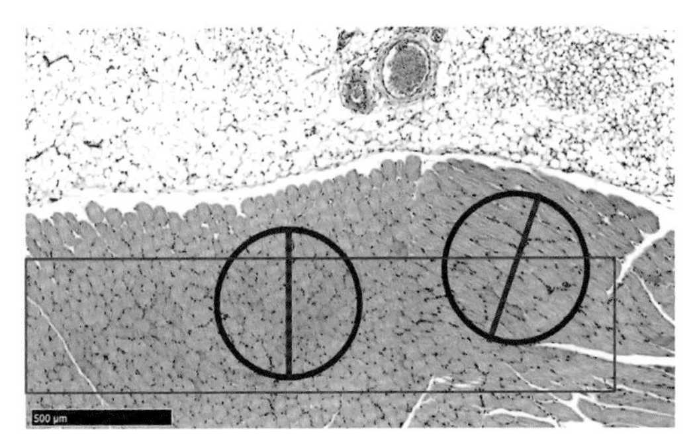

图 9.7　小鼠肌肉病理切片

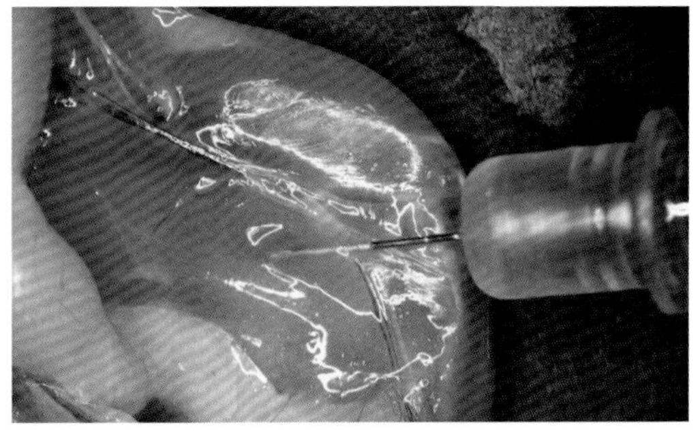

图 9.8　大收肌肌肉内注射（去皮照）

四、讨论

肌肉注射方式及部位的选择要根据实验需要来确定：电穿孔需要注入较大剂量的药物，最佳选择是大收肌；技术要求不高，剂量小的注射，最佳选择是胫前肌；若以全身给药为目的，股直肌可以提供较大的空间；若需要将药物注入肌肉外，股骨后间隙是储藏药液的最佳选择；为了注射时不刺穿股二头肌，可以从大腿后缘的内外肌群之间进针，从而避免对肌肉的损伤。

每一块肌肉都有其特有的形态和肌纤维走向，所以，为了尽量减少对肌肉的穿刺损伤，须根据不同肌肉使用不同的注射法。具体操作方法请参见相关章节。

第 10 章

肌肉外注射

一、背景

传统的小鼠肌肉注射，是在股二头肌部位垂直进针，且多使用 25 G 针头，然而，股二头肌的厚度无法容纳整个针孔，注射后药物必然聚积在张力小的股骨后间隙内，形成事实上的肌肉外注射，因此，将其归为“肌肉外注射”更为恰当。如果给药目的在肌肉外注射中也可以达到，那么就不必穿过肌肉进针，造成不必要的组织损伤。可以从大腿后的内外肌群组之间穿皮直接进入股骨后间隙注射。本章以作者研发的股骨后间隙注射法为例，介绍肌肉外注射，同时也推荐用此法取代目前流行的肌肉注射方法。

二、解剖基础

小鼠后肢肌肉分为近端股骨部和远端胫腓骨部。近端肌肉分为前部和后部。前部为股四头肌。后部分内、外侧肌群：外侧为股二头肌，内侧由大收肌、长收肌、短收肌、半腱肌、半膜肌、股薄肌组成。内、外侧肌群之间为股骨后间隙（图 10.1），坐骨神经走行其间。间隙内有少许筋膜组织（图 10.2），但是容纳液体能力强。

掀开股二头肌，可见坐骨神经在股骨后间隙沿股骨走行（10.3）。

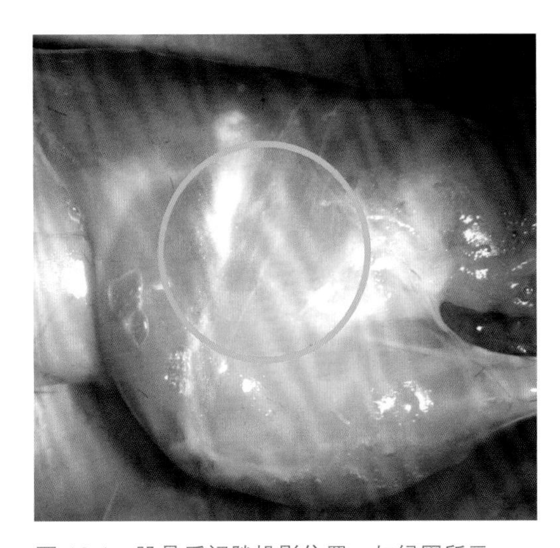

图 10.1　股骨后间隙投影位置，如绿圈所示

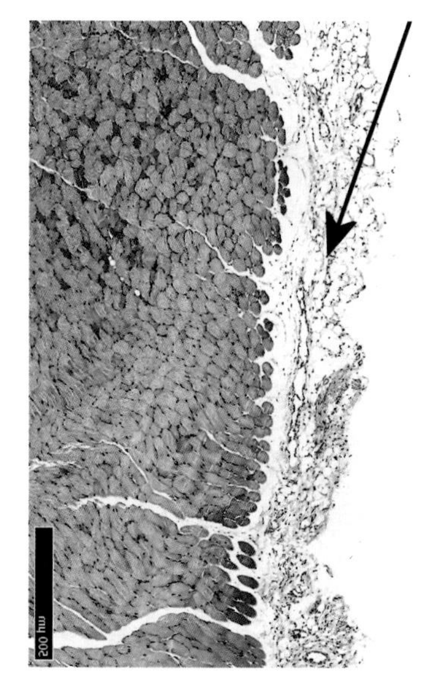

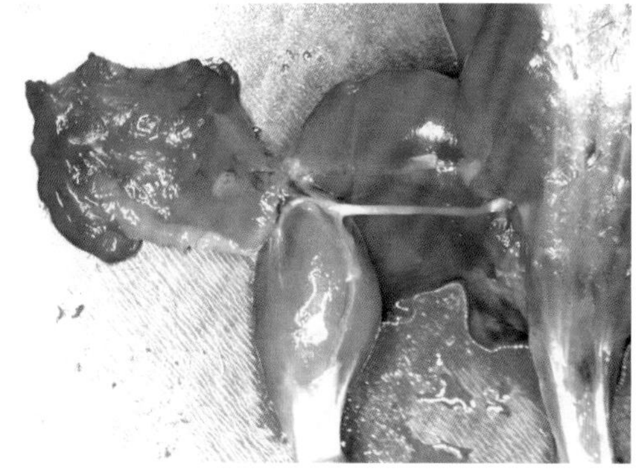

图 10.3　坐骨神经在股骨后间隙沿股骨走行。左侧为掀起的股二头肌。中央横行的白色条状物为坐骨神经

图 10.2　肌间筋膜组织，如箭头所示

三、器械与耗材

31 G 针头胰岛素注射器。

四、操作方法

股骨后间隙注射法见图 10.4。▶

1. 小鼠无须麻醉，常规擒拿于左手。
↓

2. 右手将小鼠右后肢拉直。→

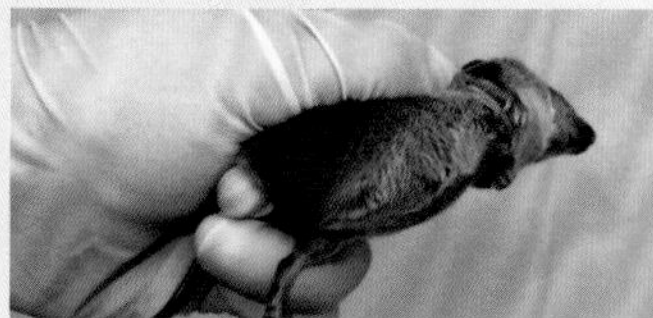

3. 将其右后爪夹于左手中指和无名指之间。→

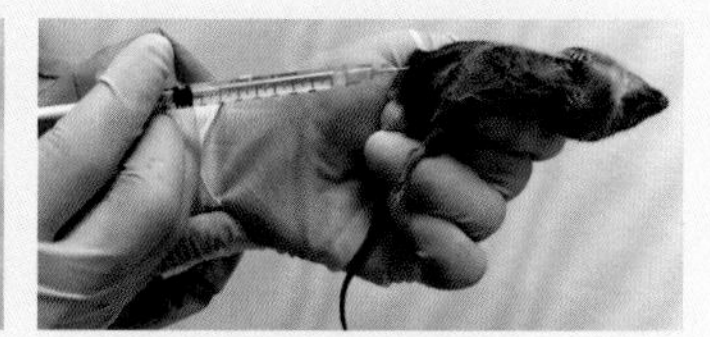

4. 右手持针，小指顶住左手腕或小鱼际以稳定注射器，便于控制进针深度。↓

5. 在后肢内、外侧肌群之间进针，针头直接穿皮进入股骨后间隙。进针深度不可超过 1 cm，以避免损伤坐骨神经。↓

6. 不必吸回血，因为此处没有大血管。↓

7. 匀速注射，迅速拔针。↓

8. 注射量不超过 100 μL。

图 10.4　股骨后间隙注射法

操作讨论

（1）在本方法中，药液会储存在股骨后间隙中，与传统的肌肉内注射效果相同，但是不损伤股二头肌。图 10.5 示股骨后间隙注射效果检测法。

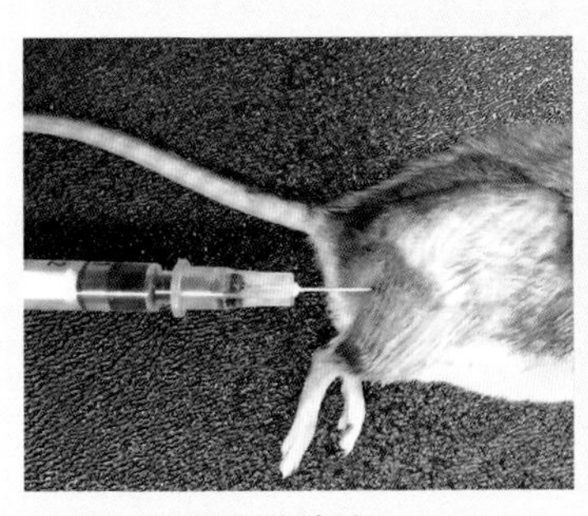

1. 注射伊文思蓝染液。→

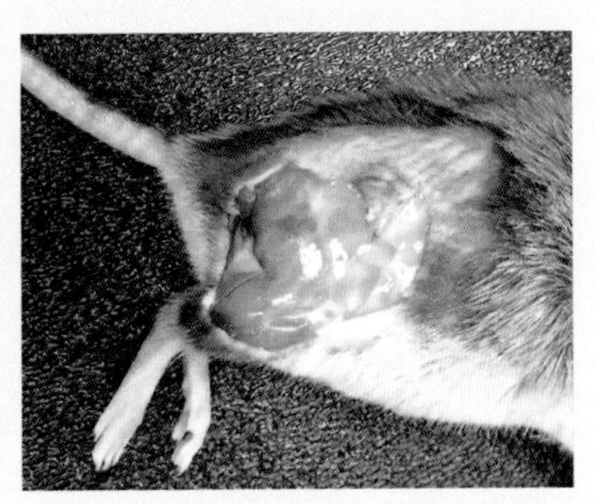

2. 注射后去除皮肤，暴露股二头肌。↓

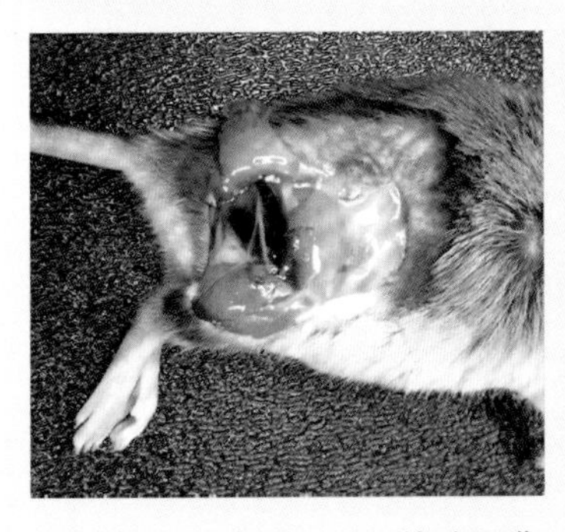

3. 掀起股二头肌，显示染液聚集在股骨后间隙。→

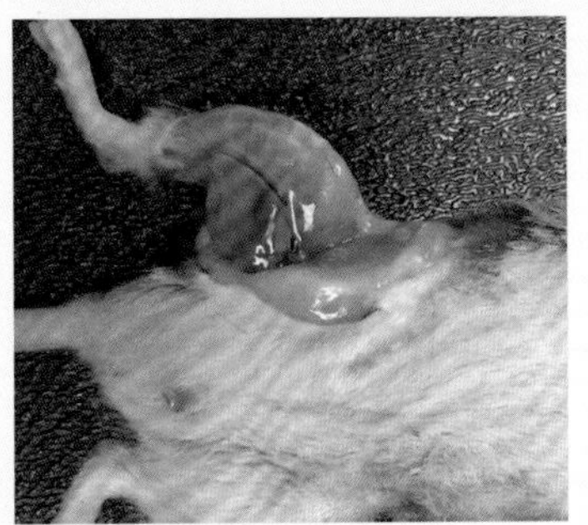

4. 大腿内侧观。去除皮肤，透过肌肉可见染液颜色。

图 10.5　股骨后间隙注射效果检测法

（2）图 10.6 比较了传统肌肉注射和股骨后间隙注射，二者进针方向呈 90°。

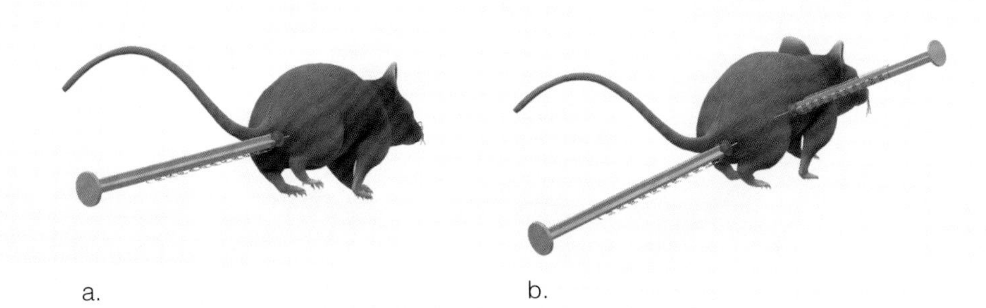

a.　　b.

图 10.6　股骨后间隙注射（a）与传统肌肉注射（b）比较示意

第 11 章

大收肌注射

一、背景

为使药物在肌肉局部发挥作用，而不是通过肌肉进入全身血液循环，需要把药物完全注射到一块肌肉中，不容许泄露到肌肉外面。后肢的大收肌是一块较大的肌肉，若精准注射，可以注入较多的药液。大收肌注射适用于活体影像研究和肌肉转基因研究。

二、解剖基础

大收肌（图 11.1，图 11.2）位于后肢，起于坐骨，止于胫骨。该肌肉较厚，约呈矩形。

小鼠仰卧、外展后肢的体位，大收肌表面覆盖股薄肌和长收肌，隐动静脉和神经也走行于此区域的浅筋膜内。在胫骨内侧，只有一个极小的无肌肉覆盖区，在胫骨、股薄肌和长收肌围成的一个小三角形中（大收肌三角）。图 11.3 中三条绿线分别显示长收肌后缘、股薄肌前缘和胫骨内缘。三条线围成的大收肌三角内有隐动静脉和神经穿过。

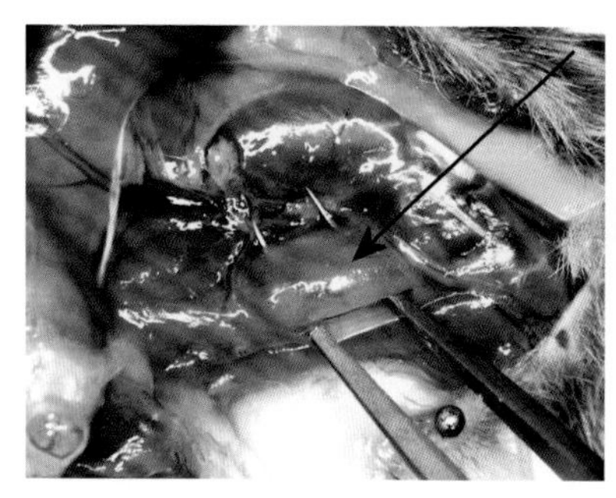

图 11.1　小鼠大收肌，如箭头所示

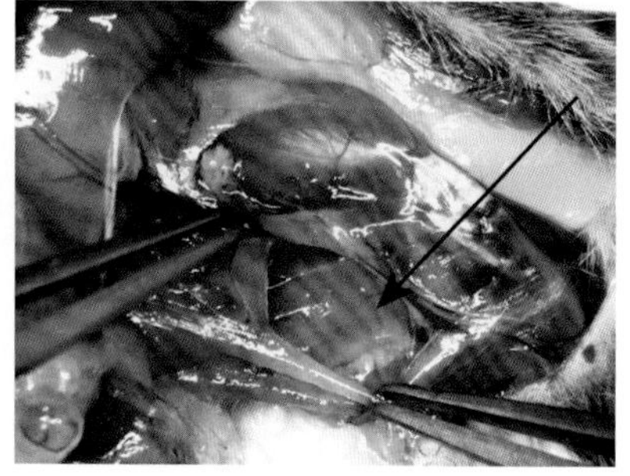

图 11.2　大收肌，如箭头所示。镊子分开的分别是长收肌（上）和股薄肌（下）

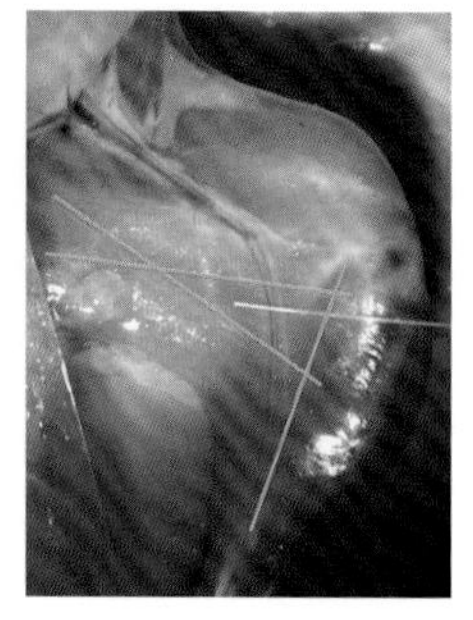

图 11.3　大收肌三角

三、器械与耗材

31 G 针头胰岛素注射器；酒精棉片。

四、操作方法

大收肌注射法见图 11.4。▶

1. 小鼠常规麻醉，局部备皮。
↓

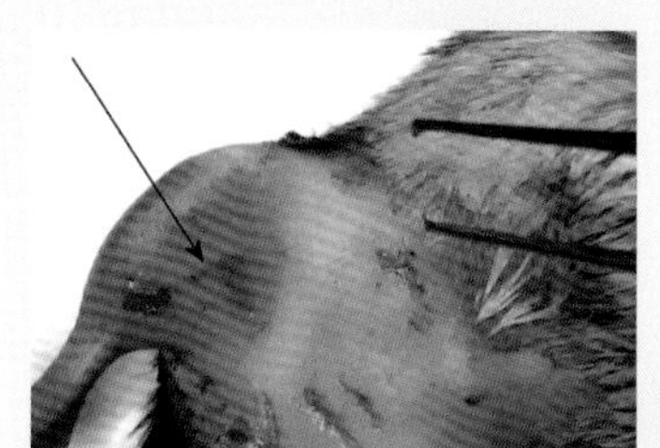

2. 用酒精棉片擦拭小腿上部内侧，可以透过皮肤看到隐静脉，如箭头所示。→

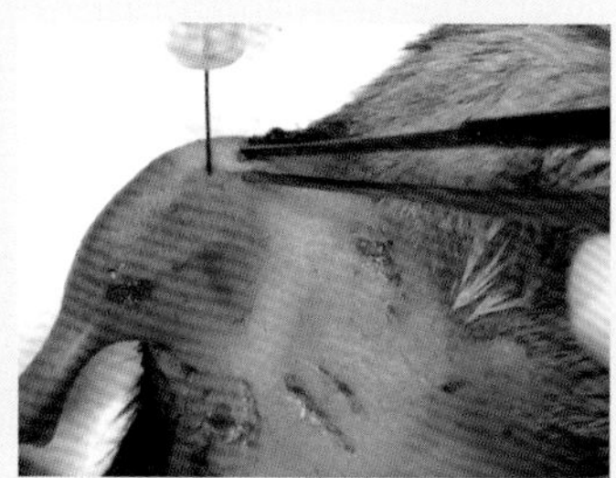

3. 在隐静脉平行于股骨内侧髁向下 1 mm 处，隐动脉外侧进针。针头与大收肌长轴平行，针尖指向如图所示。→

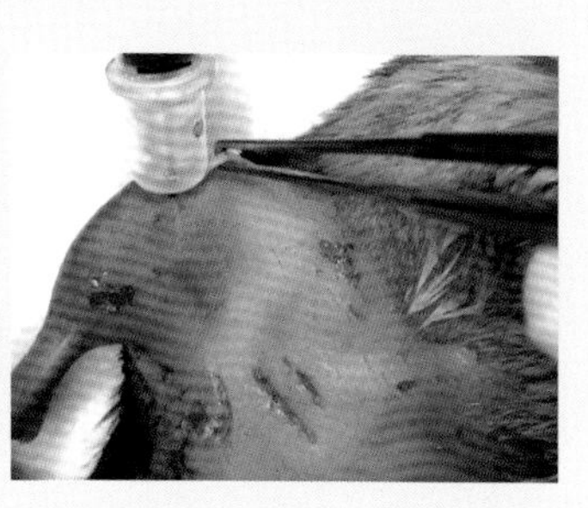

4. 进针处是大收肌三角的顶端。针头进入大收肌后，从隐动脉深面水平穿过，于大收肌内走行 5 mm。↓

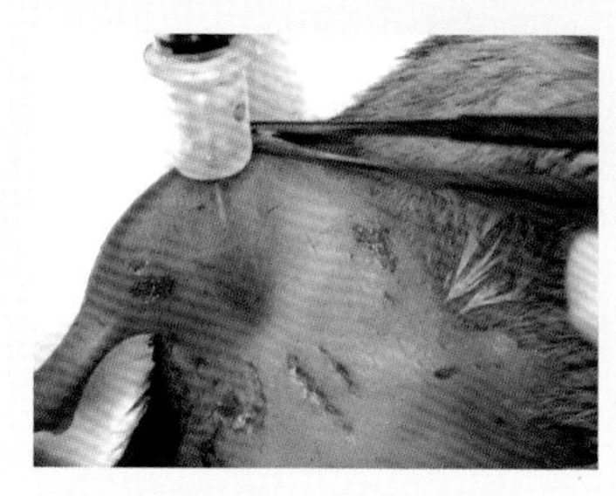

5. 缓慢注射 40 μL 药液后，可见皮肤略隆起。→

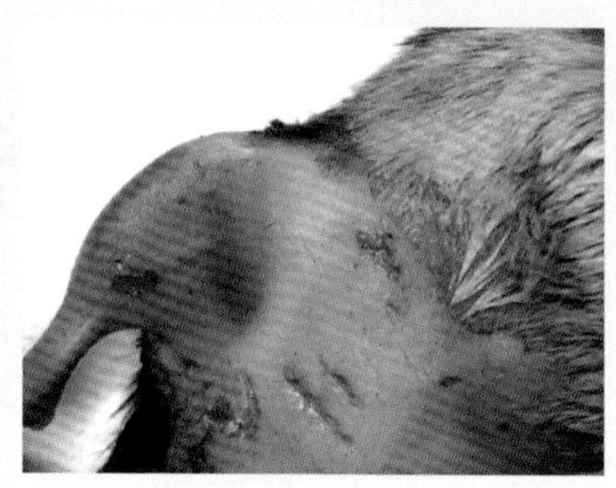

6. 注射完毕迅速拔针。

图 11.4　大收肌注射法

操作讨论

（1）针尖完全刺入大收肌是操作关键。由于是穿皮注射，不能直视大收肌，所以必须熟悉局部解剖。针头位置见图 11.5。

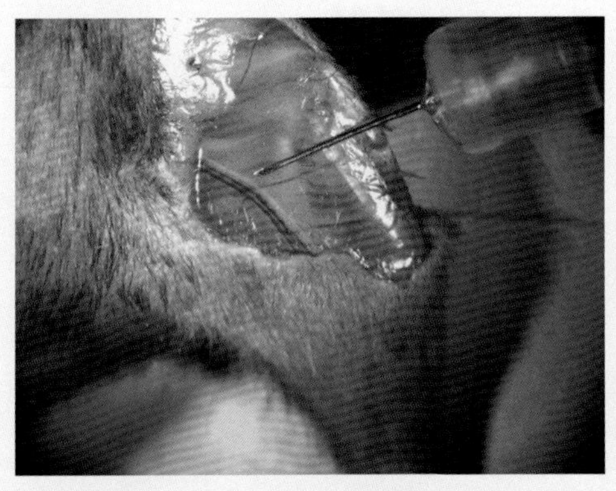

a. 注射部位和角度

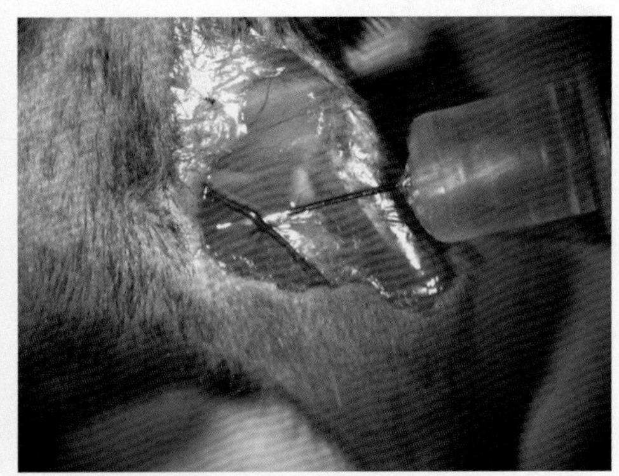

b. 注射深度和长度

图 11.5　去除部分后肢皮肤，显示针头位置

（2）可用染料进行注射练习，注射后去皮检验注射效果（图 11.6）；若进一步检验注射效果，可将大收肌横向剪断，观察肌肉断面染料分布情况（图 11.7）；再拉起大收肌，观察其深面的股骨后间隙是否有染料进入，以检查是否有染料漏到肌肉外。

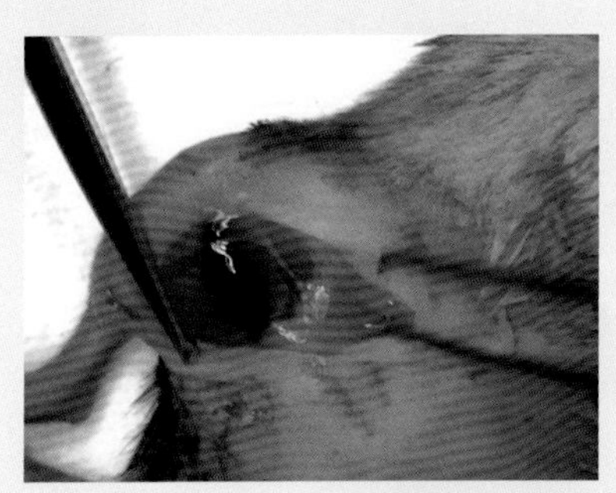

图 11.6　去皮展示注射效果

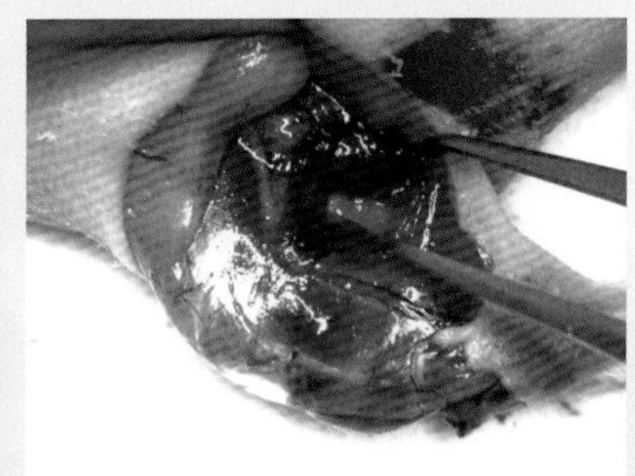

图 11.7　横向剪断大收肌，观察肌肉断面染料分布情况

（3）药液进入股骨后间隙的原因：一是针头没有刺入大收肌；二是刺穿了大收肌。

（4）如果技术不熟练，可以考虑将局部皮肤剪开 2 mm，在直视下注射（图 11.8），注射完毕再缝合一针即可。

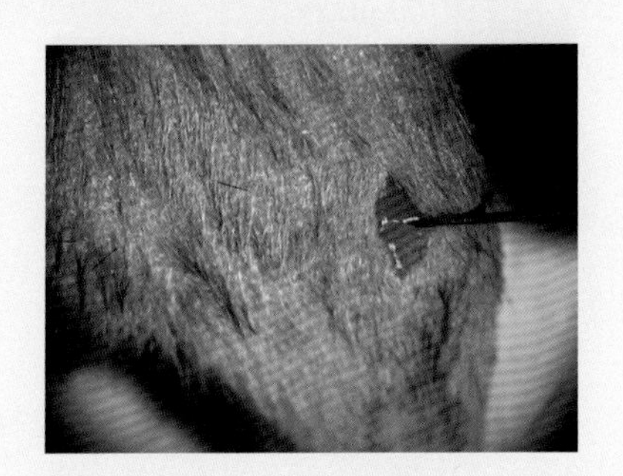

图 11.8　直视下大收肌注射

第 12 章

胫前肌内注射

一、背景

在进行肌内注射时，若注射剂量较大，一般选择大收肌和股直肌；若注射剂量较小，第一选择是胫前肌。因为该肌肉的肌外膜较厚，注入肌肉内的药液不易泄露；而且该肌肉位置表浅，便于操作。

二、解剖基础

胫前肌（图 12.1）位于胫骨外侧，从膝盖到踝部，呈长梭形；肌膜相对较厚；该肌肉位置表浅，不用切开皮肤就可以准确注射，非常方便。

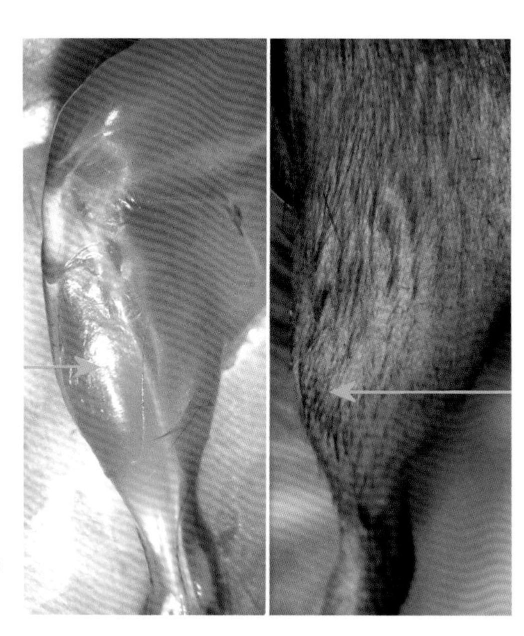

图 12.1 胫前肌，如箭头所示。左图中皮肤已剥离

三、器械与耗材

尾静脉注射控制器；31 G 针头胰岛素注射器。

四、操作方法

胫前肌注射法见图 12.2。▶

1. 小鼠无须麻醉。有经验的操作者可以不用剃毛。

↓

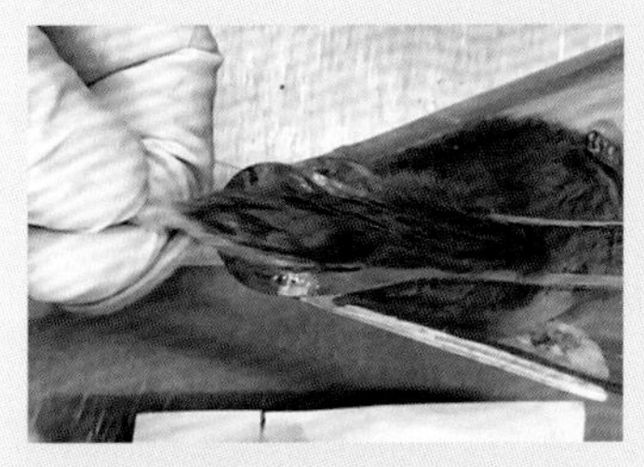

2. 将小鼠置于有孔笼中，例如，尾静脉注射控制器。将一条后肢从孔中拉出，左手拉紧后爪，将胫前肌翻转向上。→

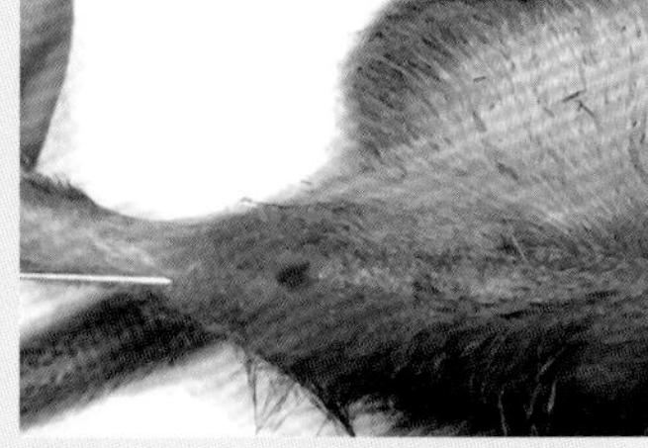

3. 右手持注射器，针头对准胫前肌远端，由脚踝部向上，沿着肌肉纵轴进针。→

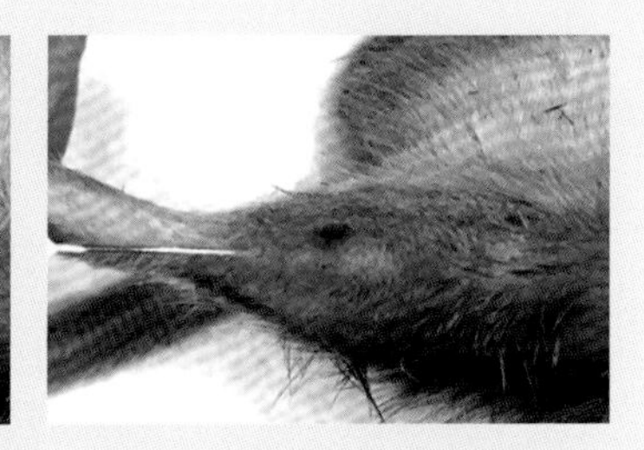

4. 进针 3 mm 后开始注射。↓

5. 注射时可见胫前肌鼓起。

↓

6. 用棉签按住进针处拔针，以保证无注射液因肌肉内高压溢出。右图示少许药液在拔针时溢出。

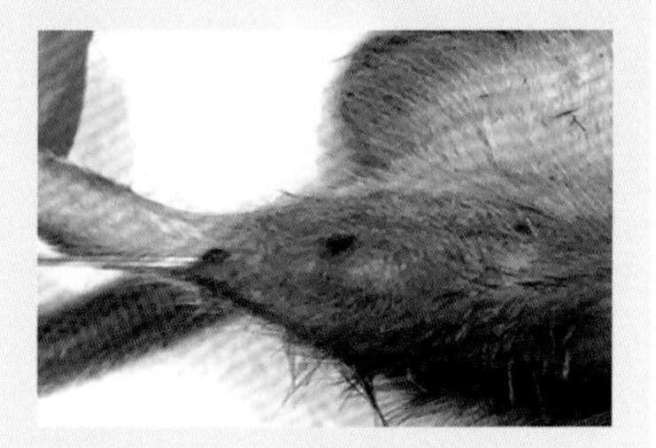

图 12.2　胫前肌注射法

操作讨论

（1）针刺入胫前肌后，必须沿着肌纤维的走向（图 12.3）才能将对肌肉的损伤降到最低。

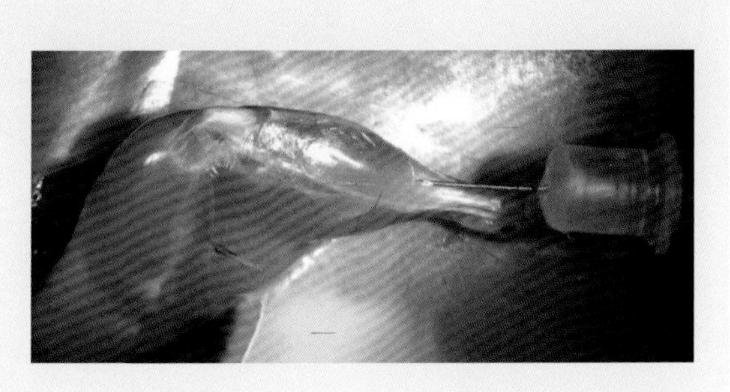

图 12.3　针刺入胫前肌后的走向

（2）胫前肌内的注射量以不超过 20 μL 为宜。

（3）将注射染料的胫前肌断面剪开，可以清楚地观察到注射效果（图 12.4），如是否有泄露、是否充满胫前肌。

（4）注射液部分泄露到肌肉外时，可见胫前肌表面皮肤呈球状隆起（图 12.5）。这多是由于针头尚未深入肌内即开始注射，药液进入浅筋膜。

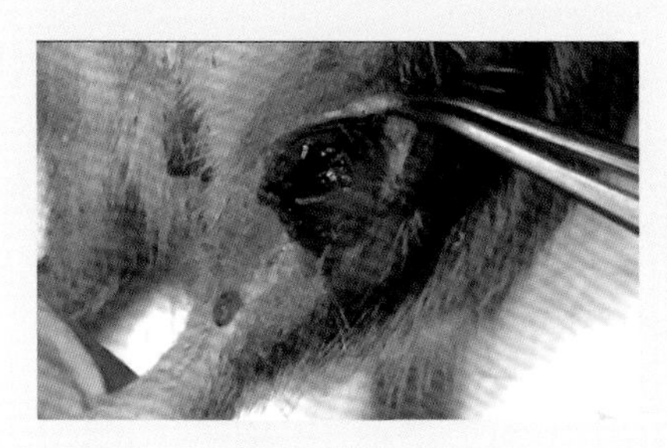

图 12.4　注射效果检验

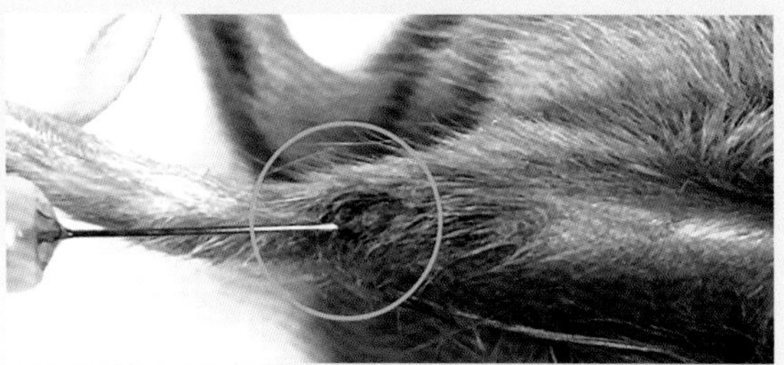

图 12.5　注射液外溢导致表面皮肤呈球状隆起

第 13 章

胫前肌外膜下注射

一、背景

小鼠肌肉非常细小，一般的针头刺入肌肉，会造成不小的肌肉损伤。小鼠骨骼肌有肌外膜包裹，行肌外膜下注射，不但可以达到肌肉内给药的目的，而且还能减少肌肉损伤。小鼠胫前肌外膜较厚，在有利于限制药液外溢的同时，也限制肌肉的充盈，所以该方法适于小量给药。

二、解剖基础

（1）肌外膜（图 13.1）：包裹肌肉块的膜组织，其内面与肌束膜相通。肌束膜中有丰富的纤维和小血管走行其间。

（2）肌束膜（图 13.2）：为单层膜。小鼠肌束膜之间没有筋膜组织，药物可以穿过肌束膜进入肌束，进一步进入肌

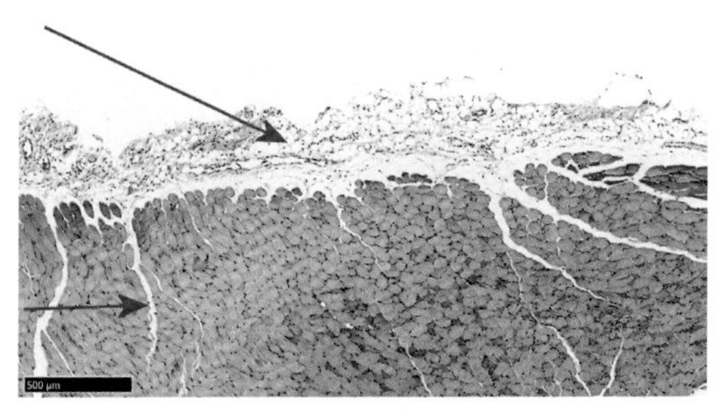

图 13.1　肌肉组织切片。上箭头示肌外膜，下箭头示肌束膜

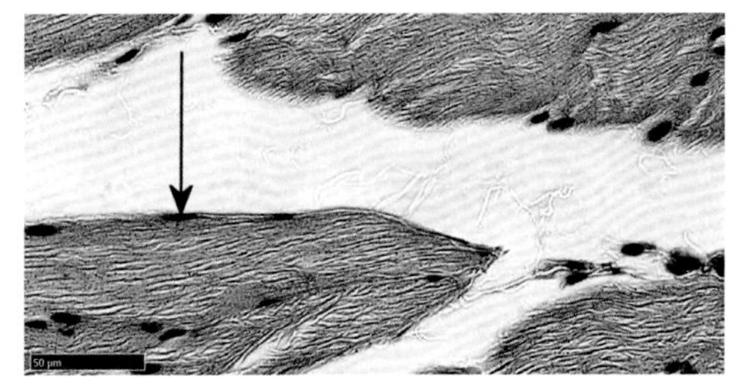

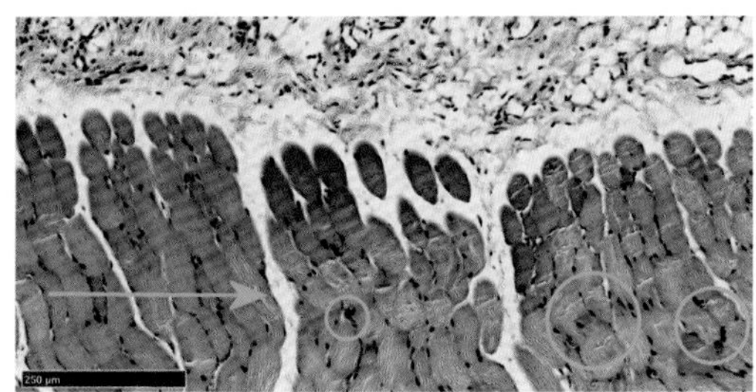

图 13.2　肌束膜，如箭头所示。绿圈示肌束间的毛细血管

束之间的毛细血管。

（3）胫前肌解剖参见“第 12 章 胫前肌内注射”⑫。

三、器械与耗材

31 G 针头胰岛素注射器。

四、操作方法

胫前肌外膜下注射法见图 13.3。▶

1. 小鼠常规麻醉，小腿备皮。
↓

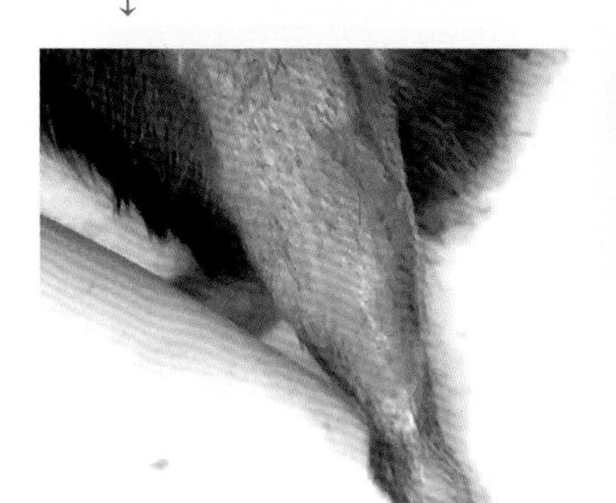

2. 取仰卧位，拉直后肢，爪面向上。→

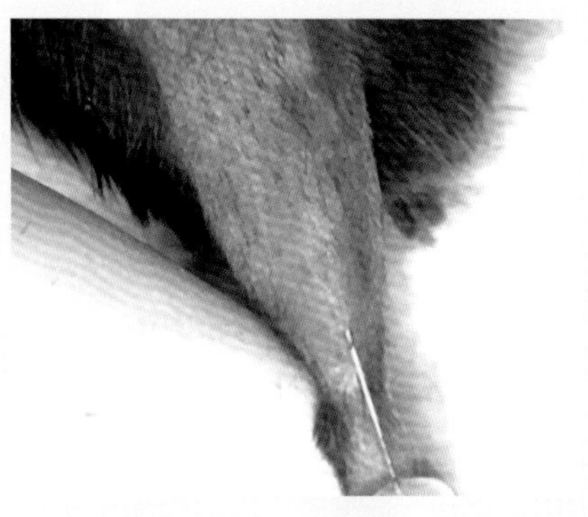

3. 将针孔斜面向下，于胫前肌远端皮肤进针。刺穿皮肤后稍深入刺穿肌外膜，再贴着肌肉表面进针 3 mm。↓

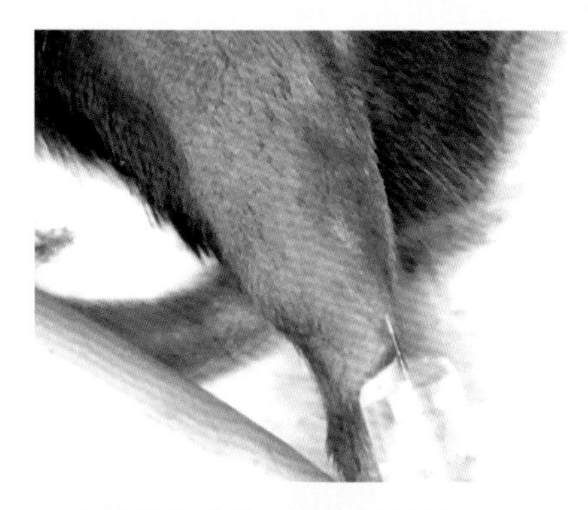

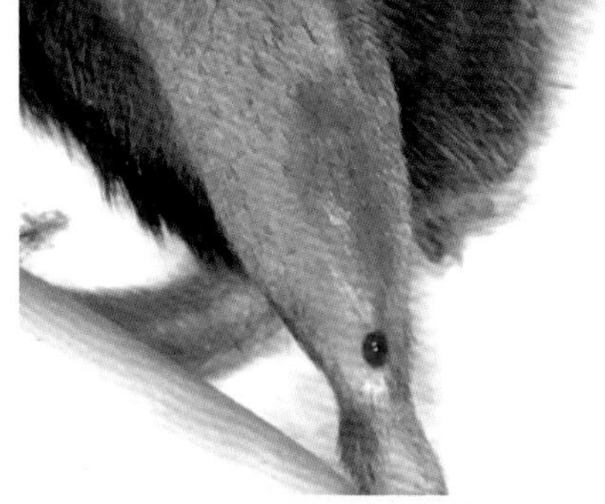

4. 匀速注入药液，剂量不超过 20 μL。若为单人操作，拔针时不方便用棉签压迫进针孔，会有少量药液溢出。

图 13.3 胫前肌外膜下注射法

操作讨论

（1）条件允许的情况下，尽量在直视下操作（图 13.4），可以确保药液注入肌外膜下。

（2）可用染料练习注射。在注射后可立即切开皮肤，检查药液存在位置。看看胫前肌断面的药液是否在肌肉外面，以及药液进入肌肉的深度（图 13.5）。

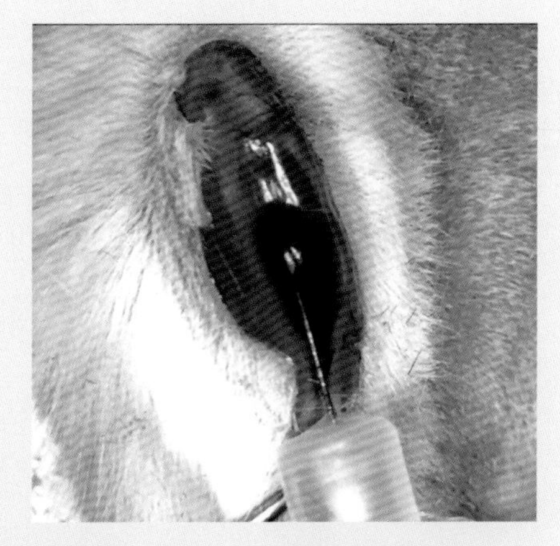

图 13.4　直视下胫前肌外膜下注射

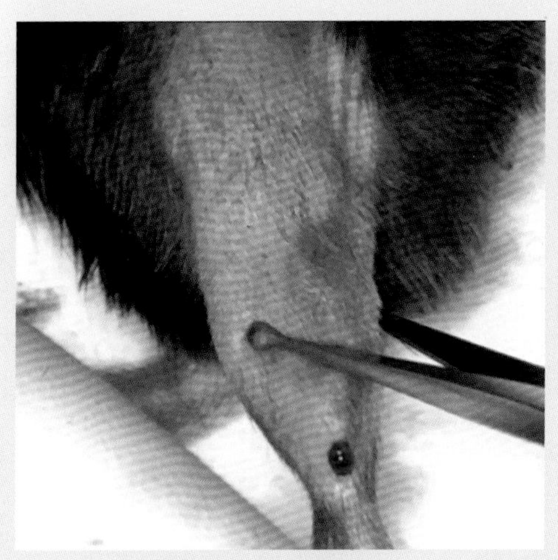

a. 注入染料

b. 胫前肌断面检查

图 13.5　胫前肌外膜下注射效果检验

（3）拔针时没有用棉签压迫，会有少量药液溢出进入浅筋膜（图 13.6）。

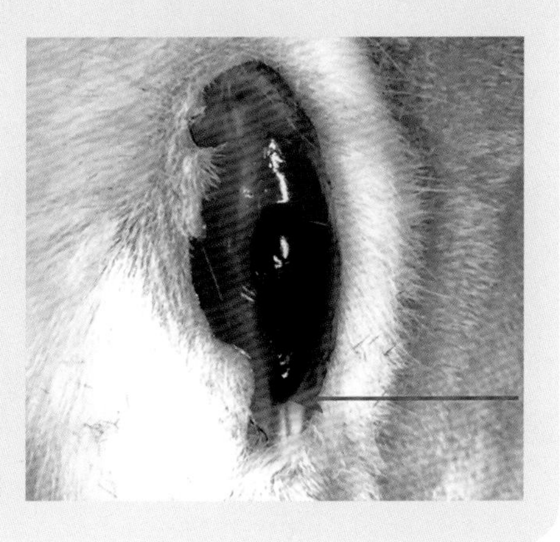

图 13.6　药液溢出至浅筋膜

第 14 章

股直肌注射

一、背景

股直肌是小鼠身体中最厚的一块肌肉，分布表浅，且在进针路径上没有大血管和神经分布，方便操作，是单纯肌肉内注射的最佳选择。

股直肌注射可以徒手进行，也可以借助小设备进行。本章分别对这两种操作方法予以介绍。

二、解剖基础

股直肌（图 14.1，图 14.2）是股四头肌之一，位于大腿前部，与股骨平行走行。其内

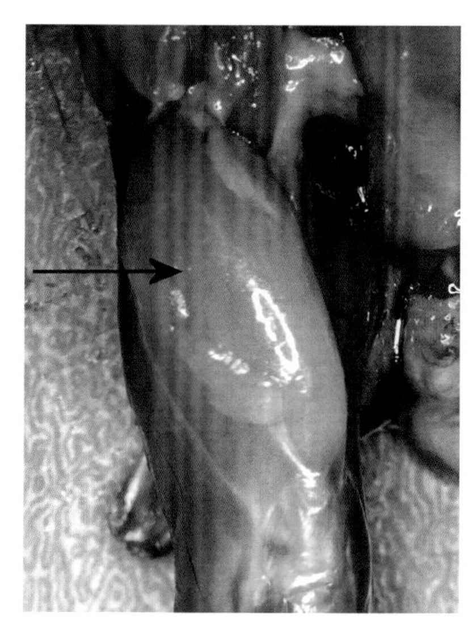

图 14.1　股直肌前面观，箭头示股直肌

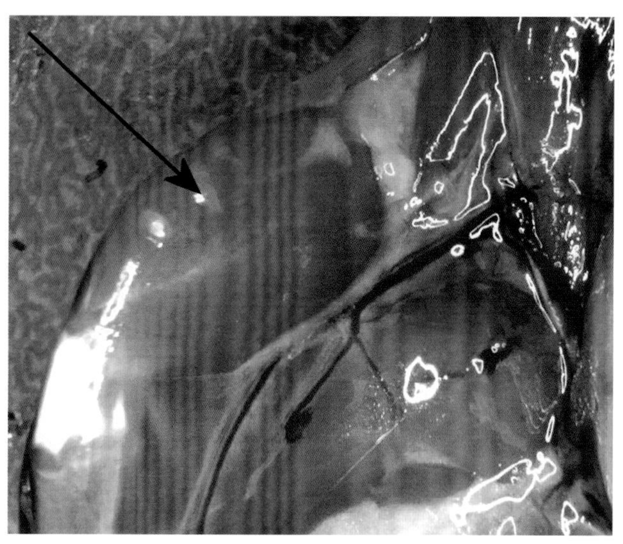

图 14.2　股直肌内侧部，如箭头所示

侧为股内侧肌，外侧为股外侧肌，深面为股中间肌。肌肉内部纵向有一层深筋膜——股直肌中间筋膜，将其分为内侧部和外侧部。

三、器械与耗材

尾静脉注射控制器；29 G 针头胰岛素注射器；酒精棉片。

四、操作方法

（一）徒手注射法（图 14.3）▶

1. 小鼠无须麻醉，以“V”形手势将小鼠握于左手，中指将尾根压于大鱼际上。

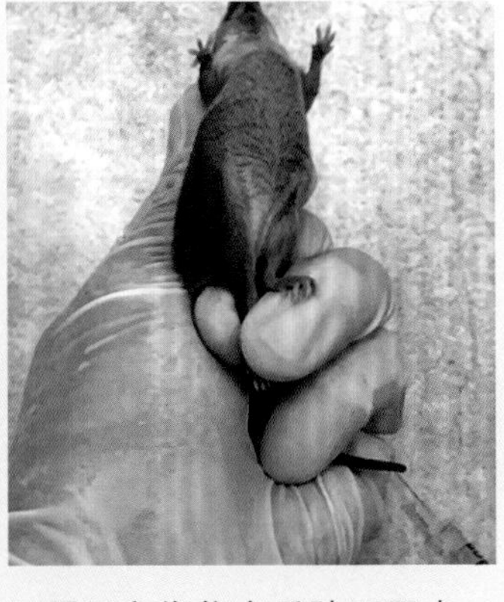

2. 用无名指将右后肢压于中指上。→

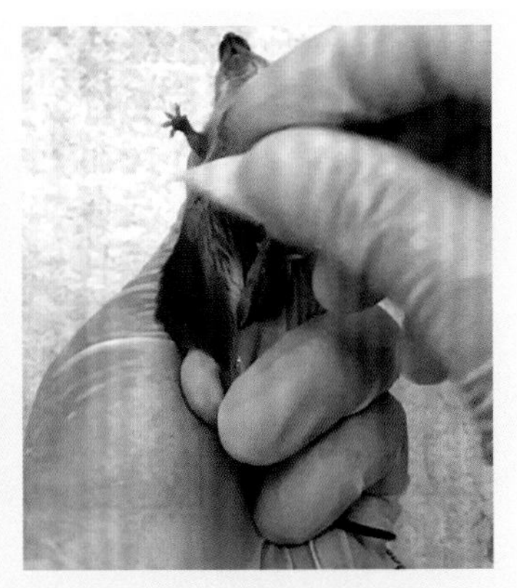

3. 用酒精棉片擦拭股直肌和膝关节部皮肤。酒精打湿皮毛后，确认膝关节部位和股直肌轮廓。↓

4. 于膝关节大腿端 2 mm 处进针。进针方向指向大腿根，30°刺入皮肤，感觉针尖进入肌肉后立即平行股直肌深入 2 mm。→

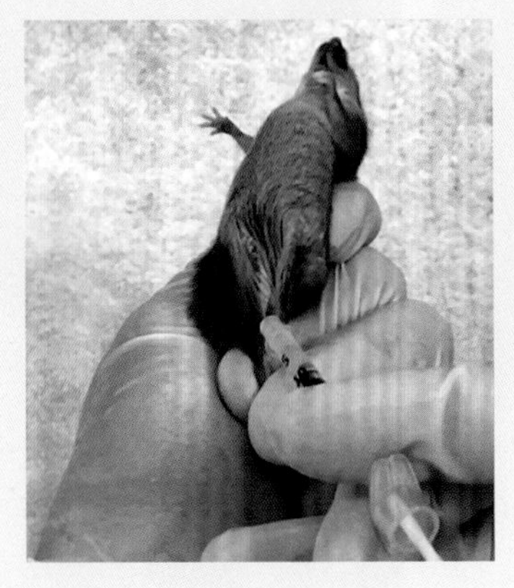

5. 匀速注入药液，不宜超过 30 μL。注射完毕迅速拔针。

图 14.3　徒手注射法

（二）尾静脉注射控制器注射法（图 14.4）▶

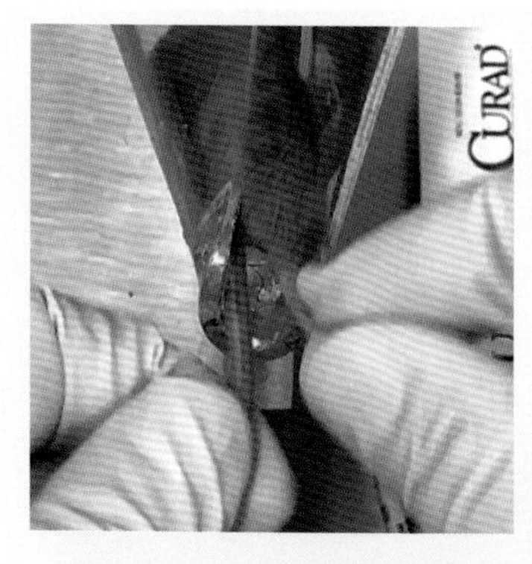

1. 小鼠无须麻醉，置于尾静脉注射控制器内，将尾巴和右后肢一起从限制器出口拉出。→

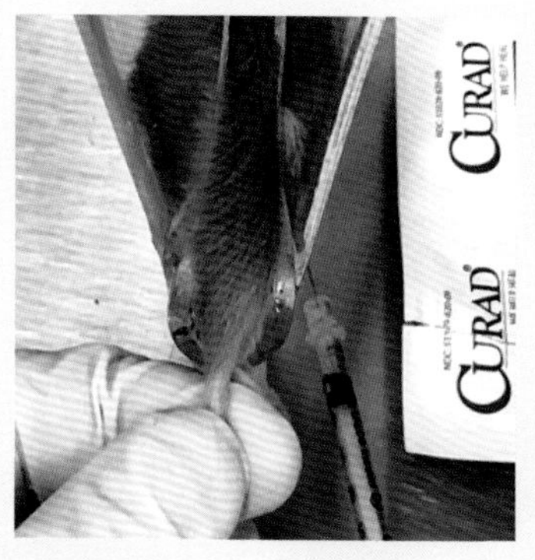

2. 将后爪面向上拉紧固定。→

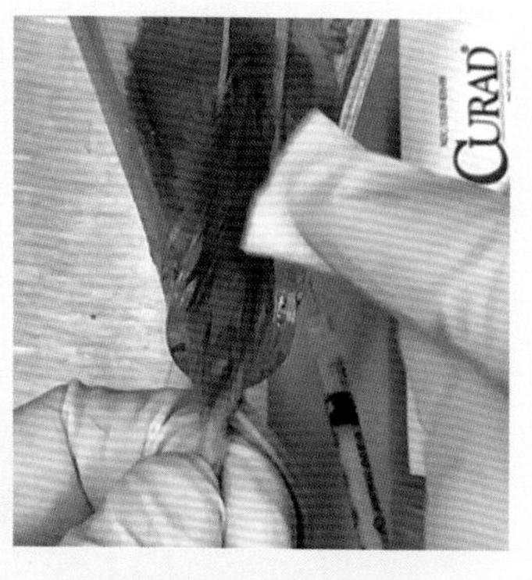

3. 用酒精棉片擦拭股直肌和膝关节部皮肤，在被酒精打湿的皮毛表面明确膝关节部位和股直肌轮廓。↓

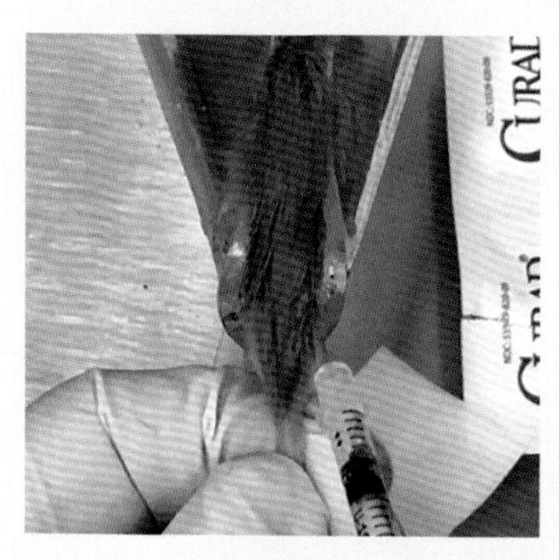

4. 于膝关节大腿端 2 mm 处进针。→

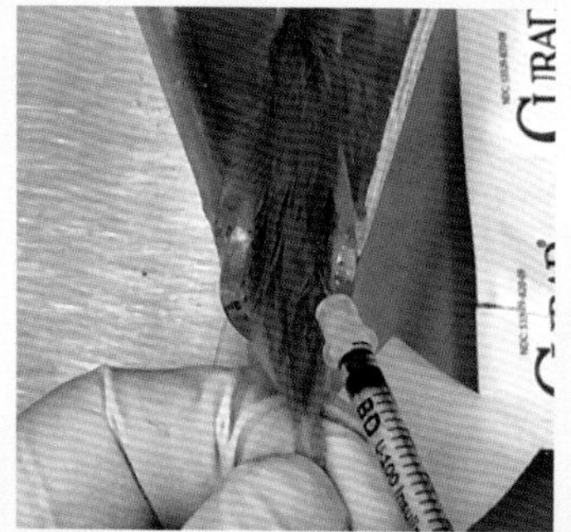

5. 进针方向指向大腿根，30° 刺入皮肤，进入肌肉后立即平行股直肌深入 2 mm。→

6. 匀速注入药液，不宜超过 30 μL。注射完毕迅速拔针。

图 14.4　尾静脉注射控制器注射法

操作讨论

（1）将小鼠置于尾静脉注射控制器中，必须拉紧需要被注射的后肢，以防止注射时后肢回缩，无法确定股直肌的位置。

（2）注意针头与肌纤维同轴向，这样对肌肉损伤最小。

（3）股直肌中间筋膜把肌肉一分为二，注入的药液局限于一侧。如果两侧都需要有药液，应做双侧注射（图 14.5）。

（4）股直肌是股四头肌的一部分（图 14.6）。股四头肌的四块肌肉之间有界面，一旦针尖刺破界面，药液就会蓄积在肌肉之间。如图 14.7 所示，药液蓄积在股直肌与股中间肌之间。

（5）股直肌注射位置见图 14.8。

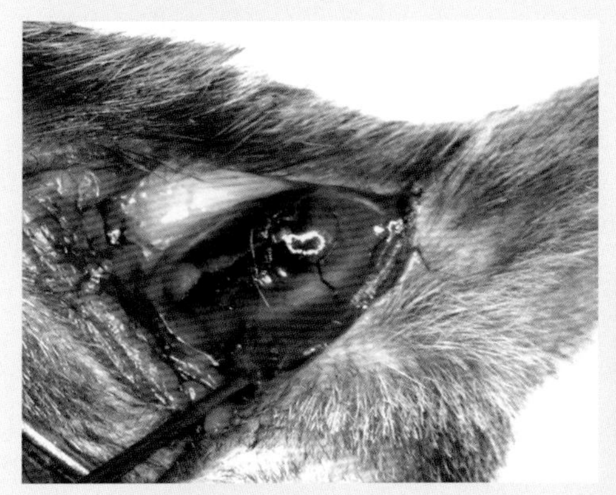

图 14.5　股直肌双侧注射的效果

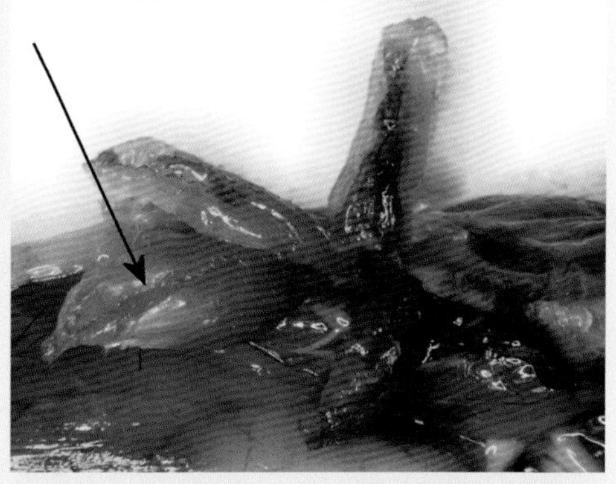

图 14.6　股直肌是股四头肌的一部分。箭头示被掀起的股直肌

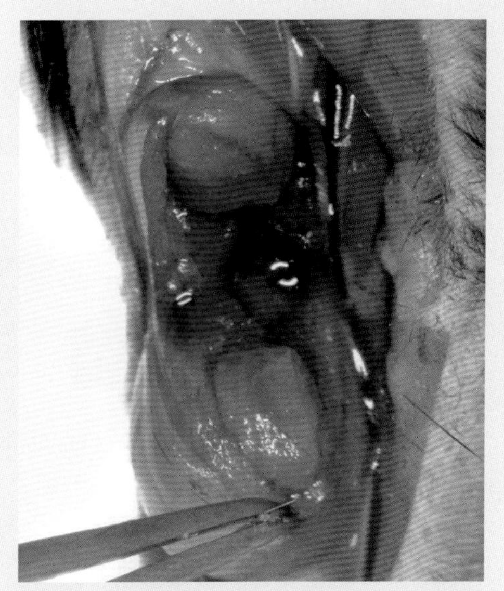

图 14.7　针尖刺破界面，导致药液蓄积在股直肌与股中间肌之间

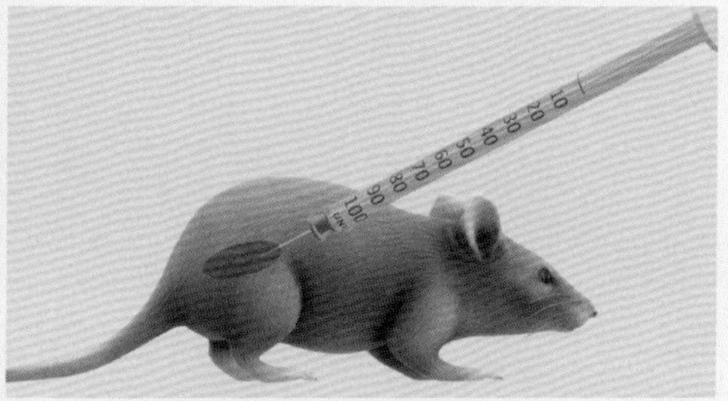

图 14.8　股直肌注射位置体表投影，如红圈所示

第 15 章

斜方肌注射

一、背景

斜方肌面积大，而且不薄，表面没有大血管和神经覆盖，是幼鼠肌肉内注射的首选位置。

二、解剖基础

斜方肌（图 15.1）位于背部皮下，前部肌肉在冬眠腺深面。左、右斜方肌向脊柱方向汇集。注射区没有大的血管分布。

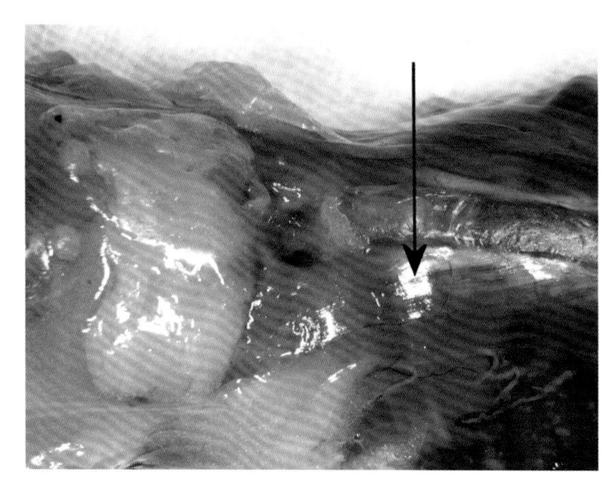

图 15.1　斜方肌，如箭头所示

三、器械与耗材

（1）幼鼠用器械：31 G 针头胰岛素注射器。

（2）成鼠用器械：29 G 针头胰岛素注射器；有齿镊；皮肤剪。

四、操作方法

（一）幼鼠斜方肌注射法（图 15.2）

1. 幼鼠不必麻醉。因皮肤很薄，不必备皮，无须切开皮肤，可以直接找到斜方肌。

↓

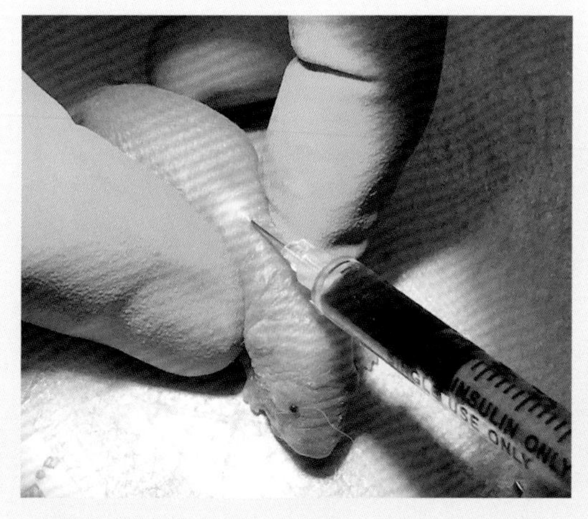

2. 左手食指和中指分开，轻压迫幼鼠背部以固定体位。↓

3. 右手将针头以 30° 直接刺穿冬眠腺后缘处的皮肤，刺入斜方肌。→

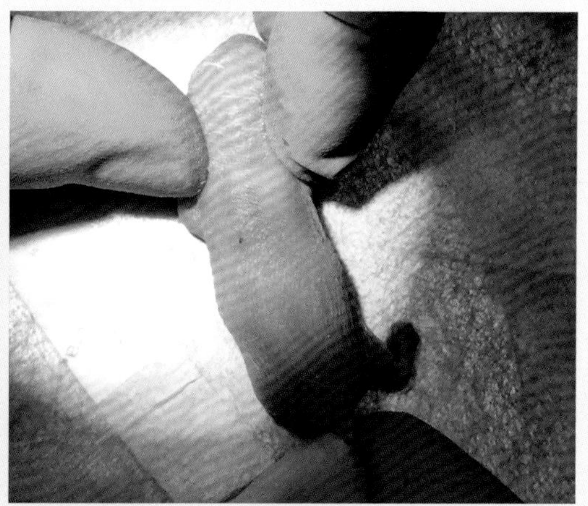

4. 缓慢注射，注射量不超过 10 μL。注射后拔针。

图 15.2　幼鼠斜方肌注射法

（二）成鼠斜方肌注射法（图 15.3）▶

1. 小鼠常规麻醉，背部备皮。

↓

2. 于胸椎部位、胸腺后缘、距背正中线一侧 2 mm 处将皮肤剪开 3 mm。

↓

3. 分开皮肤切口，找到白色肌腱膜处。

↓

4. 以小于 30° 进针，针孔没入肌肉即可以注射。

↓

5. 缓慢注射，拔针后缝合皮肤切口。

图 15.3　成鼠斜方肌注射法

操作讨论

（1）注射位置不可太靠前，避免针头仅仅刺入冬眠腺，没有进入肌肉。

（2）注射角度不可超过 30°，注意针头进入肌肉的深度。如果针头刺入过浅，会出现针孔外露，药液不能进入肌肉的现象。如果针头刺入过深，容易损伤脊神经，同时也会刺穿深面的肌外膜，导致药物漏出肌肉。

（3）利用染料可以检验注射效果。在皮肤切口，肌纤维和筋膜清晰可见（图 15.4）。

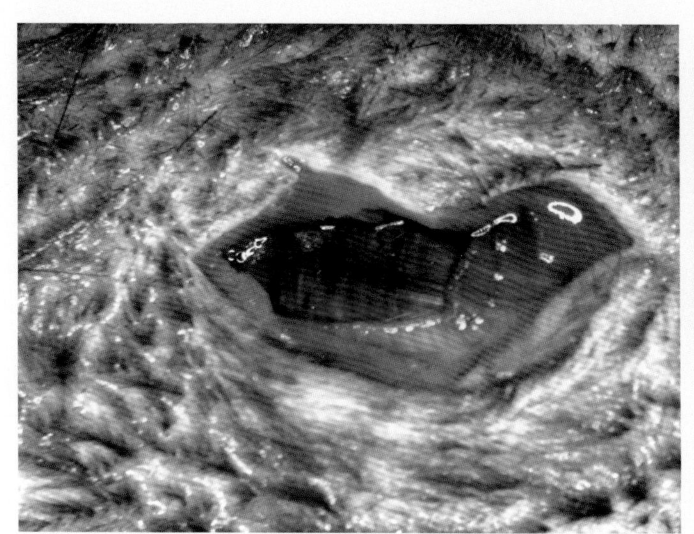

a. 切开皮肤检验

b. 剥皮检验

图 15.4　用染料检验注射效果

（4）注意，正确注射部位应远离冬眠腺动静脉，选择图 15.5 中针头所在位置，即白色筋膜区，图 15.6 中蓝色染料显示正确注射效果。

（5）熟练者无须切开小鼠皮肤。可以直接穿皮注射。

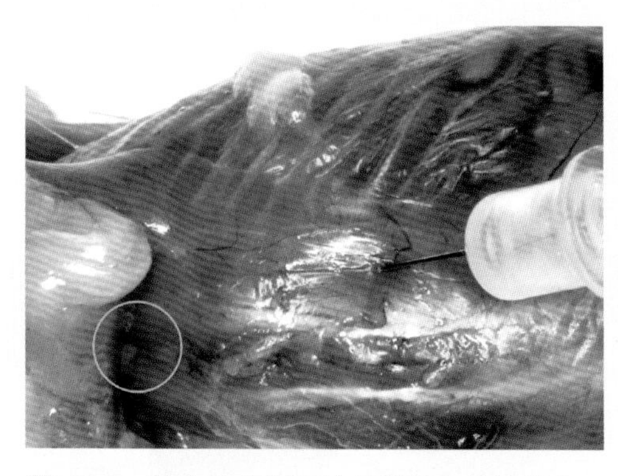

图 15.5　针头处为正确注射部位。绿圈示冬眠腺动静脉

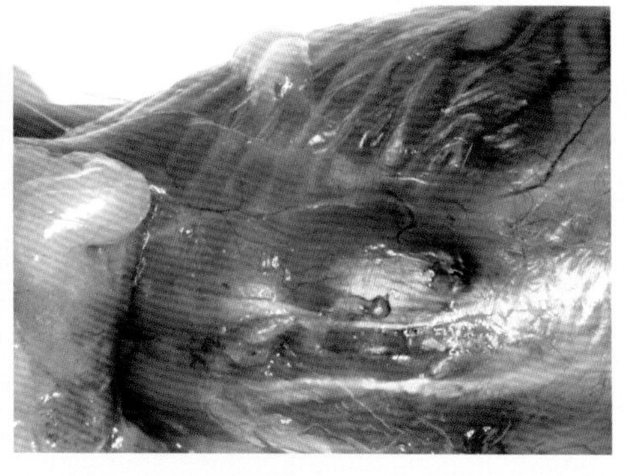

图 15.6　正确注射效果

第 16 章

斜方肌膜下注射

一、背景

肌膜下注射可避免肌肉损伤，是一种适宜小鼠的肌肉注射法。斜方肌在背部，面积较大，即使在自然体位时也方便小角度注射，本章专门介绍斜方肌膜下注射法。

二、解剖基础

参见“第 15 章 斜方肌注射”⑮。

三、器械与耗材

31 G 针头胰岛素注射器。

四、操作方法

斜方肌膜下注射法见图 16.1。▶

1. 小鼠常规麻醉，背部备皮，取俯卧位。

↓

2. 于斜方肌表面纵向剪开 2 mm，暴露部分斜方肌。为了便于方法介绍，特剪除大块皮肤，图中显示全部注射区域。

↓

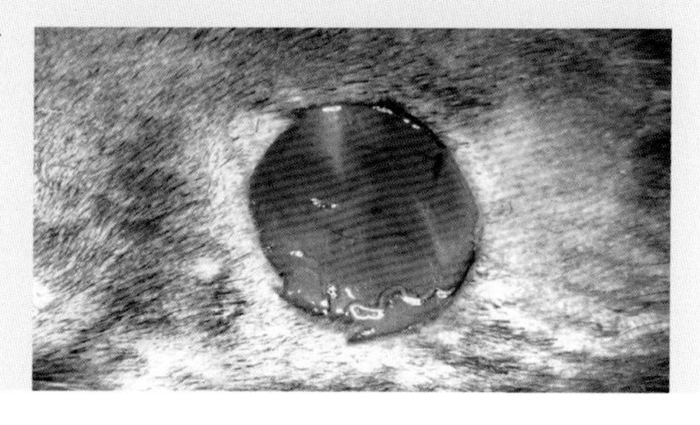

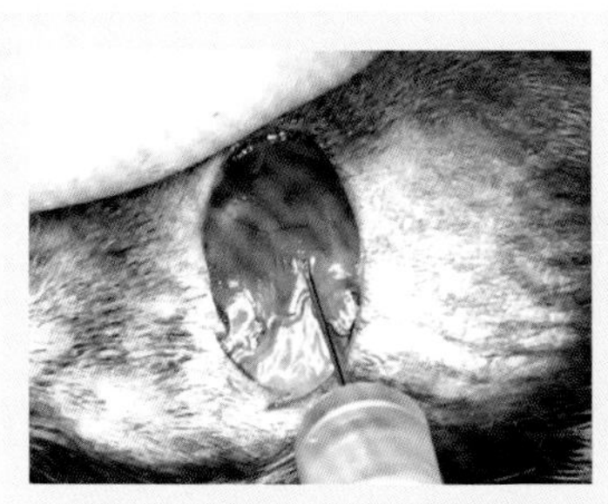

3. 将左手食指和拇指固定切口两边皮肤，右手将注射器针头斜面向下刺入斜方肌外膜下，保持针头在肌外膜下清楚可见。→

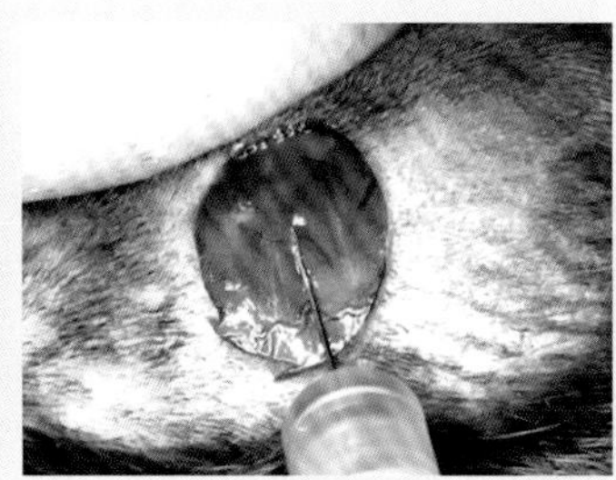

4. 针头前进 2 mm，保持在肌外膜下而不损伤肌肉。→

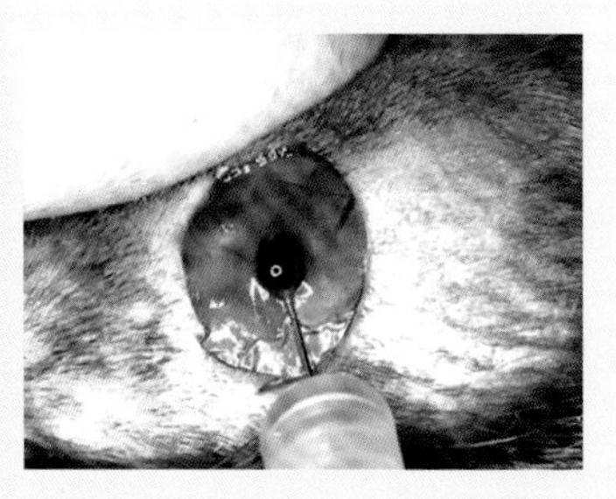

5. 保持针头不动，缓慢注射少量药液。↓

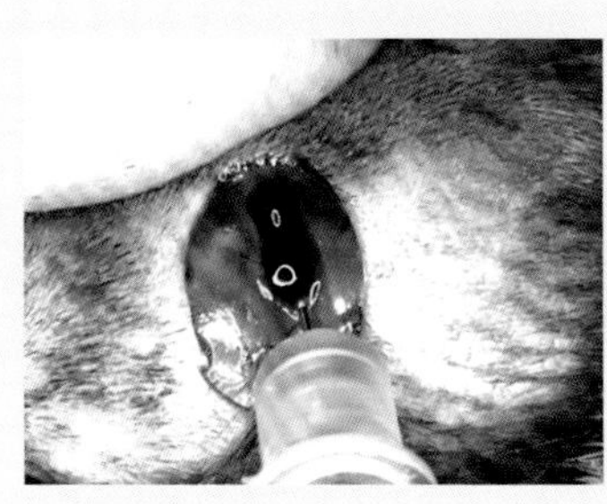

6. 若需要注射更多药液，将针头在药液隆起的肌外膜下贴着肌肉前进，保持针头在肌外膜下可见，同时保证药液没有外溢，边注射边前进。→

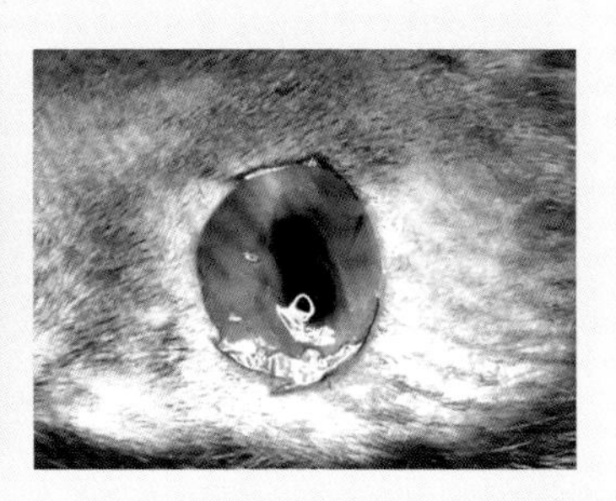

7. 最大注射量为 30 μL，注射完毕拔针。药液注射后会逐渐吸收进入肌肉内的毛细血管中。

图 16.1　斜方肌膜下注射法

操作讨论

（1）针头不可过浅插入肌外膜下。过浅会将药液注入浅筋膜层，此层可以容纳大量液体，使药物进入肌肉毛细血管的时间延长。

（2）进针时针孔向下，可以促使药物从肌外膜挤进肌束膜间隙中（图 16.2）。

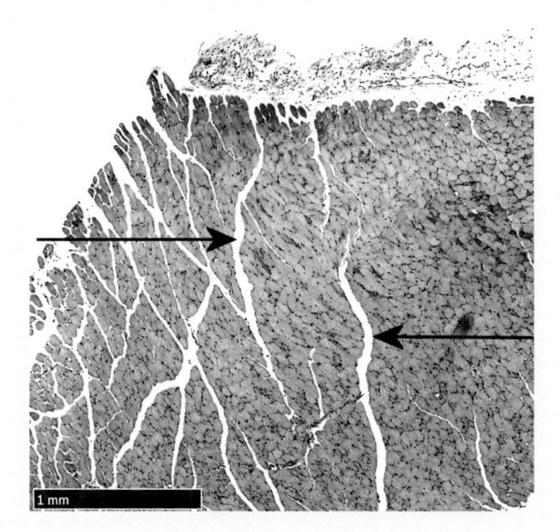

图 16.2　肌束膜间隙，如箭头所示

第 17 章

腹肌注射

一、背景

在开腹手术中，腹肌已经暴露，若需要进行肌肉注射，不必执着于大腿处的肌肉，可以直接利用腹肌做肌肉内注射，药液进入内斜肌层而不外泄。如需注射大量药液，可以通过延长针道或多点注射来达到目的。

二、解剖基础

腹肌（图 17.1）分布于腹壁两侧，由外向内分为三层：腹外斜肌、腹内斜肌和腹横肌。

腹肌内面后腹壁血管（图 17.2）可见“静-动-静”的血管模式，肌肉注射时要避开这些较大的血管。

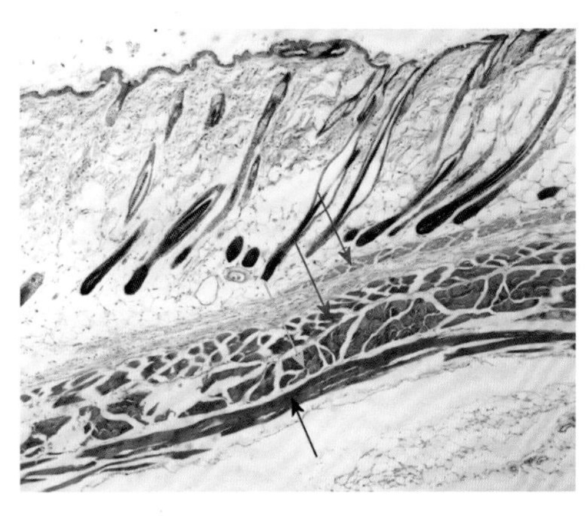

图 17.1 皮肌和三层腹肌。红箭头示皮肌，蓝箭头示腹外斜肌，绿箭头示腹内斜肌，黑箭头示腹横肌（张燕供图）

图 17.2 后腹壁血管“静-动-静”模式

三、器械与耗材

31 G 针头胰岛素注射器；组织镊。

四、操作方法

腹肌注射法见图 17.3。

1. 在从腹中线打开的腹腔中，用镊子夹住切口处的腹肌边缘。
↓

2. 将针头以 15° 刺入腹外斜肌，在此肌层下潜行 3 mm，开始注射药物。→

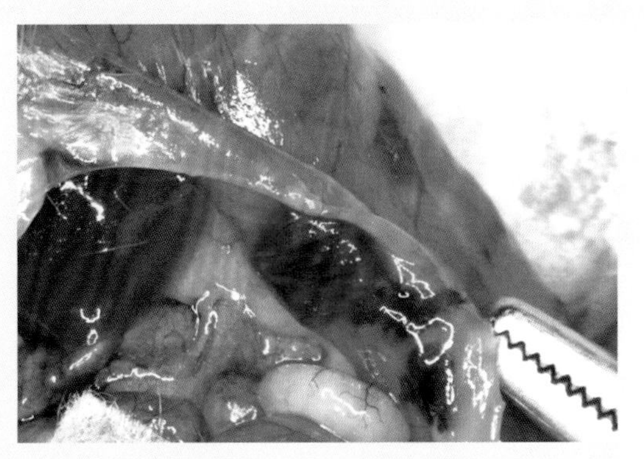

3. 拔针后翻转腹壁，检查药物是否从内壁泄露。图示成功的腹肌注射，腹壁局部增厚，没有药液泄漏。

图 17.3　腹肌注射法

操作讨论

（1）药物进入肌层内，由于三层肌肉之间连接紧密，没有疏松的空间，所以药物只能沿着肌纤维之间扩散（图 17.4）。

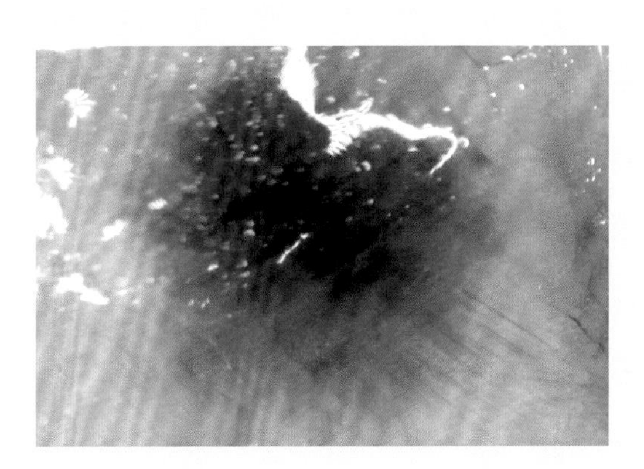

图 17.4　药物在肌纤维间扩散

（2）由于在腹中线切口不会损伤大血管，腹肌内注射的药物进入血管不会受到腹中线切口的影响。

（3）应避免针头插入过浅，以致

药液部分存在肌膜下而没有进入肌肉中。如图 17.5 所示，药液在筋膜内隆起，没有进入肌肉中。

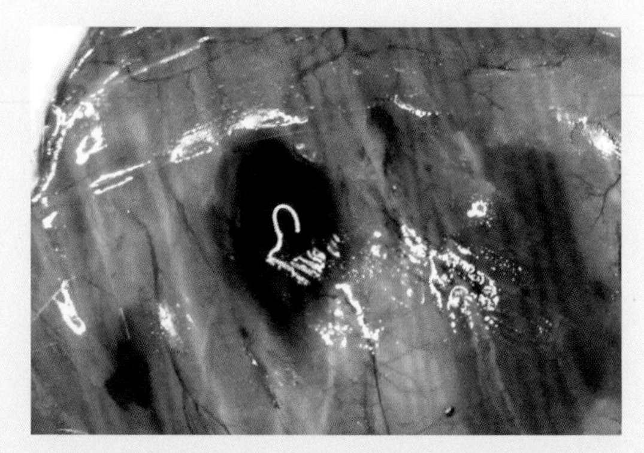

图 17.5　针头插入过浅，药物存在筋膜内

第 18 章

股二头肌外膜下注射

一、背景

相对临床而言，小鼠的肌肉非常细小，一般的针头刺入肌肉，都会造成不小的肌肉损伤。为避免肌肉损伤，笔者推荐在小鼠身上以肌外膜下注射代替肌肉内注射，使药物通过肌束膜进入肌肉内的毛细血管，再进入血液循环。

股二头肌虽然薄，但是面积大，尤其适于大剂量的肌外膜下注射。

二、解剖基础

小鼠股二头肌（图 18.1）是后肢外侧的主要肌肉。其一端附着在骶骨，另一端附着在胫骨，形成一个大面积的梯形。肌肉特点是薄且面积大。

股二头肌内面组成股骨后间隙的外壁。图 18.2 示掀起的股二头肌，暴露股骨后间隙，可见其间的坐骨神经。

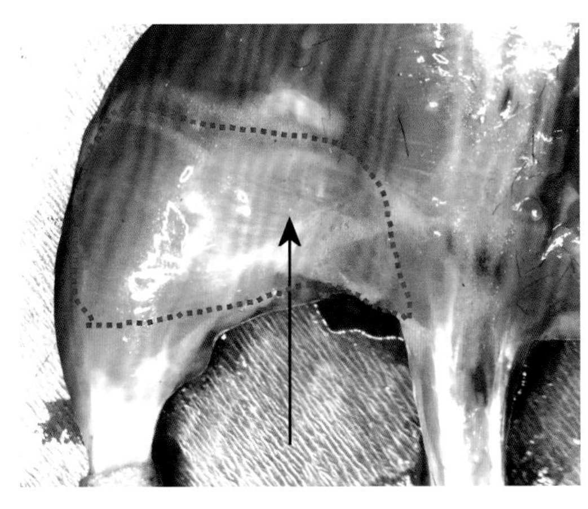

图 18.1　股二头肌，如虚线所示区域

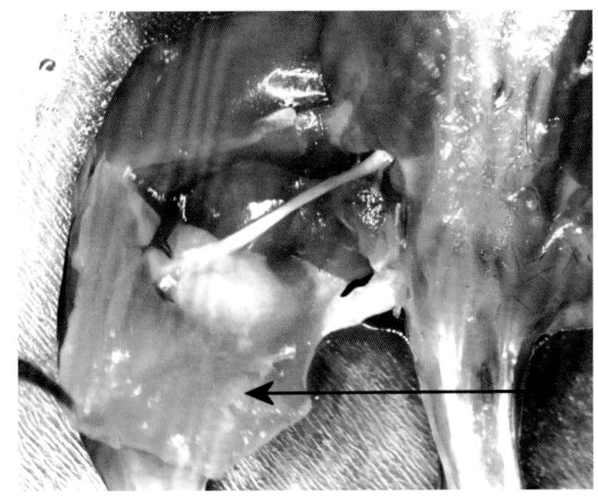

图 18.2　掀起的股二头肌，如箭头所示

三、器械与耗材

31 G 针头胰岛素注射器。

四、操作方法

股二头肌外膜下注射法见图 18.3。▶

1. 小鼠常规麻醉，备皮后侧卧。(为更清晰地显示操作和注射效果，将新鲜尸体剥皮演示。)
↓

2. 选择骶骨端的股二头肌为进针点，针头指向膝关节方向。→

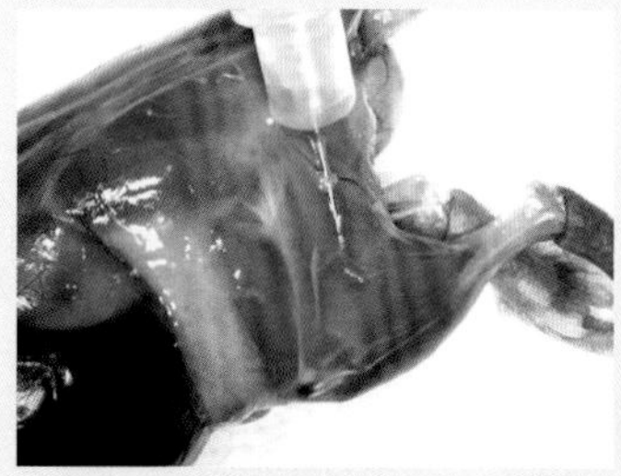

3. 将针孔斜面向下刺入肌外膜，确保清楚地看到针尖在肌外膜下紧贴肌肉潜行，进入 1 mm。→

4. 保持针头不动，开始缓慢匀速注射药液。针头在隆起的注射区边注射边推进，可以形成一个圆柱形的长注射区，如图所示。↓

5. 完成注射后迅速拔针。

图 18.3　股二头肌外膜下注射法

操作讨论

(1) 为避免针头停留在浅筋膜或进入肌肉。剪开皮肤、暴露肌肉是必需的。

(2) 实际操作中，剪开皮肤暴露的肌肉区域以能看到肌外膜下针头的全部长度即可。

(3) 注射时针孔斜面向下，避免药物进入浅筋膜。图 18.4 示针孔向上，针尖没有

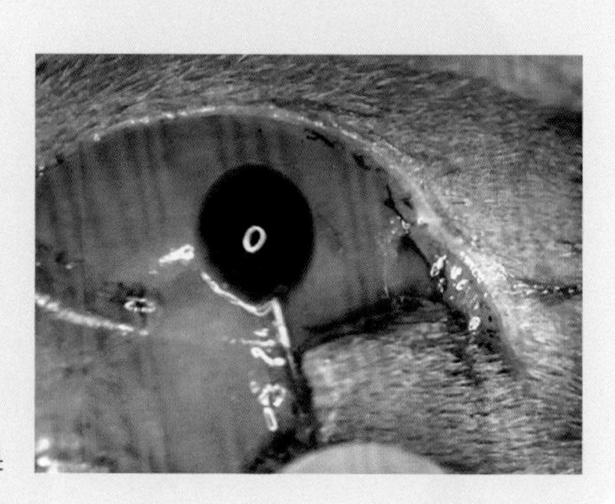

图 18.4　针孔向上的注射效果

刺入肌外膜，大量药物进入浅筋膜的状况。

（4）由于肌膜很薄，肌肉比浅筋膜致密，注射后可见药液隆起，吸收后会变平复。

（5）药液注入肌膜和肌肉之间，完全可以迅速进入肌细胞之间（图 18.5）。

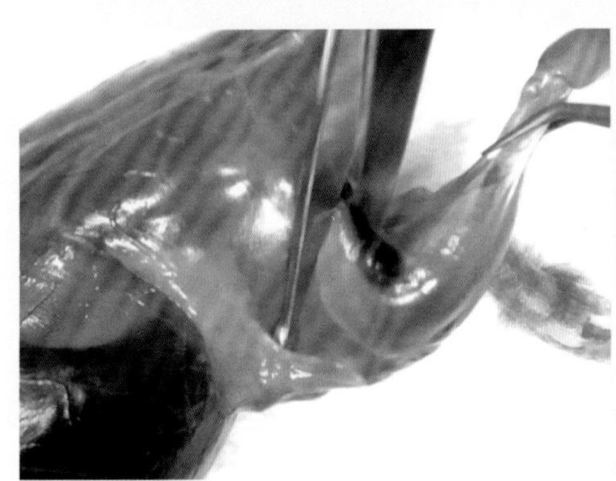

a. 注射后立即剪开注射部位的肌肉

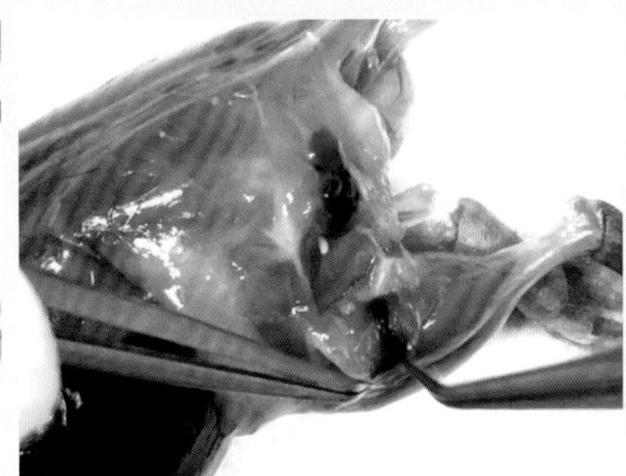

b. 可见药液立即渗透到股二头肌全层

图 18.5　药液在肌肉中的分布

第 19 章
子宫肌肉注射

一、背景

小鼠子宫给药有两种方式：子宫腔内给药和子宫肌肉注射给药。子宫肌肉注射可以使药物作用于局部子宫壁的子宫肌层，而子宫腔内给药（注射或灌注），不能把药物限制在局部区域。本章主要介绍子宫肌肉注射法。

二、解剖基础

小鼠子宫（图 19.1）呈“Y”形，为羊角形双子宫。体重 25 g 的成年雌鼠阴道长 15 ～ 16 mm。子宫比阴道长得多。其远端为输卵管，正对着卵巢。

子宫表面皱褶不平，难以进行浆膜下注射。非孕状况下，子宫肌肉厚而韧，刺入时不但要求针尖锐利，还需要有力的对抗牵引。

子宫肌肉（图 19.2）分两层，表层为纵行肌，深层为环形肌。两层肌肉间有丰富的血管分布；内层为子宫黏膜。

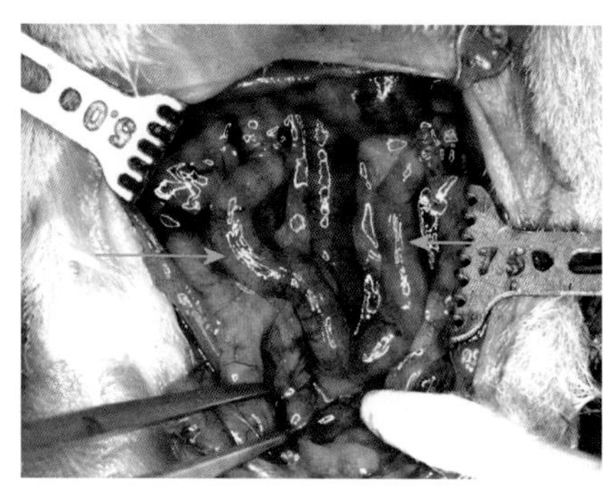

图 19.1　小鼠子宫，箭头示左、右子宫

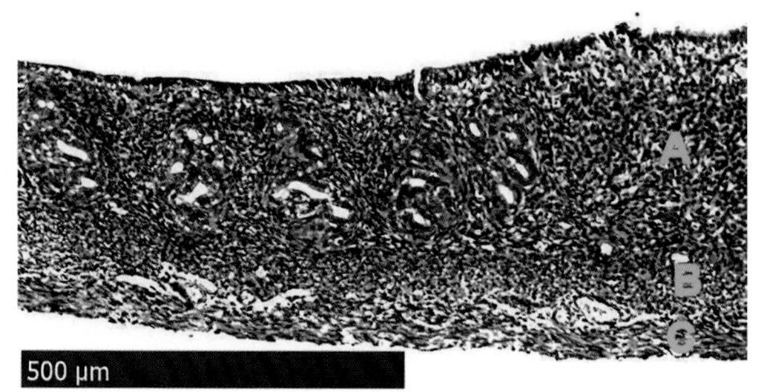

A. 子宫黏膜；B. 环形肌；C. 纵行肌

图 19.2　子宫肌肉

三、器械与耗材

31 G 针头胰岛素注射器；平镊；拉钩。

四、操作方法

子宫肌肉注射法见图 19.3。▶

1. 小鼠常规麻醉，后腹部备皮。

↓

2. 沿腹中线开腹 17 。

↓

3. 如遇充盈的膀胱，可以先行膀胱穿刺排尿以暴露术野 56 。

↓

4. 安置拉钩充分暴露子宫。

↓

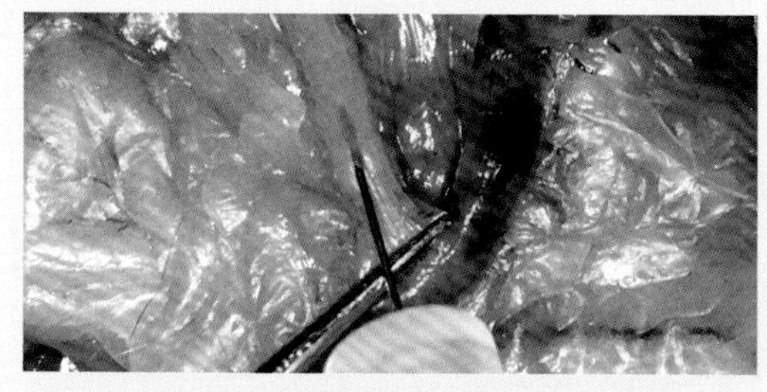

5. 左手用镊子夹住子宫近端（靠近阴道端）做对抗牵引，右手持注射器沿子宫纵轴小角度刺入子宫肌肉内至少 3 mm，注意不可穿透。图示右子宫操作。→

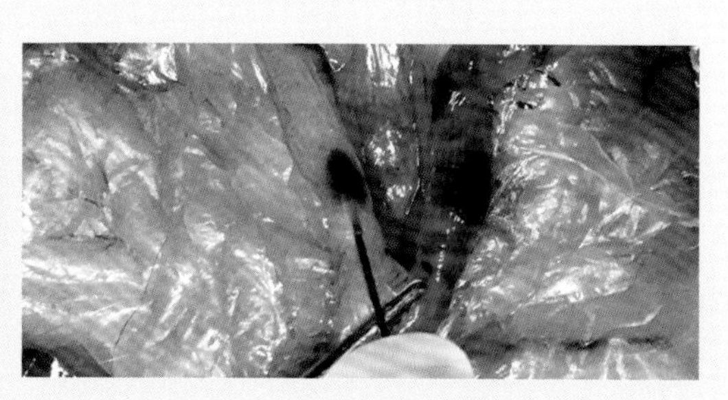

6. 缓慢注入药物，不可超过 10 μL。

图 19.3　子宫肌肉注射法

操作讨论

针头刺入子宫肌肉后要及时将斜下进针改为水平进针，力求针尖在内、外肌层之间潜行。若没有及时调整针尖方向，很容易刺穿肌肉，进入子宫腔，形成子宫灌注（图 19.4）。

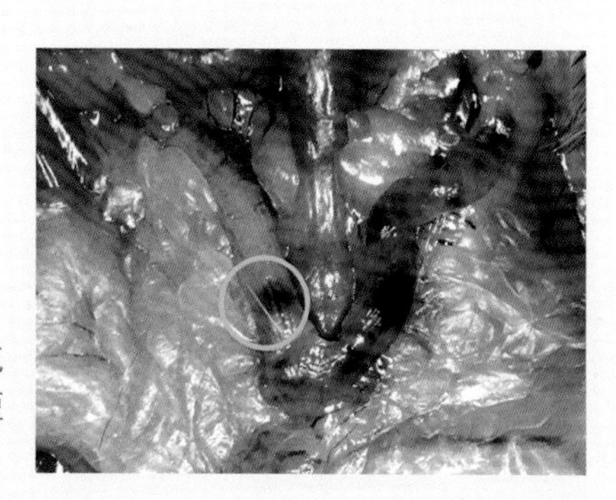

图 19.4　左子宫为肌肉内注射时误刺穿子宫，形成子宫灌注；右子宫局部肌肉注射成功。肌肉注射后短时间内药液局限在局部肌肉内，如绿圈所示

第 20 章

子宫颈注射

一、背景

子宫颈疾病在临床上是常见病，相应的小鼠模型亦备受重视。子宫颈注射是给药方法之一。通过阴道行子宫颈注射比开腹注射对小鼠的损伤小。 本章介绍过阴道子宫颈注射法。

二、解剖基础

小鼠子宫（图 20.1）位于腹腔内，前面左、右各有一条斜向走行的子宫角，后面延伸为子宫体，沿身体纵轴在中线靠拢。后部远端为子宫颈，位于耻骨联合前方。阴道前沿越过宫颈后端 1 mm 左右，形成阴道穹隆。子宫颈位于阴道穹隆内（图 20.2）。

小鼠有两个子宫颈，多为前后排列，而不是像子宫一样左、右排列。常见右子宫颈在腹侧，左子宫颈在背侧，如图 20.3 箭头所示。

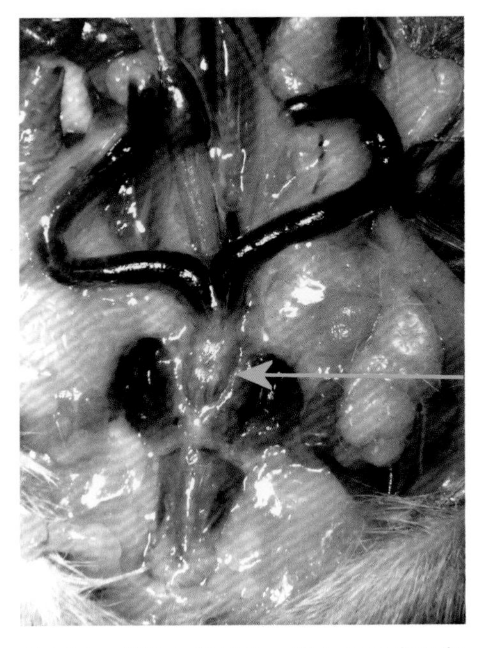

图 20.1　灌注后的子宫，箭头示子宫颈部位

图 20.2　剪开阴道和阴道穹隆，暴露子宫颈

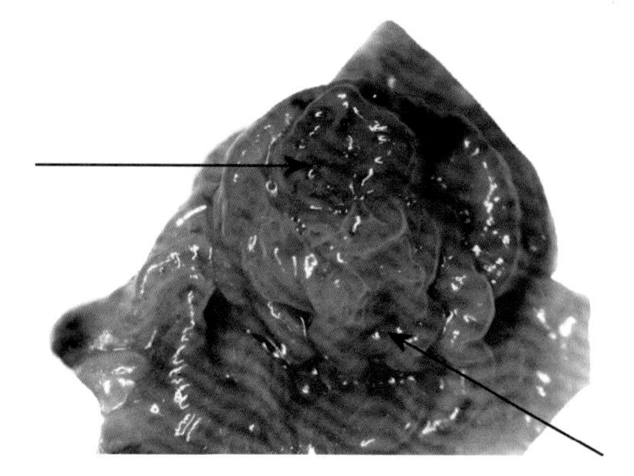

图 20.3　子宫颈。上箭头为右子宫颈，下箭头为左子宫颈

三、器械与耗材

手术显微镜；31 G 针头胰岛素注射器；显微齿镊；窄拉钩。

四、操作方法

经阴道子宫颈注射法见图 20.4。▶

1. 小鼠常规麻醉，取仰卧位。

↓

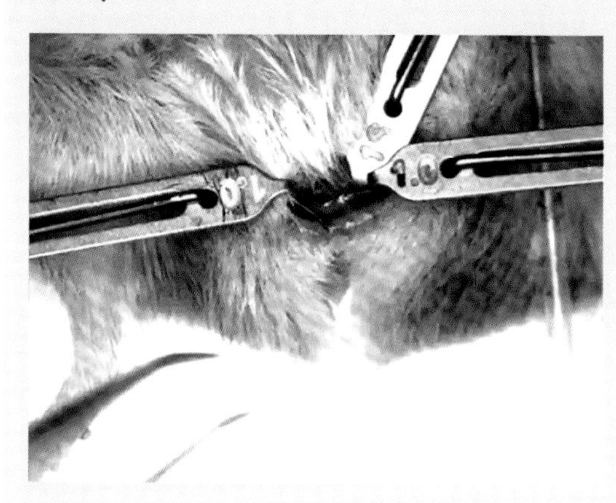

2. 用 3 个拉钩呈 " 品 " 字形拉开阴道。↓

3. 用镊子夹住下方阴道壁向下拉，暴露子宫颈。此时可以开始注射。→

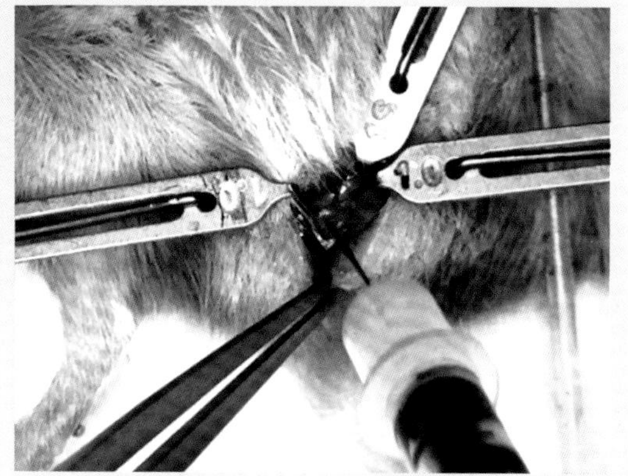

4. 在镊子的对抗牵引下，将针头直接刺入一个子宫颈，进针深度以针孔进入即可。注射量不超过 3 μL。

图 20.4　经阴道子宫颈注射法

操作讨论

有两种方法可以帮助检验注射效果。

（1）可以用一段塑料管插入阴道并撑开、暴露子宫颈（图 20.5），来检查注射效果。

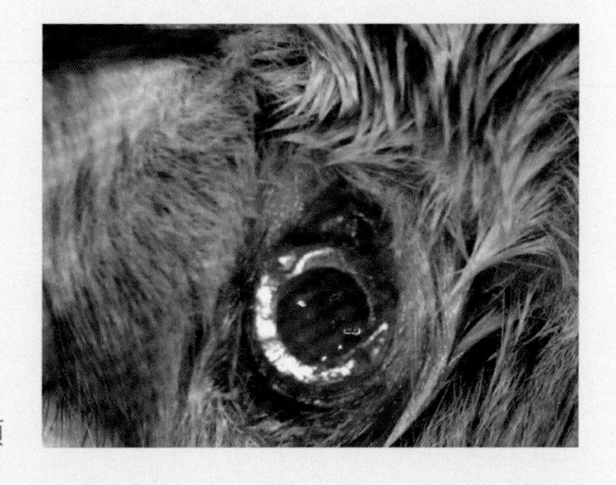

图 20.5　用塑料管撑开阴道，暴露子宫颈

（2）用染料检验注射效果（图 20.6）。

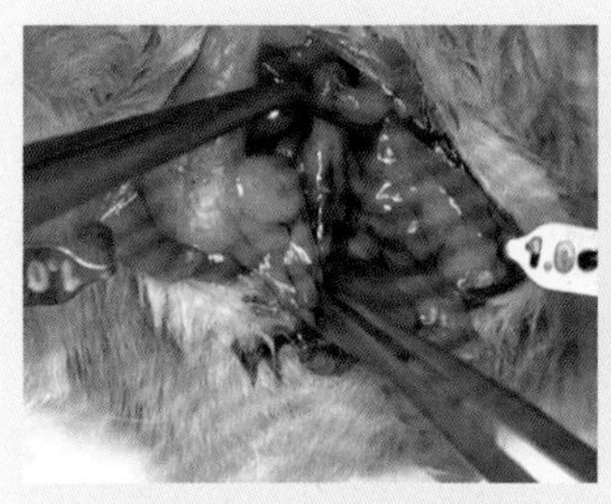

1. 开腹后，在耻骨前方用镊子拉出子宫体。→

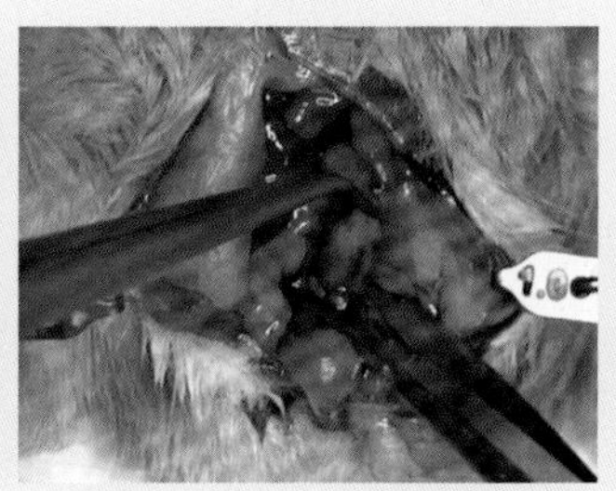

2. 拉起子宫体，剪下近端阴道。→

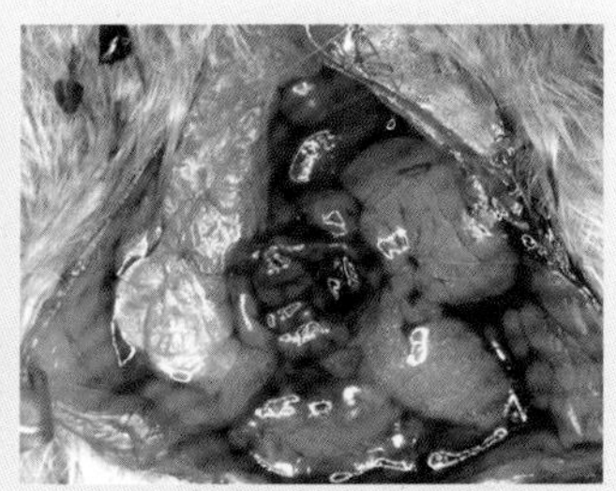

3. 清除表面覆盖的阴道，可见注射后的宫颈。

图 20.6　子宫颈注射效果检验

皮肤给药

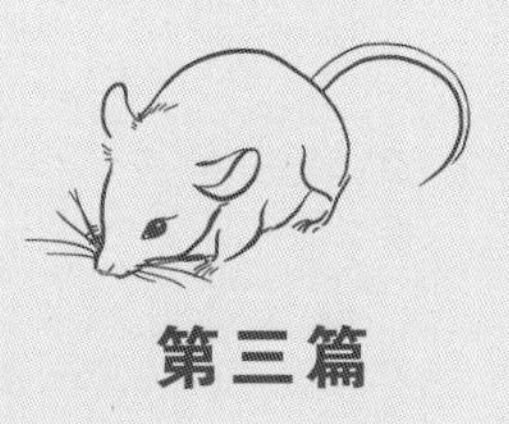

第三篇

第 21 章
皮肤给药概论

一、背景

临床皮肤给药的方式和目的主要如下：表皮搽药，用于治疗皮肤病；皮内注射，用于接种疫苗、进行免疫学研究；皮下注射，使药物进入血液循环。

小鼠皮肤注射是一个范畴，包括与皮肤相关的不同部位、不同组织层次的注射。小鼠是松皮动物，大部分皮肤都有皮肤层，尤其是松弛部分，例如，颈部、躯干等部位。由于小鼠皮肤相关结构与人体不同，注射法也不同。不幸的是，目前流行的皮肤注射法简单地模仿临床，这是无法把药物精确地注入到位的。究其原因，主要是操作者对小鼠解剖知识了解不足，所以，建议读者在阅读随后的有关皮肤给药章节之前，先了解小鼠皮肤实用解剖相关知识，这将有助于对有关操作技术的理解。

临床皮内注射位置为真皮内，不涉及真皮下层。目前流行的小鼠皮内注射位置则同时涉及真皮和真皮下层，由于这两层太薄，一般注射针头相对太大，很难分别在这两层中注射。

临床皮下注射位置为皮下组织，皮下组织有丰富的小血管和神经。目前流行的小鼠皮下注射位置是浅筋膜层，这里没有丰富的小血管，多为从躯体穿过浅筋膜到皮肤的过渡血管，所以药物的吸收能力不可与临床等同。

二、解剖基础

（一）小鼠皮肤结构

小鼠皮肤（图 21.1）是面积最大的器官，具有保护和触知等生理功能。皮肤各部位解剖结构与人体多有不同。小鼠皮肤主要分为四层：

（1）表皮。是皮肤表面的一层，覆盖在真皮层之上。

（2）真皮。

（3）真皮下层。位于真皮和皮肌之间，非常薄，富含小血管。

（4）皮肌。除了四爪、耳廓和尾部，几乎全身皮肤的真皮下层深面都有皮肌。有的部位，皮肌深部还有一层皮肤基底膜，此膜与下面的浅筋膜隔离。

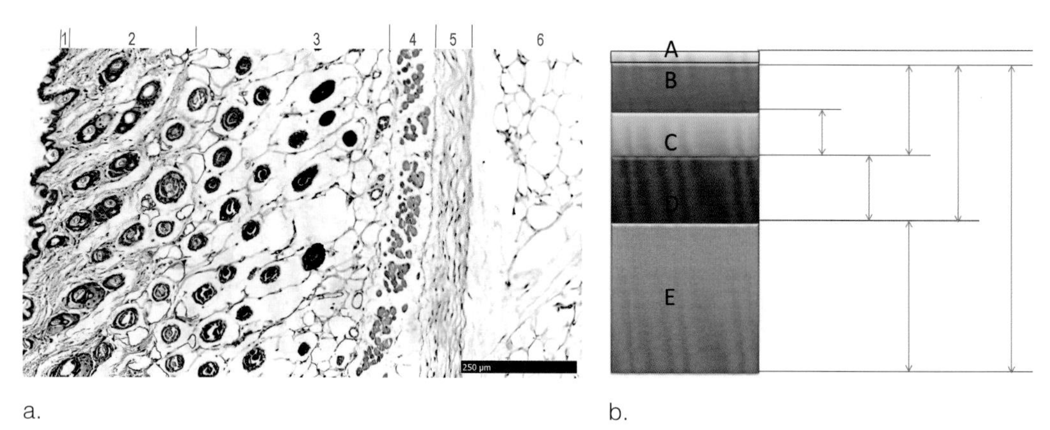

1，A. 表皮；2，B. 真皮；3，C. 真皮下层；4，D. 皮肌；5. 皮肌膜；6，E. 浅筋膜

图 21.1　小鼠的皮肤。a. 背部皮肤组织切片（ H–E 染色），小鼠背部皮肤常用于皮下注射（张燕供图）；b. 小鼠皮肤结构示意

小鼠各部位的皮肤厚度不同，且随体毛生长时期而变化，体毛生长期的皮肤增厚。小鼠躯干部体毛丰厚，表皮最薄（图 21.2）；尾部体毛稀疏，表皮较厚（图 21.3），还覆有鳞片；爪掌面无毛，表皮最厚，图 21.4 为鼠爪皮肤，其中爪垫部位表皮厚度可达 50 μm。

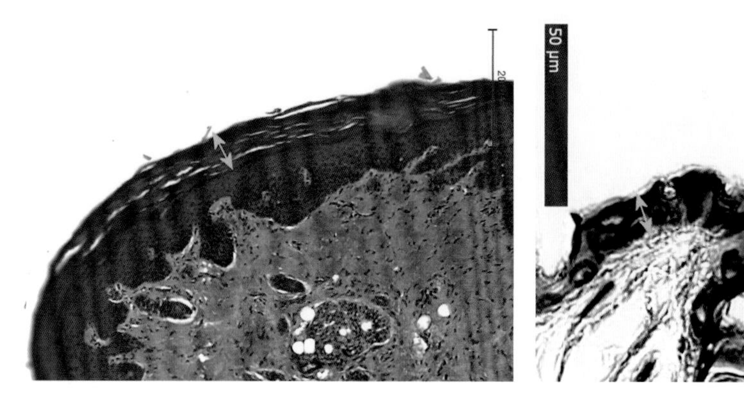

图 21.2　小鼠背部表皮厚度约 10 μm（管恩雨供图）

图 21.3　鼠尾表皮厚度约 40 μm（张燕供图）

小鼠浅筋膜厚而疏松（图 21.5），皮肤具有移行性，这也是松皮动物名称的由来。小鼠躯体部位皮肤的移行性大；有些部位的浅筋膜间隙小，皮肤移行性小，例如耳廓内面（图 21.6）和尾部（图 21.7）。

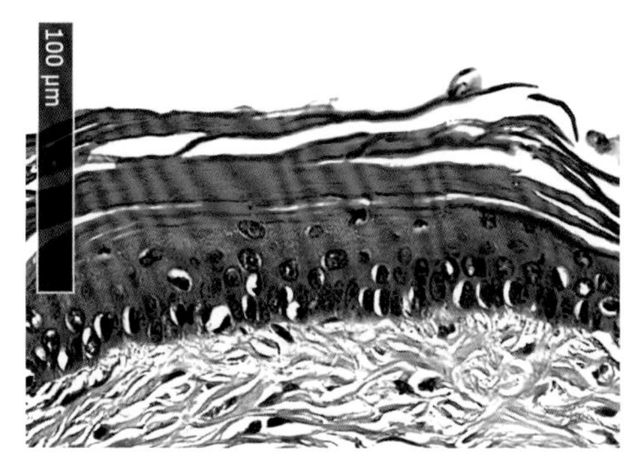

图 21.4　小鼠爪垫表皮厚度可达 50 µm（张燕供图）

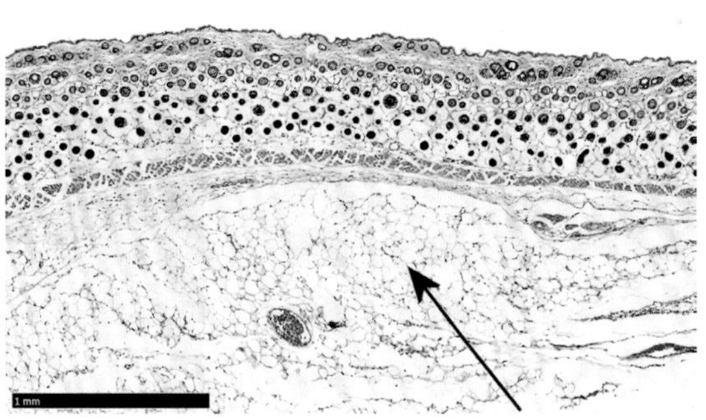

图 21.5　小鼠皮肤皮下浅筋膜厚而疏松，如箭头所示（张燕供图）

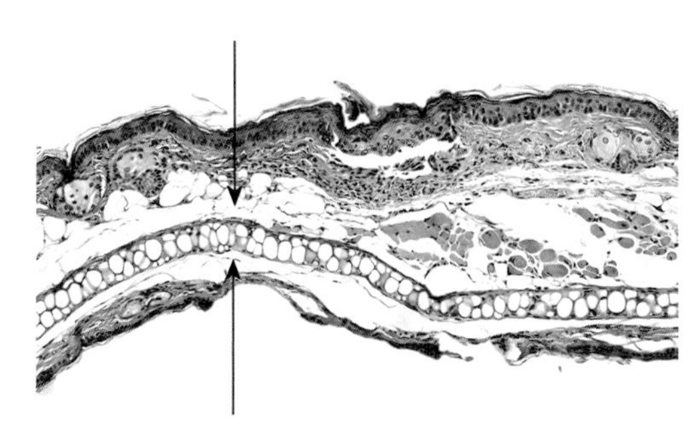

图 21.6　小鼠耳廓部位皮肤组织切片，H–E 染色。上箭头示耳廓背面的浅筋膜；下箭头示耳廓内面的浅筋膜。可见内面明显薄于背面（张桂贤供图）

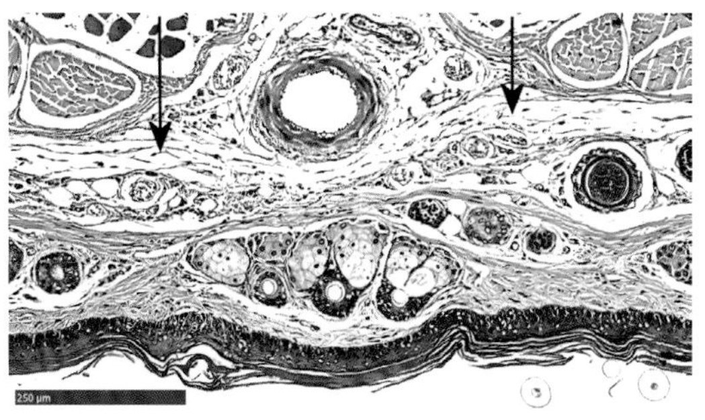

图 21.7　小鼠尾部皮肤组织切片，H–E 染色。箭头示较薄的浅筋膜

在浅筋膜层有大量的腺体和淋巴结分布，做皮下注射时需要避免损伤这些组织。例如，侧腹的皮下注射位置恰巧在腹股沟淋巴结处，如图 21.8 箭头所示，因此，操作时应谨慎小心。

冬眠腺（图 21.9）靠近颈部皮下注射部位，它有用于供血的粗大的冬眠腺血管，所以注射时需要注意避免伤及冬眠腺和血管。

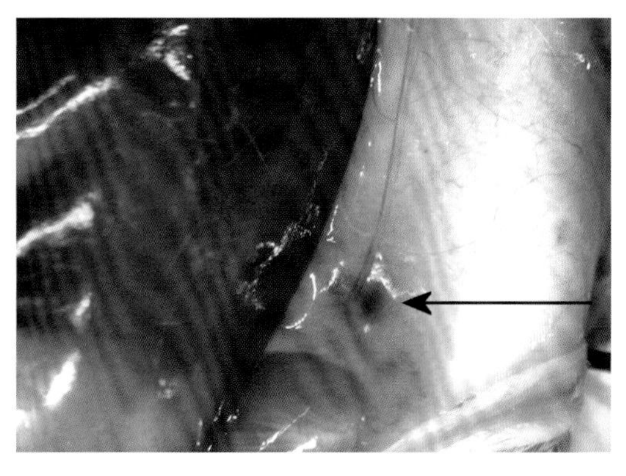

图 21.8　吸收蓝色染料后的腹股沟淋巴结，位于浅筋膜内，如箭头所示

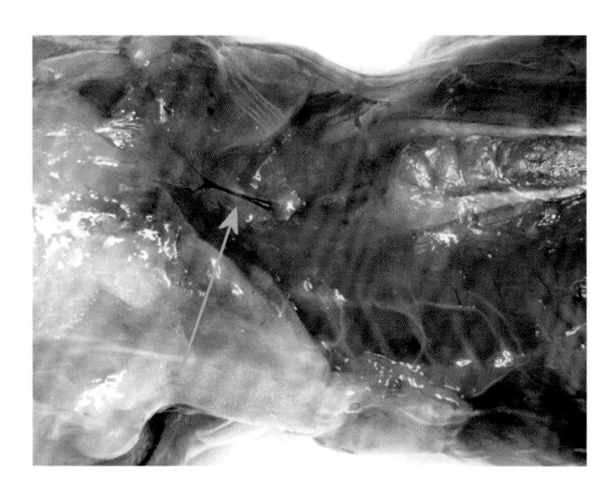

图 21.9　掀起冬眠腺，箭头示冬眠腺血管

（二）小鼠皮肤血管

皮肤血管多由临近组织器官发出的皮支组成。躯干部位皮肤面积大，不但有穿皮血管供血，还有走行于浅筋膜的纵向贯通皮肤的血管，与穿皮血管吻合，组成三维供血体系（图 21.10 ～图 21.12）。

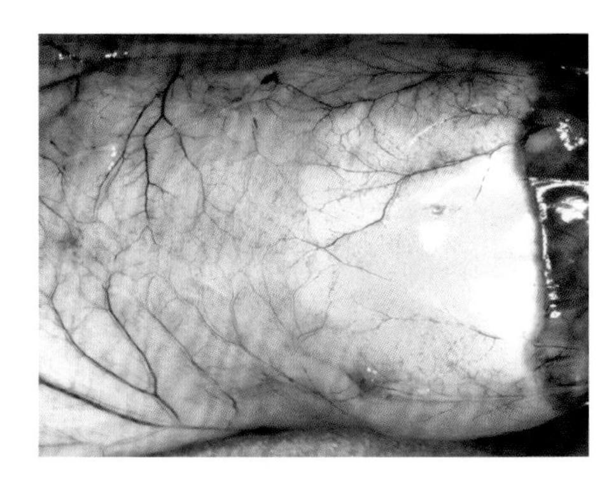

图 21.10　将背部皮肤翻卷，右侧为头端，左侧为尾端。可见大血管走行，血管呈树枝状分布，构成了躯干部皮肤的主体血管系统

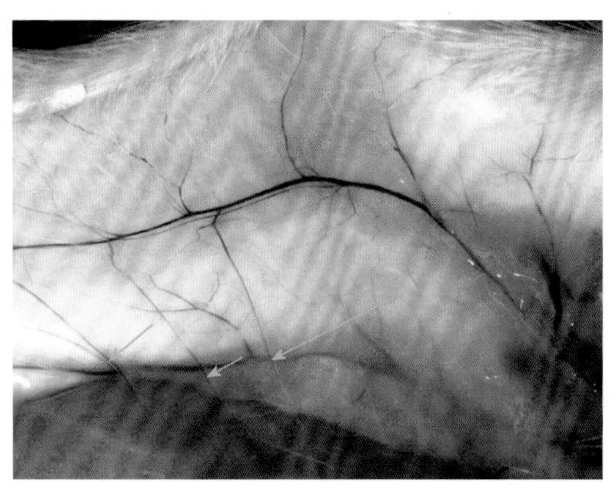

图 21.11　穿皮血管与皮肤血管吻合，如箭头所示，构成了皮肤血管的辅助系统

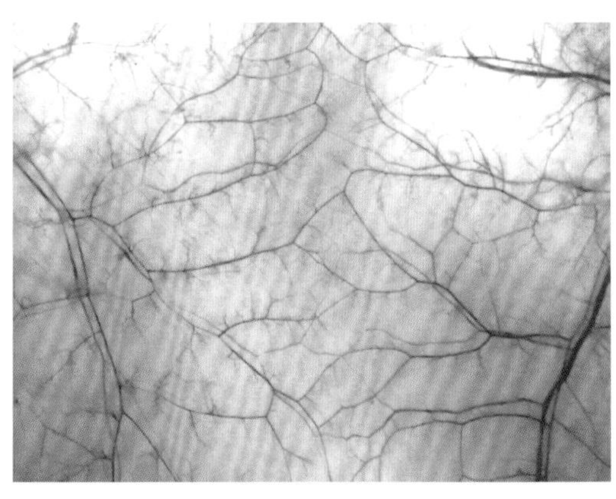

图 21.12　背部相邻血管中 30 ～ 50 μm 的小血管互联成网

（三）关于皮肤给药的说明

由于小鼠皮肌面积非常大，而且与真皮层的连接比躯干肌肉更紧密，所以从实用解剖学的角度，笔者把皮肌归为皮肤的组成部分，这样理解皮下注射就顺理成章了。但是必须明白，小鼠的皮下注射实际上不是把药物注射到病理学的皮下层，而是实用解剖学的完整的皮肤下面，即注射到浅筋膜层。为了明确这一点，笔者把小鼠的“皮下注射”准确定义为“浅筋膜注射”。

（1）小鼠皮肤给药常用的五种注射方式：

① 皮内注射：药物注入真皮和真皮下层内。

② 皮下注射 : 药物注入浅筋膜层。

③ 皮肌注射：药物注入皮肌。

④ 全皮注射：注入的药物贯通真皮层、真皮下层、皮肌。

⑤ 泛皮注射：药物注射范围为全皮 + 浅筋膜层。

（2）常用特殊器械和材料：

① 浅筋膜注射肿瘤细胞针头：25 ～ 29 G 针头，小于 29 G 不容易穿透皮肤，同时会损伤被注射的肿瘤细胞。

② 皮内注射针头一般不能大于 31 G，过大很难控制针尖在真皮层中的准确位置。

③ 有齿镊。用于夹住皮肤做皮下注射时的对抗牵引。

④ 显微尖镊。用于夹住皮肤，在皮内注射时做对抗牵引。

⑤ 剃毛推子。在皮内注射前用于剃毛。

⑥ 脱毛剂。用于皮内注射前清理皮表。

（3）注射技巧：

① 锁定进针深度和角度。

② 固定注射与行进注射法。

③ 拔针防溢液技术。

④ 注射速度与注射量的精密控制技术。

⑤ 注射器与注射针头的选择。

以上技术操作详见相关章节。

第 22 章

表皮搽药[①]

一、背景

表皮搽药多用于皮肤疾病模型，通常需要配合其他给药方式，例如，在特应性皮炎模型中，需要配合腹腔注射和皮下注射致敏药物。

表皮搽药是将药物涂抹在表皮上，令其自行渗入皮肤组织；或人为损伤表皮，令药物直接接触真皮组织。鉴于背部皮肤观察方便、使用面积大，并可以避免小鼠自行抓挠，故常被选用于表皮搽药实验。

二、解剖基础

小鼠皮肤解剖分层和表皮厚度不均匀分布的特点参见“第 21 章 皮肤给药概论” 21。

三、器械与耗材

动物剃毛器；毛刷（图 22.1）；纱布；保鲜膜；黏性弹力绷带；卵清蛋白（OVA）溶液，浓度分别为 200 μg/mL（加入 5% 明矾）、100 μg/mL、1 mg/mL。

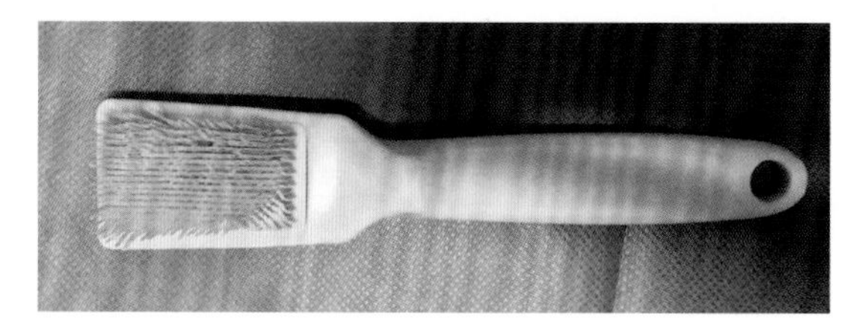

图 22.1 毛刷

① 本章作者：纪莲。

四、操作方法

（一）特应性皮炎模型建模（图 22.2）。

1. 第 1 天，腹腔注射 200 μg/mL OVA+ 5% 明矾溶液 0.5 mL。

↓

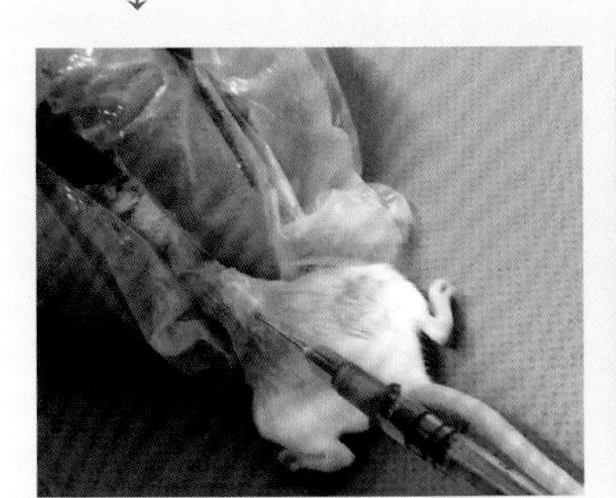

2. 第 6 天，浅筋膜注射 100 μg/mL OVA 溶液 0.5 mL。→

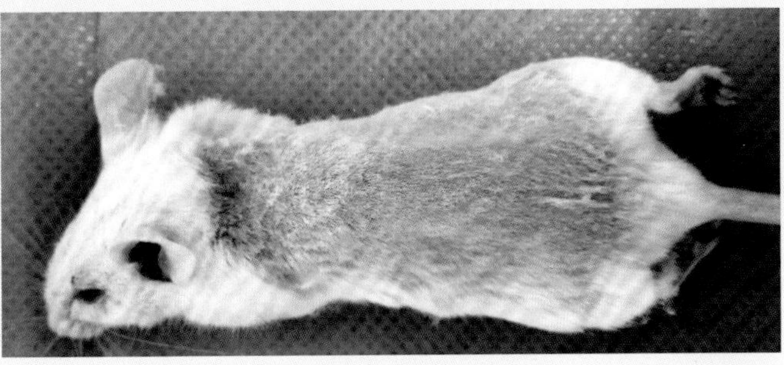

3. 第 17 天，气体麻醉后备皮，备皮面积如图。↓

4. 第 18 天，用毛刷反复刷背部皮肤致微小裂口。→

5. 取 1 mg/mL OVA 溶液 50 μL 置于 1.5 cm^2 无菌正方形纱布上，贴在小鼠背部皮肤上。↓

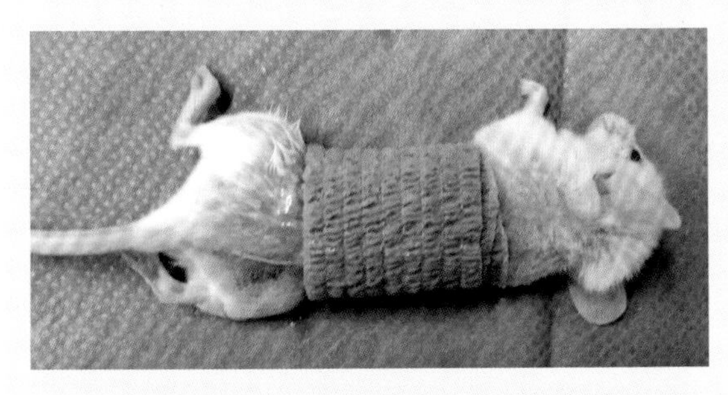

6. 用保鲜膜覆盖防止药物挥发，外缠黏性弹力绷带。→

7. 次日清晨拆开绷带，下午再重新局部给药。保持 1 周。↓

8. 第 39 天，第 2 次局部致敏：用小鼠剃毛器再次剃除背部已长出的毛发后，重复第 18 天局部 OVA 给药方法。保持 1 周。↓

9. 第 60 天，第 3 次局部致敏：重复第 18 天局部 OVA 给药方法。保持 1 周。

图 22.2　特应性皮炎模型建模

（二）模型评估标准

（1）肉眼观察（图 22.3）：局部致敏后背部可出现明显红斑渗出。第 2、第 3 次局部致敏后，背部皮肤逐渐增厚，局部可见潮红，伴有脱屑、结痂。

图 22.3 特应性皮炎模型效果

停止局部致敏后，皮损可持续存在 3 ～ 4 周，表现为慢性皮损。

（2）病理观察（图 22.4）：取受试皮肤做病理切片，H-E 染色。显微镜下可见表皮增厚，细胞间水肿，真皮内淋巴细胞及嗜酸性粒细胞明显浸润。

（3）血液检测：血清总 IgE 升高，特异性 IgE 升高，外周血嗜酸性粒细胞增高。

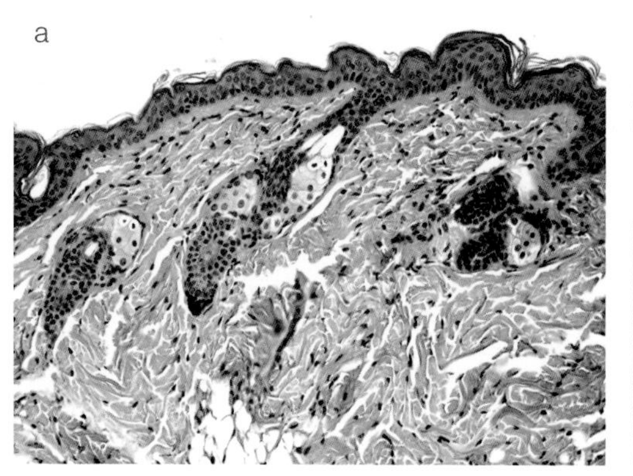

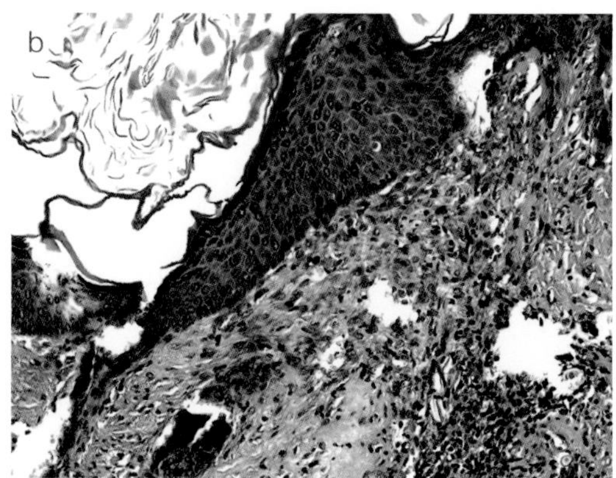

图 22.4 小鼠皮肤损伤病理切片，H–E 染色。a. 为正常皮肤；b. 为损伤皮肤，可见表皮层散乱增生，真皮层增生，皮下层大量炎症细胞浸润

（三）讨论：常见问题与措施

（1）局部致敏后，小鼠死亡。可能与弹力绷带缠绕过紧，严重影响呼吸有关。可适当将弹力绷带缠绕放松。也可能与特应性皮炎致使皮肤受到过敏原刺激，导致全身过敏反应，Th1/Th2 比例失衡，当机体吸入特定抗原时，引发急性哮喘有关。

（2）给药纱布从弹力绷带中脱落。应该是弹力绷带过松，小鼠皮肤瘙痒，抓挠致使纱布脱落。弹力绷带可适当缠紧。

（3）反复局部致敏时，发现皮肤破溃严重。应用保鲜膜覆盖，在一定程度上可以减少致敏药物的挥发。但是小鼠背部本身已有微小裂口，个别小鼠会因覆盖所致的局部透气性不良而出现皮肤破溃。因此，需要根据小鼠皮肤破损程度，适当调整保鲜膜的使用频率。

第 23 章
躯干部皮下注射

一、背景

本章提到的皮下注射实质上是浅筋膜注射，而非真皮下层注射。

小鼠实验中皮下注射的目的有多种：给药，此最为常见；制作气囊，用于建立皮下气室；隔离背肌血流影像，用于多普勒和激光散斑观测皮肤血流等。

皮下注射较肌肉、腹腔和静脉注射有特殊优势：① 较肌肉注射的注射量更多；② 较腹腔注射更安全，不会伤及脏器；③ 较静脉注射简单，无须麻醉和加热设备；④ 药物吸收速度，以注射麻药氯胺酮使小鼠进入麻醉时间测算，背部浅筋膜注射与传统肌肉注射和腹腔注射没有明显区别。

皮下注射由于液体容纳量大，小鼠擒拿方便、安全等优点，建议为普通药物注射法之首选。以给药为目的的注射多选用躯干部，这也是本章介绍的重点，以下将分别介绍背部、腰部和侧腹部三个部位的注射法。

二、解剖基础

小鼠皮下注射的目标组织是浅筋膜（图 23.1）。浅筋膜存在一个松散的、潜在的空间并有极大的含水能力，这里没有真皮下层中的大量细小的血管，只有来自躯体穿透到皮肤的血管过渡支，缺乏细小的血管分支。这里的血管移行性大，血管内外的吸收交换能力不如真皮下层。皮下注射要避免伤及较大的皮肤血管，由图 23.2、图 23.3 可见背中线无明显大血管走行，因此，从背中线部位进针不会伤及大的皮肤血管。但是如果进针过深，容易伤及冬眠腺（图 23.4）。

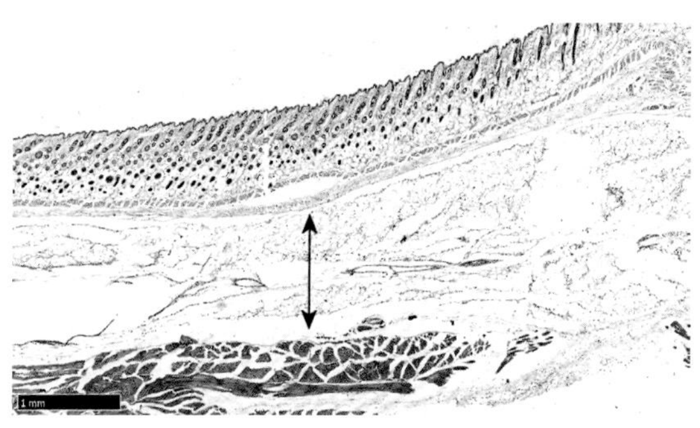

图 23.1　浅筋膜。箭头示皮下注射区域，在皮肌和躯体肌肉之间

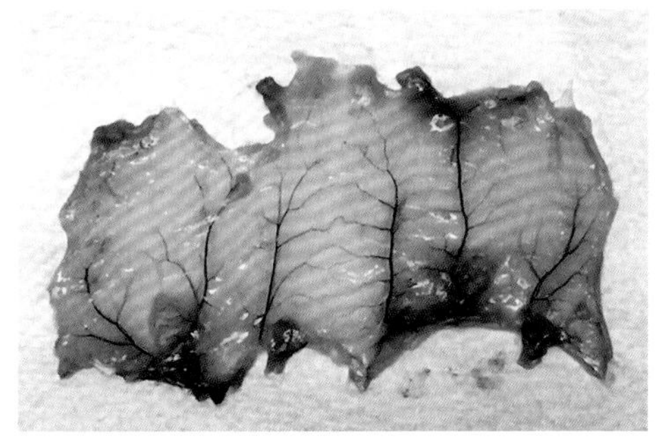

图 23.2　从腹中线切开的躯干皮肤，上方为尾侧，下方为头侧。可见两侧各有三支纵向走行的主要皮肤血管。背中线和腹中线都没有明显的大血管走行

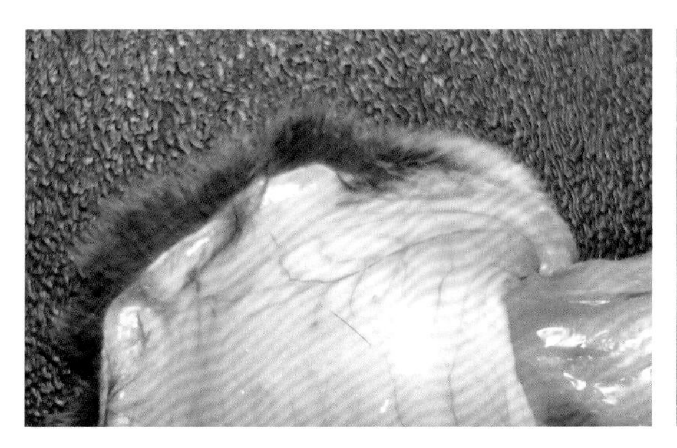

图 23.3　将皮肤翻卷，可见背中线皮肤没有大血管走行

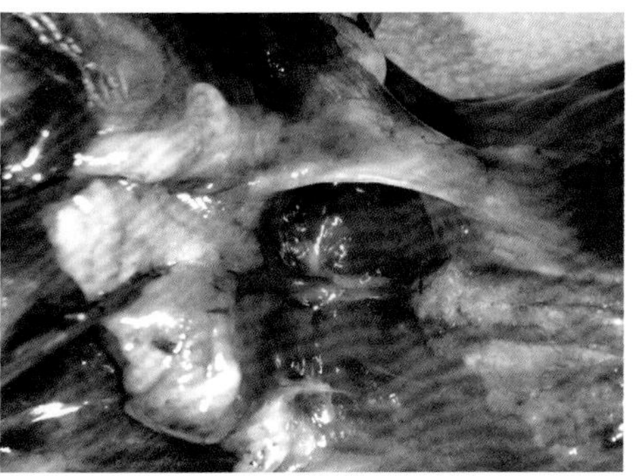

图 23.4　小鼠血管染料灌注照。掀起冬眠腺可见冬眠腺血管

三、器械与耗材

25 G ～ 27 G 注射针头；1 mL 注射器。

四、操作方法

（一）背部皮下注射法（图 23.5）▶

1. 小鼠无须麻醉和备皮。左手食指和拇指呈“V”形捏住小鼠从后颈到后背部的皮肤。

↓

2. 右手持注射器，水平进针，刺入左手拇指和食指下方的三角区的中央。(以小鼠体位为坐标：三角右上斜边为拇指，左上斜边为食指，下横边为小鼠背部。) 当针头尖端越过左手拇指和食指时，即可停止深入。→

3. 用左手拇指和食指隔皮捏住针头，注射药物。随着药物的注入，左手拇指和食指后面有球形物迅速充盈的感觉。↓

4. 注射完毕，在手指隔着皮肤保持捏住针头的状态下拔针，这样可以防止药物从进针孔溢出。

图 23.5　背部皮下注射法

操作讨论

(1) 注射时漏液的原因。由于针头穿透皮肤，注射时没有球形物充盈的感觉，同时可见药液自左手指间滴出。

(2) 小鼠扭头咬针头的原因。由于左手抓小鼠皮肤偏尾侧，没有达到后颈部，致使小鼠颈部活动度过大。

(3) 药物注入肌肉的原因。由于没有水平进针，针尖向下进入肌肉。注射时没有球形充盈的手感。

(4) 注射后有液体自进针孔溢出的原因。针头没有深入手指后面，皮下注射液体储存于手指前面，以致拔针时手指无法控制前面的液体，少量液体会自进针孔流出。

(5) 拔针出血的原因。背中线进针，刺伤冬眠腺血管。

(二) 腰部皮下注射法 (图 23.6) ▶

腰部浅筋膜没有冬眠腺一类的血管，药物注射更为安全。

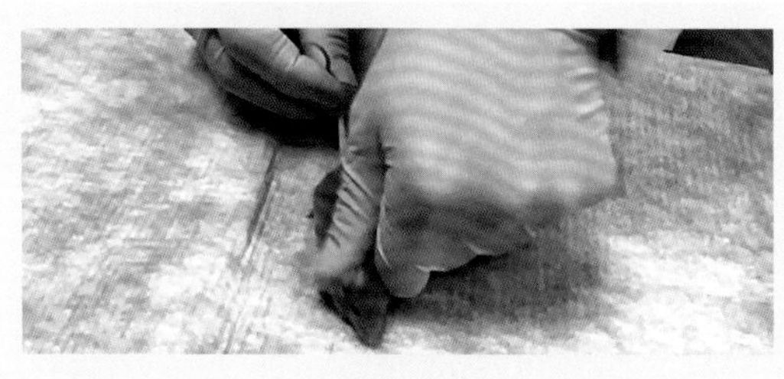

1. 小鼠无须麻醉。用左手拉尾，右手将小鼠按在台面上。→

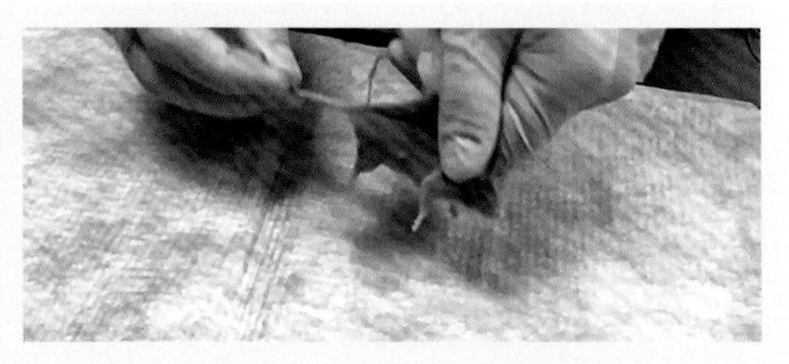

2. 用左手捏住背部皮肤，提起小鼠逆时针方向旋转 90° 放到台面上。↓

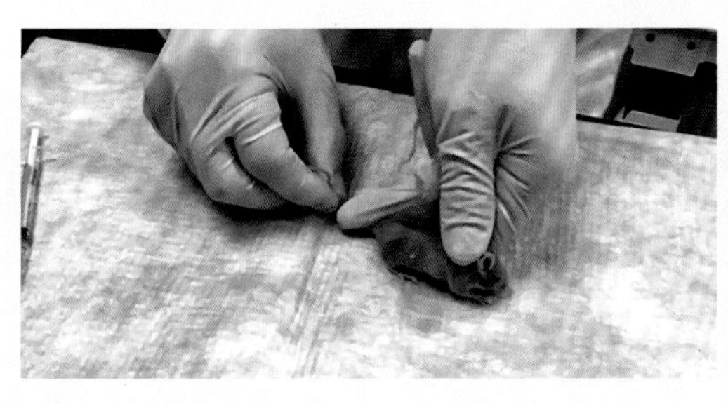

3. 左、右手配合，立即按住横转的小鼠，并迅速用左手中指将尾根部压在台面上。→

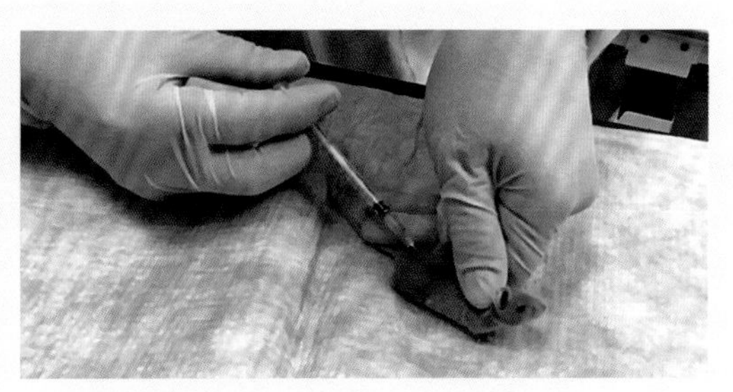

4. 右手持注射器，针头刺入拉起的皮褶之间，注入药液。↓

5. 注射完毕，随即拔针，然后转移小鼠回笼。

图 23.6　腰部皮下注射法

（三）侧腹部皮下注射法（图 23.7）

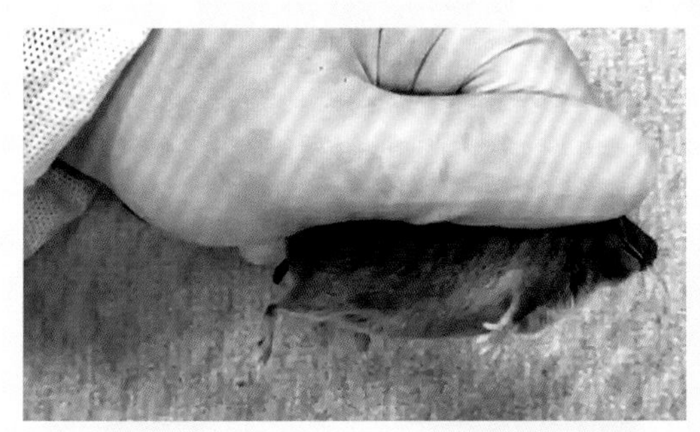

1. 小鼠无须麻醉和备皮。左手食指和拇指呈“V”形捏住小鼠后背部皮肤，抓起小鼠。→

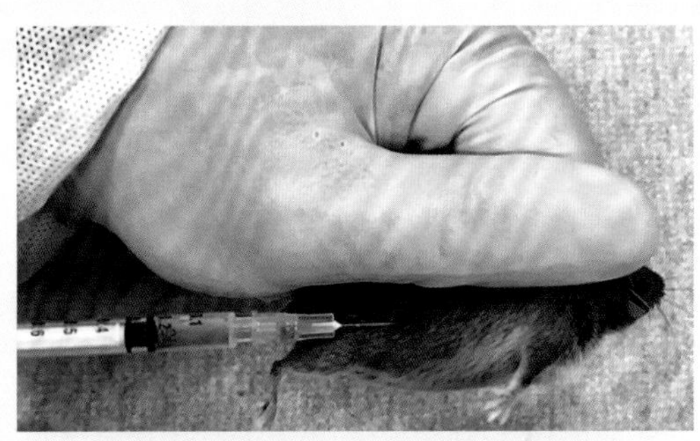

2. 针头平行于侧腹壁，向头侧进针。↓

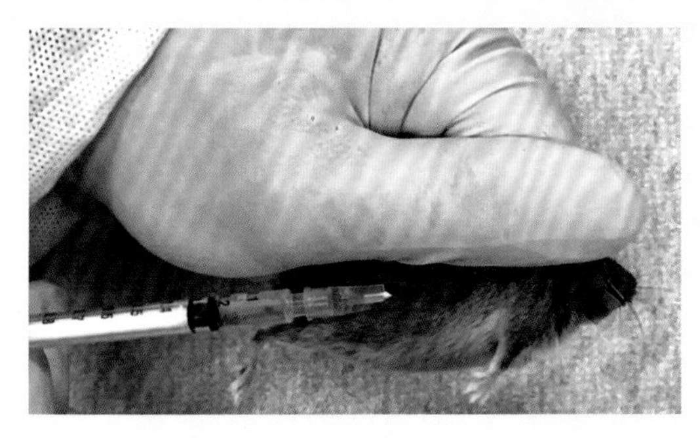

3. 针头水平刺入浅筋膜层，进针深度不少于 2 mm。其间可左、右稍摆动针头，若无明显障碍，确认位于浅筋膜层。→

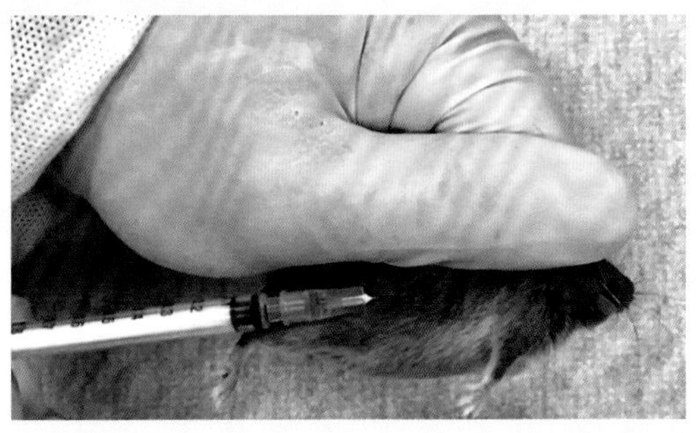

4. 匀速注入药液。↓

5. 迅速拔针。

图 23.7　侧腹部皮下注射法

操作讨论

（1）侧腹壁下的浅筋膜中没有大血管，但有游离于皮肤和腹肌之间的皮支血管，所以虽不必担心大出血，但左、右摆动针头的幅度不可过大，以免损伤血管。

（2）进针时保持水平进入，然后稍挑起针头，以避免针尖刺入腹肌。

（3）进针后针头不可挑起过高，以免刺穿皮肤。

（四）气体注射法（图 23.8）

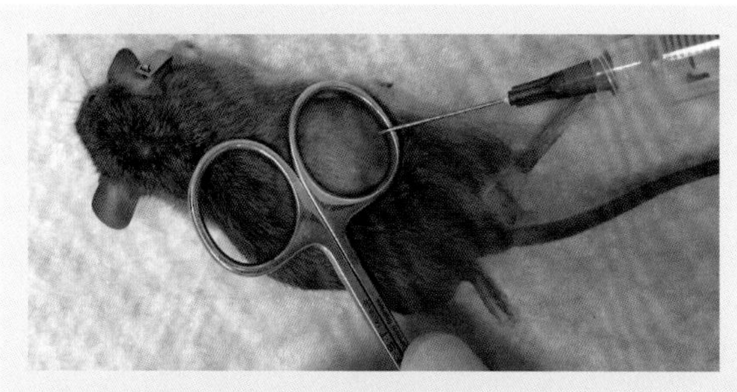

1. 以小手术器械的金属环柄平面压迫皮肤表面，在环内做皮下注射。将针头从环内边缘斜向刺入浅筋膜。→

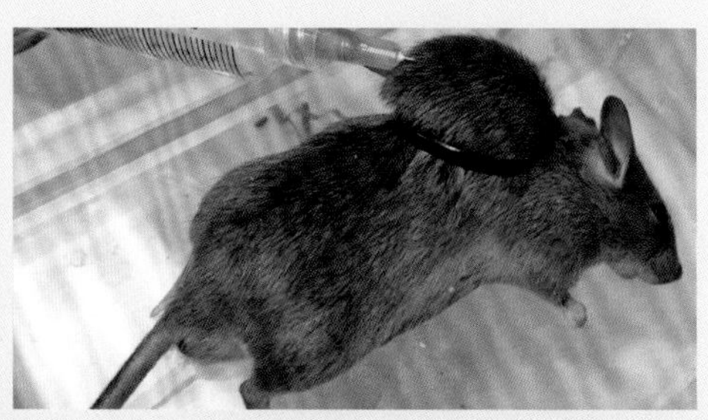

2. 缓慢注入空气，直至环内皮肤呈半球状隆起。↓

3. 撤除环柄，皮肤仍然保持隆起状态。→

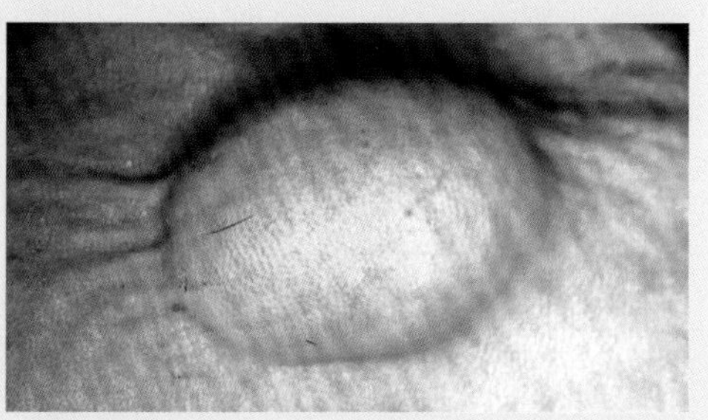

4. 虽然在第二天隆起会明显缩小，但仍能保留 1 周以上。

图 23.8　气体注射法

操作讨论

气体注射最大的困扰是皮下气体弥散，其原因在于没有保持环柄边缘的紧密压迫。解决办法是：

① 环柄不可太大；

② 环柄下方避免有局部凸起的骨骼；

③ 注射时尽量在环周围均匀压实皮肤，不致漏气。

第 24 章

腹股沟皮下注射

一、背景

腹股沟部浅筋膜区不局限于腹股沟体表皮下，而是向大腿内侧和后腹壁之间延伸，在此处种植肿瘤，可以使肿瘤细胞在一个宽松的位置较均匀地呈球状生长。此处供血相对单一，随着肿瘤的长大，股动静脉皮支（腹壁浅动静脉）随之变得粗大，明显迂曲，是做局部血管给药的理想部位。不足之处是在此处对肿瘤大小的观察不如背部方便，肿瘤较小时需要仔细触摸检查。

鉴于此处解剖结构的特殊性，种植肿瘤时进针的角度和深度与一般皮下注射法不同，本章将对此做详细介绍。

二、解剖基础

腹股沟皮下深处有一个很大的空间（图 24.1），外邻大腿内侧，内邻后腹壁。皮下有腹股沟脂肪垫，股动脉皮支由股动脉发出，穿过脂肪垫，分布到腹股沟部皮肤。此动脉有同名静脉伴行。

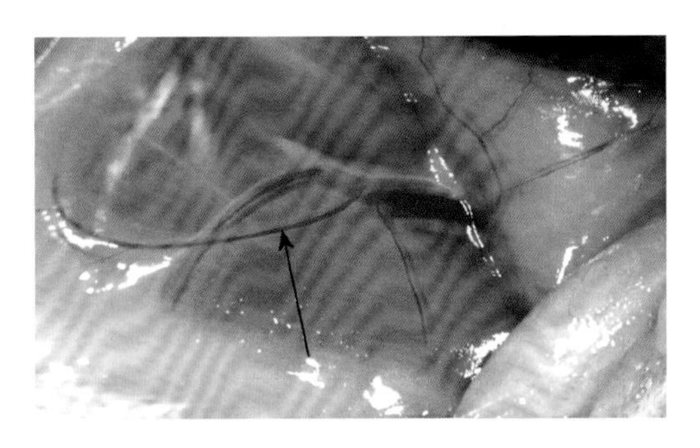

图 24.1　后肢向外拉直展开的腹股沟部。箭头示股动脉皮支

三、器械与耗材

25 G 针头，距离针尖 5 mm 米处将针头弯曲 45°（图 24.2）；1 mL 注射器；棉签。

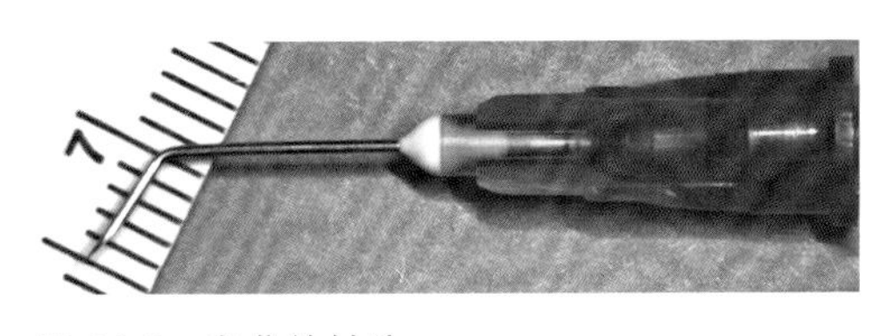

图 24.2　弯曲的针头

四、操作方法

腹股沟皮下注射法见图 24.3。▶

1. 小鼠吸入麻醉，以确保在注射时身体稳定和注射后苏醒快速。

↓

2. 将小鼠取仰卧位，后肢自然外展，腹股沟备皮。

↓

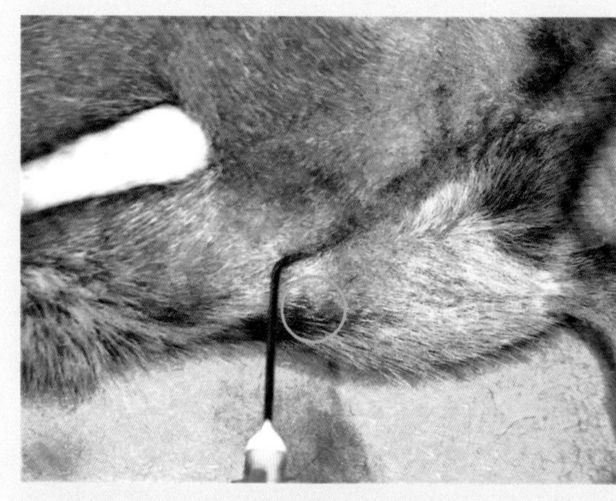

3. 齐膝关节水平，以后肢和腹壁之间为进针点。进针对准后肢和腹壁之间。绿圈示膝关节。→

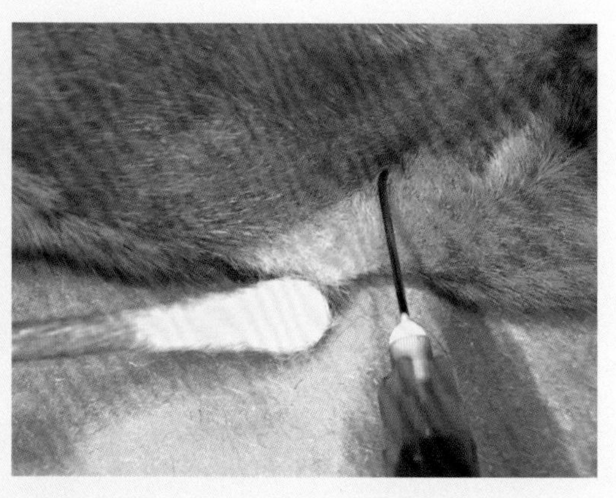

4. 将针头垂直刺入腹股沟浅筋膜间隙，直到针头弯曲处。↓

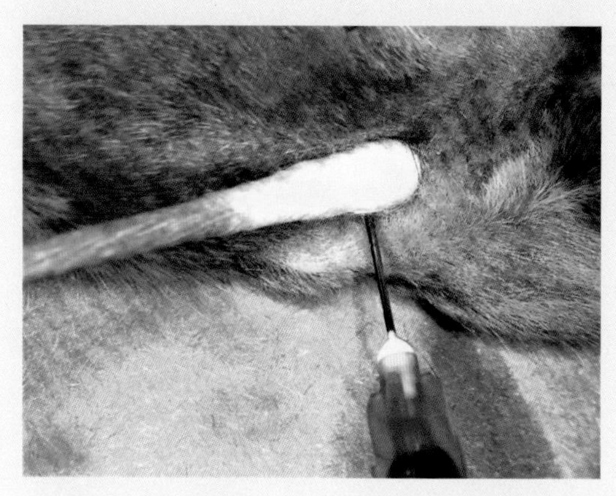

5. 稳定针头，匀速注入肿瘤细胞。注射液体会聚积于腹股沟浅筋膜内。注射完毕，用棉签轻压进针孔处皮肤拔针。→

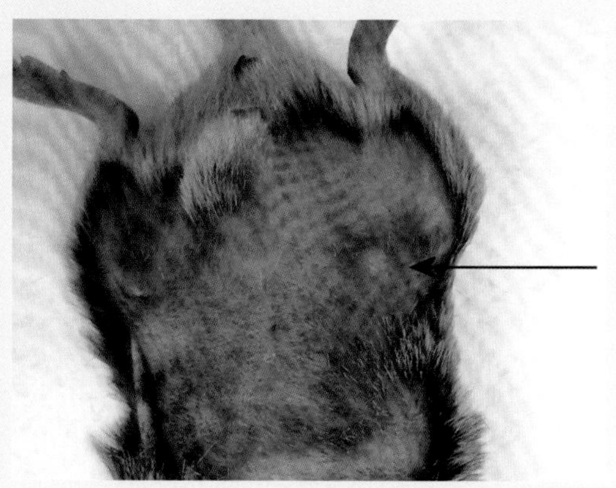

6. 注射后可见皮下轻度隆起，但是比背部或腿部皮下肿瘤种植的隆起度要小。隆起如箭头所示。

图 24.3 腹股沟皮下注射法

操作讨论

（1）由于腹股沟浅筋膜可以容纳大量液体且不会扩散，是保证肿瘤球体形态的极佳位置。图 24.4 显示蓝色药物注入后，呈现在腹股沟浅筋膜的状态，掀开皮肤可见药物完全聚集在浅筋膜层。

（2）肿瘤药物治疗皮下肿瘤模型有几种给药方式：直接向肿瘤内注射，会造成肿瘤的物理损伤；尾静脉注射，会使药物循环全身，对身体其他器官产生药物影响；局部皮下注射，难以准确计算药物的生物利用度；局部血管给药，可以把精确的药物剂量通过血液通路直接送入肿瘤组织。

（3）腹股沟部局部血管给药可以通过股静脉皮支直接注射，也可以通过股动脉插管或注射。具体操作方法参见“第 51 章 股静脉皮支注射” 51 。

（4）腹股沟注射前备皮，不但可明晰注射时的位置，也便于日后观察肿瘤生长。

（5）腹股沟皮下注射的关键是进针要处于后肢和腹壁之间，偏向任何一侧，都会导致肿瘤种植到浅筋膜之外的肌肉中。

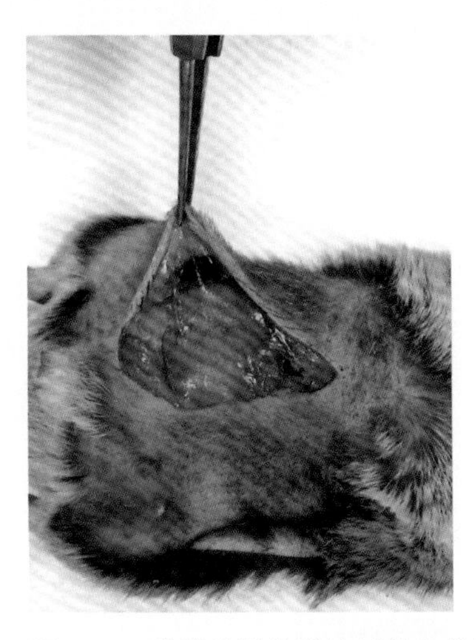
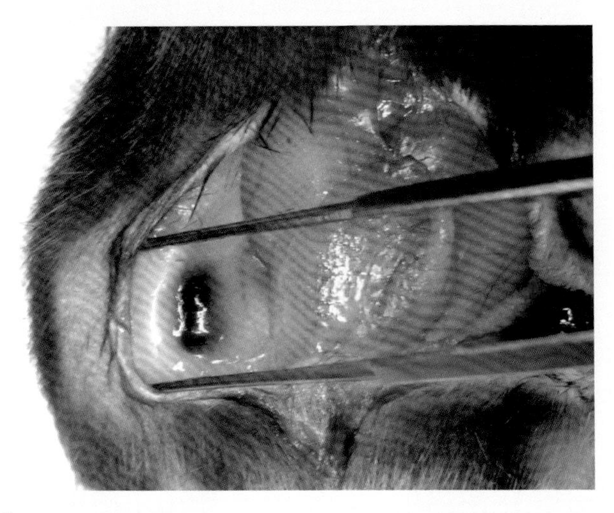

图 24.4 腹股沟浅筋膜注射蓝色药物

第 25 章

新生鼠皮下注射①

一、背景

与皮肤相关的注射方式中，最常用的是双耳间和腰部皮下注射。新生鼠因其稚嫩，体形小，注射要求更轻巧、精准。本章介绍这两个部位的皮下注射法。

二、解剖基础

与成鼠不同，新生鼠可以直接看到皮下血管走行（图 25.1），因此，在注射时可以避免损伤这些大血管。

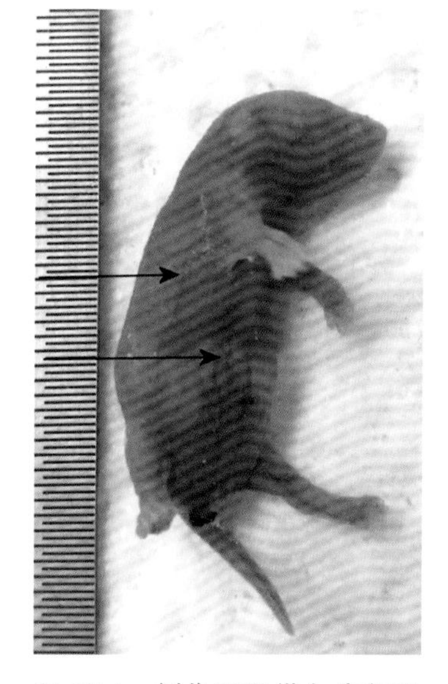

图 25.1　侧位可见纵向走行于皮下的血管

小鼠前部背肌和皮肤的血液供给主要来自两侧的胸外动脉皮支，后部背肌和皮肤的血液供给来自两侧的腹壁下动脉穿支。

肩胛骨之间有冬眠腺和冬眠腺动静脉。图 25.2 为蓝

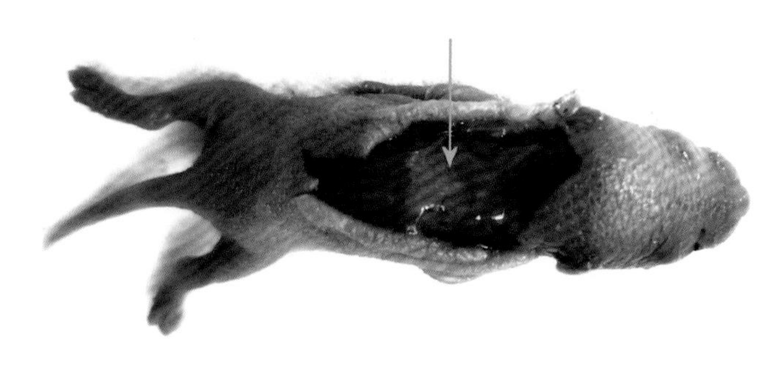

图 25.2　冬眠腺，如箭头所示

① 本章作者：叶明霞。

色染料经眼眶静脉窦注射后的小鼠，冬眠腺如箭头所示。新生鼠冬眠腺背面尚未有白色脂肪生成，注射位置应选择在双耳间，避免伤及冬眠腺。

三、器械与耗材

29 G 针头；100 μL 微量进样器。

四、操作方法

（一）耳间皮下注射法（图 25.3）

1. 新生鼠无须麻醉，用左手食指和拇指捏起其后颈部皮肤，同时食指和拇指下侧轻轻压住新生鼠脊背，使脊背保持平直。

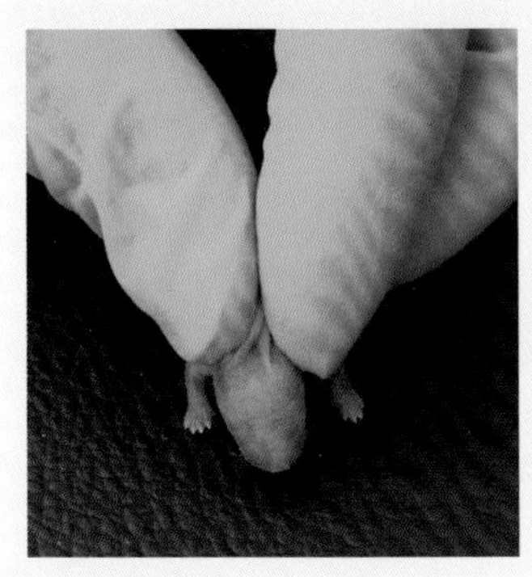

2. 轻轻捏起双耳间皮肤。→

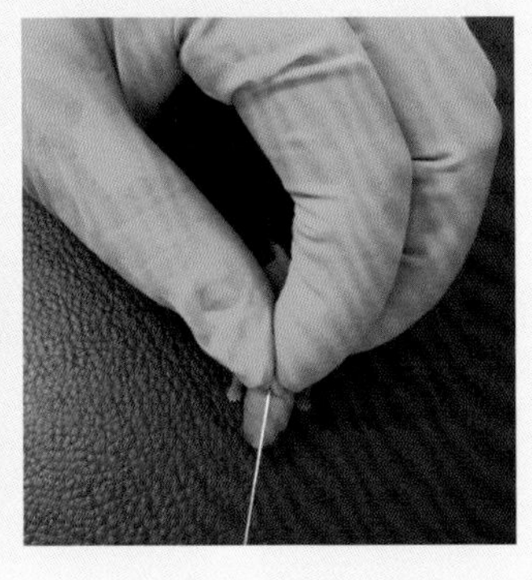

3. 右手持针，水平进针，刺入左手拇指和食指下方三角区的上角。（以小鼠体位为坐标，三角右斜边为拇指，左斜边为食指，下横边为小鼠双耳间。）针孔完全进入皮下 1 mm 时停止深入。→

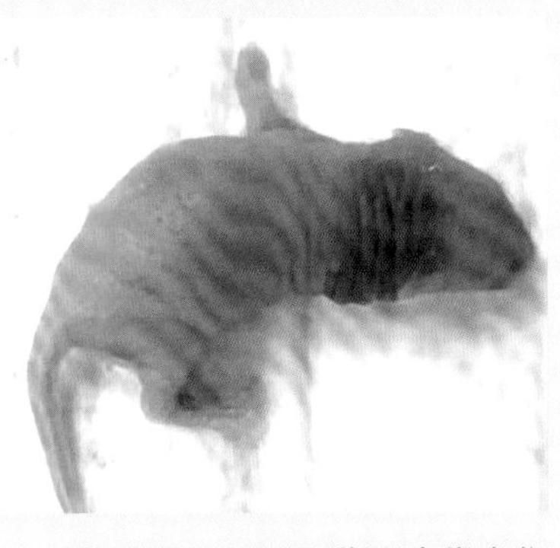

4. 注射完毕，左手拇指和食指夹住针头，右手拔出针头。以防药物随进针孔泄漏。图片显示注射后药液的分布，药液避开了冬眠腺。

图 25.3　耳间皮下注射法

（二）腰部皮下注射法（图 25.4）

1. 新生鼠无须麻醉，取俯卧位，用拇指和食指控制小鼠腰部左、右侧。

↓

2. 针头刺入点选择在背中线腰骶关节处。针头指向前，针孔斜面向上。→

3. 针头小角度刺入皮下后，立即上调角度与脊柱平行，避免刺伤脊柱。↓

4. 针头在皮下潜行 2 mm 停止，并开始注射。→

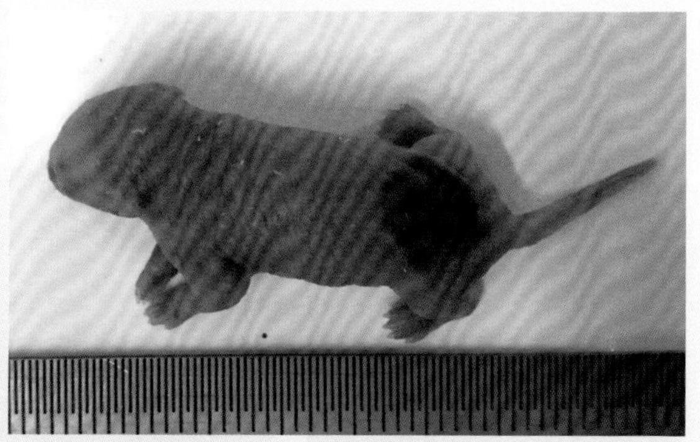

5. 注射完毕，拔针头，操作同“耳间皮下注射注”，图为染料注射后状态。

图 25.4　腰部皮下注射法

操作讨论

（1）注射时漏液，此时没有球状物充盈的感觉，同时可见药液自左手指间溢出，其原因是针头穿透皮肤到体外。

（2）新生鼠的注射量需要适当减少。

第 26 章

耳廓注射

一、背景

耳廓皮下注射分为外侧注射和内侧注射两种，目的常为外耳给药或液体分离耳廓皮肤。

耳廓薄而大，分离浅筋膜可以为异物植入做耳廓囊。做耳廓皮下注射是安全分离浅筋膜的方法。

耳廓体毛稀疏，去除一侧耳廓皮肤，做皮窗观察血管血流模型，做耳廓注射是暴露耳廓血管的第一步。

本章介绍两种有代表性的耳廓皮下注射法：耳廓外侧注射异物植入法和耳廓内侧注射开皮窗法。

二、解剖基础

小鼠耳廓面积相对较大，可达 1 cm^2。内、外两层薄皮肤，中间为耳软骨。主要血管和神经走行于耳软骨与外侧皮肤之间的浅筋膜层（图 26.1）。

小鼠耳廓浅筋膜层较薄，内浅筋膜层比外浅筋膜层更薄。

来自颈外动脉的耳后动脉由耳根中部树枝状伸展向耳廓边缘（图 26.2）。有同名静脉伴行。

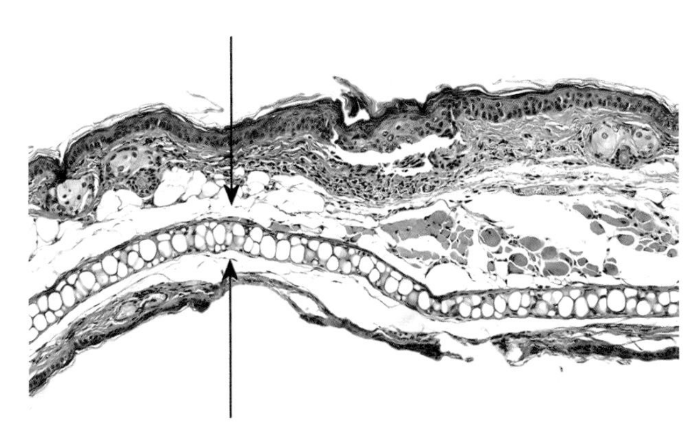

图 26.1　耳廓组织切片，H-E 染色。箭头示耳廓外浅筋膜层。下箭头示耳廓内浅筋膜层（张桂贤供图）

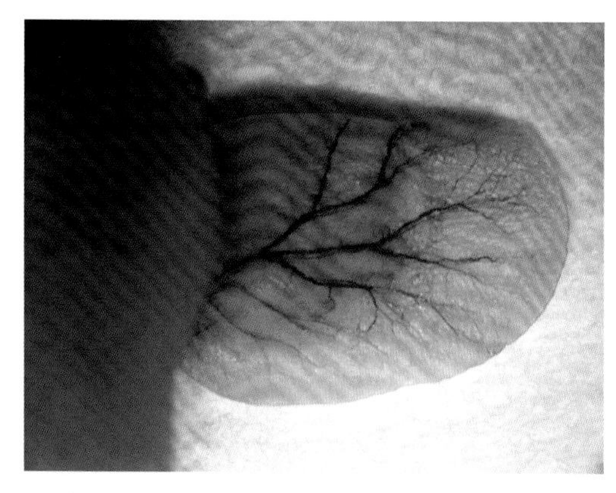

a. 背侧

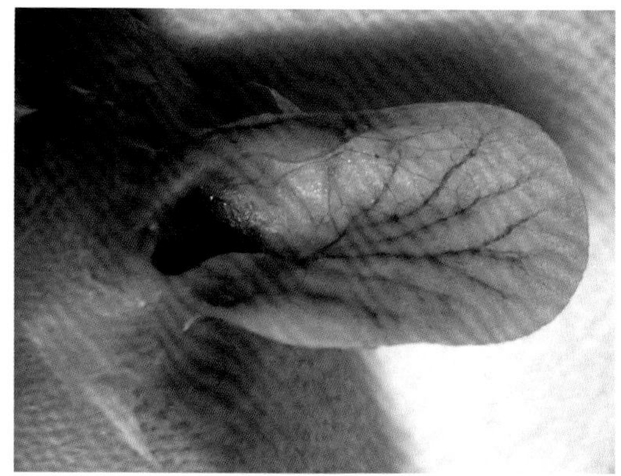

b. 内侧

图 26.2　耳廓

三、器械与耗材

手术板；31 G 针头胰岛素注射器；31 G 钝针头 +1 mL 注射器；平镊；显微尖剪；生理盐水。

四、操作方法

（一）耳廓外侧注射异物植入法（图 26.3）▶

该方法常用来做免疫排斥反应实验。耳廓异物植入前，需要分离耳廓与耳软骨，使之呈囊，以方便植入异物。为使异物更接近血管，多采用外侧耳廓。

1. 小鼠常规麻醉。耳根部清洁后，将其俯卧于手术板上。

↓

2. 选择耳廓背面耳根部的耳软骨隆起区为注射点。注意避开明显的血管区域。

↓

3. 用镊子夹住耳廓远端，拉直绷紧耳廓。

↓

4. 将针头刺入皮肤少许，注意不要穿透软骨。

↓

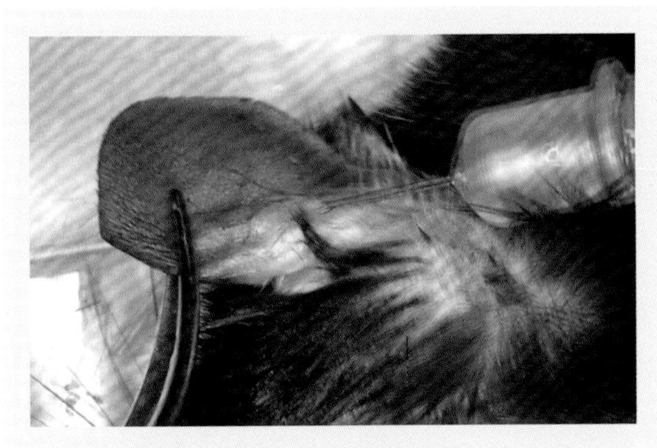

5. 针孔完全没入皮下时，暂停进入。↓

6. 注入少许生理盐水，令皮肤与软骨被撑开分离。→

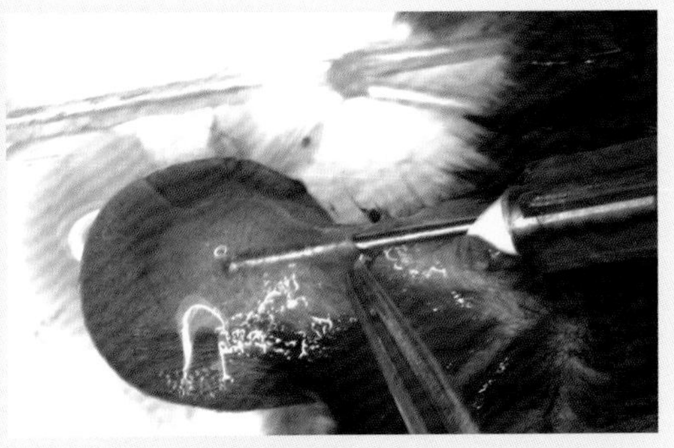

7. 拔出针头，用镊子夹住耳廓皮肤做对抗牵引，换钝针头从原进针孔刺入耳廓皮下，继续在生理盐水充盈的间隙中深入针头。针头每进一步，必以生理盐水开路。↓

8. 在生理盐水将浅筋膜层充盈，至预定分离面积后拔针。↓

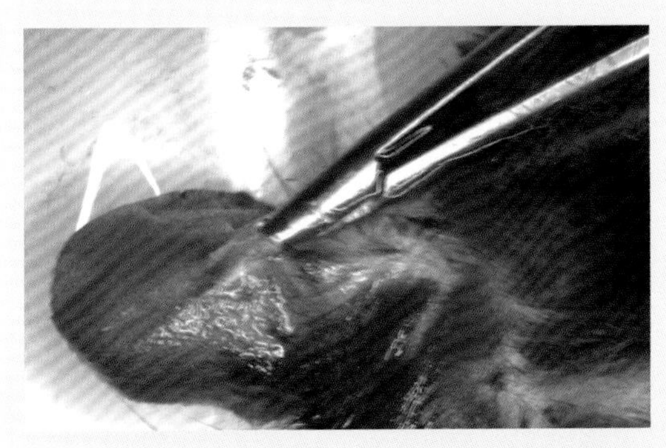

9. 用剪子扩大进针孔，探入耳廓进一步分离皮下组织，制成耳囊。→

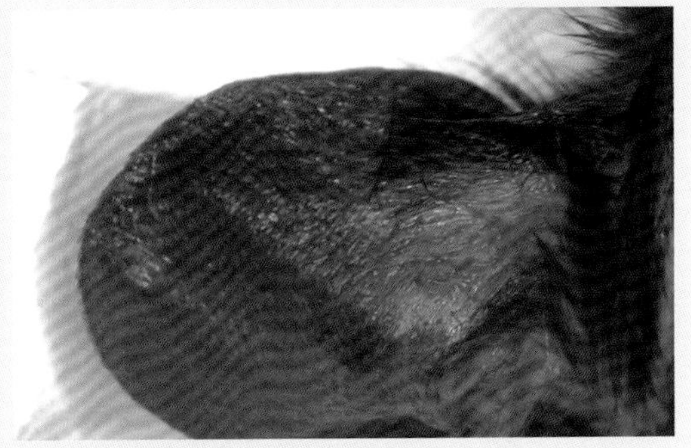

10. 将异物经剪子入口插入耳囊。

图 26.3 耳廓外侧注射异物植入法

（二）耳廓内侧注射开皮窗法（图 26.4）

1. 小鼠常规麻醉。将其外耳廓备皮后，仰卧于手术板上。

↓

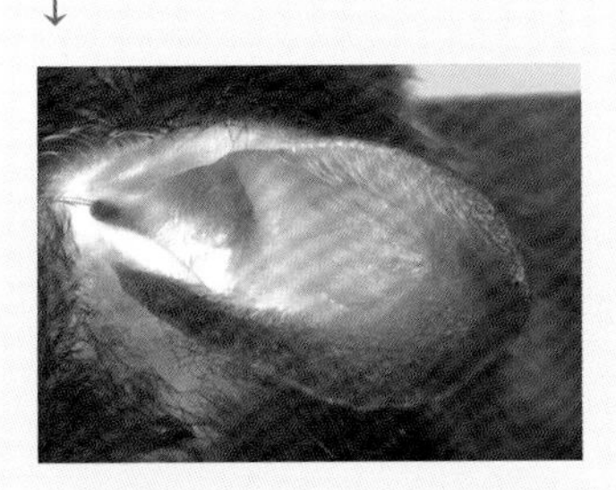

2. 暴露耳廓内面。→

3. 用镊子夹住耳缘做对抗牵引，同时稍向外翻，使内耳廓局部形成一个向上的弧面。↓

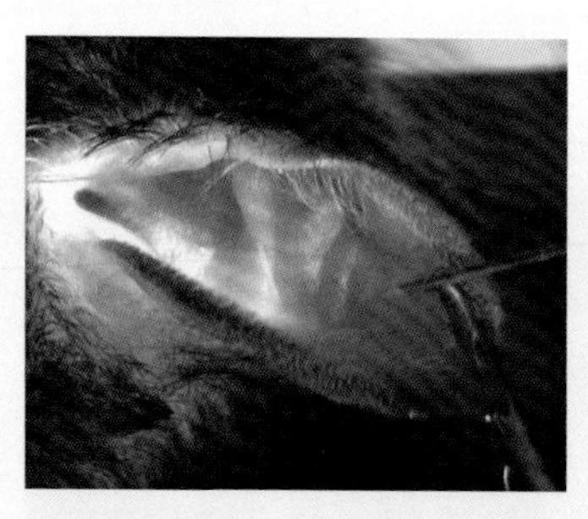

4. 在此弧面上将针孔向上，针头水平刺入皮肤，勿穿透软骨。→

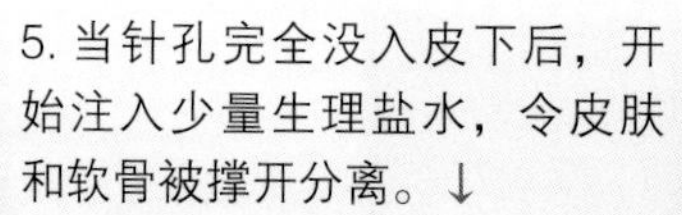

5. 当针孔完全没入皮下后，开始注入少量生理盐水，令皮肤和软骨被撑开分离。↓

6. 拔出针头，换钝针头从原进针孔刺入耳廓皮下，继续在生理盐水充盈的间隙中深入针头。针头每进一步，必以生理盐水开路。→

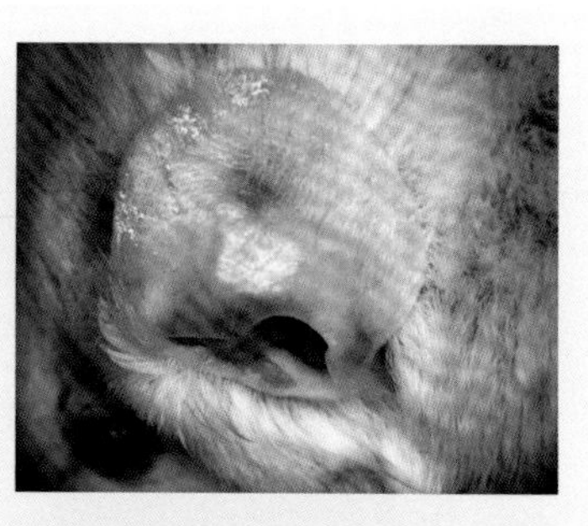

7. 生理盐水将浅筋膜层充盈，至预定分离面积后拔针。↓

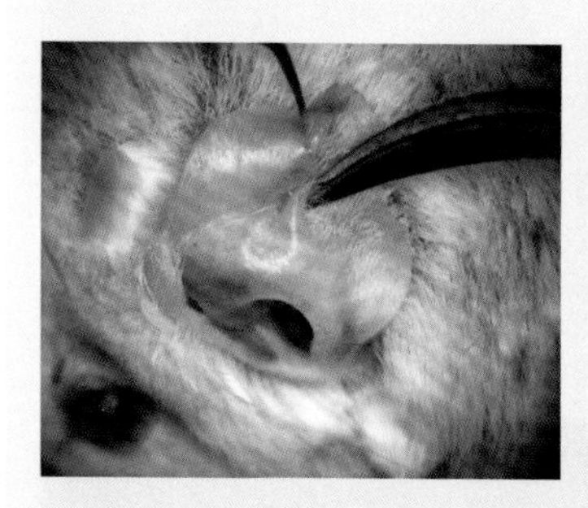

8. 从耳廓内侧剪开被生理盐水充盈起来的皮肤。→

9. 将剪尖插入耳廓内面浅筋膜层，扩大分离区。→

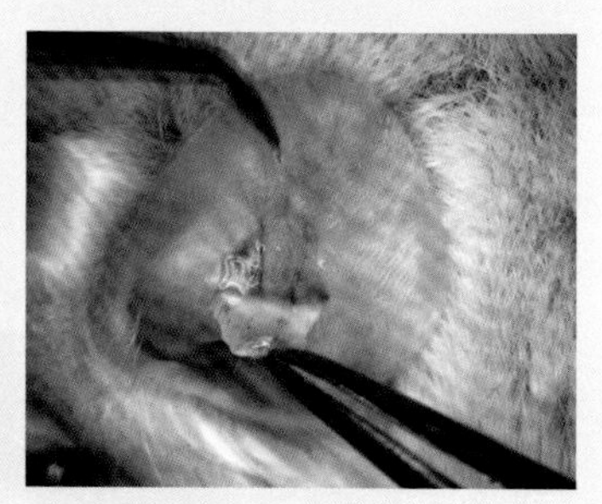

10. 剪除皮肤面积，直至达到实验设计要求。

图 26.4 耳廓内侧注射开皮窗法

操作讨论

（1）皮窗的厚度由实验设计决定。若需要高清晰度的血流影像，将部分软骨连同内侧耳廓皮肤切除，从内侧暴露耳廓血管，用于观察血流影像。该技术要求较高。否则仅切除内耳廓皮肤即可，比较方便安全。

（2）根据实验设计，开皮窗后或马上置手术区于活体显微镜下观察，或安装透明“窗”，择期观察血流影像。暴露耳廓血管，只是建立皮窗模型的第一步。

第 27 章
皮内注射

一、背景

由于目前小鼠实验使用的注射针头和注射剂量，都无法将注射的药液控制在皮肤真皮层中，因此，常说的小鼠皮内注射实际上是将药液注入了真皮层和真皮下层，但不包括皮肌。

由于生长期的皮肤增厚明显，为了能够将更多的药液注入真皮层，可以选择生长期的皮肤进行注射。可以通过剃除体毛等人为刺激，令局部皮肤应激性地进入生长期。

二、解剖基础

小鼠身体不同部位的皮肤组织结构不同，本章仅以常用的背部皮肤为例进行介绍。皮肤真皮层和真皮下层明显不同：真皮下层（图 27.1）有丰富的细小血管和脂肪；有色小鼠生长期的真皮色素增生、皮层增厚（图 27.2 ~图 27.4）。

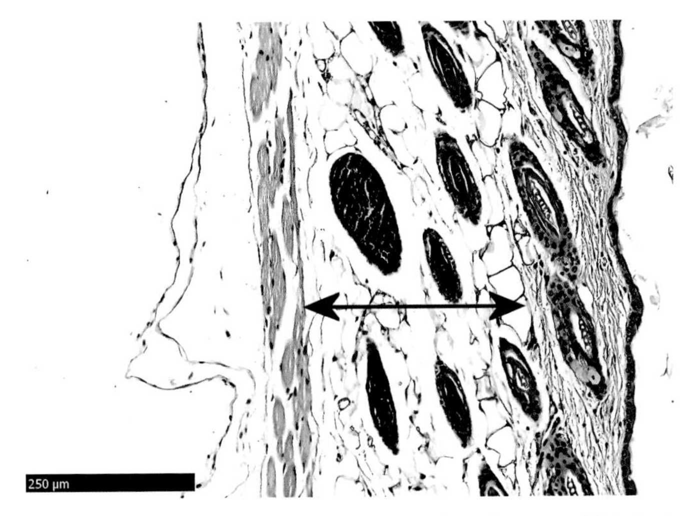

图 27.1　真皮下层，如箭头所示。右侧为真皮层，左侧为皮肌（张燕供图）

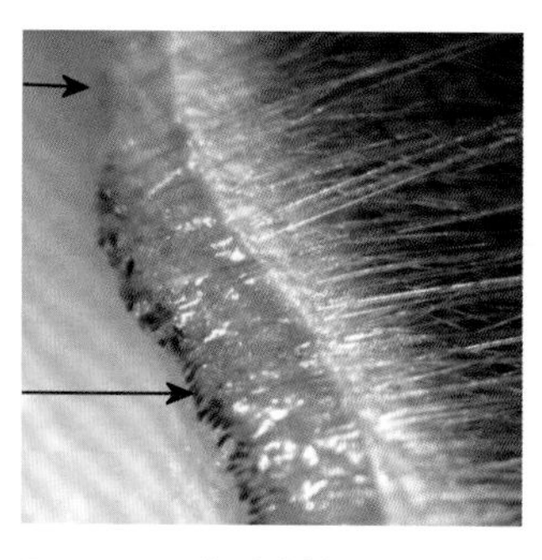

图 27.2　皮肤侧切，上箭头示皮肤静止期，下箭头示皮肤生长期

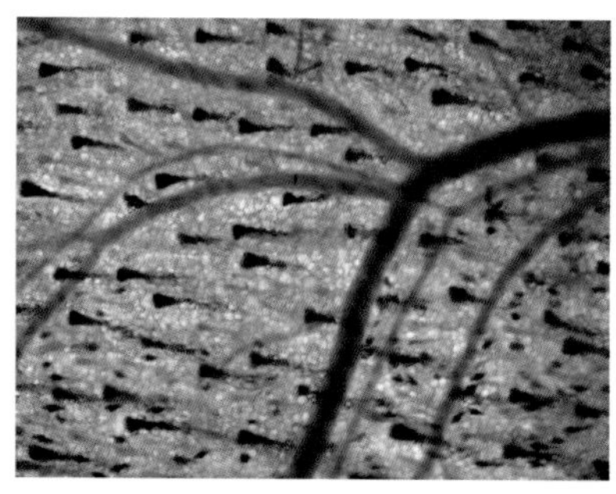

图 27.3　从浅筋膜层观看皮肤生长期增生的皮肤色素以及皮肤血管

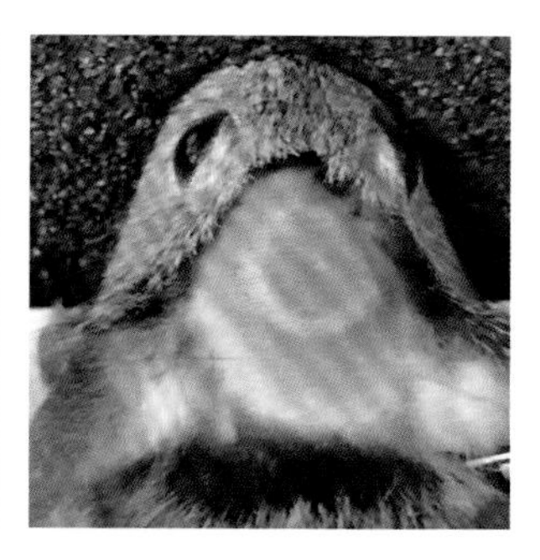

图 27.4　小鼠头顶部体毛去除后两周再次备皮，可见原小面积备皮区应激增生的色素（中央部位）

三、器械与耗材

显微镜；31 G 针头胰岛素注射器；显微尖镊。

四、操作方法

以背部皮肤为例介绍皮内注射法（图 27.5）。▶

1. 小鼠常规麻醉，背部备皮。
↓

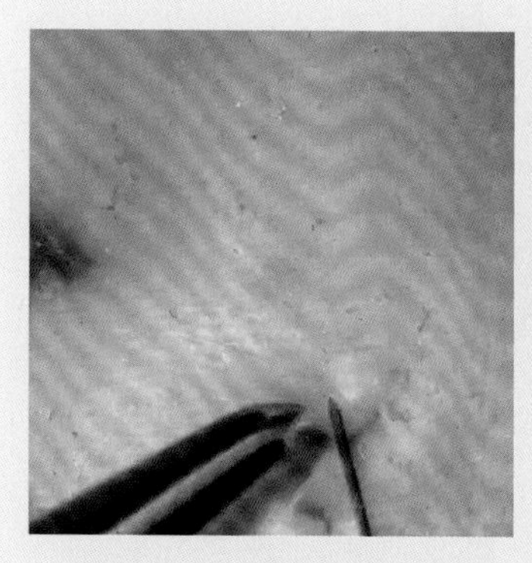

2. 用镊子夹持皮肤做对抗牵引。→

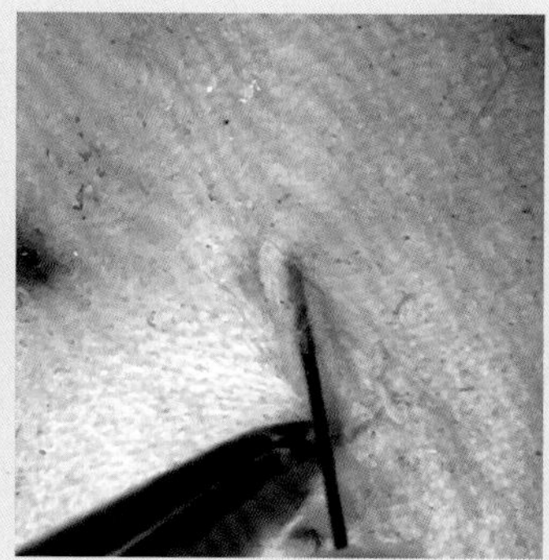

3. 将针头针孔朝上刺入皮肤，在显微镜下清晰可见针头行进于表皮下。→

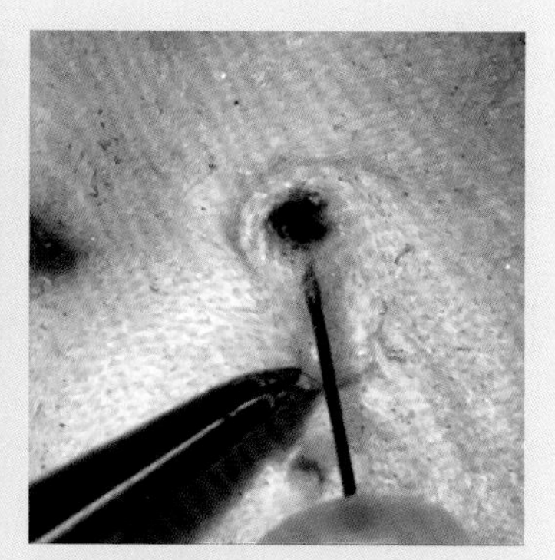

4. 在真皮层和真皮下层潜行 2 mm 后停止前进，缓慢注射药物数微升。↓

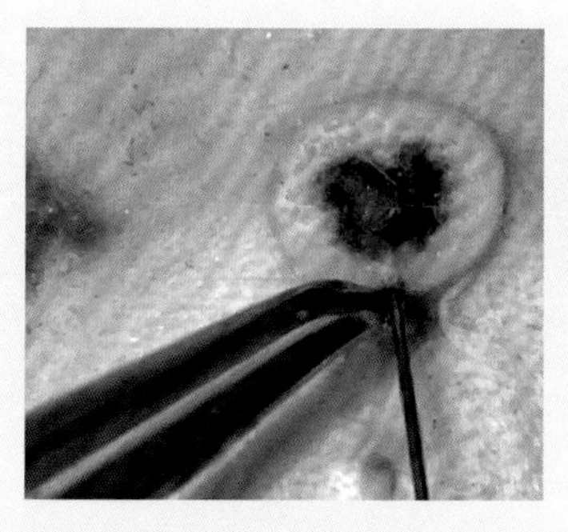

5. 可见局部皮肤随注射呈碟形隆起，表面呈橘皮样变。→

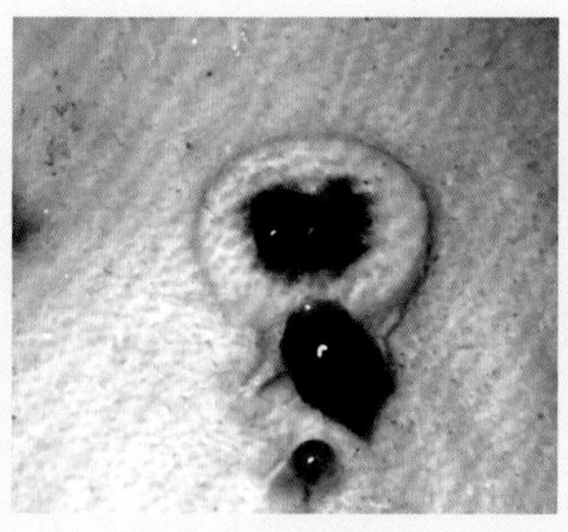

6. 迅速拔针，常见进针孔漏出少许药液。→

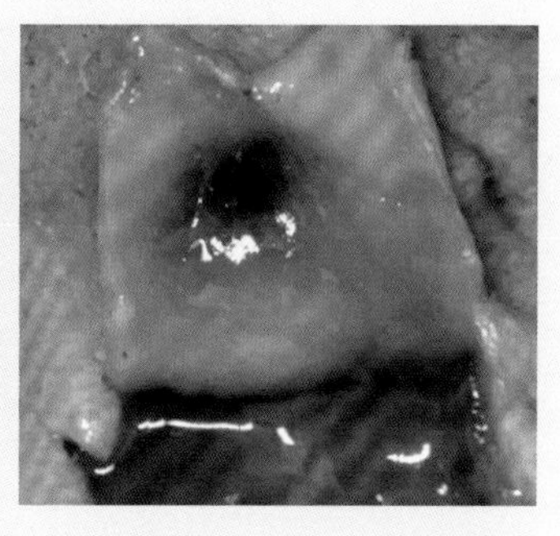

7. 为检验注射效果，可于染料注射后立即切开注射区皮肤。图中注射部位皮肤从浅筋膜层向上翻起，可见浅筋膜层没有药液。↓

8. 切开皮肌，亦可见皮肌没有药液，药液完全存在真皮层和真皮下层。右图中箭头示切开的皮肌。

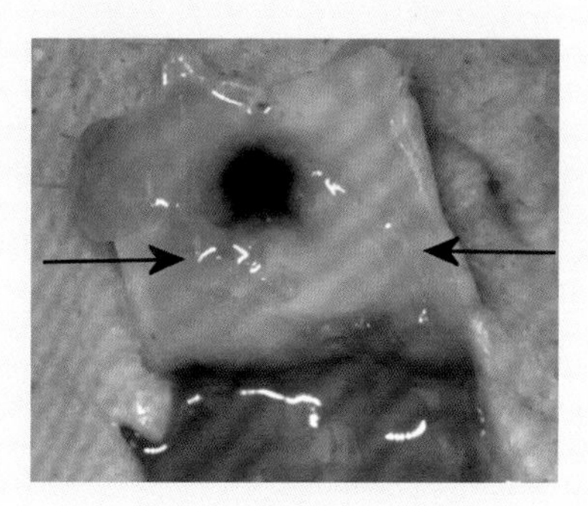

图 27.5　皮内注射法

操作讨论

（1）要保证皮内注射的药物完全在真皮层和真皮下层，针尖不能进入皮肌和浅筋膜层。

（2）不可过量注射，否则药液会从表皮突破皮肤，或从皮肌向下方突破。

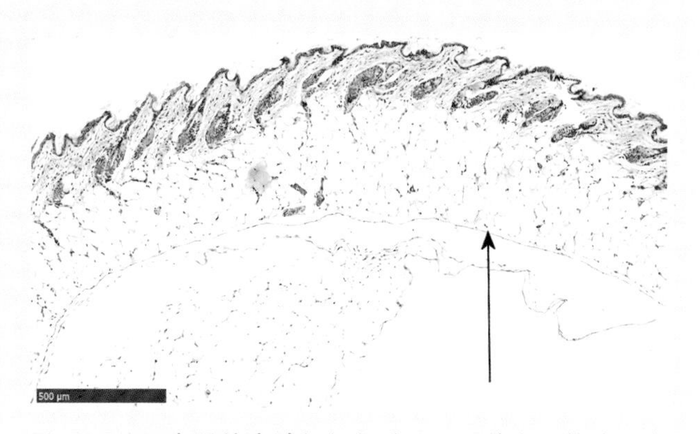

图 27.6　无皮肌的皮肤组织切片，H–E 染色。箭头示真皮下层基底膜（张燕供图）

（3）在没有皮肌处，过量注射更容易向浅筋膜层扩散。图 27.6 示没有皮肌的部位，皮下层较厚，仅以真皮下层基底膜与浅筋膜层相连。过量注射更容易使药物突破真皮下层进入阻力小的浅筋膜层。

第 28 章

皮肌注射

一、背景

小鼠皮肌注射难度表现在两个方面：一是皮肌普遍极薄，容易刺穿，造成药液外漏；二是注入量受限。但也有特殊部位例外，小鼠口唇部皮肌较厚，皮肌内液体容量远大于背部皮肌，而且还有一个方便之处是不用备皮剃毛。本章以小鼠口唇部为例，介绍皮肌注射法。

二、解剖基础

小鼠面部肌肉分为两大类：皮肌和骨骼肌。咬肌和颞肌等属于骨骼肌，附着于颅骨。唇肌（图 28.1）、眼睑肌等属于皮肌，较躯体部皮肌发达。

小鼠口唇部（图 28.2）皮肤少有绒毛分布，口唇长有触须，触须的根部深达唇肌（图 28.3，图 28.4）。唇肌发达，唇肌内可容纳较背部皮肌更多的液体（图 28.5，图 28.6）。▶

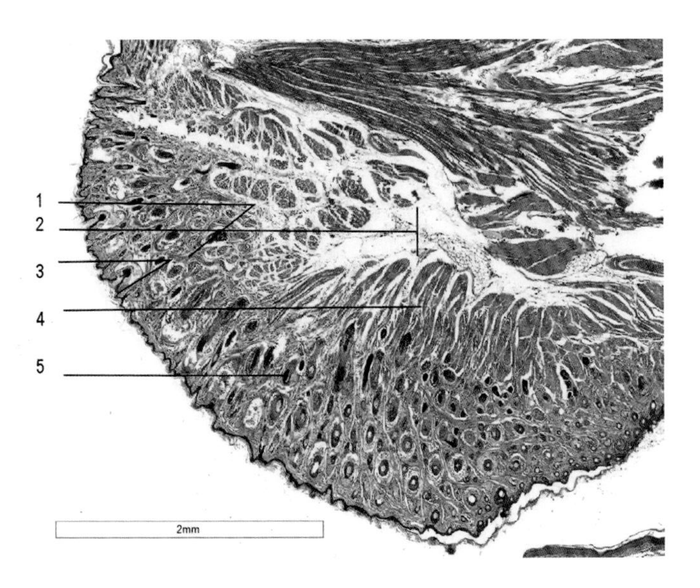

1. 真皮下层；2. 浅筋膜层；3. 真皮层；4. 唇肌；5. 毛囊

图 28.1　小鼠唇部组织切片，H–E 染色（辛晓明供图）

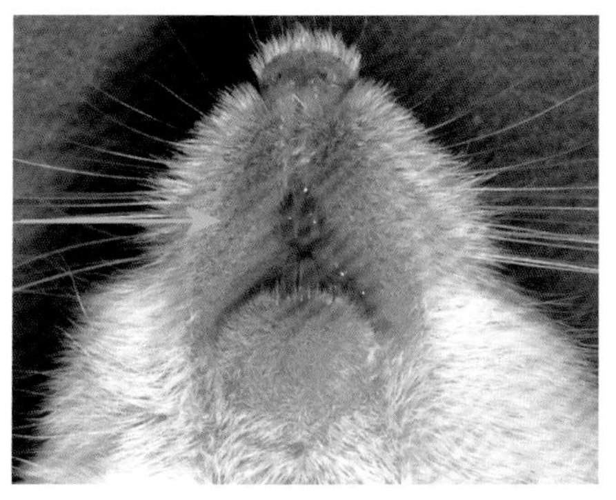

图 28.2　小鼠口唇部，箭头示右侧口唇

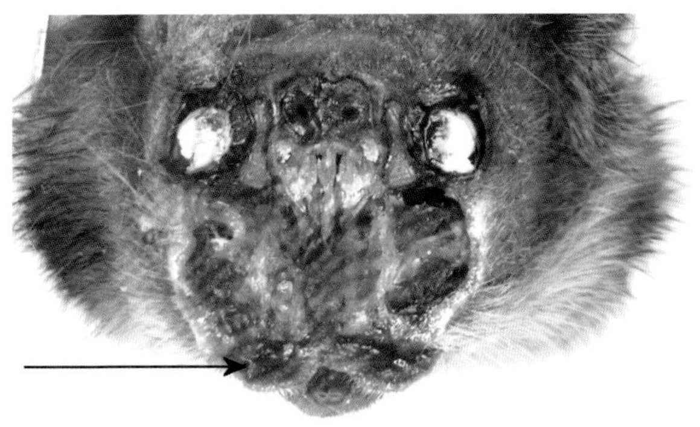

图 28.3　小鼠面部冠状切面，箭头示唇肌

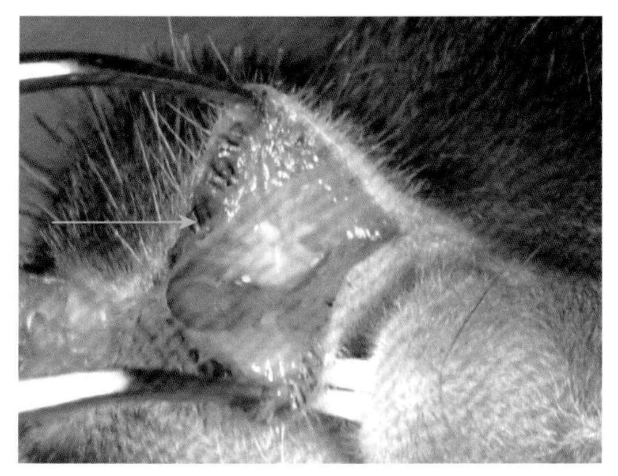

图 28.4　小鼠口唇部，箭头示触须根

图 28.5　口唇左侧皮肌注入蓝色染料后充盈隆起

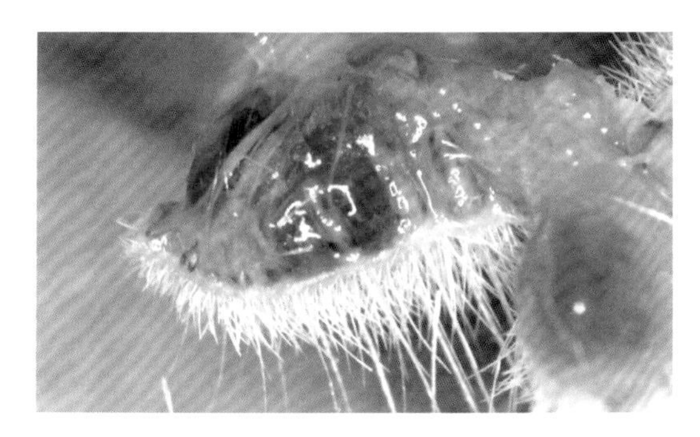

图 28.6　染料注射后切开检查，可见染料存于口唇肌层内而无外泄

三、器械与耗材

31 G 针头胰岛素注射器；尖镊；棉签。

四、操作方法

小鼠口唇部皮肌注射法见图 28.7。▶

1. 小鼠常规麻醉，无须备皮。取仰卧位，头向操作者。

↓

2. 用镊子夹持鼻部做对抗牵引。→

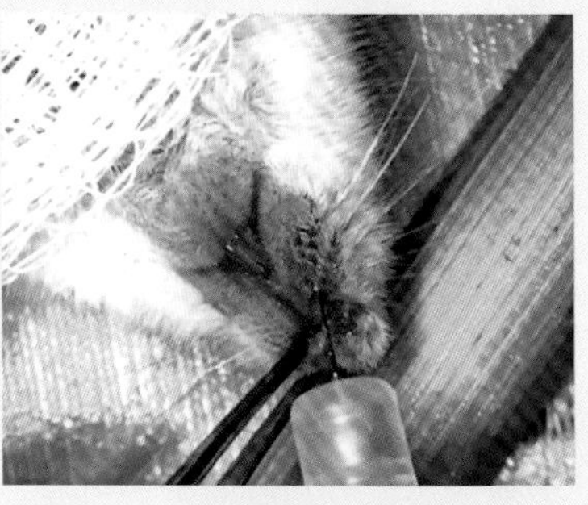

3. 将针头水平刺入唇部皮内 1 mm，保证针头完全没入皮内后缓慢注射。可见皮下蓝色药液，局部隆起。→

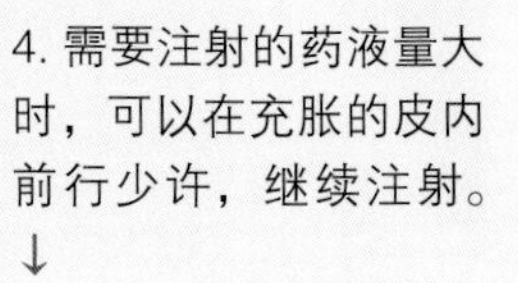

4. 需要注射的药液量大时，可以在充胀的皮内前行少许，继续注射。

↓

5. 如果注入量大，造成皮内高压，拔针时会有少量药液溢出，可用棉签擦除。

图 28.7　口唇部皮肌注射法

操作讨论

（1）如果要保证精确的药液注入量，不可注入过多药液。

（2）镊子夹持鼻部不可过紧，避免损伤鼻部。

（3）针尖应避开触须毛囊，以避免因损伤毛囊静脉窦而致出血。

第 29 章
全皮注射

一、背景

小鼠皮肤薄，真皮以及真皮下层可容纳的药液量有限。当针头进入皮肌和真皮下层注射时，药液可进入皮肌、真皮下层和真皮，因此，该方法也称为全皮注射法。其特点是注射区有轻度的鸟巢样改变，呈碟形隆起。碟形隆起的病理基础是皮肤真皮内充斥大量液体，由于没有进入浅筋膜，因此，皮肤隆起明显，但不会发生丘状隆起。该方法的药物注射量较皮内注射多。因此，若实验需注射大剂量药液且不介意药物进入皮肌层时，可以采用该方法。

二、解剖基础

小鼠的躯干和头颈部大部分区域有皮肌层。皮肌与浅筋膜之间有一层皮肤基底膜（图 29.1），不同区域厚度不同，从单层到数层细胞不等。从表皮到皮肤基底膜为小鼠的皮肤全层。

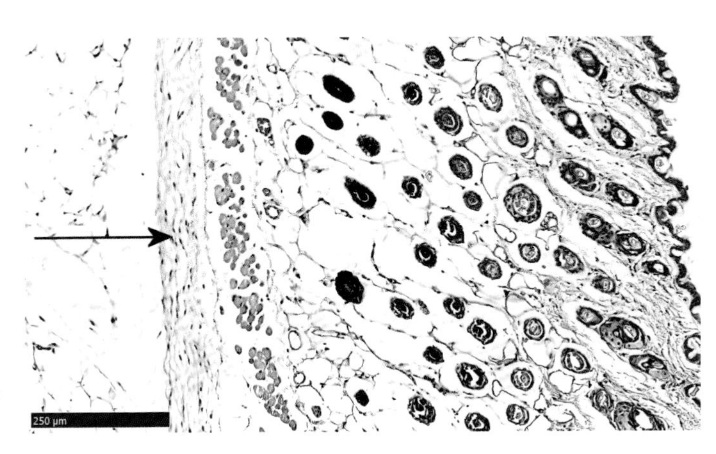

图 29.1　较厚的皮肤基底膜，如箭头所示（张燕供图）

三、器械与耗材

显微镜；31 G 针头胰岛素注射器；皮肤镊。

四、操作方法

以背部为例介绍全皮注射法（图 29.2）。▶

1. 小鼠吸入麻醉，背部备皮，取俯卧位。

↓

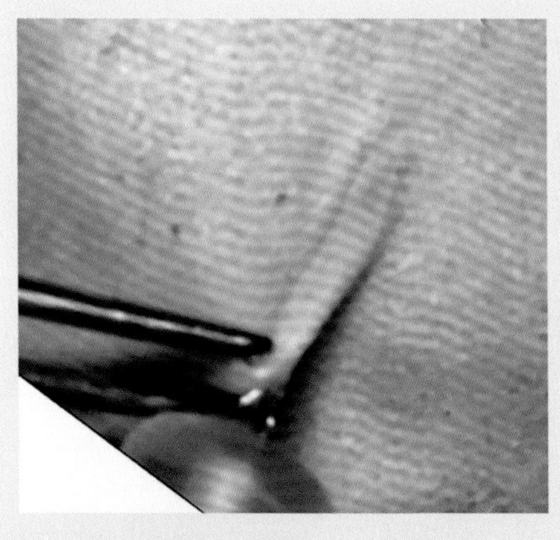

2. 用镊子夹起皮肤少许，做对抗牵引，将针头刺入皮肌。显微镜下看不到皮肌内潜行的针头。→

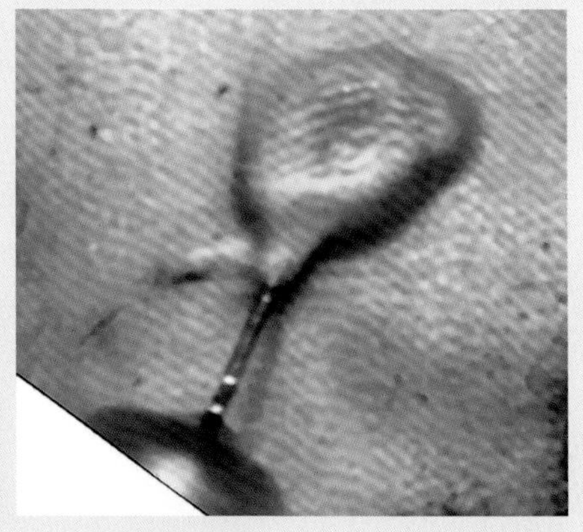

3. 进针数毫米后停止，开始缓慢注射药物，可见碟形隆起，轻度橘皮样改变。注射阻力介于皮内注射和浅筋膜注射之间。

↓

4. 注射完毕拔针后少有液体溢出。中央凹陷较皮内注射为轻。

图 29.2　全皮注射法

操作讨论

（1）检查注射效果，可见浅筋膜无药液，染料进入皮肤全层（图 29.3）。

（2）鉴别全皮注射与皮内注射的要点是碟形隆起与橘皮样改变的程度。皮内注射的碟形隆起更深，橘皮样改变更甚。

（3）鉴别全皮注射与皮下注射的要点是有无碟形隆起与橘皮样改变，皮下注射特点是丘状隆起（图 29.4）。▶

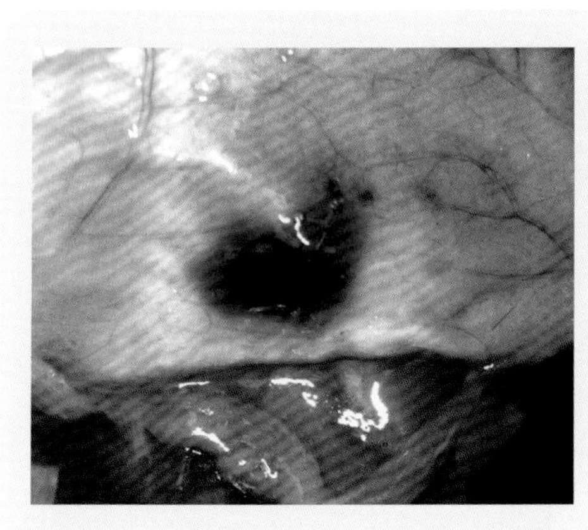

图 29.3　全皮注射效果，染料进入皮肤全层

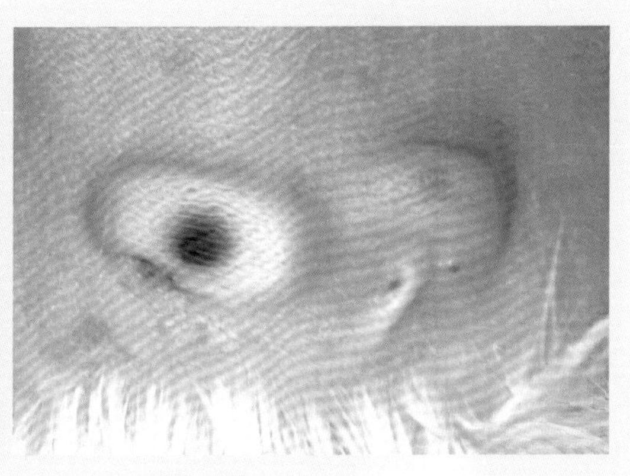

图 29.4　全皮注射（左）与皮下注射（右）的区别

第 30 章

真皮下层注射

一、背景

一般来说，小鼠皮肤的真皮下层非常薄，而且与真皮没有明显的组织间隔。实验需要将药物注入小鼠的真皮下层，必须寻找能够容纳药液的部位。

小鼠的眼睑真皮下层明显比其他部位厚很多。本章以眼睑为例，介绍真皮下层注射法。

二、解剖基础

小鼠皮肤的真皮下层能容纳注射针头的部位不多。上眼睑真皮下层（图 30.1）较其他部位明显厚。与躯体部位（图 30.2）不同的是，眼睑真皮下层断面呈三角形分布，适于做真皮下层注射。

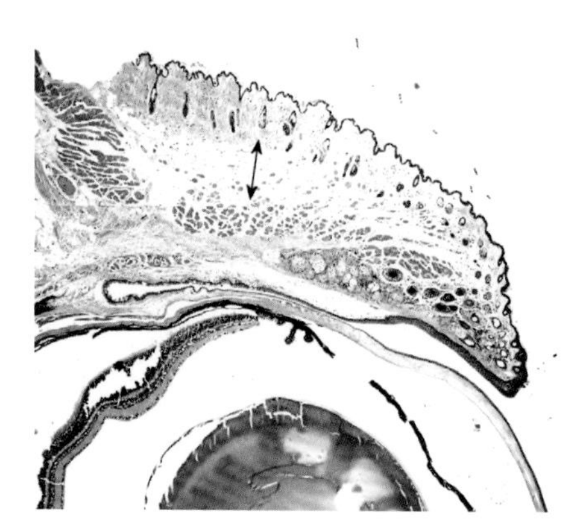

图 30.1　眼睑及周围器官组织切片，箭头示真皮下层（宋柳江供图）

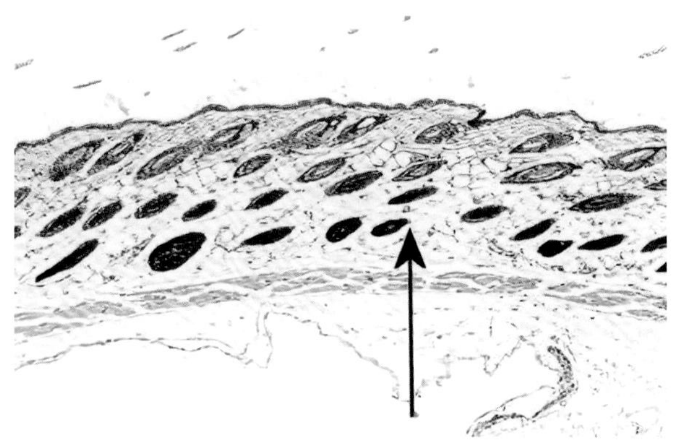

图 30.2　躯干真皮下层的扁平断面，如箭头所示（张燕供图）

三、器械与耗材

31 G 针头胰岛素注射器；显微尖镊。

四、操作方法

真皮下层注射法见图 30.3。

1. 小鼠常规麻醉，眼睑备皮。

↓

2. 用镊子夹持上眼睑皮肤做对抗牵引。

↓

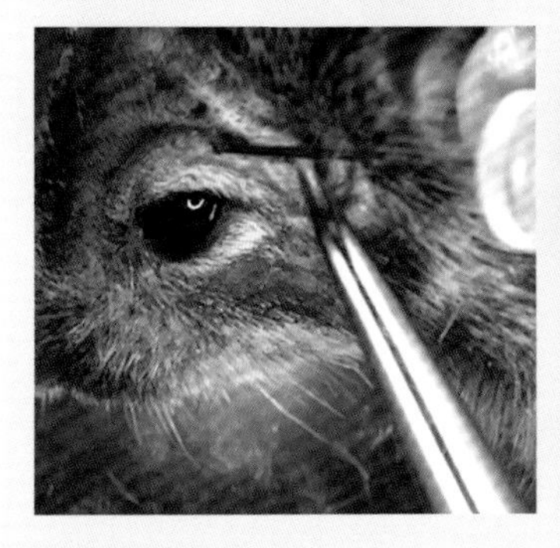

3. 在距眼睑边缘 1 mm 处，平行睑缘进针。↓

4. 将针头平行上眼睑边缘刺入皮肤，达真皮下层。→

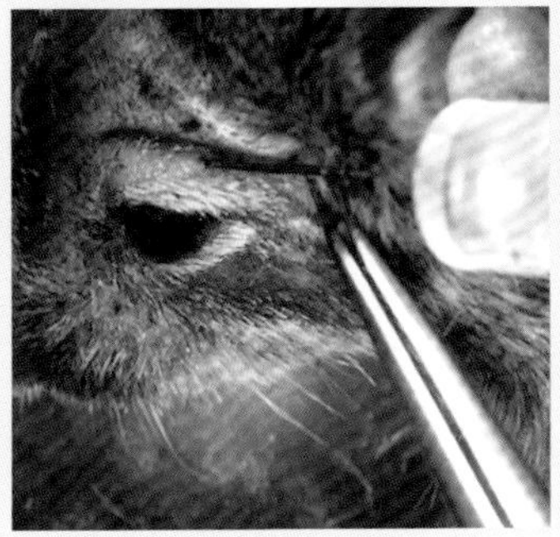

5. 针头于皮内潜行 2 mm 后停针。↓

6. 缓慢注射，立刻可见局部皮肤隆起。→

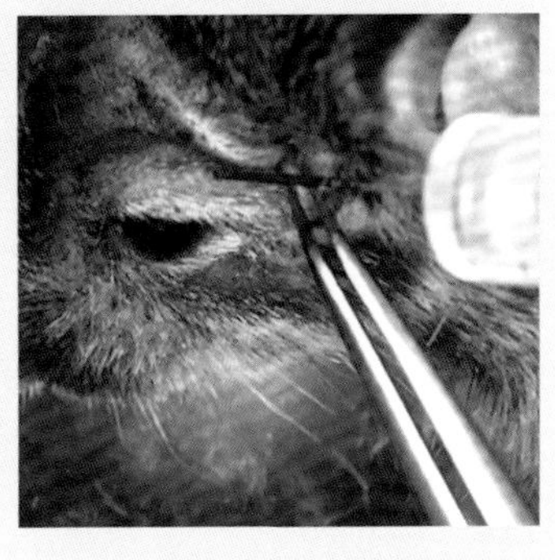

7. 注射 2 μL 药液，眼睑皮肤局部隆起明显。↓

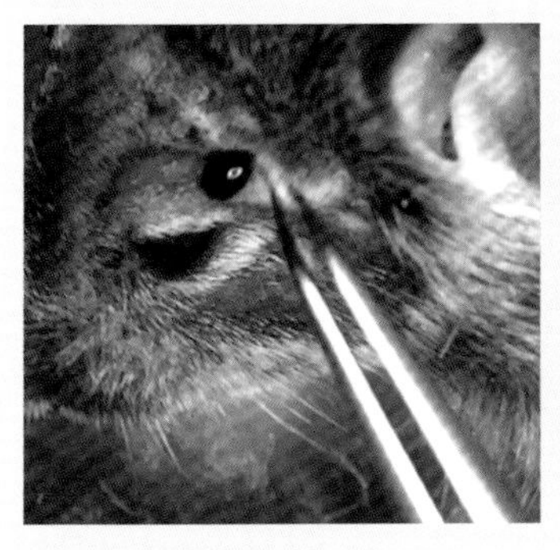

8. 达到设计剂量后立即拔针，常见有少许药液溢出进针口孔。→

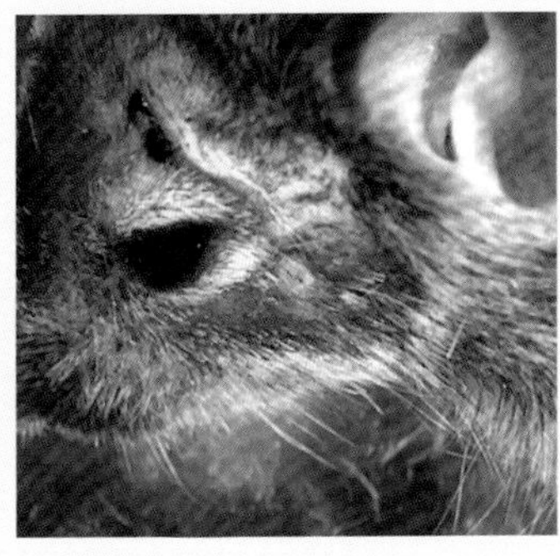

9. 松开镊子，擦拭溢液，完成注射。

图 30.3　真皮下层注射法

操作讨论

（1）小鼠眼睑真皮层较致密，所以针头位于真皮下层时，药液会沿着疏松的真皮下层组织扩散，且很少进入真皮内。

（2）只要针头不进入眼轮匝肌，药物一般会保留在真皮下层而不进入肌肉（图 30.4）。

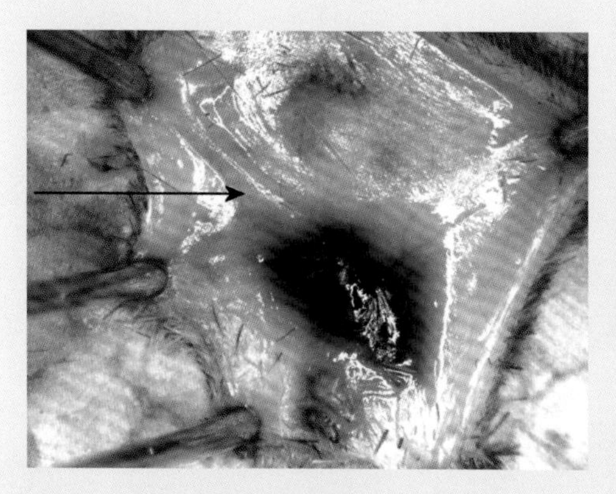

a.

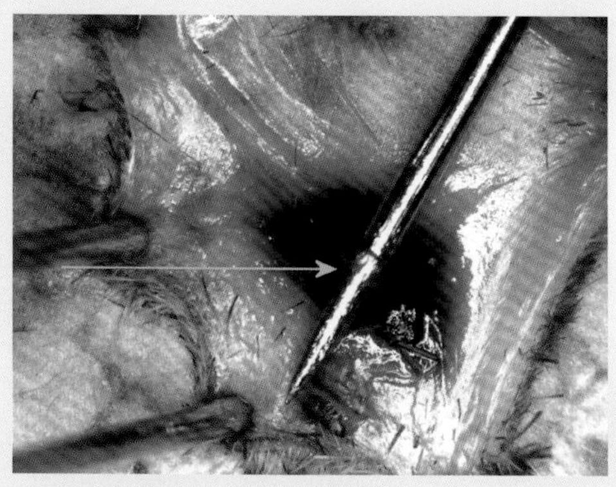

b.

图 30.4　真皮下层注射效果检验。a. 眼睑真皮下层注射蓝色染料后，明显看到一条延伸进入注射区的皮肌，如箭头所示。b. 肌肉横跨注射药液部位的上方，用尖锐的针头从肌肉下方穿过，可见肌肉本身并没有药液进入，如箭头所示。真皮下层注射，药液不进入皮肌

第 31 章

泛皮注射

一、背景

小鼠皮肤极薄，常规的皮内注射，掌握不准确，药液就会进入浅筋膜，形成泛皮注射。如果实验设计需要泛皮注射，则有必要掌握其注射法和鉴别要点。

泛皮注射所呈现的皮肤形态包含了皮内注射和浅筋膜注射的共同特点，既有皮内注射的橘皮样改变，也有浅筋膜注射的球形隆起，形成特有的“遮阳帽”或“礼帽”形状。

泛皮注射的方法有两种：由浅入深注射法和由深入浅注射法。

（1）由浅入深注射法：过量的皮内注射或皮肌膜上注射，药液从皮内进入浅筋膜。

（2）由深入浅注射法：先完成浅筋膜注射，再使针头向上进入皮内，完成皮内注射。

二、解剖基础

图 31.1 显示泛皮注射范围，从真皮层到浅筋膜层。

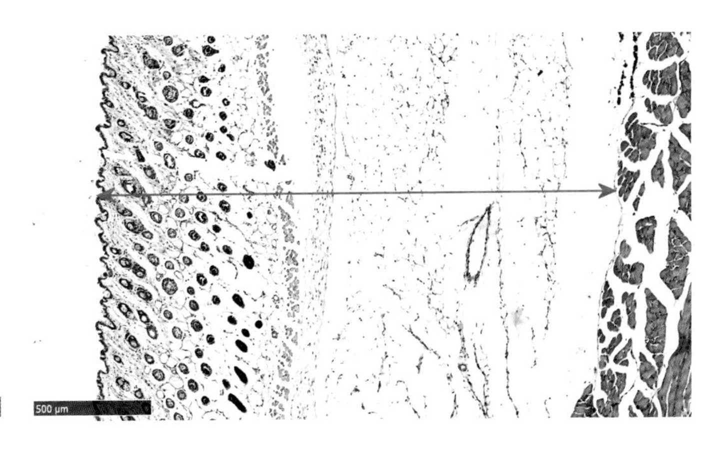

图 31.1　泛皮注射的范围（张燕供图）

三、器械与耗材

31 G 针头胰岛素注射器；皮肤镊 。

四、操作方法

（一）由浅入深注射法（以背部为例）（图 31.2）▶

1. 小鼠常规吸入麻醉，背部备皮，取俯卧位。
↓

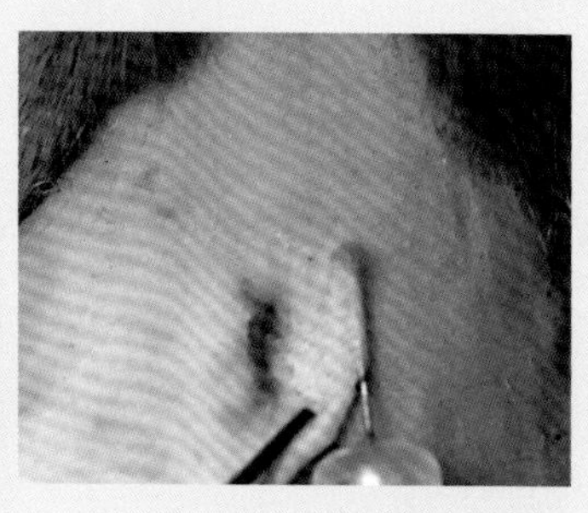

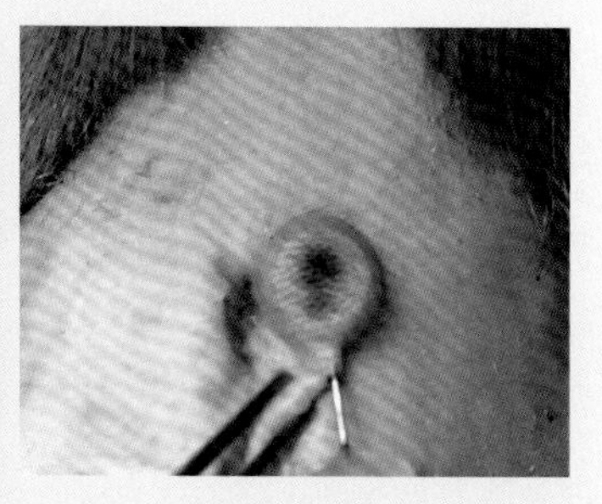

2. 用镊子夹起少许皮肤，做对抗牵引。→

3. 将针头水平刺入真皮层数毫米，开始缓慢注射。→

4. 随着注射可见皮肤呈碟形隆起，并可见明显的橘皮样改变。
↓

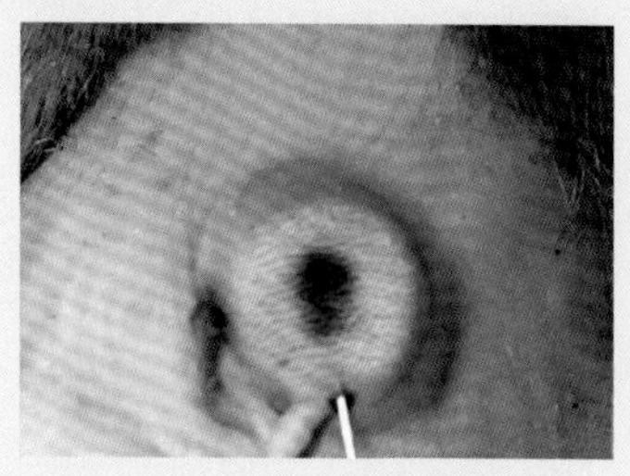

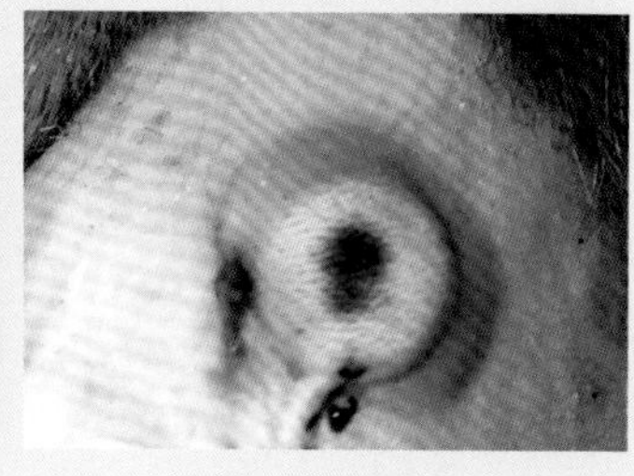

5. 将针头向下刺入少许，继续注射，可见环绕碟形隆起有柔软的皮下充盈，呈类似斜坡的“礼帽”形状。整体垂直剖面呈梯形。→

6. 完成注射，迅速拔针，可能会有少量液体溢出。

图 31.2　由浅入深注射法

（二）由深入浅注射法（以背部为例）（图 31.3）▶

1. 小鼠常规吸入麻醉，背部备皮，取俯卧位。↓

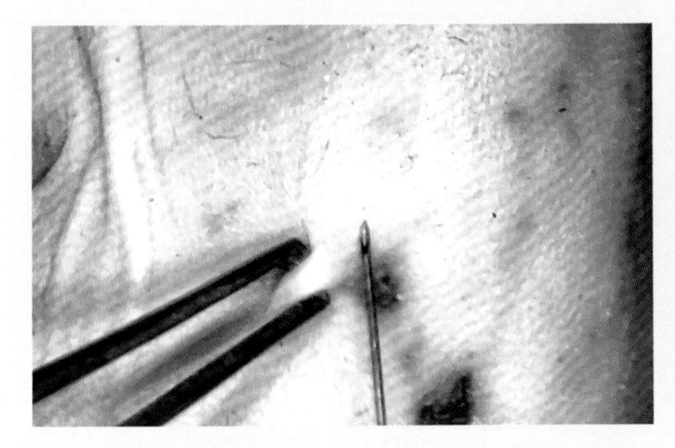

2. 用镊子夹起少许皮肤，做对抗牵引。→

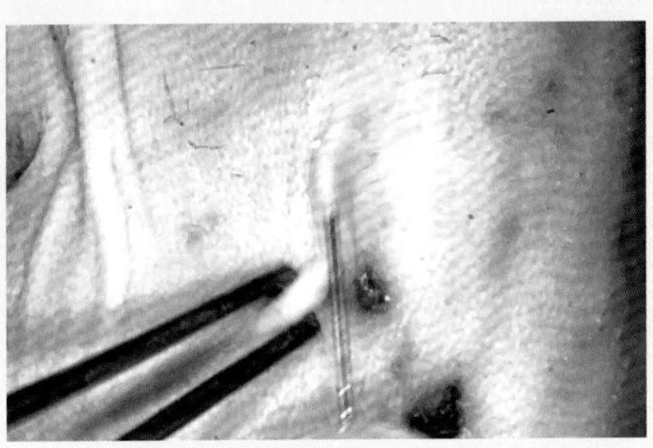

3. 将针头刺入浅筋膜，注射药液。↓

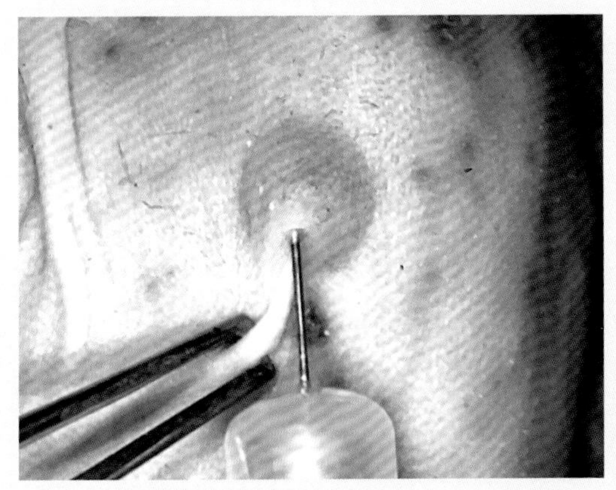

4. 随着药液注入可见皮肤呈半球状隆起。注射阻力不大。→

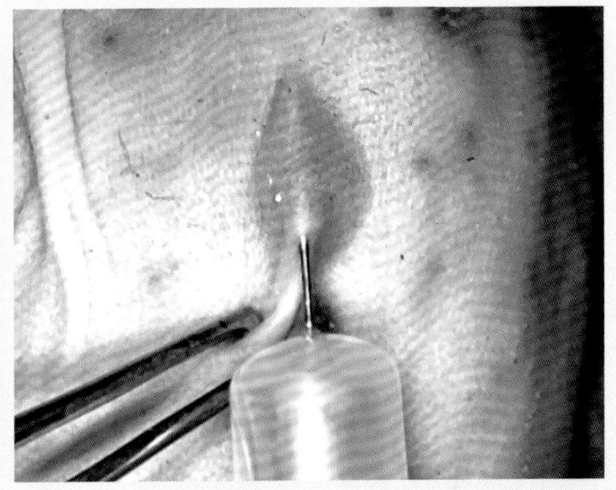

5. 完成浅筋膜注射后，将针头上抬，刺入真皮内。↓

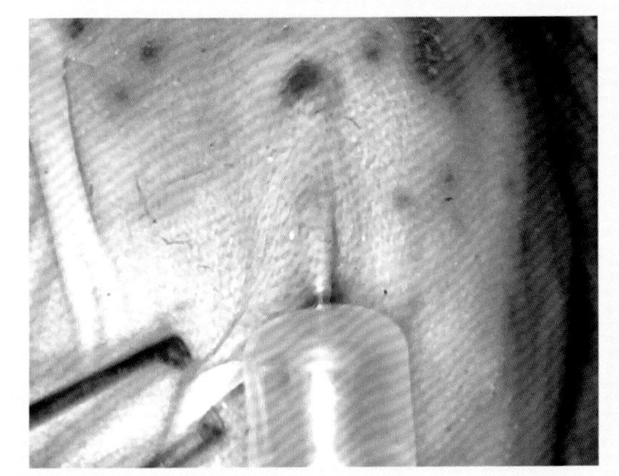

6. 继续做皮内注射。→

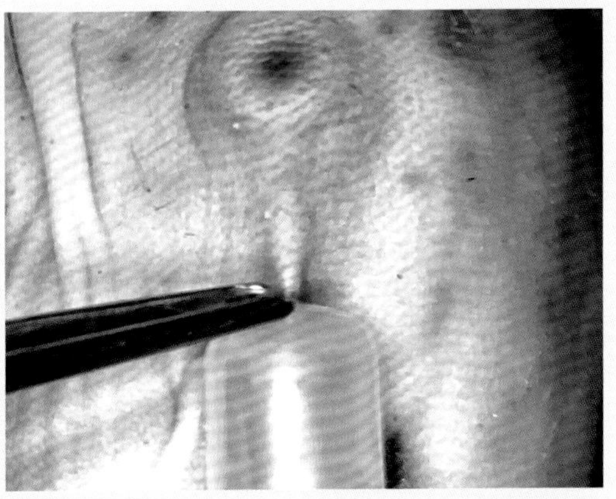

7. 随着皮内注射的进行，皮肤呈现皮内注射的形态，如碟形隆起，明显橘皮样改变。↓

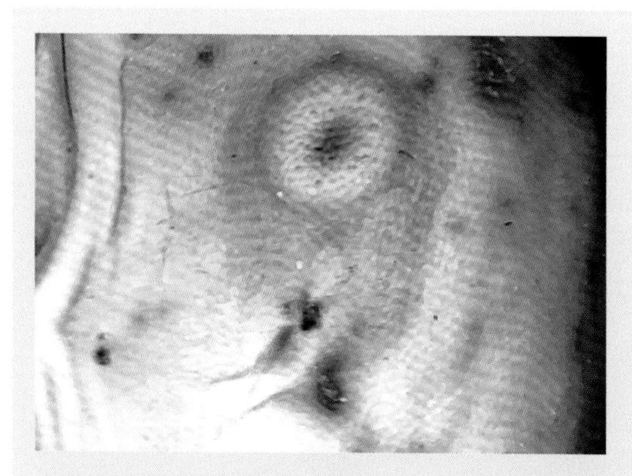

8. 注射后可见浅筋膜注射区与皮内注射区相连，形成“遮阳帽”形状。

图 31.3　由深入浅注射法

操作讨论

皮肤呈现的“遮阳帽”形状取决于皮下注射的位置。皮内注射没有改变皮肤的形态，皮肤改变只是被皮下注射的药液拱起所致。

皮下腺体穿皮注射

第四篇

第 32 章

腮腺注射

一、背景

小鼠皮下有很多腺体，较大的腺体有腮腺、颌下腺、冬眠腺和眶外泪腺等。这些腺体注射可以切开皮肤在直视条件下进行，对于熟练者也可以直接穿皮注射。本章以小鼠腮腺注射法为例，介绍皮下腺体注射技术。

二、解剖基础

小鼠腮腺（图 32.1）左、右各一，位于面部浅筋膜层，耳孔和眶外泪腺之间，如箭头所示。腮腺与眼之间有眶外泪腺。

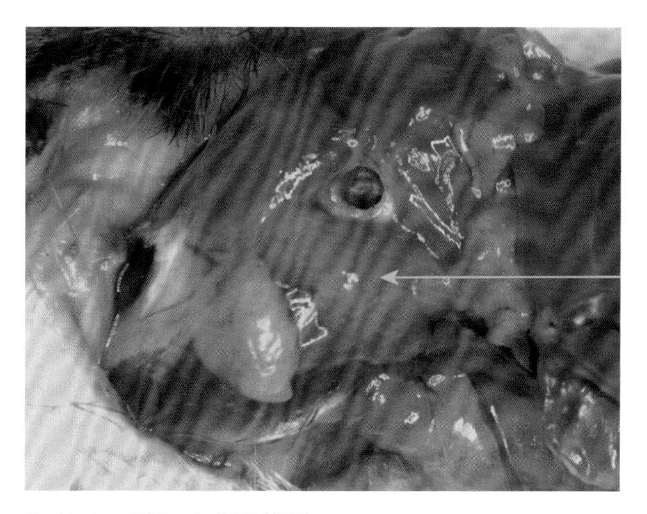

图 32.1　腮腺，如箭头所示

三、器械与耗材

31 G 针头胰岛素注射器；显微齿镊；显微尖镊；显微尖剪；酒精棉片；棉签。

四、操作方法

（一）穿皮腮腺注射法（图 32.2）▶

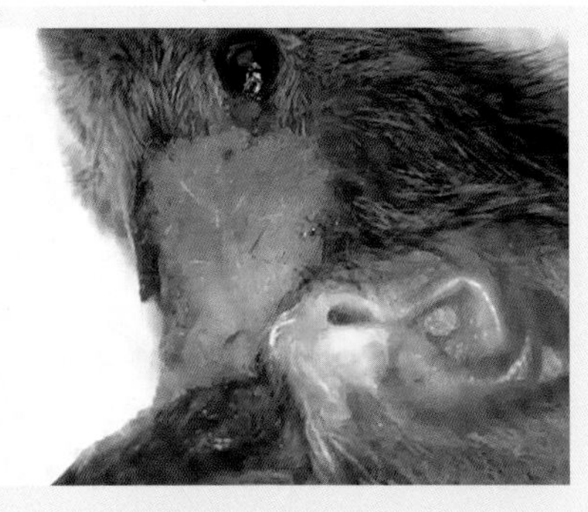

1. 小鼠常规麻醉，面侧备皮。用酒精棉片消毒皮肤。→

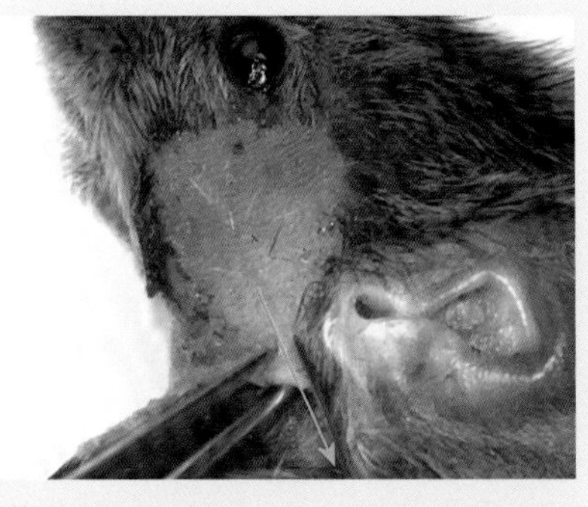

2. 用齿镊夹住耳下皮肤，向后拉紧。图中箭头示拉紧方向。针头紧贴齿镊水平刺入皮肤。↓

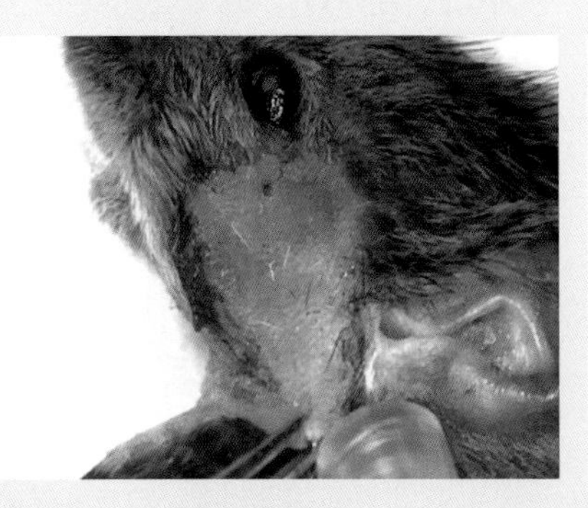

3. 针头小角度刺入腮腺。→

4. 缓慢注射，有颜色的药物可以透过皮肤看到。↓

5. 达到设计剂量后，用棉签压迫腮腺进针孔部位拔针。

图 32.2　穿皮腮腺注射法

操作讨论

（1）用酒精擦拭皮肤表面除了达到消毒的目的以外，还可以使皮肤在短时间内一定程度透明化，便于注射时观察皮下颜色、形态变化，所以不必等酒精完全挥发后才开始注射。

（2）用显微齿镊可以牢固夹住面部皮肤，使针头穿刺过程中皮肤固定不移位，腮腺与皮肤的联系比与咬肌的联系更紧密。皮肤移动会使腮腺位置改变。

（3）注射完毕拔针，用棉签压迫腮腺进针孔部位，而不是皮肤进针孔部位。

（二）直视腮腺注射法（图 32.3）▶

在没有把握做穿皮腮腺注射时，也可以切开皮肤，在直视状态下操作。

1. 小鼠常规麻醉，面侧备皮。

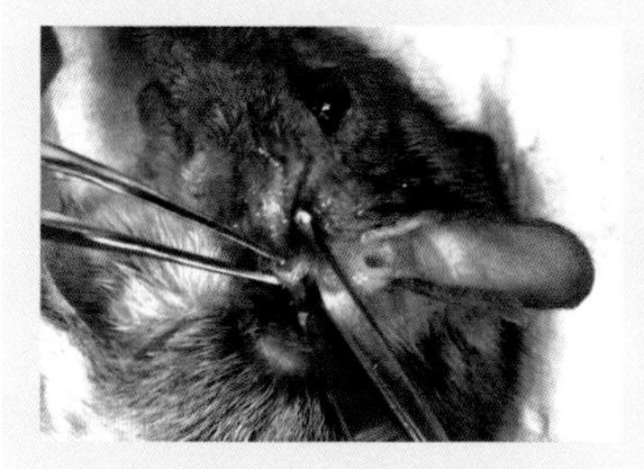

2. 于耳下方，用齿镊将皮肤提起，拉入剪口内剪开 1 cm。→

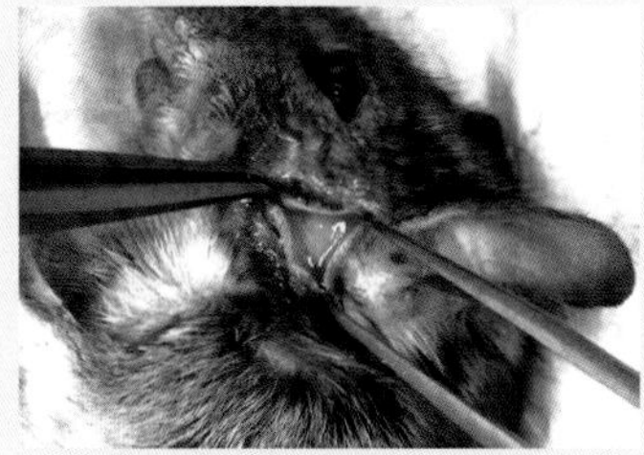

3. 分离浅筋膜，找到腮腺。→

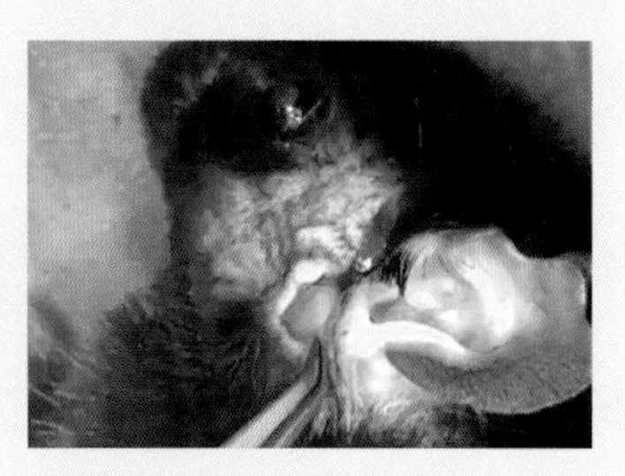

4. 用尖镊夹住腮腺后缘。↓

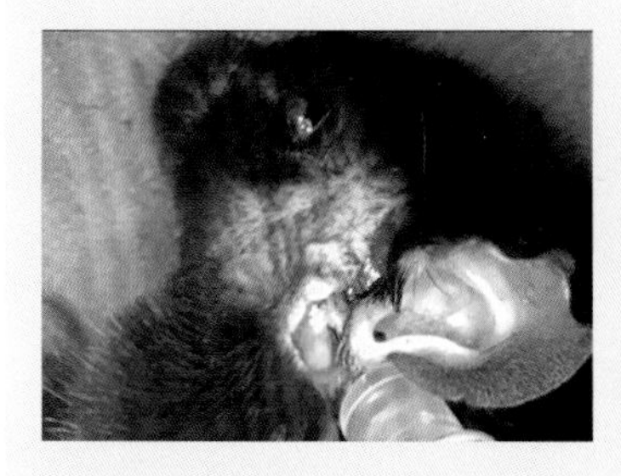

5. 将针头从腮腺后缘刺入 1 mm。→

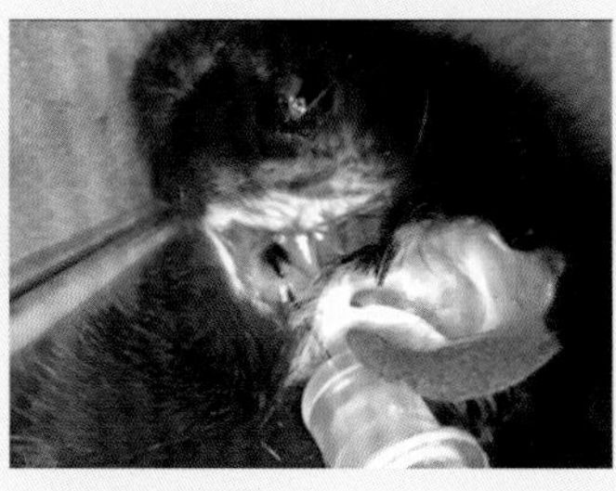

6. 缓慢注入设计剂量的药物。→

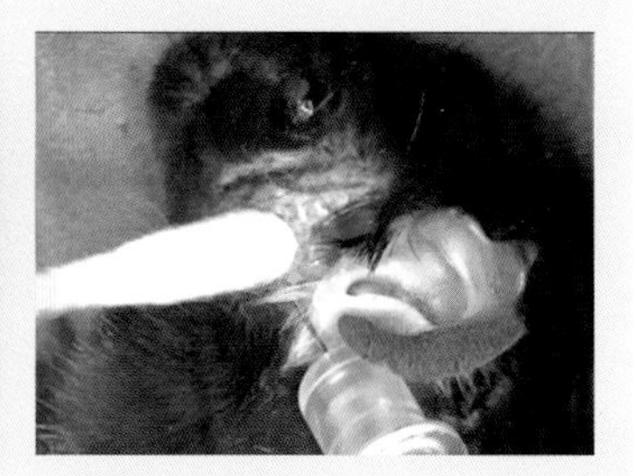

7. 用棉签压迫进针孔拔针。↓

8. 检查注射后状况。→

9. 关闭皮肤切口。

图 32.3　直视腮腺注射法

操作讨论

如果药液有颜色，注射后可以从侧颊黏膜处看到药液颜色（图 32.4）。在步骤 2 中将皮肤拉入剪口，目的是避免剪子误伤皮下腺体。

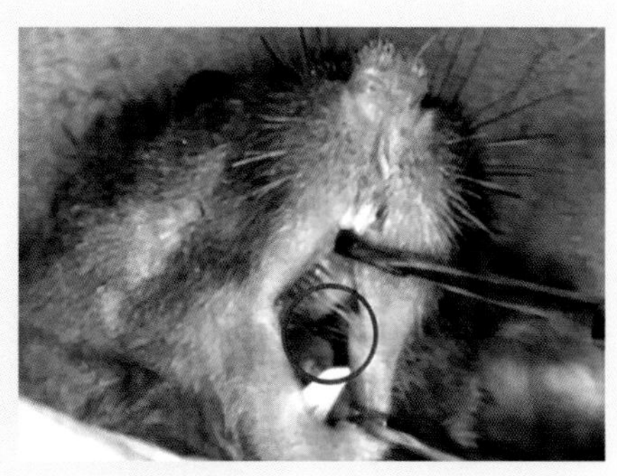

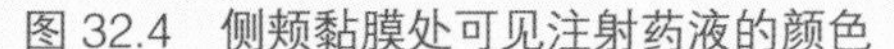

图 32.4　侧颊黏膜处可见注射药液的颜色

第 33 章

乳腺注射

一、背景

小鼠的乳腺比较小，若不熟悉乳腺解剖结构，在进行乳腺注射时容易出现两个区位错误：

（1）深浅错误：乳腺夹在皮肤和皮下脂肪中间，容易把药物错误地注射到皮肤和乳腺之间，或者脂肪内。

（2）内外侧错误：将人体乳腺解剖位置概念用于小鼠。女性乳头基本位于乳房中央，而小鼠乳头位于乳腺内侧缘，若以乳头为中心寻找乳腺必然出错。

本章针对这两个区位错误，介绍小鼠乳腺注射法。

二、解剖基础

雌鼠有 5 对乳腺。从前向后数，前 3 对位于胸部，后两对位于腹部。第 4 对和第 5 对相对较大。图 33.1 红圈示第 4 对乳腺的体表投影，绿圈示第 5 对乳腺的体表投影。乳头并不在乳腺的中央部位。非直视下注射之前必须做到心中有数。

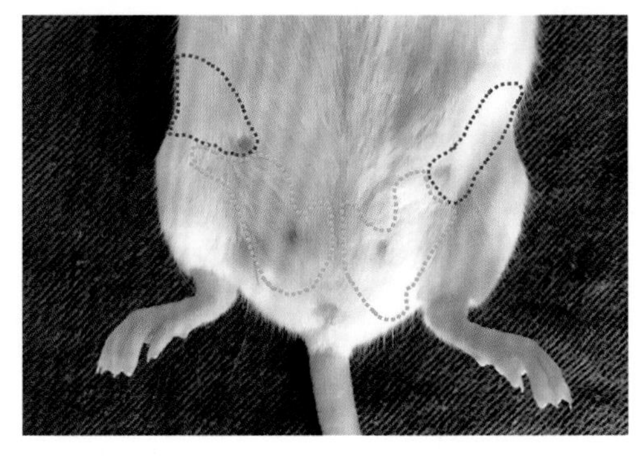

图 33.1　小鼠第 4 对、第 5 对乳腺

三、器械与耗材

31G 针头胰岛素注射器，针头弯曲 30°；有齿镊。

四、操作方法

下面以右侧第 4 乳腺后部注射为例，介绍乳腺注射法（图 33.2），注射点位于第 4 乳头后 1 mm 处。▶

1. 小鼠常规麻醉，后腹部备皮。
↓

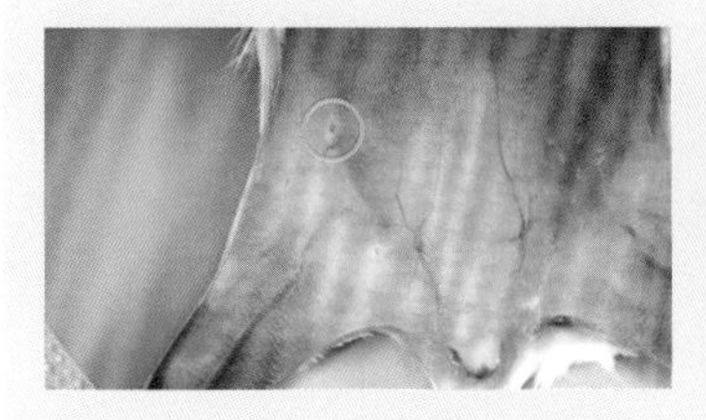

2. 取仰卧位，确认右侧第 4 乳头，如图中绿圈所示。→

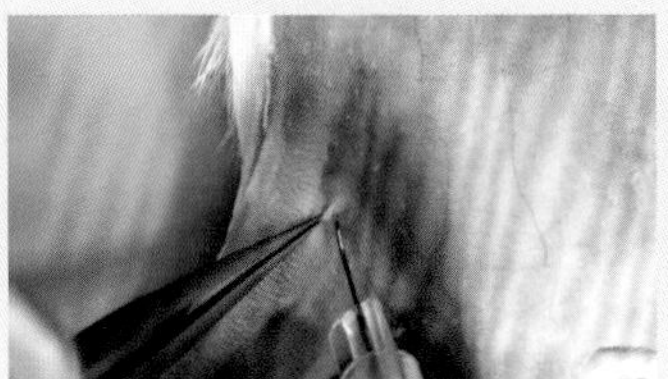

3. 用镊子夹住皮肤做对抗牵引，在距乳头 2 mm 远处，以小角度进针。→

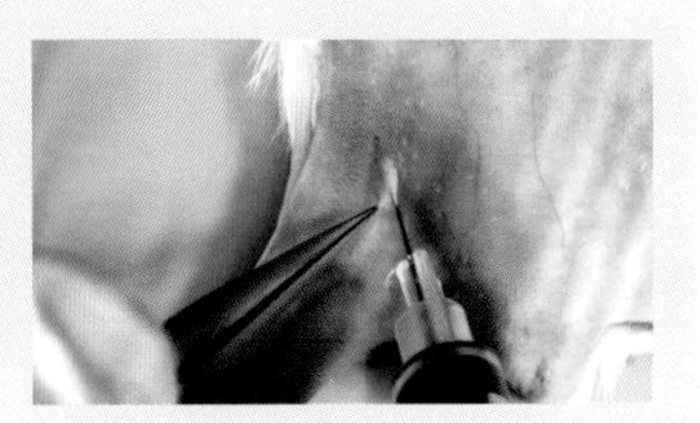

4. 针头斜下刺穿皮肤后，立即平行皮肤潜行于乳腺中，距乳头 1 mm 停止前行。↓

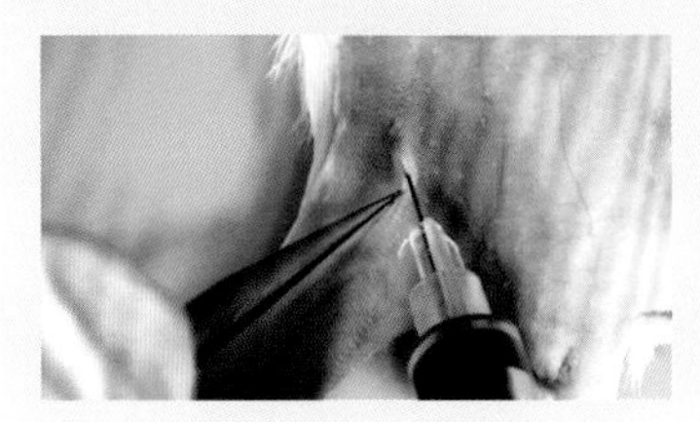

5. 针头稳定不动开始注射。可见乳头后侧区域呈局限性隆起。→

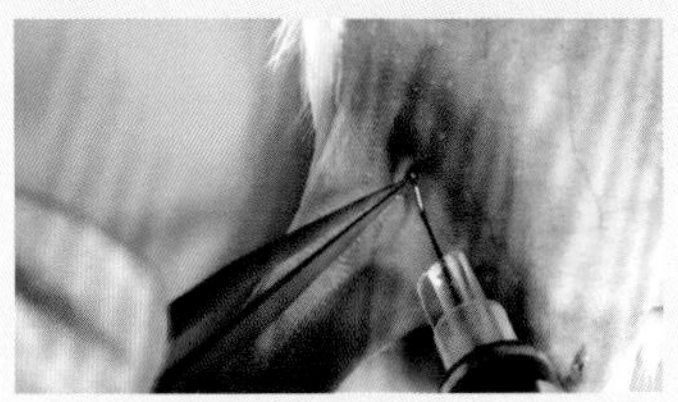

6. 达到预定注射量后，用镊子挡住进针孔，拔出针头。

图 33.2　乳腺注射法

操作讨论

（1）乳腺注射深度很关键。尤其不能过深。乳腺深层是一层脂肪，再深层是浅筋膜。针尖贴近皮肌潜行，可以确保药液注入乳腺中。练习时可以用染料注射，注射后剪开皮肤，可以看到染料聚集在乳腺组织内而无外溢（图 33.3）。进一步纵向剪开皮肤、乳腺及脂肪全层，可见染料主要分布于乳腺层，而脂肪层少有蓝染（图 33.4）。

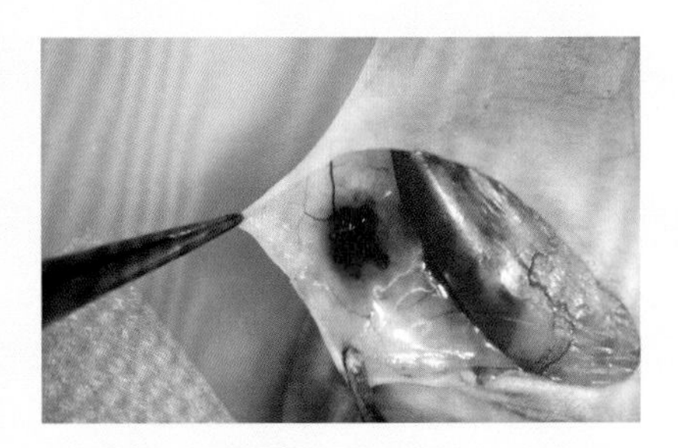

图 33.3　染料注入乳腺后，可见其聚集在乳腺组织中

（2）注射量不宜过多，以免药液外溢到脂肪组织，甚至到浅筋膜中（图 33.5）。

（3）若注射法不熟练，可以剪开皮肤，在直视下注射。由于直视注射法相对简单，不再赘述。

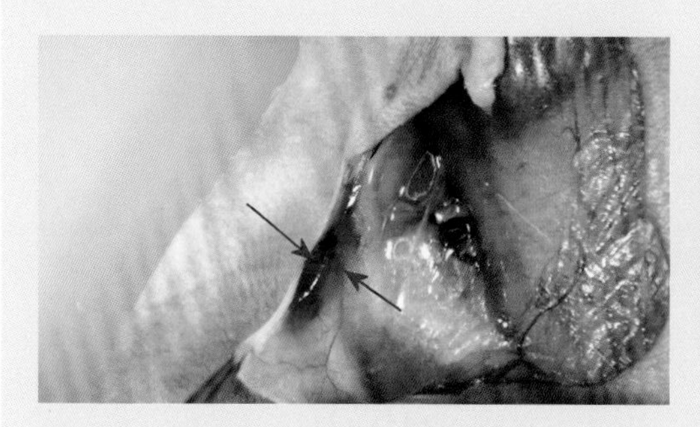

图 33.4 染料仅分布于乳腺组织中，红箭头示乳腺层已被蓝染，蓝箭头示脂肪层无蓝染

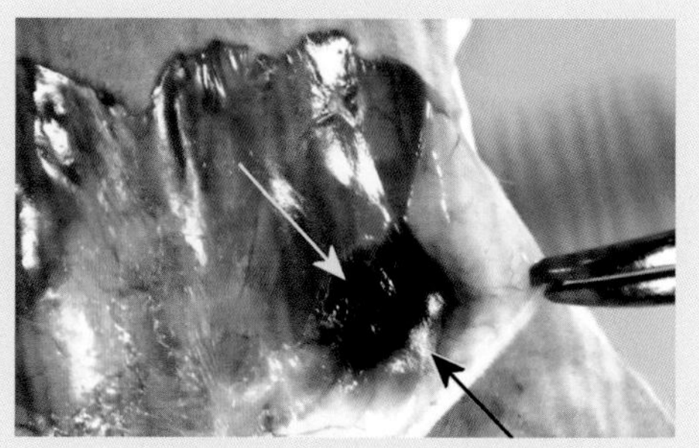

图 33.5 过多的注射液会溢至脂肪组织和浅筋膜，如黄色和黑色箭头所示

第 34 章

雄鼠包皮腺注射

一、背景

小鼠皮下腺体很丰富，包皮腺是其中之一。包皮腺属于生殖系统的一部分，其分泌物由包皮凸排出。由于包皮腺较大且表浅，技术熟练者完全可以穿皮注射。若在皮肤上剪开一个小口，直视下注射把握更大。本章介绍直视下雄鼠包皮腺注射法。

二、解剖基础

雄鼠包皮腺（图 34.1）左、右各一叶，位于后腹部皮下，备皮后可见包皮腺部位表面微隆起。去除皮肤，可见包皮腺呈圆饼状平贴在后腹壁表面（图 34.2）。将包皮腺左叶向后翻起，可见明显的血管分布（图 34.3）。每叶后方有包皮腺管（图 34.4）通往包皮凸，包皮凸左、右各一。深色小鼠包皮腺管多有色素沉着（图 34.5）。

包皮腺开口于包皮凸中央，若向上拉起阴茎，可见包皮腺开口（图 34.6）。

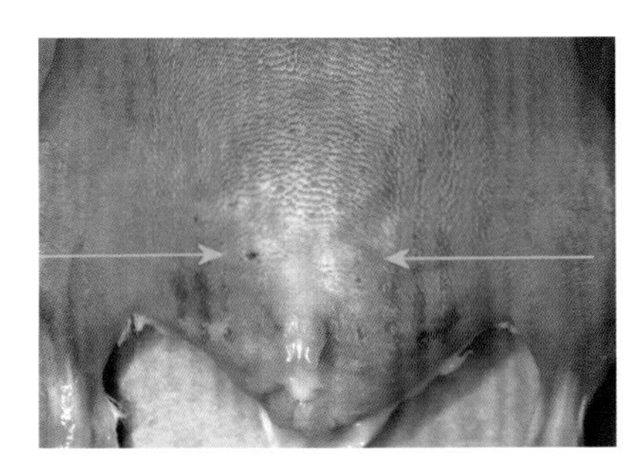

图 34.1　包皮腺部位表面微隆起，如箭头所示

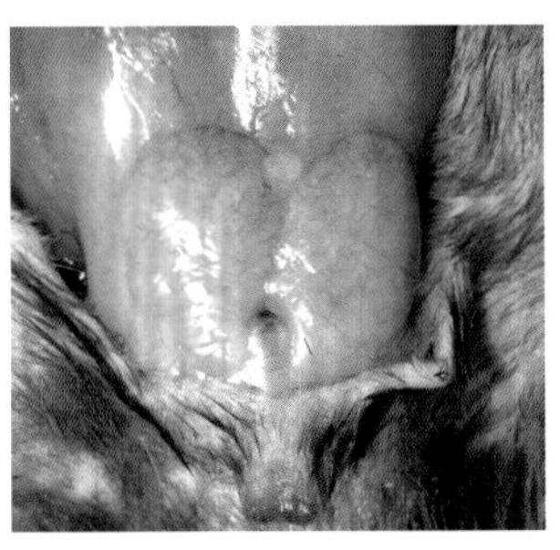

图 34.2　呈圆饼状的包皮腺

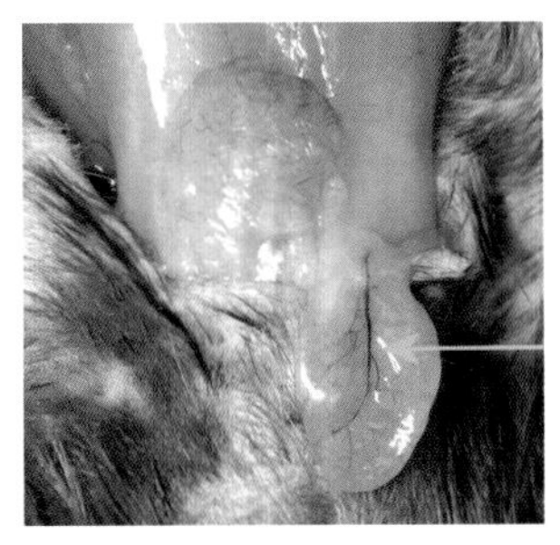

图 34.3　包皮腺的血管分布

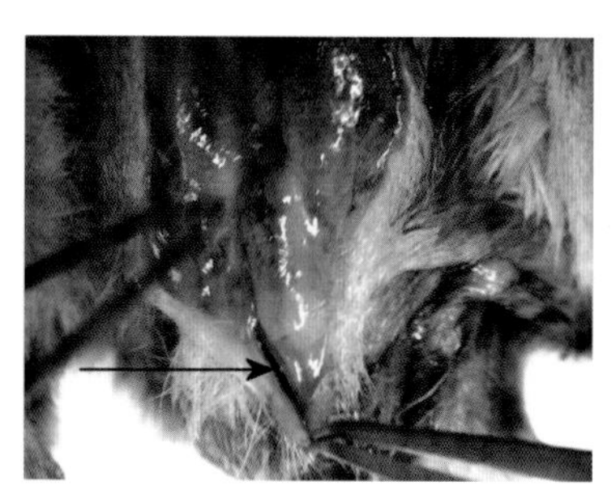

图 34.4　右包皮腺管，如箭头所示

图 34.5　放大的包皮腺管，可见色素包裹形态

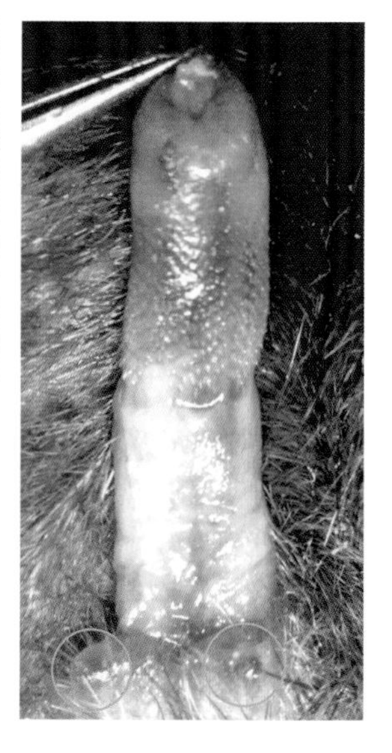

图 34.6　包皮腺开口，如绿圈所示

三、器械与耗材

手术板；31 G 针头 胰岛素注射器；显微尖剪；显微尖镊。

四、操作方法

雄鼠包皮腺注射法见图 34.7。▶

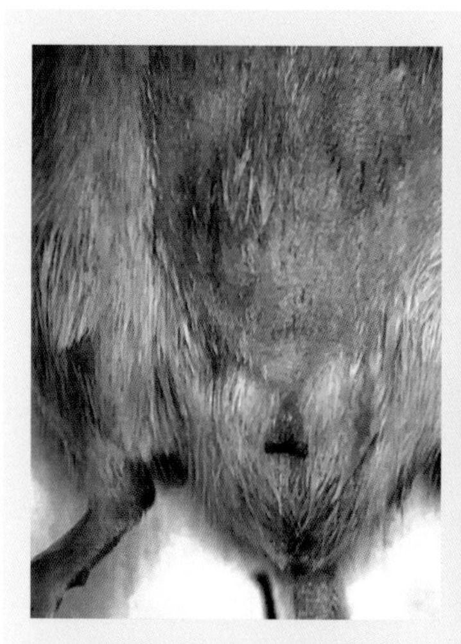

1. 小鼠常规麻醉，后腹部备皮，仰卧于手术板上。→

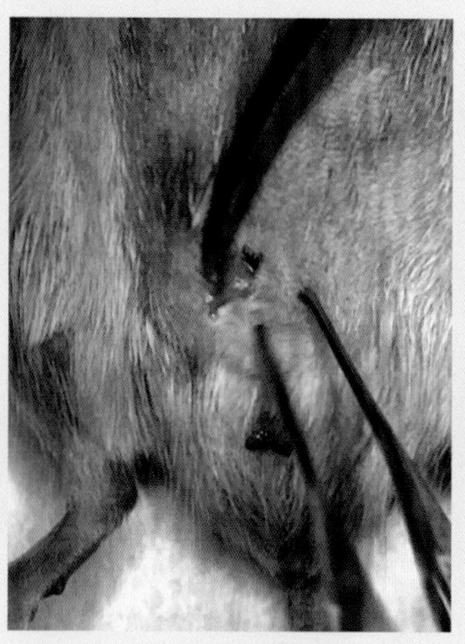

2. 在一侧包皮腺表面将皮肤剪开 1 ~ 2 mm。→

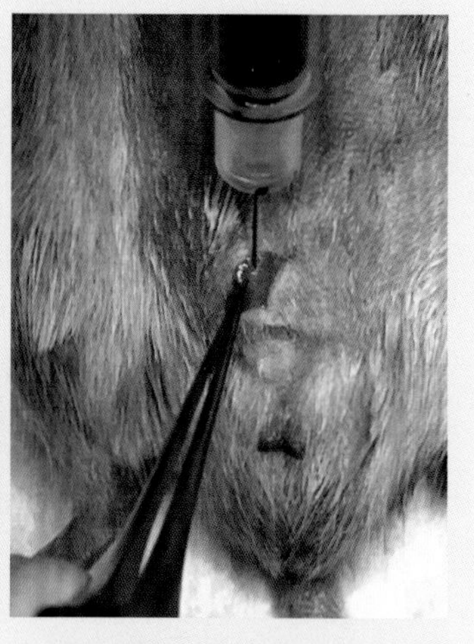

3. 用镊子固定包皮腺，将针头刺入包皮腺后保持中间深度，平行进针 2 mm，避免刺穿腺体。↓

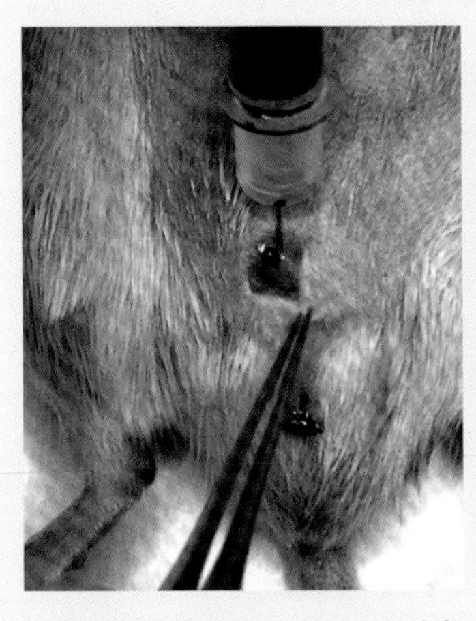

4. 注射少许药液，即可见到有药液从包皮凸流出。→

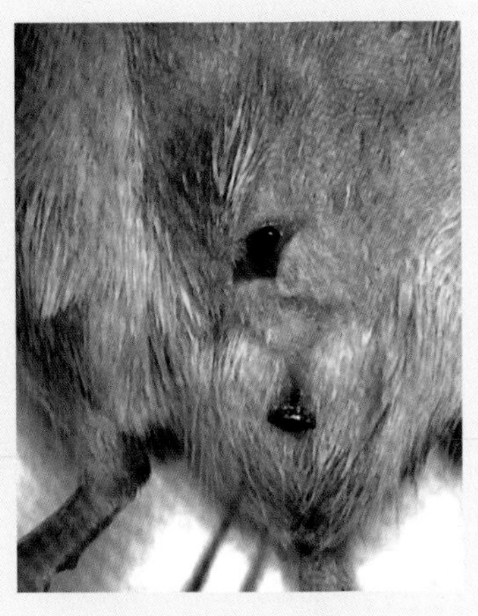

5. 完成注射拔针。进针孔处一般没有大量溢液。

图 34.7　雄鼠包皮腺注射法

操作讨论

（1）注射后检查注射效果，扩大皮肤切口，可见包皮内注射药物颜色（图 34.8）。

（2）包皮腺管道通畅，一般注射时腺体内不会形成高压，药液会及时从腺管口流出。注射后解剖可见注射的药液没有进入整个包皮腺叶，就已经从腺管口流出了（34.9）。

（3）技术熟练者完全可以不用切开皮肤，直接穿皮注射，以包皮凸有药液流出为注射成功的标准。

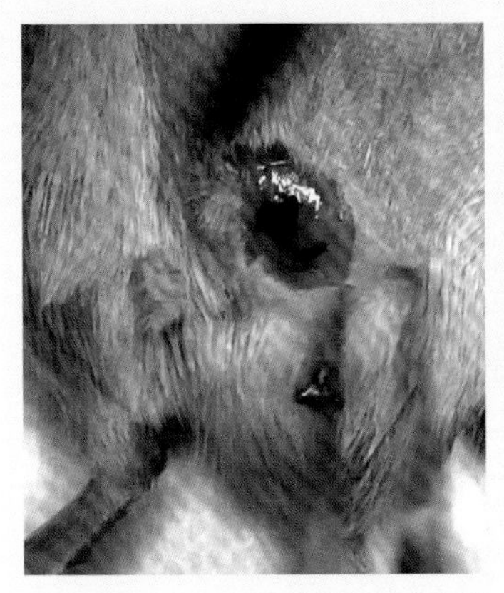

图 34.8　注射后包皮内显示蓝色药液的颜色

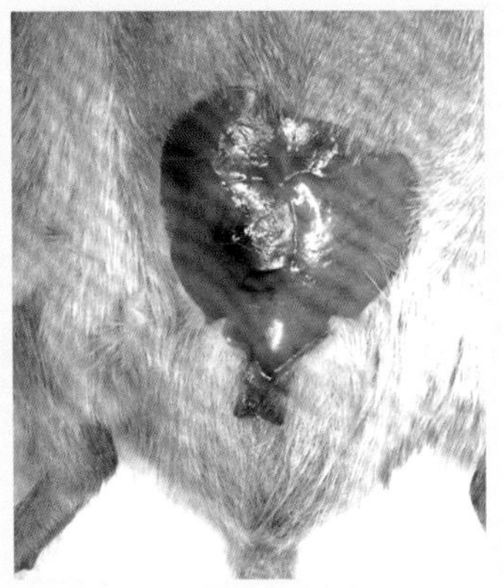

图 34.9　注射后药液不进入整个包皮腺叶

第 35 章

汗腺注射

一、背景

小鼠的爪垫常被误认为类似人体手掌的"膙子"而被错误地当作增厚的皮肤处理。小鼠身上只有爪垫处有汗腺分布，做汗腺研究，局部注射给药，只能在爪掌上进行。

二、解剖基础

小鼠后爪面较前爪长。前爪（图 35.1，图 35.2）有三个掌骨垫、两个腕骨垫。后爪（图 35.3，图 35.4）有五个跖骨垫和一个第二跖骨垫。爪面无毛，光滑致密，外侧有爪底动静脉走行。

图 35.1　左前爪面。黑色箭头示腕骨垫，绿色箭头示掌骨垫

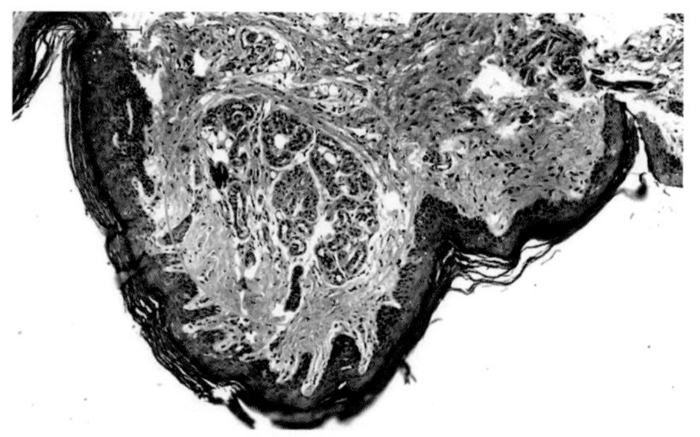

图 35.2　前爪组织切片，H–E 染色。爪垫内可见汗腺，如绿圈所示（管恩雨全供图）

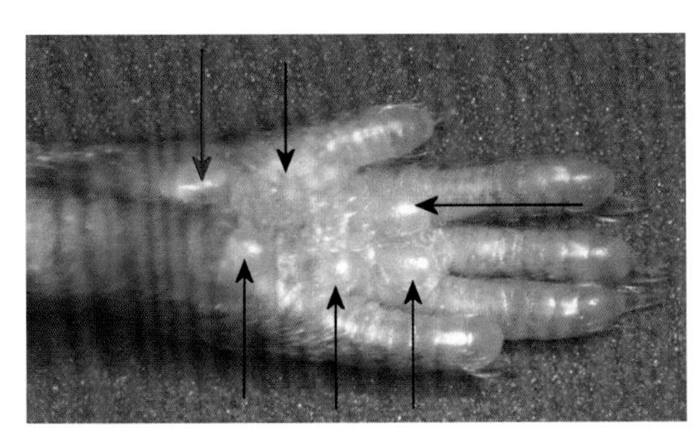

图 35.3　左后爪面。红箭头示第二跖骨垫，其余为跖骨垫

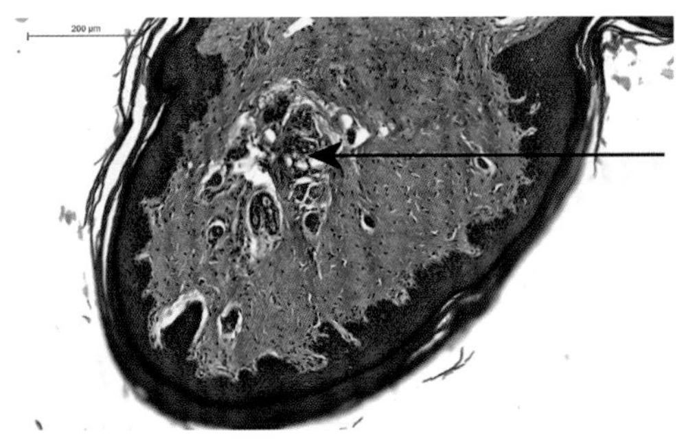

图 35.4　后爪组织切片，H–E 染色。爪垫内可见汗腺，如箭头所示（管恩雨供图）

三、器械与耗材

小鼠控制器；31 G 针头胰岛素注射器。

四、操作方法

汗腺注射法见图 35.5。

1. 小鼠无须麻醉和剃毛。

↓

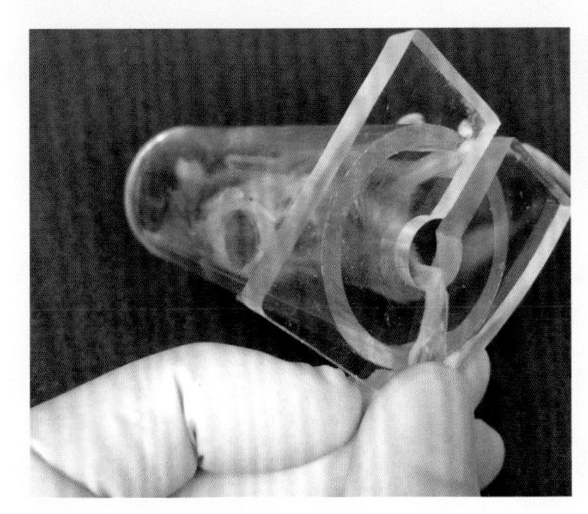

2. 将小鼠置于小鼠控制器中，从尾洞中拉出一个后肢，捏住爪跖。→

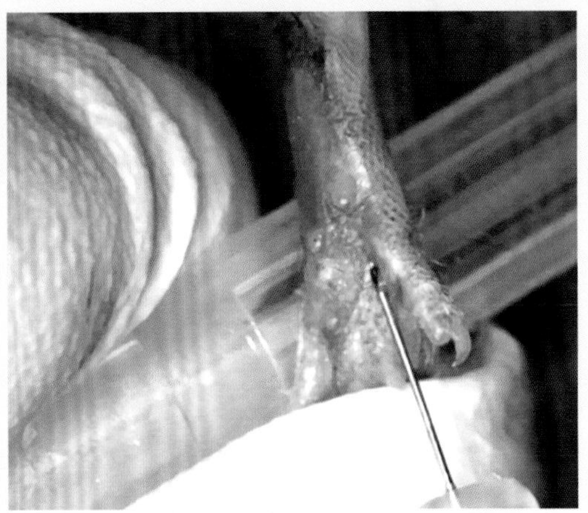

3. 将针头水平刺入皮下，向心方向深入。↓

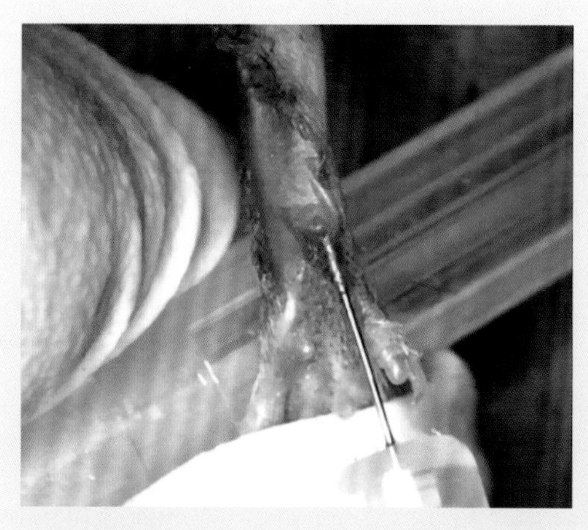

4. 当针尖完全刺入爪垫后，停止前进，开始缓慢注射。→

5. 达到设计剂量后拔针。由于爪皮下组织缺乏疏松的浅筋膜组织，储液能力较弱，拔针时常见药液溢出。↓

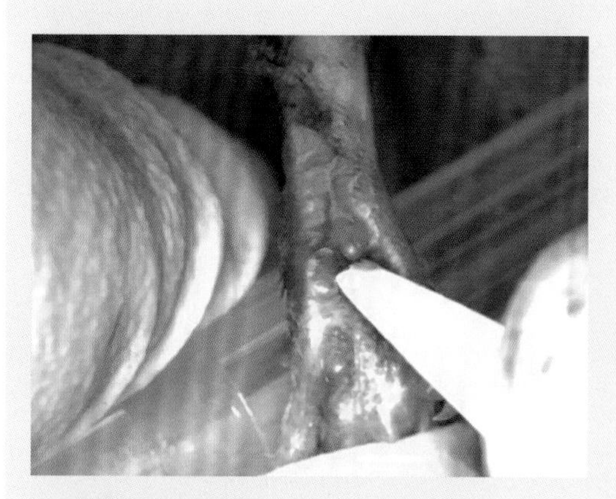

6. 清理溢出的药液。

图 35.5　汗腺注射法

操作讨论

（1）小鼠汗腺仅存于四个爪掌面皮下，其主要功能不是排泄体内不需要的物质，也不是排汗降温，而是提高摩擦系数，增加奔跑时的摩擦力。小鼠体毛丰厚，没有散热的汗腺，非常不耐热，45℃环境可以在数分钟内致死。

（2）小鼠汗腺不适于散热能力和排泄物方面的研究。

静脉注射

第五篇

第 36 章

静脉注射概论

一、静脉注射的目的和原则

一般来说，静脉注射的目的是使药物直接进入血液循环中，所以大多数情况下，没有必要固定使用某条静脉。在这个前提下，选择静脉的原则是：易于操作、对小鼠损伤小。

但也有例外：通过特殊静脉指定方向注射，使药物首先进入指定区域。如，股静脉皮支（腹壁浅静脉）逆向注射，要求药物首先进入腹股沟肿瘤中；门静脉顺向注射，务必使药物首先入肝。

二、小鼠静脉注射的现状

目前用得最多的小鼠静脉注射是尾静脉注射，其次是眼眶静脉窦注射、颈外静脉注射，其他静脉注射罕见。实验中可能遇到各种情况，因此，有必要知道小鼠身上所有可以用于注射的静脉，并且了解这些静脉的解剖和生理特点，由此掌握特殊的注射和止血方法。

三、静脉注射的分类

小鼠的静脉注射涉及静脉和静脉窦，且不同的实验目的有不同的实验技巧。在本篇中悉数总结，并以下列 19 个部位 29 种注射方法分专题介绍：眼眶静脉窦注射法、舌下静脉注射法、颈外静脉注射法（纵剪法、横剪法、穿胸骨皮肌注射法、穿胸肌注射法）、后腔静脉注射法、门静脉注射法、盲肠静脉注射法、肾静脉注射法、雄鼠生殖静脉注射法、雌鼠生殖静脉注射法、髂腰静脉注射法、腹壁后静脉注射法、阴茎背静脉注射法（阴茎背静脉顺向注射法、阴茎背静脉逆向注射法）、阴茎头注射法、股静脉注射法（股静脉顺向弓状注射法、股静脉逆向注射法、穿肌注射法）、股静脉皮支注射法（股静脉皮支顺向注射法 Ⅰ、股静脉皮支顺向注射法 Ⅱ、股静脉皮支逆向注射法）、股静脉肌支注射法、隐静脉注射法、跖背静脉注射法、尾侧静脉注射法（Perry 鼠尾静脉注射固定器尾静脉注射法、鼠尾透照注射仪尾静脉注射法、徒手尾静脉注射法)。

四、注射针头的选择

注射针头选择原则：针头可以顺利刺入静脉，给静脉造成的损伤最小。虽然针头越小对血管的损伤越小，但是过小的针头无法顺利刺穿皮肤和血管。有些有形注射物，如肿瘤细胞，不能用太小的针头，以免损伤细胞。一般注射肿瘤细胞针头不要小于 29 G。

五、总结

虽然在本篇中介绍了多种注射法，但在实验中还是有所偏重，也有的并不推荐。

1. 偏重的方法，各有优点

(1) 阴茎背静脉是直视下最大的体表静脉，也是在显微镜下最容易操作的静脉。遗憾的是，由于显微镜使用尚未普及，以及对小鼠解剖知识了解的不足，目前只有极少人使用阴茎背静脉注射法。

(2) 尾静脉注射，因为操作中不需要显微镜，是使用最普遍的方法。有良好的设备和优化的培训，一般在半小时内可以掌握该技术。

2. 不推荐的方法，也各有原因

(1) 不介绍动脉注射，是因为不建议做动脉注射。动脉注射的操作技术和拔针后止血都较静脉注射困难。

(2) 尽量避免心脏注射，因其严重损伤心脏。

(3) 眼眶静脉窦注射也在避免之列。因为尽管注射前抽血阳性，也不能保证注射时针头仍然保持在静脉窦内；由于操作在非直视状态下进行，眼眶内也有较大的空间，没有办法确定药物是否完全注入静脉窦，拔针后有多少药液沿着进针孔溢出亦不可知。 因此，如果有可替代的方法，尽量不采用该方法。

3. 静脉注射中普遍存在的问题

拔针出血是静脉注射中普遍存在的问题。相关章会重点介绍不同静脉所使用的不同止血方法：不同静脉使用不同的棉签压迫止血手法，例如，单纯压迫止血法、双棉签上下压迫止血法、双棉签前后压迫止血法；利用生理特点止血的不同方法，例如，用脂肪块贴补进针孔，利用血管痉挛暂时止血，通过肌肉进针静脉后依靠肌肉止血等。

在后续各章中将具体介绍实验操作中普遍存在的问题的特殊解决方法，以及不同静脉注射的不同手法和器械设备。

第 37 章
眼眶静脉窦注射

一、背景

在小鼠静脉注射中，眼眶静脉窦注射虽然无须像尾静脉注射那样需要加热，但是需要对小鼠进行麻醉，应用不如尾侧静脉注射那样普遍。对于未睁眼的新生鼠，该方法极有可能损伤眼球，因此，在不得已时谨慎使用。 对于成鼠，该方法属于非直视下注射，并不能保证药物精准注入静脉。但是此法简单，不需要特殊设备，在某些情况下可以采用。

二、解剖基础

详细的眼眶静脉窦解剖基础参见《实用解剖》⑰和《标本采集》㊲。

眼眶静脉窦（图 37.1）位于眼球后部，切开角结膜缘的球结膜，将眼球推向一侧，即可见。静脉窦汇集来自颅内和眶内的眼球后小静脉血（图 37.2），经眶上静脉、颞浅静脉、

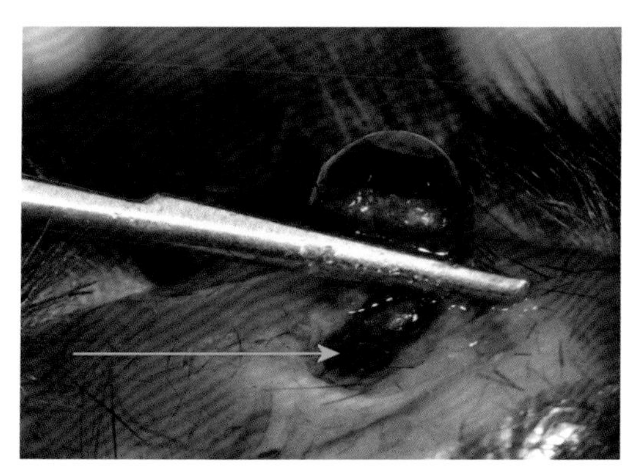

图 37.1　眼眶静脉窦，如箭头所示

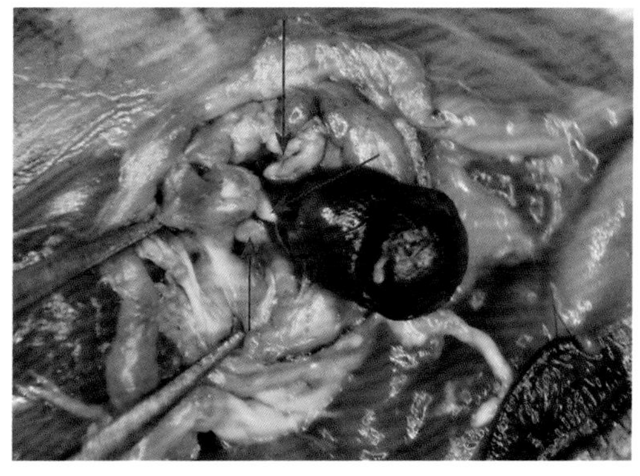

图 37.2　眼眶静脉窦乳胶灌注照，箭头示眼眶静脉窦输入支

内眦静脉、下睑静脉通过面静脉进入颈外静脉（图 37.3）。

眼眶静脉窦和哈氏腺反复缠绕，相对关系复杂（图 37.4），需要观看录像方可理解。从内外眦部和下方进针，哈氏腺不会影响针头刺入静脉窦。

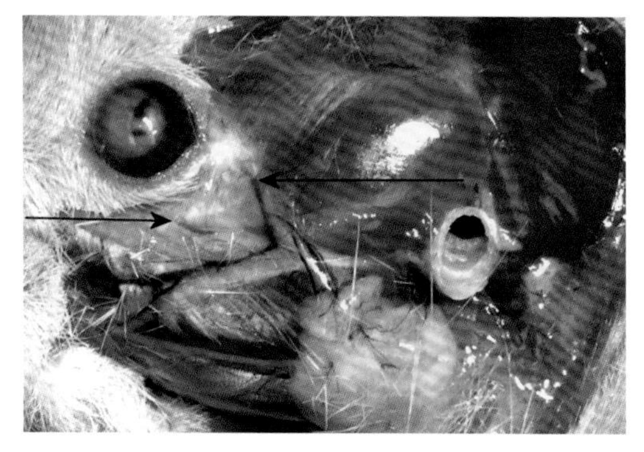

图 37.3 面部静脉灌注，示静脉在面部的分布。左箭头示下睑静脉，右箭头示颞浅静脉

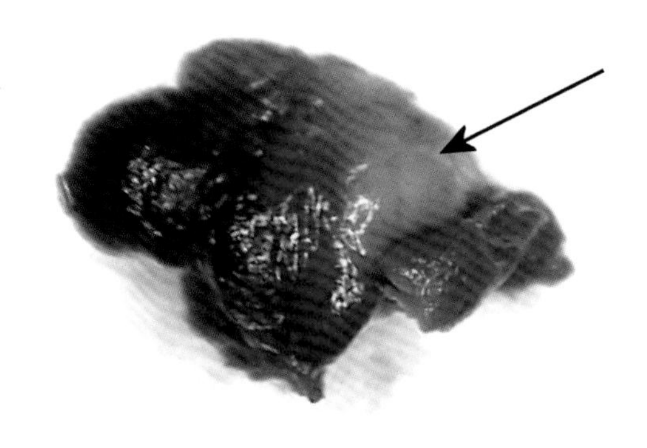

图 37.4 眼眶静脉窦乳胶灌注照，示与哈氏腺的位置关系。粉色示哈氏腺，蓝色示静脉窦

三、器械与耗材

异氟烷麻醉系统；31 G 针头胰岛素注射器，预先吸入设计剂量的药液；眼科局部滴眼麻药。

四、操作方法

以右眼为例介绍眼眶静脉窦注射法（图 37.5）。▶

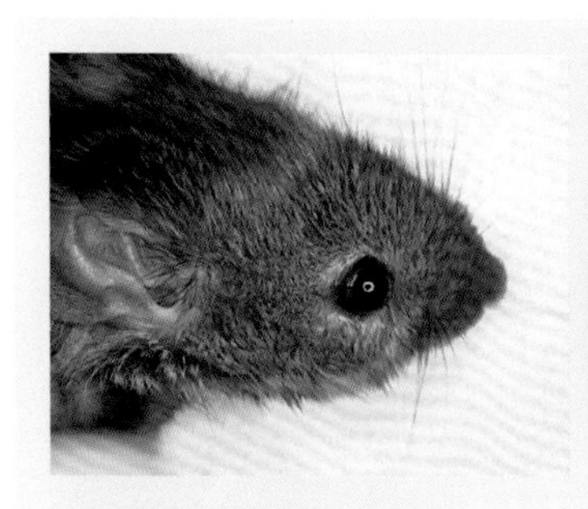

1. 小鼠异氟烷吸入麻醉。取左侧卧，右眼向上。↓
2. 右眼滴入局部麻药。→

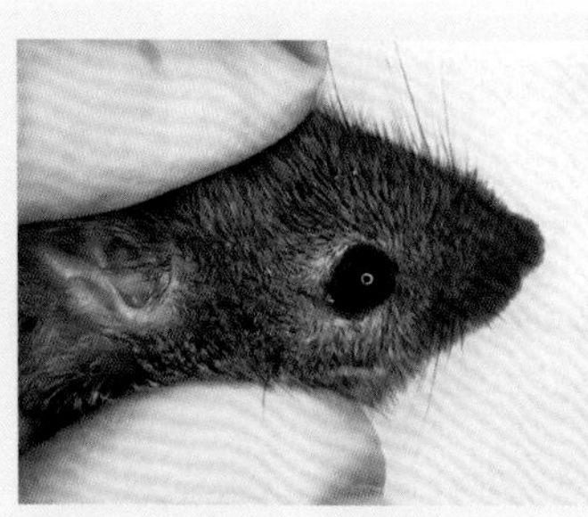

3. 拉紧眼睑，令眼球突出。用左手拇指有意加重压迫颈外静脉，以使眼眶静脉窦充盈。→

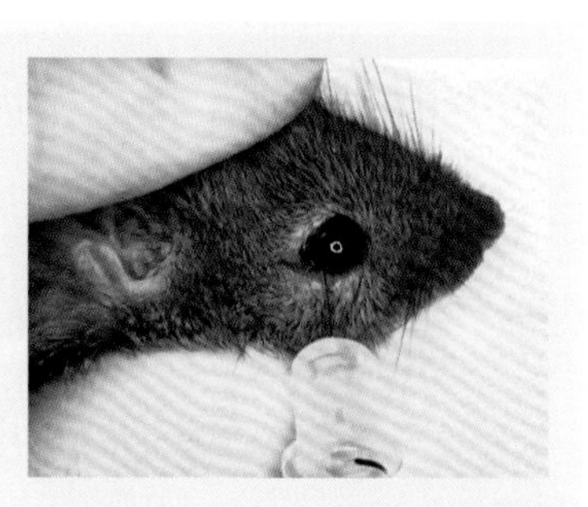

4. 环结膜囊选择方便操作的部位，贴着眼眶进针约 2 mm。↓

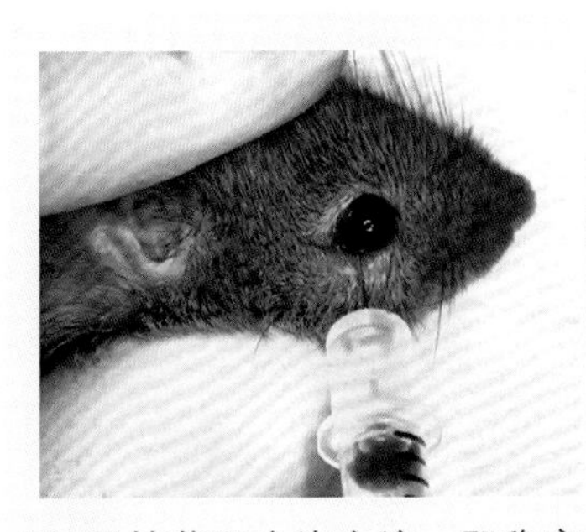

5. 回抽获取少许血液，即稳定针头。→

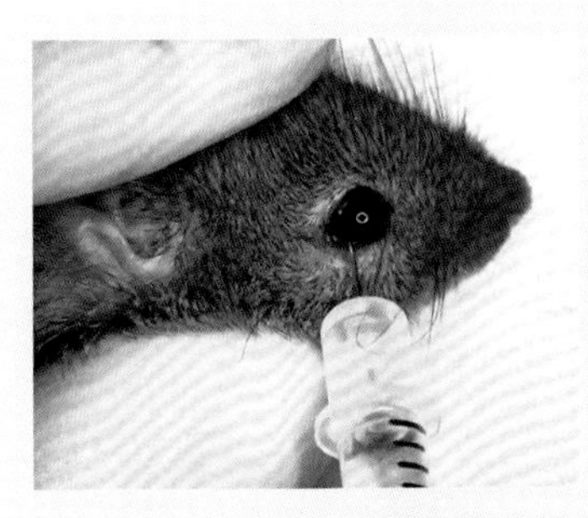

6. 立即开始注射，迅速将药液全部推入静脉窦。放松左手拇指对颈外静脉的压迫。成功的注射，应无明显注射阻力，不会发生眼球后肿胀所致的突然凸眼。→

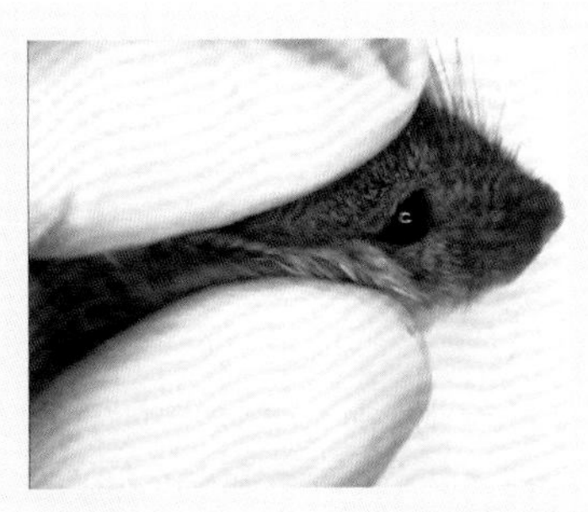

7. 注射后拔针，用左手拇、食指相对挤压上、下眼睑 20 秒止血。↓

8. 放开手指，眼眶一般不会出血。

图 37.5　眼眶静脉窦注射法

操作讨论

针头刺入方向贴近眼眶内壁，不要向眼球倾斜，避免刺入哈氏腺。

操作必须在 1 分钟内完成。一旦小鼠苏醒，将无法继续操作。

第 38 章

舌下静脉注射

一、背景

小鼠舌下静脉是少数肉眼可见的、可以进行注射的浅表静脉之一。小鼠麻醉后，仰卧于手术台，若术中需要做静脉注射，这个体位用舌下静脉很方便。另外，舌下静脉相对较大，也容易进行静脉注射。

二、解剖基础

舌下静脉（图 38.1）左、右各一，紧贴于舌腹面黏膜下，直视可见。详细参见《手术操作》27、44、59。

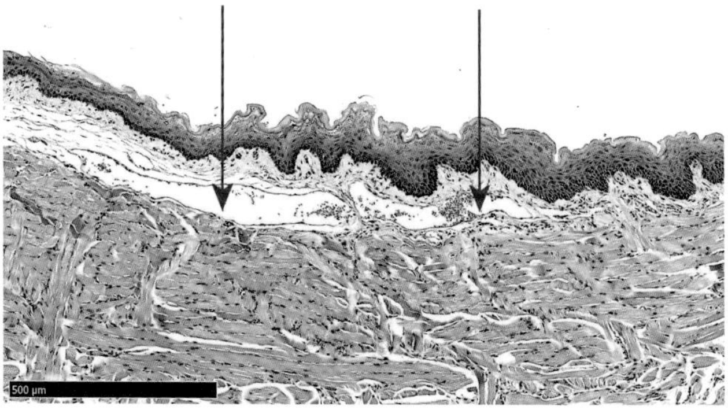

图 38.1　小鼠舌腹面组织切片，H–E 染色。箭头示舌下静脉

三、器械与耗材

异氟烷麻醉系统；开口器；31 G 针头胰岛素注射器；无齿镊；拉钩；棉签。

四、操作方法

舌下静脉注射法见图 38.2。▶

1. 小鼠异氟烷吸入麻醉。

↓

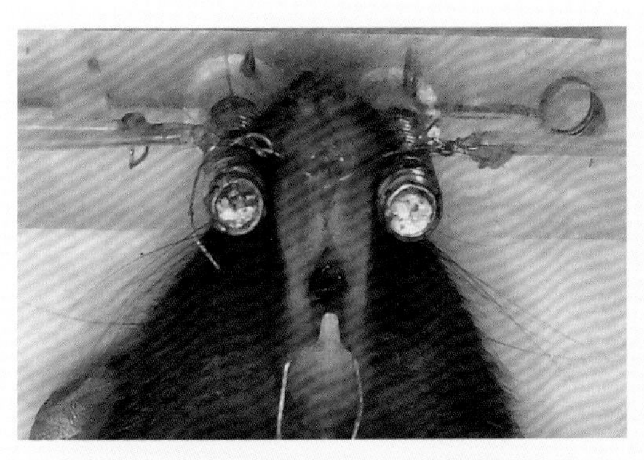

2. 小鼠进入深度麻醉状态时，呼吸变得深而慢，迅速将其从麻醉箱中转移到开口器上，仰卧。用弹性拉钩分别向两端牵引上、下门齿，令口大张，暴露舌腹面。→

3. 用左手持镊子夹住舌尖，右手持注射器，针孔向上刺入舌下静脉中部。↓

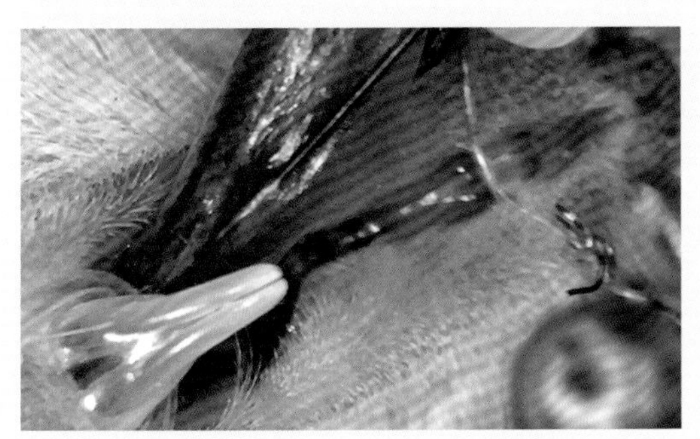

4. 进针后立即上挑针尖，使之与血管平行。→

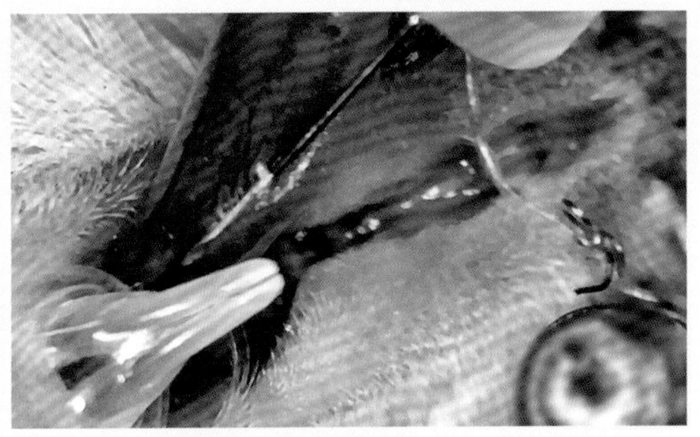

5. 再继续向静脉内深入至少 1 mm，开始注射。

↓

6. 缓慢注射后，棉签压迫进针孔拔针。放开镊子，撤除拉钩。

↓

7. 直到小鼠清醒，方可将棉签移开。将小鼠从麻醉箱移出，一般麻醉状态可维持 2 ～ 3 分钟。

图 38.2　舌下静脉注射法

操作讨论

（1）舌下静脉不充盈原因之一是舌头牵拉过度。

（2）小鼠处于麻醉状态时，必须保证其舌下静脉不能有出血，否则血液入肺，小鼠会立即致死。这是用棉签止血一直到小鼠清醒为止的原因。

（3）少量血液被小鼠吞咽，术后会出现黑便。

第 39 章

颈外静脉注射

一、背景

小鼠颈外静脉注射是常用静脉给药方法，主要包括两大类：暴露注射法和穿皮注射法。根据具体操作还进一步细分为若干方法：

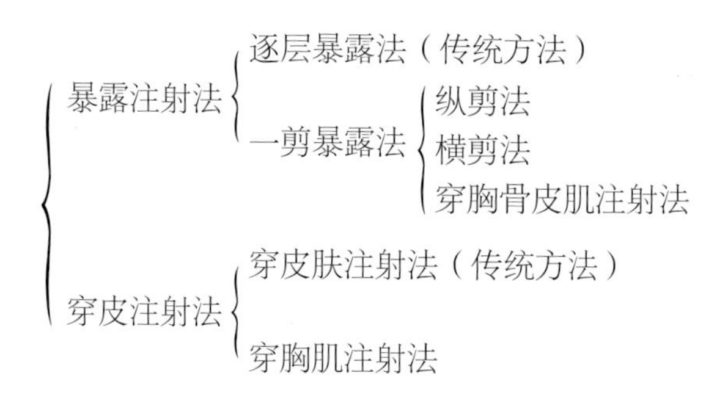

传统的逐层暴露法需要麻醉后切开皮肤，分离皮下脂肪，暴露颈外静脉，然后注射，至少需要 5 分钟时间。一剪暴露法可以大大缩短暴露静脉的时间，麻醉后 1 分钟之内可以完成操作。核心技术是夹持皮肤的镊子的使用技巧。

传统的穿皮肤注射法，在注射拔针后止血效果不甚理想。作者不建议继续使用传统方法，故本章只介绍纵剪法、横剪法、穿胸骨皮肌注射法和穿胸肌注射法。

二、解剖基础

颈外静脉解剖参见《实用解剖》❻。颈外静脉（图 39.1）走行表浅，浅色小鼠备皮后可以清楚地看到皮下的颈外静脉，尤其是静脉怒张时更为明显。黑色小鼠透皮观察颈外静脉不甚清晰（图 39.2），往往备皮后仍看不清血管，需要擦拭酒精后方可见到。

在颈外静脉跨越锁骨处下有锁骨，上有胸肌（图 39.3）。这里是做直视下静脉注射的最佳进针部位。因为穿过胸肌做颈外静脉注射，拔针后胸肌可以封闭静脉进针孔，没有拔

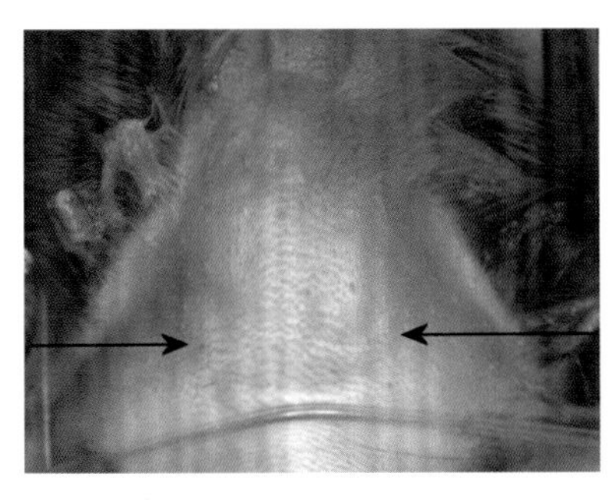

图 39.1　用弹力带压迫阻止颈外静脉血液回流时，血管怒张，箭头分别示左、右颈外静脉

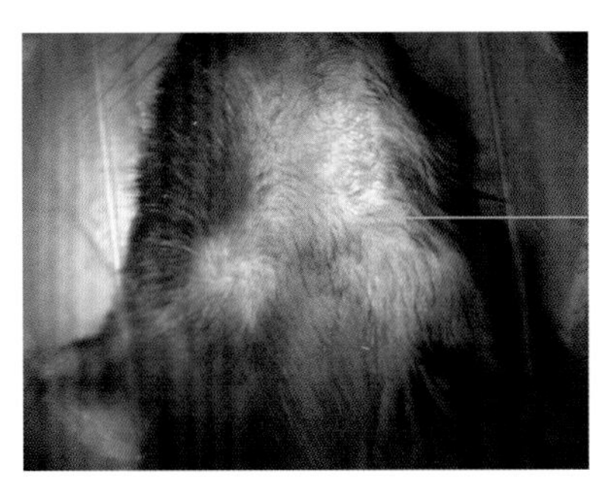

图 39.2　黑色小鼠的颈外静脉，如箭头所示

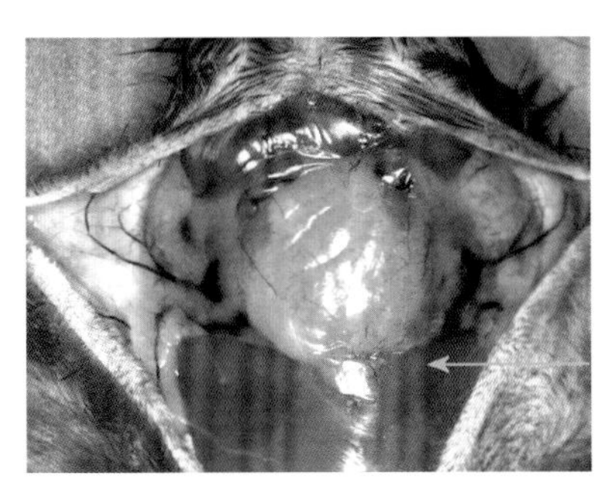

图 39.3　小鼠胸肌上沿，如箭头所示

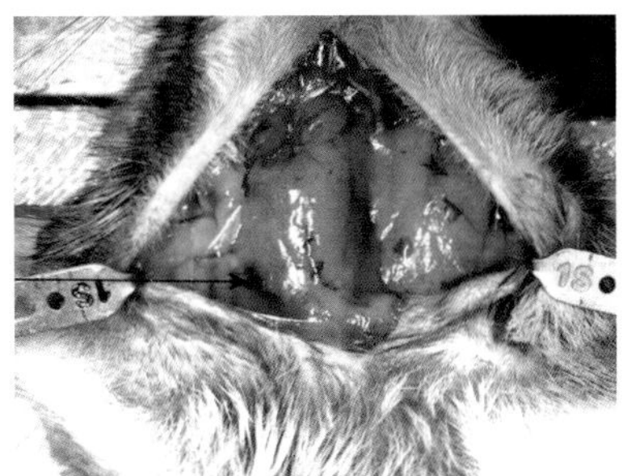

图 39.4　右颈外静脉隐见，如箭头所示，其表面覆盖一层薄脂肪，这层薄脂肪足以影响观察颈外静脉

针出血之忧。

颈外静脉表面有脂肪覆盖（图 39.4），其厚度依个体肥胖程度而异。直视颈外静脉注射必须先清理其表面的脂肪，以确认针头刺入静脉中。脂肪中较大血管分布在中部和远端，近端没有血管分布。

胸锁关节（图 39.5）位于颈外静脉与锁骨交叉点内侧 1 mm 处。点压此处，同侧前肢动度明显增大。故可用于颈外静脉不清晰时的辅助定位。

胸骨皮肌（图 39.6，图 39.7）起自胸骨，走行于皮下，斜向外上止于颈侧皮肤，约 1 mm 宽，细长，较薄，很容易被忽略。

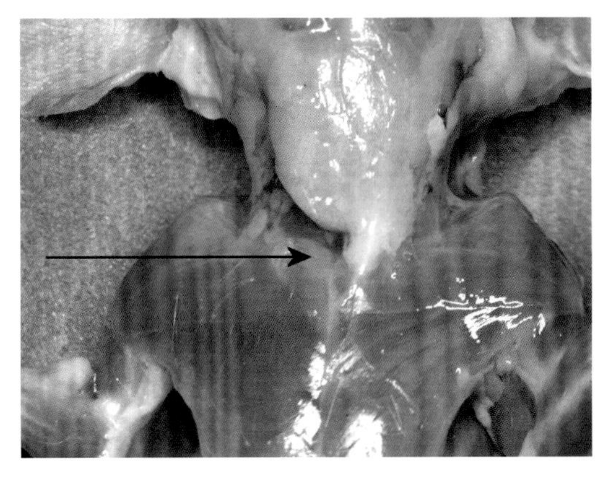

图 39.5　胸锁关节，如箭头所示

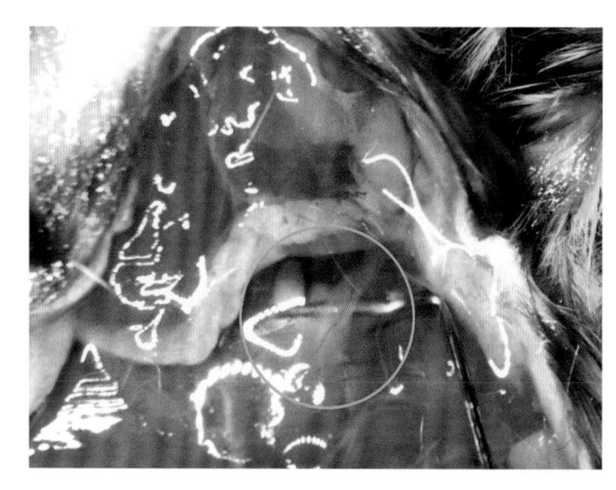

图 39.6　左胸骨皮肌，绿圈示针头从左胸骨皮肌下穿过，清楚显示此肌肉的走行

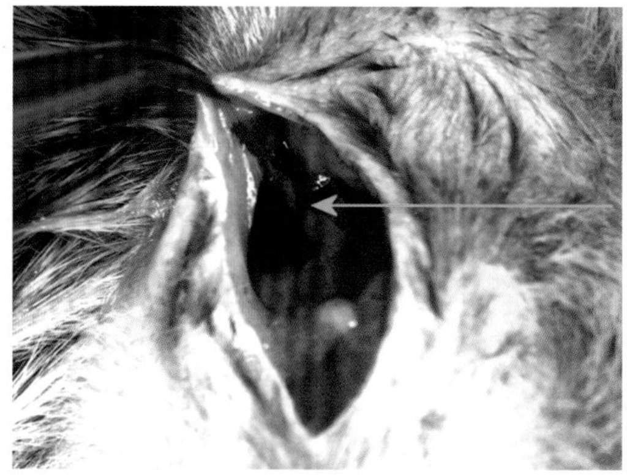

图 39.7　镊子夹起并牵拉右胸骨皮肌

胸骨皮肌覆盖在颈外静脉表面，但是连接并不十分紧密，与颈外静脉以 45° 斜行覆盖在颈外静脉近端部分，是方便进针的部位。在不了解这块肌肉时，传统的颈外静脉注射多先充分暴露颈外静脉，将这条肌肉当作表面的结缔组织清理掉，然后在静脉表面直接进针，造成拔针后大量出血。

三、器械与耗材

颈部手术板；31 G 针头胰岛素注射器，将针头向针孔侧弯曲 30°；皮肤直剪（用于纵剪法）；皮肤弯剪（用于横剪法）；有齿镊；皮肤镊；组织胶水；棉签。

四、操作方法

（一）纵剪法

以左颈外静脉为例介绍纵剪法（图 39.8）。▶

1. 小鼠常规麻醉，颈部备皮。

↓

2. 将小鼠置于颈部手术板上。上门齿挂线，双前肢外展固定，后颈项垫起，胸横弹力带。

↓

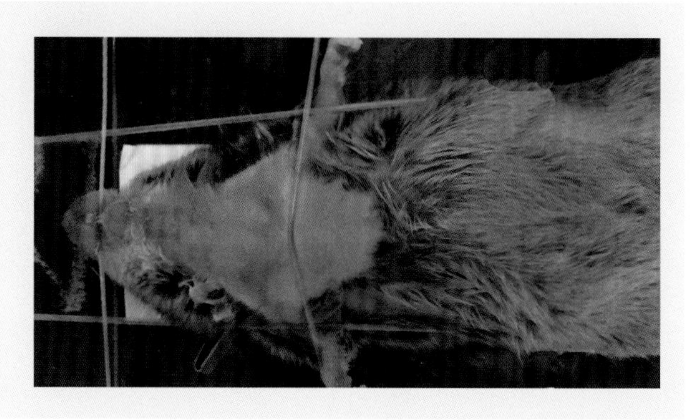

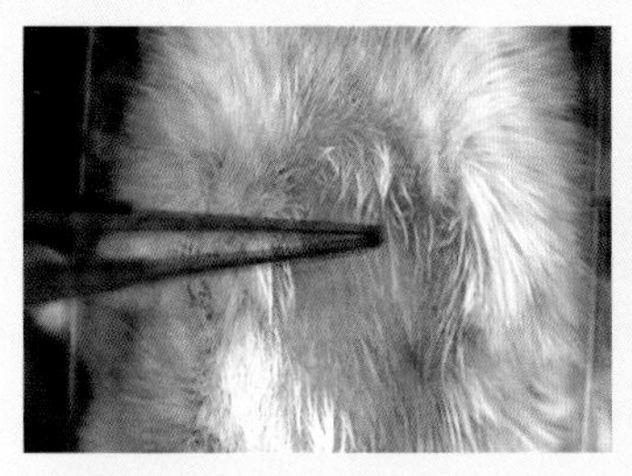

3. 确定颈外静脉位置：如果颈外静脉皮下显示不清楚，可以用镊子点压胸锁关节处，可发现同侧前肢明显上抬。胸锁关节外移 1 mm，即颈外静脉与锁骨交叉点。→

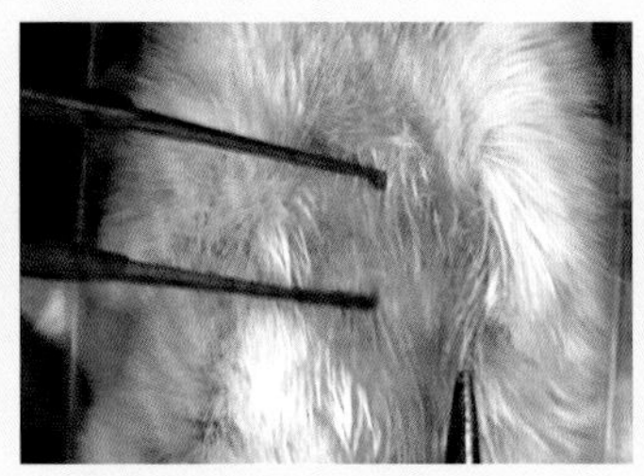

4. 将有齿镊纵向张开至少 5 mm。→

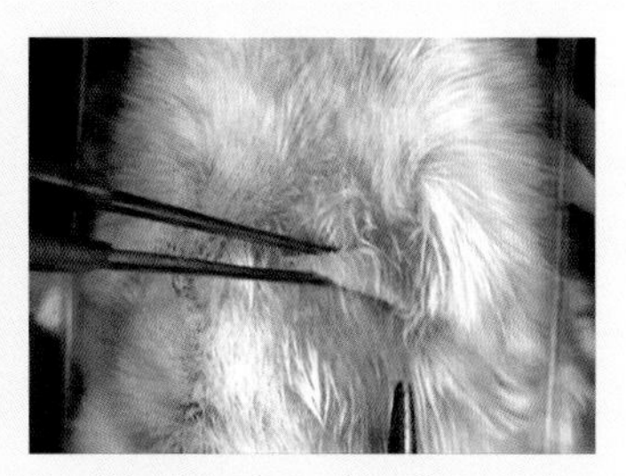

5. 夹住胸锁关节处的皮肤、皮肌和脂肪垫。夹住脂肪垫在感觉上较单纯夹住皮肤和皮肌的移动性明显小。↓

6. 将直剪置于有齿镊外侧 1 mm，下刃顶住皮褶，用有齿镊将皮肤喂进剪口。→

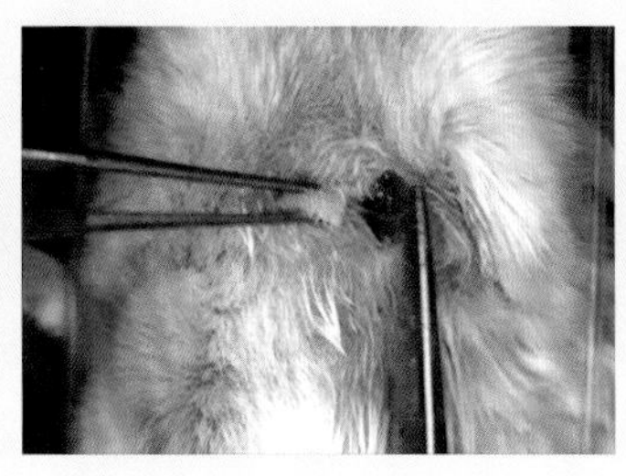

7. 纵向剪开皮肤和皮下脂肪。→

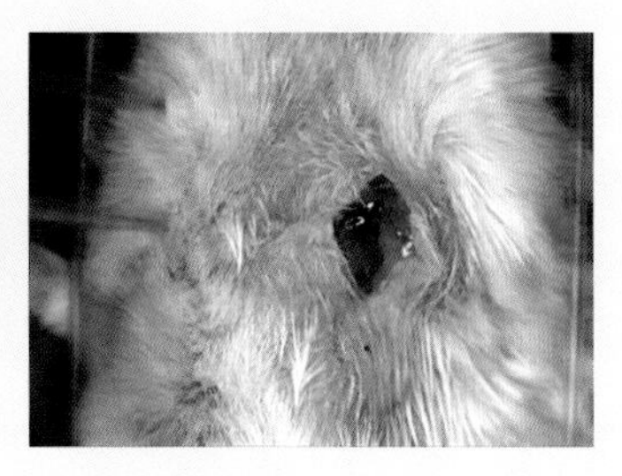

8. 立刻暴露出约 6 mm 长的胸肌和颈外静脉。↓

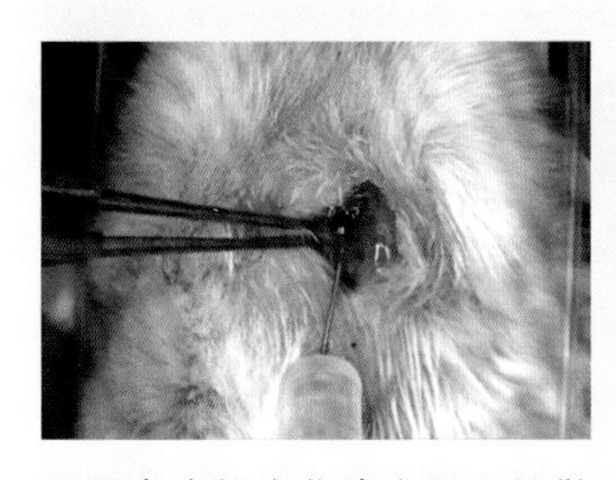

9. 用有齿镊夹住胸大肌上沿做对抗牵引，针孔斜面向上，稍微下压胸大肌，使针尖位于颈外静脉相同水平，水平刺穿胸大肌后，直接进入颈外静脉。→

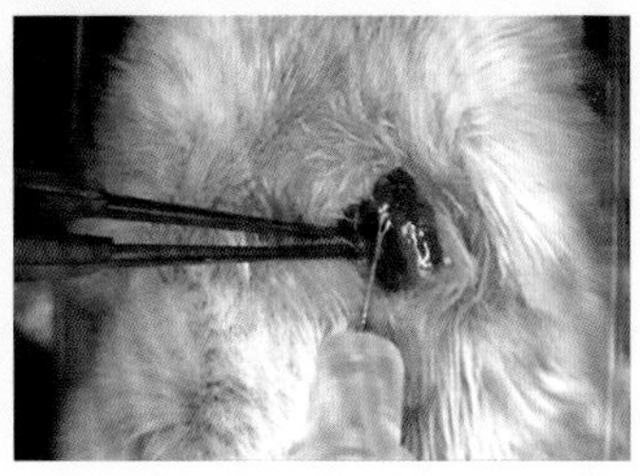

10. 可以透过静脉壁直接看到血管中的针尖。↓

11. 针尖刺入静脉时，有明显的突破感。立即开始注射，可见静脉内血液被稀释。→

12. 注射后迅速拔针。由于经过胸大肌刺入血管，所以拔针后肌肉弹性封闭进针孔，避免了拔针后针孔出血。↓

13. 覆盖皮肤。↓

14. 如果需要小鼠术后存活，可以在皮肤切口处点胶水，或做一针缝合。

图 39.8　纵剪法

（二）横剪法

横剪法（图 39.9）适用于终末实验，特点是暴露面积大，在此以左颈外静脉为例介绍。▶

1. 操作同“纵剪法”步骤 1 ~ 3。
↓

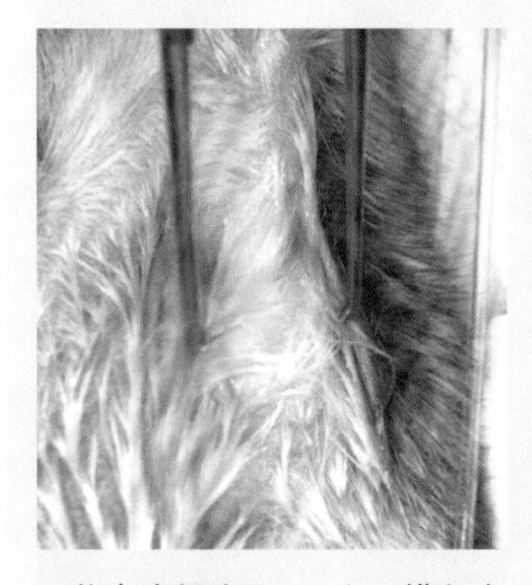
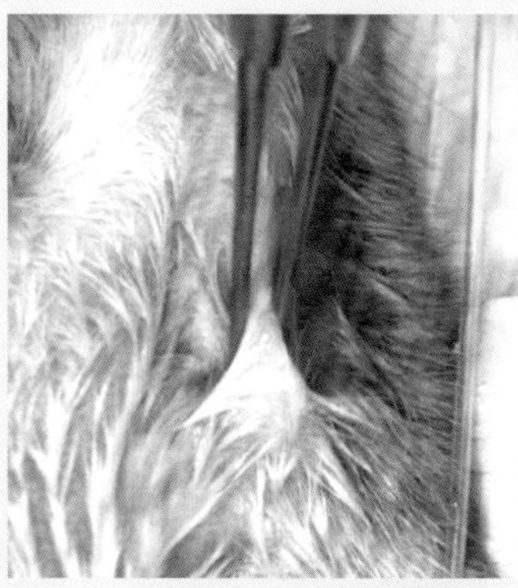
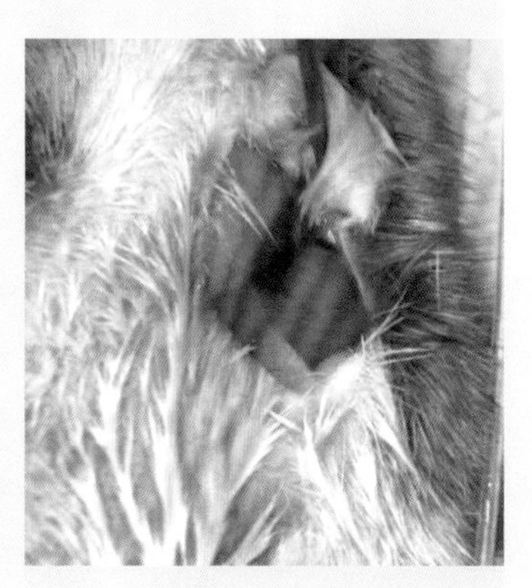

2. 将有齿镊张开 5 mm，横向夹住胸锁关节外侧 1 mm 处皮肤。→

3. 拉起夹住的皮肤，从感觉上确认夹住了脂肪垫。→

4. 将弯剪平拿，弯面向上，下压夹起的皮肤，一剪将皮肤剪开。↓

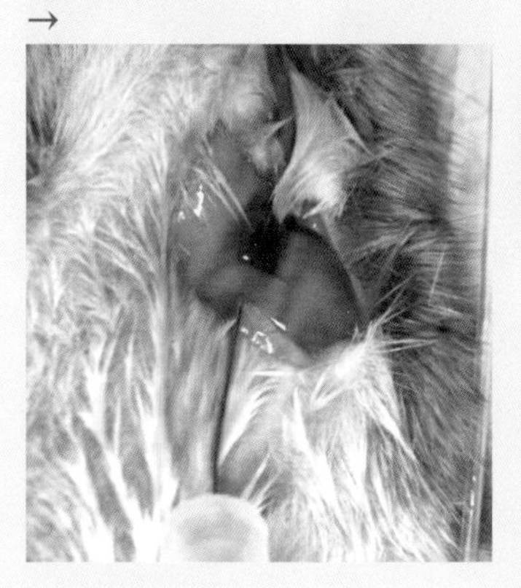
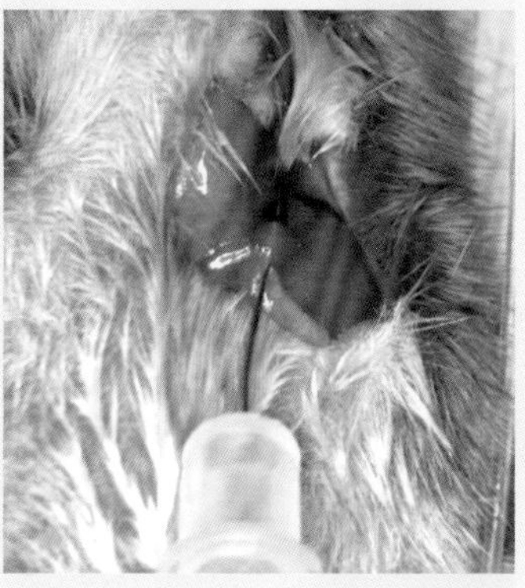
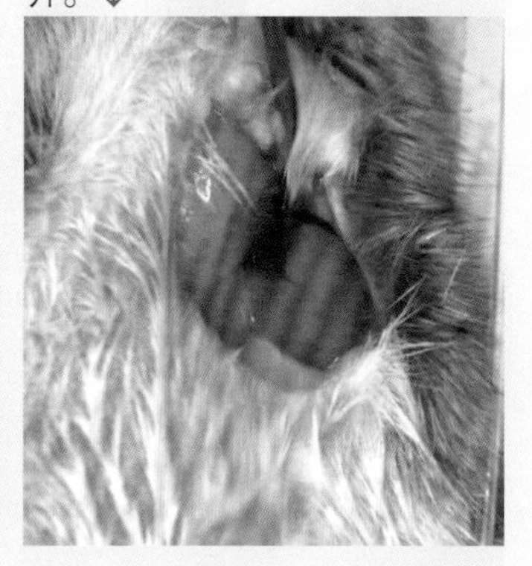

5. 将注射针头下压胸大肌前沿，水平进针。→

6. 确认针头完全进入颈外静脉，即可开始注射。→

7. 注射完毕拔针无出血。↓

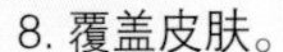
8. 覆盖皮肤。

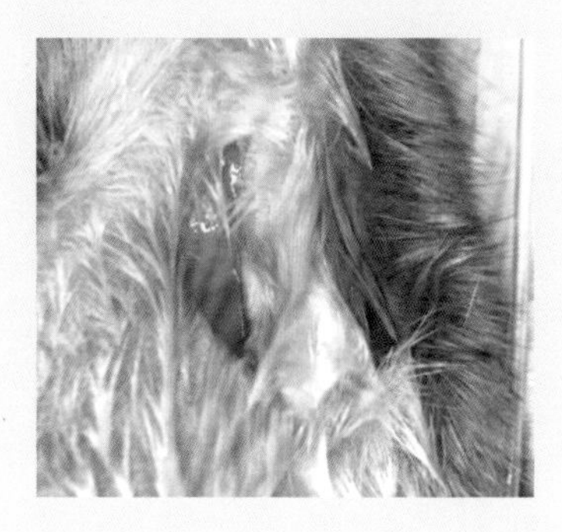

图 39.9　横剪法

操作讨论

（1）纵剪法和横剪法适应的模型不同。横剪法暴露面积大，注射更方便，适用于术后结束小鼠生命的终末实验。

（2）确定有齿镊夹住皮肌下脂肪垫而没有夹住颈外静脉的方法：夹住皮肤和皮肌，皮肤游离性大；连同皮肌下脂肪垫一起夹住，则皮肤游离性小；连同颈外静脉一起夹住，会引起同侧前肢向下摆动。

（3）在纵剪法中，用有齿镊将皮肤喂进剪口的原因是为了避免剪破颈外静脉，因为可以被夹起的组织不包括颈外静脉。

（4）缩短操作时间的措施：

① 不剃毛，将局部皮毛打湿，直接剪。

② 用镊子夹皮肤时，连同皮下脂肪一起夹起，可以一次剪开覆盖在胸肌和颈外静脉表面的脂肪，节省分离脂肪的时间。

（5）剪皮肤成功的标志：胸肌表面脂肪剪开至少 1 mm；颈外静脉至少暴露 1 mm；没有明显出血发生。

（6）注射成功的标志：注射液体没有出现在血管外；局部静脉血液一时被稀释。

（7）颈外静脉充盈不足的补救措施（图 39.10）：当小鼠身体状况不佳，或长时间麻醉致血压下降时，颈外静脉充盈不佳（图 39.10a），影响针头刺入。此时可以用镊子点压颈外静脉和锁骨交叉点，阻止血液回流到锁骨下静脉，可见颈外静脉立刻成倍充盈（图 39.10b），方便针头刺入。针头刺入颈外静脉后，可撤除镊子的压迫（图 39.10c）。

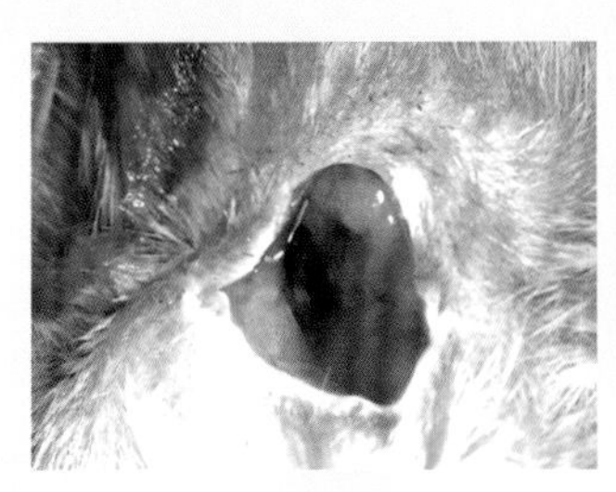

a. 颈外静脉充盈欠佳

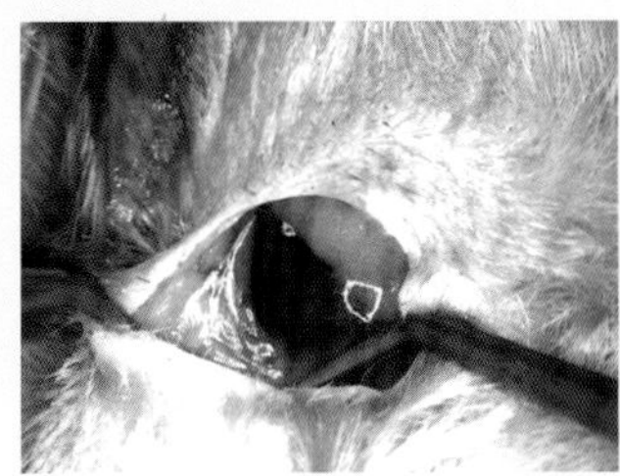

b. 用镊子压迫后

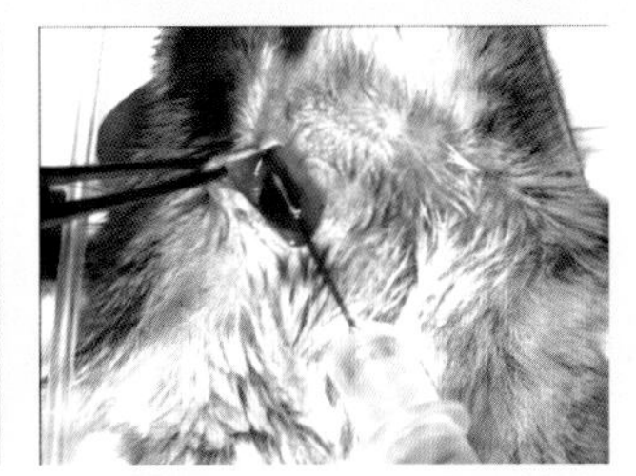

c. 撤除镊子的压迫

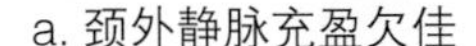

图 39.10　颈外静脉充盈不足的补救措施

（三）穿胸骨皮肌注射法

穿胸骨皮肌注射法（图 39.11）是一种不损伤胸肌的穿肌静脉注射法。

1. 操作同“纵剪法”步骤 1 ～ 8。

↓

2. 用 31 G 针头在不破坏和不分离胸骨皮肌的情况下，直视下刺穿肌肉进入静脉进行注射，见右图。

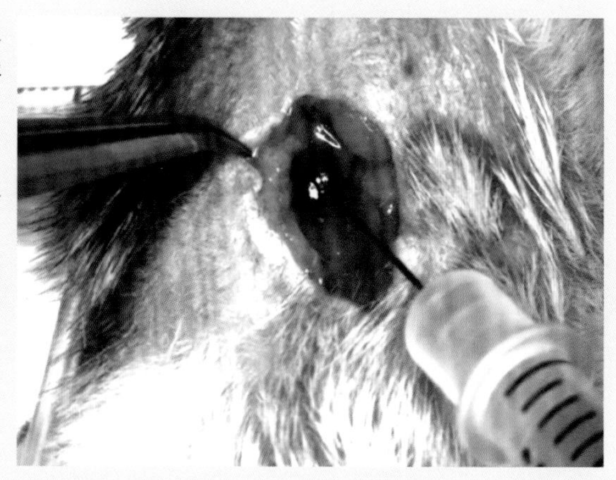

↓

3. 拔针时用棉签压迫针头，拔针后不会出血。

图 39.11　穿胸骨皮肌注射法

（四）穿胸肌注射法（图 39.12）

1. 小鼠常规麻醉，颈部备皮。

↓

2. 仰卧安置于颈部手术板上，后颈垫高，双前肢外展。

↓

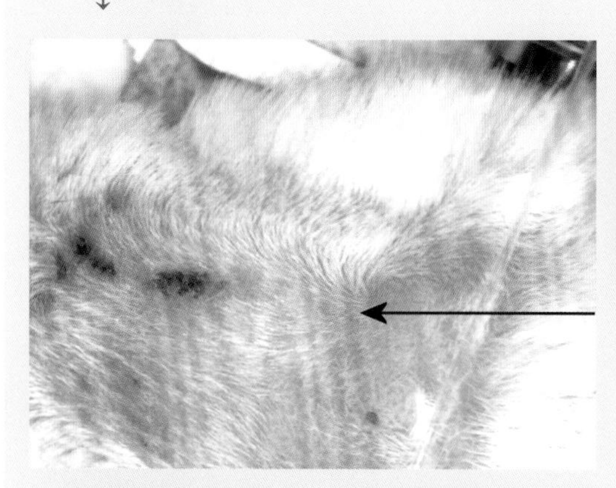

3. 用弹力带在锁骨加压，令颈外静脉充盈。箭头示颈外静脉。→

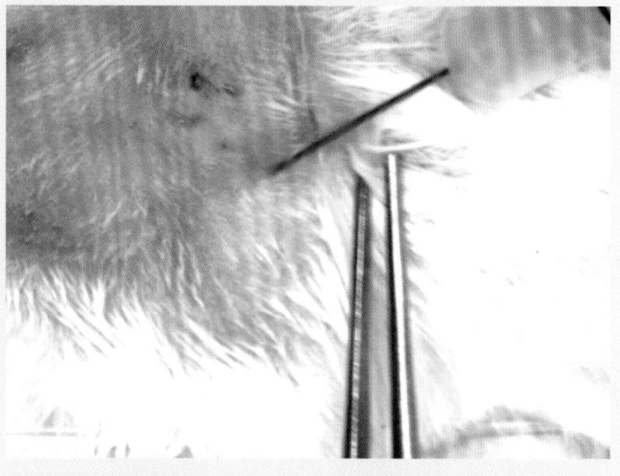

4. 用皮肤镊夹住进针点下方皮肤做对抗牵引，针尖紧贴锁骨上沿 30° 进针约 0.5 mm，刺入胸肌上沿。↓

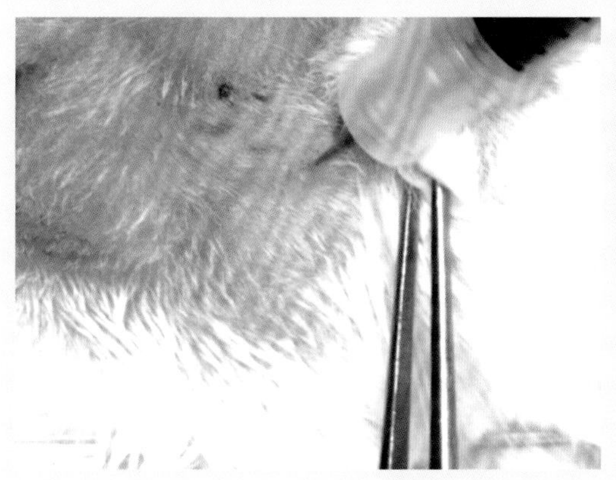

5. 转而水平进针 1 mm，抽吸观察回血。→

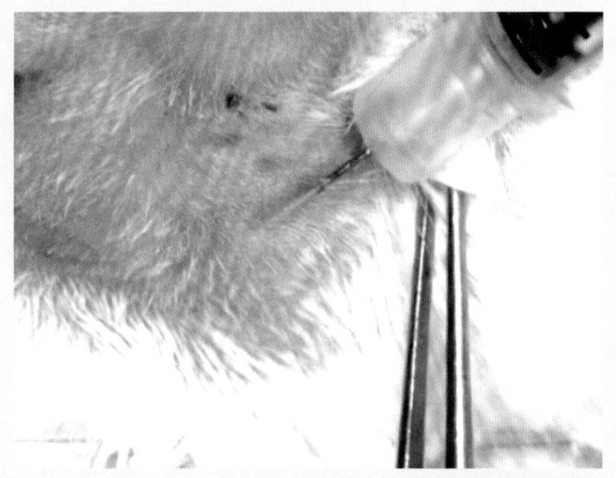

6. 如无回血，可少许回撤针头。一旦见到回血，立即注射。↓

7. 如果抽吸还无回血，可以轻轻下压针头，使血管壁不贴附于针孔，再抽回血。↓

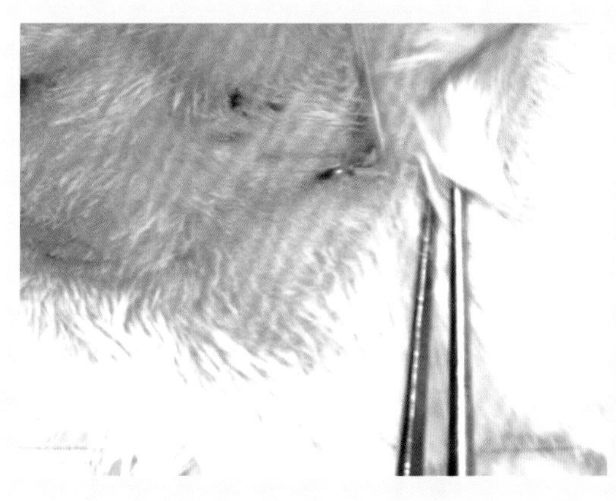

8. 注射完毕迅速拔针。

图 39.12　穿胸肌注射法

操作讨论

（1）皮肤擦拭酒精后观察颈外静脉尤其明显的原因：静脉扩张，而且皮肤湿润后减少反光，增加透光性。

（2）观察回血时抽吸不可过度，以免将静脉壁吸入针孔。

（3）没有出现回血时，不可注射。

（4）穿胸肌注射法需要穿过胸肌进入静脉，以避免拔针所致的皮下出血。

第 40 章

后腔静脉注射

一、背景

腔静脉是小鼠体内最大的静脉，对注射方法要求不高，在开腹手术中，需要静脉注射时，做后腔静脉注射是非常方便的。该方法的难点在于注射后如何止血。

小鼠后腔静脉这样大的血管，在针刺损伤后的外源性凝血中不能瞬间形成血栓，故用单纯的棉签压迫止血比小血管困难。本章介绍的前后棉签止血法，是第一支棉签压迫静脉进针孔止血，第二支棉签阻止顺向血流，让逆向血流反流静脉进针孔区，在安全的低压状态下，巩固纤维蛋白修复血管壁伤口。

二、解剖基础

后腔静脉（图 40.1）与腹主动脉伴行于同一血管筋膜内，贴附于腹膜壁层背面，纵贯腹部。

后腔静脉由两侧髂总静脉汇合形成。稍向前行，有荐中静脉从背侧加入；前行自深面有 3 ～ 5 支腰静脉（图 40.2）加入；中部有右髂腰静脉汇入；再向前，先后有左、右肾静脉（图 40.3）汇入。

后腔静脉详细解剖知识参见《实用解剖》❻。

图 40.1　小鼠腹部血管灌注照。箭头示后腔静脉

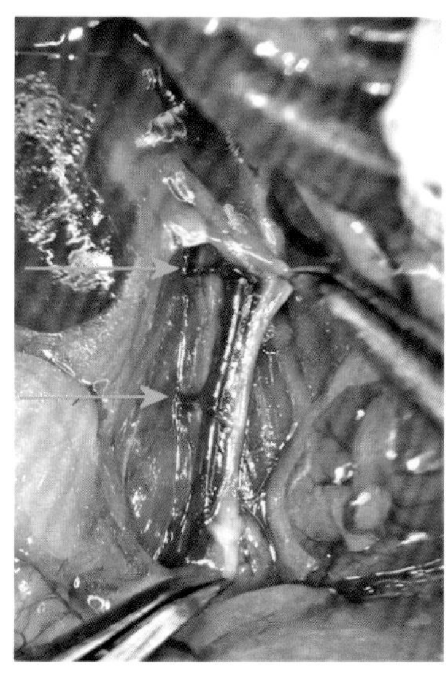

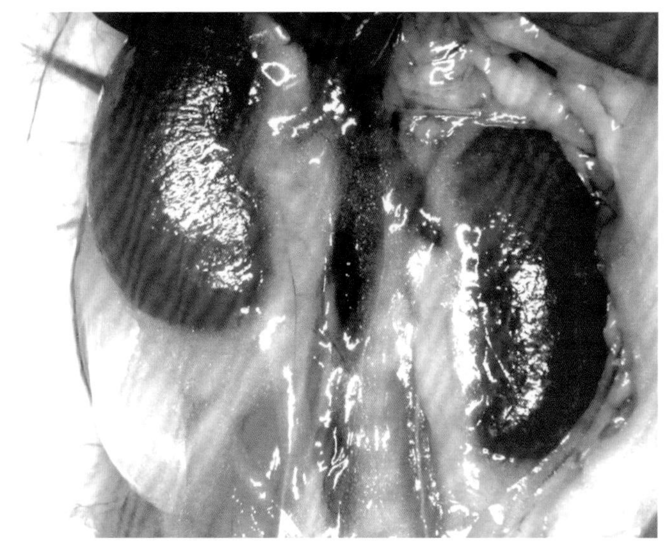

图 40.2　腰静脉，如箭头所示

图 40.3　左、右肾静脉不在同一水平上汇入后腔静脉

三、器械与耗材

腹部手术板；31 G 针头胰岛素注射器，将针头在距针尖 1 cm 处弯曲 45°；皮肤剪；皮肤镊；尖镊；拉钩；棉签 。

四、操作方法

后腔静脉注射法见图 40.4。▶

1. 小鼠常规麻醉、腹部备皮后安置于腹部手术板上。垫高后腰，固定双后肢。
↓

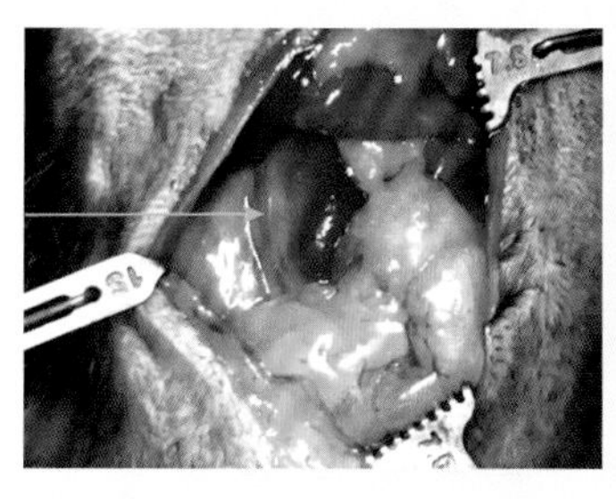

2. 开腹，安置拉钩，暴露后腔静脉。图中箭头示后腔静脉位置。→

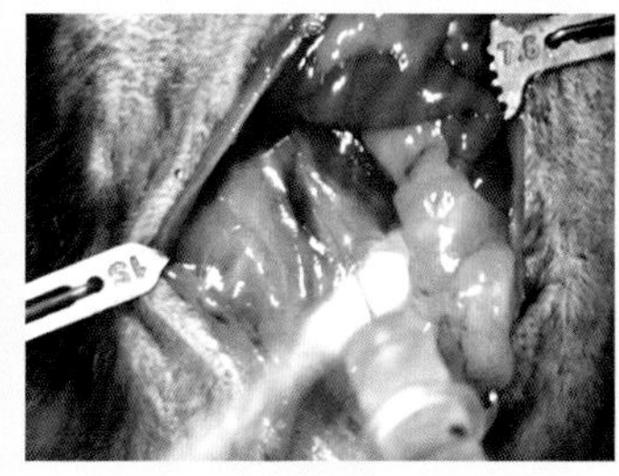

3. 暴露后腔静脉。用棉签轻压后腔静脉令其更充盈，同时向尾侧拉紧做对抗牵引。将针头置于棉签上。→

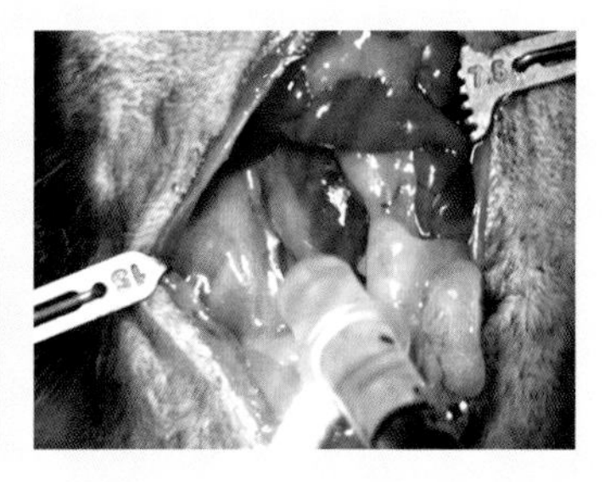

4. 针头刺入后腔静脉，至少 1 mm。撤除棉签。↓

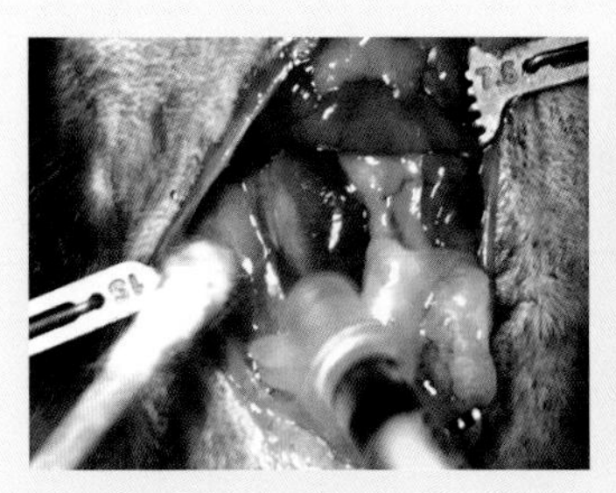

5. 匀速注入药物。→

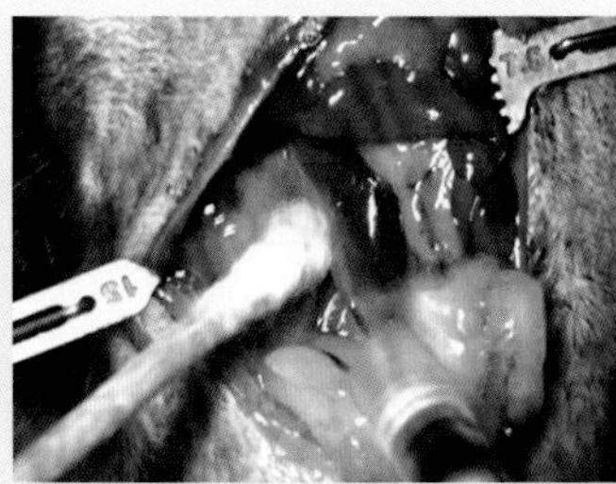

6. 注射完毕，用第一支棉签压住静脉进针孔。→

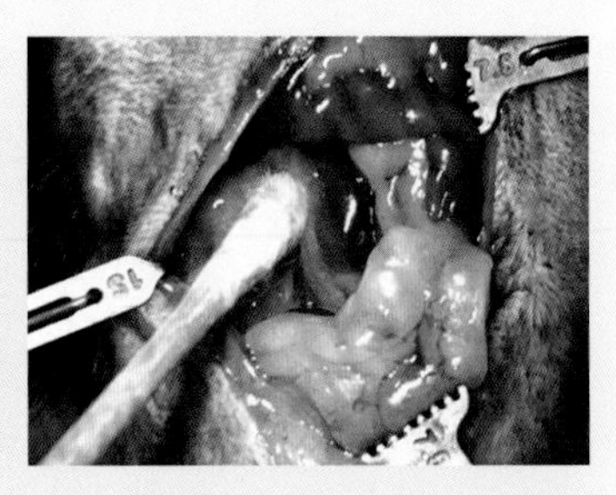

7. 保持棉签压迫，迅速抽出针头。↓

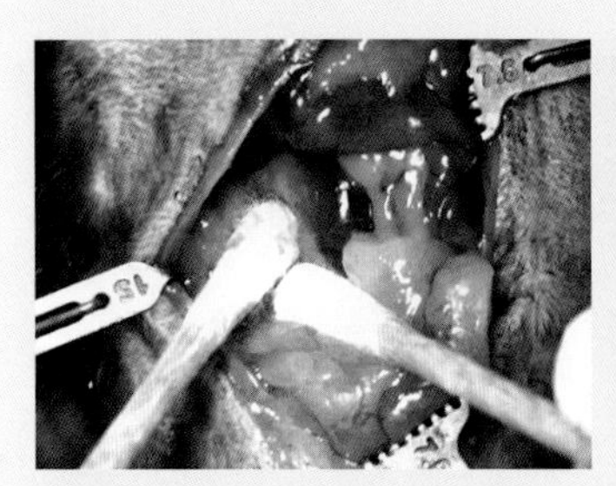

8. 马上用第二支棉签压迫进针孔远心侧，如图所示。→

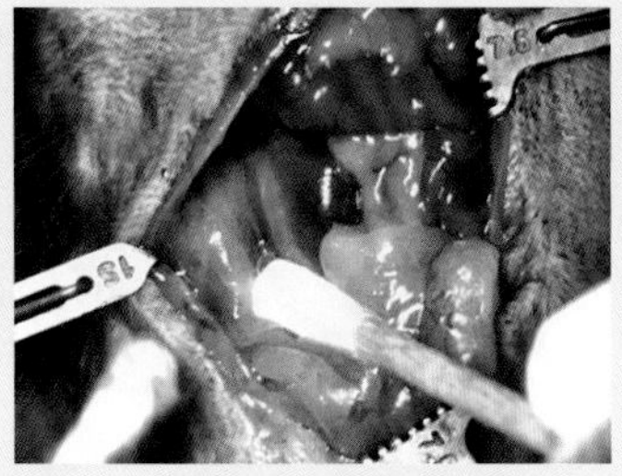

9. 第一支棉签压迫 30 秒后，轻轻撤除。→

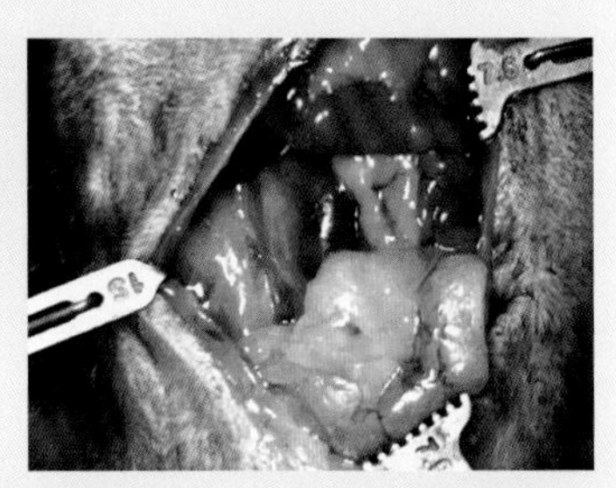

10. 再过 10 秒，轻轻撤除第二支棉签。可见后腔静脉血流恢复且没有出血。

图 40.4　后腔静脉注射法

操作讨论

后腔静脉注射用棉签压迫止血的效果较用脂肪可靠。因为用脂肪封闭进针孔需要脂肪的破损面直接接触进针孔，而后腔静脉有筋膜覆盖，如果筋膜清理不干净，会影响脂肪与进针孔的严密接触。

第 41 章
门静脉注射

一、背景

令药物或细胞入肝的方法有多种，如门静脉注射、脾注射、盲肠静脉注射等，其中，门静脉注射是距离肝脏最近、最常用的方法。但是，门静脉注射后拔针出血是操作者必须谨慎面对的问题。若门静脉血流阻断 1 小时，会导致小鼠死亡，所以不能用结扎和烧烙等永久性阻断血流的止血方法；门静脉下面没有坚实的组织支撑，常用的棉签压迫法也很难止住门静脉的进针孔出血。本章着重介绍门静脉注射后的特殊止血方法。

二、解剖基础

门静脉（图 41.1）汇集部分消化道的静脉血入肝，是营养静脉血入肝的唯一通道。其管径粗大，易于寻找和操作。

开腹后，将肝向前翻起，向左翻开十二指肠，可见门静脉走行于胰腺和肠系膜表面（图 41.1），进入肝门。

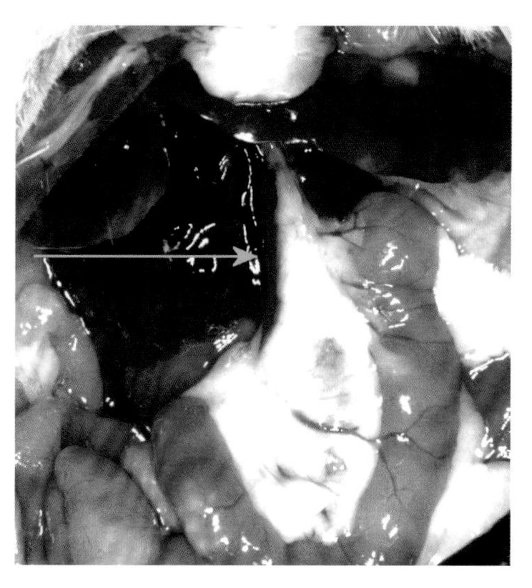

图 41.1　门静脉走行于胰腺和肠系膜表面，如箭头所示

三、器械与耗材

腹部手术板；显微尖剪；31 G 针头胰岛素注射器，将针头向针孔侧弯曲 30°；平镊；棉签；生理盐水。

四、操作方法

门静脉注射法见图 41.2。▶

1. 小鼠常规麻醉，腹部备皮，仰卧固定于腹部手术板。↓

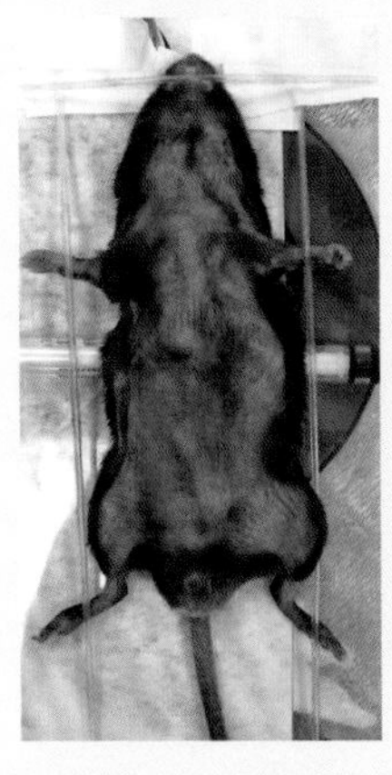

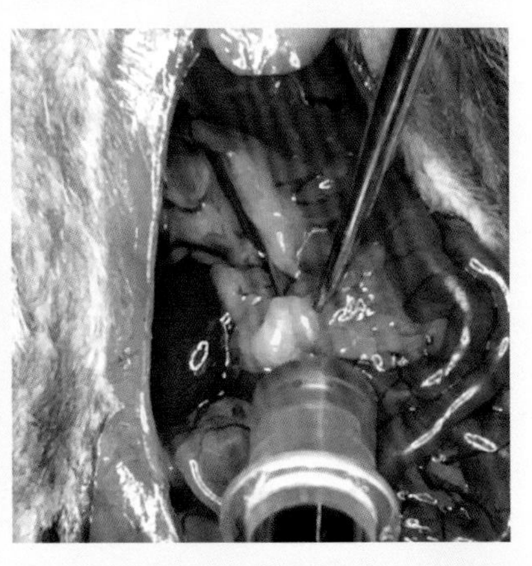

2. 上门齿挂线，双前肢固定，后腰部垫高。↓

3. 常规开腹 17 。↓

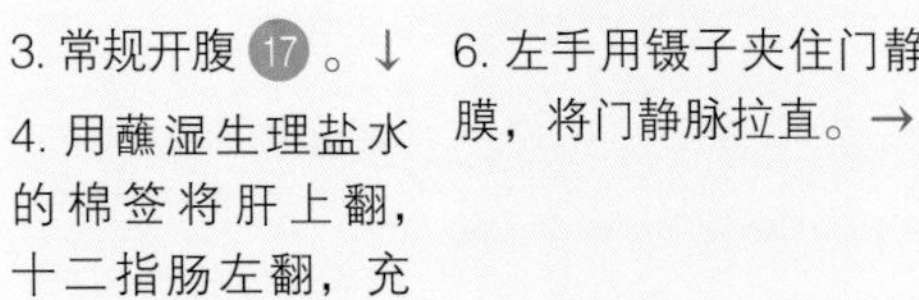

4. 用蘸湿生理盐水的棉签将肝上翻，十二指肠左翻，充分暴露门静脉。→

5. 在生殖脂肪囊血管少处剪下一块约 2 mm² 的脂肪，没有浆膜覆盖，穿在针头上备用。↓

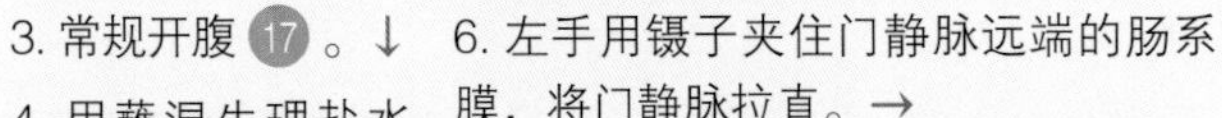

6. 左手用镊子夹住门静脉远端的肠系膜，将门静脉拉直。→

7. 右手持胰岛素注射器将针头以 15° 刺入门静脉，随后水平深入。↓

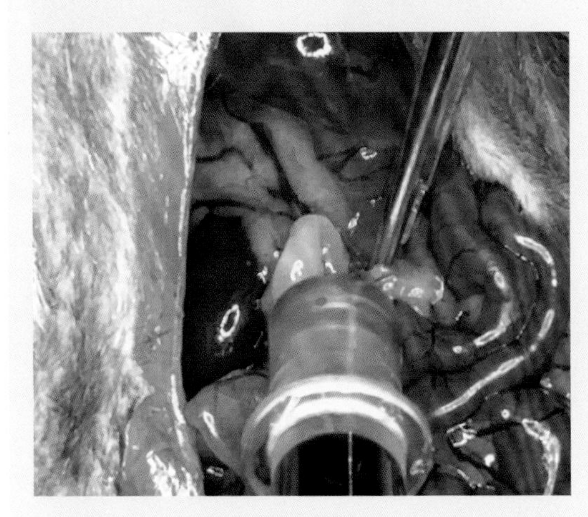

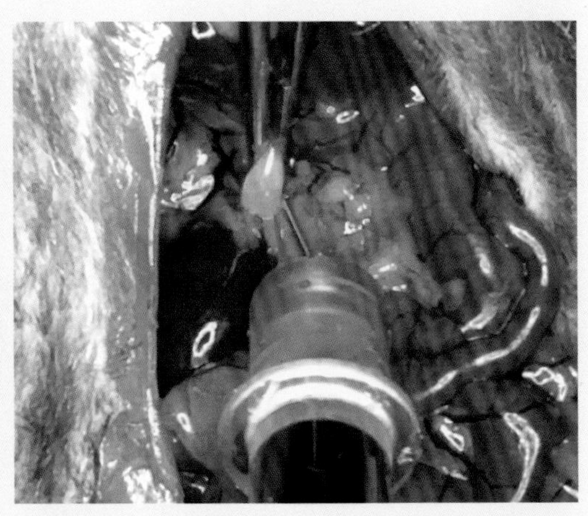

8. 看到门静脉内的针头，可以确认针头在血管内后，立即注射。→

9. 注射完毕，用镊子将脂肪拉至静脉进针孔处并压住脂肪。↓

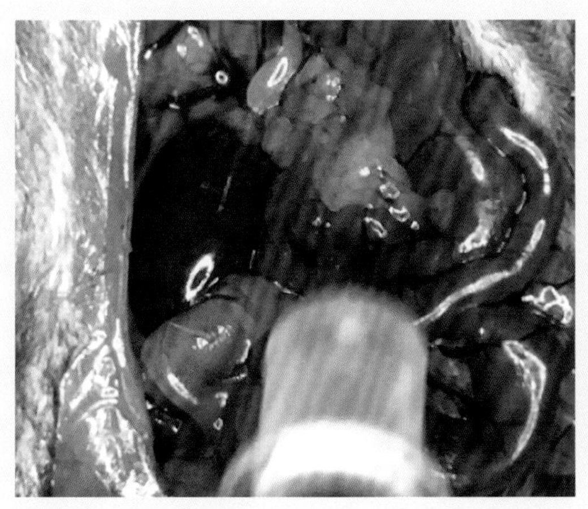

10. 针头拔出后，镊子始终将脂肪压迫在进针孔处。→

11. 脂肪压迫止血 1 分钟，确认无出血后，缓缓撤下镊子，将肝和十二指肠归位。↓

12. 分层缝合腹壁和皮肤切口。

图 41.2　门静脉注射法

操作讨论

（1）操作时应避免损伤肝，不要用硬器械或干棉签翻动肝。

（2）拔针后止血是关键。脂肪压迫是止血的良方。将脂肪预置在针头上，可以第一时间用脂肪堵住静脉进针孔。注意，脂肪有浆膜的光滑面无止血功能。

（3）也可以用棉签压迫的方法止血，但是由于门静脉后面没有坚实的组织支撑，所以效果欠佳。

（4）拔针后如果发现脂肪下面溢出少许鲜血，必须用棉签或滤纸吸干，否则有血液存在脂肪下，会妨碍脂肪和进针孔紧密贴附，不能有效止血。

第 42 章

盲肠静脉注射

一、背景

盲肠静脉比门静脉更方便暴露，且盲肠静脉直径也够大，适宜于做静脉注射。若需要将药物注入肝，又要避免损伤门静脉，可以采用盲肠静脉注射。盲肠静脉注射可以作为门静脉顺向注射的常规替代方法。

二、解剖基础

盲肠静脉（图 42.1）较大，血流由此进入门静脉再入肝。

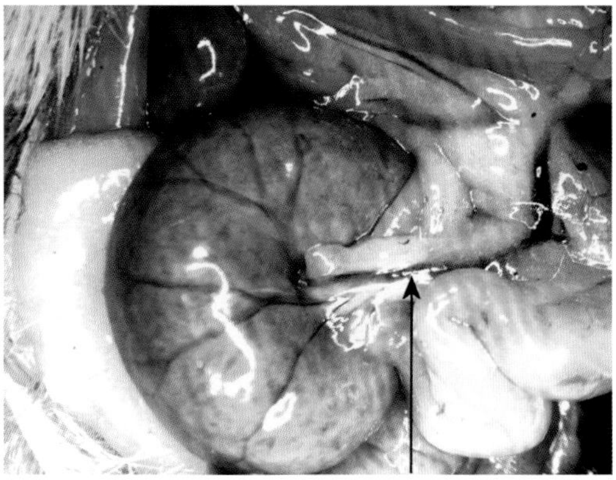

图 42.1　盲肠静脉，如箭头所示

三、器械与耗材

31 G 针头胰岛素注射器，将针头向针孔侧弯曲 30°；无齿镊。

四、操作方法

盲肠静脉注射法见图 42.2。▶

1. 小鼠常规麻醉，腹部备皮后仰卧固定于腹部手术板上 41 。

↓

2. 沿腹中线将皮肤剪开 1 cm 17 。

↓

3. 拉开皮肤切口，可以隔着腹壁看到盲肠，故能很容易地选择腹中线的腹壁开口位置，避免大切口寻找盲肠。

↓

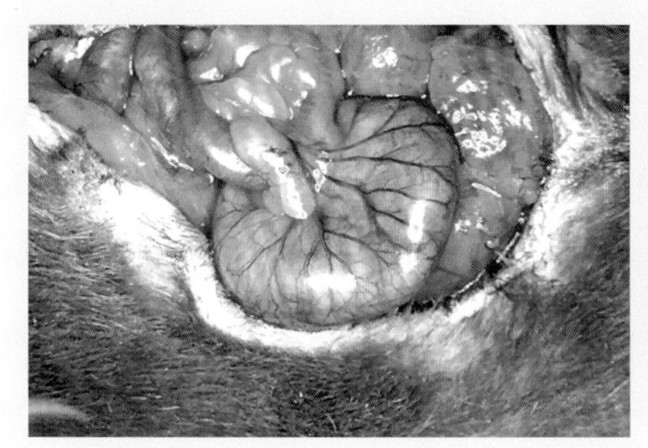

4. 沿腹壁中线剪开腹壁，拉出盲肠。→

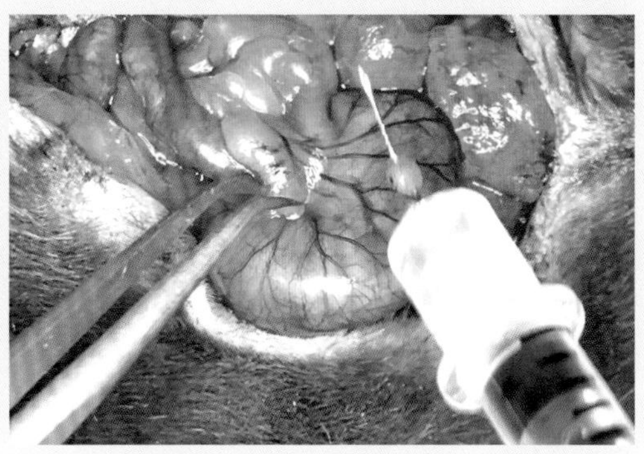

5. 从腹腔中切一块约 2 mm^2 的无浆膜包裹的脂肪，穿到注射针头上。↓

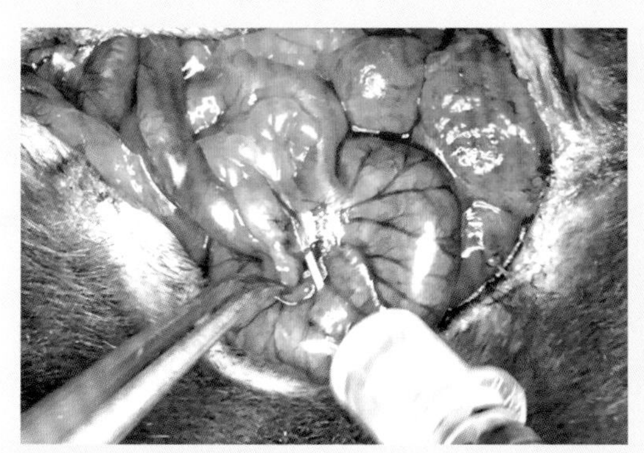

6. 用镊子牵引结缔组织，使盲肠静脉被拉直。针头直接刺入并注射。→

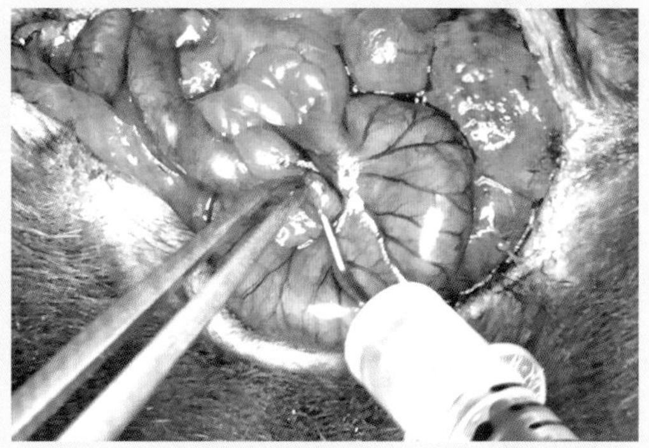

7. 注射完毕，用脂肪块堵住进针孔部位再拔针。↓

8. 轻压 1 分钟，没有出血，将脂肪块保留在进针孔处，轻轻还纳盲肠。↓

9. 分层缝合腹壁和皮肤切口。

图 42.2　盲肠静脉注射法

操作讨论

（1）用镊子拉紧盲肠静脉，是顺利进针的关键。

（2）用弯曲针头更方便注射。

（3）固定脂肪块时用镊子操作，不可用干棉签，以免撤除棉签时粘走脂肪，导致静脉进针孔出血。

第 43 章

肾静脉注射

一、背景

小鼠开腹手术，在肾暴露状况下，静脉注射可以考虑肾静脉。肾静脉比较粗大，操作方便，技术要求低。该方法的关键是把握好拔针止血技术，为此专门设计了特殊的棉签滚动止血法。止血原理将在操作讨论中阐述。

二、解剖基础

小鼠左肾偏后，右肾偏前（图 43.1），所以肝覆盖右肾更多些，左肾暴露更方便些，左肾比右肾更适于静脉注射。左肾静脉（图 43.2）从肾门发出，斜向前进入后腔静脉。由于肾没有固定在腹腔壁上，移动它可以拉紧肾静脉（图 43.3）。

从组织切片上看到，肾静脉大且壁薄（图 43.4）。

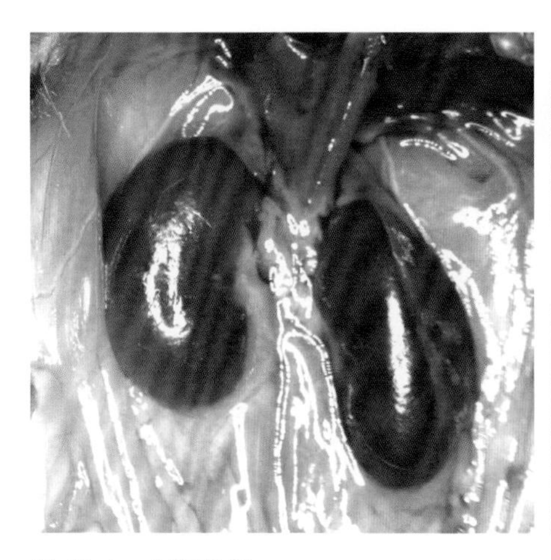

图 43.1　小鼠的肾

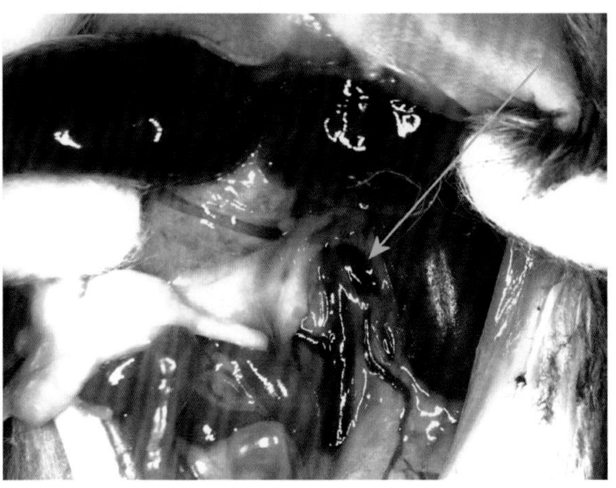

图 43.2　左肾静脉，如箭头所示

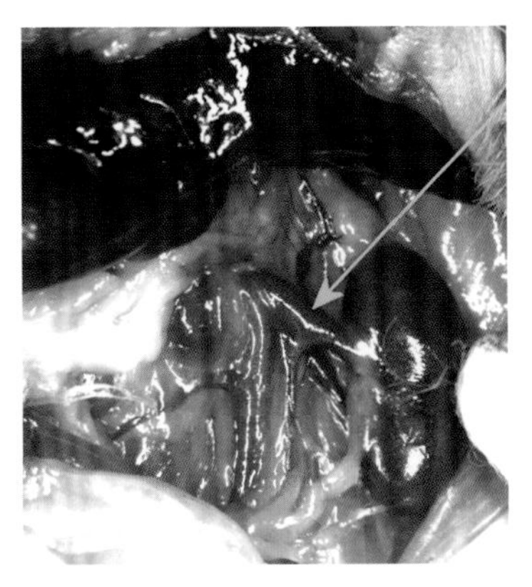

图 43.3　被棉签拉紧的肾静脉，如箭头所示

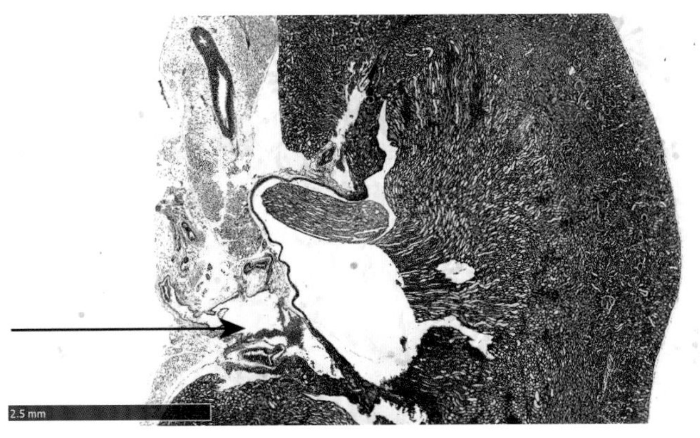

图 43.4　肾组织切片，H–E 染色。箭头示肾静脉

三、器械与耗材

31 G 针头胰岛素注射器；显微尖镊；拉钩；棉签。

四、操作方法

以左肾为例介绍肾静脉注射法（图 43.5）。▶

1. 小鼠常规麻醉，后腹部备皮，垫高腰部，固定四肢。

↓

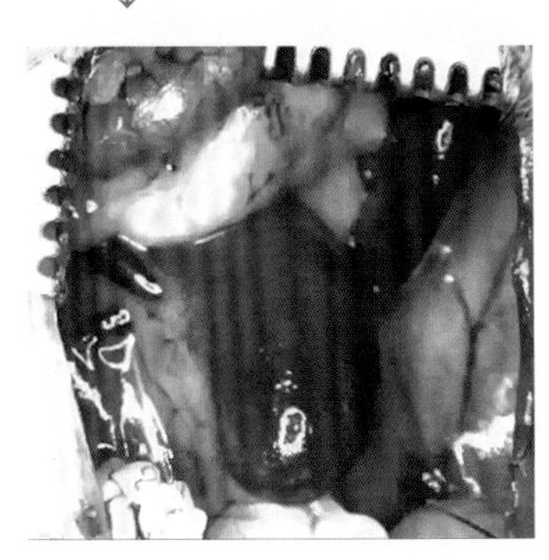

2. 常规开腹，安置拉钩，暴露左肾。→

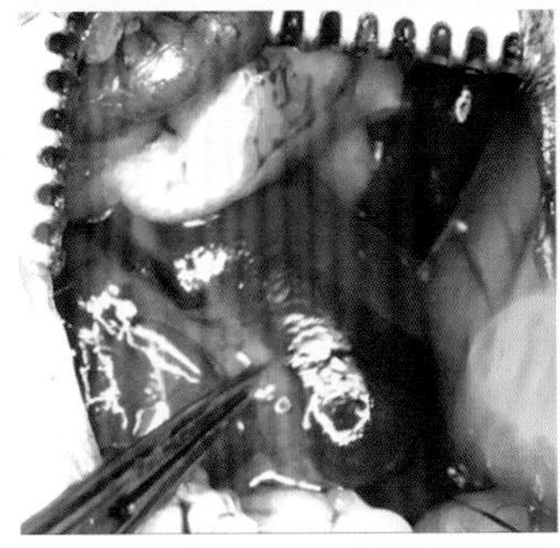

3. 用镊子夹住肾静脉旁的浆膜向左牵引，拉长绷紧肾静脉。→

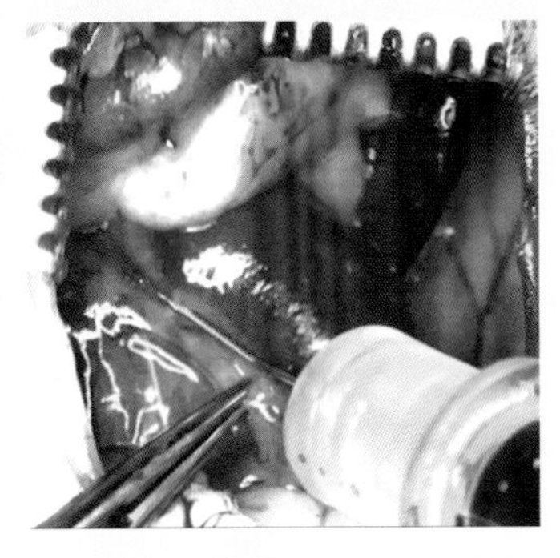

4. 保持拉紧肾静脉做对抗牵引，将针头在靠近肾的部位向后腔静脉方向刺入肾静脉。↓

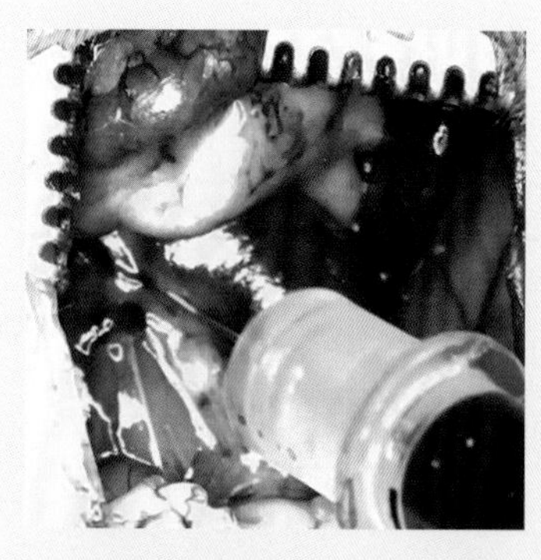

5. 在直视下见到针头进入静脉 2 mm 时，停止前进，匀速注射。→

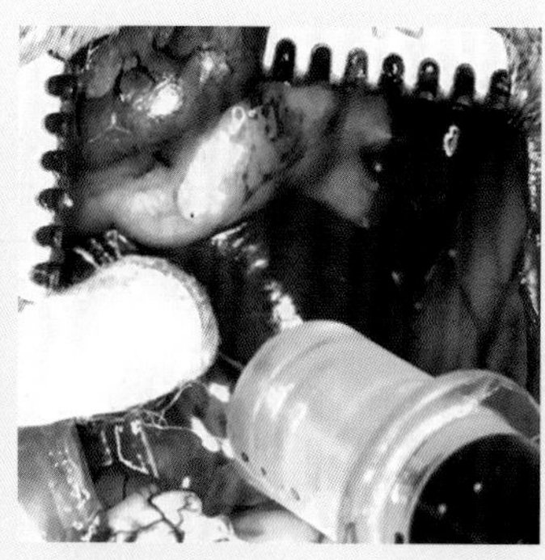

6. 注射完毕，左手持镊子移向后腔静脉方向，恢复原始肾静脉状态，右手持注射器随着静脉复位而动，保持针头与血管的相对位置不变，以避免在血管复位过程中被针头进一步损伤。放开镊子，用棉签压住进针孔处。→

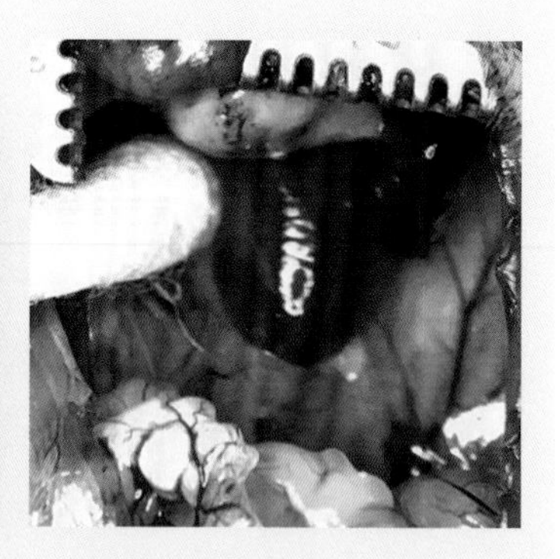

7. 在棉签压迫下拔出针头。↓

8. 用棉签压迫 30 秒后，缓慢逆血流方向滚动压迫，使少量的血液逆向流入进针孔部位。→

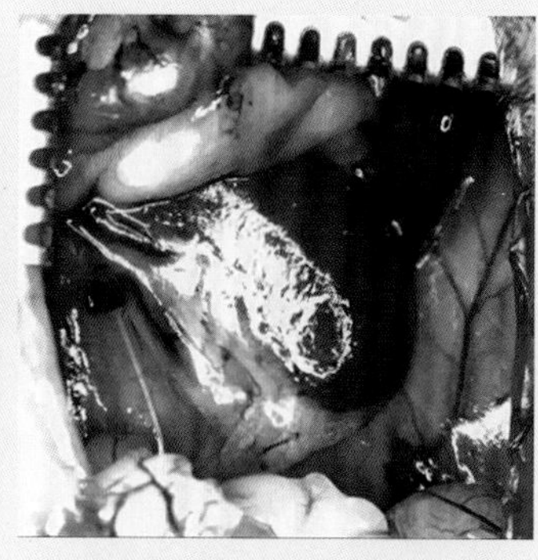

9. 棉签在 10 秒内滚动到肾门部位后，轻轻抬起。恢复肾静脉正常血流。确认没有进针孔出血，结束注射全过程。

图 43.5　肾静脉注射法

操作讨论

拔针后滚动棉签，目的是保持一段时间的静脉低压。既有血液流入进针孔部位，进行凝血纤维化封闭进针孔的过程，又保持低压，避免血流从进针孔冲出，这就是棉签滚动止血的原理。

第 44 章

雄鼠生殖静脉注射

一、背景

目前雄鼠生殖系统血管命名多效仿人体解剖。男性有精索，精索内的静脉称为精索内静脉；小鼠没有精索，将相应的血管称为精索内静脉无疑是不合适的。在《实用解剖》中重新命名了小鼠生殖系统的部分血管，精索内静脉更名为“生殖静脉”。新的命名统一用于“Perry 小鼠实验系列丛书”各分册中。

雄鼠生殖静脉容易暴露，且比较粗大，由此注射的药液直接进入后腔静脉。在进行腹腔手术时，如果需要做静脉注射，可以考虑该静脉。但是该静脉游离度大，下面缺少坚实的组织支撑，用棉签简单地在静脉注射点表面压迫，难以止血。

鉴于生殖静脉这些特点，笔者研发了上下棉签止血法，用下面的棉签阻断血流、拉紧血管、提供托垫，配合上面棉签的压迫，可以达到拔针止血的目的。

二、解剖基础

雄鼠生殖动脉从腹主动脉近端发出，于后腹腔分为睾丸动脉和附睾动脉。睾丸静脉和附睾静脉汇合后为生殖静脉（图 44.1），到达后腔静脉远端即汇入后腔静脉，不再与生殖动脉相伴前行。有的生殖静脉近端分为两支：内侧支汇入髂总静脉，外侧支直接汇入后腔静脉。本章介绍的方法的操作部位在生殖静脉分支之前，不涉及内侧支和外侧支。

图 44.1　生殖静脉，如箭头所示

三、器械与耗材

31 G 针头胰岛素注射器；拉钩；棉签。

四、操作方法

雄鼠生殖静脉注射法见图 44.2。▶

1. 小鼠常规麻醉，腹部备皮。
↓

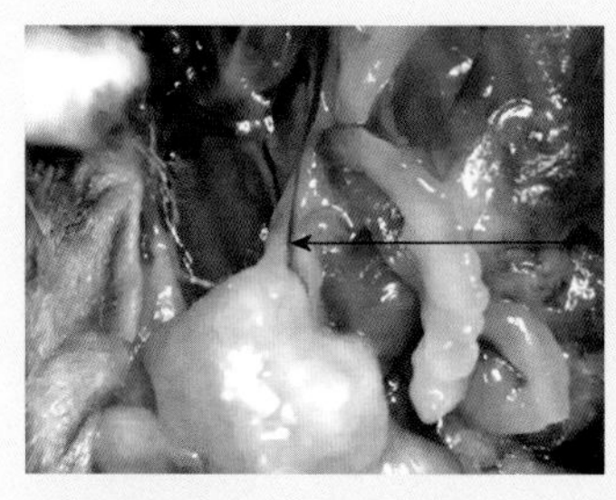

2. 常规开腹，安置拉钩，暴露左生殖静脉生殖脂肪囊外部分，如图中箭头所示。→

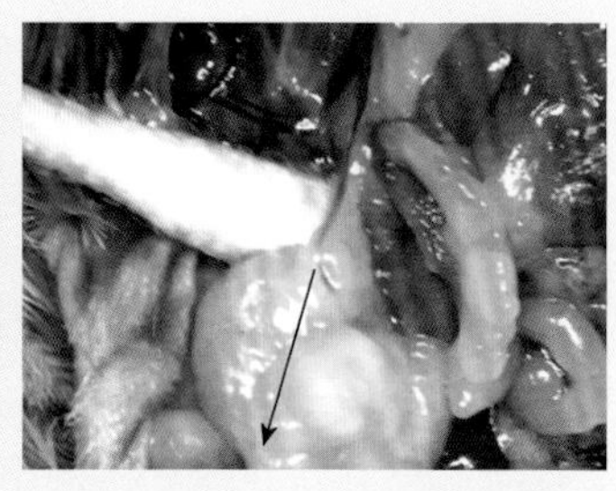

3. 用第一支棉签将血管从下方托起，向远端牵拉，如图中箭头所示方向，拉直生殖静脉。→

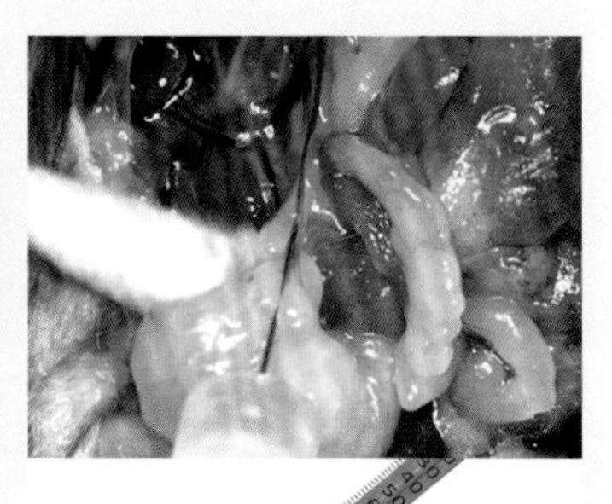

4. 针头在拉紧的血管远端顺血流方向刺入。↓

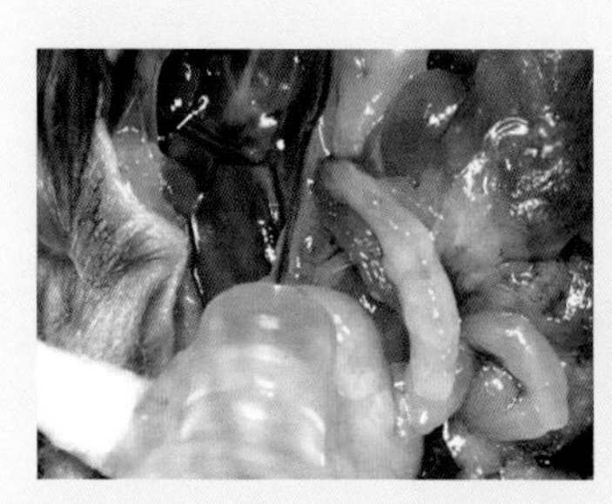

5. 在针头完全刺入静脉 1 mm 后，撤除棉签，开始注射药物。→

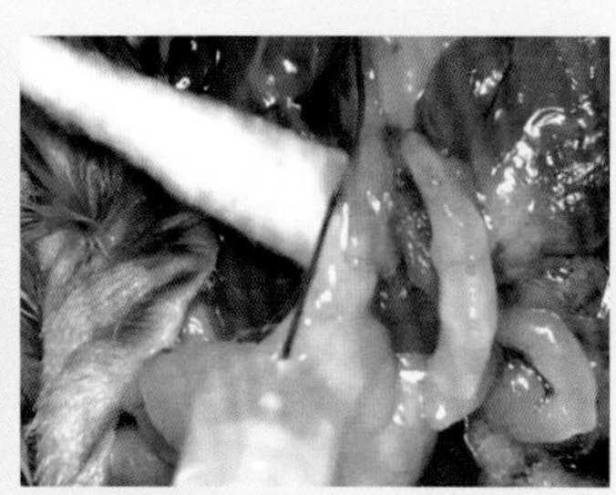

6. 药物注射完毕，用棉签向上托起进针孔处，拔针。此时血流被棉签上托阻断。→

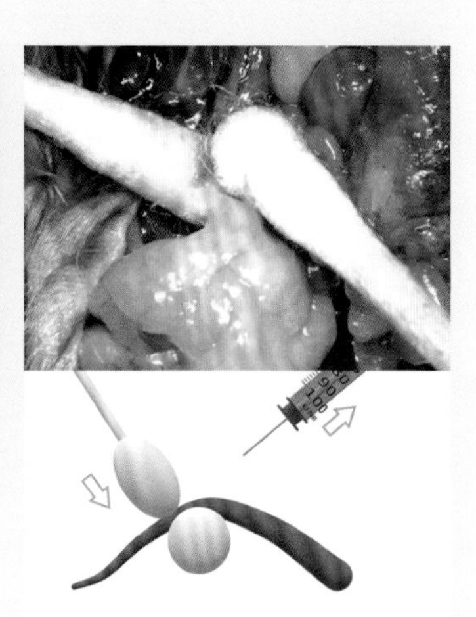

7. 马上取第二支棉签将血管进针孔压在第一支棉签上，维持 40 秒。↓

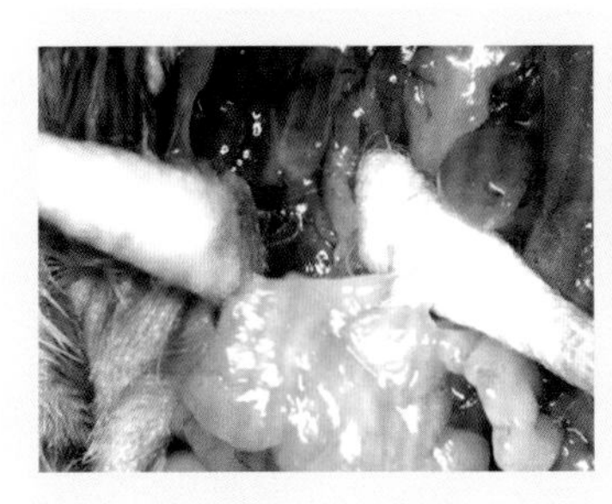

8. 轻轻去除第一支棉签，第二支棉签依然轻贴在进针孔上。→

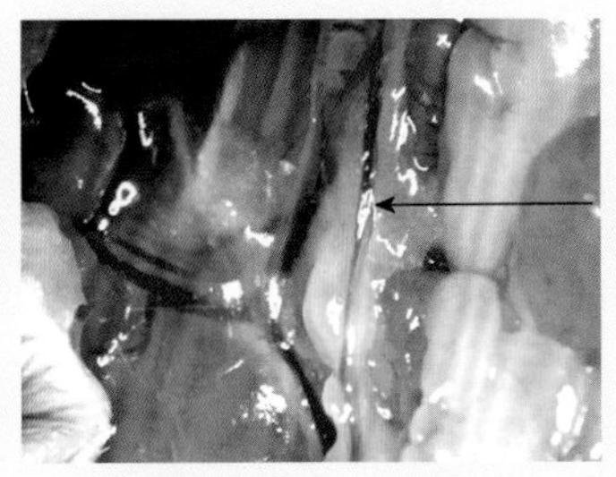

9. 20 秒后撤除第二支棉签，生殖静脉复位，进针孔处没有出血，如箭头所示。↓

10. 关腹。

图 44.2　雄鼠生殖静脉注射法

操作讨论

（1）由于生殖静脉是一支游离静脉，进针时必须拉直血管做对抗牵引，下面的棉签起到对抗牵引的作用。

（2）生殖静脉是游离静脉，方便在其下方用棉签托起血管阻断血流。

（3）生殖静脉下方没有坚实的肌肉，常用的棉签压迫止血法不能奏效，需要在血管下方垫上棉签以支持上面棉签压迫止血。

第 45 章

雌鼠生殖静脉注射

一、背景

与雄鼠生殖系统血管命名一样，雌鼠中也存在效仿人体解剖导致的混乱。同样地，本章将目前流行的卵巢动静脉分为生殖动静脉和卵巢动静脉，与雄鼠生殖动静脉相对应。雌鼠生殖静脉位于腹腔内，容易暴露，开腹手术中需要做静脉注射，可以考虑该静脉，且止血并无困难。

二、解剖基础

生殖静脉（图 45.1）由子宫静脉和卵巢静脉汇合而成。左生殖静脉汇入左肾静脉，右生殖静脉汇入后腔静脉。

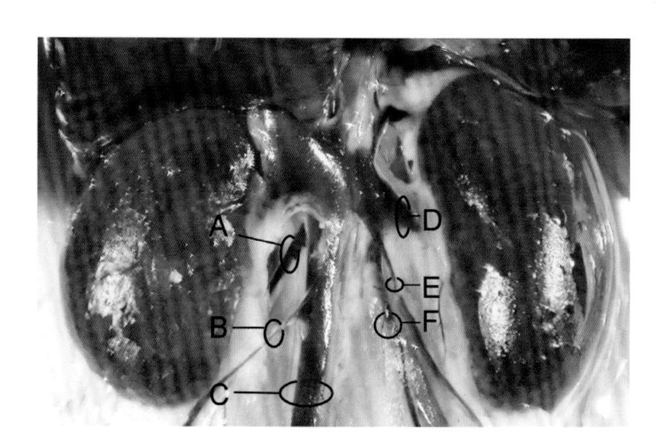

A. 右髂腰静脉；B. 右生殖静脉；C. 后腔静脉；D. 左肾静脉；E. 左髂腰静脉；F. 左生殖静脉

图 45.1　雌鼠生殖静脉

三、器械与耗材

手术板；31 G 针头 胰岛素注射器；显微尖镊；拉钩；棉签。

四、操作方法

雌鼠生殖静脉注射法见图 45.2。▶

1. 小鼠常规麻醉，腹部备皮。

↓

2. 仰卧安置于手术板上，在第 1 腰椎至第 3 腰椎之间垫高。

↓

3. 常规开腹，安置拉钩 17 。

↓

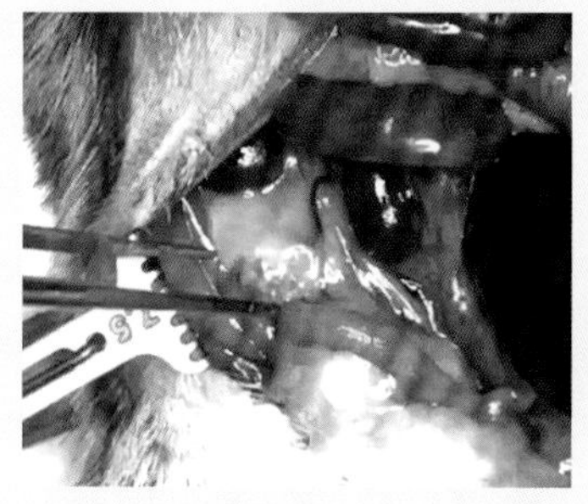

4. 暴露生殖静脉。→

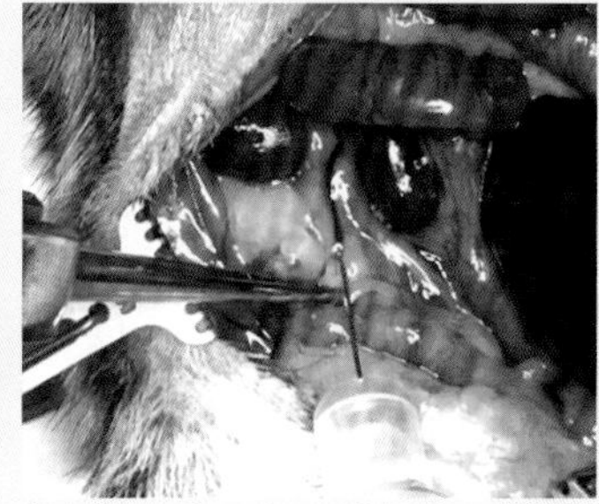

5. 用镊子夹住生殖静脉表面系膜做对抗牵引，将静脉拉直。将针头在接近镊子处刺入静脉。→

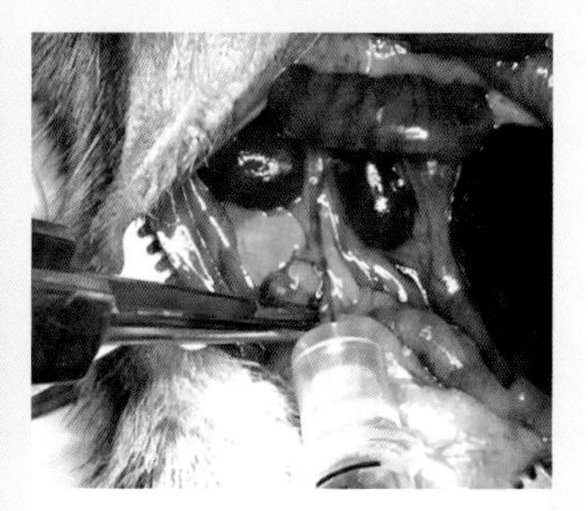

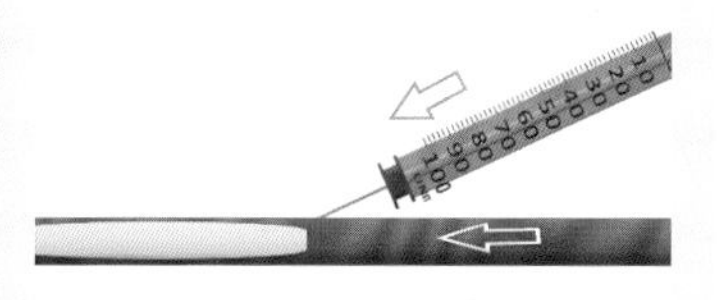

6. 针头进入静脉 1 mm 时即可开始匀速注射。↓

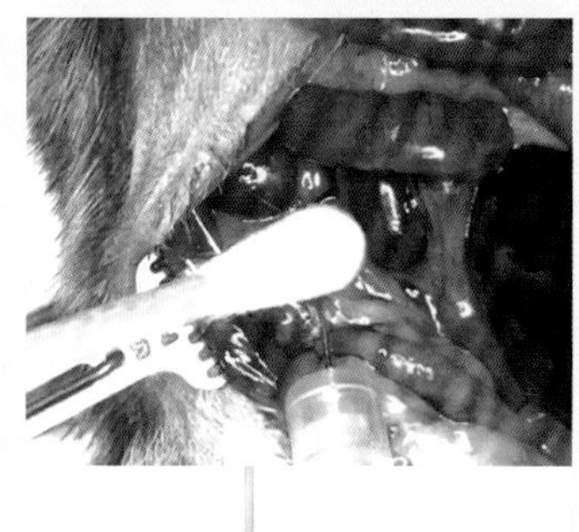

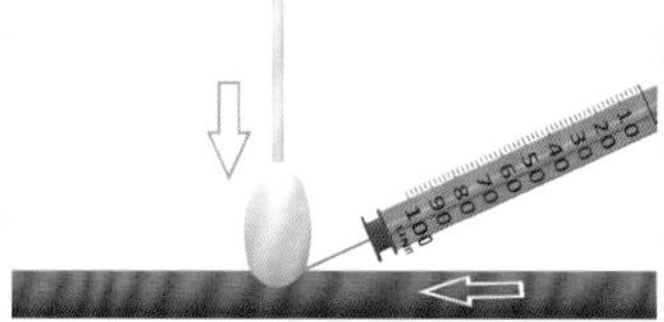

7. 注射完毕，用棉签压迫进针孔拔针。→

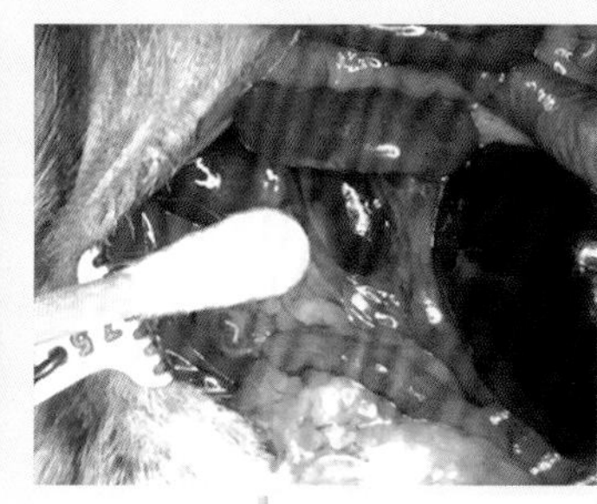

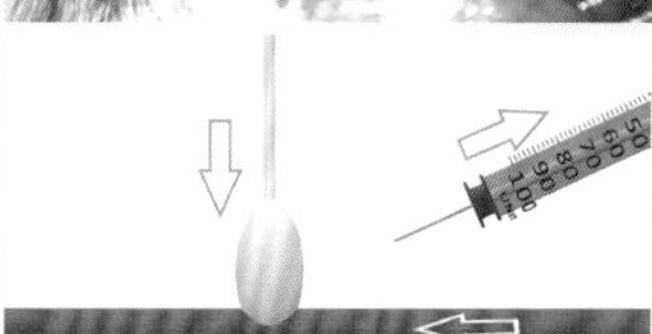

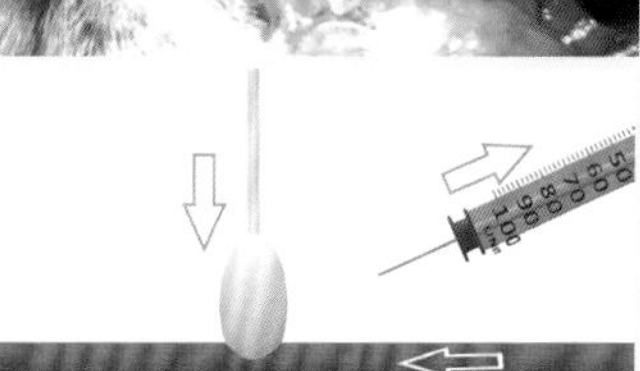

8. 拔针后棉签保持压迫状态。→

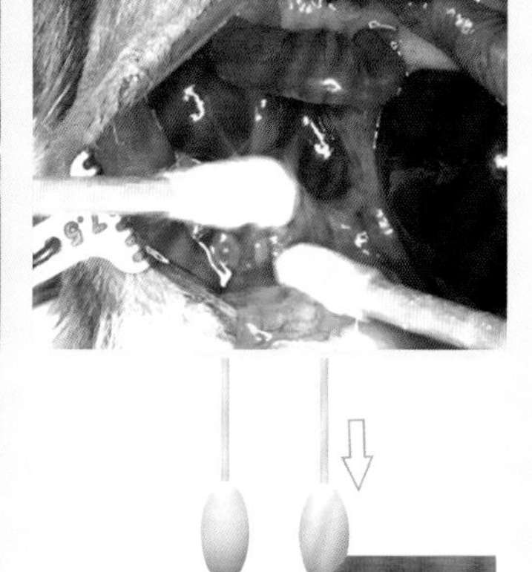

9. 第二支棉签压迫生殖静脉上游部位，阻止血液进入进针孔部位，双棉签保持压迫 30 秒。↓

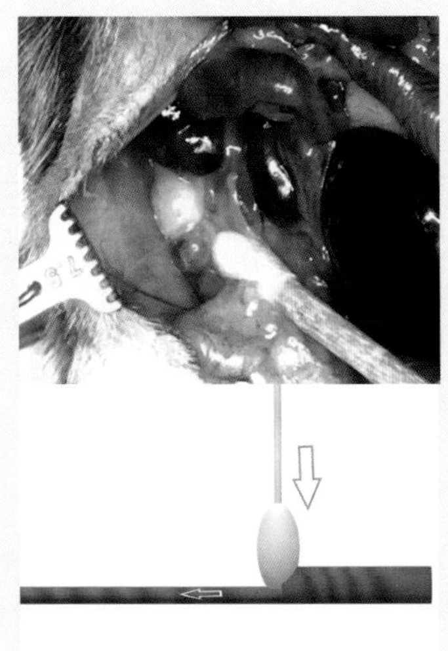

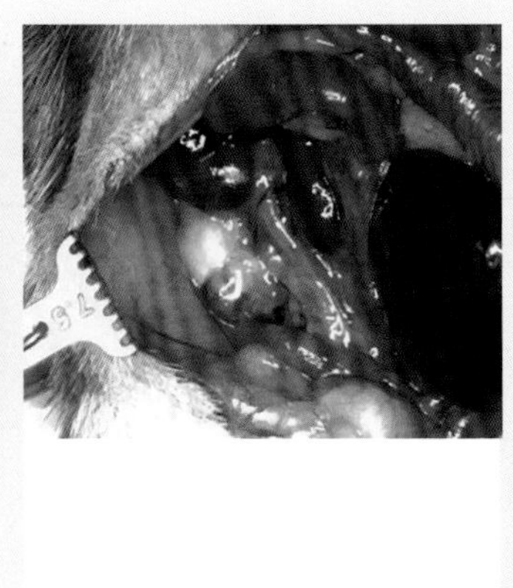

10. 轻轻拿开第一支棉签，第二支棉签继续保持压迫 30 秒。→

11. 然后缓慢拿开第二支棉签，此时进针孔一般不会出血。完成注射。

图 45.2　雌鼠生殖静脉注射法

操作讨论

（1）用棉签压迫生殖静脉时，将静脉顶在下方的腰肌上，这样才能压迫到实处。

（2）在第二支棉签压迫状态下拿开第一支棉签，可以避免在进针孔尚未完全形成血栓时，血液从该处流出。

第 46 章

髂腰静脉注射

一、背景

小鼠髂腰静脉移行性小，紧贴背部肌肉，便于注射后压迫止血，是腹腔手术中可供选择的静脉给药部位之一。本章着重介绍髂腰静脉注射的止血要点。

二、解剖基础

髂腰静脉（图 45.1）不在腹腔内，位于腹膜后间隙，左、右各一支。其腹面为腹膜壁层覆盖，背面靠背部肌肉。其中部有腰脂肪垫静脉（图 46.1）汇入；近端有数支髂腰静脉腰支（图 46.2）从腰肌深部出来汇入。右髂腰静脉（图 46.3）汇入后腔静脉；左髂腰静脉汇入后腔静脉的形式有差异，有的直接汇入后腔静脉（图 46.4），有的汇入左肾静脉（图 46.5），有的与左肾静脉同点汇入后腔静脉（图 46.6）。

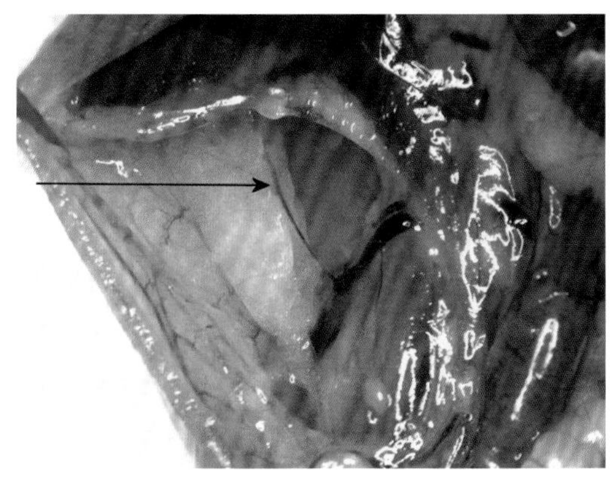

图 46.1　腰脂肪垫静脉，如箭头所示

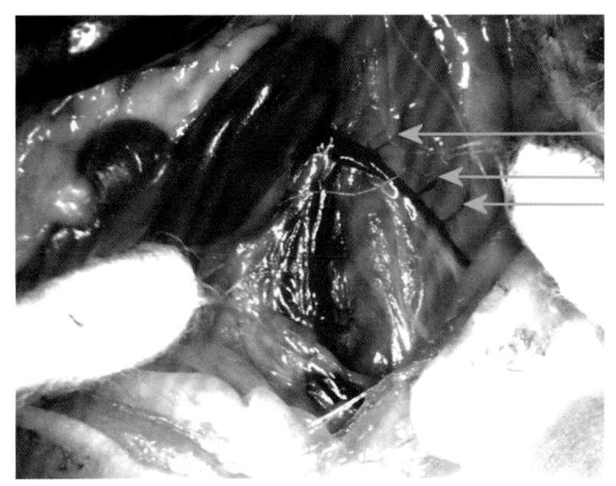

图 46.2　髂腰静脉腰支，如箭头所示

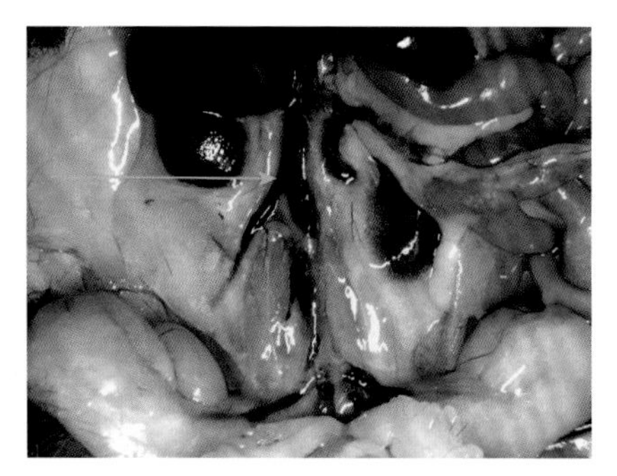

图 46.3 右髂腰静脉，如箭头所示

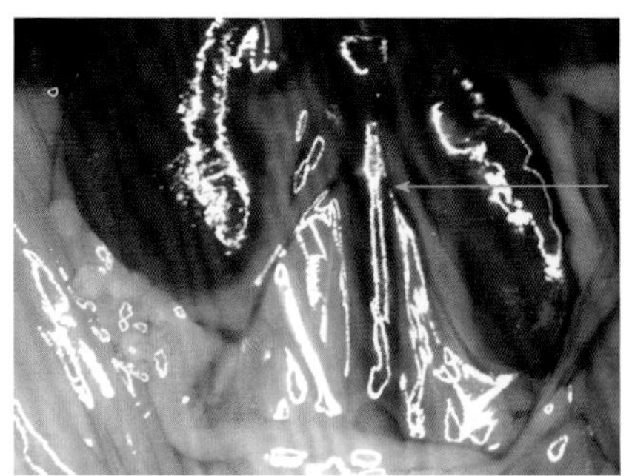

图 46.4 左髂腰静脉直接汇入后腔静脉，如箭头所示

图 46.5 左髂腰静脉汇入左肾静脉，如箭头所示

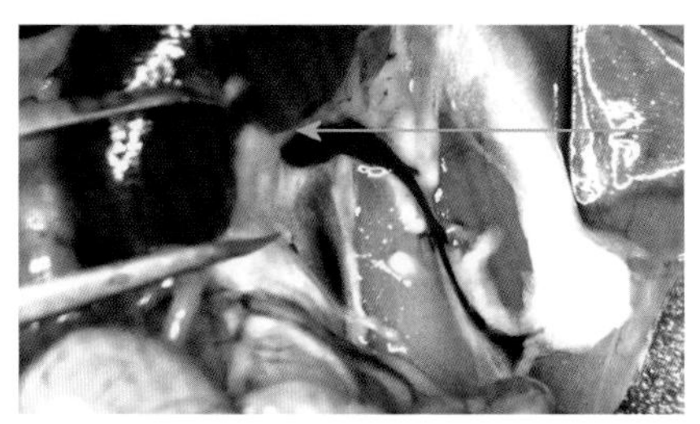

图 46.6 翻起左肾，可见左髂腰静脉（如箭头所示）与左肾静脉同点汇入后腔静脉

三、器械与耗材

31 G 针头胰岛素注射器；显微尖镊；棉签；拉钩。

四、操作方法

以右髂腰静脉为例介绍髂腰静脉注射法（图 46.7）。▶

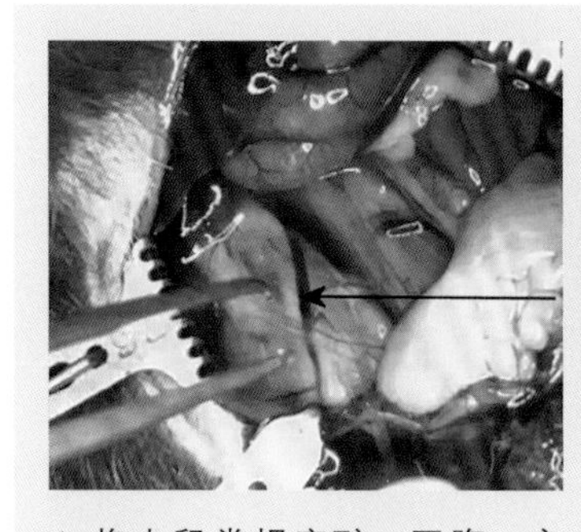

1. 将小鼠常规麻醉，开腹。安置拉钩，暴露右髂腰静脉，如箭头所示。→

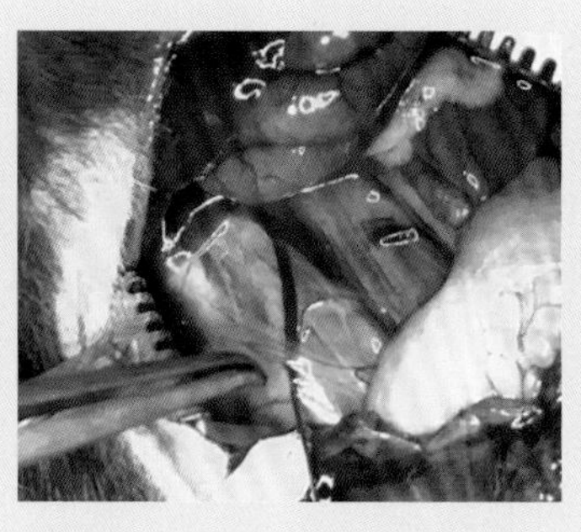

2. 用镊子夹持髂腰静脉旁边的腹膜，将针头以向心方向刺入静脉。→

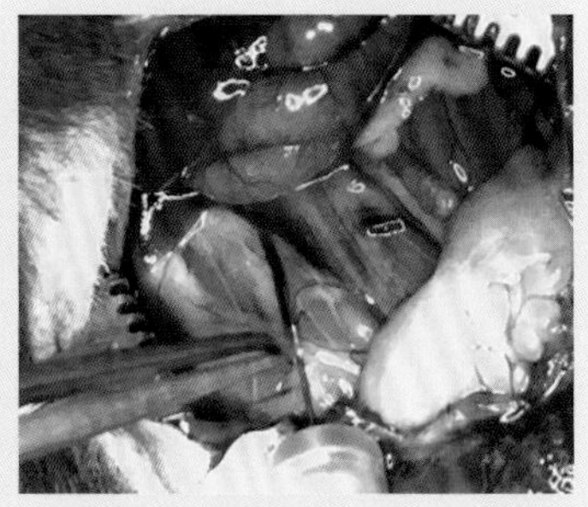

3. 在针头进入静脉 2 mm 时停止。↓

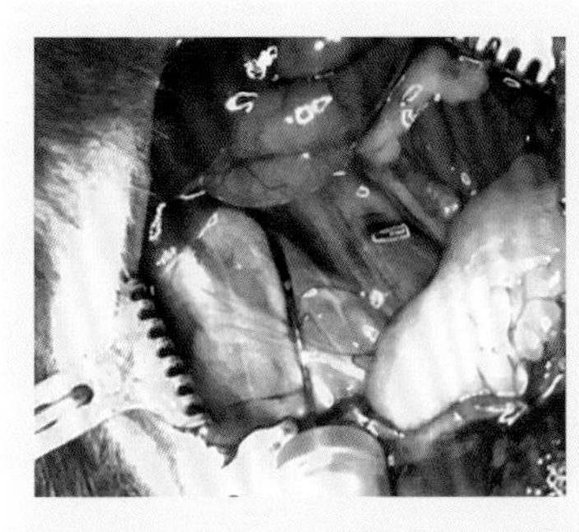

4. 开始注射，可见静脉血管颜色改变。→

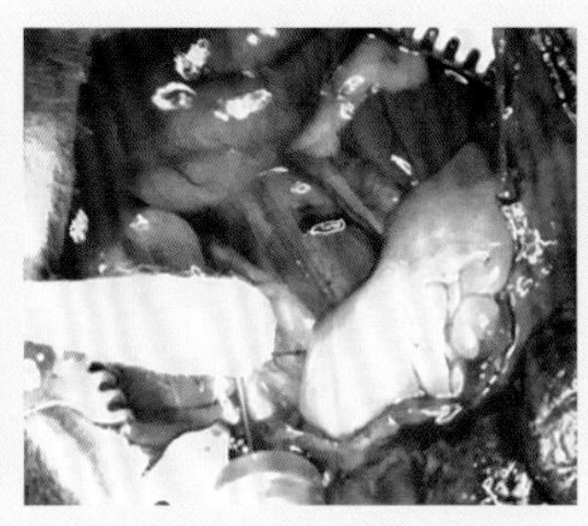

5. 注射完毕，用棉签压住进针孔。→

6. 快速拔出针头。↓

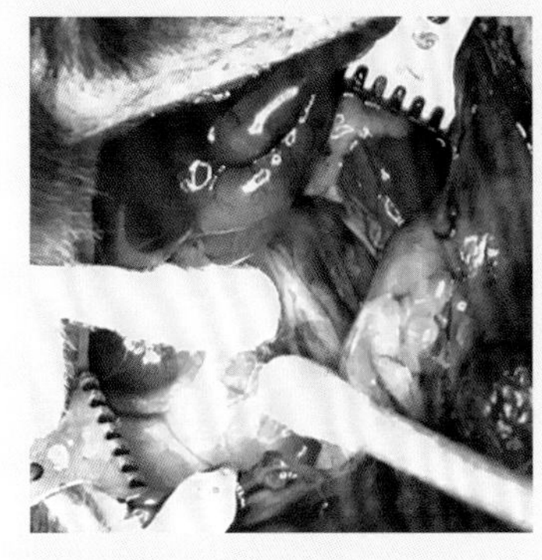

7. 马上用第二支棉签压住进针孔远心侧的髂腰静脉。→

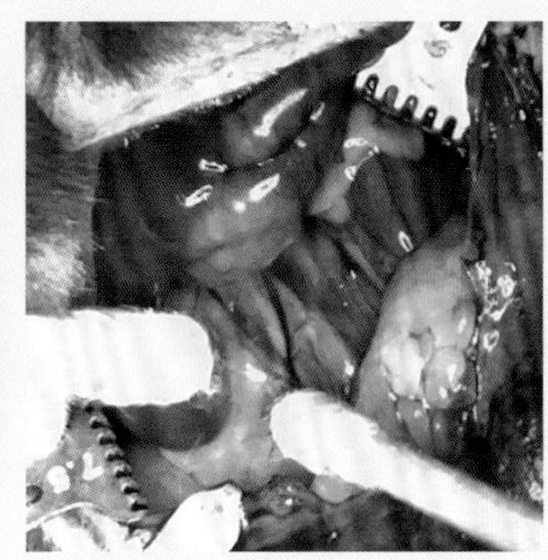

8. 40 秒后可以轻轻拿开第一支棉签。→

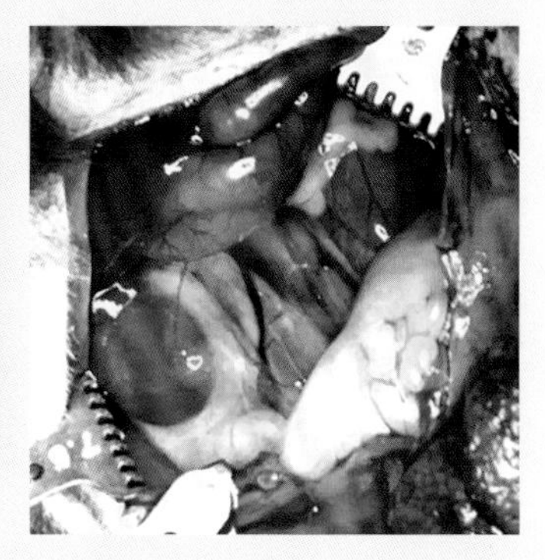

9. 再过 20 秒，缓慢拿开第二支棉签，这时进针孔一般不会出血。

图 46.7　髂腰静脉注射法

操作讨论

（1）由于髂腰静脉背靠坚实的肌肉，比较容易压迫止血。一旦还有少许出血，可以延长棉签压迫的时间。

（2）对比注射后止血的容易程度，髂腰静脉比后腔静脉更具优势，因此，是开腹手术中静脉给药的一个不错的选择。

第 47 章

腹壁后静脉注射

一、背景

在手术体位中，有的静脉下方没有支撑，行静脉注射后拔针止血时，需要在其下方加垫以支撑棉签压迫止血。

开腹手术中，拉开腹壁可充分暴露腹壁后静脉，若需要做静脉注射，可以考虑这支静脉。本章以腹壁后静脉注射法为例，介绍棉签配合静脉垫止血操作技巧。

二、解剖基础

腹壁后静脉（图 47.1，图 47.2）汇集后腹壁肌肉和皮肤的静脉血，于腹股沟韧带附近流入髂外静脉。血管走行于腹壁内侧面，所以该静脉注射是在腹壁外翻的状态下进行的。在图 47.1 中，可以看到小鼠去除皮肤后的右后腹壁血管走行状况，腹壁后动脉源于髂外动脉的远端，腹股沟部的股动脉和髂外动脉临界处附近，向前方走行，为后腹壁供血。

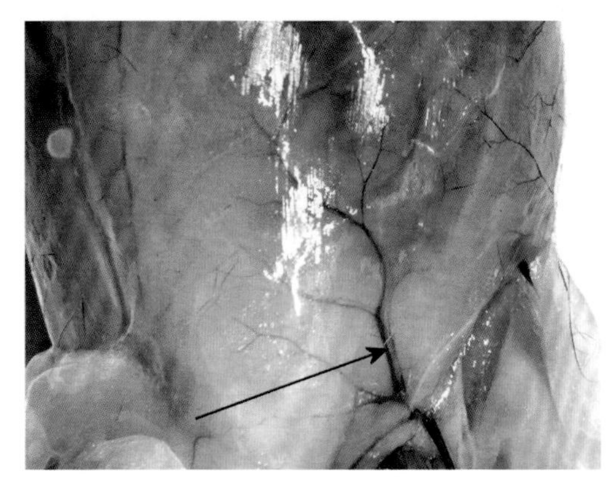

图 47.1　小鼠右后腹壁血管的走行，如箭头所示

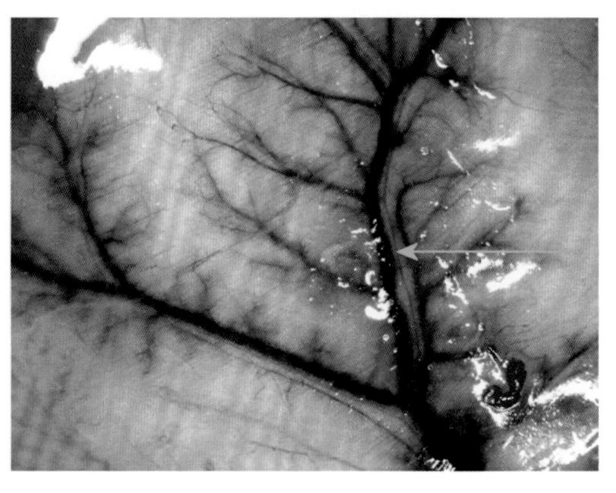

图 47.2　腹壁后静脉灌注，箭头示夹在两支静脉中的一支动脉

后腹壁血管的特点是二级血管可见一动二静模式（图 47.2）：一支动脉两旁各有一支紧邻的静脉；到三级血管时，动脉一分为二，分别与两旁的静脉形成各自的一动一静模式。

由于血管在腹壁内侧，于腹腔腹膜壁层下走行，故翻开腹壁，血管更为清晰，也便于进行静脉注射操作。

三、器械与耗材

31 G 针头胰岛素注射器，在距针头 3 mm 处将针头弯曲 45°；拉钩；1 mL 注射器；棉签。

四、操作方法

腹壁后静脉注射法见图 47.3。▶

1. 将小鼠常规麻醉，腹部备皮。

↓

2. 开腹 17 。

↓

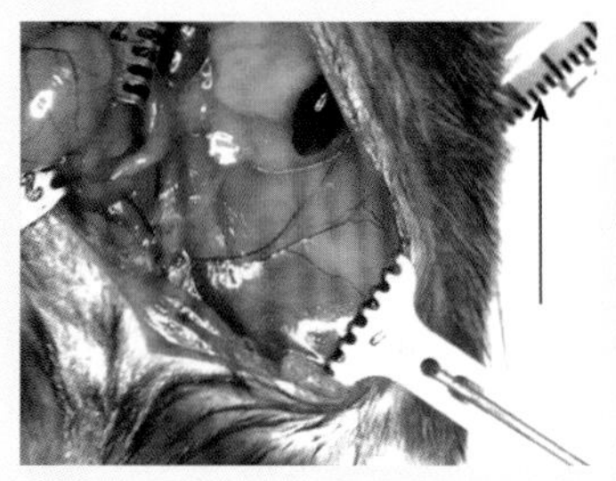

3. 向侧面翻开腹壁并用拉钩固定，下面垫实，例如，可以用 1 mL 注射器垫在皮下。图中箭头示注射器。→

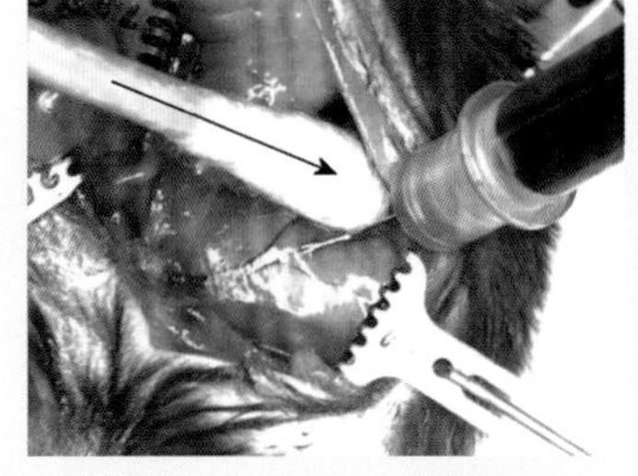

4. 用棉签向外顶皮肤做对抗，将针头刺入一级或二级腹壁后静脉。箭头示棉签顶皮肤的方向。→

5. 在针头进入静脉 2 mm 时停止，开始注射。↓

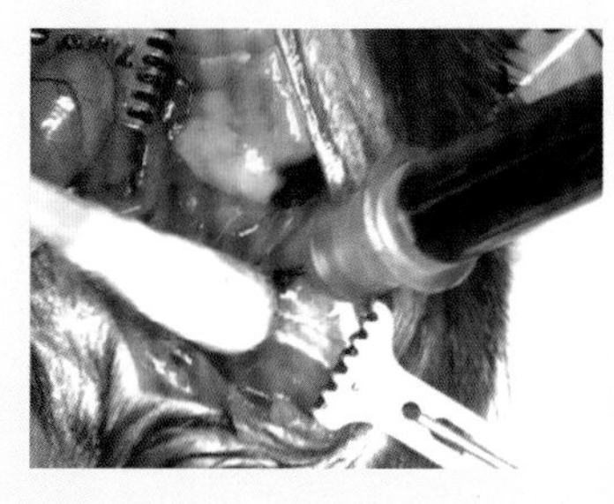

6. 注射完毕，移动棉签，压迫进针孔拔针，确认棉签压在皮肤下方的注射器上。→

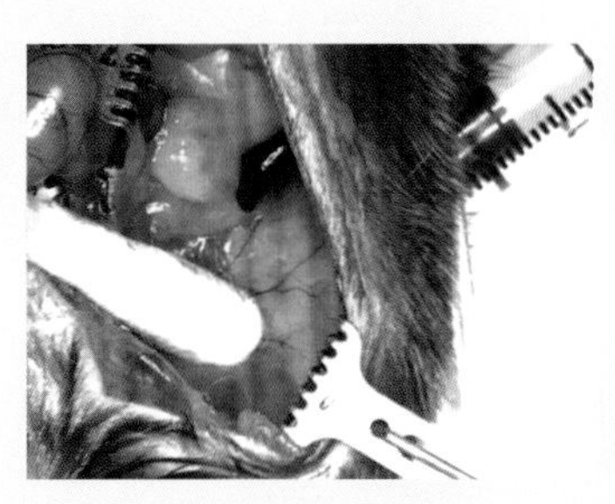

7. 拔针后保持压迫 40 秒。→

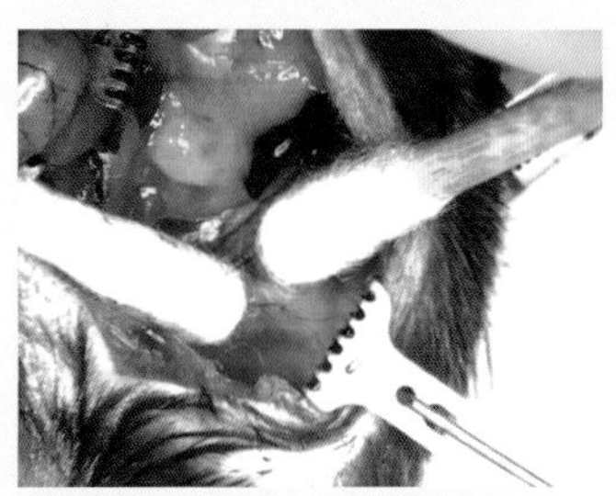

8. 用第二支棉签轻压进针点上游静脉。↓

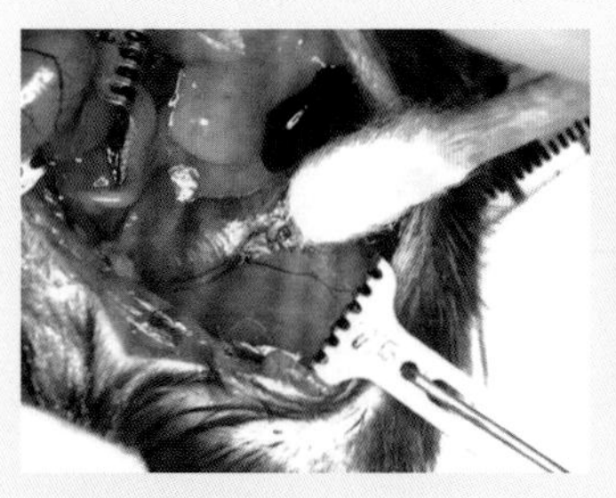

9. 缓慢撤除第一支棉签，由于第二支棉签限制了上游血液，此时不会出血。→

10. 第二支棉签压迫 20 秒后缓慢离开，确保正常血流状态下没有出血。完成注射。

图 47.3 腹壁后静脉注射法

操作讨论

由于第二支棉签也要压在静脉上，所以注射器摆放时要照顾到两支棉签的位置。1 mL 注射器可以用其他类似的硬物代替。

第 48 章

阴茎背静脉注射

一、背景

阴茎背静脉是小鼠体表直视可见的最大静脉，但是用这支静脉进行注射的报道远少于用尾静脉注射。其原因有二：一是需要麻醉小鼠；二是仅限于雄鼠。但是该方法的优点是技术要求低。阴茎背静脉顺向注射，药物可顺向进入血液循环；阴茎背静脉逆向注射，可用于阴茎头给药。本章分别介绍阴茎背静脉顺向注射法和逆向注射法的操作细节。

二、解剖基础

阴茎拉直可达 1 cm 以上（图 48.1）。阴茎头内有一枚阴茎骨（图 48.2，图 48.3）。阴茎骨形似网球拍。大头靠近近端，中间有一个纵向凹陷，为中间沟。阴茎骨小头位于远端，探出尿道口背面（图 48.4），形成尿道突，夹住此处便于拉出阴茎。

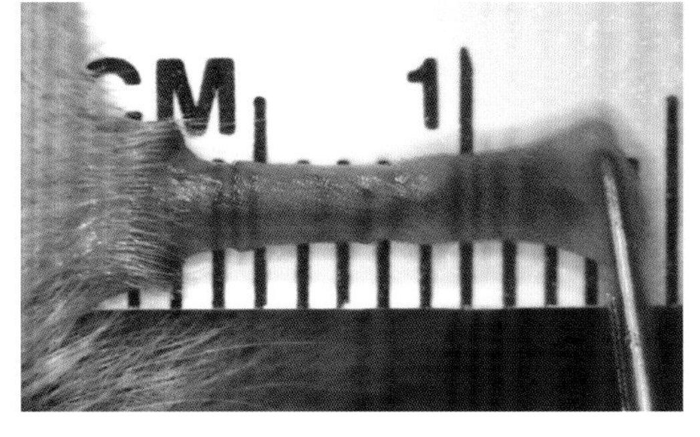

图 48.1　雄鼠阴茎，背景刻度单位为毫米

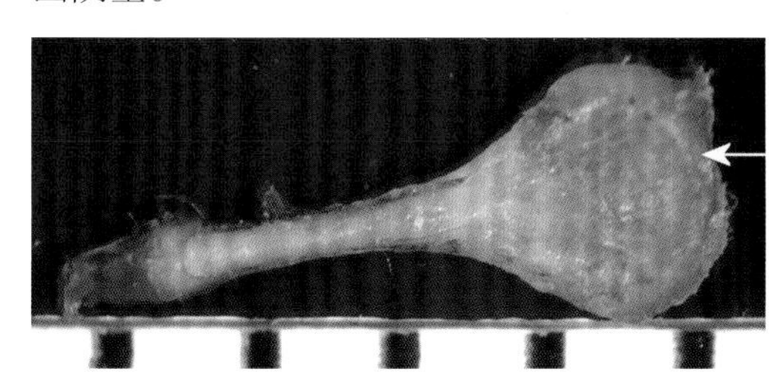
图 48.2　阴茎骨俯视图，左侧为远端，箭头示中央沟

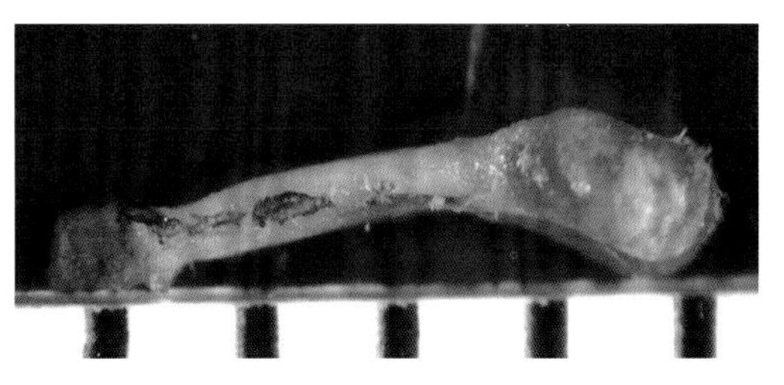
图 48.3　阴茎骨侧面观，可见阴茎骨略呈弓状。上面为背面，下面为腹面，左侧为远端，右侧为近端

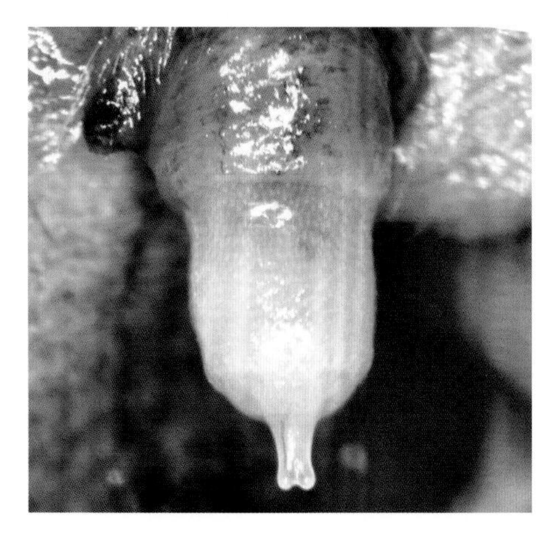

图 48.4 阴茎骨远端探出尿道口背面，形成尿道突

阴茎背静脉（图 48.5）源于阴茎头，起始点正对阴茎骨的中间沟（图 48.6）。在包皮下纵向走行于阴茎背部中间部位，于尿道膈部位分为左、右两支，分别汇入左、右髂内静脉。阴茎背血管为一静二动模式。阴茎背静脉两侧有两支同名动脉伴行（图 48.7，图 48.8）。

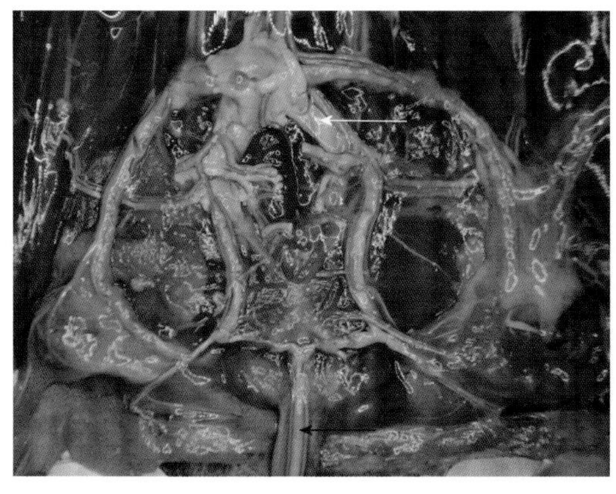

图 48.5 阴茎背静脉乳胶灌注。上箭头示髂内静脉，下箭头示阴茎背静脉

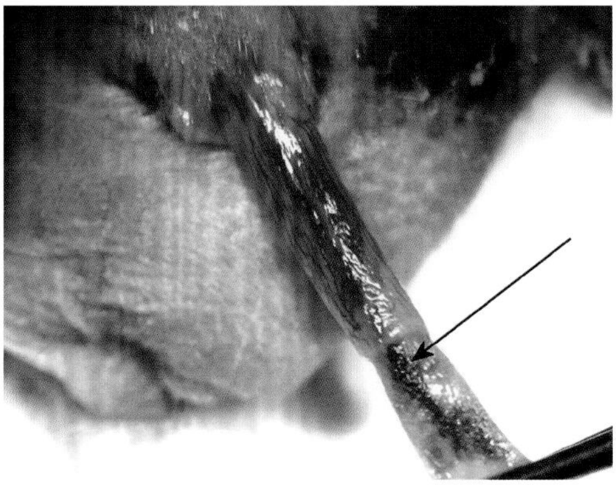

图 48.6 阴茎背静脉起始点，如箭头所示

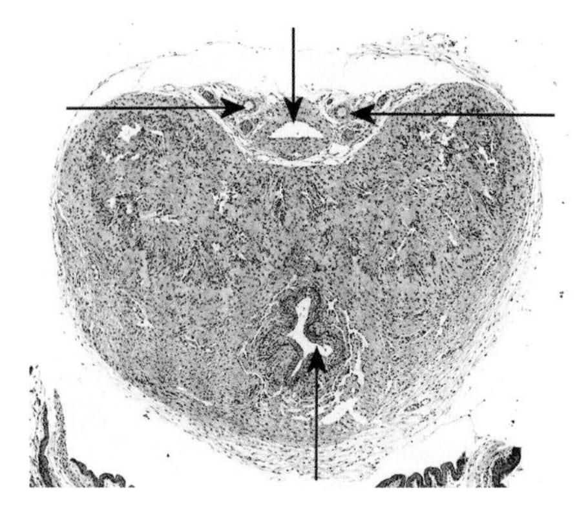

图 48.7 阴茎背静脉组织切片，上箭头示阴茎背静脉，左、右箭头示阴茎背动脉，下箭头示尿道

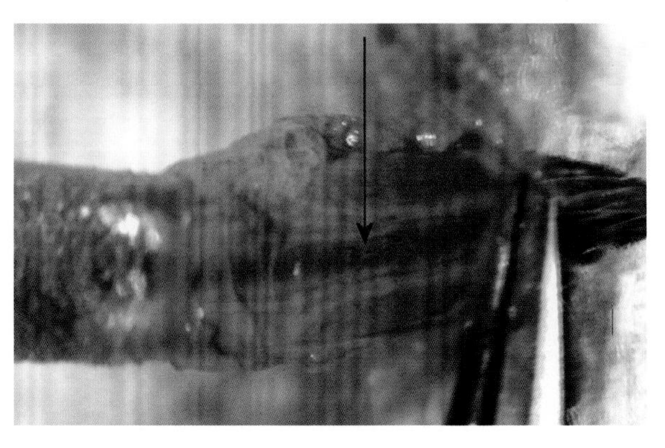

图 48.8 阴茎背静脉显微照，箭头示阴茎背静脉，其两侧可见伴行的细小的阴茎背动脉

小鼠阴茎一般保持在后腹部皮下，当阴茎勃起，或被拉出时，透过薄薄的包皮可以很清楚地看到阴茎背静脉。包皮下组织疏松，储水能力很强。一旦阴茎背静脉注射的药液外溢，会造成严重的黏膜水肿。

三、器械与耗材

（1）阴茎背静脉顺向注射法：29 G 针头；胰岛素注射器；无齿直镊；无齿弯镊（图 48.9）。

（2）阴茎背静脉逆向注射法：29 G 针头胰岛素注射器，在距针尖 4 mm 处将针头弯曲 60°；平镊；环镊（图 48.10）。

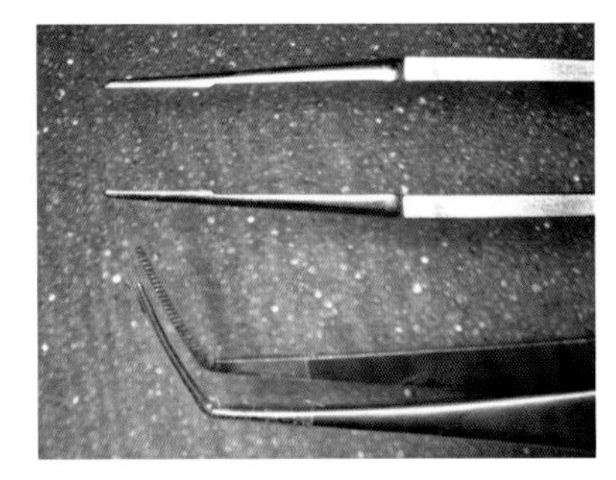

图 48.9　无齿直镊和无齿弯镊

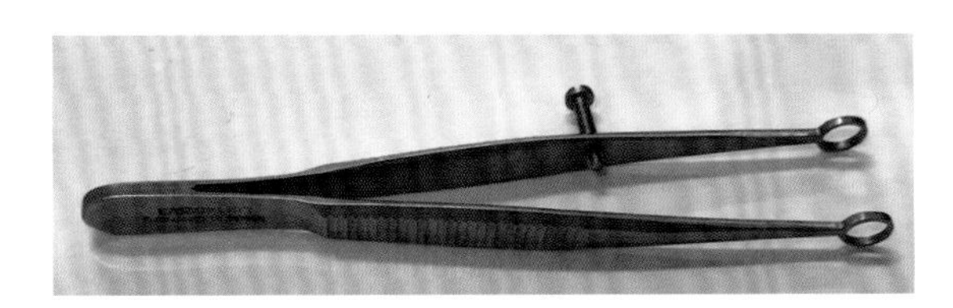

图 48.10　环镊

四、操作方法

（一）阴茎背静脉顺向注射法（图 48.11）▶

1. 小鼠常规麻醉。

↓

2. 取仰卧位，四肢无须固定。无须备皮。

↓

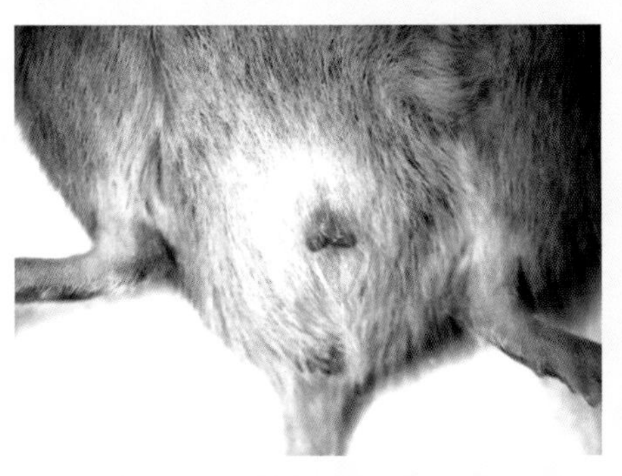

3. 一般情况下，阴茎缩于体内。→

4. 用双手拇指和食指上推包皮，即可露出阴茎头，见右图。也可以用镊子将阴茎头挤压出来。

↓

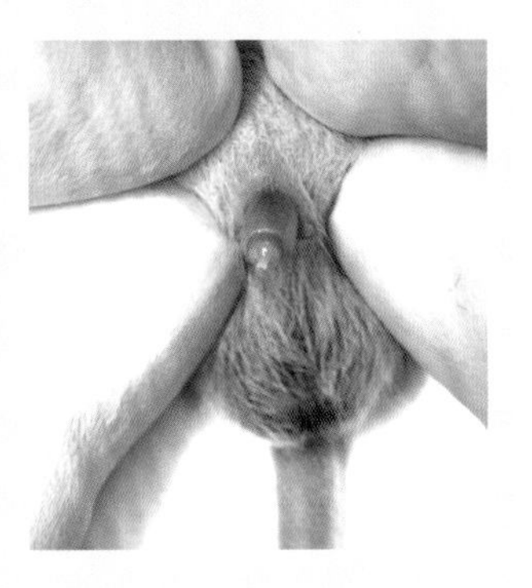

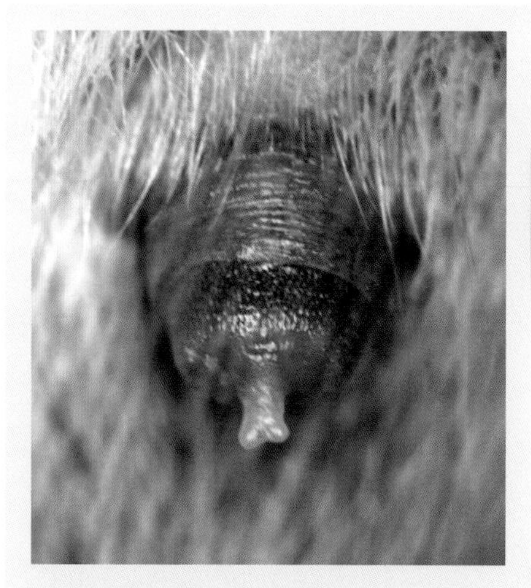

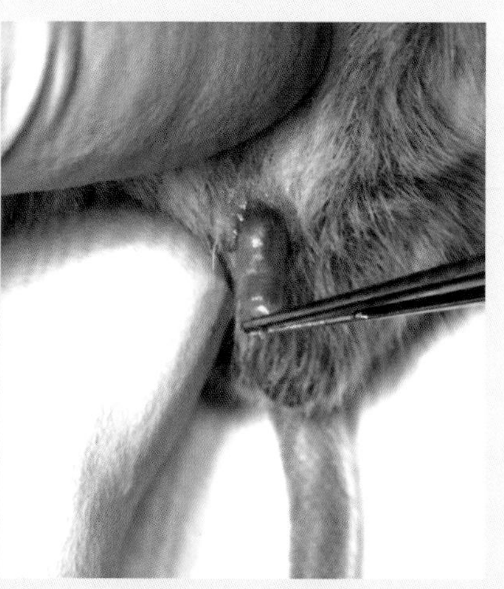

5. 可见尿道突突出于阴茎头。↓

6. 继续上推包皮，暴露更长的阴茎头。→

7. 右手持直镊夹住尿道突，将阴茎拉直，充分暴露阴茎。↓

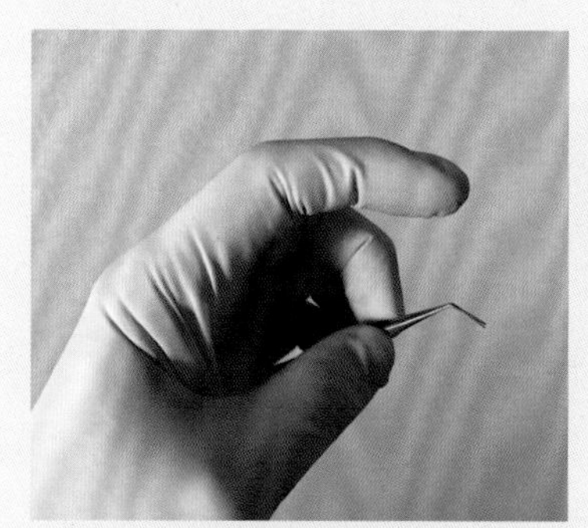

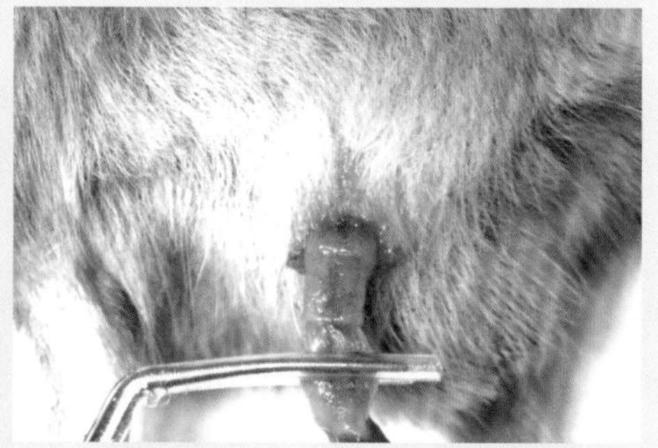

8. 用左手拇指和中指持弯镊，夹住阴茎骨近端。↓

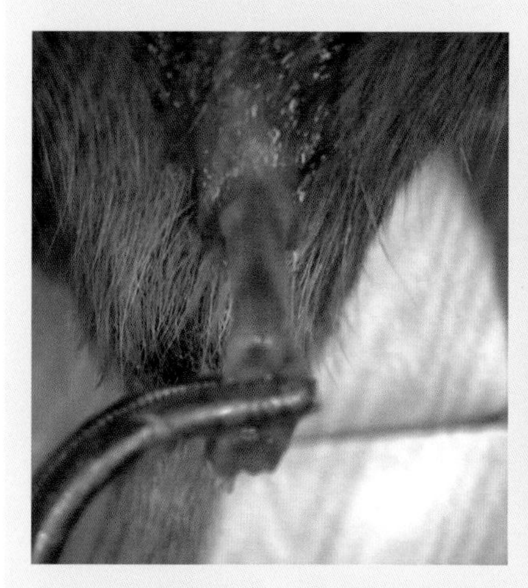

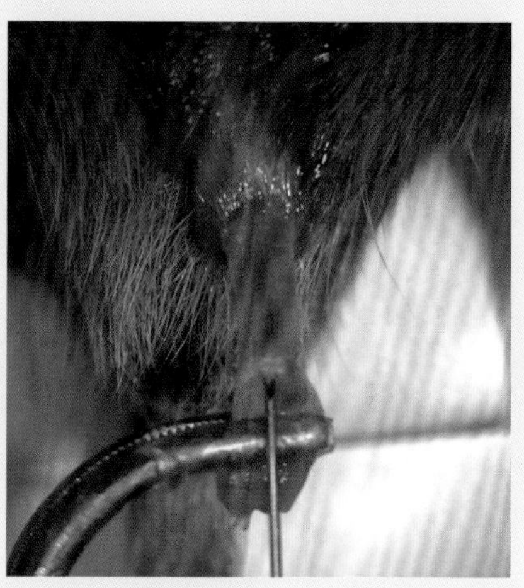

9. 松开右手的直镊，左手食指将阴茎前方的皮肤向前推，充分暴露阴茎背静脉。→

10. 右手换持注射器。将注射器针头架在弯镊和阴茎骨中央沟上，水平面对准阴茎背静脉起始端。↓

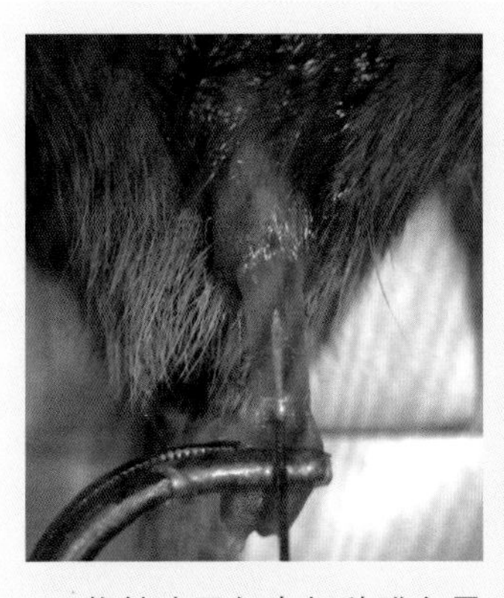

11. 将针头于包皮与黏膜交界处刺入皮下，在刺入阴茎背静脉 1 mm 时即可注射。随着注射，可见针尖前方的阴茎背静脉因药物灌注而呈现药物颜色。→

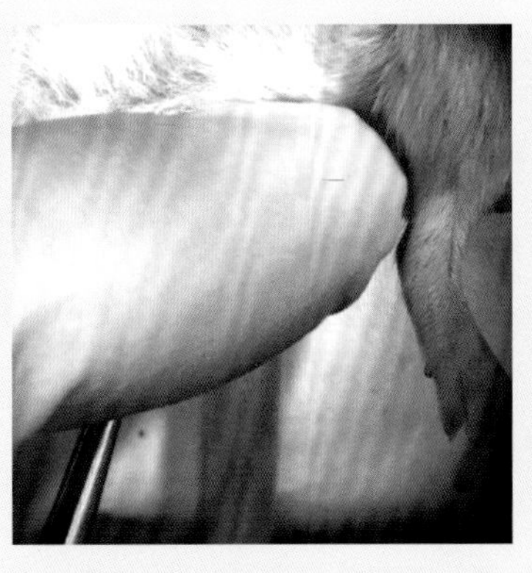

12. 注射后，立即用左手食指压住刺入点，再拔出针头。→

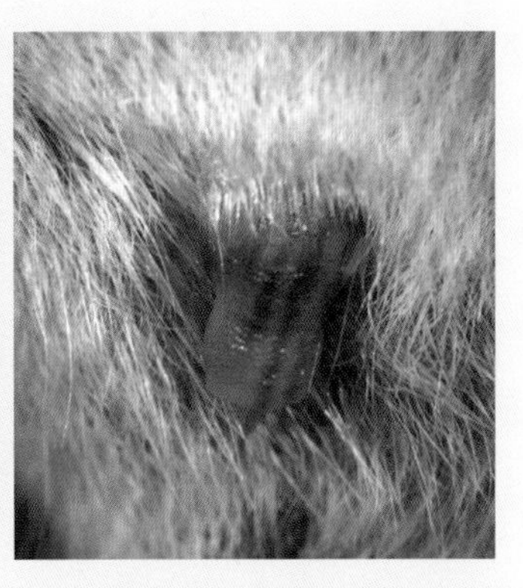

13. 右手食指和拇指捏住阴茎头和阴茎 1 分钟，若无明显出血，即可用镊子上提皮肤，将阴茎头还纳入皮下。

图 48.11 阴茎背静脉顺向注射法

操作讨论

（1）如果拔针后没有及时捏住阴茎进针孔，会出现明显的包皮下出血（图 48.12）。

（2）如果没有刺入阴茎背静脉，注射后会出现阴茎皮下水肿（图 48.13）。

（3）除了用手指以外，还可用镊子压迫包皮两侧将阴茎头挤出包皮（图 48.14）。详见“第 49 章 阴茎头注射” 49 。

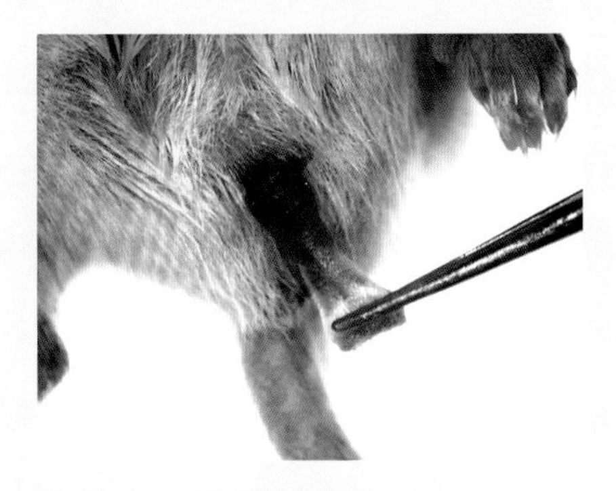

图 48.12 包皮下出血

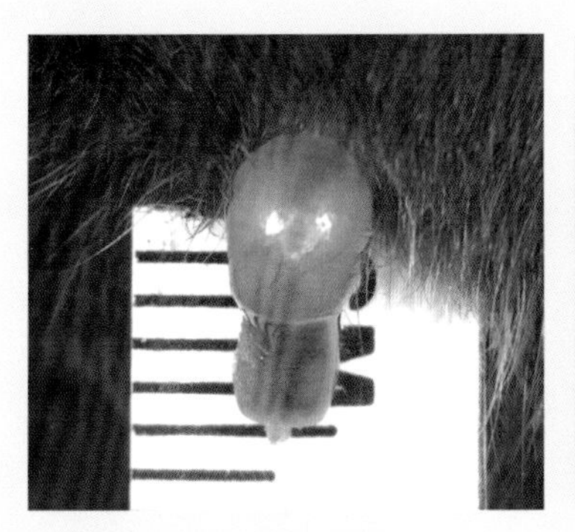

图 48.13 阴茎皮下水肿

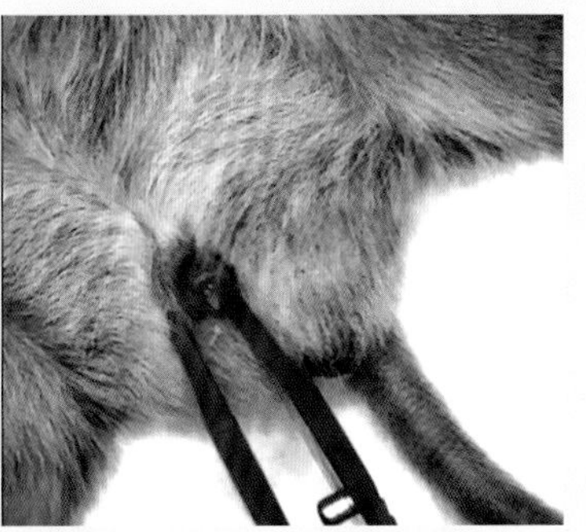

图 48.14 用镊子压迫挤出阴茎头

（二）阴茎背静脉逆向注射法（图 48.15）

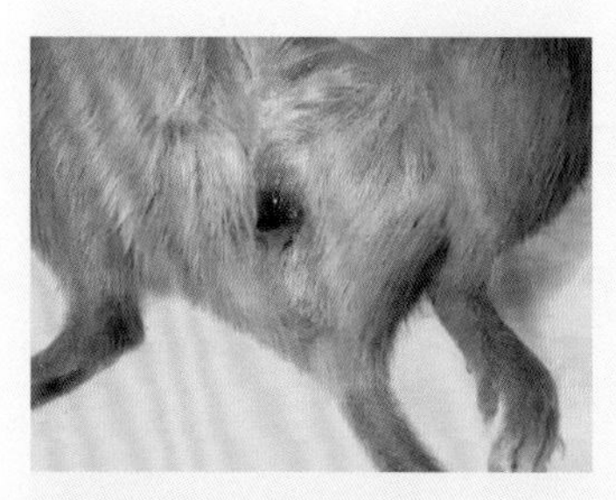

1. 操作同“阴茎背静脉顺向注射法”步骤 1 ~ 3。→

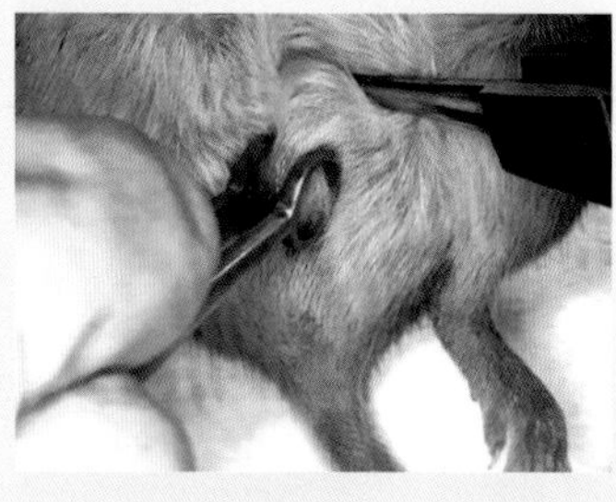

2. 左手持环镊轻轻夹持阴茎两旁的皮肤，适度下压，使阴茎在皮下被控制在镊子的两个环之间。同时右手持平镊放到皮下阴茎的前方。→

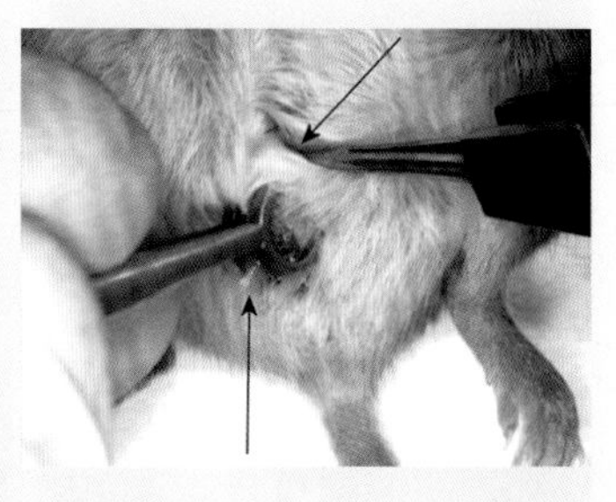

3. 将平镊向后推挤，令阴茎头探出体表少许。图中下箭头示阴茎骨远端，上箭头示镊子的推动方向。↓

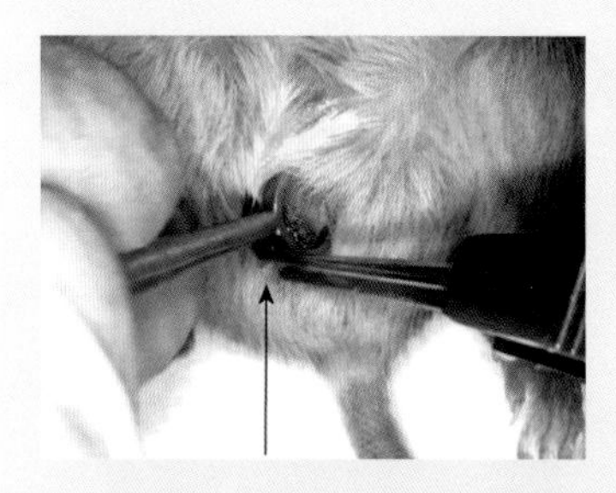

4. 平镊停止后推，转而夹住阴茎骨远端尿道突。图中箭头示尿道突。→

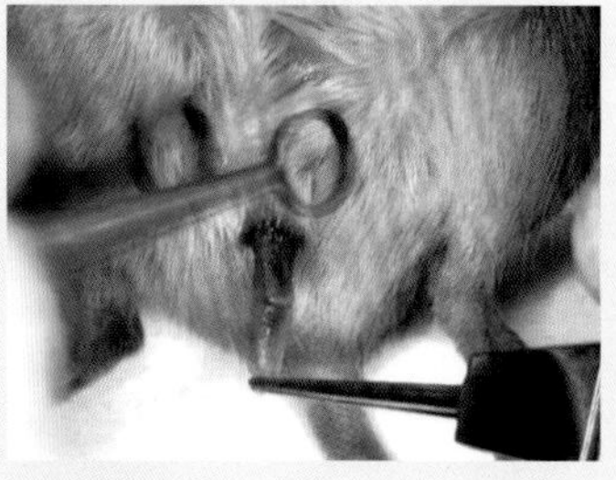

5. 松开环镊，用平镊夹着尿道突将阴茎拉出。→

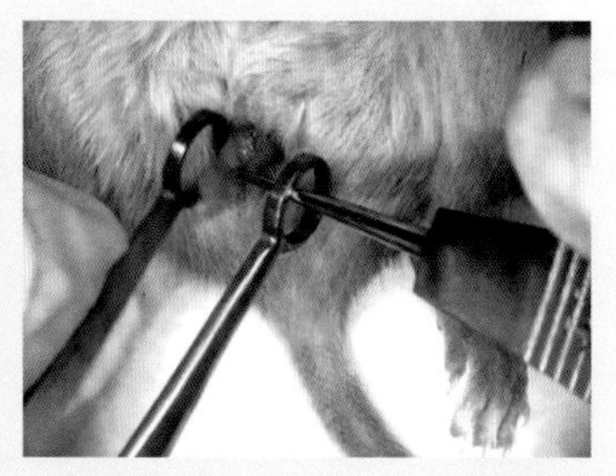

6. 松开平镊，放开拉出的阴茎，转而将平镊从环镊的右环穿过，夹住阴茎头。↓

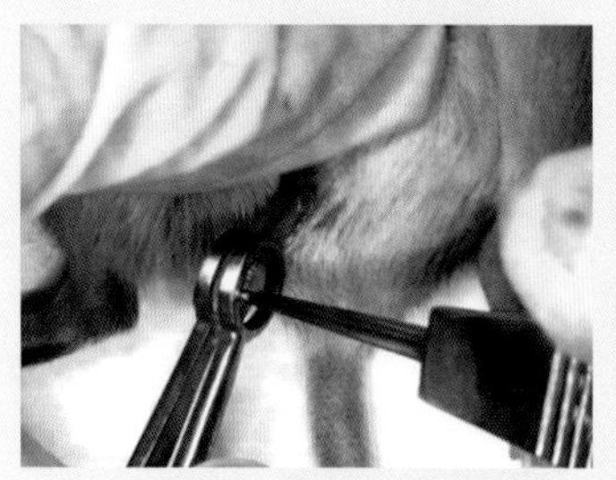

7. 用平镊协助环镊夹住阴茎头，环镊前沿卡住阴茎骨近端，阻止阴茎回缩体内。→

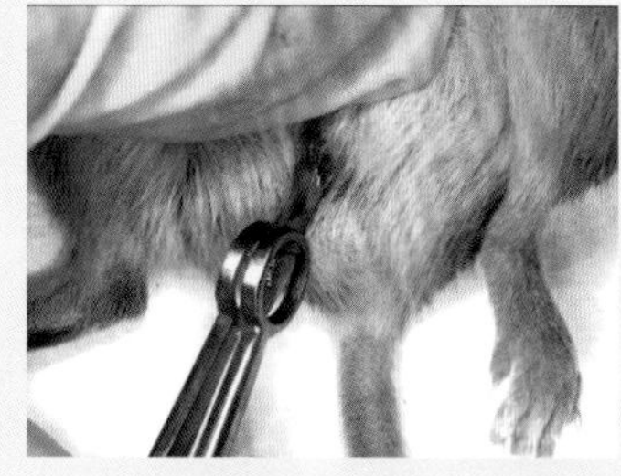

8. 放开平镊，环镊卡住阴茎骨近端两侧将阴茎拉直，注意不要阻断阴茎背静脉血流。→

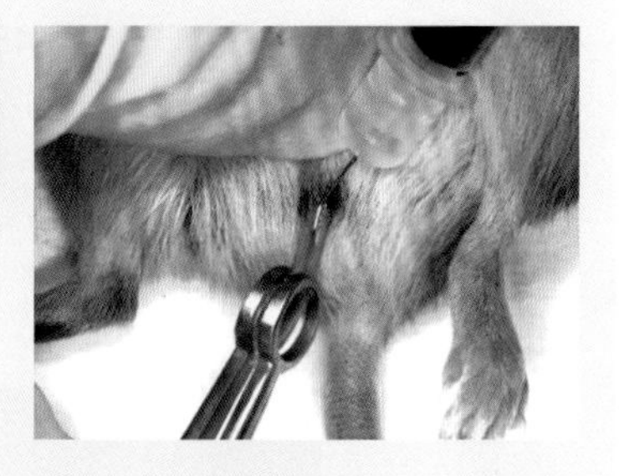

9. 右手将针头从阴茎背静脉近端向远端刺入 2 mm。↓

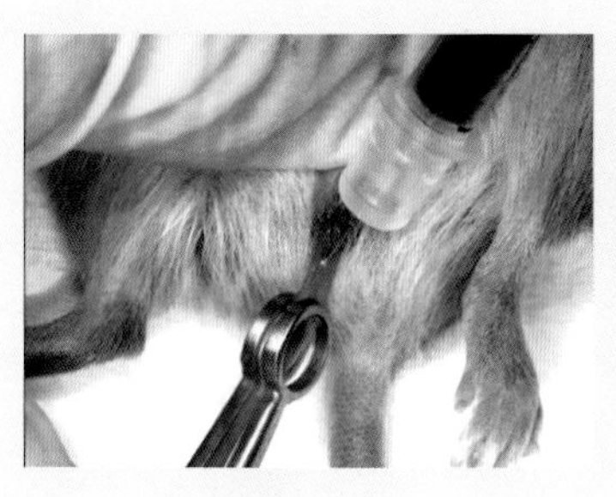

10. 匀速注射药物。↓

11. 注射完毕拔针，手指捏住静脉穿刺针孔止血 1 分钟，注意不要压迫阴茎头。→

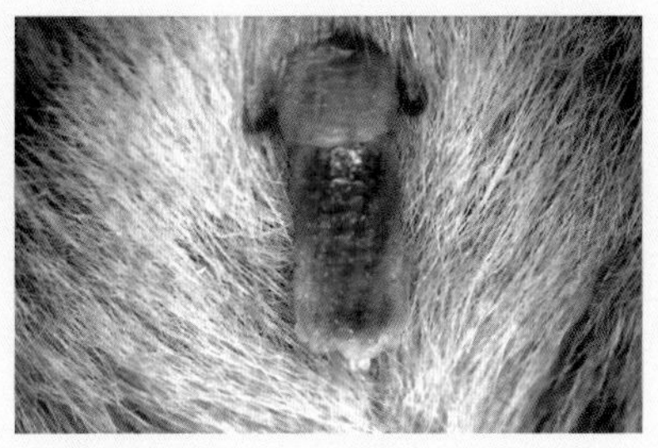

12. 放开手指，一般静脉不再出血。图中显示阴茎头已被注入药物。

图 48.15　阴茎背静脉逆向注射法

操作讨论

（1）逆向注射仅用于阴茎头给药。

（2）环镊只是将阴茎拉出，卡住阴茎骨就行，不要夹紧阴茎，以免妨碍药物注射。

第 49 章

阴茎头注射

一、背景

阴茎头内的血液主要存在于海绵体和血管窦内，血液回流进入阴茎背静脉，因此，阴茎头注射的结果是药液通过阴茎头进入阴茎背静脉，其效果等同于静脉注射。当阴茎背静脉注射失败，发生阴茎黏膜下出血时，虽然阴茎背静脉保持通畅，但是血管可见度极差，无法再行静脉注射，阴茎头注射即可作为补救措施。 此外，对于需要做小鼠静脉注射，但是不具备静脉注射技术的新手，从阴茎头把药物送入静脉是一条很好的路子。

尽管有诸多优点，笔者未见有关小鼠阴茎头注射技术的报道。本章详细介绍这项技术，为专业人士提供一个备选之法，也为新手开辟一条解困之路。

二、解剖基础

（一）阴茎头

阴茎头（图 49.1，图 49.2）位于阴茎的远端，有两层海绵体。尿道和阴茎骨都包裹在内层的尿道海绵体中。阴茎头表面部分角质化，角质部分分布在丝状乳头的凹部（图 49.3）。

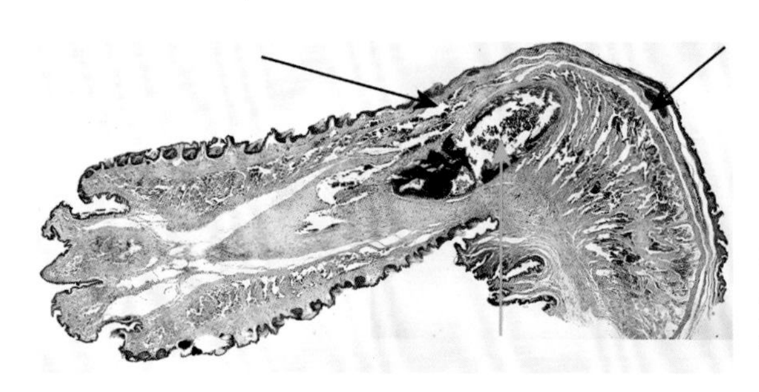

图 49.1　阴茎头纵向组织切片。左箭头示海绵体血管窦，右箭头示阴茎背静脉，绿箭头示阴茎骨

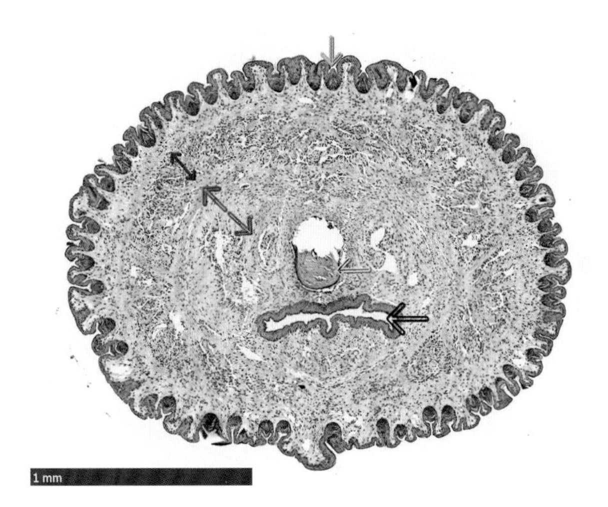

图 49.2　阴茎头远端组织切片。绿箭头示阴茎头表面的丝状乳头，红箭头示外层阴茎头海绵体；紫箭头示内层尿道海绵体；黄箭头示阴茎骨远端；黑箭头示尿道

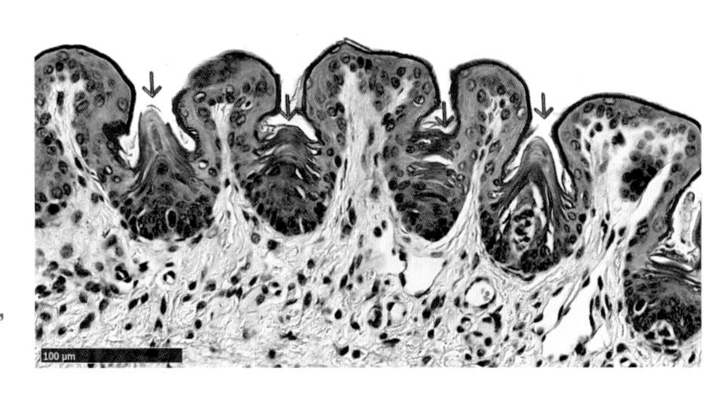

图 49.3　阴茎头表面的丝状乳头角质化，如箭头所示

（二）阴茎头血液循环

阴茎头内没有大动静脉血管，血液主要在阴茎头海绵体中流动，静脉血回流进入阴茎背静脉。小动静脉和神经主要分布于阴茎头黏膜下。阴茎头背侧有一个血窦（图 49.4，图 49.5），位于阴茎头海绵体内，约 1 mm^2。当阴茎头血窦充盈时，可以从表面清楚地看到其范围，如图 49.6 箭头所示的紫色部位。这是阴茎头注射的理想部位。

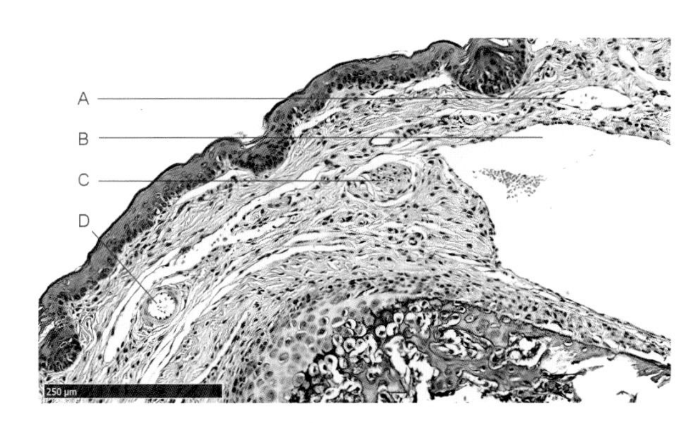

A. 小静脉；B. 血窦；C. 神经；D. 小动脉

图 49.4　阴茎头近端横切面组织切片

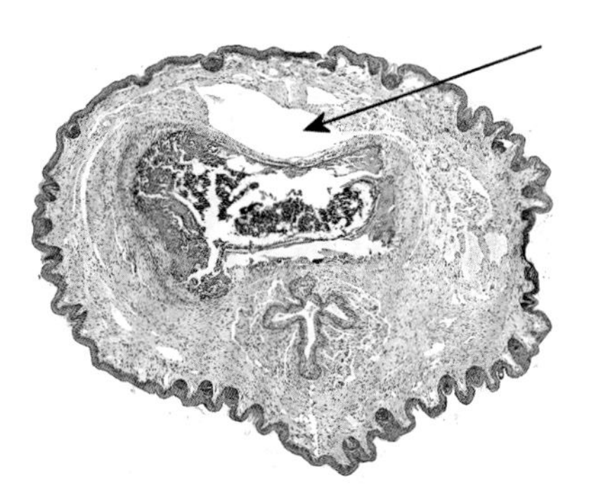

图 49.5　阴茎头近端组织切片，箭头示阴茎头血窦

（三）阴茎骨

阴茎骨（图 48.2，图 48.3）支撑在阴茎头内，呈网球拍状。尿道于阴茎骨腹面纵向穿过阴茎头。阴茎骨前端突出尿道口约 1 mm，为尿道突（图 49.7）。

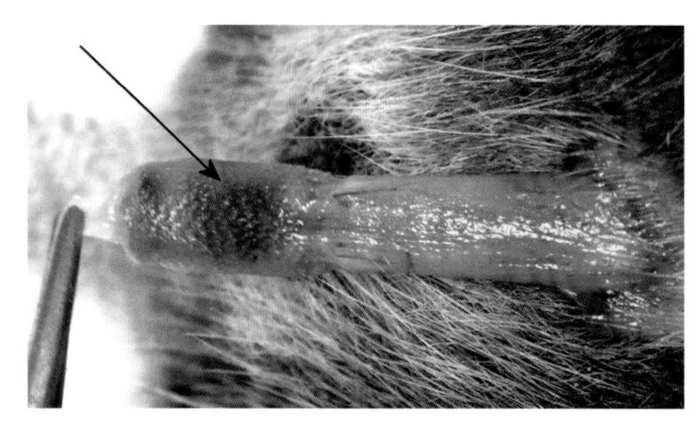

图 49.6　阴茎头血窦充盈

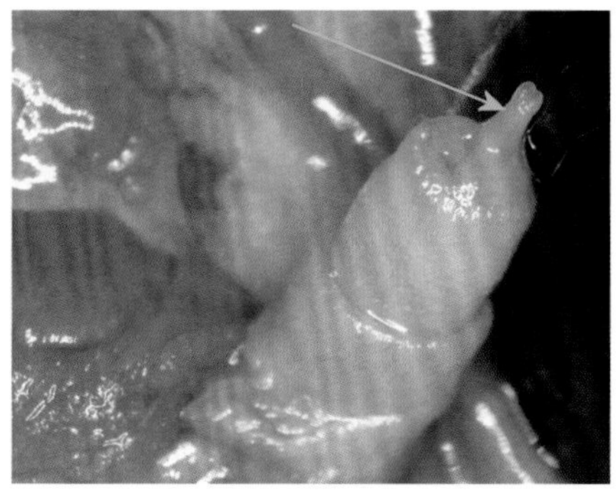

图 49.7　尿道突，如箭头所示

三、器械与耗材

31 G 针头胰岛素注射器；平镊；弯镊；棉签。

四、操作方法

阴茎头注射法见图 49.8。▶

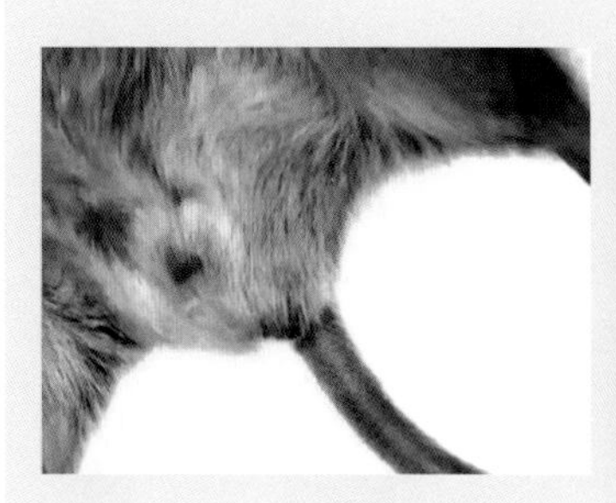

1. 小鼠常规麻醉，取仰卧位。→

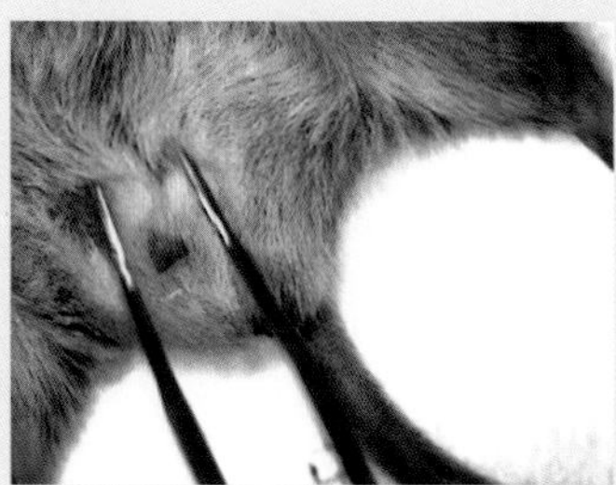

2. 将弯镊置于皮下阴茎两侧。→

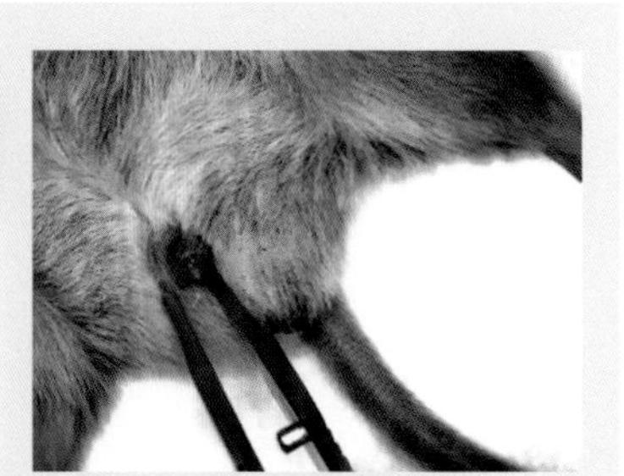

3. 用弯镊按压阴茎两侧，使阴茎头露出皮外。↓

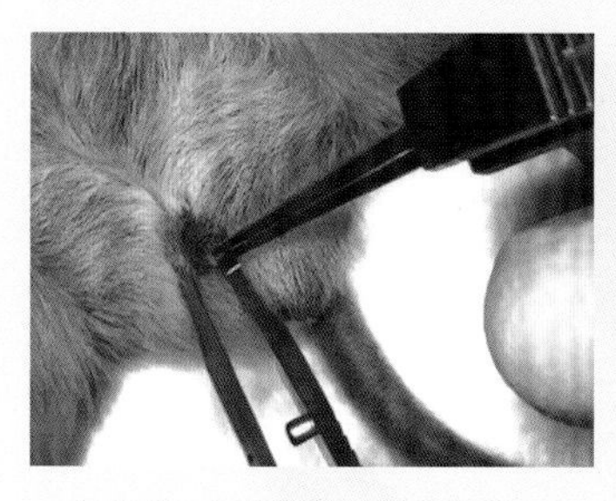

4. 用平镊夹住露出的阴茎头。→

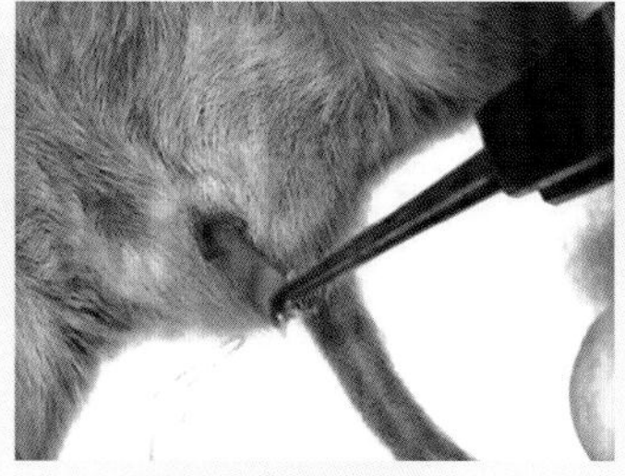

5. 放开弯镊，拉出阴茎全长。→

6. 左手用平镊夹住阴茎头远端。右手持注射器，将针头架在镊子上，如图所示。↓

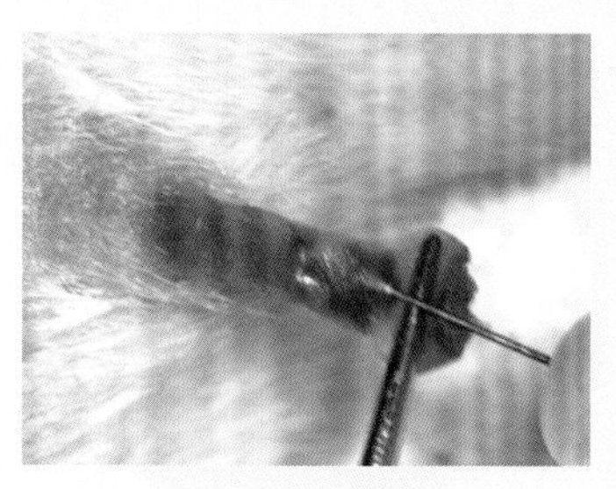

7. 将针头以小角度从中部浅层刺入阴茎头大血窦内。→

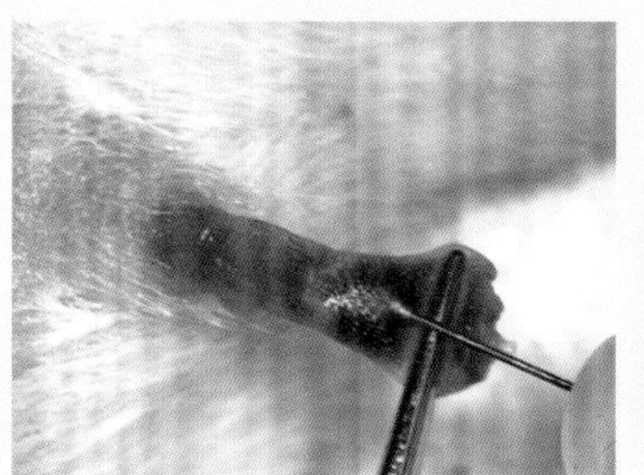

8. 使针头稳定于阴茎头大血窦内，开始注射。可见药液充盈血窦并进入阴茎背静脉。→

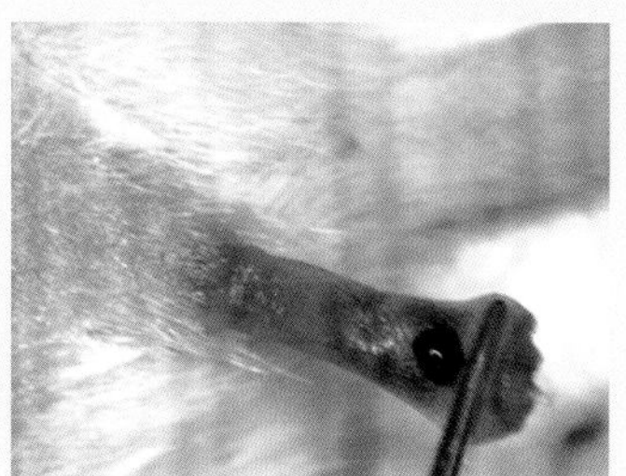

9. 持续匀速注射，保持针头稳定无移位，直至设定的药液量注射完毕，即可拔针。此时会有少许药液自进针孔溢出。↓

10. 及时用棉签压迫进针孔，同时缓慢松开平镊，令阴茎头处于放松状态。棉签轻压进针孔持续 1 分钟。这时一般不会再有血液自进针孔溢出。↓

11. 用平镊提起皮肤，令阴茎缩回皮下。

图 49.8　阴茎头注射法

操作讨论

（1）如果进行精准药量注射，不允许拔针时有药液溢出，则要有助手用棉签协助压迫进针孔拔针。

（2）如果是单人操作，可以采用血管夹辅助，具体方法见图 49.9。

1. 准备一个 9 mm 血管夹。→

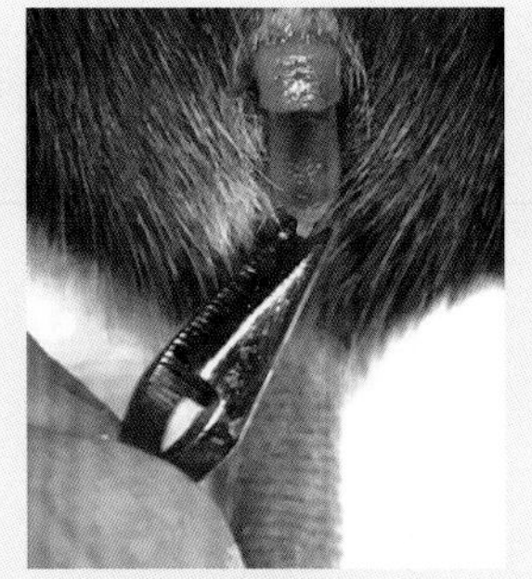

2. 操作同“阴茎头注射法”步骤 1 ~ 5。拉出阴茎头后，用血管夹夹住阴茎骨远端的尿道突。→

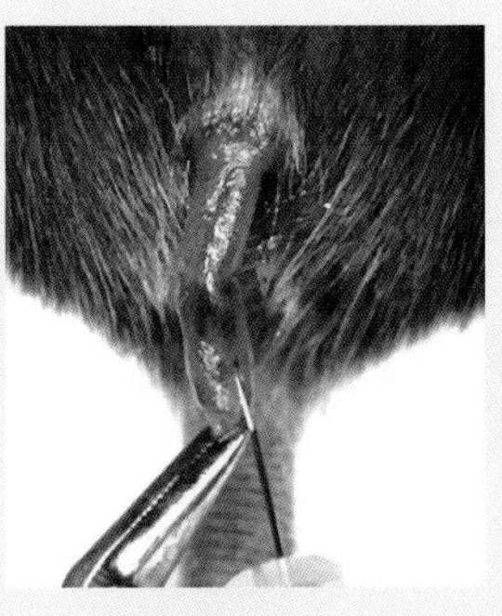

3. 左手牵引血管夹，拉直阴茎；右手持注射器，针头架在血管夹上。↓

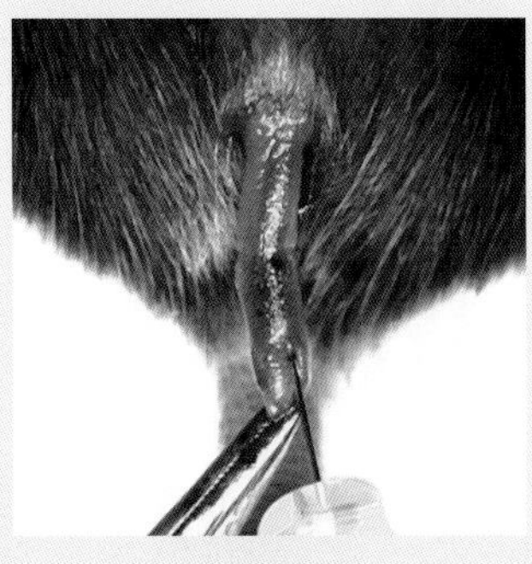

4. 平稳刺入阴茎头大静脉窦，即可开始注射。→

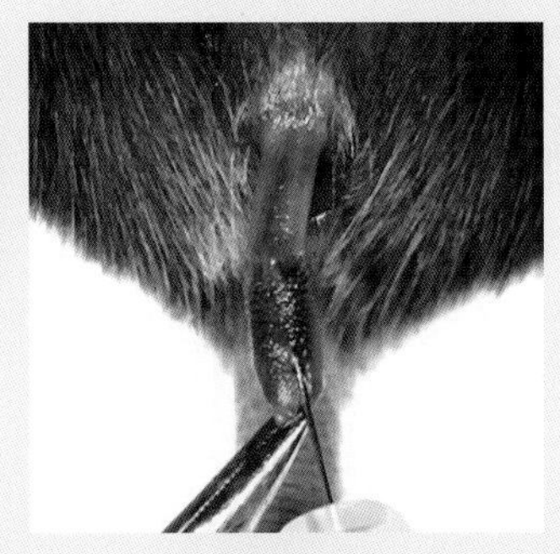

5. 匀速注射，可见大静脉窦和阴茎背静脉充盈。→

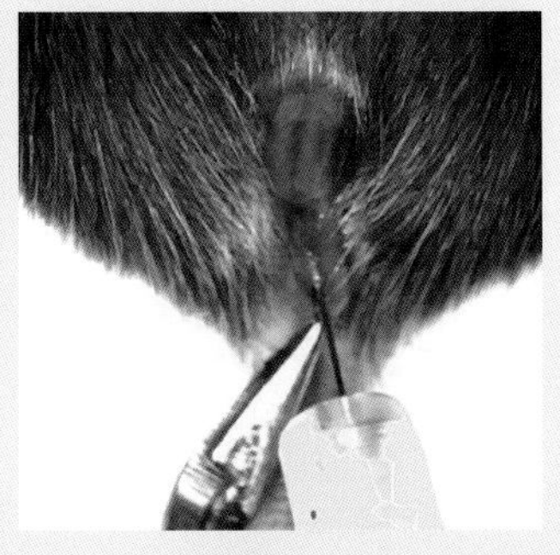

→ 6. 完成注射后，立即可见阴茎头和阴茎背静脉充盈减轻。左手缓慢放开血管夹，缓慢令阴茎恢复自然状态，随后阴茎下垂，这时右手所持注射器的针头依然保持在阴茎头内。↓

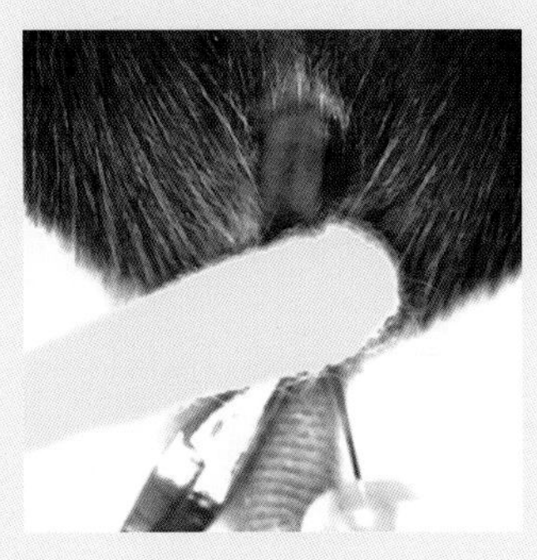

7. 左手用棉签压迫进针孔，然后稳稳拔出针头。→

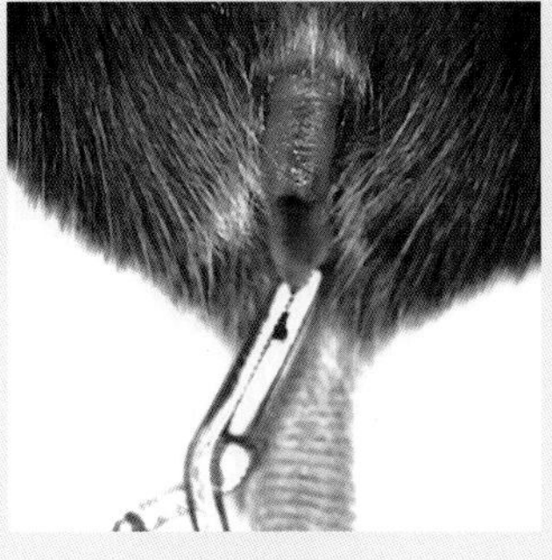

8. 棉签持续压迫 1 分钟，轻轻抬起，一般没有血液或药液自进针孔溢出。→

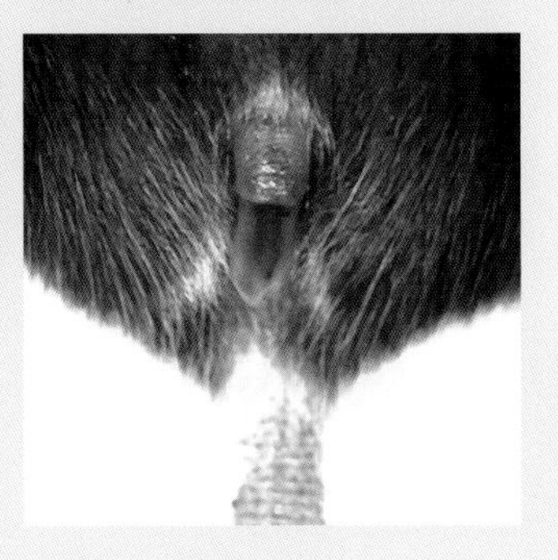

9. 卸除血管夹。↓

10. 用平镊提起皮肤，令阴茎回缩皮下。

图 49.9　血管夹辅助注射法

第 50 章

股静脉注射

一、背景

小鼠股静脉是后肢中最大的静脉，暴露容易，操作方便，常用来做静脉插管、注射、血管吻合手术等。手术中可以随时由此血管行静脉给药。

股静脉注射多为顺向注射，目的是全身给药。常规的注射法比较简单，在此不再赘述。

本章主要介绍股静脉顺向弓状注射法、逆向注射法和穿肌注射法：

（1）顺向弓状注射法是针对静脉充盈不良出现进针困难而专门设计的，适用于下面有较坚实肌肉的静脉，例如，股静脉、隐静脉等。

（2）逆向注射法比较少用，主要用于对后肢远端静脉逆向给药。

（3）穿肌注射法是根据静脉周围组织特点，专门设计拔针不出血的静脉注射法。适用于下面或上面有大块肌肉的静脉，例如，股静脉、髂腰静脉、隐静脉、颈外静脉等。

二、解剖基础

参见《手术操作》⑲。在膝关节附近，股静脉（图 50.1）于起始处汇合腘静脉和隐静脉，在大腿内侧皮下，沿着股骨内侧面平行向心方向走行，直至腹股沟韧带处，其深面紧贴长收肌。股静脉越过腹股沟韧带后另名为髂外静脉。股静脉与同名动脉伴行。

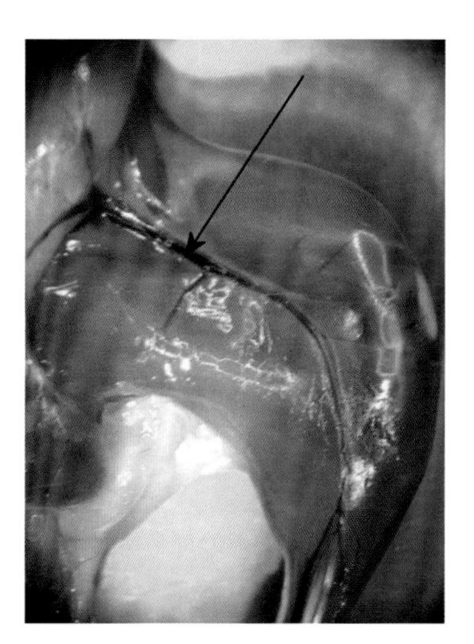

图 50.1　小鼠大腿内侧去皮照，箭头示股静脉

三、器械与耗材

（1）股静脉顺向弓状注射法：显微镜；31 G 针头 胰岛素注射器；拉钩；平镊；棉签。

（2）股静脉逆向注射法：显微镜；31 G 针头胰岛素注射器，在距针尖 3 mm 处将针头弯曲 90°；拉钩；棉签。

（3）穿肌注射法：显微镜；31 G 针头胰岛素注射器。

四、操作方法

（一）股静脉顺向弓状注射法

以小鼠左侧股静脉为例介绍（图 50.2）。▶

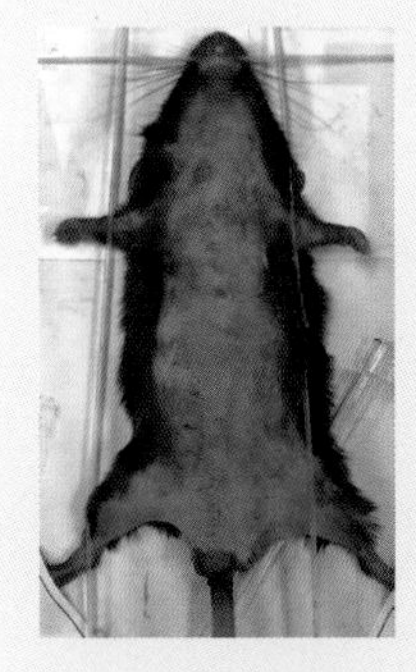

1. 小鼠常规麻醉，后腹部备皮。置于显微镜下，固定四肢，术侧后肢垫起。→

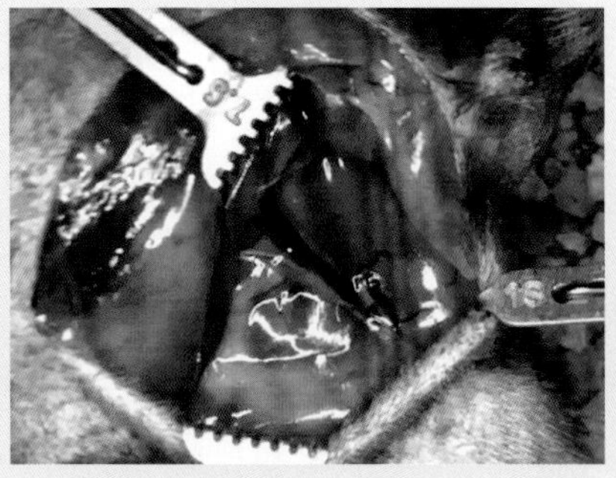

2. 沿腹中线切开皮肤，用棉签和镊子分离左腹壁与大腿内侧，直至暴露腹股沟韧带 ⑲。安置拉钩。股静脉暴露如图所示。→

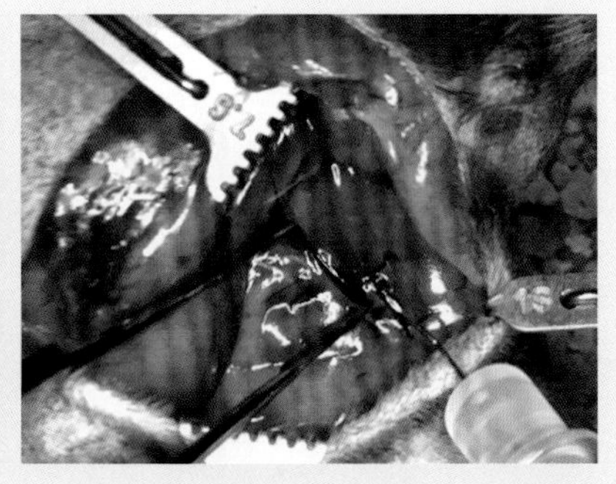

3. 平镊张开近 1 cm，先用一臂压迫股静脉近端，令静脉充盈；然后用另一臂压迫股静脉远端，此时血管呈现向上的弓状。↓

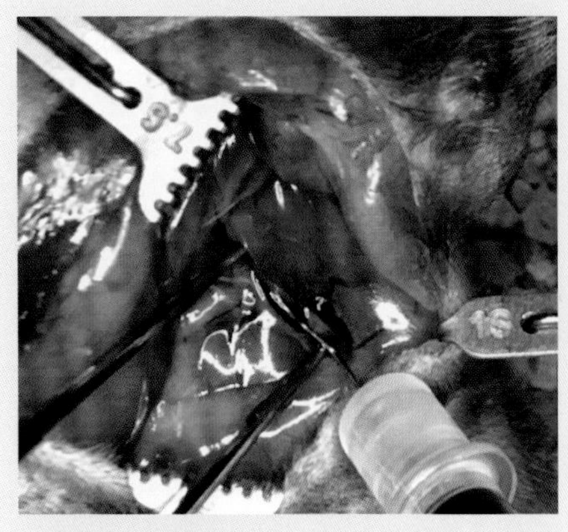

4. 将针头架在镊子上，针尖从静脉拱起的顶端处水平进入，见右侧示意图。→

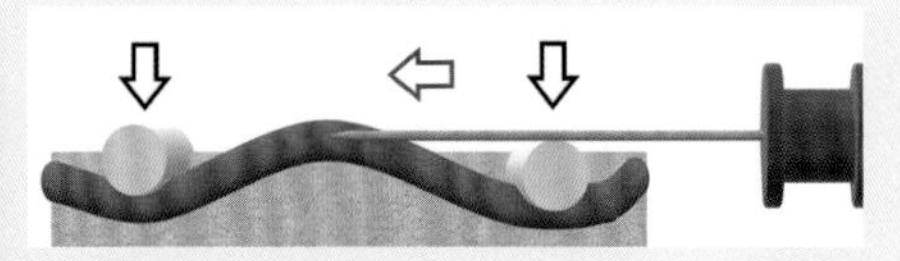

示意图：黑箭头示镊子两臂向下压迫血管，红箭头示进针方向。

5. 确认针尖进入静脉后，撤除镊子，在直视下完成注射。↓

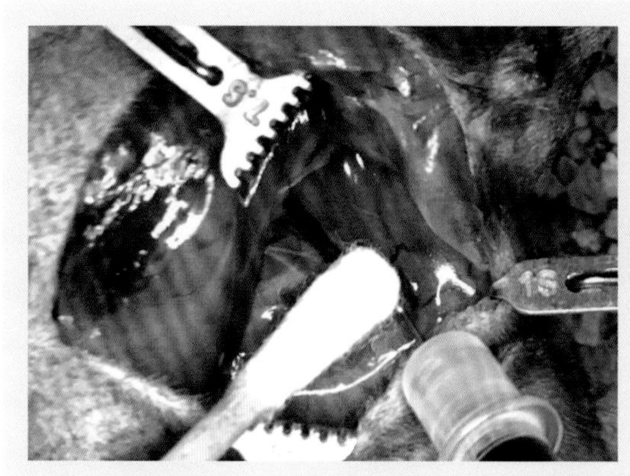

6. 注射完毕，用第一支棉签压住进针孔。→

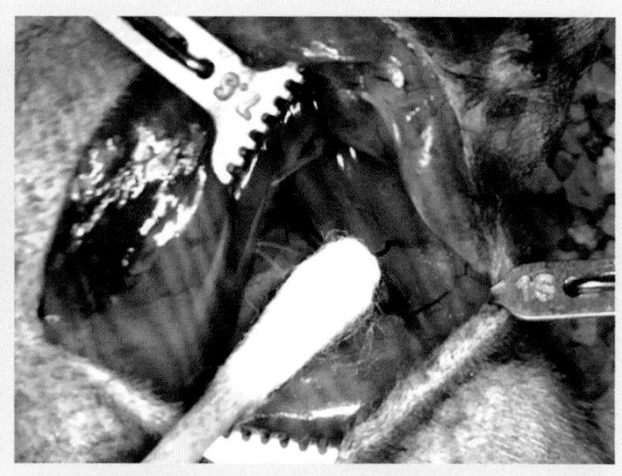

7. 拔出针头。↓

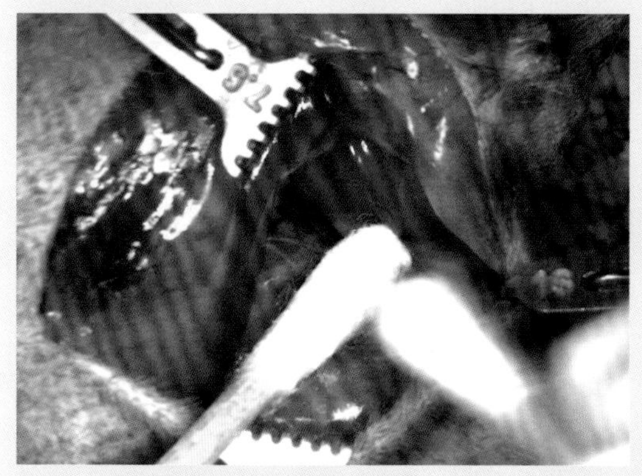

8. 用第二支棉签压住股静脉远端。→

9. 第一支棉签压迫 40 秒后轻轻放开。↓

10. 第二支棉签继续压迫 20 秒后轻轻拿开。确认进针孔没有出血，完成注射。

操作讨论

股静脉呈弓状，针头才能水平刺入。

图 50.2　股静脉顺向弓状注射法

（二）股静脉逆向注射法

逆向注射的靶向是远端静脉，例如，隐静脉、腘静脉、股静脉皮支和肌支。 现以小鼠右侧股静脉为例予以介绍（图 50.3）。

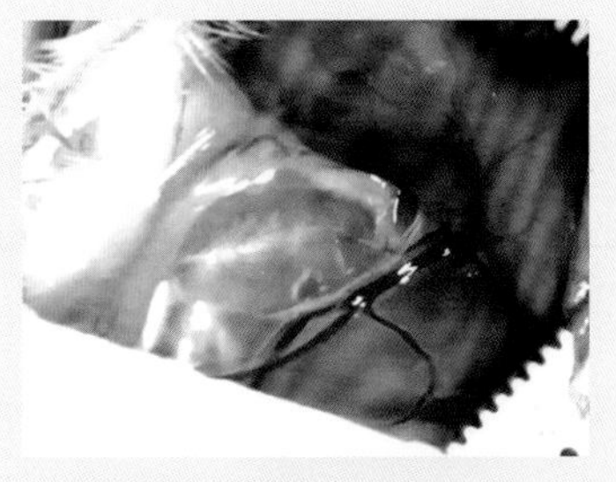

1. 操作类似“顺向弓状注射法”步骤 1、2，暴露股静脉。→

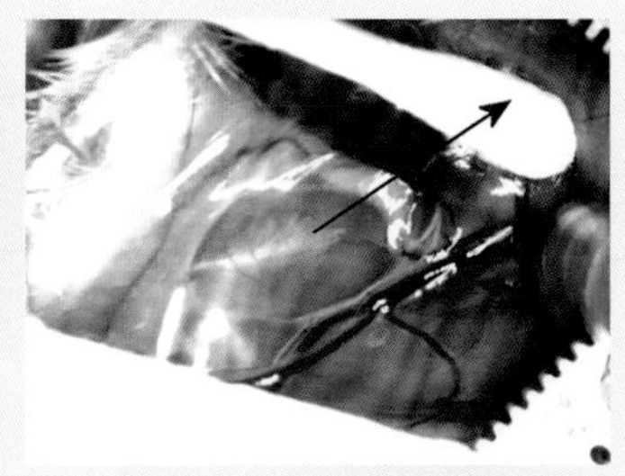

2. 用棉签顶住后腹壁，暴露更多的股静脉，力争更大的注射操作空间。箭头示棉签顶压方向。→

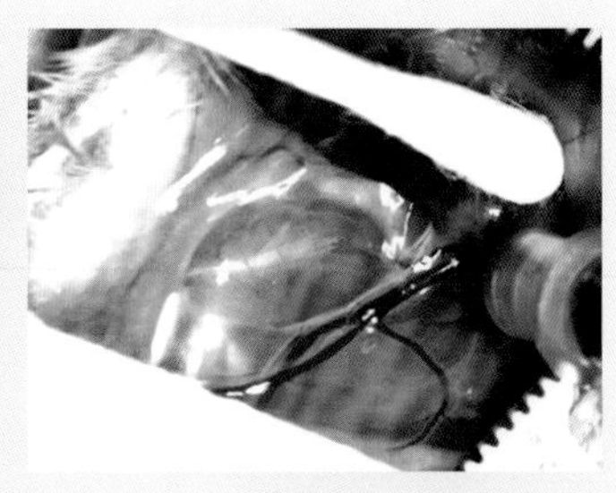

3. 将针头自近端逆向刺入股静脉。↓

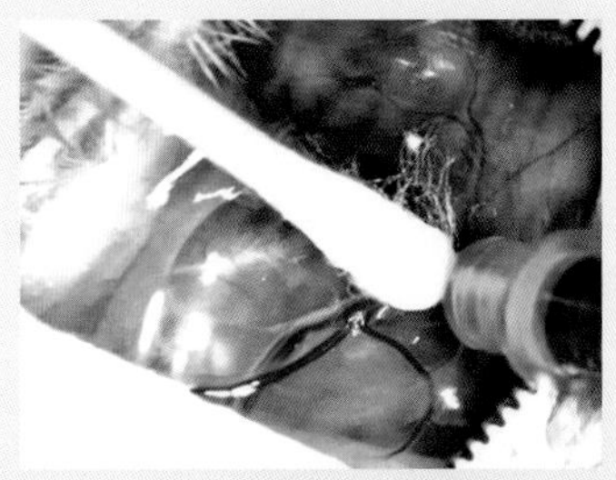

4. 匀速注射，注射完毕，用棉签压住进针孔。→

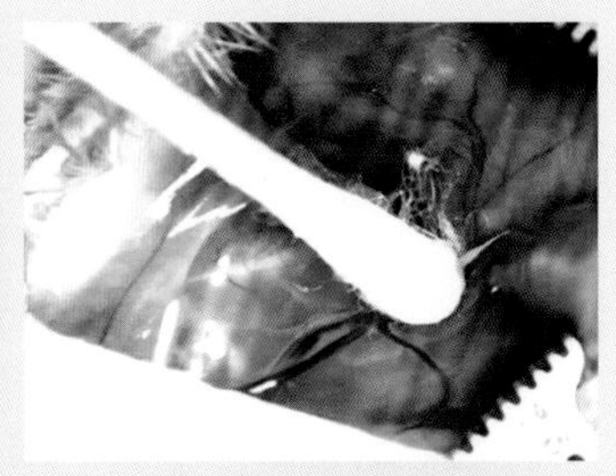

5. 在棉签压迫下拔针。→

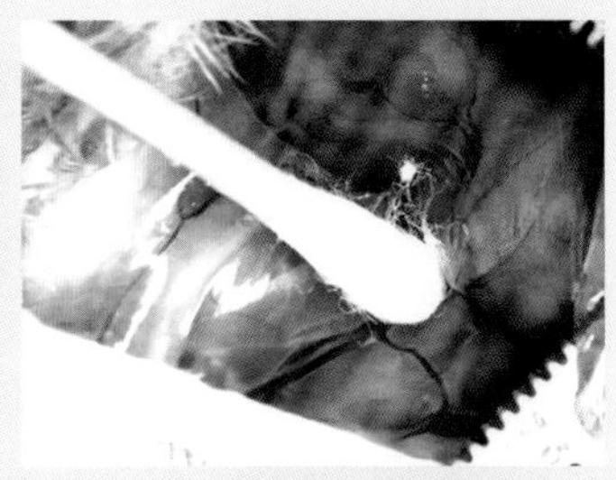

6. 维持棉签压迫 40 秒。↓

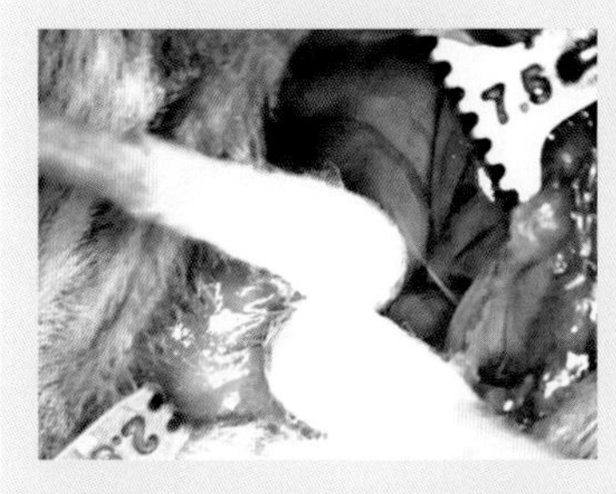

7. 用第二支棉签压迫股静脉上游。→

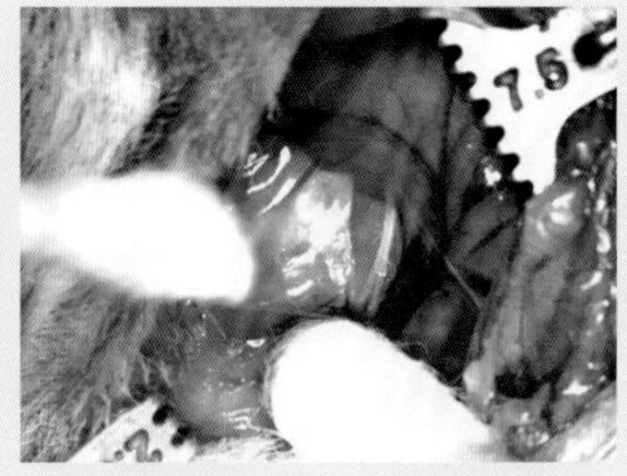

8. 第二支棉签保持压迫股静脉上游，第一支棉签缓慢撤离。→

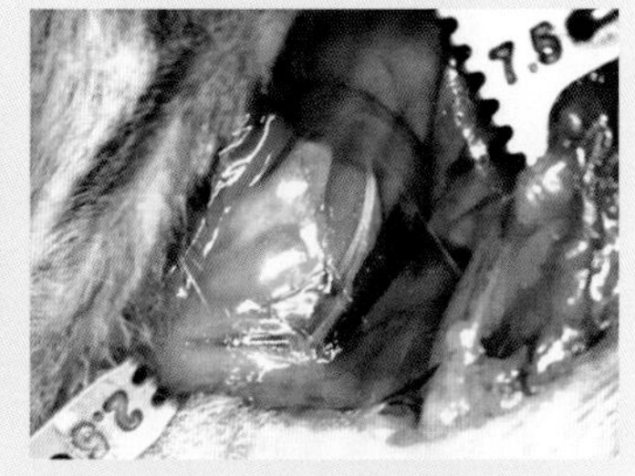

9. 第二支棉签再持续压迫 20 秒，轻轻撤除，确认没有出血，关闭皮肤切口。

图 50.3　股静脉逆向注射法

操作讨论

股静脉逆向注射可以选择目标血管。例如，目标血管是腘静脉，令药液经过股静脉进入腘静脉，注射前需要暂时阻断隐静脉血流；目标是大腿深部肌肉，注射前需封闭股静脉远端和股静脉皮支，令药液经过股静脉进入股静脉肌支；目标是腹股沟肿瘤，注射前需封闭股静脉远端和股静脉肌支，令药液经过股静脉进入股静脉皮支。

（三）穿肌注射法

穿肌注射法见图 50.4。

1. 操作类似“股静脉顺向弓状注射法”步骤 1、2，暴露股静脉。

↓

2. 于股静脉远端一侧，针尖斜面向下，平行于股静脉向近端方向斜下刺入长收肌。见右图。

↓

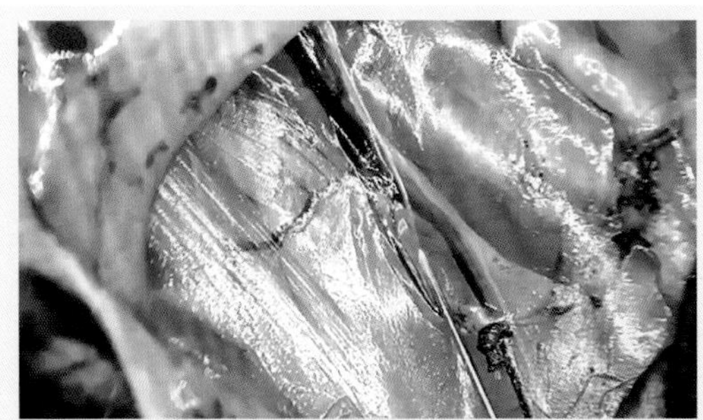

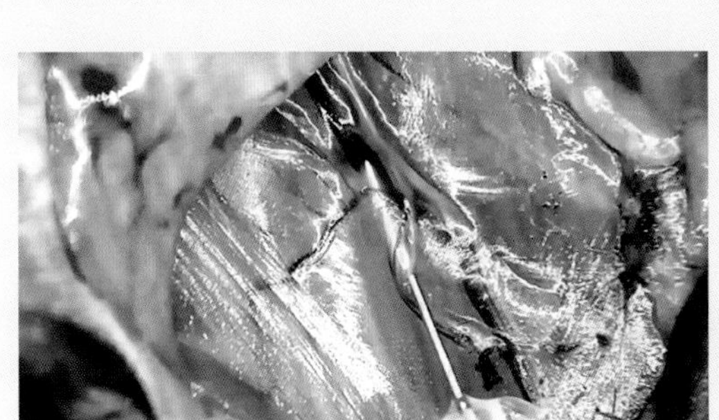

3. 针头在长收肌内，顺着长收肌纤维深入，针尖到达股静脉中部深面，向上抬高针头，使针尖刺入股静脉。→

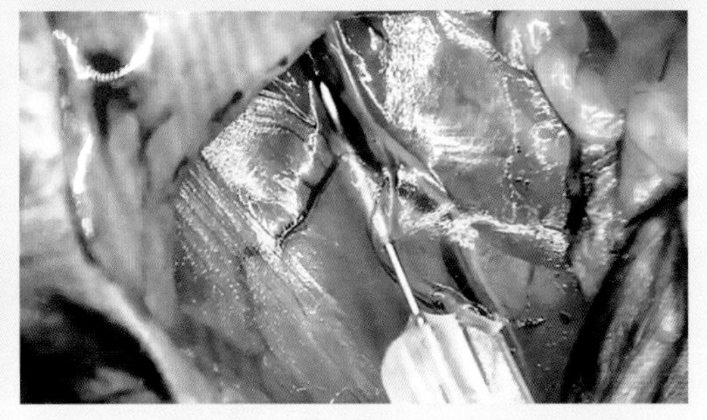

4. 进入股静脉后，放平针头，在静脉腔内深入 1 mm，稳定针头。↓

5. 匀速注射。可见药物进入股静脉。图中注射蓝色药液，可见股静脉内颜色由红色变蓝色。→

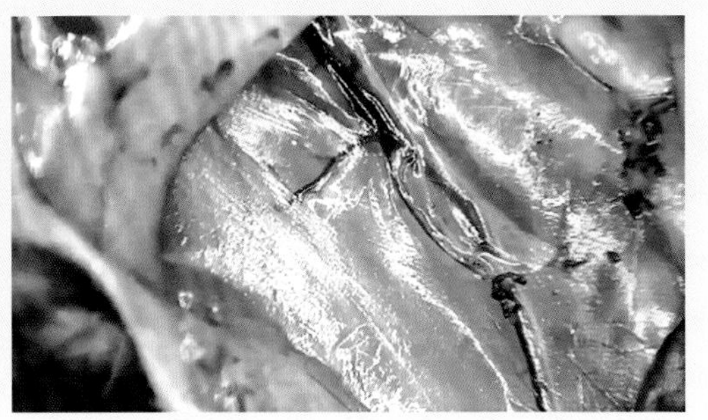

6. 沿进针轨迹拔出针头，无须棉签压迫止血。成功的注射，长收肌会封闭进针孔，不会有血液从进针孔溢出。

图 50.4　穿肌注射法

操作讨论

静脉穿肌注射的目的是借紧贴血管的肌肉封闭进针孔，避免拔针出血。

如果针尖在股静脉深面刺入血管时感觉困难，可以用平镊轻压股静脉近端，再进针刺入股静脉。此操作的目的有二：① 阻断股静脉回心血流，增大股静脉充盈程度。② 向下压，使针尖前方的股静脉向深面倾斜，有利于针尖刺入血管。针尖刺入静脉后，立刻解除镊子的压迫，继续进针 2 mm 再开始注射。

第 51 章

股静脉皮支注射

一、背景

股静脉皮支是股静脉的主要分支之一，有同名动脉伴行。这组血管位于腹壁和皮肤之间。在人体解剖中，去皮后可见这组动静脉位于腹壁表面，故名腹壁浅动静脉。小鼠是松皮动物，很多皮下器官可以明确区分其贴附于皮肤还是腹壁。小鼠体内的这组血管从股动静脉发出后，穿过腹股沟脂肪垫进入皮肤，与腹壁毫无关系，故作者将其正名为股动静脉皮支。它是股动静脉中部的两个主要分支之一。另一支深入肌肉，为股动静脉肌支。

股静脉皮支收集腹股沟区脂肪和同侧后腹壁皮肤的静脉血。为了向股静脉注射药物而不伤及股静脉，可以采用股静脉皮支顺向注射。

腹股沟内做皮下肿瘤细胞种植，随着肿瘤的长大，股动静脉皮支随之增粗、迂曲。如果不希望药物首先游走全身，又不希望因局部注射药物而使肿瘤受到物理损伤，采取局部血液循环给药是个理想的方法。这种给药方法就是通过股静脉皮支逆向注射，使药物第一时间全部进入肿瘤。

本章分别介绍股静脉皮支的两种顺向注射法和一种逆向注射法。

二、解剖基础

股动静脉直径差异很大：股动脉约为 100 μm，股静脉约为 600 μm；股动脉皮支约为 50 μm，股静脉皮支约为 300 μm。股动脉皮支源于股动脉，穿过腹股沟脂肪垫抵达后腹部皮肤；股静脉皮支汇入股静脉。股动静脉皮支与股动静脉肌支为邻，都来自股动静脉。股动脉皮支和肌支的发出方式有三种（同名静脉伴行）（图 51.1）：

（1）共支（股中动脉）（图 51.1a）：股动脉发出股中动脉，进而分为股动脉皮支和肌支。

（2）同点发出（图 51.b）：股动脉皮支和肌支发自股动脉同一点。

（3）同侧分别发出（图 51.c）：股动脉肌支和皮支相继从股动脉发出。

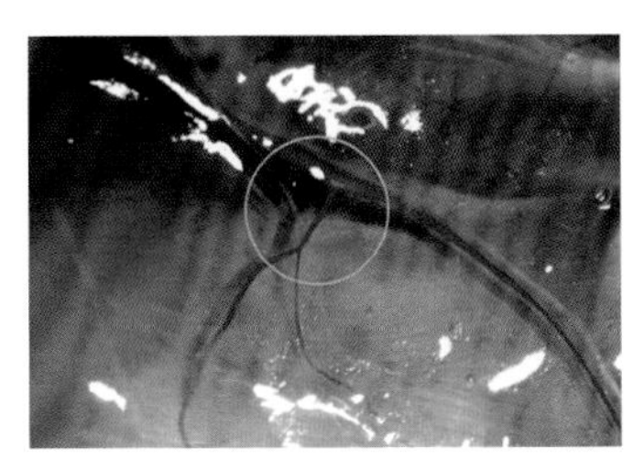

a. 共支

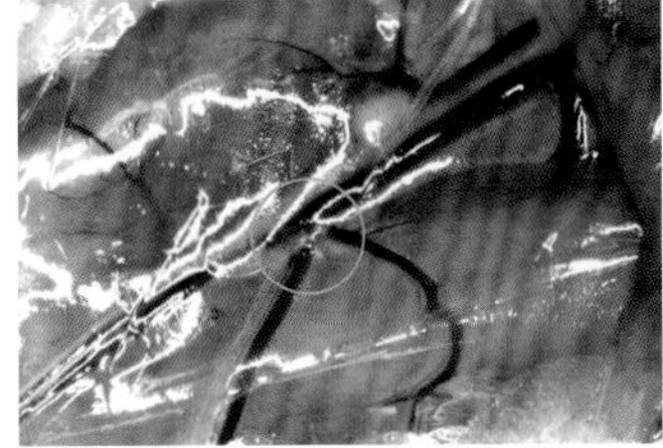

b. 同点发出

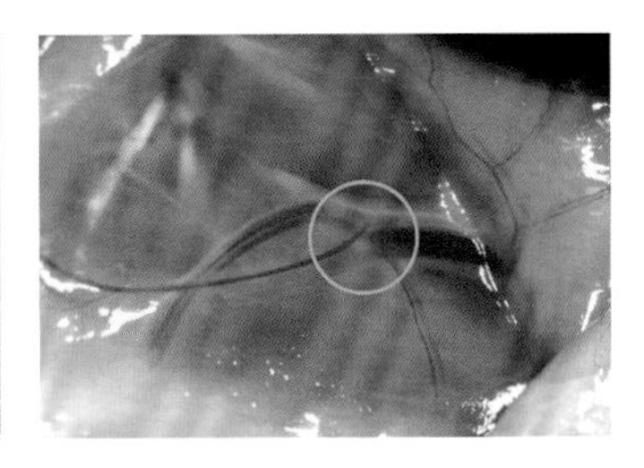

c. 同侧分别发出

图 51.1　股动脉皮支和肌支的发出方式

三、器械与耗材

31 G 针头胰岛素注射器，在距针尖 3 mm 处将针头向针孔侧弯曲 45°；显微镜；拉钩；皮肤剪；有齿镊；无齿镊；棉签。

四、操作方法

（一）股静脉皮支顺向注射法 I ▶

本方法以左股静脉皮支为例，目标血管为股静脉（图 51.2）。

1. 小鼠常规麻醉，腹部备皮。双后肢固定于手术台面，垫高左侧腹股沟。

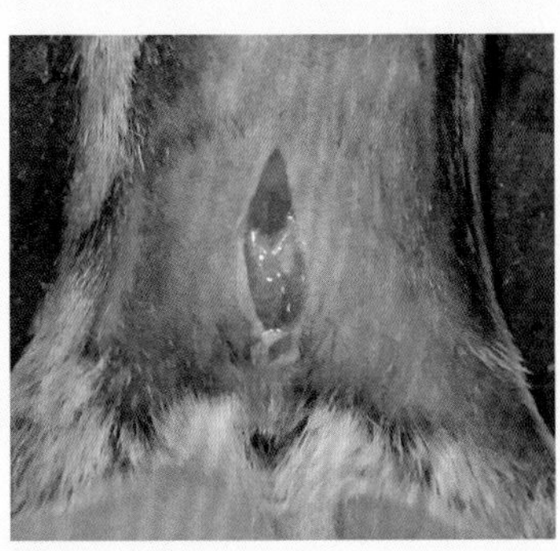

2. 术区常规消毒。沿腹中线近阴茎前方，向前将皮肤纵向剪开 2 cm。→

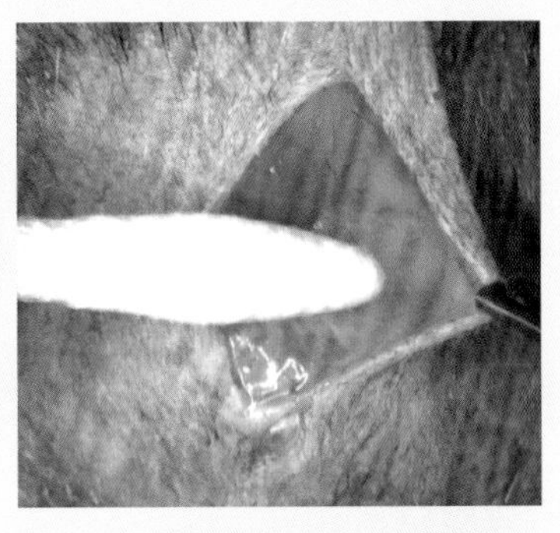

3. 右手持皮肤镊夹住左侧皮缘向小鼠左上方提起，左手持棉签分离腹股沟脂肪垫与腹壁。注意不可分离脂肪与皮肤。→

4. 双手协同动作，使棉签滚动到腹股沟部深处，暴露股动静脉皮支。↓

5. 保持腹股沟脂肪垫从内上缘与腹壁分离，注意维系脂肪垫与皮肤的整体性。↓

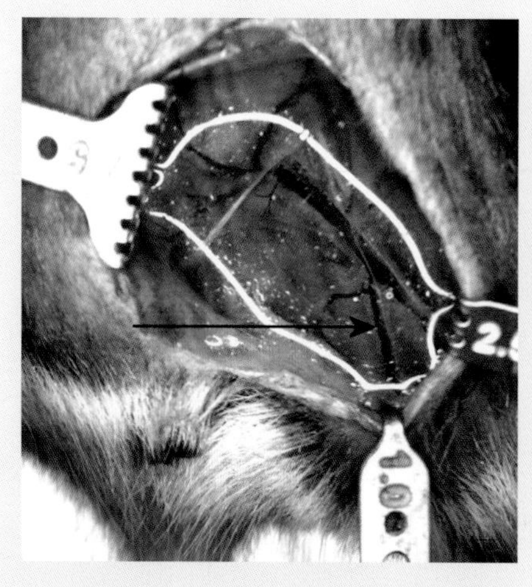

6. 安置拉钩，保持股动静脉和股动静脉皮支的充分暴露状态。箭头示股静脉皮支。→

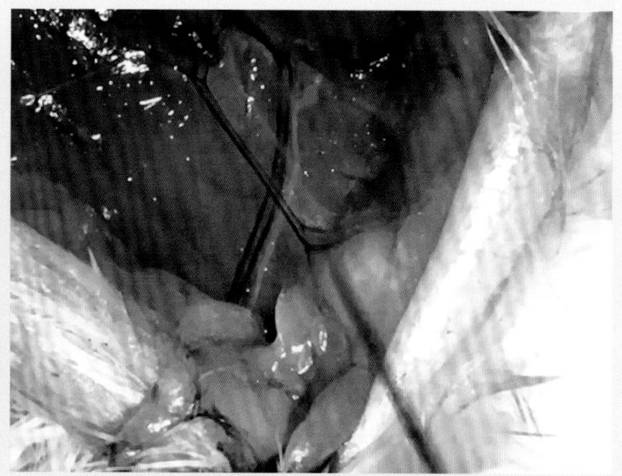

7. 用皮肤镊将左侧皮缘向外牵拉，使股静脉皮支向远心方向拉直。尽可能选择股静脉皮支远端为进针点。↓

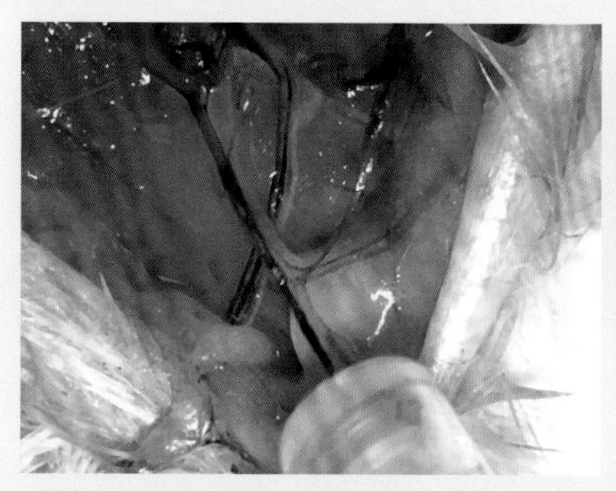

8. 压迫股静脉近端，令股静脉皮支充盈。将 31 G 针头针孔向上，顺向刺入股静脉皮支，进入约 1 mm。→

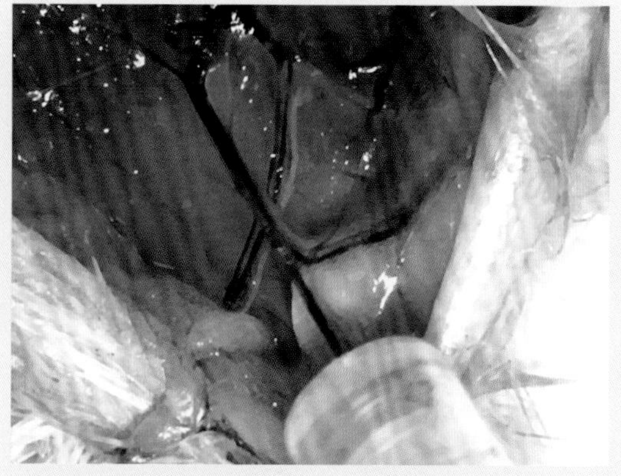

9. 解除对股静脉的压迫，匀速缓慢注射。↓

10. 注射完毕，用无齿镊夹住股静脉皮支近端拔出针头，使血管受到牵拉而痉挛，达到数分钟止血的目的。

图 51.2 股静脉皮支顺向注射法 I

（二）股静脉皮支顺向注射法 II ▶

本方法以右侧股静脉皮支为例，目标血管为远心方向的股静脉皮支（图 51.3）。

1. 操作同“股静脉皮支顺向注射法Ⅰ”步骤 1～6，暴露股静脉皮支 ⑲。临时结扎股静脉于皮支和腹股沟韧带之间部位。拉直股静脉皮支，将 31 G 针头顺向刺入静脉。→

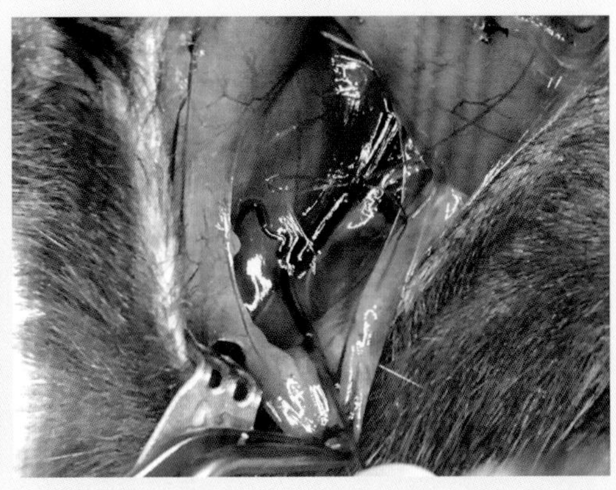

2. 针头进入至少 1 mm 开始注射，可见药物逆向进入股静脉远端。↓

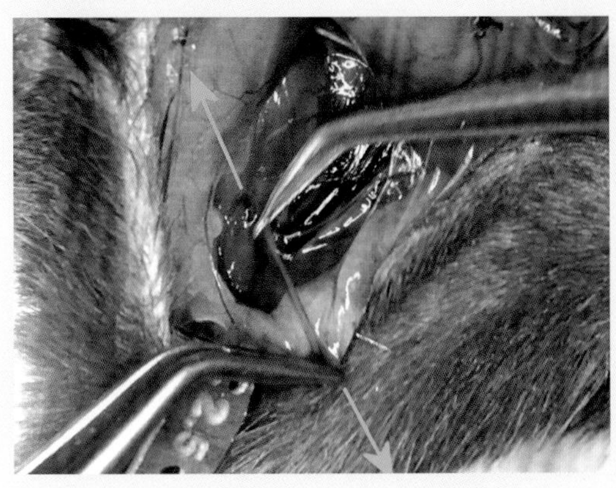

3. 注射完毕拔出针头，立刻牵拉该静脉数次，令其痉挛收缩，达到止血的目的。箭头示牵拉方向。↓

4. 痉挛后进针孔可有数分钟没有血液流出。→

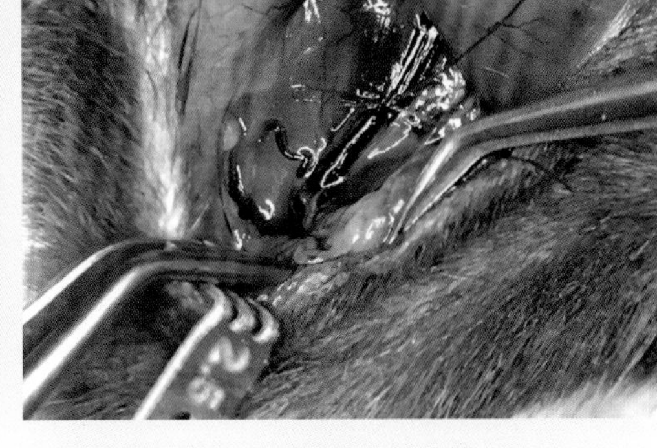

5. 痉挛解除前松开股静脉的结扎线。

图 51.3　股静脉皮支顺向注射法Ⅱ

（三）股静脉皮支逆向注射法▶

本方法以左侧股静脉皮支为例，目标血管为远心方向的股静脉皮支（图 51.4）。此方法可以直接为腹股沟皮下肿瘤经局部血管给药。

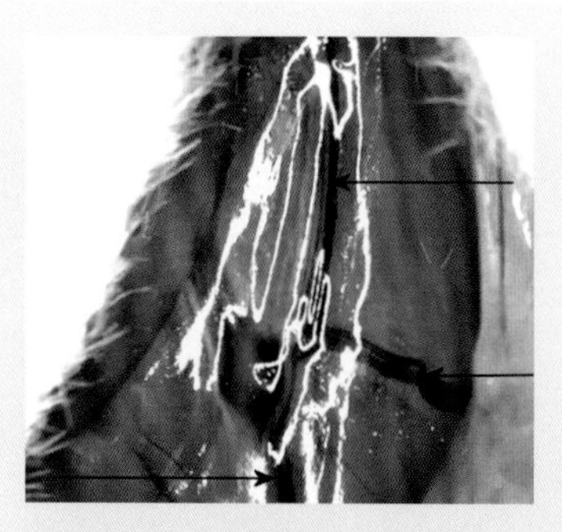

1. 操作同“股静脉皮支顺向注射法Ⅰ”步骤 1 ~ 6，暴露股静脉皮支 19 。图中右上箭头示股静脉皮支，左箭头示股静脉，右下箭头示股静脉肌支。→

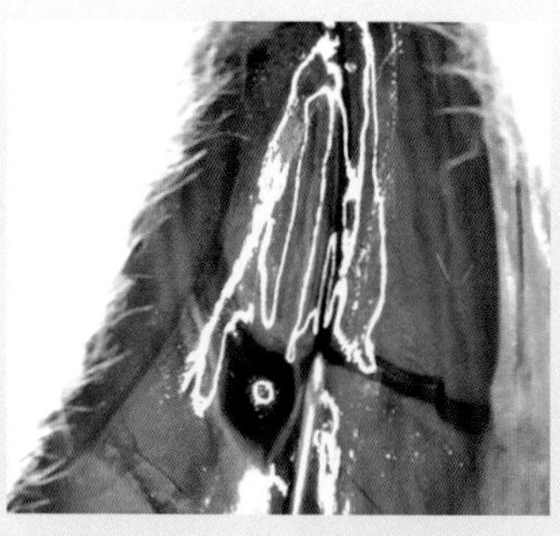

2. 将无齿镊于根部夹持股静脉皮支做对抗牵引。→

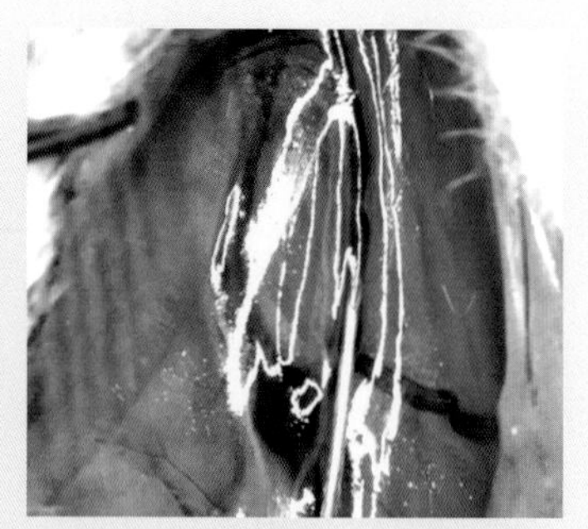

3. 将 31 G 针头针孔向上，逆向刺入股静脉皮支 1 mm，开始注射。↓

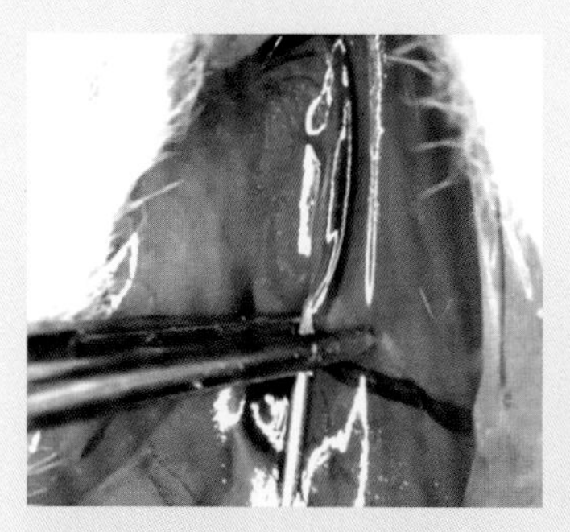

4. 注射完毕，将无齿镊转而夹住针头部位。→

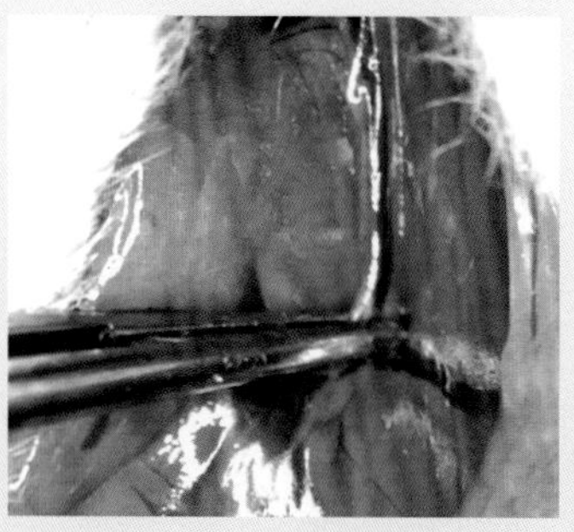

5. 拔出针头，可免于出血。→

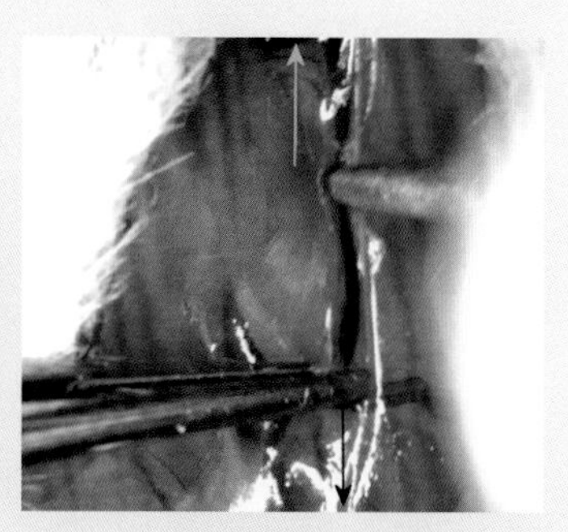

6. 拔出针头后，右手持另一把无齿镊牵拉该静脉，令其痉挛收缩，达到止血的目的。上、下箭头示牵拉方向。↓

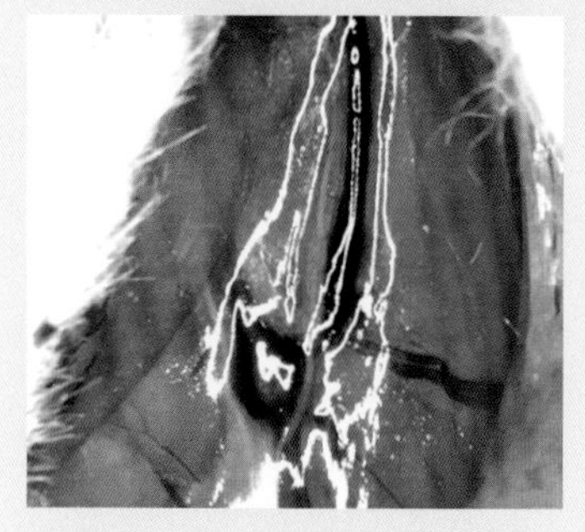

7. 放开镊子，可见无血自进针孔流出。→

8. 血管痉挛可以维持 5 ~ 10 分钟，如此细小的血管，一般不会再度出血。

图 51.4　股静脉皮支逆向注射法

操作讨论

暴露股静脉的方法，用有齿镊将皮肤连同脂肪一起夹起，向外侧牵拉。棉签直接压住腹肌，顺时针方向旋转，可以在脂肪垫和腹肌之间分离更大的面积。用棉签旋转的方法比锐性分离和器械分离更安全、快速，因为此处脂肪垫和腹壁之间没有紧密的粘连，只是浅筋膜连接。

（1）暴露股静脉，用棉签分离皮肤时，有可能会撕断后腹壁皮支血管，可以事先电凝烧断 53 。

（2）股静脉皮支受刺激后极易痉挛（图 51.5），可以持续 5 分钟以上，所以刚注射完毕，可以利用这个操作止血。

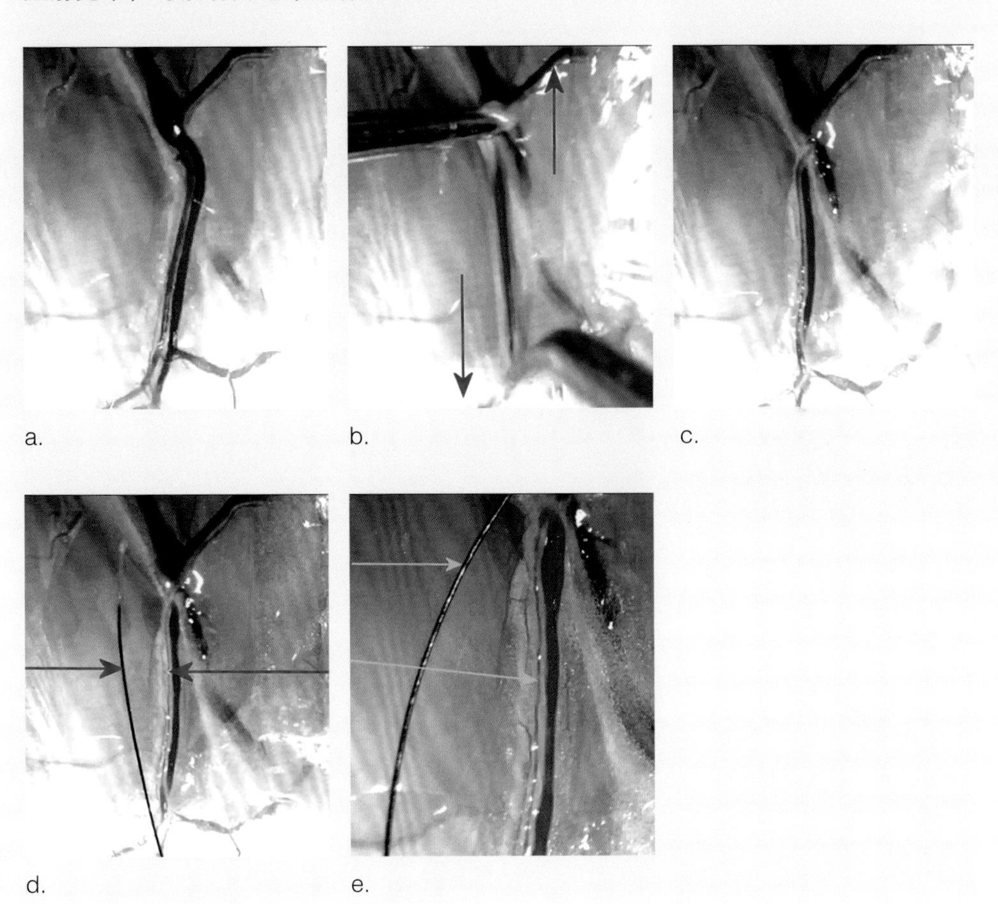

图 51.5　股静脉皮支受刺激后极易痉挛。a. 股动静脉皮支痉挛前；b. 用镊子牵拉两次，每次 1 秒，箭头示牵拉方向；c. 牵拉后 1 秒血管痉挛状况；d. 牵拉后 10 秒时血管状况，血管极度痉挛收缩，右箭头示股动脉皮支，左箭头示人发，可作为血管直径对比；e. 血管局部放大，可见动脉极度痉挛，已经完全断血，静脉亦变窄 50% 以上，这与血管平滑肌的厚度有关，上箭头示人发，下箭头示动脉皮支

第 52 章

股静脉肌支注射

一、背景

股静脉是小鼠后肢中最大的静脉，直接行股静脉注射不但会对其造成损伤，而且还会对周围的一些血管产生影响；若在其分支行静脉注射，不但可以保持股静脉的完整性，降低不良影响，而且，还可以达到对其上游静脉给药的目的。

股静脉中部有两支主要的分支静脉：肌支和皮支。本章介绍股静脉肌支注射法。

二、解剖基础

股静脉中部有两大分支（图 52.1）：肌支和皮支。这两条血管都有同名动脉伴行。肌支（图 52.2）收集大腿内侧的肌肉血流，经过股薄肌深面、长收肌浅面进入股静脉。肌支和皮支进入股静脉的模式有三种，详见“第 51 章 股静脉皮支注射” 51 。

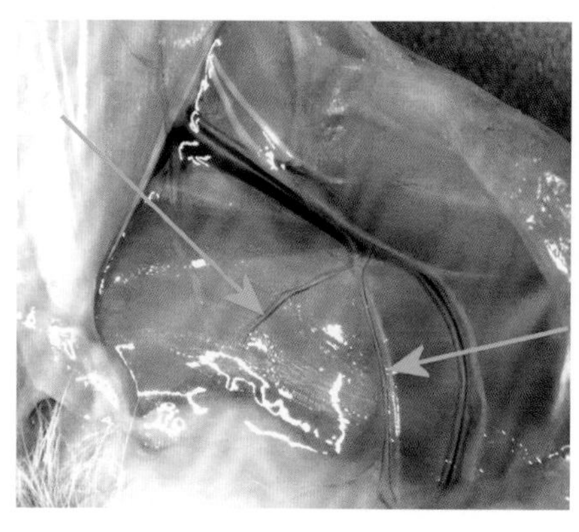

图 52.1 大腿内侧去皮照。左箭头示股静脉肌支，右箭头示股静脉皮支

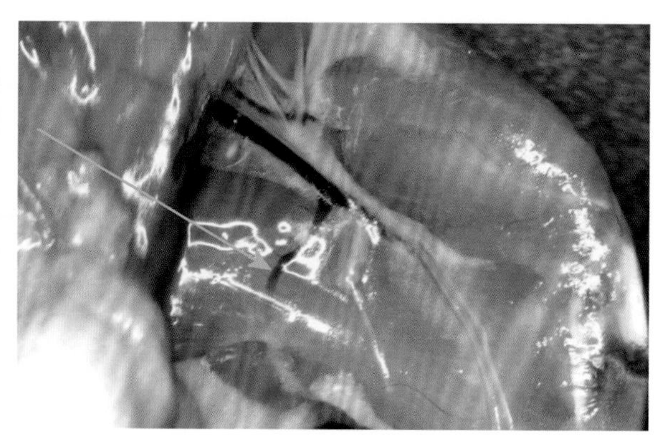

图 52.2 切除股薄肌，暴露股静脉肌支，如箭头所示

三、器械与耗材

显微镜；31 G 针头胰岛素注射器；无齿镊；皮肤镊；棉签。

四、操作方法

股静脉肌支注射法见图 52.3。▶

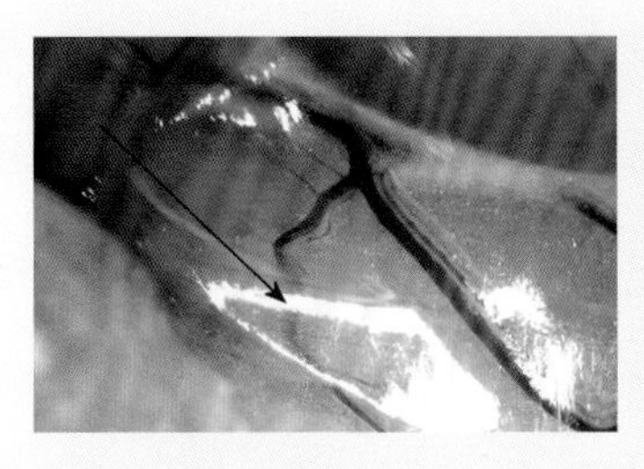

1. 小鼠常规麻醉，后肢内侧备皮。暴露股静脉 ⑲ 。箭头示股静脉肌支。→

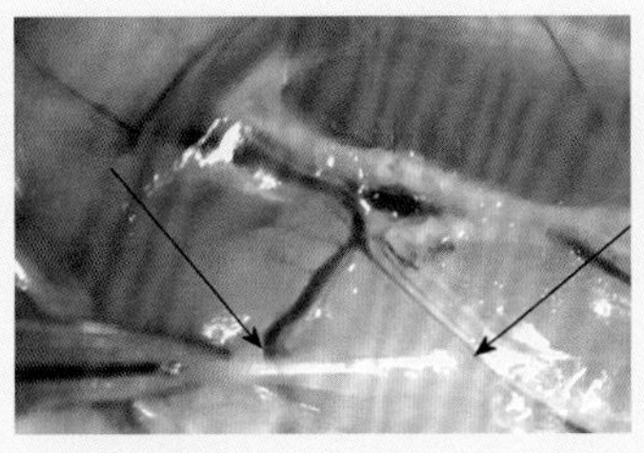

2. 为了药物进入股静脉而不向股静脉皮支分流，先用无齿镊轻拉皮支数次，令其痉挛断血。图中左箭头示股静脉肌支，右箭头示痉挛的皮支。→

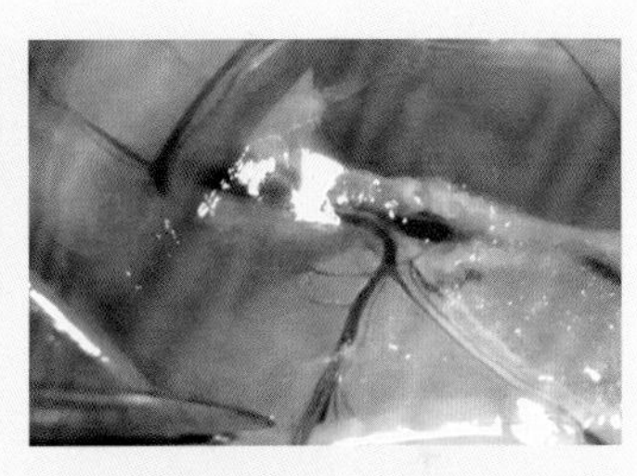

3. 用皮肤镊夹住股薄肌外缘，针头刺穿股薄肌，到达血管表面。↓

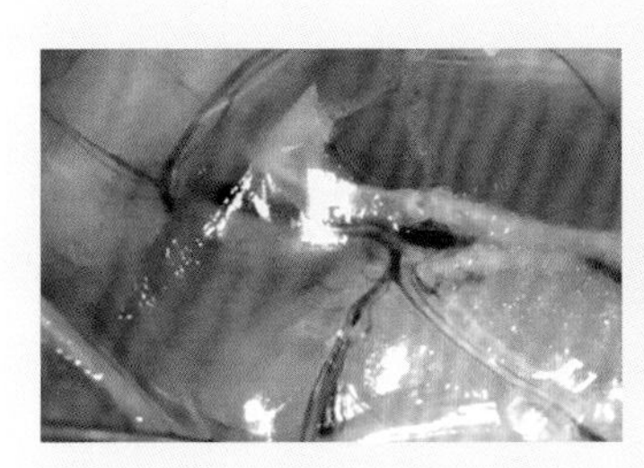

4. 将针头水平刺入股静脉肌支 2 mm。→

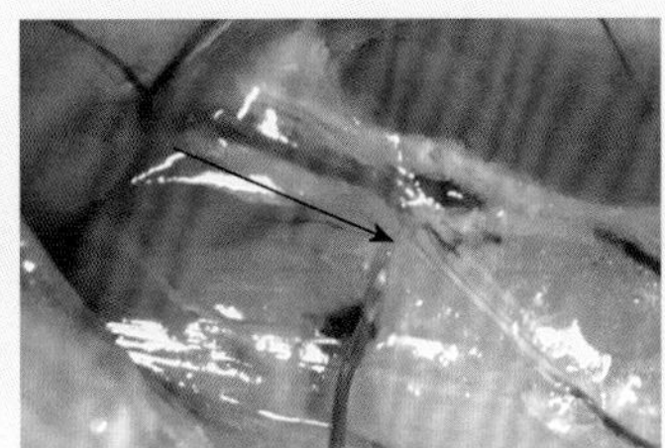

5. 匀速注射，可见针头前方静脉首先由红色变无色，如图中箭头所示。→

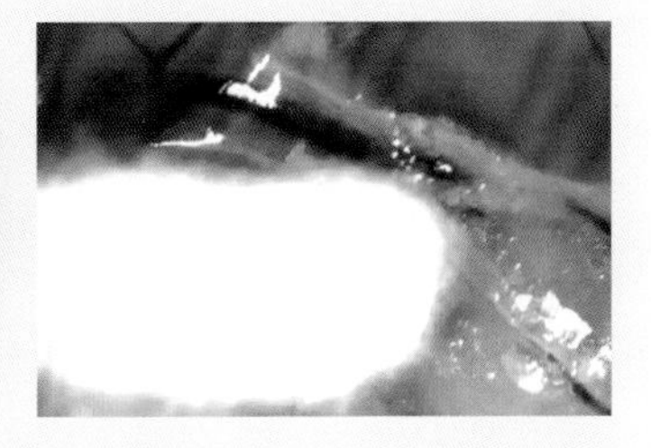

6. 注射完毕，用棉签压住进针孔拔针。↓

7. 再用第二支棉签压迫肌支静脉远端。→

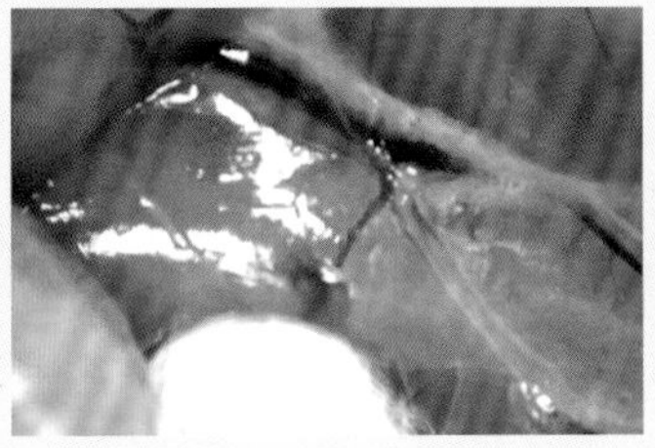

8. 30 秒后放开第一支棉签，进针孔处不会有出血。→

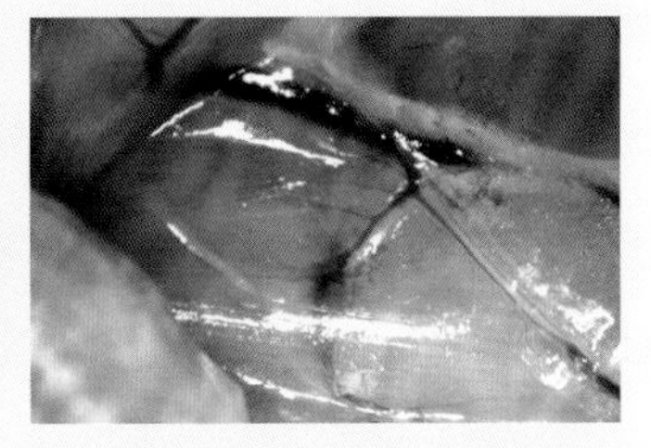

9. 再过 20 秒，轻轻抬起第二支棉签。确保进针孔没有溢血。结束注射。

图 52.3　股静脉肌支注射法

操作讨论

（1）股静脉肌支比皮支游离度小，出血状况较轻。

（2）股静脉肌支取代股静脉用于注射，可以减小拔针出血的危险，但是注射难度较股静脉大。

第 53 章

隐静脉注射

一、背景

隐静脉位于小腿内侧皮下，容易暴露，便于在显微手术中行静脉给药。由于该静脉与其深筋膜连接较紧密，可以临时阻断血流、充盈血管注射，方便快速。

二、解剖基础

隐静脉和腘静脉汇合形成股静脉（图 53.1，图 53.2），其中隐静脉汇集后肢远端内侧和爪底的血液注入股静脉。隐静脉位置表浅，走行于皮下，没有肌肉覆盖，所以操作方便，常用于采血、注射及插管等。

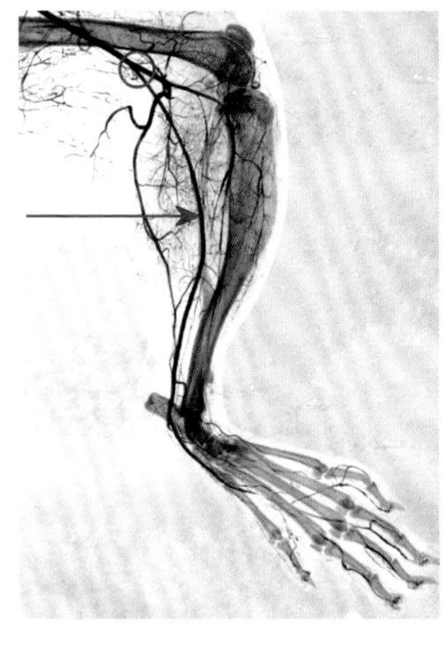

图 53.1　小鼠后肢血管造影。箭头示隐静脉，圈示股静脉、隐静脉、腘静脉的分叉处

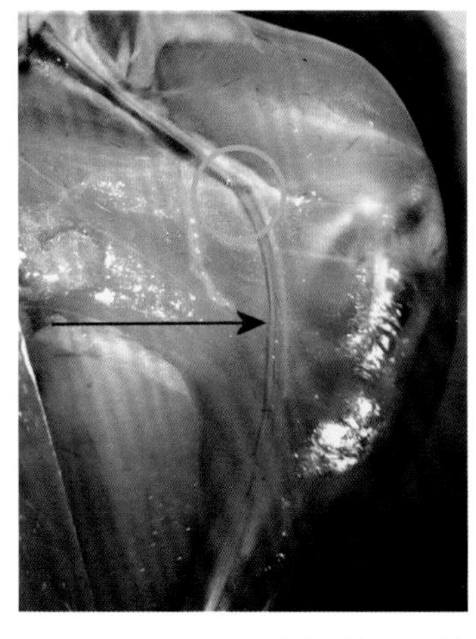

图 53.2　小鼠后肢解剖照。箭头示隐静脉，圈示股静脉、隐静脉、腘静脉的分叉处，腘静脉隐于股内直肌下

三、器械与耗材

31 G 针头胰岛素注射器，在距针尖 3 mm 处将针头向针孔侧弯曲 30°；显微镊；棉签；酒精棉片。

四、操作方法

隐静脉注射法见图 53.3。▶

1. 小鼠常规麻醉。后肢内侧备皮，取仰卧位固定双后肢。

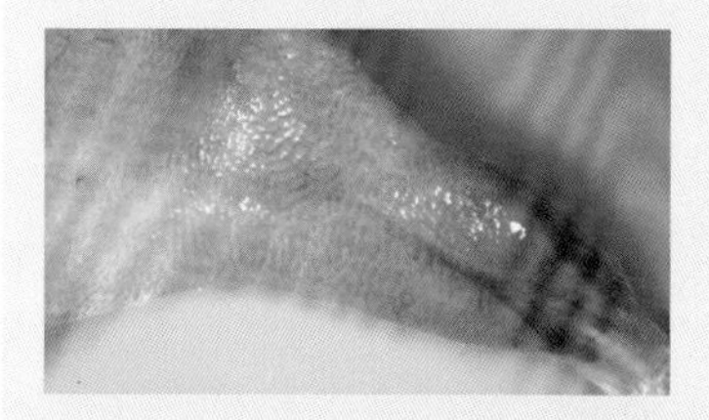

2. 用酒精棉片擦拭皮肤，使隐静脉更容易看到，便于选择皮肤切开的位置。→

3. 切开皮肤，暴露隐静脉远端数毫米。→

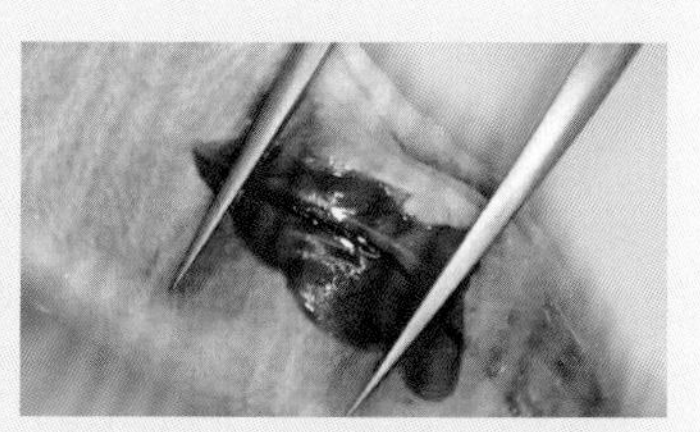

4. 用镊子左臂先压迫隐静脉近端，令血管充盈；再用右臂压迫隐静脉远端，如图，使暴露的隐静脉形成轻度向上的弓状。镊子的两臂稍向下压，同时轻度相向挤压，令血管呈弓状隆起，充盈更甚。↓

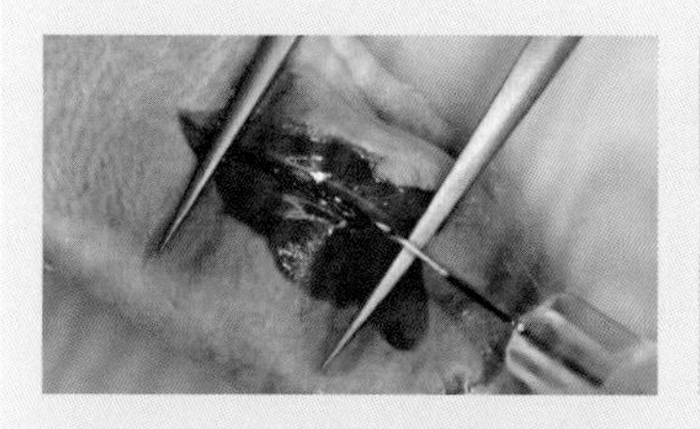

5. 将针头架在镊子右臂上，从弓状拱起的隐静脉远端刺入。→

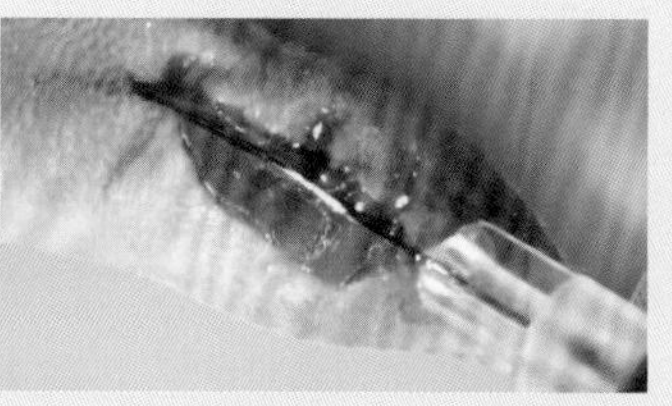

6. 针头进入静脉后放开镊子。→

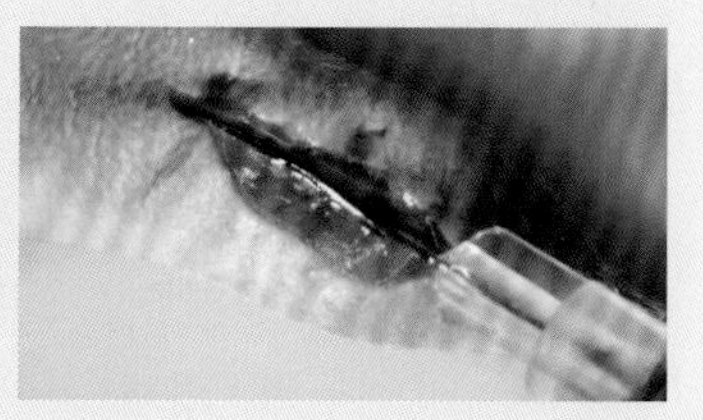

7. 匀速注射，直视下确保药液注入静脉。↓

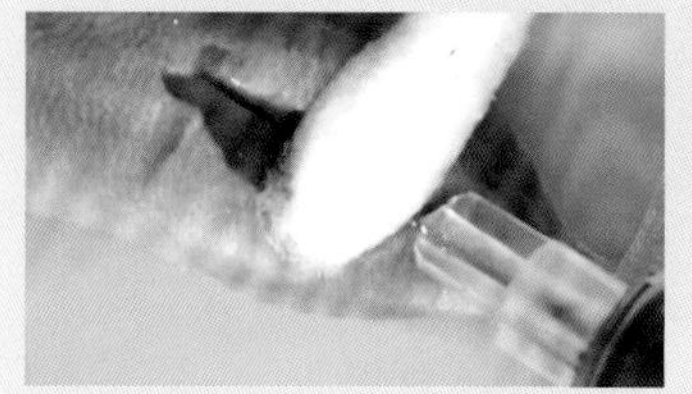

8. 注射完毕，用棉签压住进针孔。→

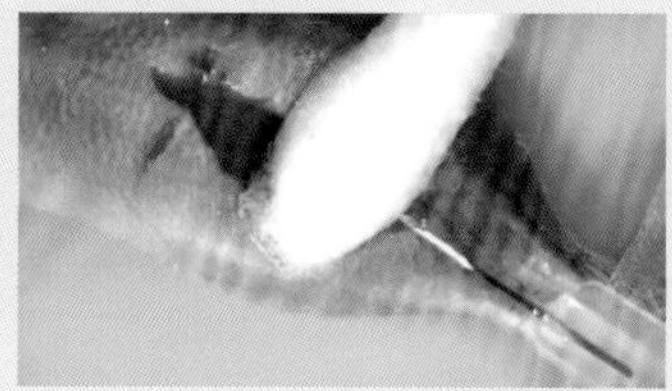

9. 在棉签压迫下拔针。→

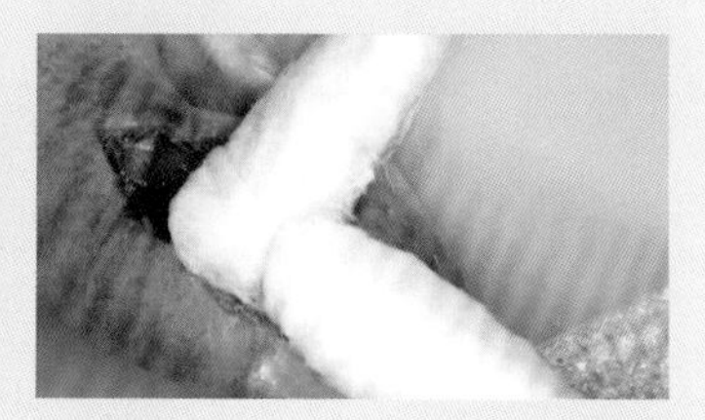

10. 用第二支棉签压迫隐静脉远端。↓

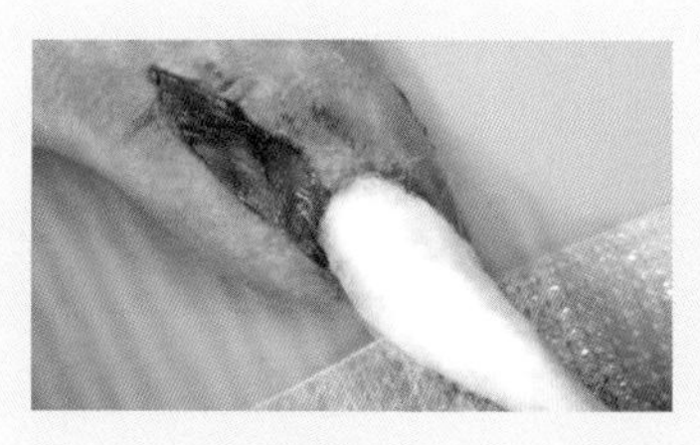

11. 40 秒后缓慢放开第一支棉签，第二支棉签保持压迫状态。→

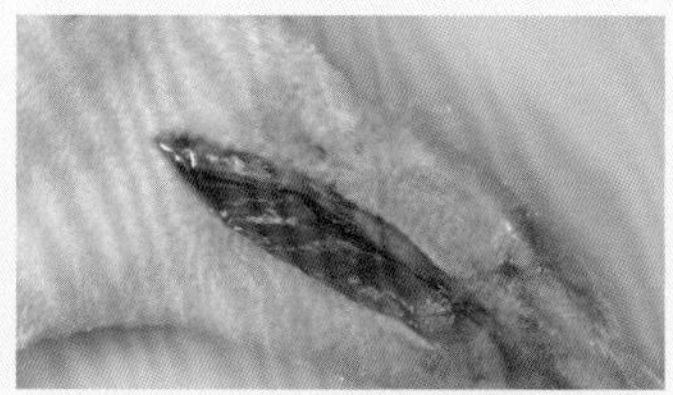

12. 第二支棉签继续压迫 20 秒，缓慢放开，确认没有出血，结束静脉注射。

图 53.3　隐静脉注射法

操作讨论

（1）切开皮肤前用酒精擦拭的目的有三个：皮肤消毒、充盈血管、增加皮下组织可见度。

（2）拔针时棉签要压迫静脉进针孔，不可压迫针尖的位置，否则拔针时会有大量出血（图 53.4）。因为这样操作压住了静脉血回心的通路。

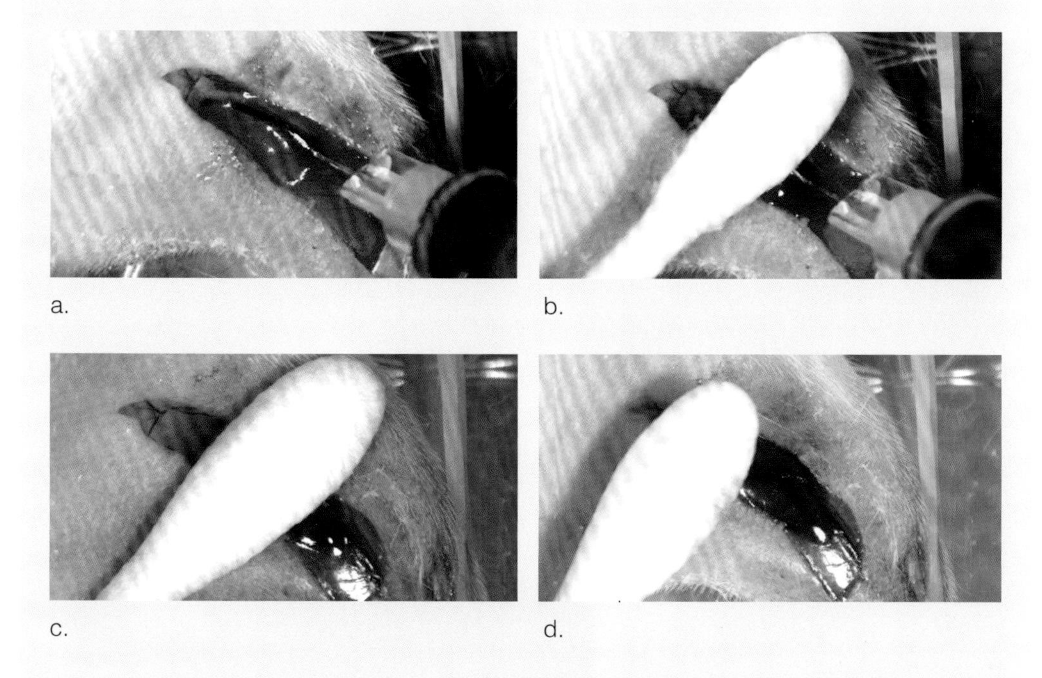

图 53.4　错误的棉签压迫止血操作。a. 顺利的隐静脉注射；b. 注射完毕，棉签错误地压在针尖处，而不是进针孔处；c. 拔针后，在棉签保持压迫状态下仍然大量出血；d. 移开棉签，可见血从进针孔流出

第 54 章

跖背静脉注射

一、背景

小鼠跖背静脉是表浅静脉，虽然暴露容易，但是操作上不是很方便，故在注射中较少使用。操作困难不在于止血，而在于如何将针头刺入如此小的静脉中。本章介绍跖背静脉注射法。

二、解剖基础

跖背静脉汇集跖尖静脉血流，进入侧缘静脉（图 54.1 ～图 54.3）。由于爪背皮肤薄，皮下脂肪少，所以静脉暴露清晰，脱毛后尤其明显。

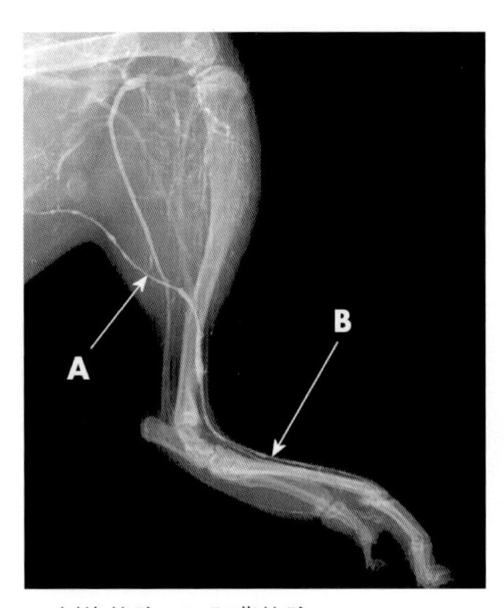

A. 侧缘静脉；B. 跖背静脉

图 54.1 小鼠后肢静脉造影

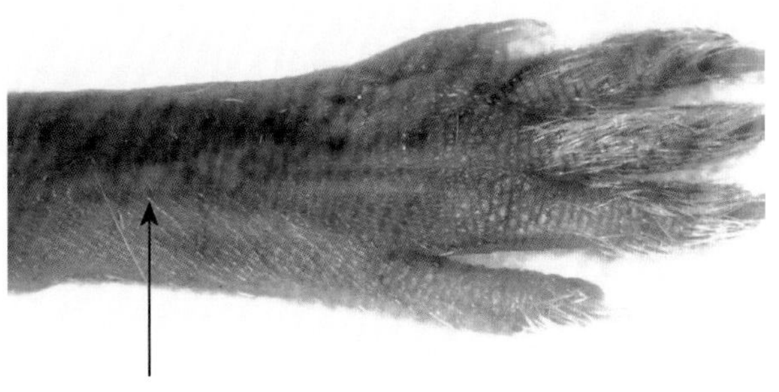

图 54.2 侧缘静脉远端，如箭头所示

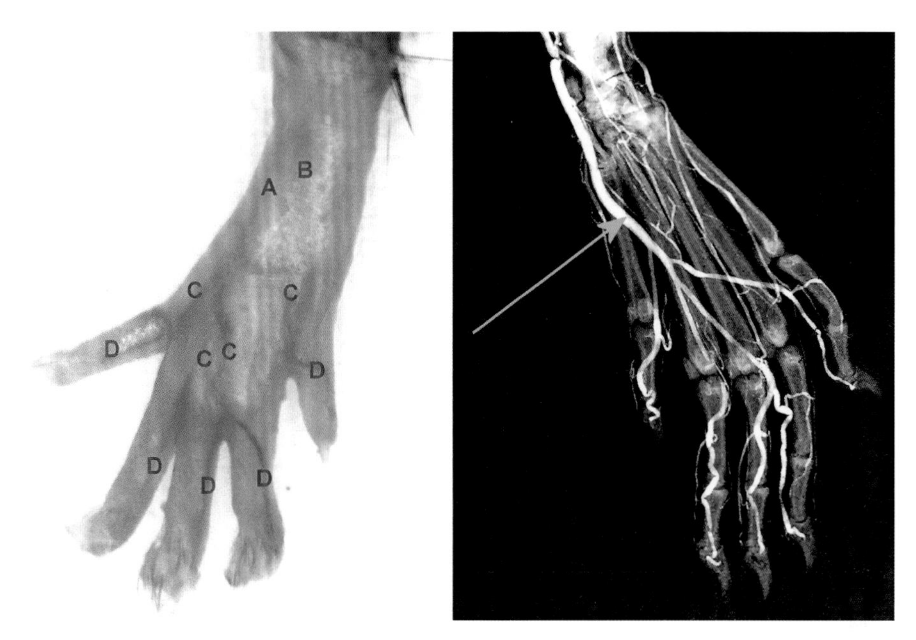

A. 侧缘静脉；B. 跗骨静脉；C. 跖背静脉；D. 趾背固有静脉

图 54.3 小鼠足背血管。左为乳胶静脉灌注照；右为显微血管动脉造影，箭头示侧缘动脉

三、器械与耗材

放大设备（非必需），如放大镜、显微镜；31 G 针头 胰岛素注射器；酒精棉片。

四、操作方法

跖背静脉注射法见图 54.4。▶

1. 小鼠常规麻醉，如操作时处于清醒状态，需他人辅助或利用器械控制小鼠。

↓

2. 爪面备皮（非必需）。

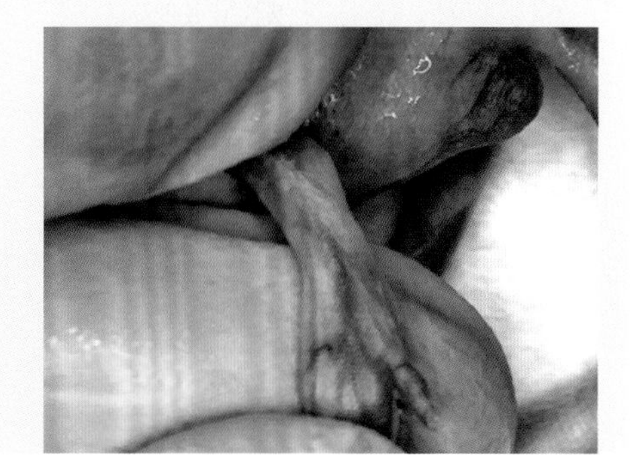

↓

3. 操作者以左手拇指和中指捏住小鼠后爪趾尖，暴露爪背的侧缘静脉，使爪面向下弯曲呈弧面。食指压住侧缘静脉近端，阻止血液回流。

4. 用酒精棉片擦拭爪背。

↓

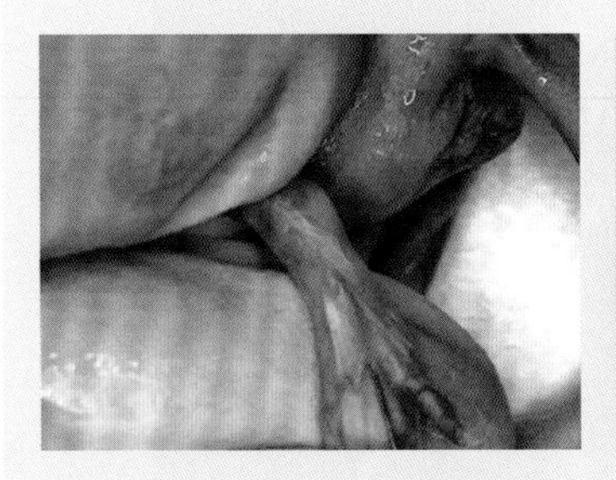

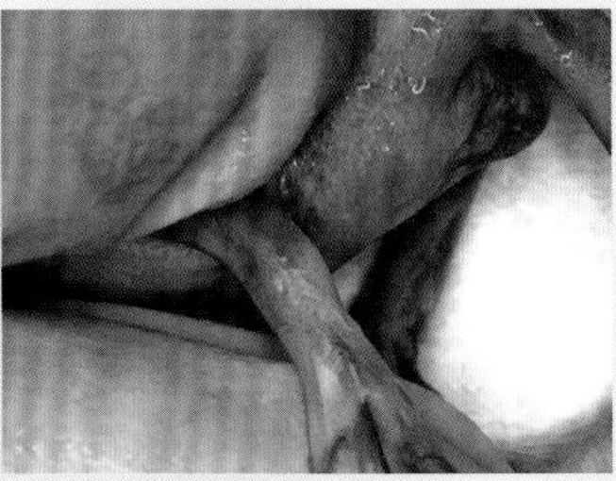

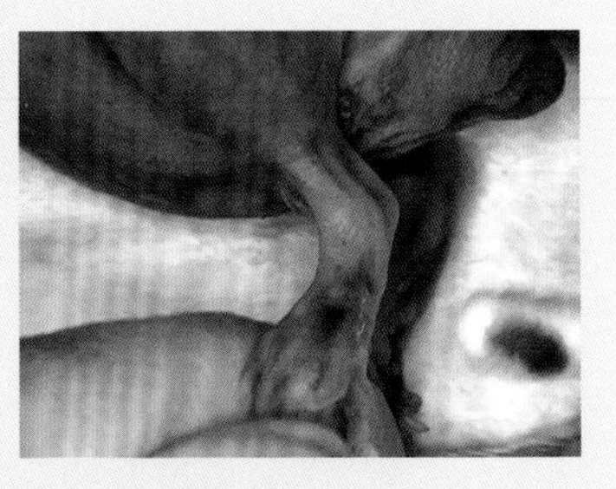

5. 将针头依托于左手拇指，针头与静脉同轴，针尖与进针点保持在同一水平面。→

6. 针尖将静脉向下轻按，水平进针 1 ~ 2 mm 后开始缓慢注射，可见静脉立刻失去血液颜色。↓

7. 注射完毕，用食指压住针头，然后抽出针头。→

8. 压迫半分钟即可松开手指，一般不会有进针孔溢血，但有时会发生皮下瘀血。

图 54.4　跖背静脉注射法

操作讨论

（1）爪部皮肤游离性大，注射时跖背静脉容易在皮下移动，所以要用拇指捏住皮肤，对抗针尖刺入皮肤时将皮肤向前顶的状态。

（2）拇指和中指捏住跖尖，拇指略靠远端，中指略靠近端，使爪面呈向下的弧形，便于水平进针。

（3）食指在注射前压迫静脉，阻止回流；注射后压迫进针孔止血。

（4）备皮脱毛有助于充分暴露静脉。

（5）麻醉使操作更轻松，但是麻醉需要花费时间。

（6）放大设备有助于操作者看清针尖进入血管的状况，但是非必需。

（7）若此方法进针点稍靠向近端，即行侧缘静脉注射。方法和效果同跖背静脉。

第 55 章

尾侧静脉注射

一、背景

小鼠尾部静脉很多，能够用来行静脉注射的，只有尾侧静脉。本章为叙述方便，尾侧静脉注射均简称为“尾静脉注射”。尾静脉注射是小鼠实验操作中最常用的方法之一，也是目前流行的静脉注射法之首选。

当前用于尾静脉注射的装置有很多种，各家手法也不尽相同。本章依据小鼠尾部的解剖特点，介绍易于掌握、对机体损伤小、造价低的三种注射法：

（1）Perry 鼠尾静脉注射固定器尾静脉注射法。该方法设备费用适中，技术要求适中。

（2）鼠尾透照注射仪尾静脉注射法。该方法技术要求低，易于掌握，但是设备费用高。

（3）徒手尾静脉注射法。该方法技术要求高，无设备要求。

二、解剖基础

小鼠尾部静脉有数百条之多（图 55.1，图 55.2），主要有尾中动静脉、尾副动脉、尾侧动静脉、尾背动静脉、尾横动静脉、尾深动静脉、尾皮动静脉等。其中，最大的静脉是尾侧静脉。伴行动脉中最大的是尾中动脉（图 55.3）。

尾侧动静脉为浅层纵向贯穿血管。动脉自臀下动脉发

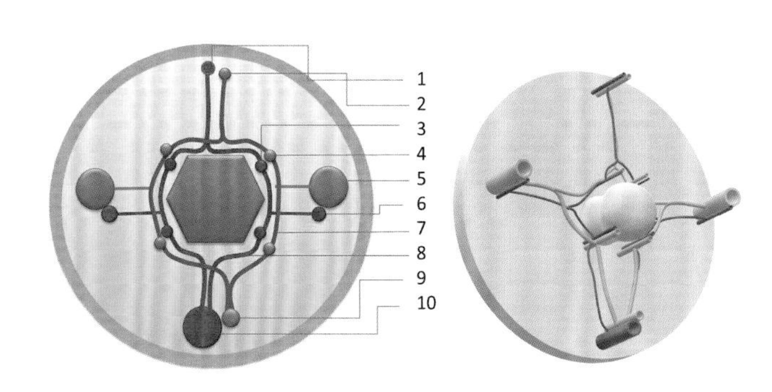

1. 尾背动脉；2. 尾背静脉；3. 尾背深动脉；4. 尾背深静脉；5. 尾侧静脉；6. 尾侧动脉；7. 尾横静脉；8. 尾横动脉；9. 尾中静脉；10. 尾中动脉

图 55.1　尾远端 1/3 处横截面血管分布示意

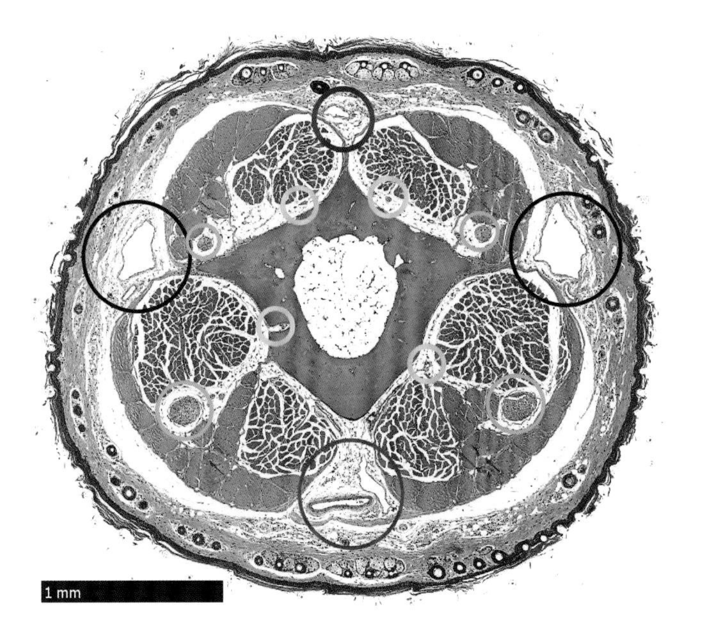

图 55.2　小鼠尾中段截面组织切片，H–E 染色。紫圈示尾背动静脉；红圈示尾中动静脉；黑圈示尾侧动静脉；黄圈示尾深动静脉；绿圈示尾神经（刘大海供图）

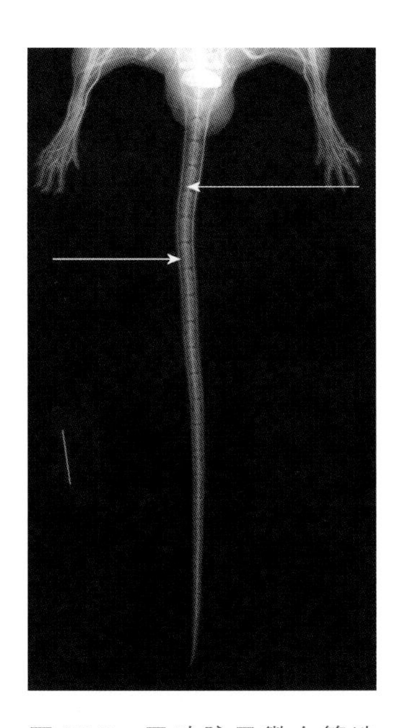

图 55.3　尾动脉显微血管造影（俯视图）。左箭头示尾侧动脉，右箭头示尾中动脉

出，同名静脉伴行，但尾侧动脉非常细小，不符合常规比例（图 55.4）。动脉于每节尾椎中部向背侧发出背横动脉，向腹侧发出腹横动脉。

尾中动脉的血流进入尾横动脉，但是尾横静脉的血流进入尾侧静脉，这是尾中动脉和尾中静脉、尾侧动脉和尾侧静脉比例异常的原因。

尾横动静脉为局部循环血管，包括三组，走行于尾椎和肌肉之间（图 55.5）。 尾中横动脉（图 55.6）始于尾中动脉；腹横动脉和背横动脉发自尾侧动脉。有同名静脉伴行。

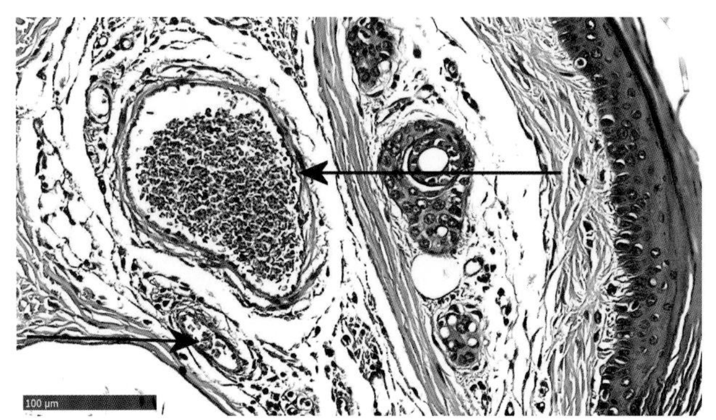

图 55.4　尾侧动静脉。右箭头示尾侧静脉，左箭头示尾侧动脉

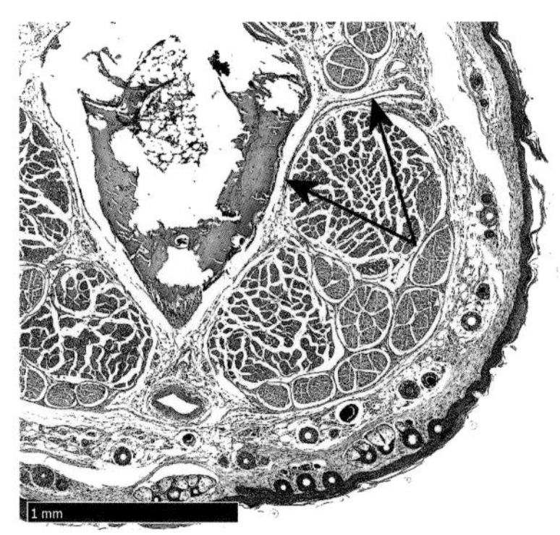

图 55.5　小鼠尾部组织切片，H–E 染色。箭头示尾横动脉

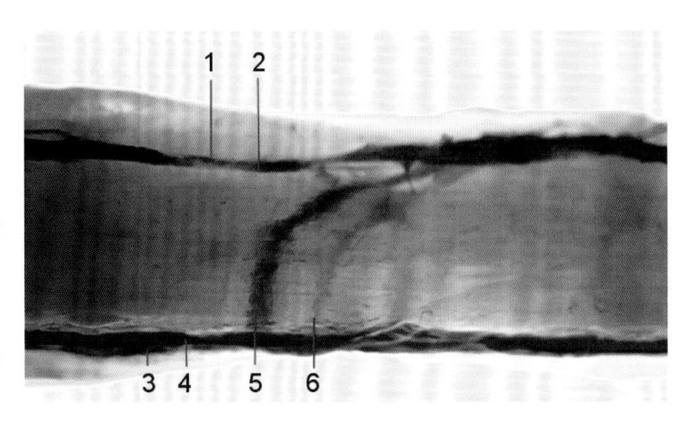

1. 尾侧动脉；2. 尾侧静脉；3. 尾中静脉；4. 尾中动脉；5. 尾中横静脉；6. 尾中横动脉

图 55.6　小鼠尾部血管乳胶灌注照，显示尾中横动静脉连接尾中动静脉和尾侧动静脉

显微血管造影显示（图 55.7），在每一个尾椎中部都有一条尾横动脉，分为数段，见图 55.1。

尾背横静脉有沟通功能（图 55.8）。当一侧尾侧静脉阻塞时，阻塞侧的血流经过尾横静脉背支进入健侧。在行小鼠尾静脉注射时，需观察左、右血管，选择合适的血管进行注射。

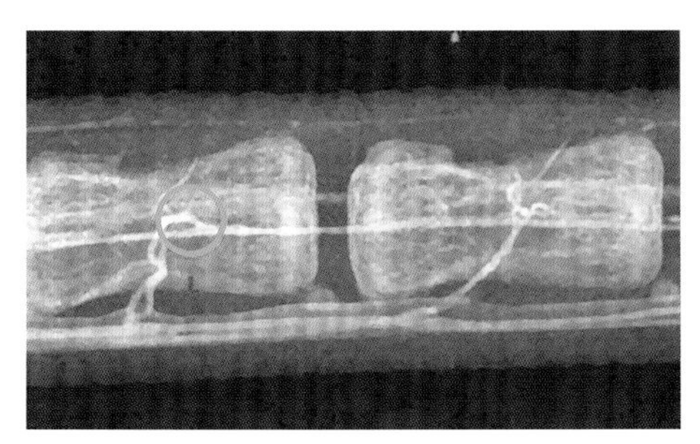

图 55.7　小鼠尾部显微动脉血管造影。圈示尾横动脉连接尾侧动脉

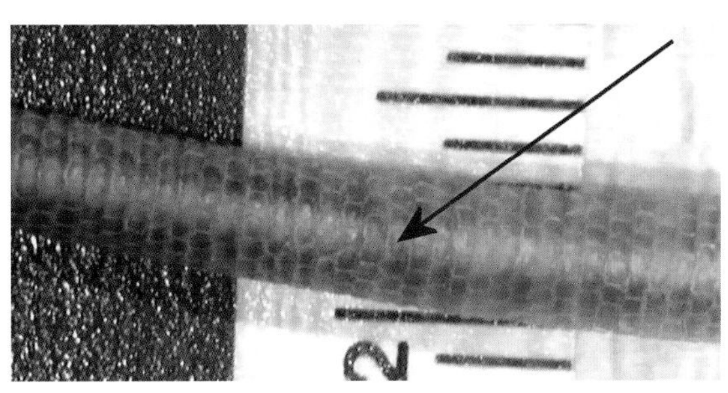

图 55.8　小鼠尾背横静脉交通支，箭头示左尾侧静脉堵塞，血液通过变粗大的尾背横静脉进入右尾侧静脉

尾表面有稀疏的体毛，有环形排列的鳞片覆盖（图 55.9）。做尾静脉注射前，无须剃毛备皮。酒精擦拭可以提高皮肤透明度，短时间扩张血管。

图 55.9　尾表面有稀疏的体毛，有环形排列的鳞片覆盖

三、器械与耗材

（1）无透照尾静脉注射控制器：可选的设备很多。本章使用的是经过作者改进的“Perry 鼠尾静脉注射固定器”（图 55.10），操作者可以在有依托的弧形水平面上进行静脉注射。

（2）鼠尾透照注射仪（图 55.11）。

（3）其他器械与耗材：照明设备；放大设备（非必需）；加热设备，如暖箱，内设电暖设备和温度控制器，自动控制温度于 41℃；29 G 针头胰岛素注射器；酒精棉片。

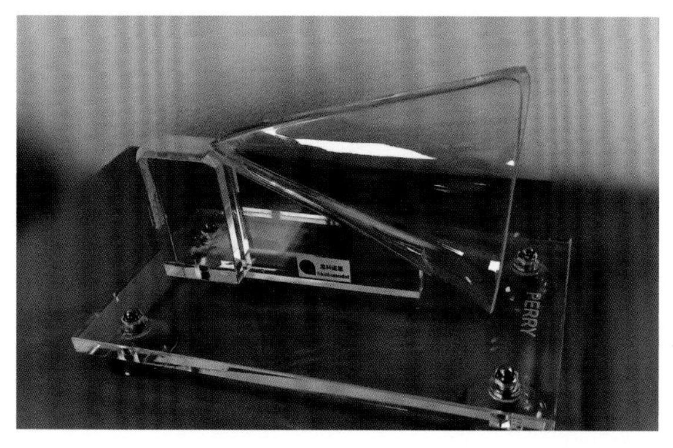

图 55.10　Perry 鼠尾静脉注射固定器［思科诺思生物科技（北京）有限公司供图］

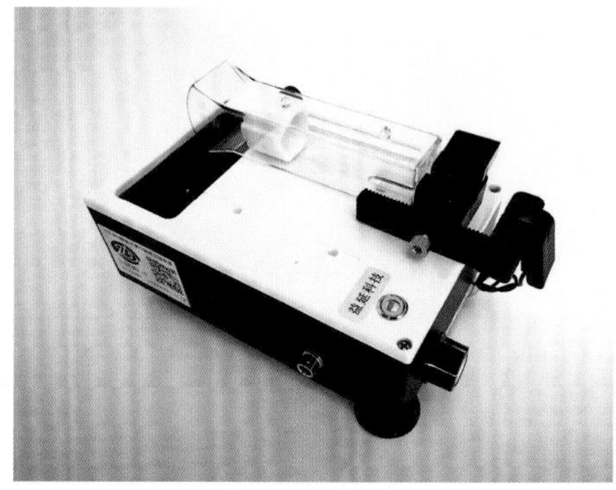

图 55.11　鼠尾透照注射仪（李晓峰供图）

四、操作方法

（一）Perry 鼠尾静脉注射固定器尾静脉注射法（图 55.12）▶

1. 将小鼠置于暖箱内约 3 分钟，在小鼠开始躁动，而未频繁蹦跳之前取出立即注射。

↓

2. 将小鼠置于 Perry 鼠尾静脉注射固定器中，从锥尖口拉出尾巴，向一侧旋转约 80°，使尾侧静脉向上。在右侧示意图中，上为食指压迫尾根部的尾侧静脉，下为拇指固定鼠尾远端。箭头示压力方向。

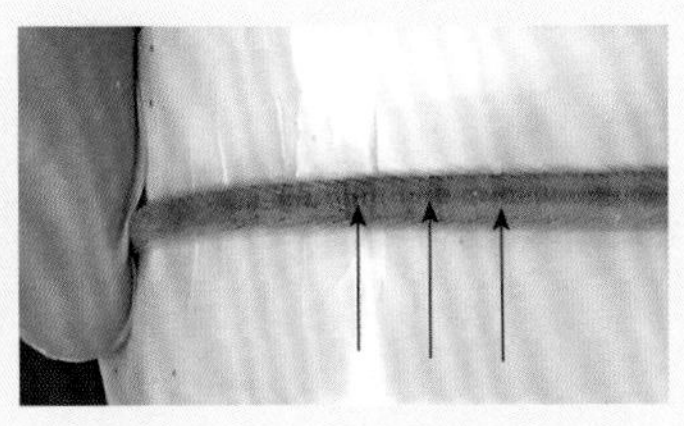

3. 操作者双肘支撑台面以稳定双手，左手食指压住尾根部的尾侧静脉，左手拇指压住向下弯曲的尾远端。保持鼠尾处于被拉紧绷直状态。→

4. 注意观察尾椎顶着尾侧静脉形成的节段状态，图中箭头示尾椎关节。拉紧尾部，关节变宽，显示更明显。→

5. 用酒精棉片擦拭鼠尾弯曲部，进一步扩张局部血管，并使血管显示得更清晰。↓

6. 右手持注射器搭靠在左手拇指内侧缘以稳定针头。↓

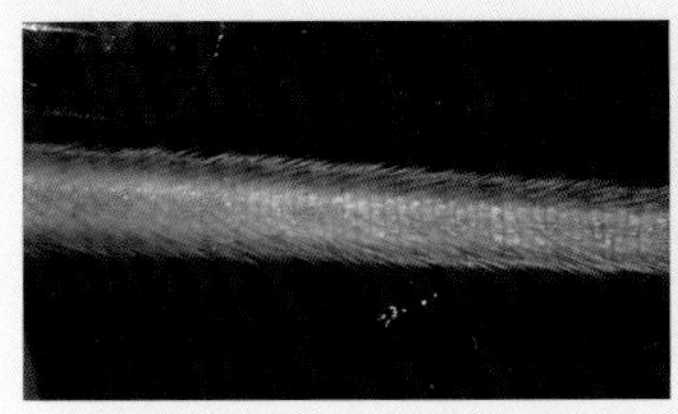

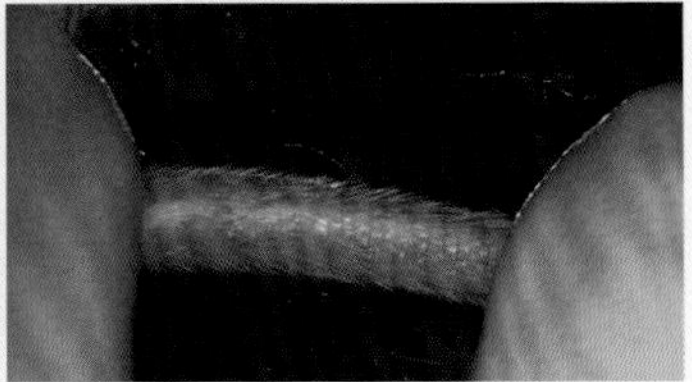

7. 左手食指压在尾侧静脉上，由尾根部向远端捋约 2 cm，可见尾侧静脉进一步充盈。左图为捋前，尾侧静脉充盈不明显；右侧为捋后，尾侧静脉充盈，明显可见。→

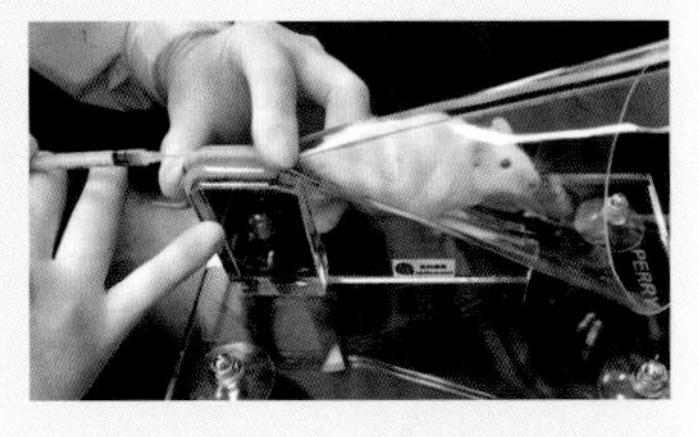

8. 针孔向上，于鼠尾弯曲部上缘，水平向下轻压尾侧静脉，使之轻度下陷后，水平刺入。↓

9. 刺入后针头轻度水平上抬，针尖稍微上翘，使针尖位于静脉通道正中，水平进入 5 mm。→

10. 匀速注射药液后，左手食指从尾根部滑到进针孔处，压住进针孔拔针。↓

11. 左手食指保持压住进针孔状态，配合拇指捏住尾巴提出小鼠归笼。不必长时间压迫止血。↓

12. 正常小鼠返笼后，针眼不会有明显的大量出血。

图 55.12 Perry 鼠尾静脉注射固定器尾静脉注射法

操作讨论

（1）注射器的预处理：使用新注射器之前，反复抽吸两次，以活动针芯和针筒内壁的接触面，避免注射时针芯与针筒过度紧密，产生较大的摩擦力，以致误以为是药液进入皮下组织所产生的注射阻力。

（2）显示尾侧静脉：① 采用适当的斜上方照明。照明不可过于明亮，以免尾部鳞片反光，看不清静脉。② 用酒精棉片擦拭不但可以刺激血管扩张，还能湿润尾部，消除尾部干燥鳞片的反光。但是擦拭后需要立即注射，以免酒精挥发时带走大量的热，导致血管收缩。③ 使用放大设备，可采用大直径放大镜或头盔式放大镜。放大倍数 2 ～ 4 倍即可。过高的放大倍数，会减少景深，反而看不清静脉，例如，在显微镜下效果就不好。

（3）充盈静脉：充盈静脉四部曲（热、阻、搽、捋）需要联合使用，搽酒精可以在固定鼠尾后，也可以在捋静脉后、进针之前，需灵活掌握。

（4）进针：

① 进针部位：最佳部位为远端 1/3 处。过远，血管太细；过近，皮肤太厚。如果需要每日进行尾静脉注射，技术熟练者，可以每日使用同一部位，减小对尾侧血管的损伤。一旦注射损伤过重，可以此部位作为多次注射的起始部位，以后逐渐近移注射点。② 进针最小损伤部位（图 55.13）：根据尾横动脉的走行规律，针尖不经过尾椎中部，可以避免刺伤尾横动静脉。③ 刺入点和刺入角度：若使用 Perry 鼠尾静脉注射固定器，鼠尾远端 1/3 处是由水平位向下弧形变换为垂直位的部位，弧形起始点为刺入点。只有这一点才能使针头由水平位刺入水平的尾侧静脉，完成 0° 刺入。

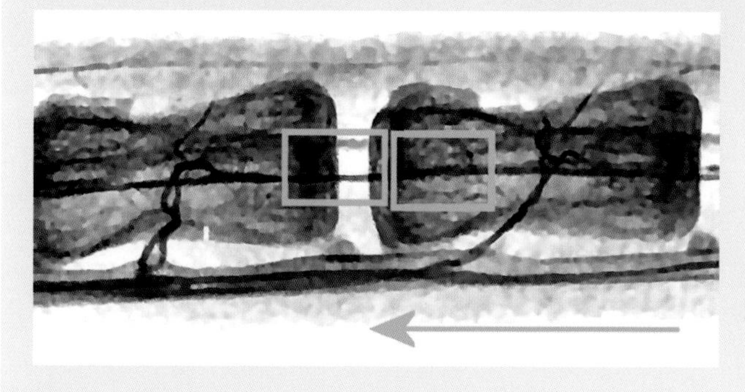

图 55.13　小鼠尾部显微血管造影。右框为针头刺入皮肤适宜区域，左框是针尖刺入静脉区域。进针方向如箭头所示

（5）进针四部曲：压、刺、翘、推。

① 针尖下压：针尖接触皮肤穿刺点后，首先水平下压，使穿刺点的皮肤下陷（图 55.14），针尖与皮肤成 90°，然后水平进针，就容易进入尾静脉。下压动作有助于确认针尖下是否为尾侧静脉。在一些尾部皮肤为深色的小鼠，往往看不清尾侧静脉，只有在尾侧静脉处，才可以轻松地下压皮肤，体会到下空感。这种感觉很容易通过实践来感知。下压动作还可以判断静脉是否充盈良好，若否，则需更换另一侧静脉。

② 刺：针尖在下压点水平刺入尾侧静脉，任何有角度的刺入都会提高操作难

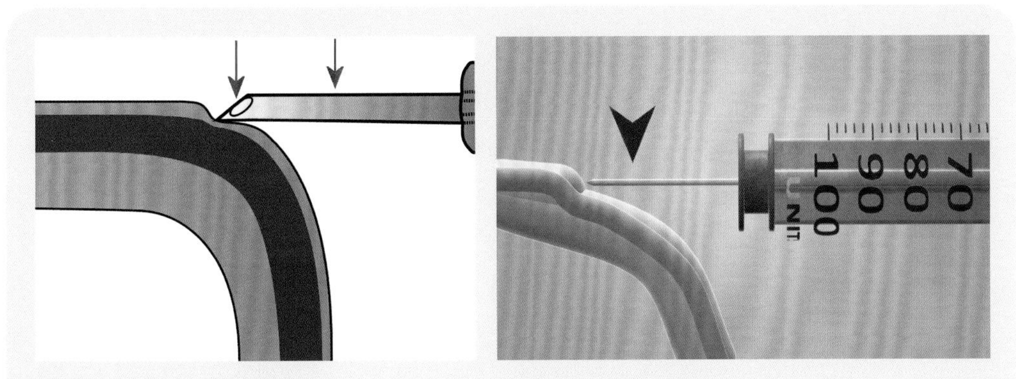

图 55.14 针尖下压示意

度。角度越大，成功率越低，所以 0° 水平刺入是最佳选择。

③ 翘：针尖翘头。静脉避免被刺穿的方法是保持针尖向上 5° 左右（图 55.15），这样前进的针尖处于静脉腔的正中。

④ 推：指整个针头水平向前推进（图 55.15）。保持轻度上翘的状态，将针头在血管内水平推进，这样进针时针尖不触及静脉壁。如果上翘过度，可以看到针头斜面的后沿轻度顶起静脉的现象。

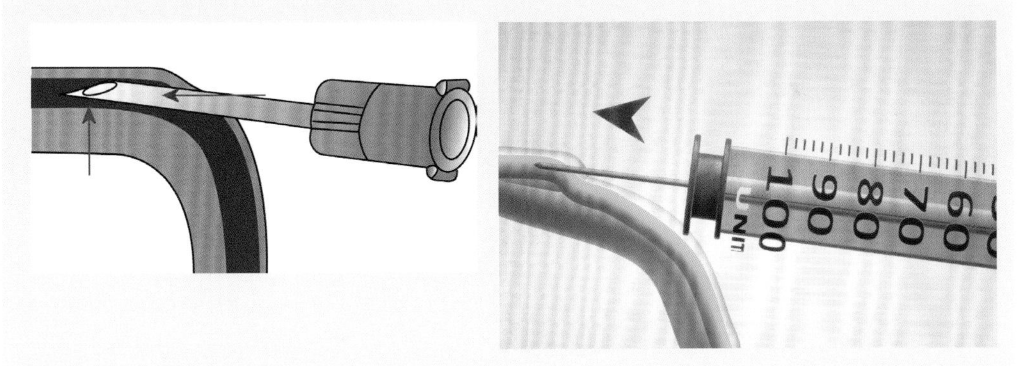

图 55. 15 针尖上翘，水平进针示意。蓝箭头示保持轻度上翘的针尖，红箭头示水平前推的方向，它与针头保持一个微小的角度，这个角度称为“安全夹角”

（6）注射感觉：针头在血管内推进时有光滑感，在血管外则会感觉阻力大。（如果反复刺入皮肤，形成皮下针道，即使针头不在血管内，也会有进针阻力小的感觉。）注射药物时，针头在血管内阻力小，当推注速度较快时，左手食指下有液体通过的感觉。裸鼠或白色小鼠被注入无色药液时，可见静脉的暗红色随着药液的注入向前消失。针头在血管外阻力大，强行注射会看到局部皮肤隆起，颜色变白，左手食指下亦没有液体通过的感觉。裸鼠或白色小鼠可见静脉前方无颜色改变。

（7）抽回血：抽回血弊大于利。为了证实针头在血管内而抽回血，有时开始注射时，会出现针头刺穿血管内壁或针头滑脱到血管外的现象。换言之，抽回血时针头在血管内，并不能保证注射时针头仍然在血管内。凭注射感觉完全可以判断针头的位置，无须抽回血。

（8）静脉选择：选取充盈良好的一侧静脉。小鼠两侧静脉直径并非完全相等，有时可见明显差异。较大的静脉在充盈处理后，颜色更加暗红，隆起度更高，下压度更大。

（9）盲打技术：有些尾部颜色极深的小鼠，看不到尾侧静脉。必须凭手感确定尾侧静脉位置。用针头的杆部横行点触尾侧部位，同时轻度旋转尾巴，当点触到尾侧静脉上面时，针头可以明显下陷，感知皮肤下面不是固体的肌肉和骨骼。再沿此位置上下纵向点触，可以发现一条纵向的明显下陷条，此条形区域下面即是尾侧静脉所在。

（10）注射成分对注射方式的要求：

① 注射一般药液，需平稳推注。

② 注射细胞，需用较大的针头，如 26 G 针头，且推注速度不可太快。

③ 需要快速注射时，针进入血管要深一些，至少 2 mm，使用大一些的针头，至少 28 G 针头。

④ 需要长时间缓慢注射时，选择蝴蝶针头或尾静脉插管。需要调控注射速度时，用蝴蝶针头连接注射器，把注射器安装在注射器泵上。

（11）不要强行做尾静脉注射的情形：

① 于刺入点用针杆水平下压，没有明显的下陷和中空感觉，这表示静脉没有充盈，或此点下面不是静脉。

② 针尖刺入皮肤感到阻力过大，表明针头不够锐利，需更换。

③ 刚刚注射失败的静脉部位，不要重复注射，因为已经有了皮下针道，很难区分针头是在针道内还是在静脉内。

（12）静脉不充盈的原因及解决方法：

① 双侧尾侧静脉的直径并非相等，有的差异很大。若一侧静脉充盈度小，可以换另一侧。

② 如静脉远端非健康血管，可尝试近端注射。

③ 刚刚注射失败的部位，血管外药物挤压血管，需改变注射部位。

（13）加热设备的选择：

① 水浴：优点是设备简单，适用于病弱小鼠；缺点是鼠尾离开水后迅速冷却，

血管扩张时间短。

② 烤灯：优点是设备简单；缺点是温度不容易控制，且不适用于病弱小鼠。

③ 暖箱：优点是温度易于控制；缺点是设备费用较以上两种设备高，且不适用于病弱小鼠。

（14）加热过程易发生的问题：

① 加热时间不够或温度过低，尾静脉充盈不充分。

② 烤灯和暖箱加热时间过长，导致小鼠死亡。

③ 热水温度过高，会灼伤小鼠皮肤，导致尾部表皮剥脱。

（15）暖箱中小鼠加温满意的评估指标：小鼠开始躁动，鼻尖、脚爪、尾尖血管扩张，呈粉红色。

（二）鼠尾透照注射仪尾静脉注射法（图 55.16）▶

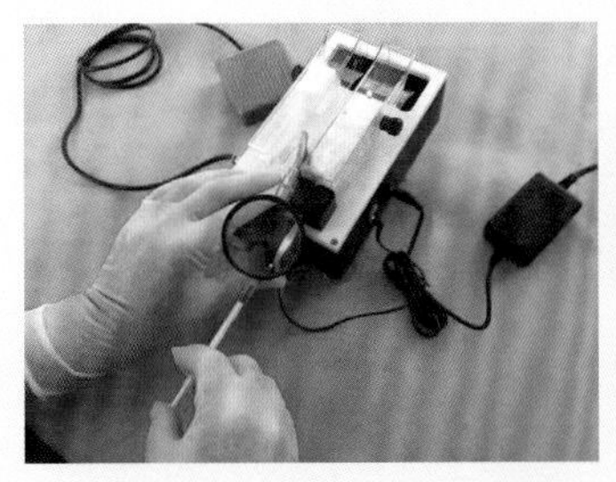

1. 小鼠无须加热，无须麻醉。将其置于控制盒中，并将控制盒安装到鼠尾透照注射仪中，尾侧静脉自然向上，合上压尾板。图中圈示透照部位。→

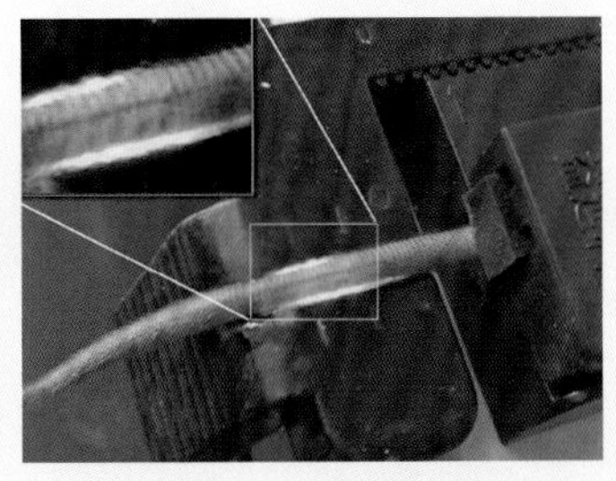

2. 开启照明，特殊光线透过尾骨，显示尾侧静脉影像。见图中左上角放大图。→

3. 左手拇指压住向下弯曲的尾远端，保持鼠尾被拉紧绷直。弯曲弧度如图中白色箭头所示。用酒精棉片擦拭鼠尾弯曲部。进一步扩张局部血管。调整放大镜对准鼠尾。 注射器搭靠在左手拇指内缘以稳定针头，如图中红箭头所示。↓

4. 针孔向上，于鼠尾弯曲部上缘，水平向下轻压尾侧静脉，使之轻度下陷后，水平刺入。↓

5. 刺入后针头轻度水平上抬，针尖稍微上翘，使针尖位于静脉通道正中，水平进入 0.5 cm。↓

6. 匀速注射药液后，左手食指压迫进针孔拔针。↓

7. 左手无名指按压按钮，开启压尾板，将小鼠控制盒取下，释放小鼠归笼。↓

8. 正常小鼠归笼后，进针孔不会有明显的大量出血。

图 55.16　鼠尾透照注射仪尾静脉注射法（李晓峰供图）

操作讨论

使用鼠尾透照注射仪的优点是操作方便、技术要求低、无须加热，按照设计要求操作，易学，易掌握。缺点是设备造价高。

（三）徒手尾静脉注射法

当没有任何设备时，也可以徒手行尾静脉注射。该方法无须麻醉，非熟练者不建议使用。

擒拿手法如图 55.17 所示：鼠尾暴露在左手无名指上。握持后，用酒精棉片擦拭尾部注射部位。右手持针，无名指和小指顶在左手上以稳定支撑。水平进针注射。

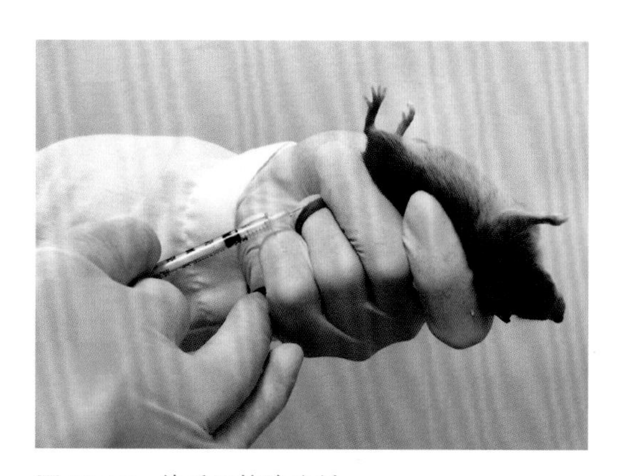

图 55.17　徒手尾静脉注射

操作讨论

此方法仅在没有尾静脉注射设备的情况下临时使用。操作者应熟练该技术，如需进行大量、长期尾静脉注射，须购买或制作相应的尾静脉注射控制装置。

膜给药

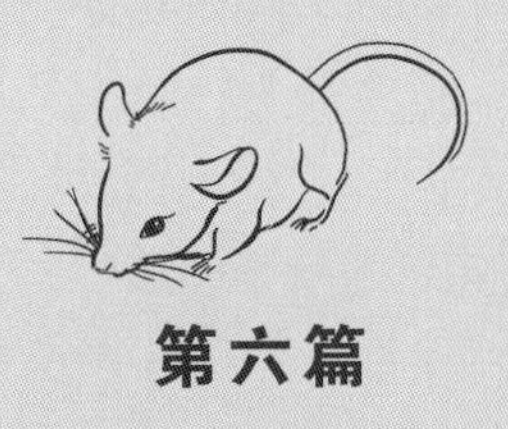

第六篇

第 56 章

膜给药概论

一、背景

一般地讲，小鼠体内的实质性器官都被各自的膜包裹，与外界或其他器官分隔。

与膜相关的给药包括对膜本身给药和对膜下器官给药。就膜本身给药而言，对于暴露的膜，传统上是将药物直接涂抹或滴注在其表面，例如，舌黏膜涂抹、角膜点滴；对膜下器官给药，传统上常用针头刺穿包裹的膜，行器官内注射。例如，肝注射、脾注射。

小鼠体重约为人体重的 0.03%，几乎所有器官与人体器官相比都有数千倍之差。目前小鼠实验中使用的手术和治疗器械，尤其是注射针头，基本是为临床治疗和手术设计的，用于小鼠所致损伤无疑比用于人体要严重得多。为避免相对巨大的针头对器官的穿刺损伤，可以考虑行器官膜下注射的方式，这对小鼠这类小型动物有着特殊的保护意义，也是小鼠体内器官给药的特殊方式。

本篇系统介绍小鼠膜给药技术。

二、解剖基础

一般器官都有膜包裹。胸腔的肺有胸膜脏层包裹，腹腔脏器有腹膜脏层包裹，这些包裹在器官表面的薄膜也称为浆膜。肝、脾、胰、肾、膀胱、子宫等脏器都有浆膜包裹（图 56.1 ～图 56.4）；肠表面的浆膜紧贴着肠平滑肌（图 56.5），直至移行为肠系膜方离开肠平滑肌；睾丸表面的膜较厚，称为白膜（图 56.6）；精囊表面也有浆膜包裹（图 56.7）；包裹在肌肉表面的膜称为肌膜（图 56.8）。

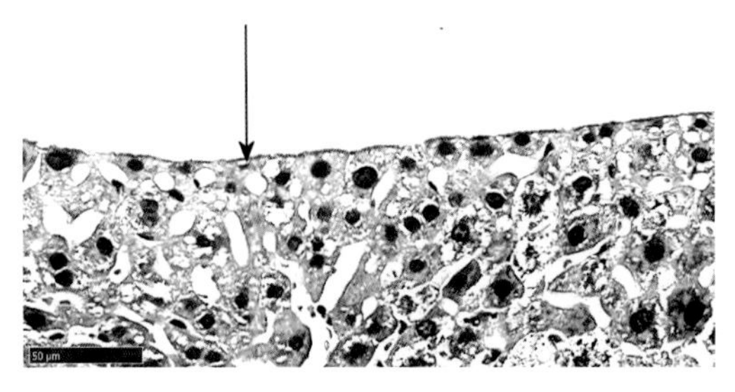

图 56.1　肝组织切片，箭头示肝浆膜

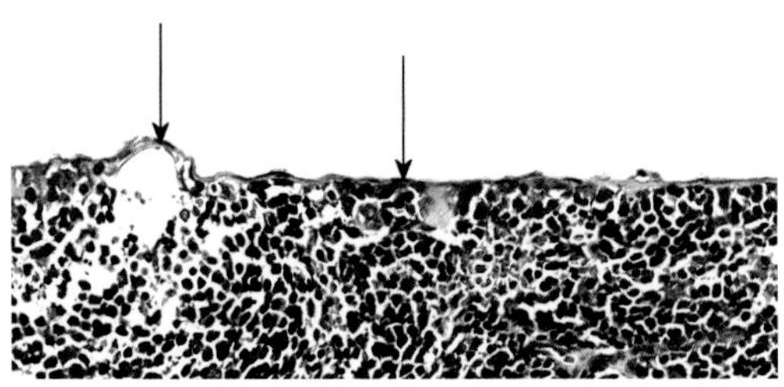

图 56.2　脾组织切片，箭头示脾浆膜

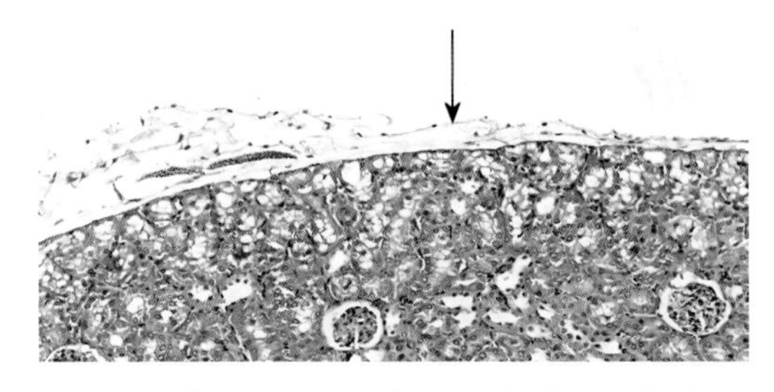

图 56.3　肾组织切片，箭头示肾浆膜。肾浆膜深面还有一层肾自身的纤维膜包裹

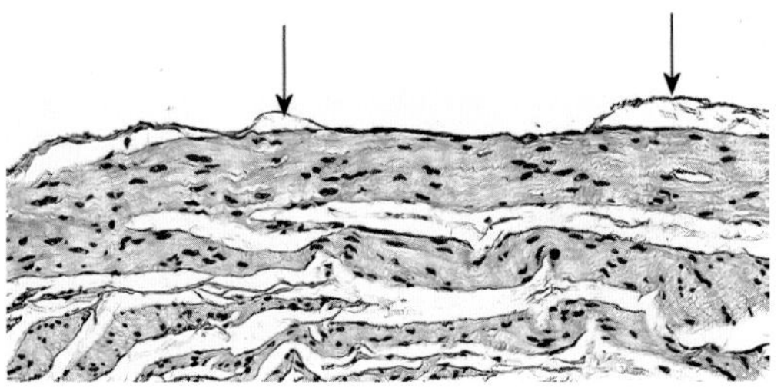

图 56.4　膀胱组织切片，箭头示膀胱浆膜。其下为膀胱逼尿肌

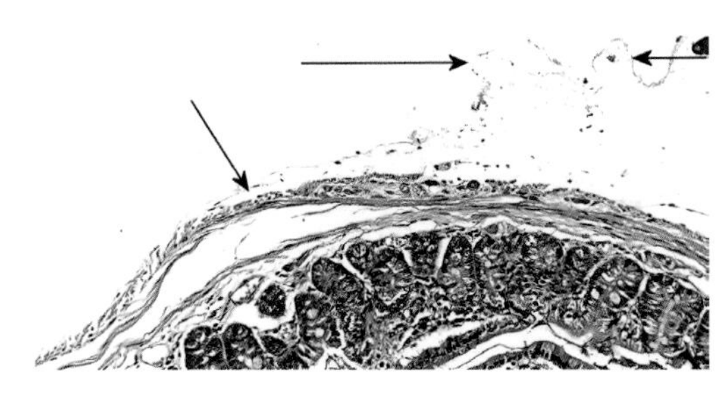

图 56.5　肠组织切片，左箭头示浆膜，上面两个箭头示肠系膜

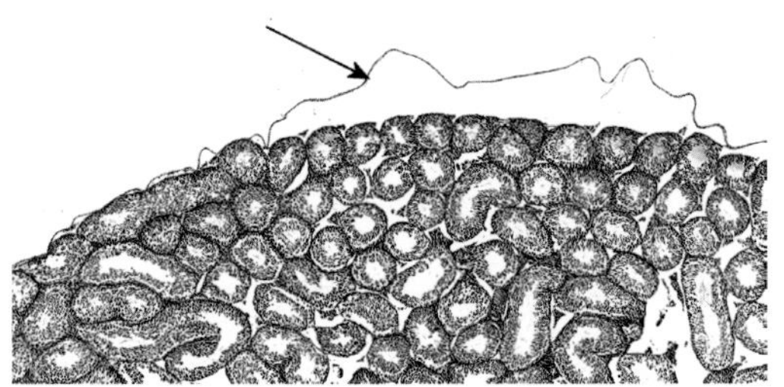

图 56.6　睾丸组织切片，箭头示白膜

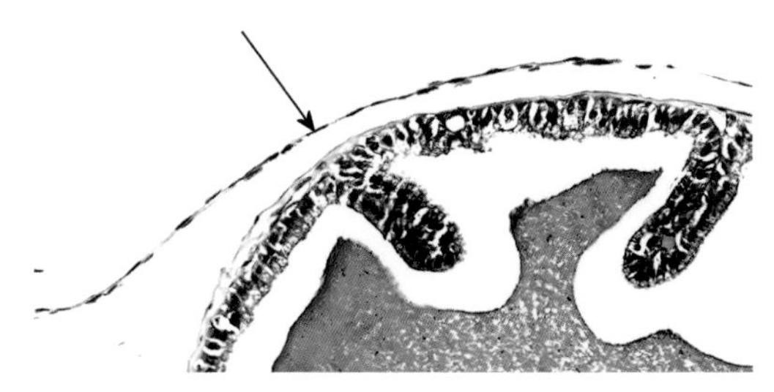

图 56.7　精囊组织切片，箭头示精囊浆膜

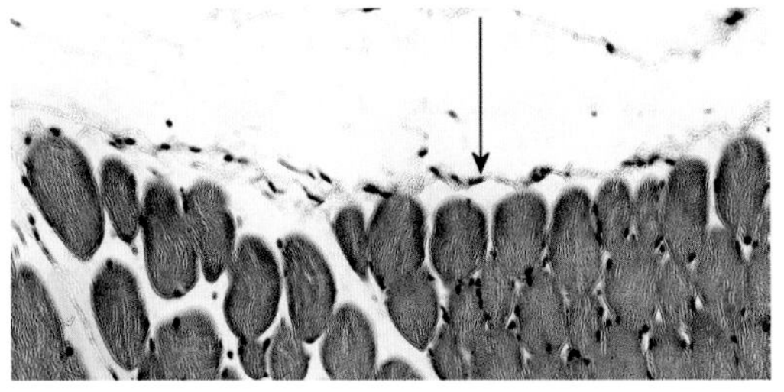

图 56.8　肌肉组织切片，箭头示骨骼肌表面的肌膜

三、操作总论

膜下注射是把药物注射到脏器与其表面包裹的膜之间，仅仅在膜上穿一个孔，针头不刺入脏器实质，对脏器本身无直接物理损伤。

在脏器表面的药物如何进入脏器？这由脏器自身结构和药物特性决定。

例如，肝的解剖结构均匀一致，药物进入肝浆膜下，直接接触肝组织，药物容易直接进入肝窦扩散。

进入肌膜下的药物会沿着肌纤维扩散，通过肌纤维间的毛细血管进入血液循环系统。

肾纤维膜下注射，药物接触肾皮质表面，需要逐层渗入肾。

脾的组织结构致密，药物注入浆膜下后，很容易进入脾静脉，而不是在脾内迅速大范围扩散。

体表直接暴露器官给药多为将药涂抹或滴在膜表面。例如，眼角膜和结膜、鼻腔等。

第 57 章

眼球表面给药

一、背景

小鼠眼球表面给药的目标有表面和深层之不同。表面目标为角膜和结膜，例如，表面浸润性麻药和荧光素等；深层目标是眼球深部组织，必要时可以在滴药后用电离子透入协助药物进入眼内，例如，散瞳剂、眼内治疗药液。眼表面用药有药水和药膏之分，两者各有特点，眼药膏使用方法较简单，本章不再赘述。眼药水滴在小鼠眼角膜表面，不易保持较长时间，是本章方法将予以解决的。

小鼠体形小，结膜囊较浅，眼药水在角膜表面维持时间短。若要求眼药水在角膜上保持较长时间，一是需要在小鼠麻醉状态下操作，二是需要不断补滴眼药水。本章介绍的眼杯制作和使用方法，可以避免频繁地补滴眼药水。

二、解剖基础

小鼠眼睑麻醉状态下不会自行关闭。 其第三眼睑（图 57.1 ～图 57.3）退化，无覆盖

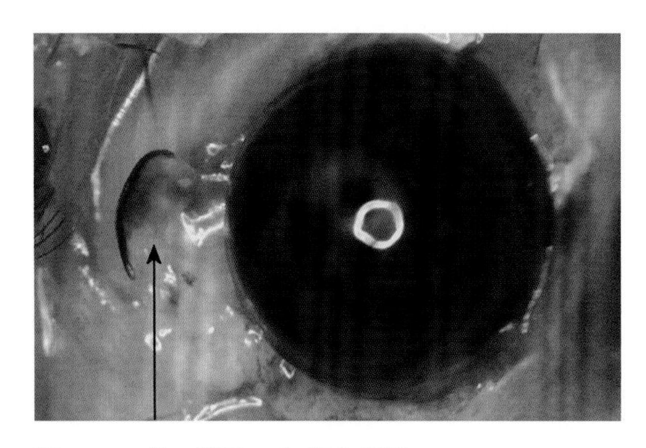

图 57.1　第三眼睑，如箭头所示

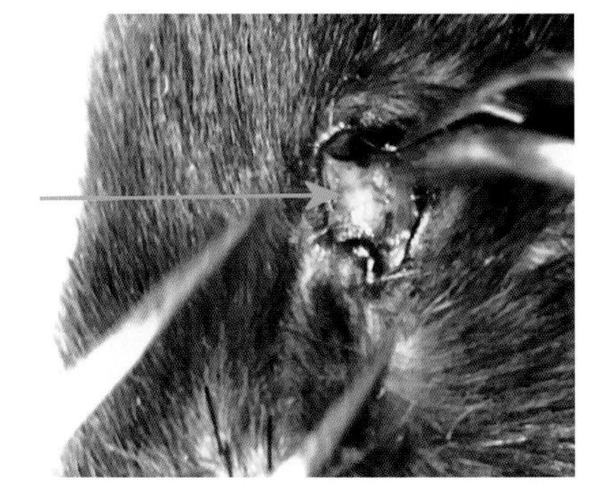

图 57.2　用镊子强行拉起第三眼睑，也不能遮盖半个角膜。箭头示拉起的第三眼睑

角膜功能。角膜与眼球同弧度（人角膜与眼球弧度相差明显），结膜囊穹隆深度约 1 mm。角膜周边有血管网分布。

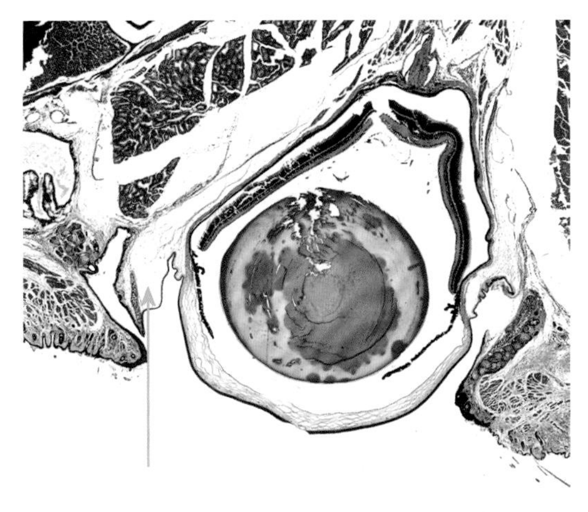

图 57.3　眼部组织切片，箭头示第三眼睑，可见其极短，仅存于内眦部（宋柳江供图）

三、器械与耗材

硅脂（图 57.4）；眼杯（图 57.5）：用硅胶环制作，内径 3 mm，底部涂薄层硅脂；无齿弯镊；钝针头。

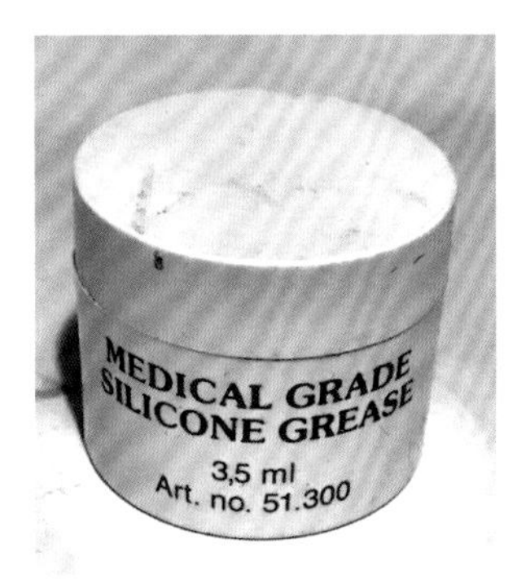

图 57.4　硅脂

图 57.5　眼杯

四、操作方法

以右眼为例介绍眼球表面给药法（图 57.6）。▶

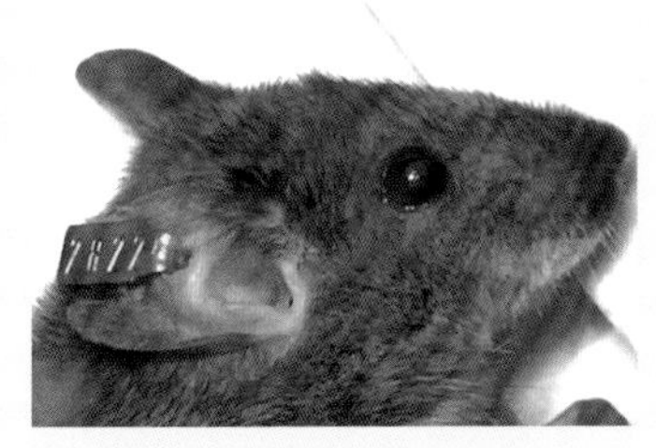

1. 小鼠常规麻醉，左侧卧。鼻部垫高，头略向上抬，使右眼球平面向上。→

2. 若短时间给药，可以直接将少量药水滴在角膜上，避免流到面部。若要角膜长时间接触药水，可以使用眼杯。→

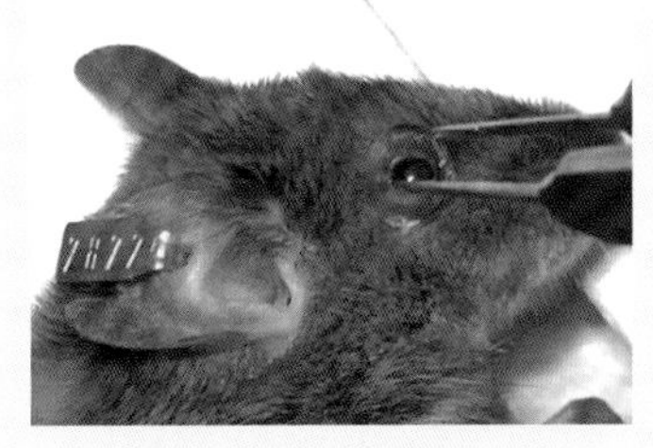

3. 将眼杯底面涂硅脂，用镊子夹住眼杯，底面向下，放到眼球上。↓

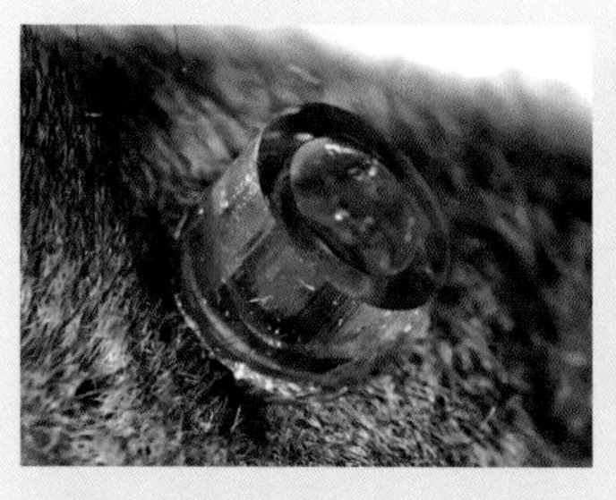

4. 轻轻旋转眼杯，使硅脂均匀环眼分布。→

5. 用钝针头将药液滴入眼杯。→

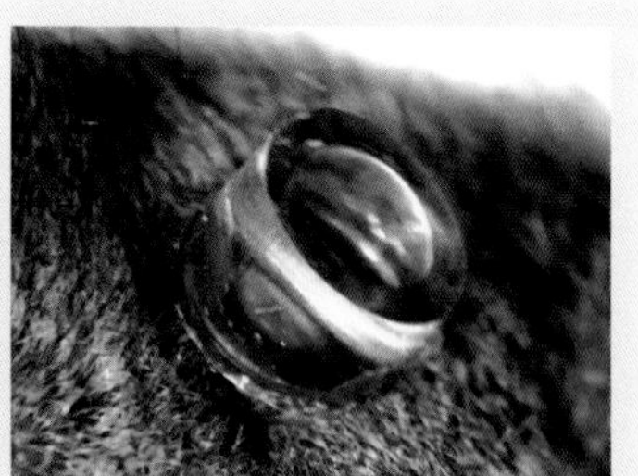

6. 可见药液滴满眼杯。↓

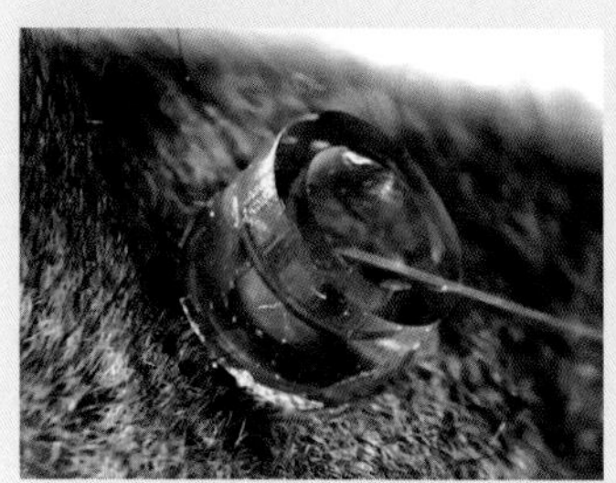

7. 结束用药时，用钝针头吸出药液。→

8. 用镊子拿开眼杯。→

9. 可见眼睛表面光滑，没有损伤，眼周会粘有少量硅脂。

图 57.6　眼球表面给药法

操作讨论

（1）本方法适于麻醉状态下的小鼠。

（2）本方法适于单眼给药。

（3）所取小鼠体位应尽量使眼球水平向上，以免眼杯中药水流出。

（4）使用钝针头滴、吸药液较为安全。

（5）使用硅脂可以防止液体泄漏。

第 58 章

球结膜下注射

一、背景

临床上，球结膜下注射是眼科局部给药的一种常用方法。 这种方法也同样适用于实验小鼠：球结膜下小剂量注射，可以用于眼科局部给药，也可用于分离巩膜与结膜；球结膜下大剂量注射可用于短时间固定眼球旋转方向和环角膜缘结膜切开手术。

二、解剖基础

小鼠眼球的基本结构与人相同，也是由角膜、巩膜、虹膜、睫状体、脉络膜、视网膜、玻璃体和晶状体等组成，不过在形态、大小上差异很大。对比人的眼球，小鼠角膜弧度与巩膜基本相同，且眼前房浅，晶状体大，眼眶浅，眼球容易在外力作用下突出。眼肌较弱，转动角度小。眼睑紧，难以翻转。

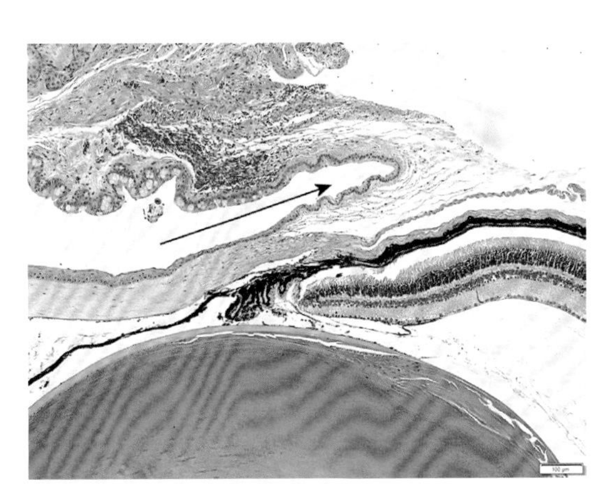

图 58.1　小鼠眼部组织切片，箭头示结膜囊（宋柳江供图）

球结膜是角膜上皮层的延伸。睑结膜覆盖眼睑的内面，与球结膜汇集形成结膜囊（图 58.1），结膜囊深度仅约 1 mm（图 58.2）。在球结膜和巩膜之间是活动度较大的结膜下空间，为疏松结缔组织，可以存有大量液体。

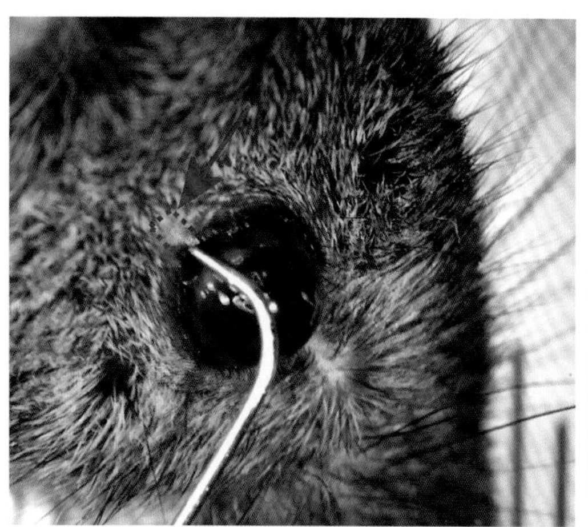
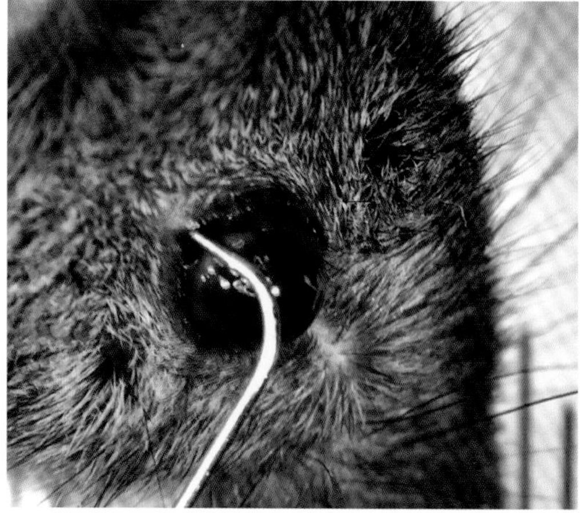

图 58.2　用探针探查结膜囊的深度。左图红色虚线示探针在结膜囊内的长度；右图示探针在皮肤表面的位置，对比可知结膜囊的深度

三、器械与耗材

31 G 针头胰岛素注射器；显微尖镊。

四、操作方法

（一）球结膜下小剂量注射法（以左眼为例）（图 58.3）▶

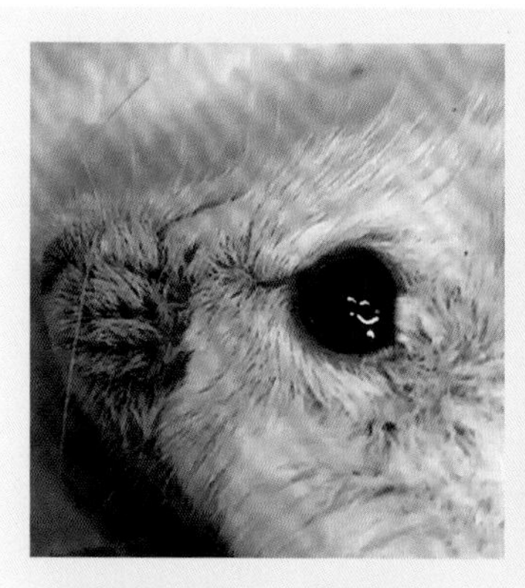

1. 小鼠常规麻醉，取右侧卧。↓
2. 用镊子夹住外眦皮肤，向外侧稍加牵引，暴露球结膜和角膜的连接部位。→

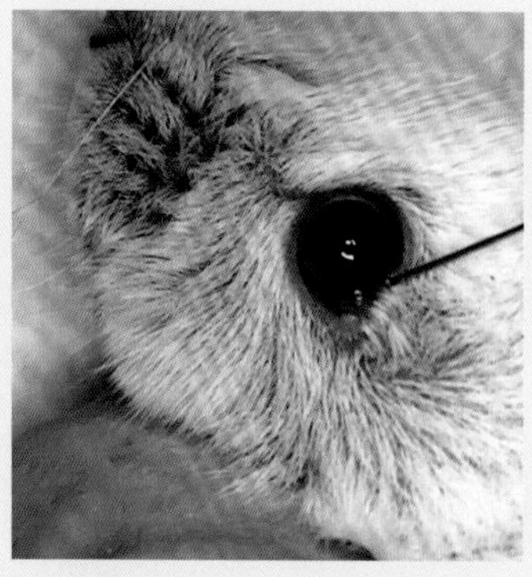

3. 于眼球上方，靠近角膜缘的球结膜处，平行角膜缘水平向外下方进针。→

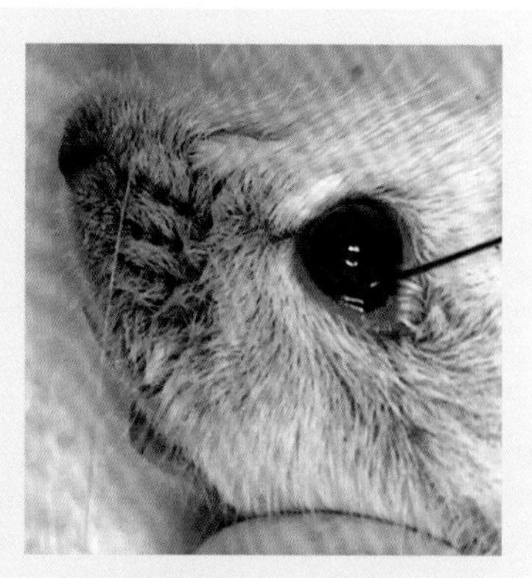

4. 针孔完全进入球结膜下后，开始缓慢注射。↓

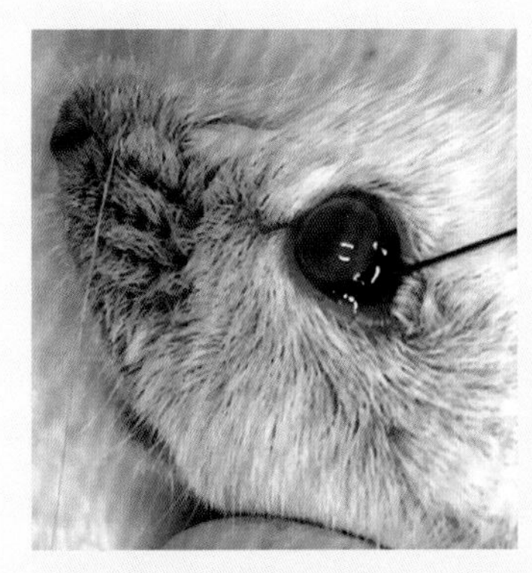

5. 此时可见球结膜随注入量增加而隆起。→

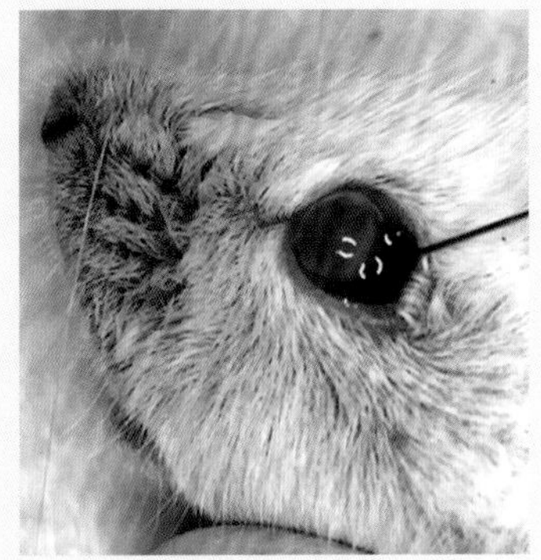

6. 一般注射数微升即可。→

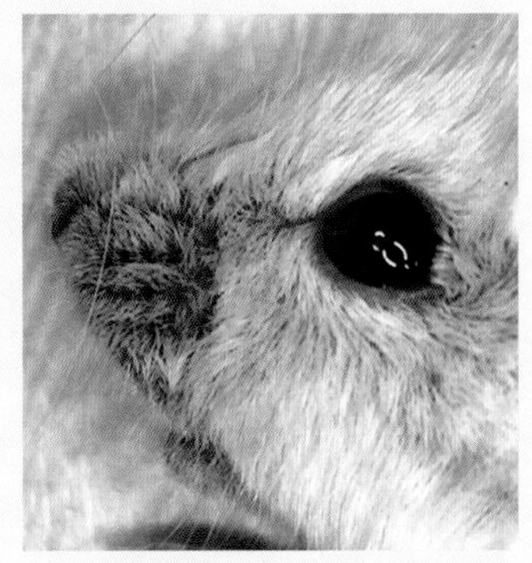

7. 注射完毕，匀速拔针。如果不是过量注射，一般不会有明显的药物泄漏。

图 58.3　球结膜下小剂量注射法

（二）球结膜下大剂量注射法（以右眼为例）（图 58.4）▶

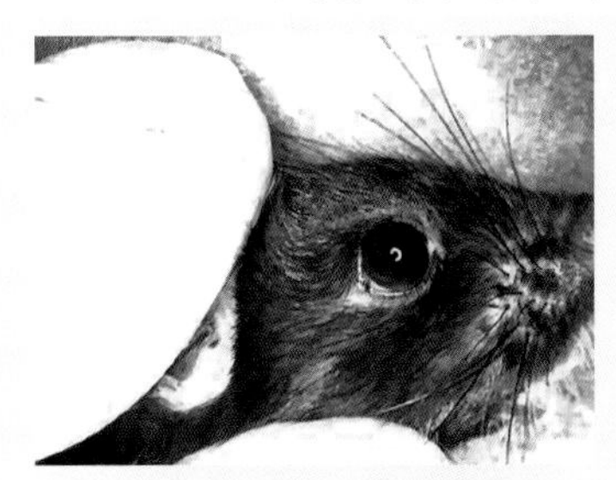

1. 小鼠常规麻醉，取左侧卧。→

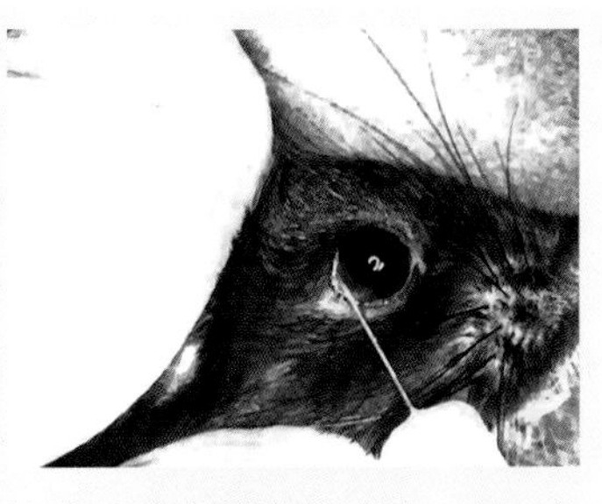

2. 针头在角膜缘 6 点处，向 9 点方向刺入球结膜下 1 mm。→

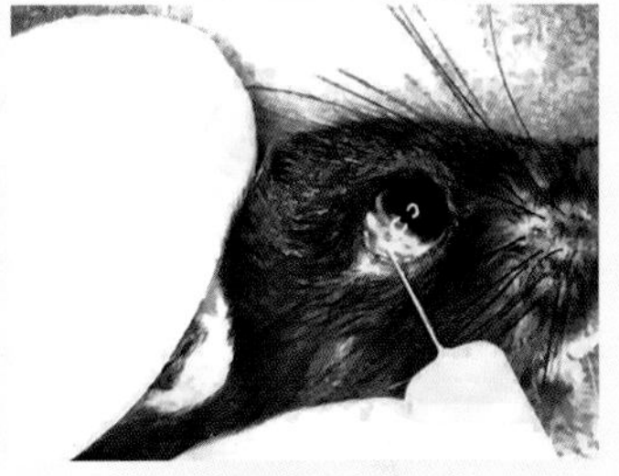

3. 注入少许药液，继续沿角膜缘深入针头达到 9 点处。↓

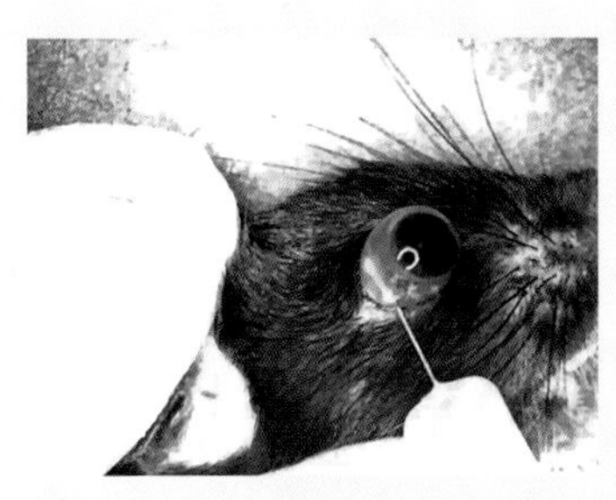

4. 继续注入药液，直至上方球结膜完全充盈，眼球突出眶外。→

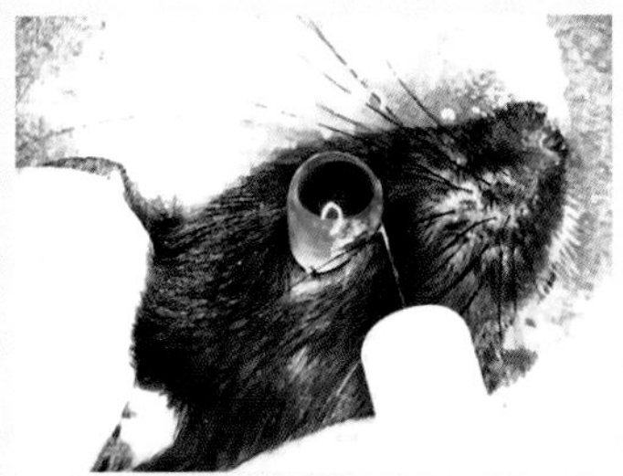

5. 抽出针头，转而由角膜缘 6 点处向 3 点处刺入球结膜下，继续注射。→

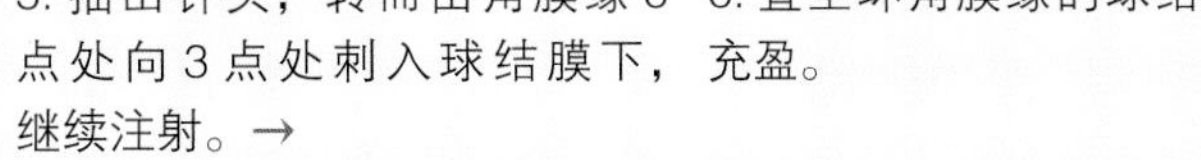

6. 直至环角膜缘的球结膜完全充盈。

图 58.4　球结膜下大剂量注射法

（三）固定眼球注射法

若在球结膜下一个点位过量注射，可使球结膜局部隆起，眼球向对侧旋转、固定。注意，此时眼睑无法闭合以覆盖眼球。在图 58.5 中，从角膜缘 3 点处注射，使眼球向 9 点方向旋转。

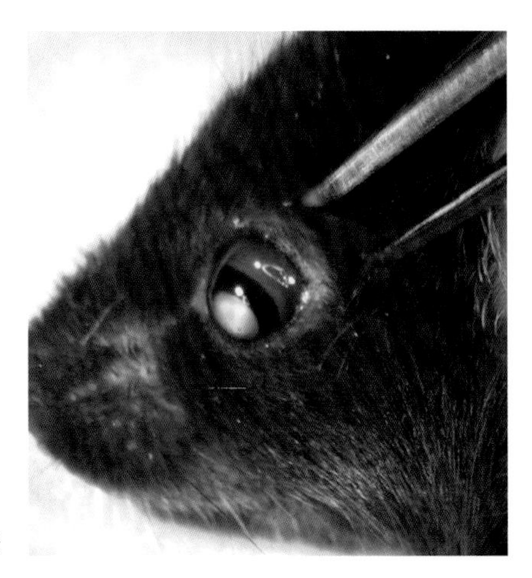

图 58.5　固定眼球注射法

操作讨论

（1）球结膜下注射会导致一定时间的眼睑闭合不良（图 58.5），继而因干燥导致角膜损伤，可在注射后局部涂抹眼药膏来保护角膜。眼睑闭合不良的时间取决于球结膜下药液注射量。

（2）为了保证药液存于结膜下，必须保证注射液不大量泄漏，所以要沿角膜缘进针，以避免刺穿球结膜。图 58.6 显示没有平行于角膜缘进针而刺穿球结膜的状况。

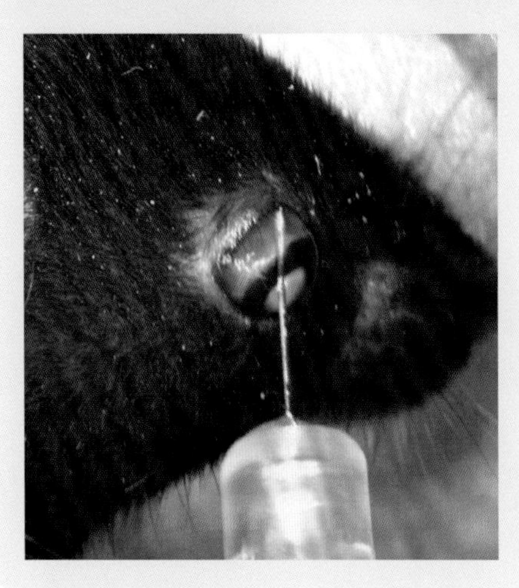

图 58.6　没有平行于角膜缘进针而刺穿球结膜的状况

第 59 章

舌黏膜下注射

一、背景

舌黏膜下注射多用于：

（1）无损伤舌肌注射给药。如同肌肉无损伤的肌膜下注射一样，针头仅仅刺入舌黏膜下注射，既达到向舌肌给药的目的，又避免损伤舌肌。

（2）黏膜切开。先行舌黏膜下注射，以保证针头能够紧贴黏膜下穿行，再用尖刀刺进针孔，同针头一起拔出，达到划开舌黏膜而不损伤舌肌的目的。

二、解剖基础

小鼠舌黏膜分背侧（图 59.1）和腹侧（图 59.2）。背侧和边缘以及舌尖覆盖有味蕾层；腹侧没有味蕾层，仅覆以黏膜层。舌腹面左、右各有一条舌下静脉，在距离舌尖约 2 mm 处从深部走行到黏膜下，并向两侧发出多支水平的小静脉分支（图 59.3）。黏膜下有丰富的小血管和舌下静脉水平走行 ⑫ 。

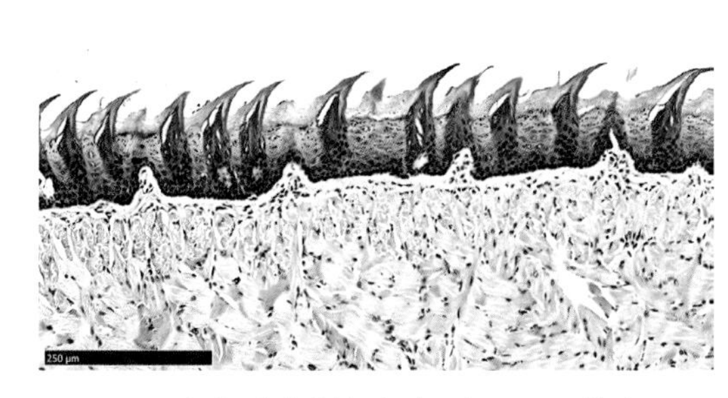

图 59.1 小鼠舌背侧组织切片，H–E 染色。示味蕾层

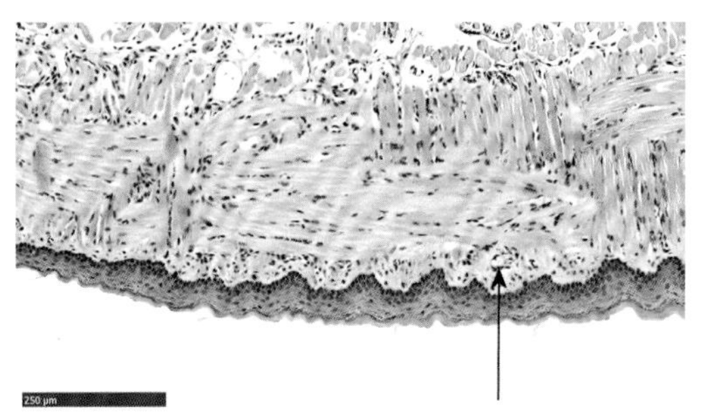

图 59.2 小鼠舌腹侧组织切片，H–E 染色。箭头示黏膜层下的细小血管

腹面舌黏膜厚度不及 0.1 mm，其下为肌层。肌层有舌深动静脉相伴走行。舌深动脉（图 59.4）发出细小分支向舌肌供血。

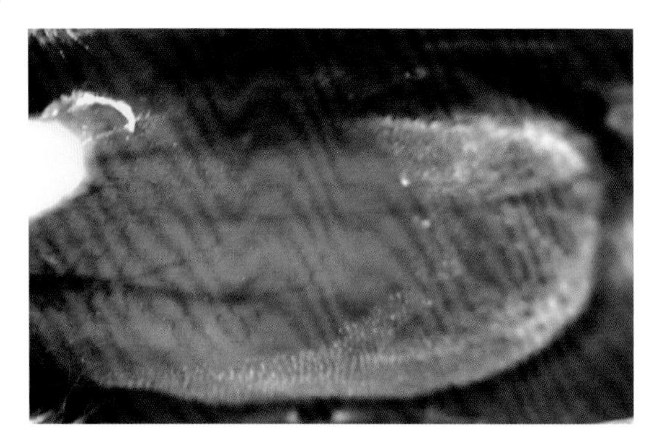

图 59.3　舌下静脉

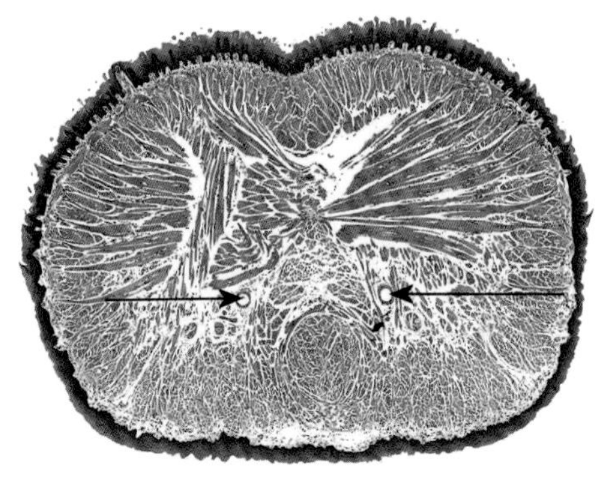

图 59.4　舌横断面组织切片，H–E 染色。箭头示双侧舌深动脉

三、器械与耗材

开口器 ⑫；31 G 针头胰岛素注射器，针头向针孔侧弯曲 15°；平镊。

四、操作方法

舌黏膜下注射法见图 59.5。▶

1. 小鼠麻醉满意后，仰卧于手术台上，安装开口器 ⑫。

↓

2. 用镊子拉出舌头，舌腹面向上。

↓

3. 将针孔向上，在距舌尖 3 mm 处、舌正中线一侧刺入黏膜，紧贴黏膜下潜行。直视下始终可以清晰地看到黏膜下的针尖。

↓

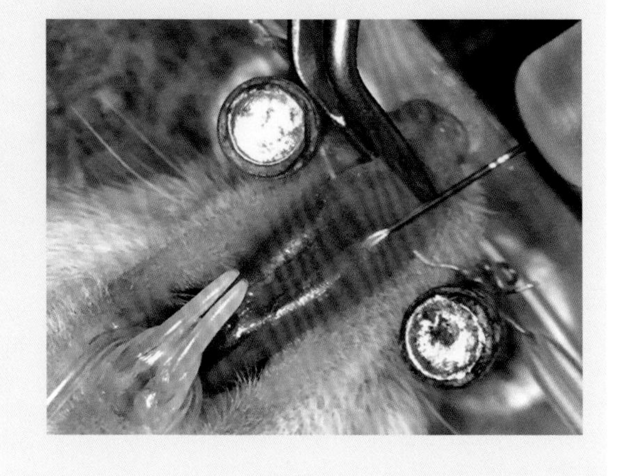

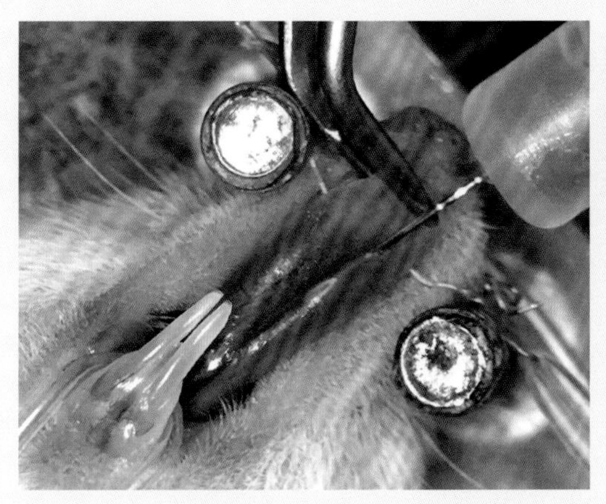

4. 针尖进入舌黏膜下潜行 1 mm 后，方可开始注射。→

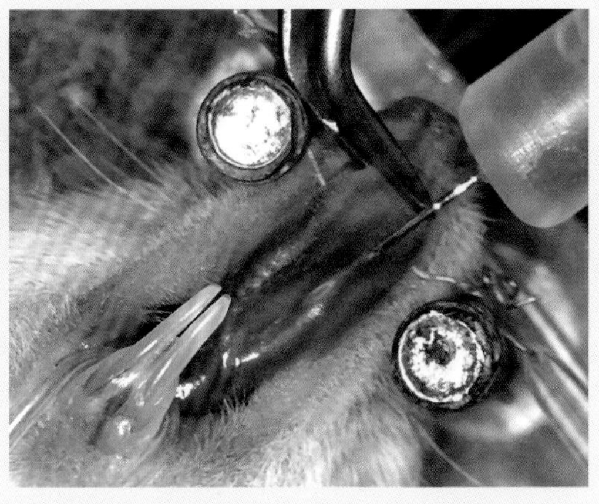

5. 随着药液的进入，可见黏膜下组织膨胀。如需注入更多的药液，则需不断将针头紧贴舌黏膜前行。↓

6. 针尖到膨胀部分的最前端时，停止前行，再注入少量药液，继续在膨胀区前行，直至注入所需的药液。棉签压迫进针孔拔针。↓

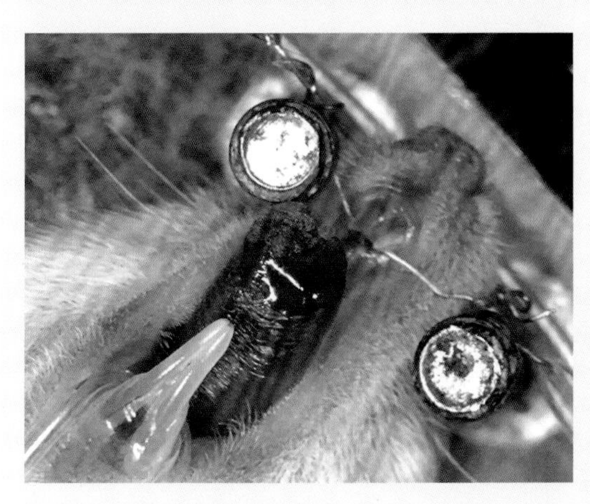

7. 注入大量液体后，会使舌头在短时间内肿胀。用棉签压迫 20 秒后拔针，这时一般不再有药液从进针孔溢出。↓

8. 卸下开口器，将小鼠归笼。

图 59.5　舌黏膜下注射法

操作讨论

（1）成功的舌黏膜下注射，不会引起拔针出血。

（2）注射后的舌肿胀会在短时间内消退。

第 60 章

滴鼻

一、背景

小鼠滴鼻给药的目的因给药量不同而异。大剂量滴鼻，目标是肺；小剂量滴鼻，目标是鼻腔。实验中多数是肺给药，药物入肺的过程一定会涉及气管和支气管。

如果固定小鼠的手法娴熟，滴鼻时无须麻醉。在需要麻醉时，可以用适宜的容器保持小鼠体位。

二、解剖基础

小鼠鼻孔（图 60.1）左、右各一。鼻孔后为鼻腔（图 60.2，图 60.3），内有鼻甲。

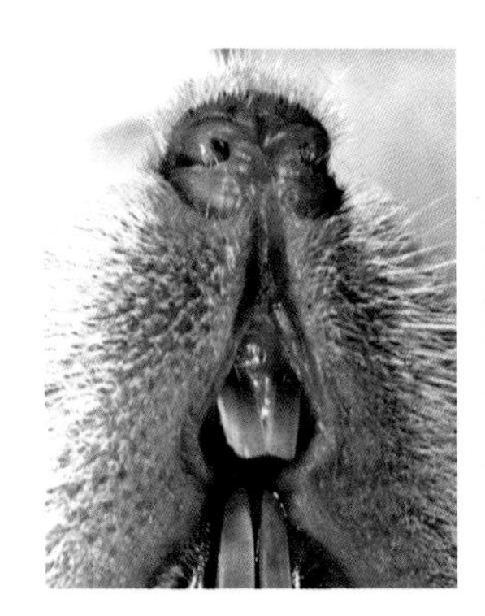

图 60.1　鼻孔

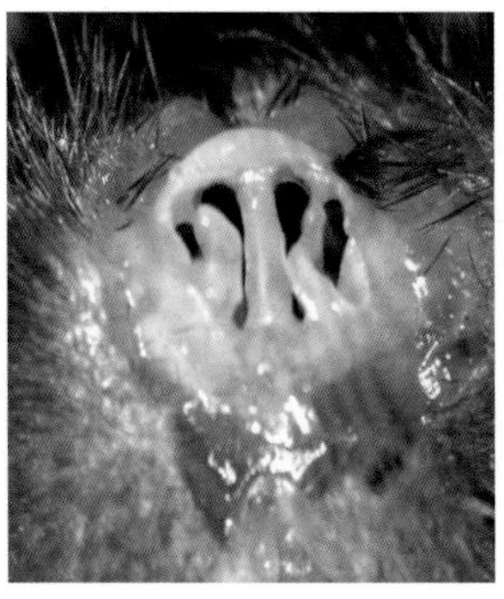

图 60.2　鼻腔横断面

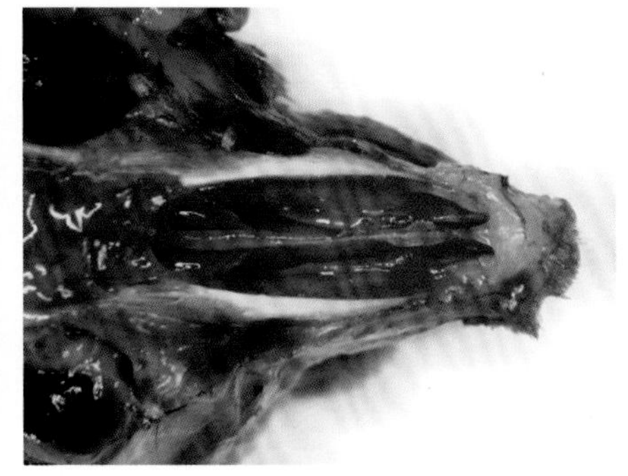

图 60.3　鼻腔剖面（俯视）

三、器械与耗材

100 μL 移液管。

四、操作方法

滴鼻法见图 60.4。▶

1. 小鼠无须麻醉，右手捏住尾部，将小鼠放在台面上。用左手拇指和中指夹住小鼠颈部两侧皮肤，食指压住头顶。→

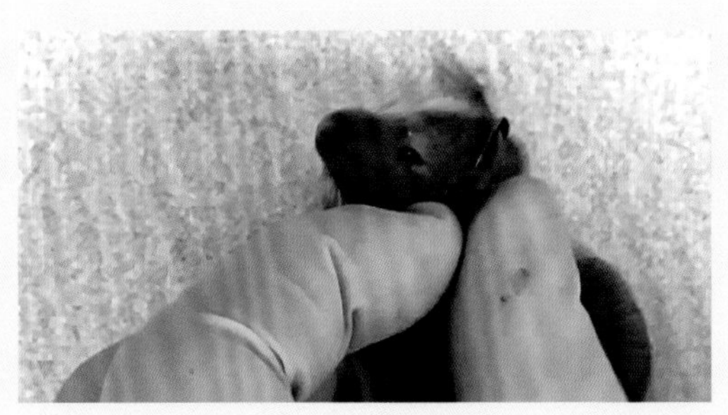

2. 食指向后捋头部皮肤，使小鼠头部固定于抬头位置。↓

3. 三指固定小鼠，离开台面。→

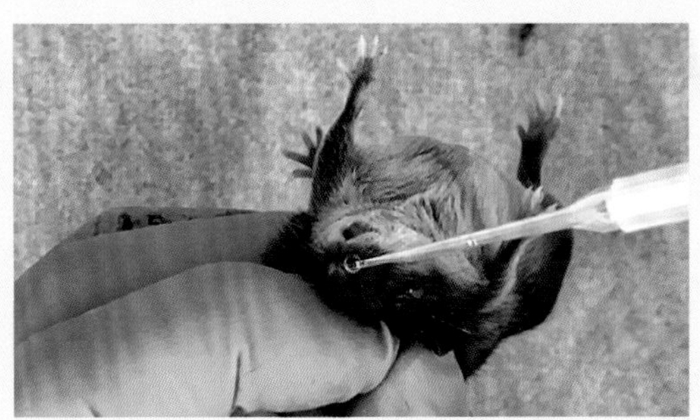

4. 用移液管向鼻孔滴入药液。↓

5. 滴毕释放小鼠。

图 60.4 滴鼻法

操作讨论

（1）滴入药量：以肺为目标，一般滴入的药液总量不超过 100 μL，分 3 ～ 4 次滴入；以鼻腔为目标，每侧滴入 10 μL，分 3 次滴入。

（2）清醒小鼠被滴鼻时，常引发咀嚼动作，此属正常现象。

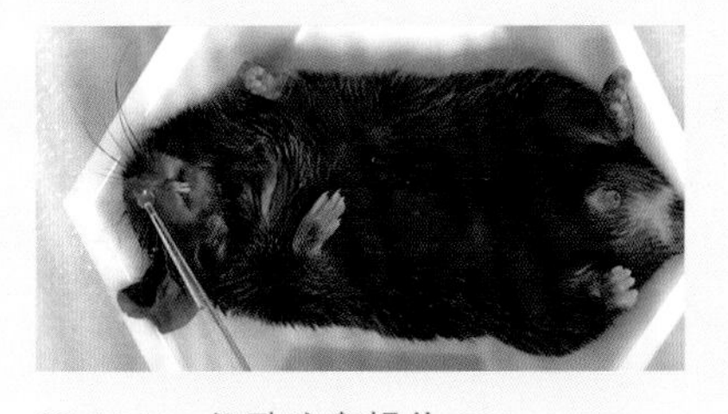

图 60.5 仰卧滴鼻操作

（3）如果小鼠在麻醉状态下滴鼻，则无须用三指固定法，可直接将小鼠仰卧放到容器里。令其头斜靠着容器壁，保持鼻孔向上的位置，滴入药液（图 60.5）。

第 61 章
肝浆膜下注射

一、背景

传统的肝注射是直接将针头刺入肝，造成肝损伤是不言而喻的。尤其是小鼠，由于体形小，损伤相对更大。在肝表面包裹着一层腹膜脏层，称为肝浆膜。若将针头刺穿浆膜，把药物注射到浆膜与肝之间，药液会直接进入肝窦而不损伤肝实质。浆膜下注射对技术精准性要求较高，本章介绍肝浆膜下注射法。

二、解剖基础

包裹肝表面的浆膜（图 61.1）是腹膜脏层的一部分，薄而致密，液体不能透过。肝的内部结构单位基本相同，都是由肝小叶组成，没有像肾和脑一样有皮质、髓质之分，所以肝深处注射和表面注射的给药效果是基本相同的，但是对肝的损伤程度不同。

肝（图 61.2）分 5 叶 ⑬ 。值得注意的是，肝很脆，在操作过程中不可用镊子夹持。

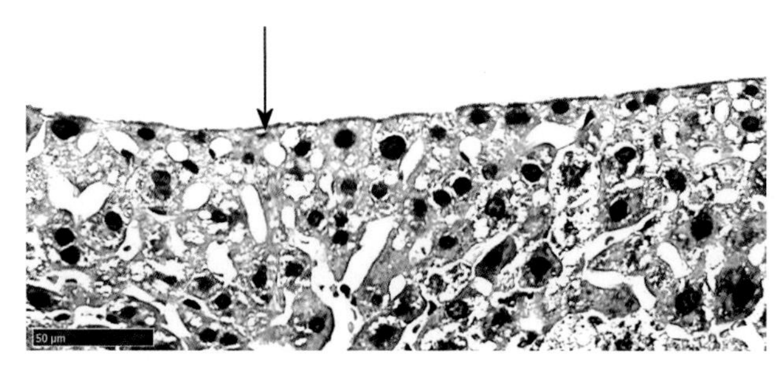

图 61.1　肝组织切片。箭头示浆膜

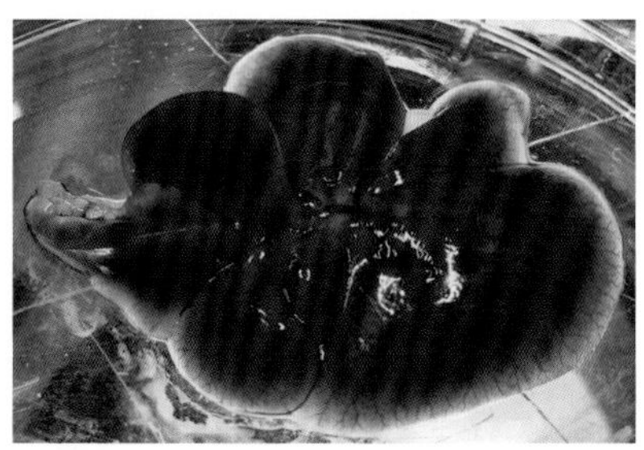
图 61.2　肝

三、器械与耗材

显微镜；手术板；31 G 针头胰岛素注射器；拉钩；生理盐水；棉签。

四、操作方法

肝浆膜下注射法见图 61.3。▶

1. 小鼠常规麻醉，腹部备皮，仰卧于手术板上。双前肢固定，腰部垫高。将手术板置于显微镜下。

↓

2. 开腹 17 。

↓

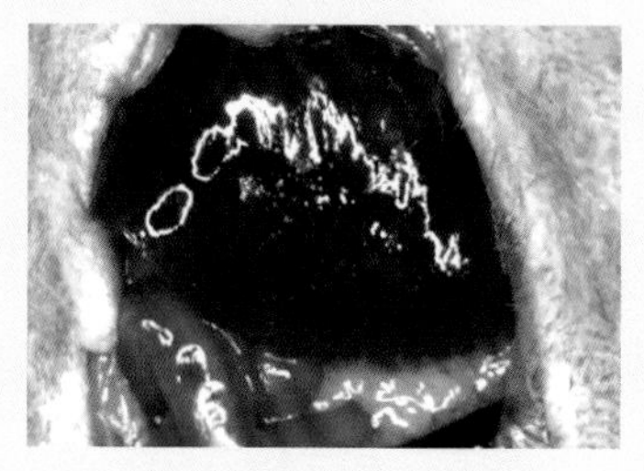

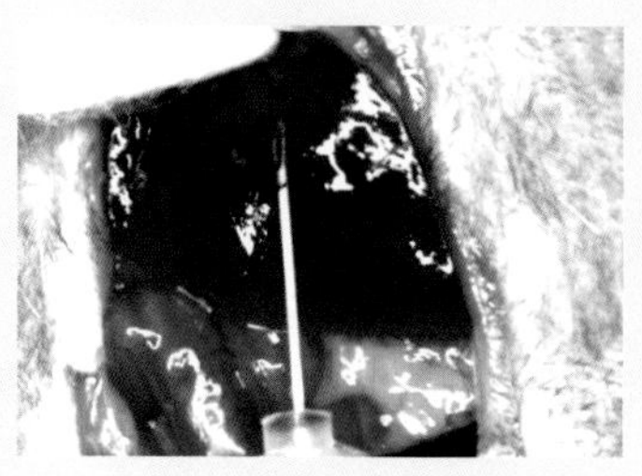

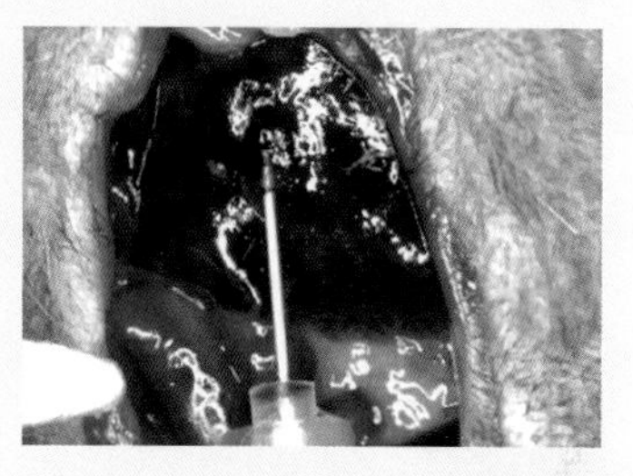

3. 安装左、右拉钩，暴露肝。↓

4. 用生理盐水浸湿的棉签将肝顶住，防止进针时肝被推动和随呼吸发生位置移动。→

5. 针头水平刺入肝浆膜下，贴浆膜下潜行，直至针孔完全进入肝浆膜下 1 mm，开始缓慢注射。→

6. 药液马上进入肝窦，分散到周围的肝小叶里。↓

7. 注射后棉签轻压进针孔，将针水平拔出。棉签保持轻压进针孔 20 秒，保证药液不会流出。

图 61.3　肝浆膜下注射法

操作讨论

（1）针头在浆膜下向前推进时，在针尖处可见明亮的反光点，表明针尖紧贴着浆膜，是良好的进针深度。

（2）如果进针过深，损伤肝组织，拔针后，虽然用棉签止血 20 秒，出血依然不能停止。这也是鉴别肝是否受到严重损伤的要点。

（3）注射速度不可太快，避免药物在浆膜下形成瞬间蓄积。药物的大量蓄积有使浆膜突然破裂的危险。在图 61.4 中，快速注射后药物在浆膜下大量蓄积。

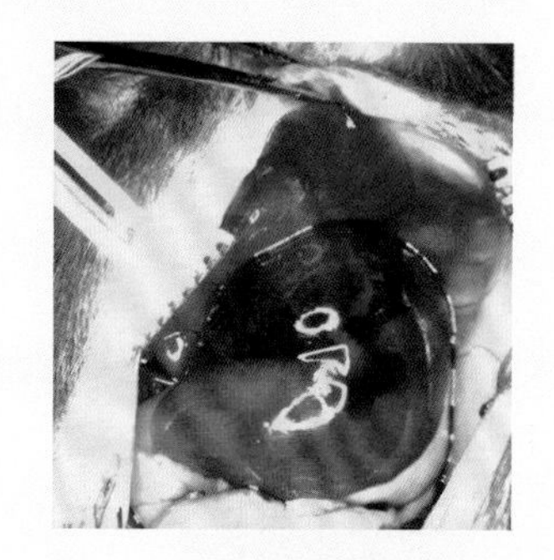

图 61.4　药物在浆膜下蓄积

（4）注射肿瘤细胞时，针头应避免小于 27 G，以免肿瘤细胞在狭小的针头内损伤过重。浆膜下注射肿瘤细胞，肿瘤主要在局部生长。

注射的肿瘤细胞直接接触肝窦，在注射区周围可见卫星灶，显示肿瘤细胞液正常进入肝窦。

第 62 章

脾浆膜下注射

一、背景

脾结构内外均匀，组织紧密。脾浆膜下注射，药液会局限在脾的局部而不扩散至全脾，然后迅速从脾胰静脉或脾静脉流出，最终进入肝。因此，脾浆膜下注射是动物实验中常用的方法，其目的是脾给药，或注射肿瘤细胞，达到肝转移的目的。为了保护肿瘤细胞不被太细的针头损伤，注射针头不可小于 27 G。但是 27 G 针头刺入脾，无疑会造成脾的严重损伤。

二、解剖基础

脾位于左侧腹腔内，左侧肋下缘下方，紧贴腹腔内壁，由背前向腹后走行。去除皮肤，隔着腹壁肌层就可以看到脾（图 62.1）。

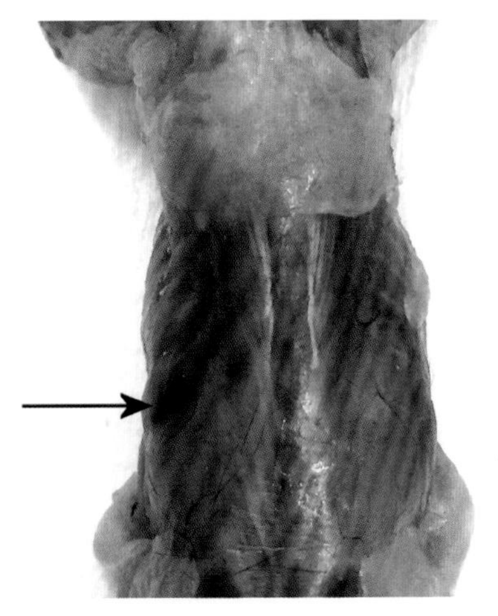

图 62.1　小鼠去皮俯卧位，箭头示腹壁下的脾

脾的背前区为脾头，腹后区为脾尾。腹侧呈光滑的弧面，背侧有嵴（图 62.2），从脾头到脾尾，平行长轴走向。脾头、脾尾各有一个脾门，动静脉由此进出脾，走行在脾系膜内（图 62.3）。进出脾头的脾动静脉血管连接胃左动静脉，如图 62.4 上箭头所示；脾尾有接近的两组血管，出脾后汇合而成脾胰动静脉，如图 62.4 两个下箭头所示。

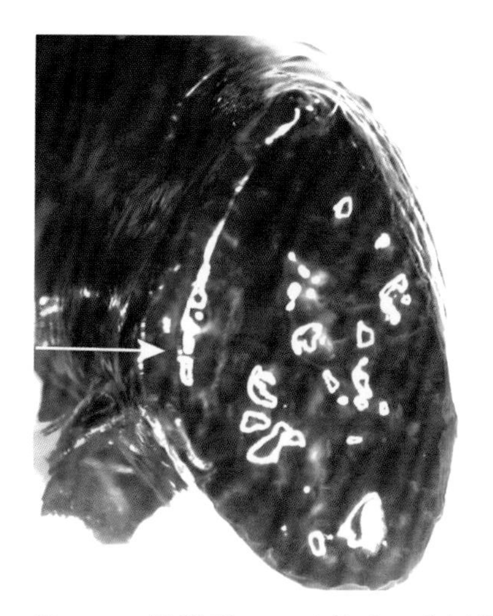

图 62.2　脾横断面。左箭头示背侧的脾嵴

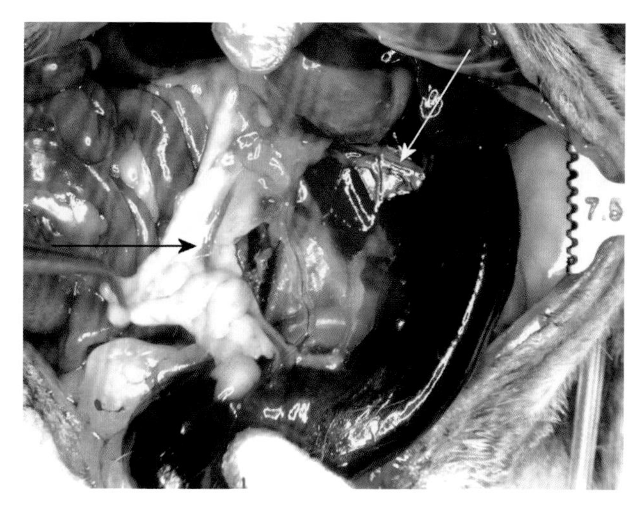

图 62.3　脾头、脾尾各有动静脉进出，如箭头所示

脾表面有浆膜紧密包裹（图 62.5）。脾浆膜在脾内侧面形成较长的脾系膜，连接肝、胃和肾等脏器（图 62.6 ～图 62.8），所以脾的移行性较大，容易经腹壁切口拉出。

一般成鼠脾的质量约为 1 g。有些特殊疾病小鼠，如镰状细胞贫血小鼠，巨大的脾可达正常小鼠的 10 倍以上（图 62.9）。

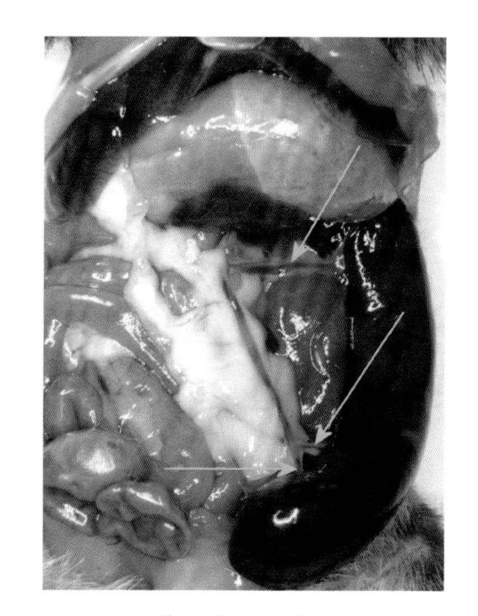

图 62.4　进出脾头、脾尾的动静脉

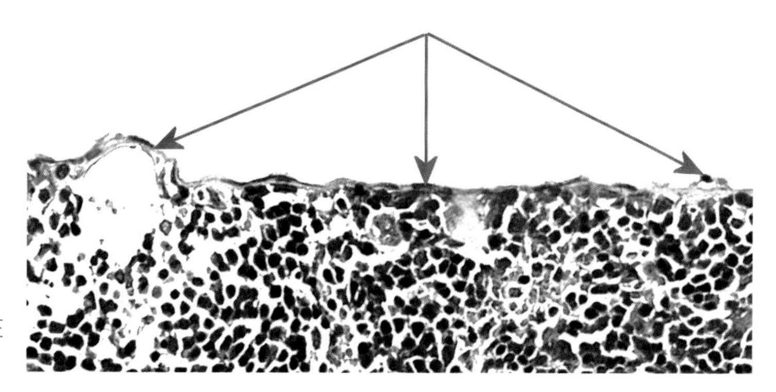

图 62.5　脾组织切片，H-E 染色。箭头示浆膜

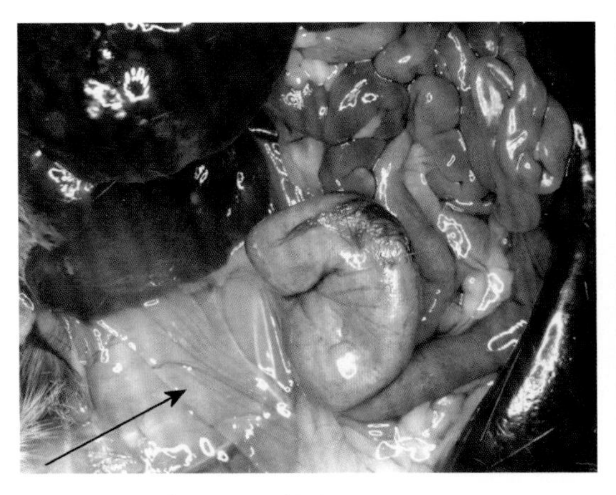

图 62.6　肝脾系膜，如箭头所示

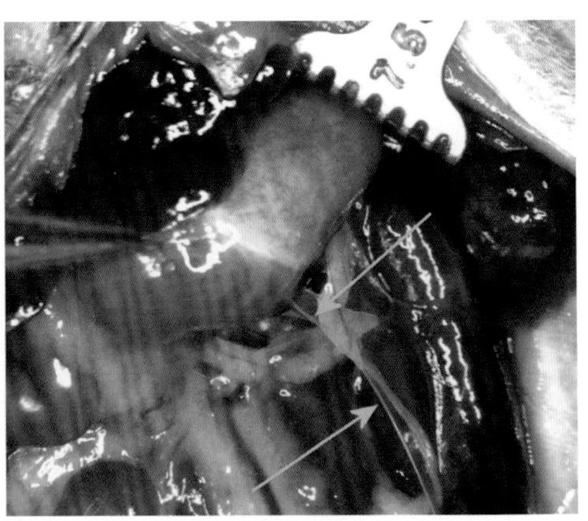

图 62.7　脾胃系膜，如箭头所示

图 62.8　脾胰系膜，如箭头所示

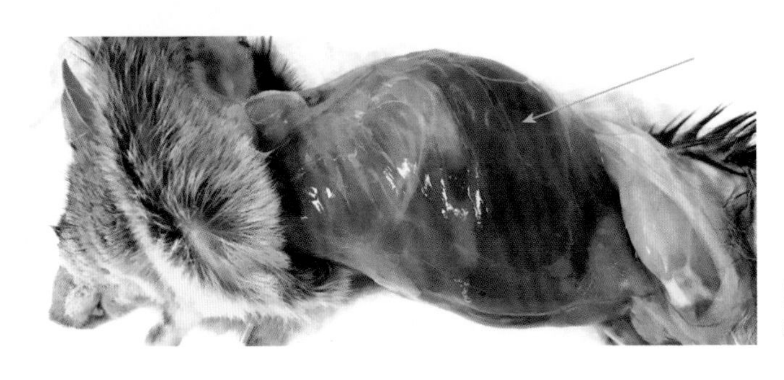

图 62.9　特殊疾病小鼠的巨脾，横贯腹部，如箭头所示

三、器械与耗材

31 G 针头胰岛素注射器（用于药液注射）; 27 G 针头 +1 mL 注射器（用于肿瘤细胞移植）; 生理盐水; 皮肤剪; 耦合剂 ; 纸胶带; 棉签。

四、操作方法

为观察更清晰，以巨脾小鼠为例介绍脾浆膜下注射法（图 62.10）。▶

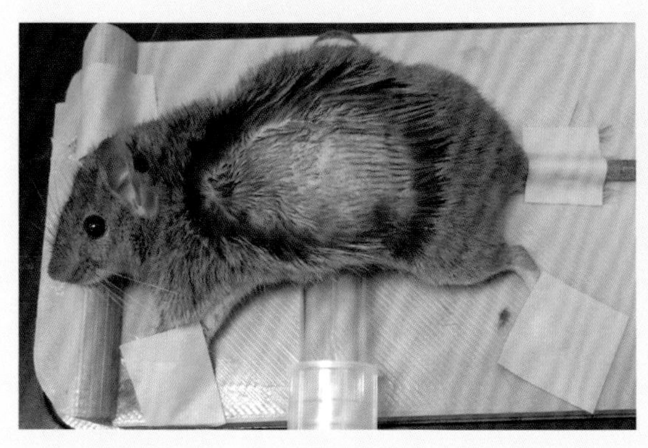

1. 小鼠常规麻醉，左背部备皮，取右斜侧卧位。用纸胶带固定左前后肢、尾根和右耳。腹部垫高。→

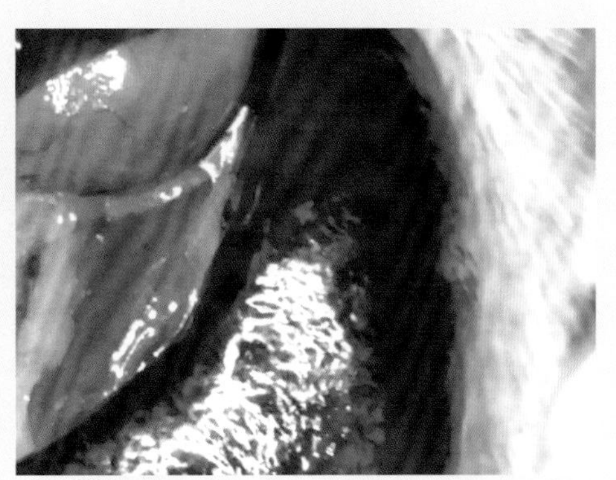

2. 沿左侧肋缘后 1 mm 分层剪开皮肤和腹肌，暴露脾。↓

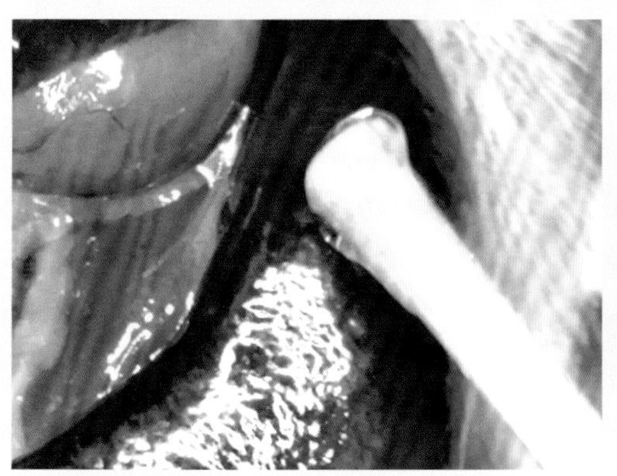

3. 在进针处滴耦合剂，以防拔针出血。→

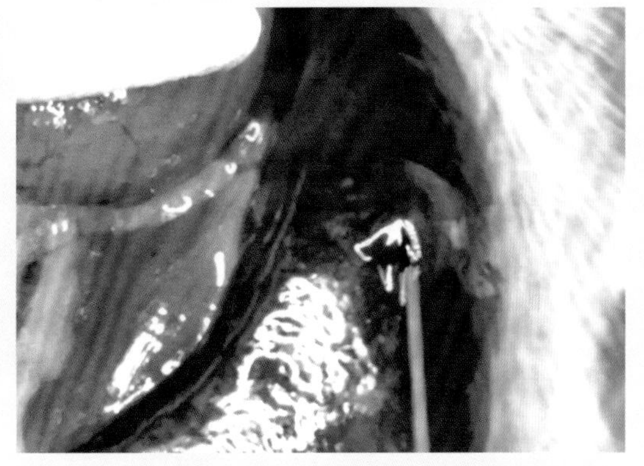

4. 用被生理盐水浸湿的棉签轻压、固定脾。将针头过耦合剂水平刺入脾浆膜下。↓

5. 将针头贴浆膜下脾表面走行，在针孔进入脾浆膜下 2 mm 后开始缓慢注射。↓

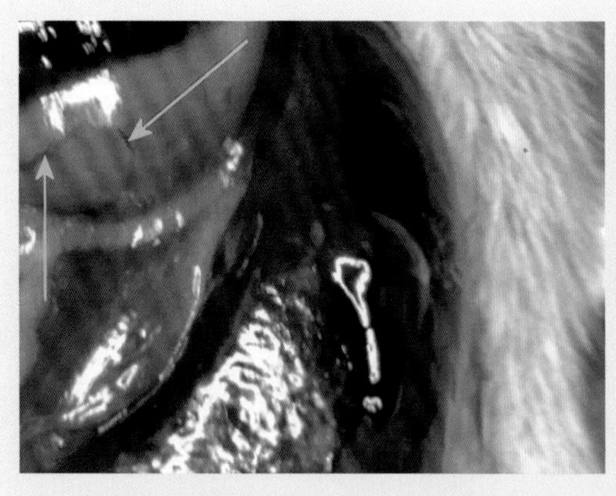

6. 注射中，可见药物（蓝色）迅速进入脾血管，如箭头所示。对比步骤 5 图的脾血管。→

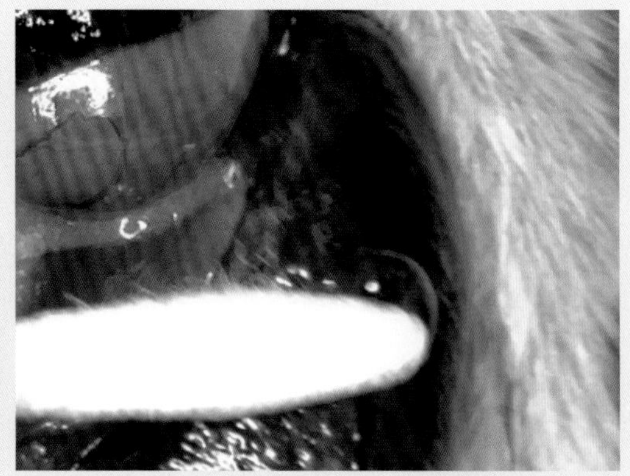

7. 注射完毕，用棉签压迫进针孔缓慢拔针。

图 62.10 脾浆膜下注射法

操作讨论

（1）耦合剂的作用：先在进针部位滴少许耦合剂，可避免因注射后注射区内部压力增高导致药液或血液从进针孔溢出。

（2）药物注入脾，吸收入脾小叶血管后，很快进入附近的静脉，并流出脾，而非沿着脾纵轴在脾内扩散。图 62.11 示脾腹侧注入蓝色染料，背侧有基本相同面积的蓝色出现，而没有沿着纵轴扩散。

（3）脾浆膜下注入点，决定了药物是从脾静脉还是脾胰静脉流出。

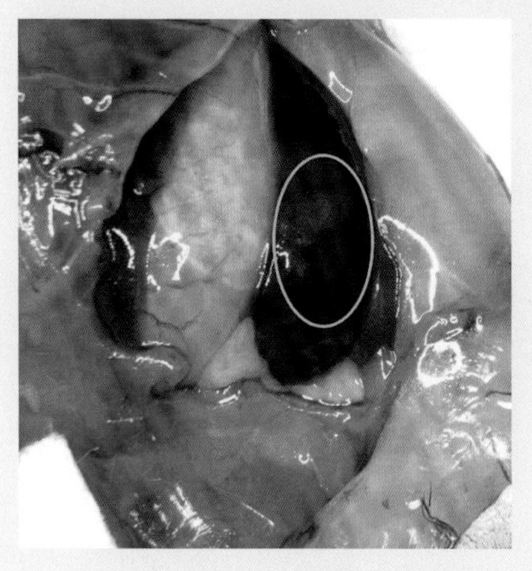

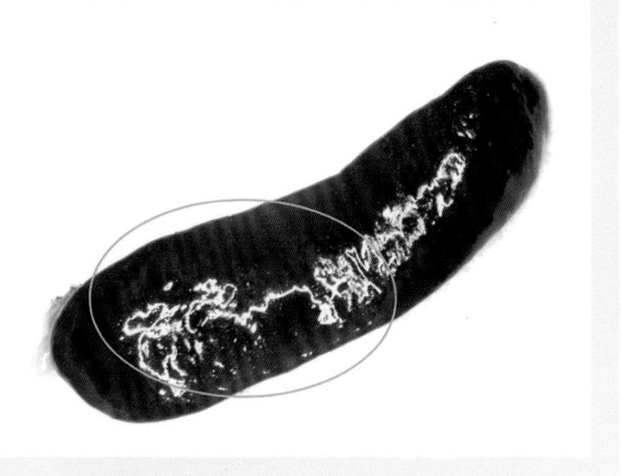

图 62.11 在脾腹侧注入蓝色染料（左图），背侧有基本相同面积的蓝色染料出现（右图）

第 63 章

肾浆膜下注射

一、背景

常用的小鼠肾局部注射给药有三种方法：肾内注射法、肾纤维膜下注射法和肾浆膜下注射法。肾浆膜和纤维膜之间有不均匀的脂肪分布，以肾门处脂肪为多，远离肾门处虽然几乎没有脂肪，但是两层膜之间的连接并不紧密。肾浆膜下注射可以将大量药液注入其间，膜间药液与肾有纤维膜之隔，吸收速度较其他两种注射方法慢些，但是局部聚集药液量最大，药物释放入血时间长。本章介绍肾浆膜下注射法。

二、解剖基础

肾浆膜是腹膜脏层，包裹全肾，其与肾纤维膜间存在潜在的间隙，很容易从肾剥离出来。 在处理病理切片时，经常发生肾浆膜和纤维膜脱开的现象（图 63.1）。肾门处浆膜下有大量脂肪（图 63.2，图 63.3），脂肪边缘可以作为安全进针点。

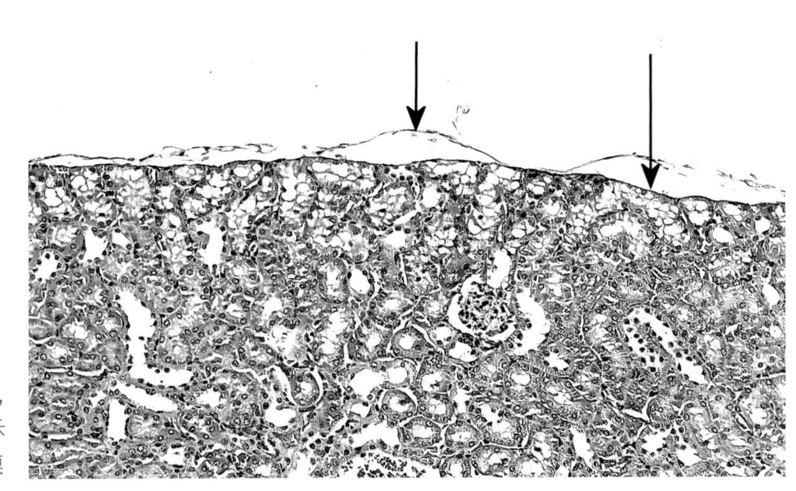

图 63.1 肾组织切片，H–E 染色。左箭头示浆膜，右箭头示纤维膜

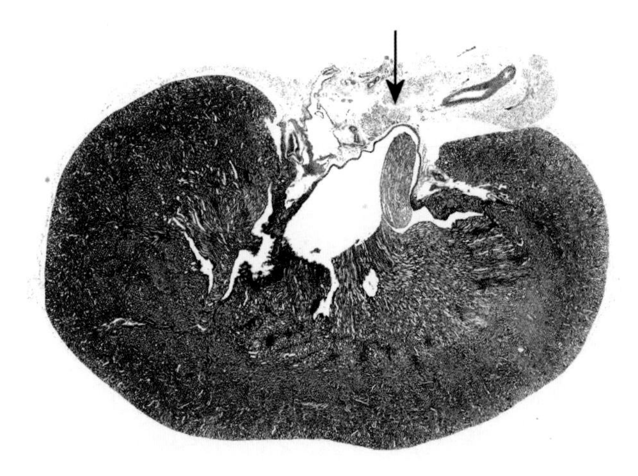

图 63.2　肾组织切片，H–E 染色。箭头示脂肪

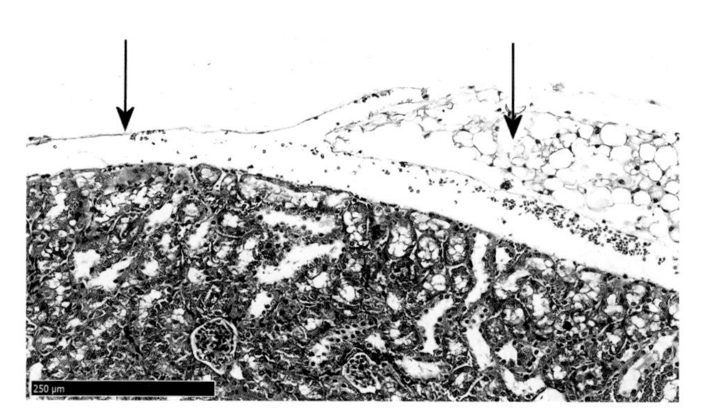

图 63.3　肾组织切片，H–E 染色。左箭头示浆膜，右箭头示脂肪

三、器械与耗材

显微镜；31 G 针头胰岛素注射器；棉签。

四、操作方法

以左肾为例介绍肾浆膜下注射法（图 63.4）。▶

1. 小鼠常规麻醉，腹部备皮。取仰卧位，四肢固定，腰部垫高。

↓

2. 开腹 ⑰ 。

↓

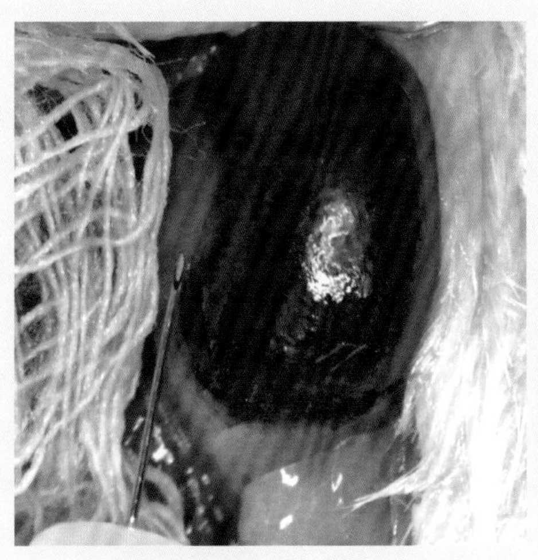

3. 在靠近肾门位置，将针尖对准肾脂肪囊边缘，针孔斜面向上，针头水平刺入浆膜下的脂肪内。注意，针头不可进入纤维膜。→

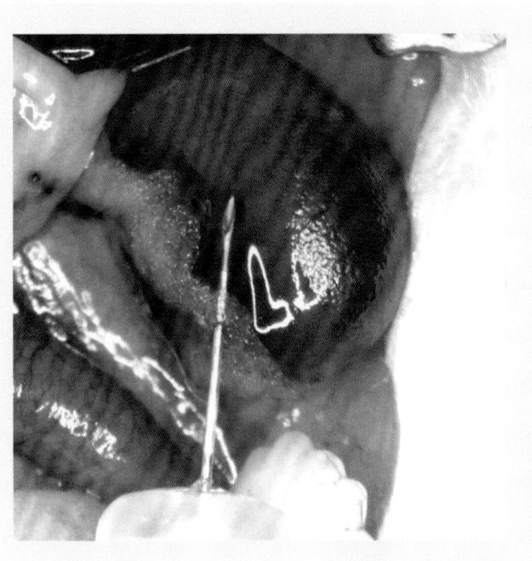

4. 在针孔完全没入脂肪时停止深入，开始缓慢注射。↓

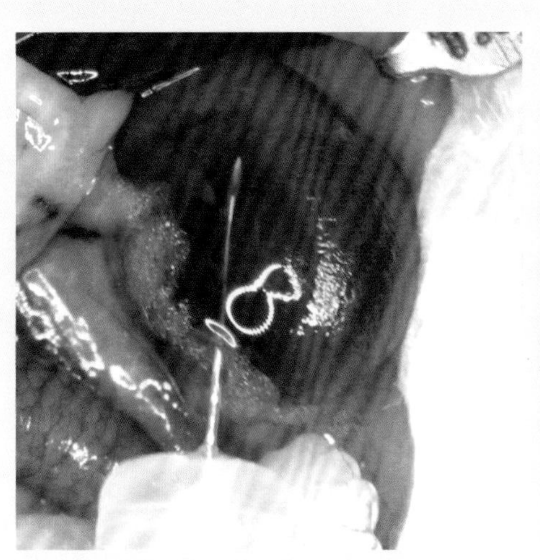

5. 针头在两层膜之间的充盈区域边注入药液（蓝色），边前进，直至将设计剂量药液全部注入计划区域。→

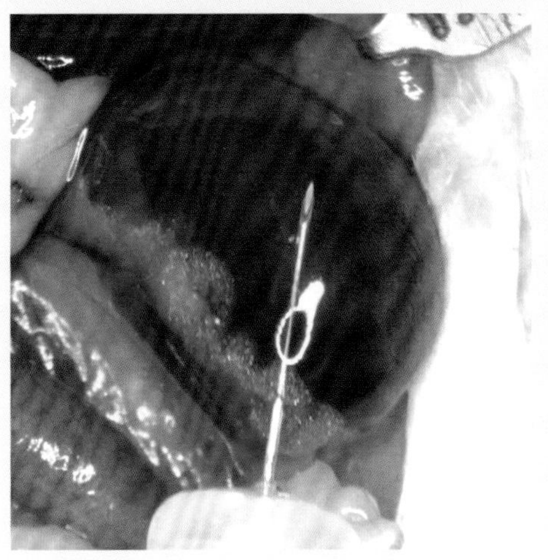

6. 注射过程中，可以随时变换针头前进的方向。随着药液的注入，浆膜与纤维膜分离的区域逐渐扩大，浆膜隆起面积越来越大。↓

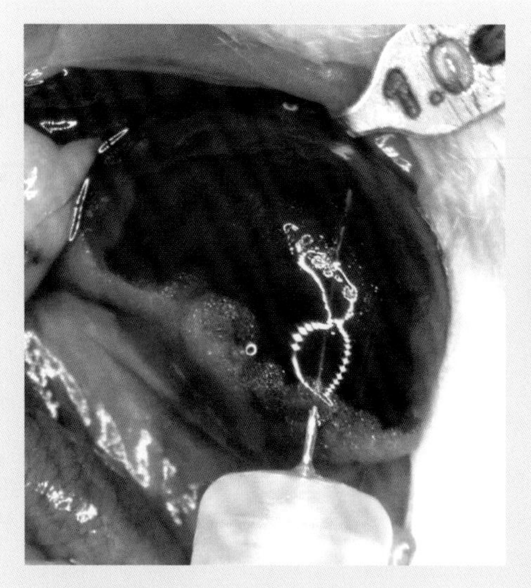

7. 注射药液总量不宜超过 100 μL。→

8. 注射完毕，用棉签压迫进针孔，缓慢拔针。↓

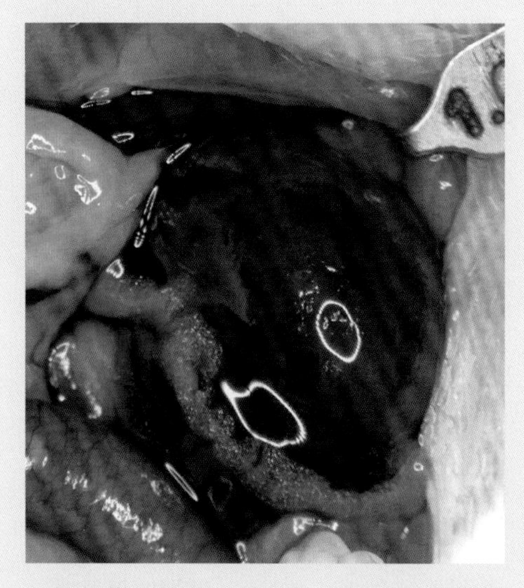

9. 轻轻撤下棉签，进针孔一般不会有明显溢液。

图 63.4　肾浆膜下注射法

操作讨论

从脂肪部位进针易于保护肾纤维膜，而且拔针时脂肪会封住进针孔，避免溢液。

第 64 章

肾纤维膜下注射

一、背景

肾结构复杂，注射针头直接刺入肾组织的给药方式会对其造成明显伤害，对体形小的小鼠，伤害尤其严重。肾局部给药，改用肾纤维膜下注射，药物弥散在肾实质的表面，再渗入肾实质，可以避免针头对肾的物理伤害。

肾纤维膜下注射还可以用于肾部分切除术。将生理盐水或相关液体注入肾纤维膜下，使肾实质与纤维膜分离，然后配合线勒切除部分肾 31 ，达到少出血的目的。

二、解剖基础

小鼠的肾位于腹腔内，紧贴背肌，肾实质表面紧紧地包裹着仅由一层纤维细胞构成的薄而致密的纤维膜。(人的肾纤维膜有 3 ～ 4 层)。

肾纤维膜外还有肾浆膜包裹，肾浆膜和纤维膜之间有脂肪囊，但是分布不均，最厚处位于肾门部位。

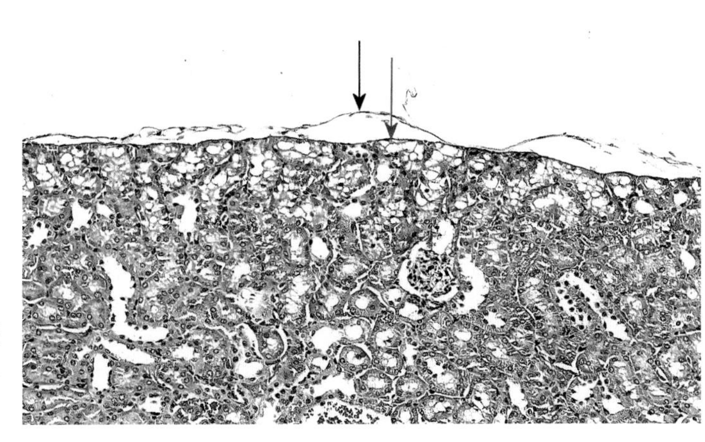

图 64.1　肾组织切片，H–E 染色。黑箭头示脱离的浆膜，红箭头示没有脱离的纤维膜

三、器械与耗材

显微镜；31 G 针头胰岛素注射器；皮肤剪；皮肤镊；拉钩；棉签 。

四、操作方法

以左肾为例介绍肾纤维膜下注射法（图 64.2）。▶

1. 小鼠常规麻醉，腹部备皮。于腹正中线开腹，暴露左肾。（无须将肠道移出腹腔外，推向左侧即可）。

↓

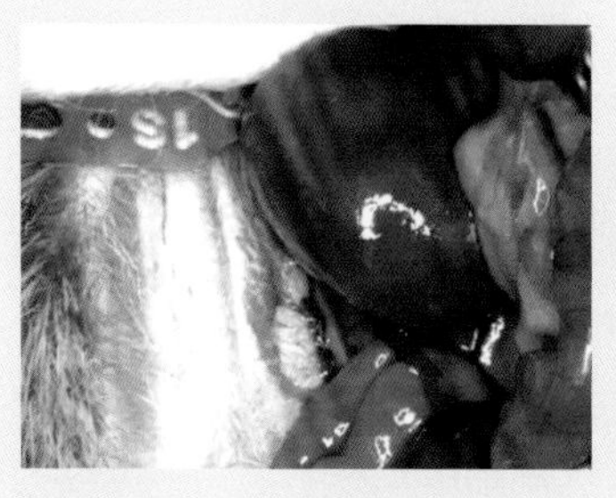

2. 选择进针部位要避开肾门附近脂肪，因为有脂肪覆盖，看不到纤维层。↓

3. 在进针点滴少许耦合剂。→

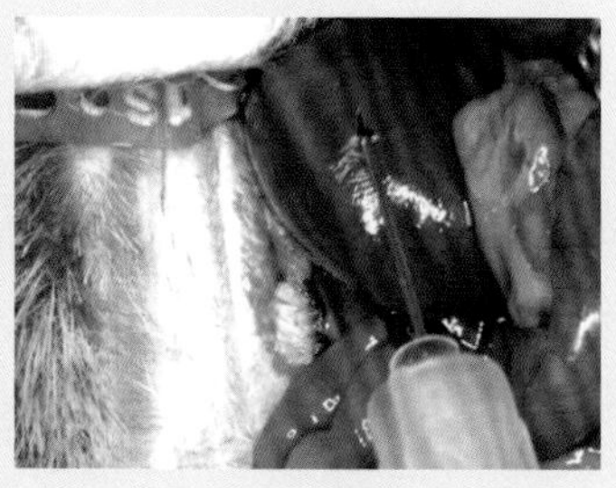

4. 左手用棉签顶住肾远端以对抗进针，右手持注射器，针头斜面向下，在刺穿肾包膜后，水平刺入纤维膜下。注意，不可进入肾实质。→

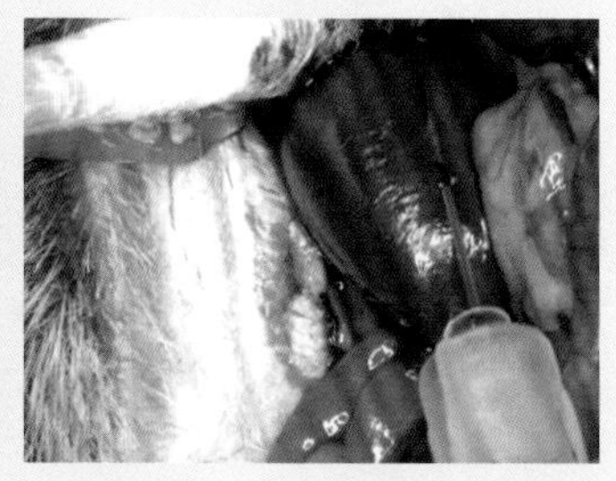

5. 在针孔完全没入纤维膜 1 mm 后，立即缓慢注入药液。↓

6. 必要时针头继续前进或转换方向，注入更多的药液，但是都必须紧贴纤维膜下进行。↓

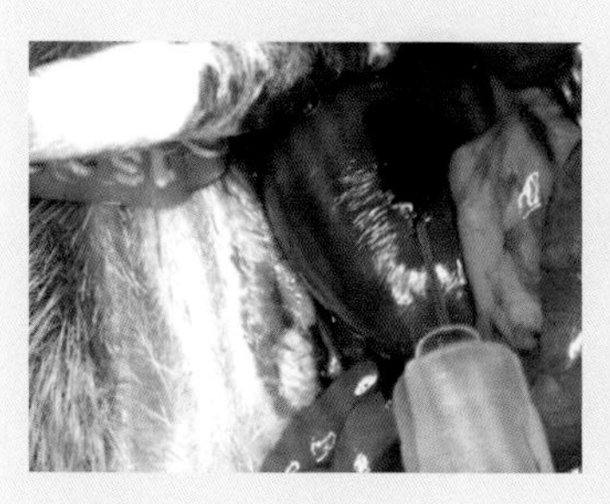

7. 药液不宜超过 100 μL。→

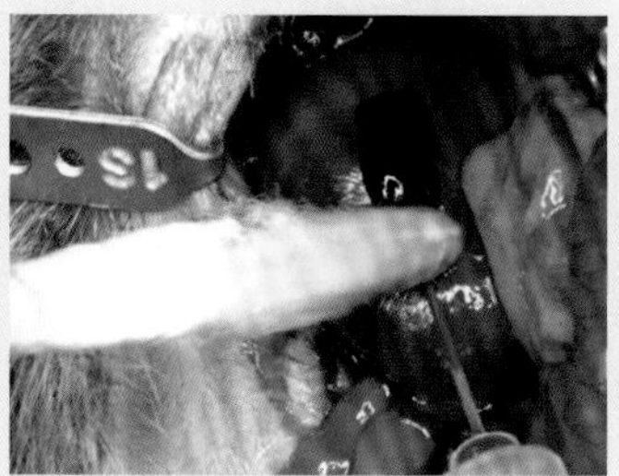

8. 用棉签压迫进针孔，拔出针头。→

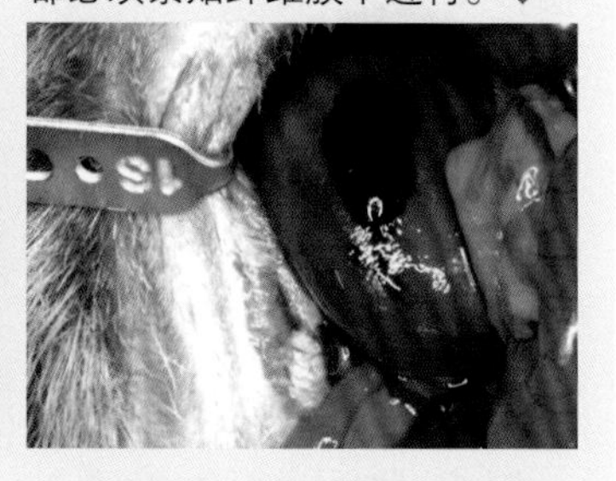

9. 可见到肾表面轻度充盈隆起。其隆起程度小于肾浆膜下注射。

图 64.2　肾纤维膜下注射法

操作讨论

（1）由于针头没有明显刺入肾，故对肾的损伤极小。

（2）肾浆膜下注射和肾纤维膜下注射的区别：

① 肾浆膜下注射阻力小，药液很容易弥散到大面积浆膜下；而肾纤维膜下注射则相反（图 64.3）。

② 肾浆膜下注射开始时，浆膜表面常可见大量微泡鼓起（图 64.4a）；肾纤维膜下注射时，浆膜表面看不到明显的泡状隆起（图 64.4b），这是纤维膜致密所致。

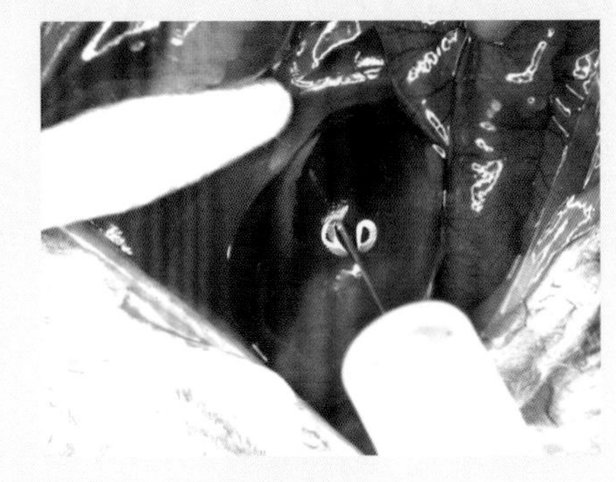

图 64.3　肾纤维膜下注射效果

a.

b.

图 64.4　肾浆膜下注射（a）和肾纤维膜下注射（b）的比较

③ 肾浆膜下注射，药液边缘清楚，隆起度高；肾纤维膜下注射，药液边缘不清楚，隆起度低（图 64.5）。

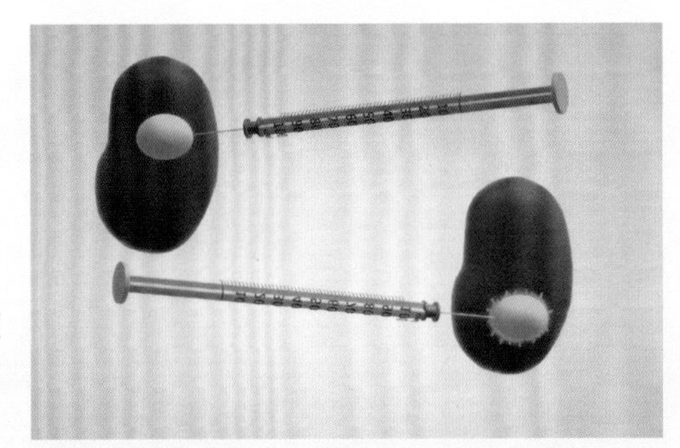

图 64.5　肾浆膜下注射和肾纤维膜下注射蓝色药物对比示意。上为肾浆膜下注射，下为肾纤维膜下注射

第 65 章

膀胱膜下注射

一、背景

在小鼠模型中，药物治疗膀胱疾病的方法主要是全身给药，通过肾排泄，药物进入膀胱。 这种给药方法的优点是操作方便。缺点是：① 药物必须经过体内的生化代谢后，才能进入膀胱；② 由于药物代谢的波动性，膀胱内的药物浓度不稳定；③ 药物的副作用会影响全身。

本章介绍两种膀胱局部给药的方法：膀胱浆膜下注射法和黏膜下注射法。其优点是：① 可以保持膀胱局部较长时间的稳定的药物释放；② 药物对全身代谢影响小；③ 可以选择性地注射到膀胱的特定部位，例如，肿瘤部位；④ 用药量小。缺点是必须掌握显微手术技术。

二、解剖基础

膀胱位于腹腔内，有顶部和颈部之分，颈部与顶部相对，与尿道相连。膀胱壁由外向内分为浆膜层、平滑肌层、黏膜下层和黏膜层（图 65.1）。膀胱顶部的肌层较厚，黏膜皱

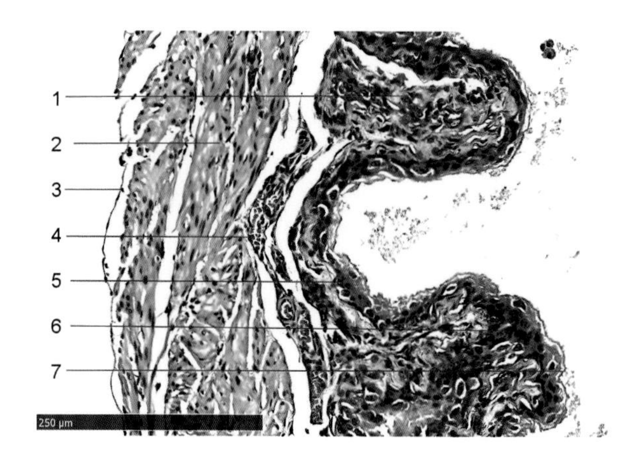

1. 中间细胞；2. 平滑肌层；3. 浆膜层；4. 膀胱血管，走行于肌膜和黏膜之间；5. 基底细胞；6. 黏膜下层；7. 黏膜层，由移行上皮构成

图 65.1　膀胱壁组织切片，H–E 染色

褶多；颈部肌层薄，黏膜皱褶少（图 65.2）。黏膜下层富含大血管，黏膜层由 3 ～ 4 层移行上皮细胞组成（图 65.3）。当膀胱处于非充盈状态，即收缩状态时，黏膜下层和黏膜层卷曲（图 65.4），膀胱呈横波浪状增厚（图 65.5）；充盈状态时，膀胱直径可达 10 mm 以上，肌层撑开变薄，血管看得更清楚。收缩状态下难以做浆膜下注射。

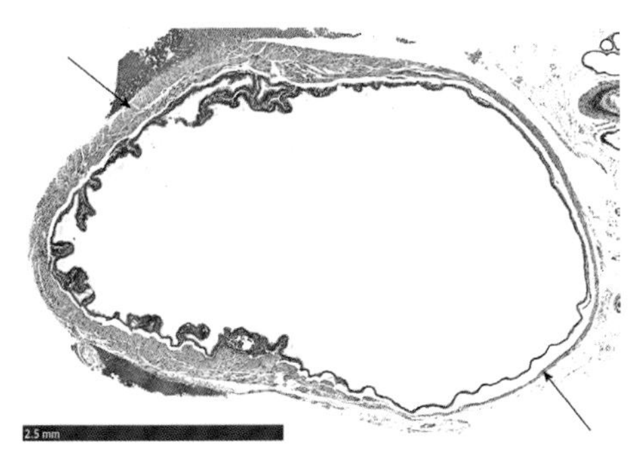

图 65.2　膀胱侧剖面组织切片，H–E 染色。左上箭头示顶部，肌层较厚，黏膜皱褶多；右下箭头示颈部，肌肉薄，黏膜皱褶少

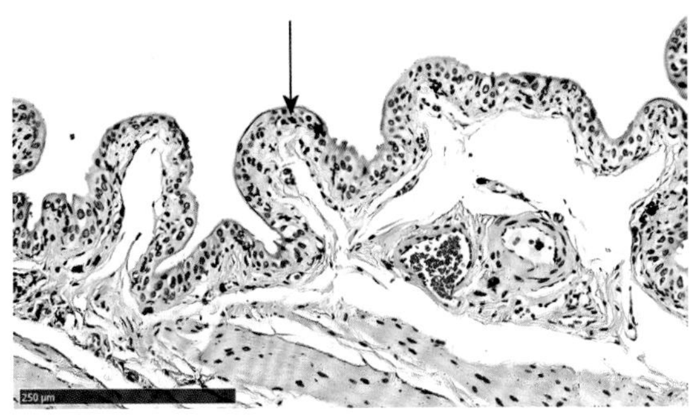

图 65.3　膀胱组织切片，H–E 染色。上方为膀胱内面，箭头示黏膜层，黏膜下层有丰富的血管走行

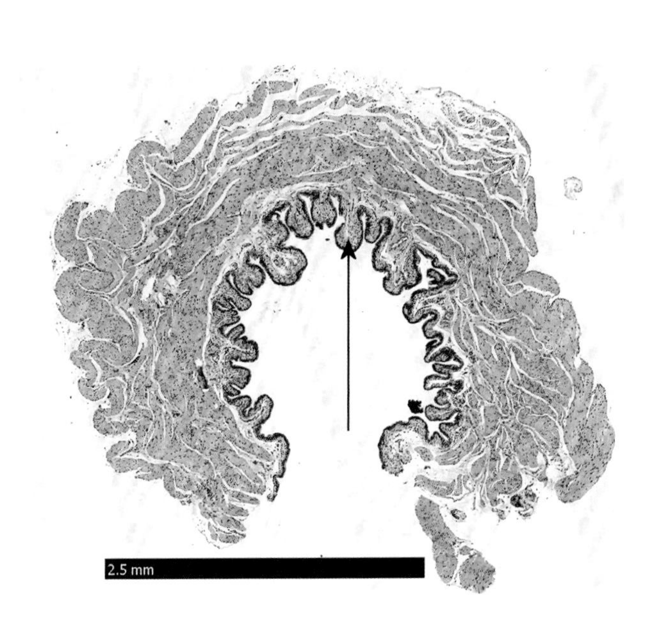

图 65.4　膀胱非充盈状态下的黏膜下层，如箭头所示

膀胱腹面正中有纵向膀胱 – 腹壁系膜，与腹壁连接（图 65.6）。做膀胱膜下注射时，可以用来牵引膀胱，以避免镊子直接夹持、损伤膀胱。

膀胱血液供应依靠膀胱上动脉和膀胱下动脉，左、右各一（图 65.7）。

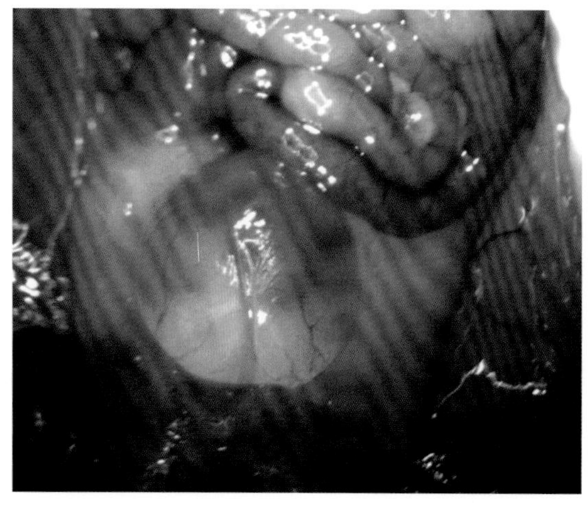
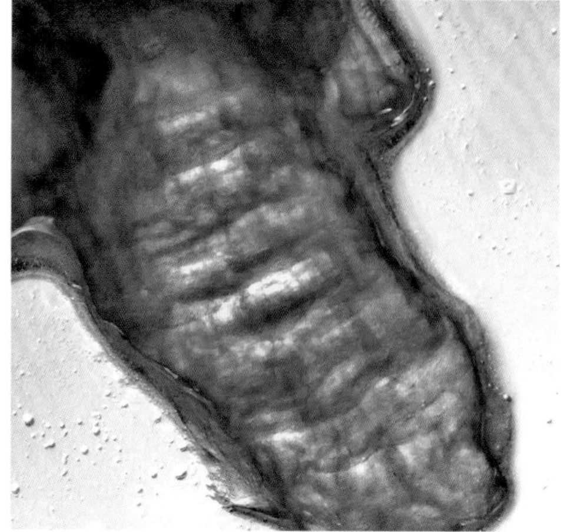

图 65.5 膀胱充盈（左）和收缩（右）时的形态

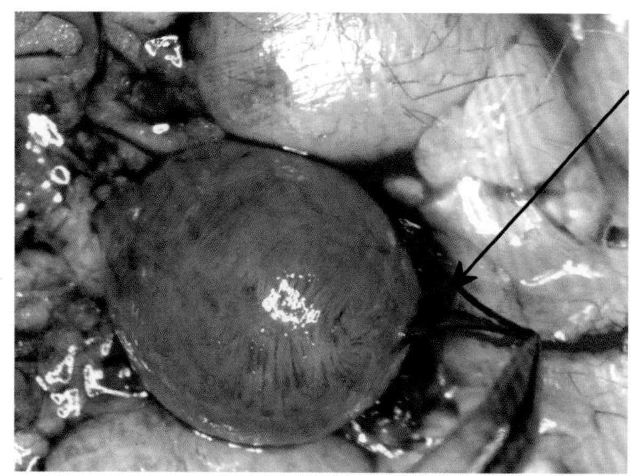

图 65.6 膀胱 – 腹壁系膜，如箭头所示

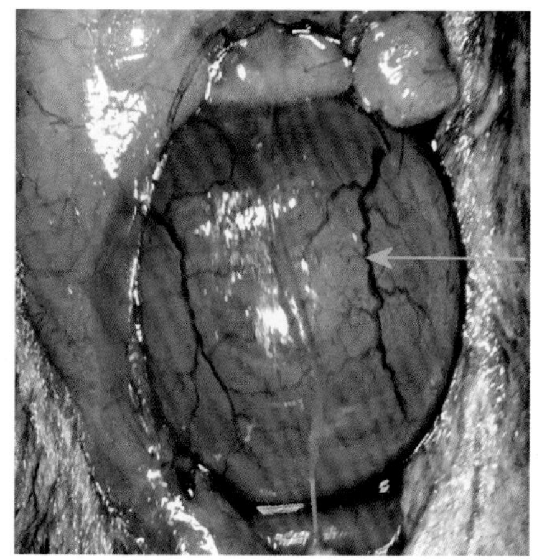

图 65.7 膀胱血管分布。箭头示右膀胱下动脉

三、器械与耗材

异氟烷麻醉系统；显微镜；31 G 针头胰岛素注射器；显微镊；显微剪；棉签。

四、操作方法

（一）膀胱浆膜下注射法（图 65.8）▶

1. 快速将小鼠置于异氟烷麻醉箱内，避免应激性排尿。

↓

2. 麻醉满意后行后腹部备皮。

↓

3. 保持吸入麻醉，将小鼠以仰卧位固定于显微镜下。

↓

4. 于后腹部沿腹中线剪开皮肤，约 5 mm。

↓

5. 沿腹中线一侧 0.5 mm，用剪子划开腹壁，注意保护膀胱 – 腹壁系膜。

↓

6. 轻压切口两侧，使膀胱露出腹腔。

↓

7. 膀胱直径不可小于 5 mm，以方便注射。

↓

8. 用镊子夹住膀胱系膜做对抗牵引。→

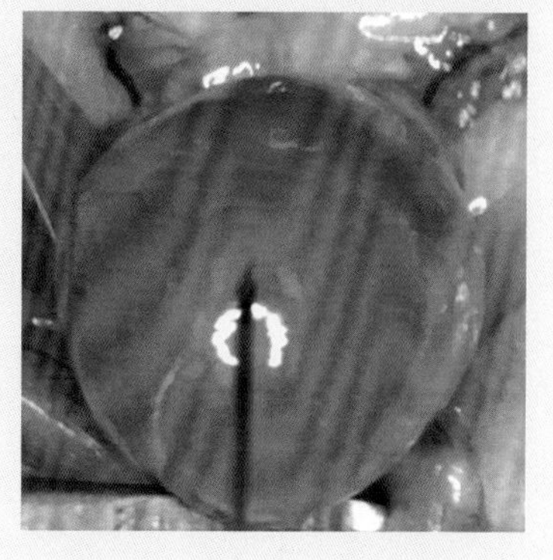

9. 将针孔斜面向上刺入浆膜。↓

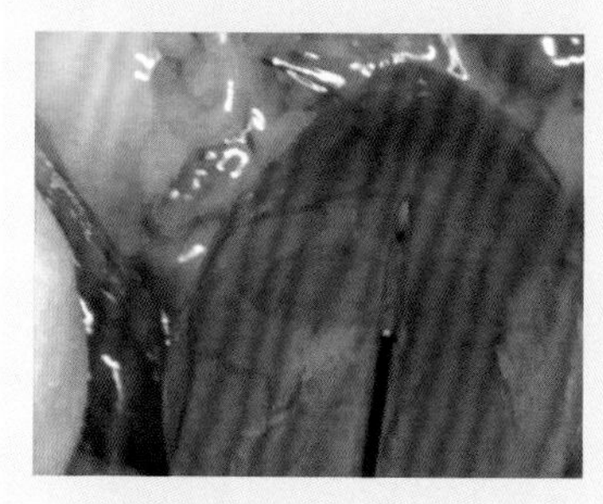

10. 将针头于浆膜下紧贴膀胱平滑肌表面前行至少 1 mm，此时可以清楚地看到浆膜下的针头。→

11. 停止进针，固定针头不动，开始非常缓慢地注射药液。这时应感觉到注射阻力小，可见药液在浆膜下平滑扩展。如果药液有颜色，可以清楚地看到药液边缘光滑，流动性好。→

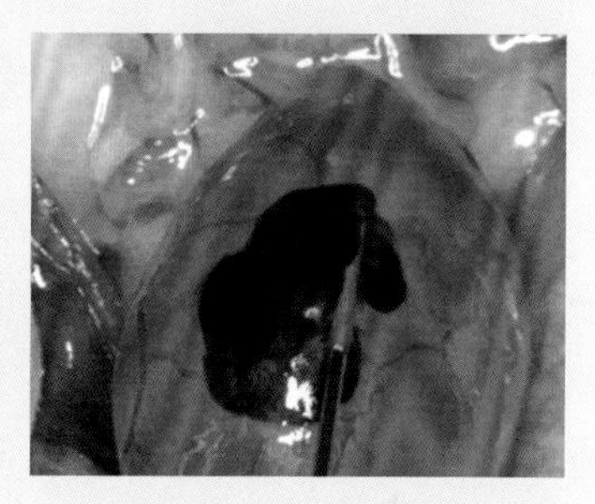

12. 如果注射位置靠近膀胱顶部，注射液多向膀胱顶部流动聚集。↓

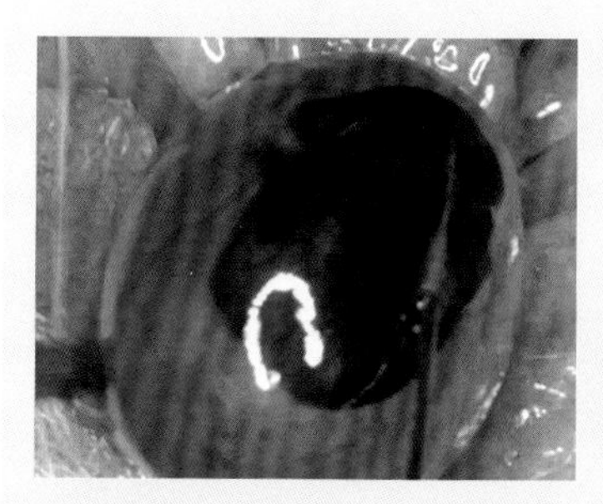

13. 随着注射继续进行，可见注射区域膀胱浆膜轻度隆起，表面光滑，药液边缘清晰。→

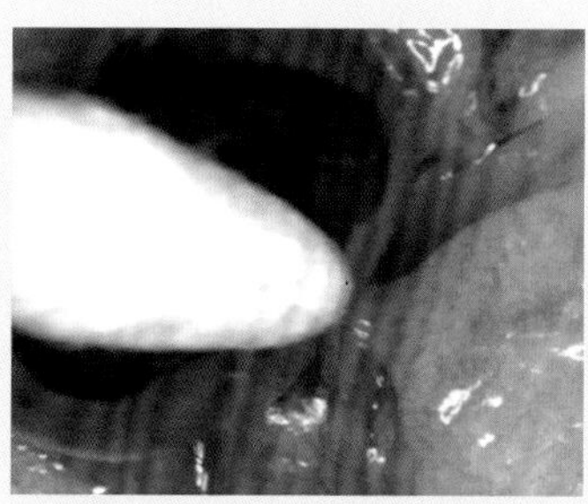

14. 注射完毕，用棉签压迫进针孔拔针。→

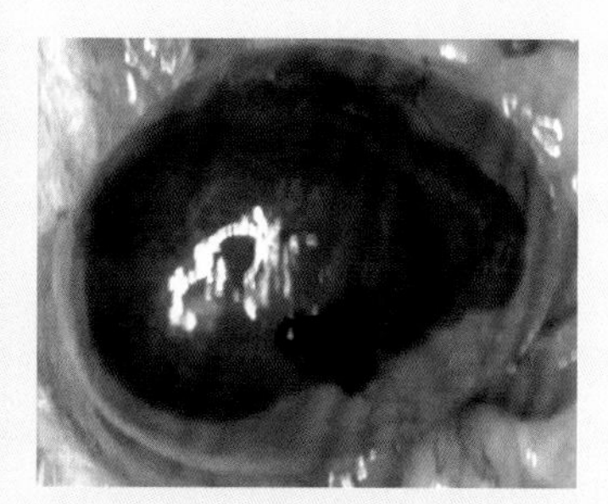

15. 针头拔出数秒后方可拿开棉签，以防药液从进针孔溢出。

图 65.8 膀胱浆膜下注射法

（二）膀胱黏膜下注射法（图 65.9）▶

1. 操作同“膀胱浆膜下注射法”步骤 1 ～ 7。
↓

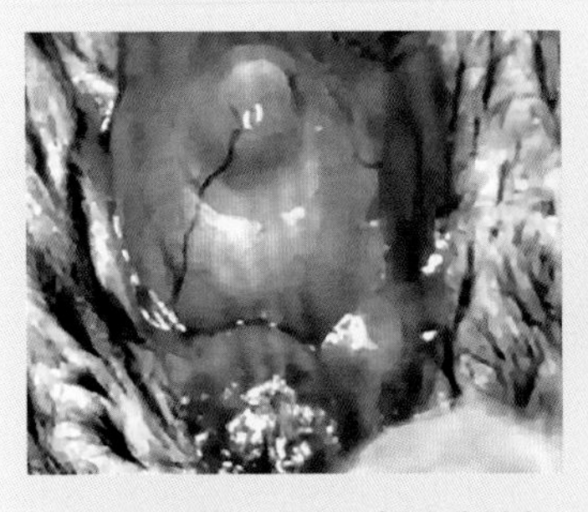

2. 滴一滴耦合剂于计划进针部位。→

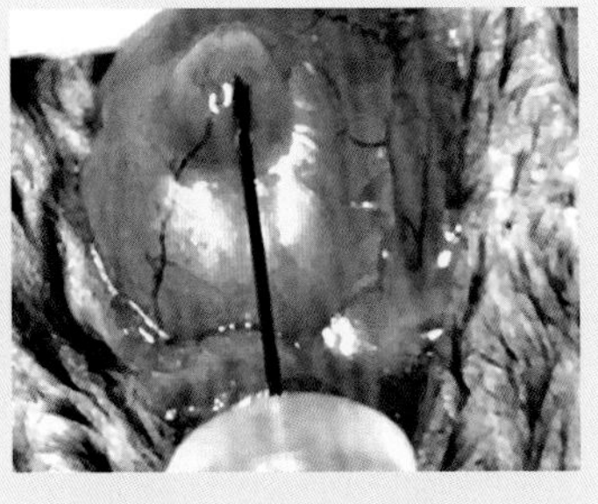

3. 用棉签顶住膀胱对侧，将针孔斜面向上，针尖缓缓通过浆膜和平滑肌进入黏膜下层。进针时会感觉较浆膜下进针阻力大。→

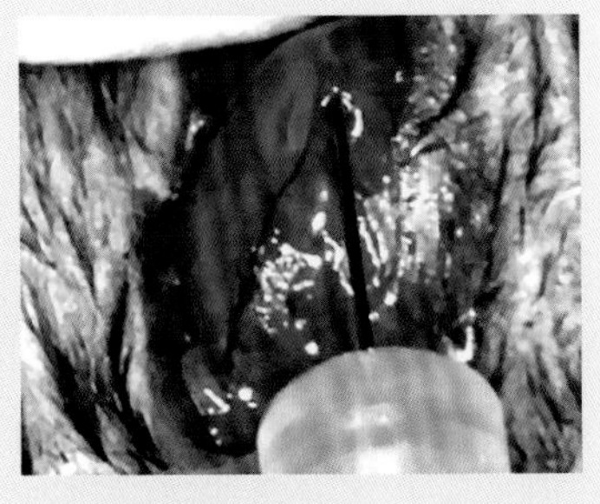

4. 针尖平行黏膜潜行至少 1 mm 停止。↓

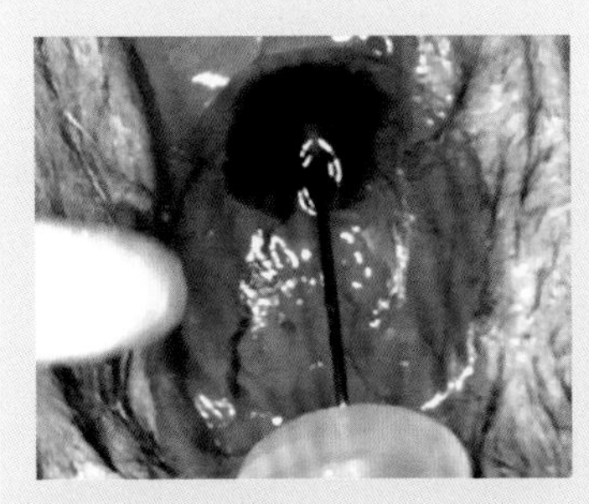

5. 缓慢注入药液，此时感觉注射阻力明显较浆膜下注射大，药液流动性差。注射区域中间隆起度高且不光滑，边缘隆起度低且边缘模糊。→

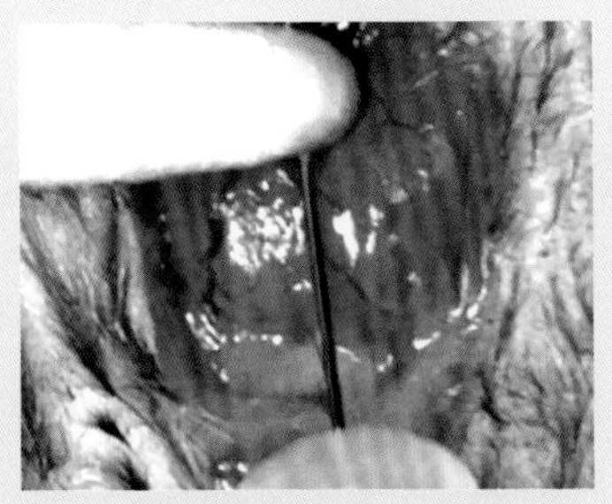

6. 终止注射，用棉签压迫进针孔拔针。→

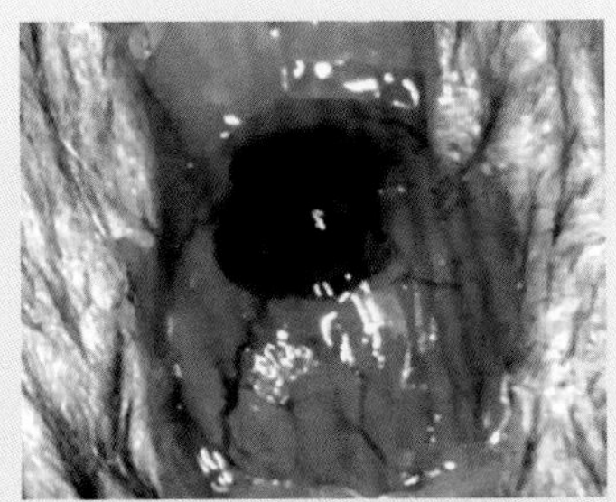

→ 7. 拔针后可见药液局限在注射部位，基本无流动性，一般无药液溢出。

图 65.9　膀胱黏膜下注射法

操作讨论

（1）耦合剂有助于防止进针过浅时的进针孔溢液。

（2）进针角度一定要与膀胱弧度吻合。

（3）进针 1 mm 后方可注射。进针距离过短，药液容易自进针孔溢出；距离过长，容易刺穿膀胱。

（4）以 20 g 体重小鼠为例，膀胱充盈以直径 5 mm 为好。过度充盈，膀胱平滑肌过薄，注射时容易刺穿膀胱；充盈不够，膀胱柔软变形，刺入膀胱浆膜下时，不易操作，同时黏膜层迂曲折叠，不容易进针。

第 66 章 肠系膜下注射

一、背景

肠系膜血管是小鼠体内可透照的血管，为研究活体血流的重点器官，尤其是周龄小的小鼠，由于肠系膜脂肪少，血管暴露得更清楚。

三氯化铁损伤肠系膜血管致血栓模型是常用的肠系膜模型。传统方法是将三氯化铁溶液滴在肠系膜上，引起大面积血栓。改良后多用滤纸条浸透三氯化铁溶液铺在特定的肠系膜血管上，效果提高不少。用棉线代替滤纸条制作模型的效果更好，损伤面积更集中。但是由于药液少，随着水分的蒸发，三氯化铁的浓度不断改变。而三氯化铁的浓度对血栓形成的时间和程度有着至关重要的影响。

肠系膜下注射三氯化铁有效地解决了血管损伤面积大、药液浓度变化的问题，而且药物对血管的作用更为直接，其优点归结如下：① 药物以极小的量注射到肠系膜下，准确定位目标血管；② 药物保持在肠系膜内，不蒸发，有效保持药物浓度；③ 药物直接作用在血管上，不再通过肠系膜，进一步减少药效影响因素。

本章以肠系膜血栓模型为例，介绍肠系膜下注射法。

二、解剖基础

肠系膜是腹膜对折而成，呈扇形分布，内有血管走行其间，肠系膜动静脉规则伴行（图 66.1）。

肠系膜前动脉发于腹主动脉；肠系膜后动脉发于右髂总动脉。这两支肠系膜动脉从腹膜外进入肠系膜后，走行于肠系膜中，在距离肠壁不足 1 mm 处，分成左、右肠动脉。肠系膜动脉在肠系膜内的部分有同名静脉伴行（图 66.2）。

图 66.1　肠系膜血管

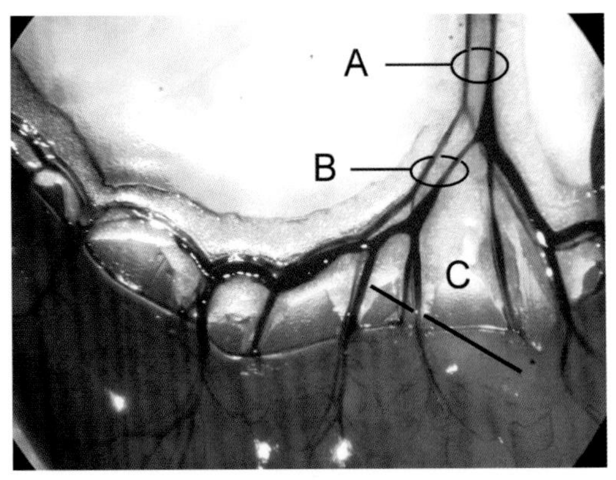

A . 肠系膜动静脉；B. 肠动静脉；C. 血管跨肠间隙
图 66.2　小鼠肠系膜血管图像

向肠壁分出的左、右肠动静脉从两侧包绕肠道。左、右肠动静脉血管抵达肠壁之前，肠系膜两层分开，形成了一个不足 1 mm 高的狭窄间隙——血管跨肠间隙（图 66.3）。对于年长、肥胖的小鼠，这个间隙常被肠系膜脂肪覆盖。幼鼠此处脂肪极少，得到的血管图像非常清晰。图 66.2 即为一只 5 周龄小鼠的肠系膜平行段血管图像，仅见少量脂肪围绕血管。

图 66.3　肠组织切片。左箭头示血管跨肠间隙，右箭头示肠系膜及脂肪

三、器械与耗材

（1）自制肠系膜影像板（图 66.4）。左箭头示小鼠卧位，右箭头示用于铺肠的病理载玻片。其下方透明，以透照显微镜底光。

图 66.4　肠系膜影像板

（2）其他器械与耗材：显微镜；50 μL 显微注射器；34 G 针头，针尖弯曲 45°；薄滤纸，特定位置开口 1 mm²；10 cm 透明培养皿；病理级载玻片；生理盐水；组织胶水；棉签。

四、操作方法

肠系膜下注射法见图 66.5。▶

1. 小鼠常规麻醉，腹部备皮。

↓

2. 将肠系膜影像板安置在培养皿内。

↓

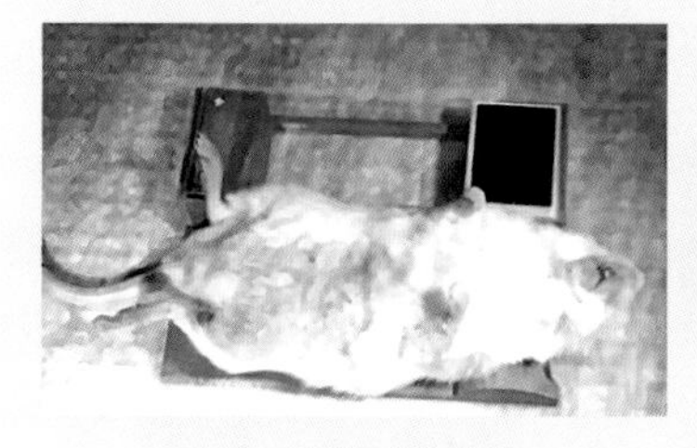

3. 将小鼠仰卧置于肠系膜影像板上。→

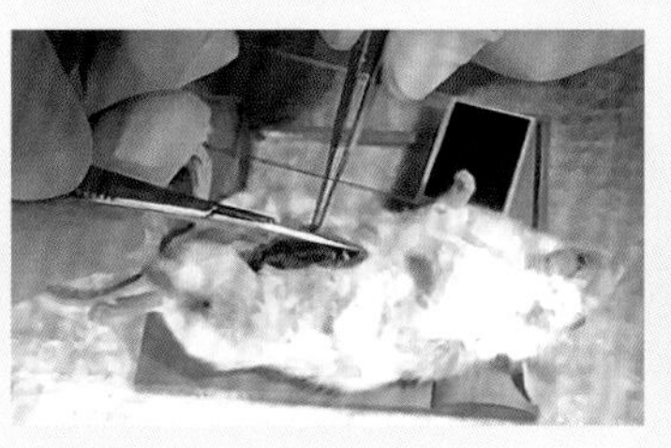

4. 在腹正中线处开腹 17 。↓

5. 将小鼠右侧卧于肠系膜影像板上，头置于枕垫上，腹部顶在病理级载玻片内侧面。→

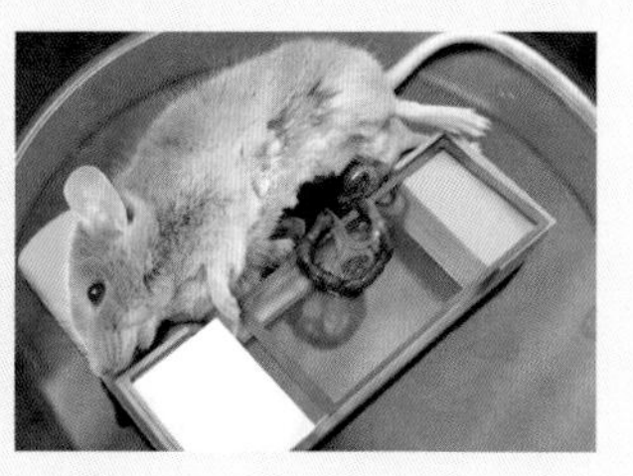

6. 将小鼠连同培养皿一起置于显微镜下。↓

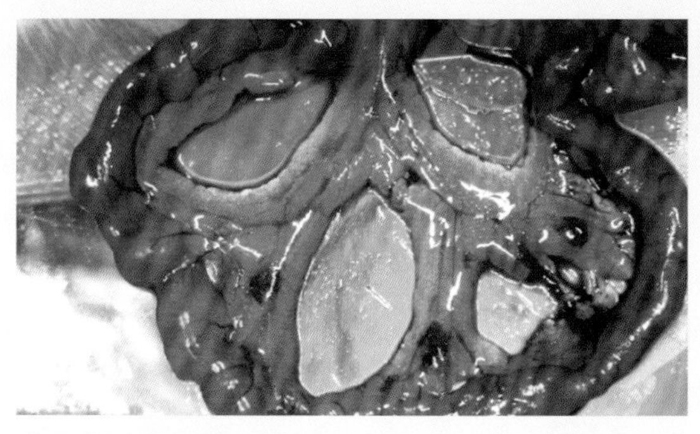

7. 用 2 支生理盐水湿润的棉签夹出一小段肠道，铺平在载玻片上，呈圆形摊开，选定两个无血管的肠系膜区域。→

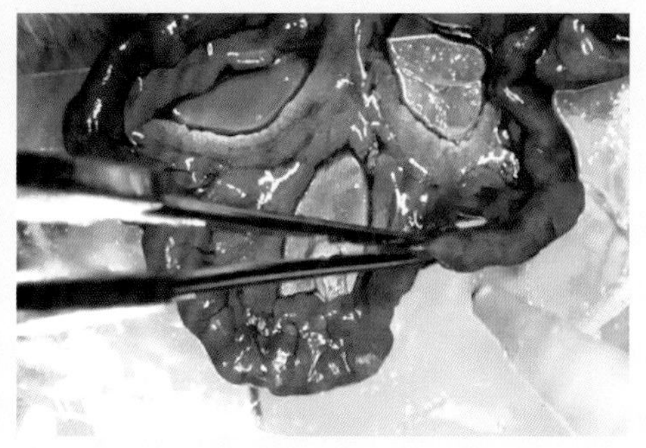

8. 提起肠道，将 2 滴胶水分别滴在两个肠系膜无血管区域。放下肠道，借助胶水使肠系膜固定于载玻片上。↓

9. 用薄滤纸覆盖体外的肠道，把观察区域露在滤纸开口区。↓

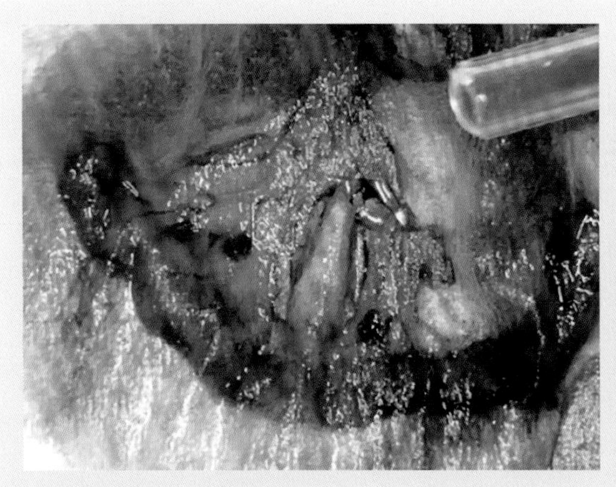
10. 滴生理盐水湿润滤纸。→

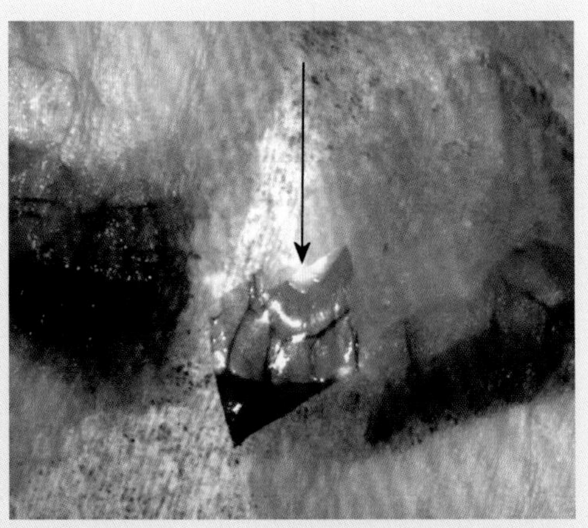
11. 打开显微镜底灯，在显微镜下找到血管跨肠间隙。(箭头示滤纸开口区) ↓

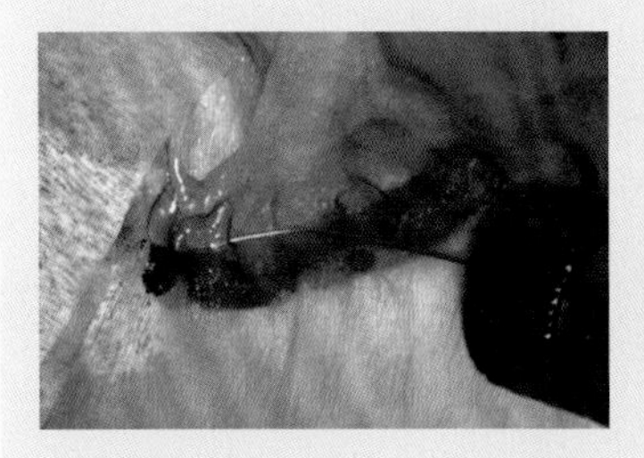
12. 将针头平行肠纵轴刺入此血管跨肠间隙注射。→

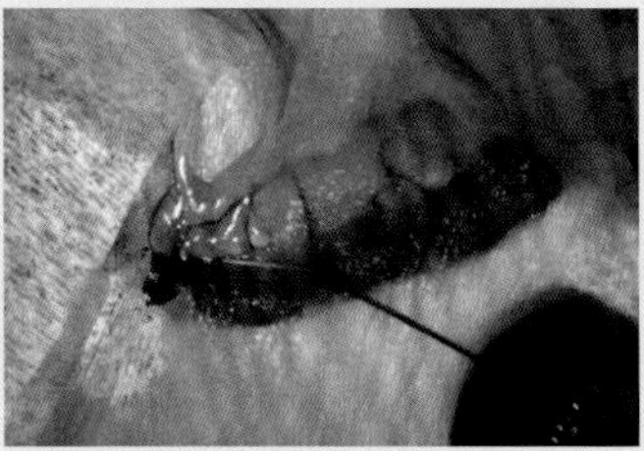
13. 药液注射量一般不多于 2 μL。→

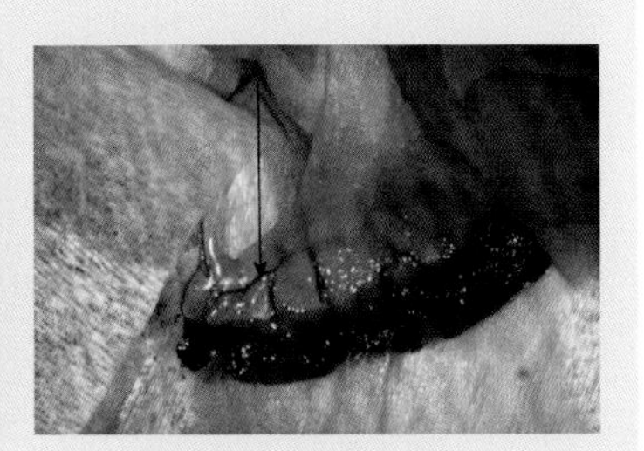
14. 注射后缓慢拔出针头，可见药液滞留在肠系膜内，如箭头所示。↓

15. 在进行长时间影像摄制时，需及时向滤纸上补滴温生理盐水，以保持肠壁湿润。

图 66.5　肠系膜下注射法

操作讨论

(1) 由于模型实验时间较长，需注意小鼠的保温。

(2) 注射量不可过多，以免肠系膜内张力明显增高，导致拔针时药液从进针孔外溢。

(3) 如果需要注入大量药液，或涉及两组以上肠系膜血管，可以一边将针头贴肠壁在血管跨肠间隙中前行，一边注射。▶

第 67 章

卵巢浆膜下注射

一、背景

小鼠卵巢浆膜下注射用于卵巢局部给药，旨在给药时不刺伤卵泡。卵巢内容纳液体的量非常有限，若注射剂量大，势必出现拔针溢液，因此，该方法不适于严格剂量给药操作。

二、解剖基础

雌鼠卵巢（图 67.1）左、右各一，位于腹腔内，肾后方偏外侧。卵巢后面对着输卵管。输卵管位于子宫角的顶端。卵巢直径约为 2 mm，厚 1 mm，呈圆饼状，内有大量不同发育时期的卵泡（图 67.2，图 67.3）。

卵巢为浆膜包裹。右侧卵巢与腹膜壁层连接较紧密，牵拉子宫使卵巢与腹膜壁层钝性分离时，右侧卵巢多与腹膜壁层连接，而与子宫分离；左侧卵巢则相反。

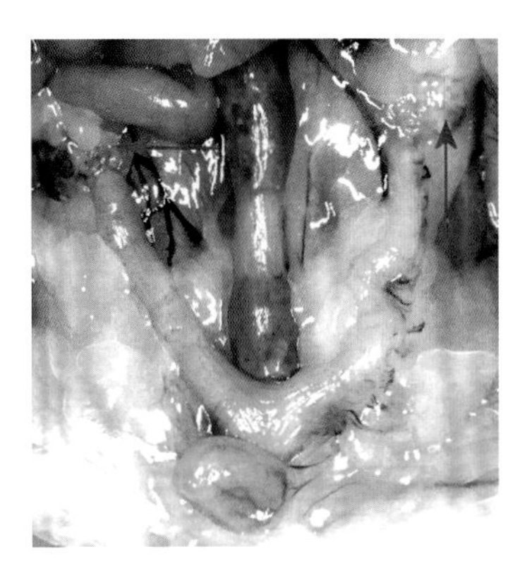

图 67.1　卵巢，如箭头所示

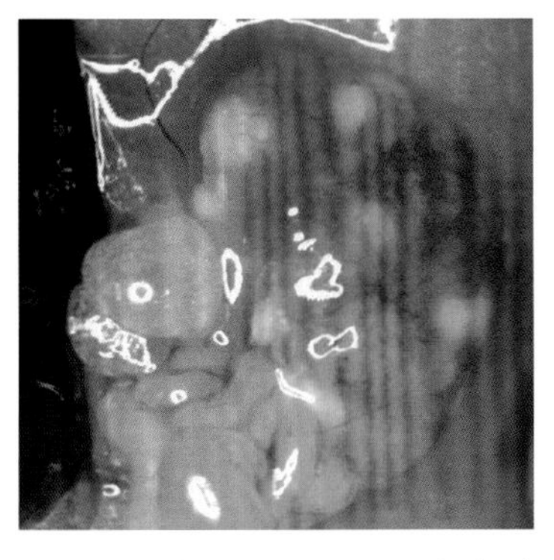

图 67.2　卵巢，可见不同发育时期的卵泡

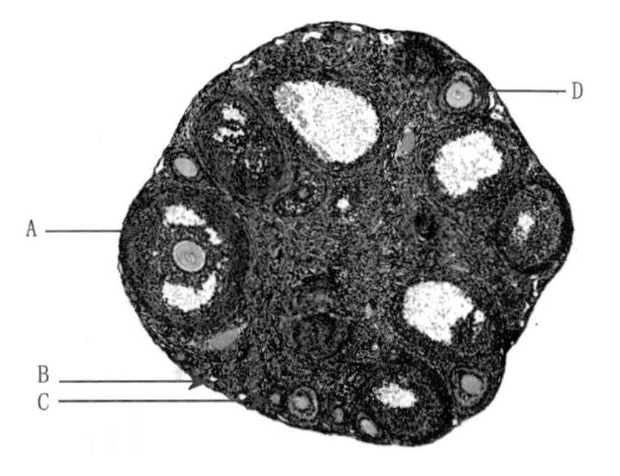

A. 窦卵泡；B. 始基卵泡；C. 初级卵泡；D. 次级卵泡
图 67.3　卵巢组织切片，H–E 染色（吴艳青供图）

三、器械与耗材

34 G 针头；25 μL 微量注射器；显微镊。

四、操作方法

卵巢浆膜下注射法见图 67.4。▶

1. 小鼠常规麻醉，腹部备皮。

↓

2. 腰部垫高。

↓

3. 开腹 17 。

↓

4. 暴露子宫。沿子宫向前找到输卵管和卵巢。→

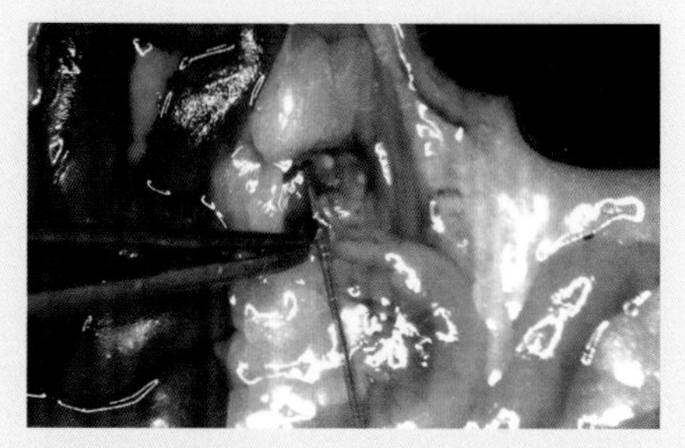

5. 用镊子夹住卵巢旁浆膜做对抗牵引，针头以小角度刺穿卵巢浆膜，紧贴浆膜内面进针 1 mm。↓

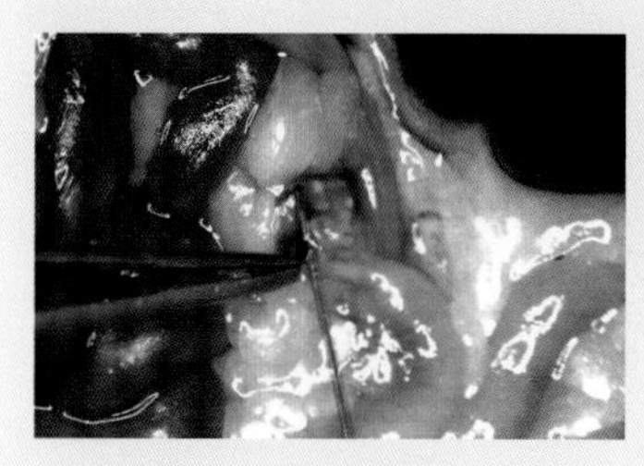

6. 缓慢注射微量药液。可见药液沿卵泡间隙在浆膜下扩散，聚集在卵巢内。→

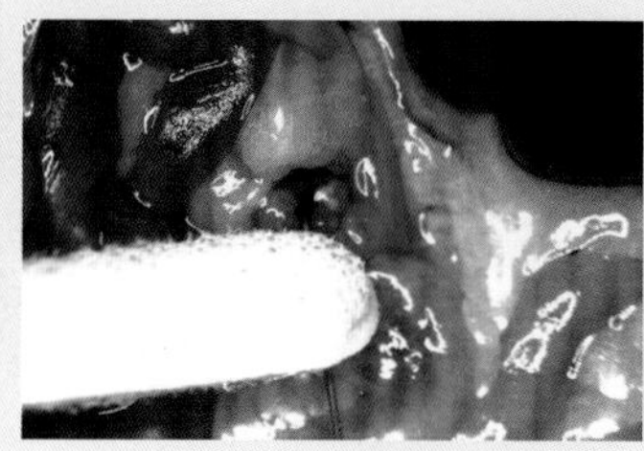

7. 注射达到设计剂量，用棉签轻压迫进针孔拔针。→

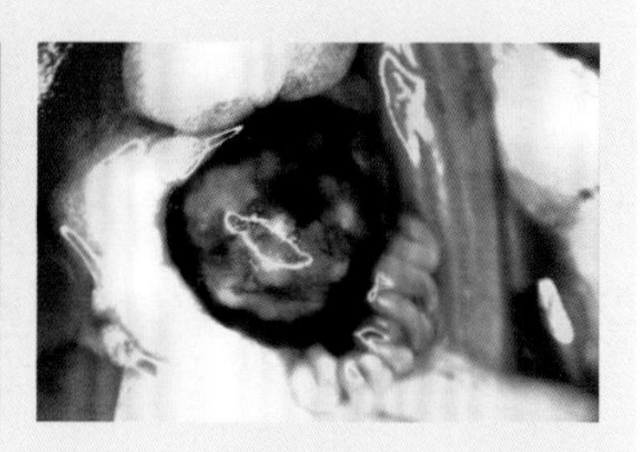

8. 只要不过量注射，一般不会有明显的药物溢出。图中为注射后药液分布于卵巢内的状况。

↓

9. 注射后将肠还纳归位，闭合腹部切口。

图 67.4　卵巢浆膜下注射法

操作讨论

因为卵巢浆膜的弹性很小，如果注射剂量过大过快，药液会在注射时而非拔针后溢出，因此，缓慢注射有利于药液弥散到浆膜下和卵泡之间。

第 68 章

睾丸白膜下注射

一、背景

治疗睾丸的药物，一般通过血液循环给药，很少在局部给药，因为睾丸表面包裹的白膜非常致密，一般药物很难透过。另外，小鼠的睾丸非常小，若直接用注射器针头刺穿白膜进入睾丸，难免损伤多层睾丸内组织，精曲小管一旦损伤，对其生理功能会产生明显的影响。

睾丸白膜下注射是一种精细的显微注射，在白膜上穿洞的同时，又不伤及睾丸实质。该方法首先要暴露睾丸。一般暴露方式有两种：开腹和开阴囊。开阴囊可免伤腹壁，开腹可免伤阴囊和提睾肌，且暴露清楚。两种方式各有取舍，但是注射的基本方法和原则相同。

本章以开腹方式介绍睾丸白膜下注射法。

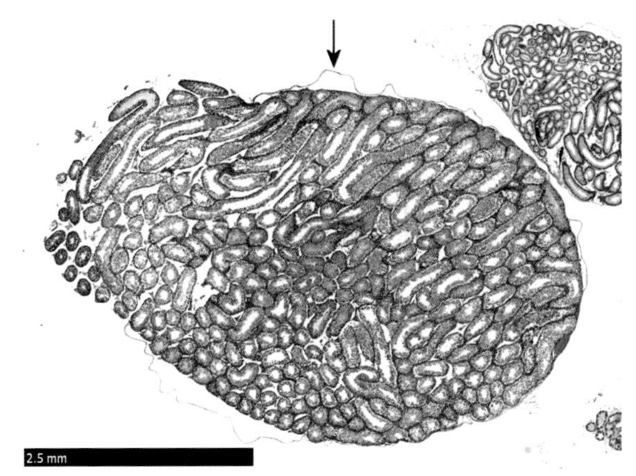

a. 组织切片

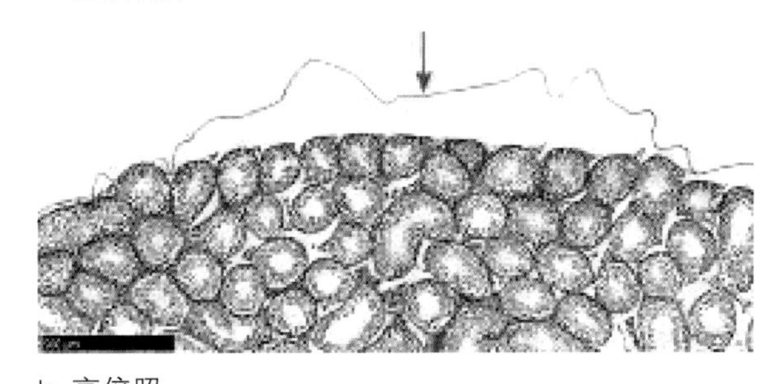

b. 高倍照

图 68.1　睾丸，箭头示白膜

二、解剖基础

白膜（图 68.1）是睾丸固有的鞘膜，由致密结缔组织组成，人的睾丸白膜呈白色，故得其名。在小鼠中虽然也沿用这一解剖名称，但其实是透明的。透过白膜，清晰可见其下的血管和精曲小管（图 68.2）。当把精曲小管完全挤出白膜后 65 ，可见白膜透明度非常高（图 68.3）。

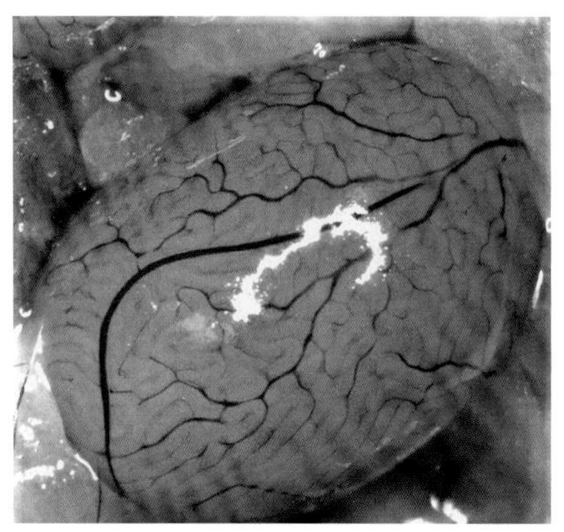
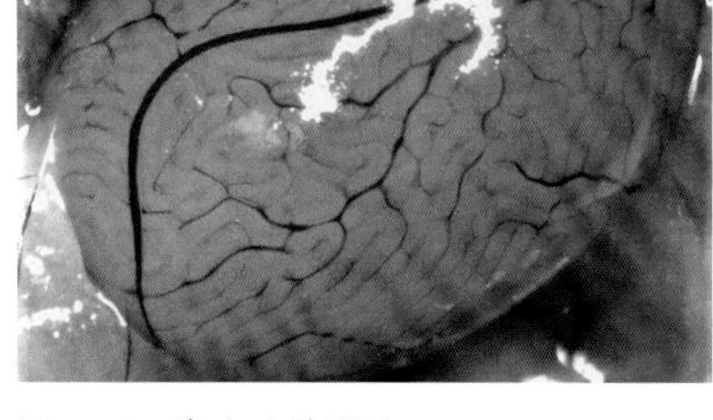

图 68.2　睾丸大体照片

图 68.3　挤出精曲小管后的透明白膜

三、器械与耗材

显微镜；31 G 针头胰岛素注射器；皮肤剪；皮肤镊；尖镊；棉签；纸胶带。

四、操作方法

以右侧睾丸为例介绍睾丸白膜下注射法（图 68.4）。▶

1. 小鼠常规麻醉，后腹部备皮。

↓

2. 将小鼠仰卧于手术板上，四肢以纸胶带固定。

↓

3. 于包皮腺前缘，沿腹中线向前将后腹皮肤剪开 1 cm。

↓

4. 继而剪开腹壁，暴露腹腔。

↓

5. 拨开精囊，可见睾丸，将睾丸拉到腹腔外，便于操作。（右图中将开始右睾丸操作，左睾丸已完成白膜下注射。）

↓

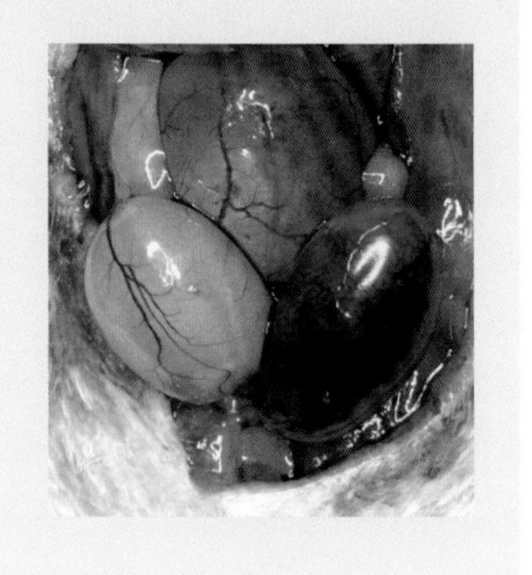

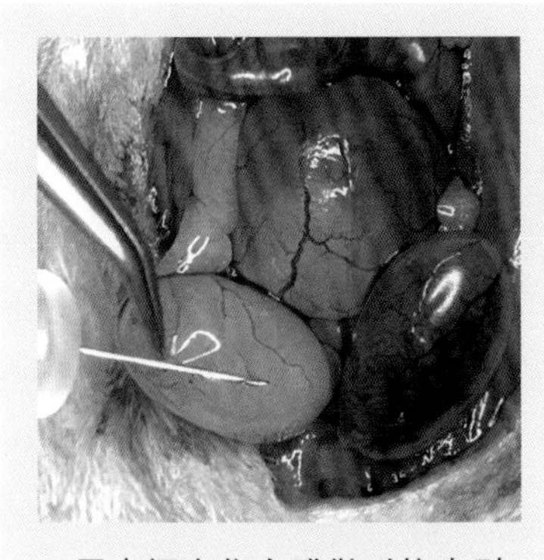

6. 用尖镊夹住白膜做对抗牵引，将针头以平行或极小角度缓慢刺入白膜。→

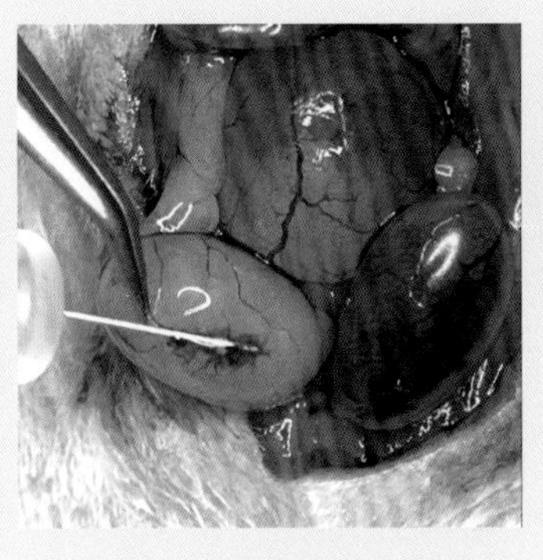

7. 在针头紧贴白膜内面进针 1 mm 后，缓慢注入药液。此时可见药液沿着精曲小管间隙在睾丸内弥散。→

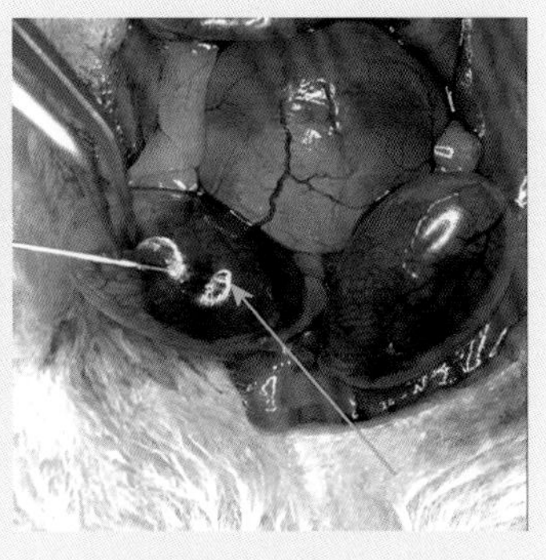

8. 随着药液进入睾丸，将针头继续贴白膜内面前行，同时注入更多药液。针头前方出现反光点，是针尖已经贴紧白膜的标志，如图箭头所示。↓

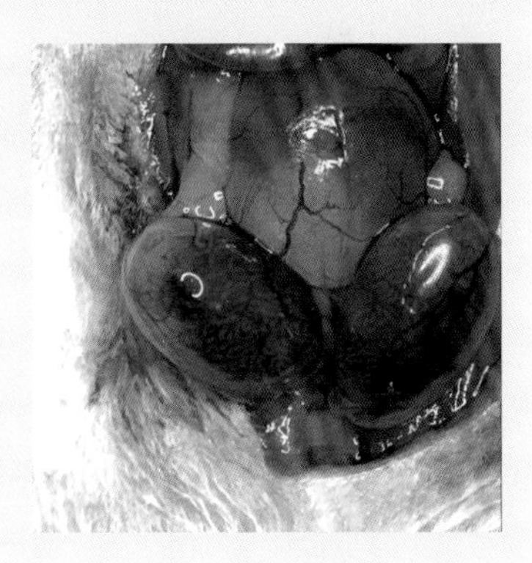

9. 完成注射拔针，一般少量注射不会引发明显的药液外溢。

图 68.4　睾丸白膜下注射法

操作讨论

白膜表面缺乏油脂，在暴露状态下，很容易在短时间内干燥，使针头难以刺入（图 68.5），故需在操作过程中，及时喷洒生理盐水或采取其他措施保持白膜湿润。

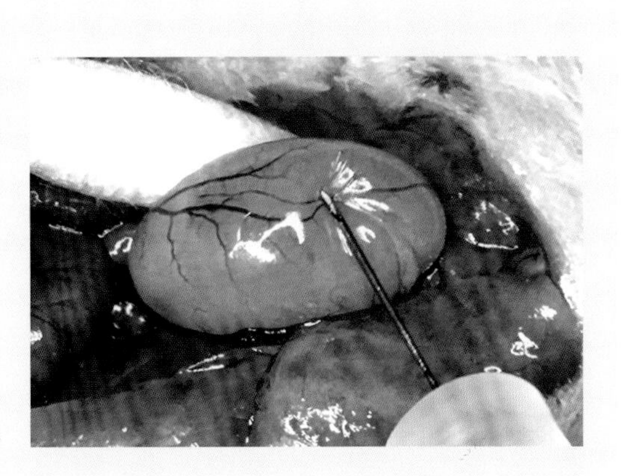

图 68.5　干燥的白膜不利于针头刺入

第 69 章

凝固腺管筋膜内注射

一、背景

实验需要将药物或病毒等作用于凝固腺时，可以用凝固腺管筋膜内注射法给药，使注射液包绕凝固腺。这类似于将凝固腺摊开的影像学注射方式，只不过后者需要将凝固腺移出体外，而且注射量要大得多。

二、解剖基础

凝固腺开口于尿道（图 69.1）。左、右凝固腺各有两叶紧靠在一起，共同包绕在精囊弯里（图 69.2），其内缘窝于精囊内弯，外缘有精囊动静脉“镶边”。多条凝固腺管水平排列，挤在一起。凝固腺和精囊被共同的浆膜包裹（图 69.3），浆膜和凝固腺之间分布有不均匀的结缔组织（图 69.4）。

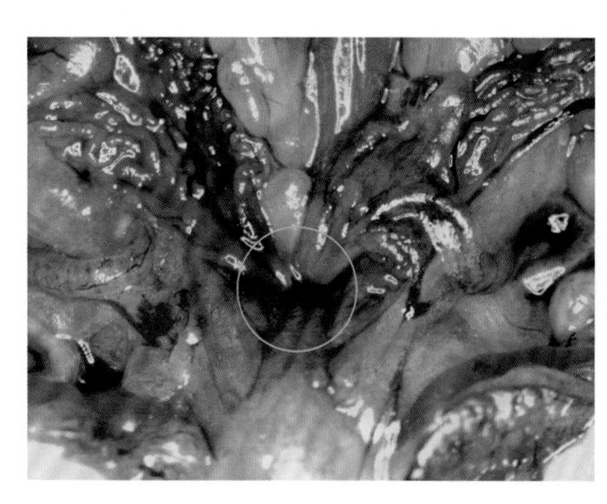

图 69.1　凝固腺，绿圈示其开口

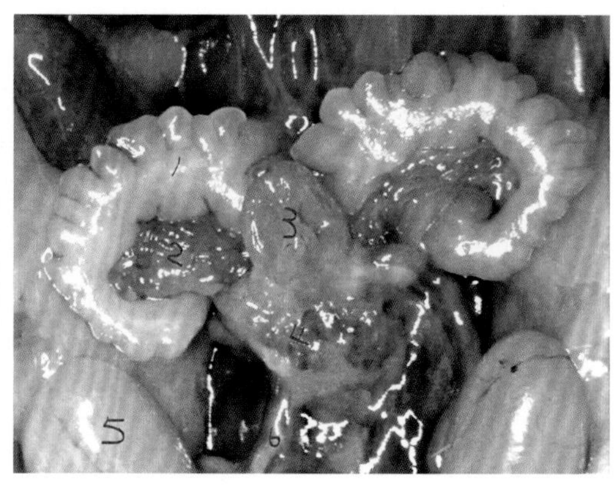

1. 精囊；2. 凝固腺；3. 膀胱；4. 前列腺；5. 睾丸；6. 输精管

图 69.2　凝固腺窝于精囊内弯中

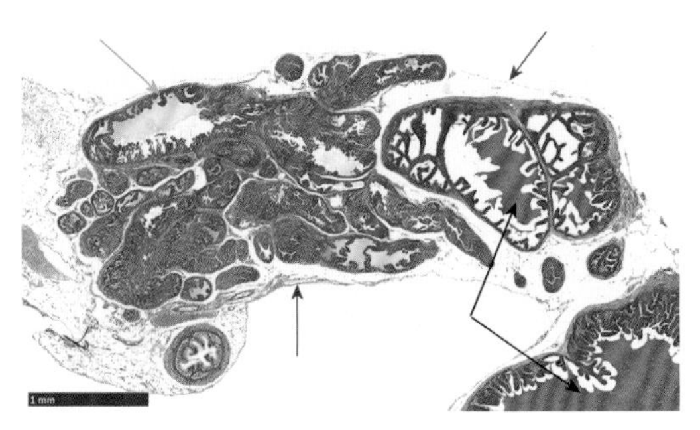

图 69.3　凝固腺组织切片，H–E 染色，示凝固腺与精囊被共同的浆膜包裹。红箭头示浆膜，绿箭头示凝固腺，黑箭头示精囊

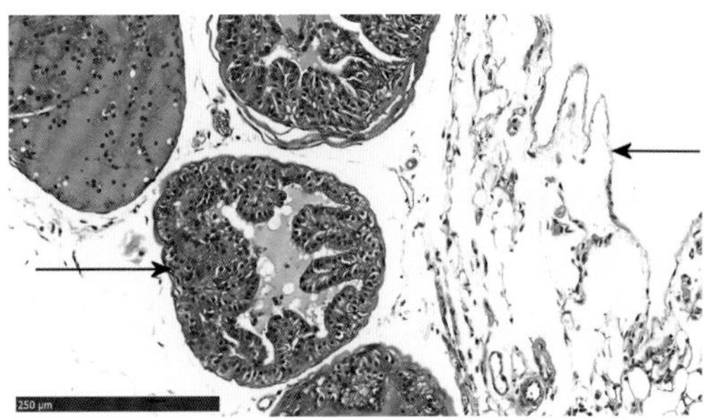

图 69.4　凝固腺与浆膜之间分布有不均匀的结缔组织。左箭头示凝固腺管，右箭头示浆膜

三、器械与耗材

34 G 针头；25 μL 微量注射器；环镊；直剪；拉钩；棉签。

四、操作方法

凝固腺管筋膜内注射法见图 69.5。▶

1. 在行麻醉前擒拿小鼠，促其应激排尿。

↓

2. 常规麻醉，后腹部备皮。于后腹正中线将皮肤剪开 8 mm ⑰。

↓

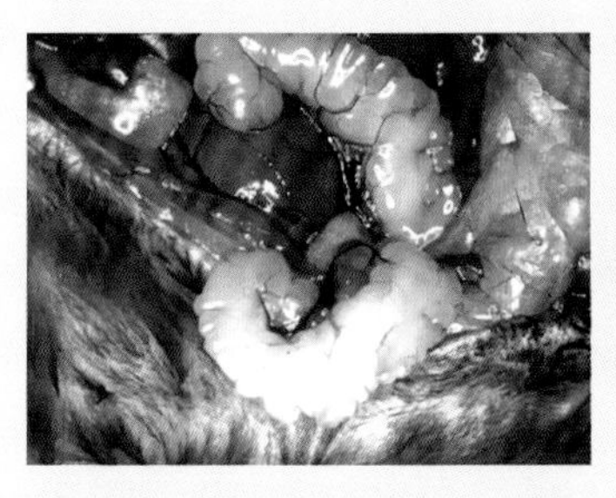

3. 沿腹正中线剪开后腹壁，两侧安装拉钩，暴露凝固腺。将右侧凝固腺连同精囊一起向后翻，暴露凝固腺背面。→

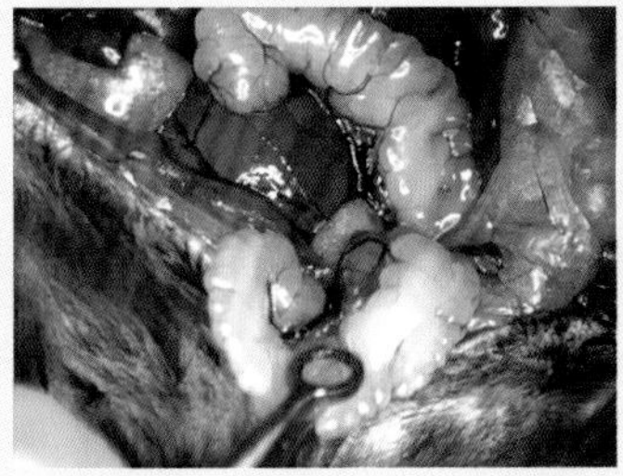

4. 注射时，用镊子轻夹精囊做对抗牵引。→

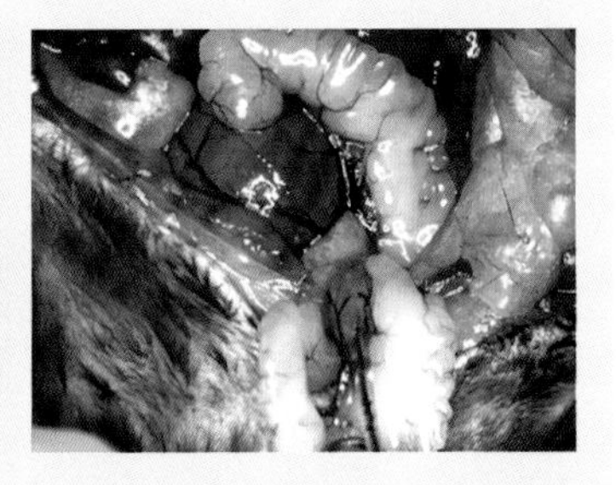

5. 将针尖从凝固腺远端平行腺管刺入浆膜下。↓

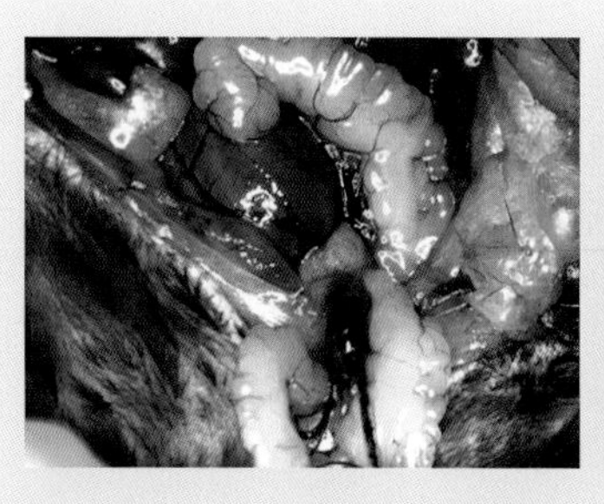

6. 当针尖在腺管之间深入 1 mm 后开始注射，边注射，边使针尖前行。注射量不宜超过 15 μL。→

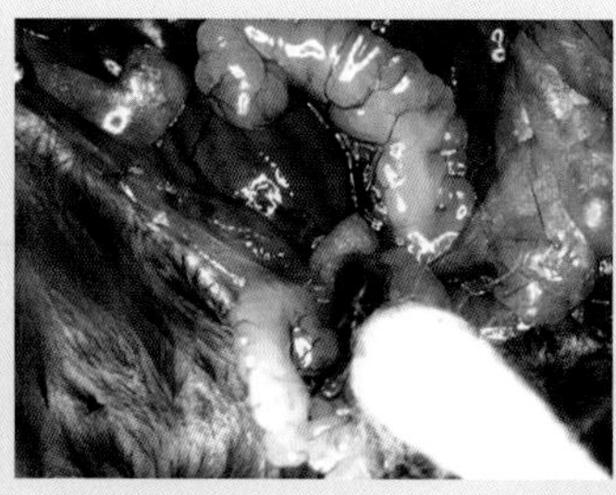

7. 用棉签压迫进针孔拔针。→

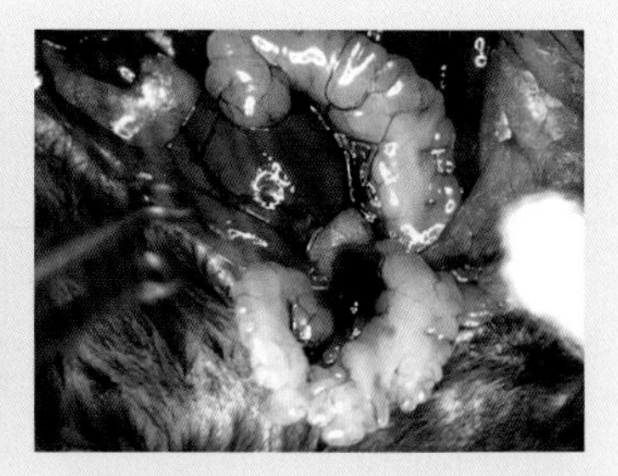

8. 图中显示注射后情况。无明显药液溢出，无药物进入膀胱（有色药物更容易看清结果）。

图 69.5　凝固腺管筋膜内注射

操作讨论

（1）本方法使用的注射器短针头 12 mm 长，斜面为 45°，不甚锐利，以避免刺破腺管而使药物误入膀胱。

（2）注射速度不宜过快，需匀速注射。 用 25 μL 玻璃注射器比较适宜。

（3）对精囊的保护很重要，由于精囊脆弱，容易破裂，所以用环镊代替普通镊子。

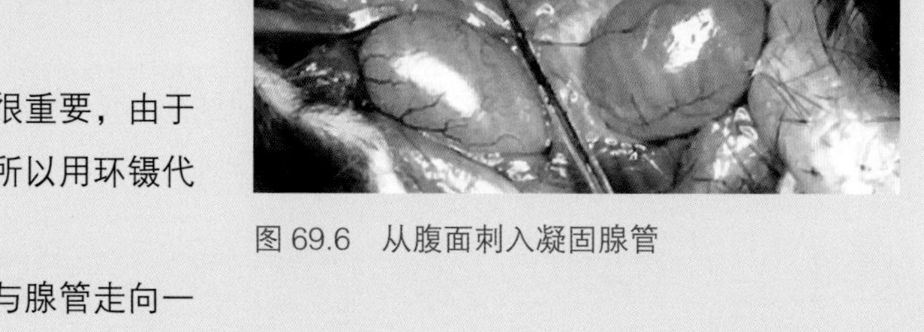

图 69.6　从腹面刺入凝固腺管

（4）进针方向必须与腺管走向一致，以免损伤腺管。

（5）除从凝固腺背面进针外，还可以从腹面进针（图 69.6），优点是有连接尿道的腺管牵引，无须做对抗牵引。

第 70 章

神经外膜下注射

一、背景

小鼠坐骨神经是最长、最粗大的外周神经，可用于许多与神经相关的实验。位于股骨后间隙的坐骨神经容易暴露，实验中，可根据需要用玻璃针或细小的针头将药物注入外膜，即用神经外膜下注射方式给药。本章以针头细小的玻璃注射器为例，介绍操作过程。

二、解剖基础

坐骨神经的多个支干发自腰椎，合成大股走行于股骨后间隙（图 70.1），进入小腿。坐骨神经纤维束外裹一层神经外膜。

图 70.1 小鼠俯卧位解剖照。掀开股二头肌，示股骨后间隙内的坐骨神经，如箭头所示

三、器械与耗材

显微镜；不锈钢棒，直径 1 mm，长 1 cm；34 G 针头＋微量注射器；31 G 针头胰岛素注射器；管镊；尖镊；皮肤剪。

四、操作方法

以左坐骨神经为例介绍神经外膜下注射法（图 70.2）。▶

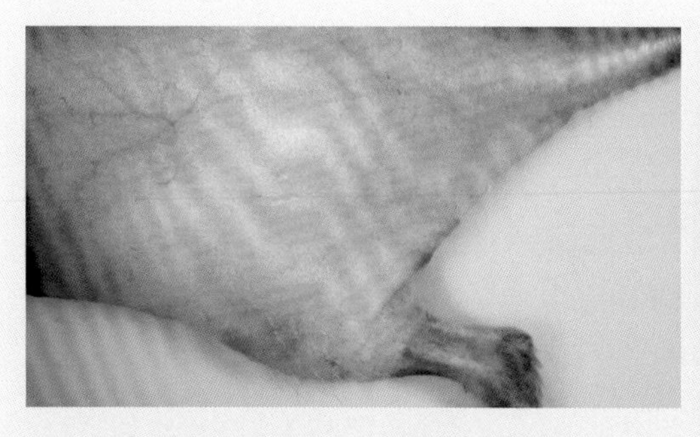

1. 小鼠常规麻醉，后腰、后肢备皮，取俯卧位。→

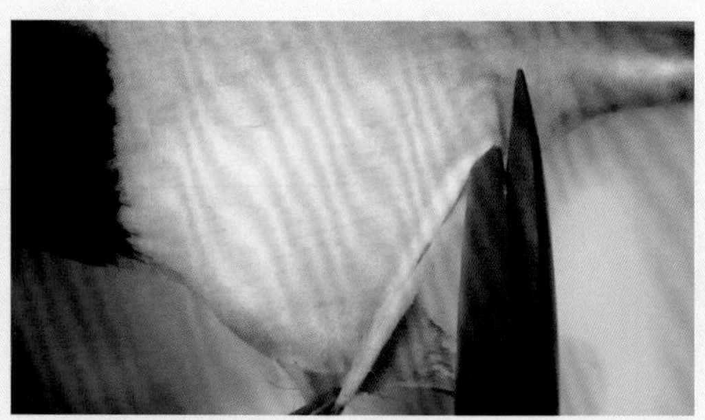

2. 由膝关节向尾根部剪开皮肤。↓

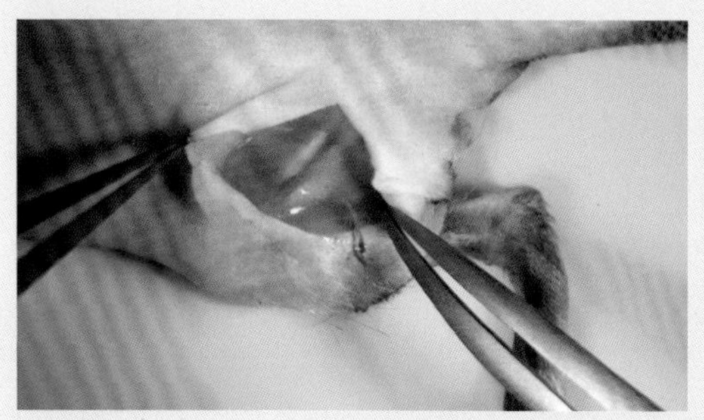

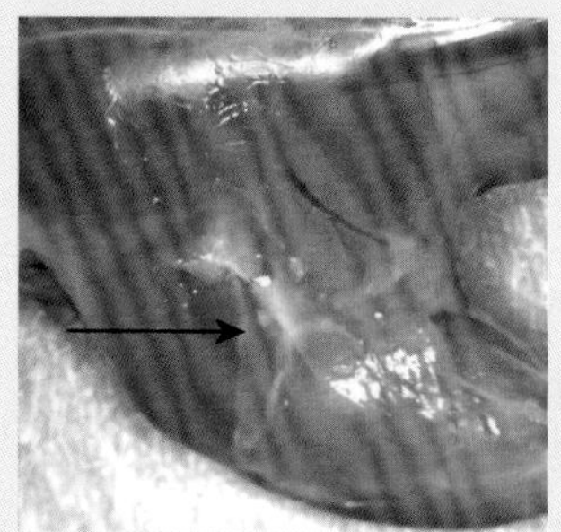

3. 暴露股二头肌前缘和股骨之间的白色深筋膜。图中箭头示股二头肌深筋膜。↓

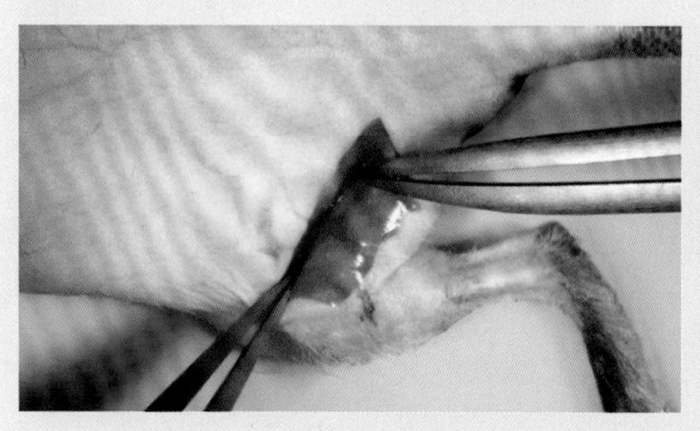

4. 用两把尖镊插入筋膜中间，向两侧划开，分离股二头肌前缘，暴露股骨后间隙。→

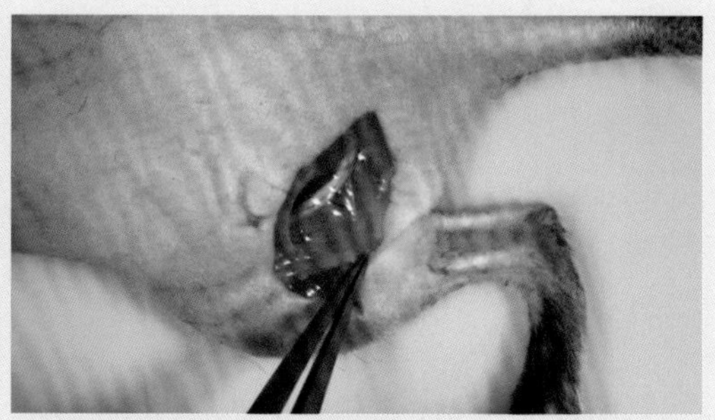

5. 翻起股二头肌，在股骨后间隙内可见坐骨神经。↓

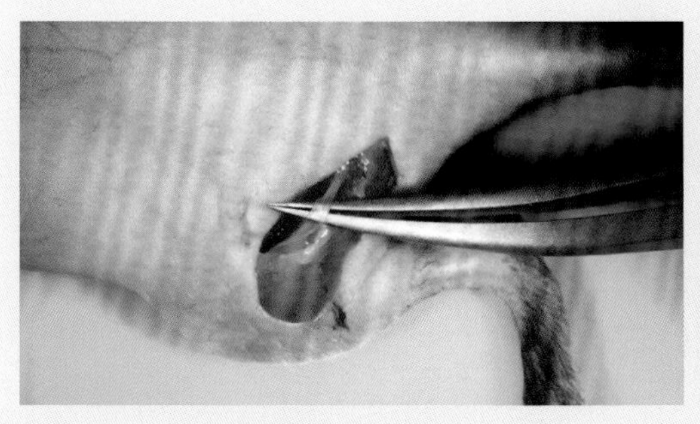

6. 用尖镊分离坐骨神经下方的筋膜。→

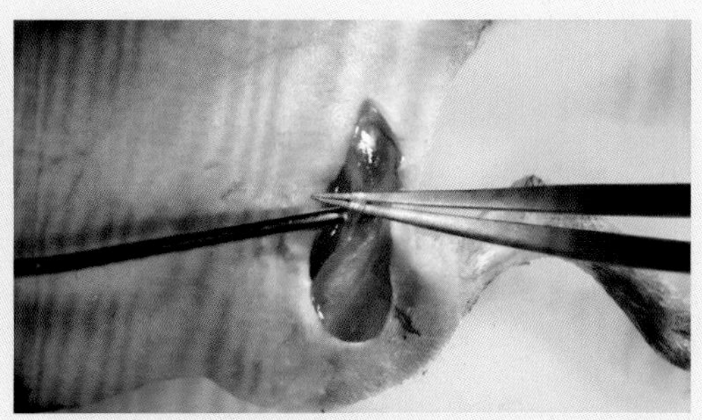

7. 用尖镊轻挑起坐骨神经，将金属棒插入神经下面。↓

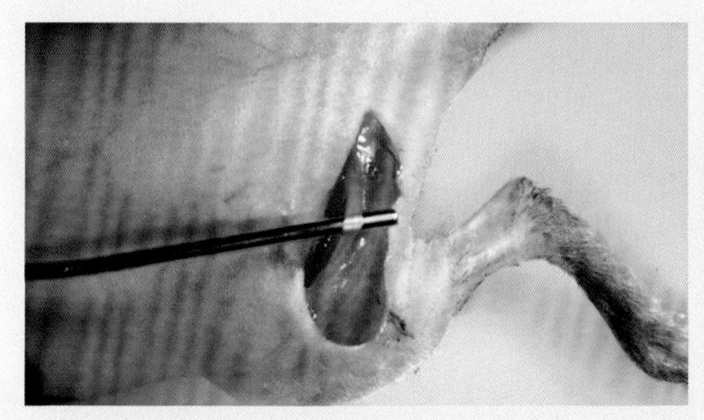

8. 金属棒完全插入神经下，即可撤除镊子。→

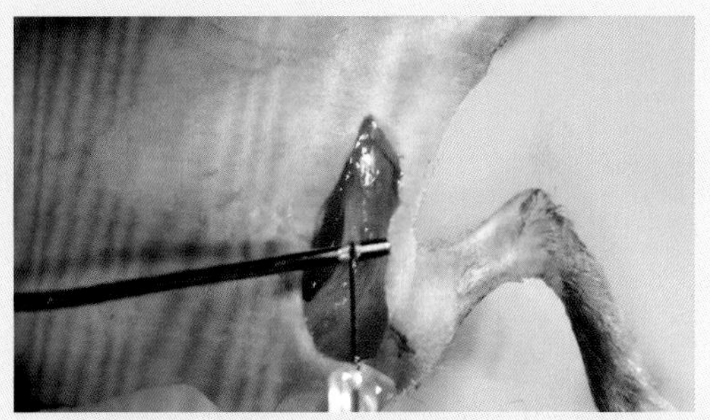

9. 金属棒挑起神经，用胰岛素注射器针头刺破神经外膜。↓

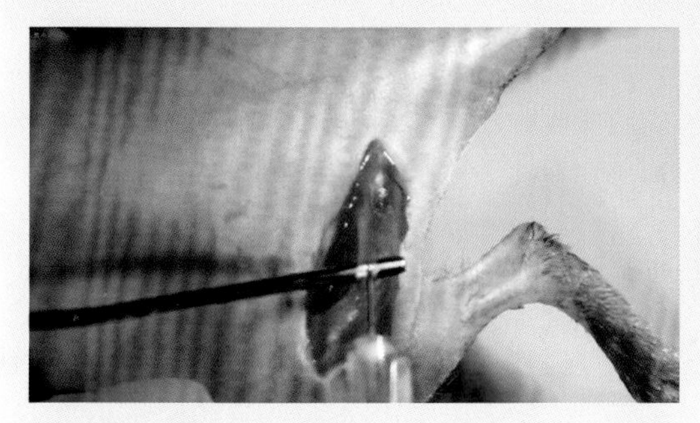

10. 换微量注射器，将针头沿进针孔刺入神经外膜下 。→

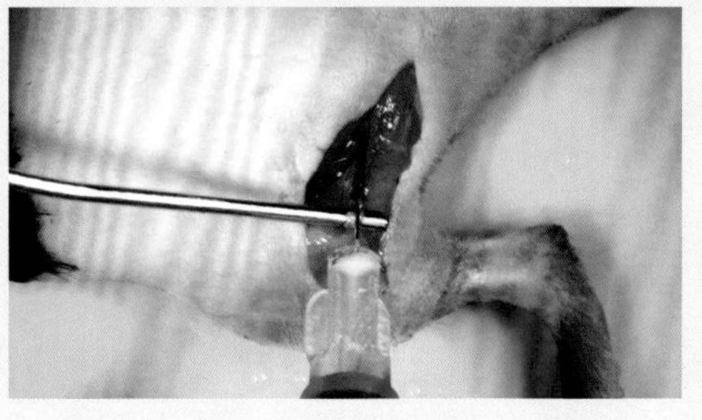

11. 在针头平行神经纤维进入 1 mm 后开始注射药液。↓

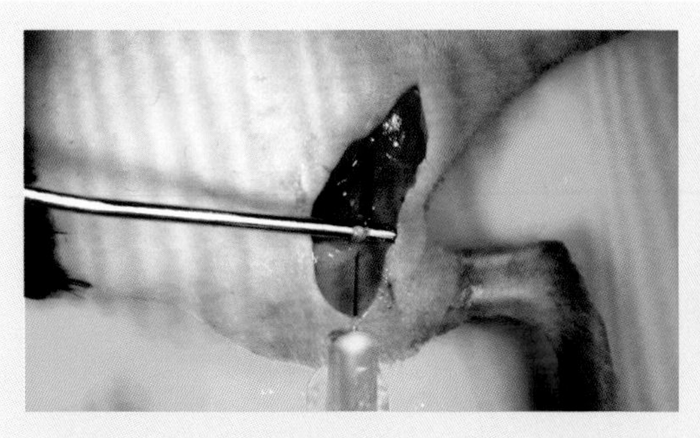

12. 注射到设计剂量即可停止，可见神经外膜明显充盈。→

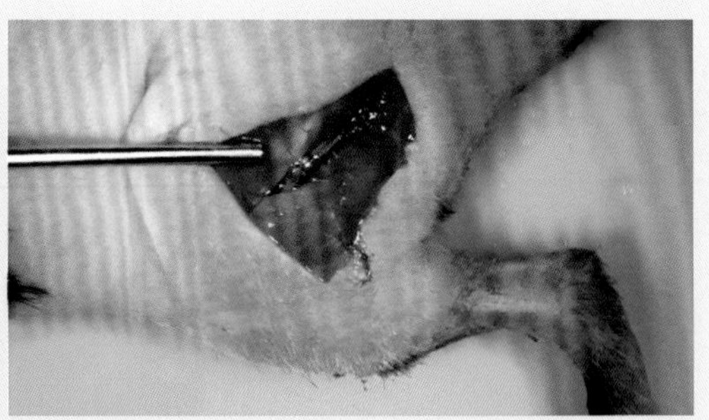

13. 先放松金属棒，再拔针。拔针后完全撤出金属棒。↓

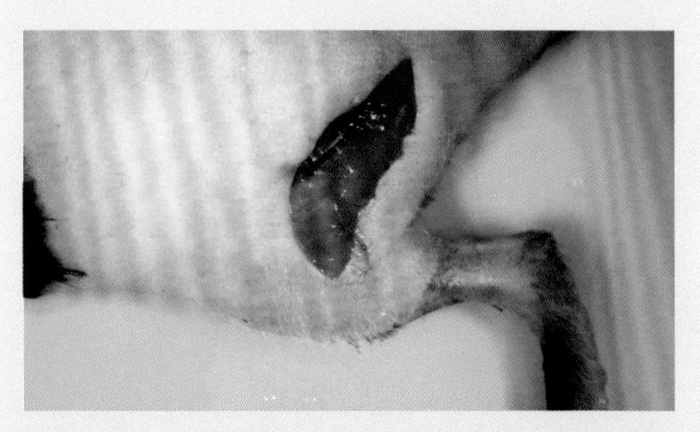

14. 图为注射后状态，可见药液仅局限于神经外膜内。

图 70.2　神经外膜下注射法

操作讨论

实验中的不锈钢棒可以用玻璃棒代替。

器官注射

第七篇

第 71 章
脑内注射

一、背景

脑内注射是实验动物模型中常用的方法。目前流行使用三维脑内注射定位器来完成小鼠脑内注射。在实验过程中，需将小鼠头部夹持固定。由于注射药物后会产生高颅压，为了避免拔针溢液，通常采用分阶段拔针，因此，一次注射的整体时间较长，常需要 1 小时。

为了提高效率，本章介绍一种快速的脑内注射法，可在数分钟内完成。

二、解剖基础

头颅为骨腔，相对封闭。颅顶区（图 71.1）包括前至鼻骨，后至枕骨，左、右到眼眶上沿、耳孔上方的颅骨平面。其中，前囟点、人字点、矢状缝、人字缝和冠状缝都是非常重要的定位标记。开颅后脑暴露见图 71.2。

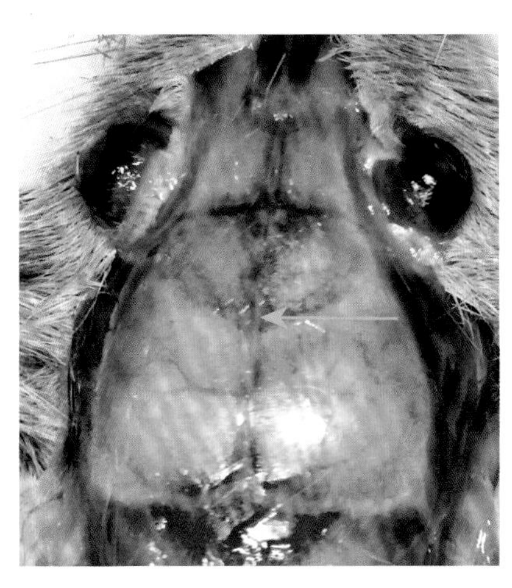

图 71.1　小鼠颅顶区，箭头示前囟点

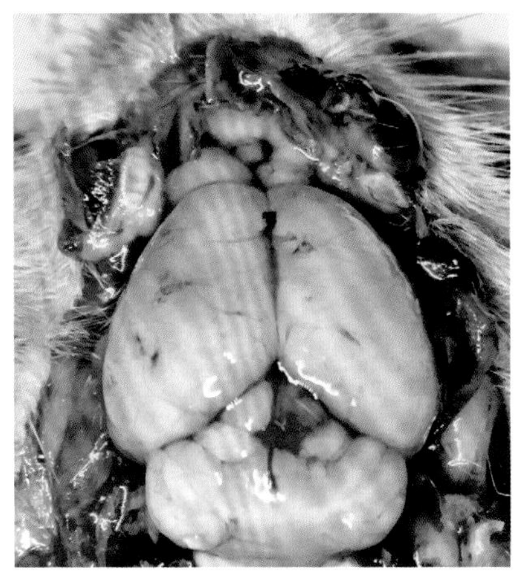

图 71.2　小鼠脑（俯视）

三、器械与耗材

三维脑内注射定位器（图 71.3）；异氟烷吸入麻醉系统；微量注射器；34 G 针头；刀片；组织胶水。

图 71.3　三维脑内注射定位器

四、操作方法

脑内注射法见图 71.4。

1. 用注射器吸入设计剂量的药液。注意，注射器远端保留至少数微升空气。将注射器安装在三维脑内注射定位器的注射架上。

↓

2. 小鼠满意麻醉：中度麻醉，不可出现深度麻醉的深呼吸和浅麻醉的快速呼吸。

↓

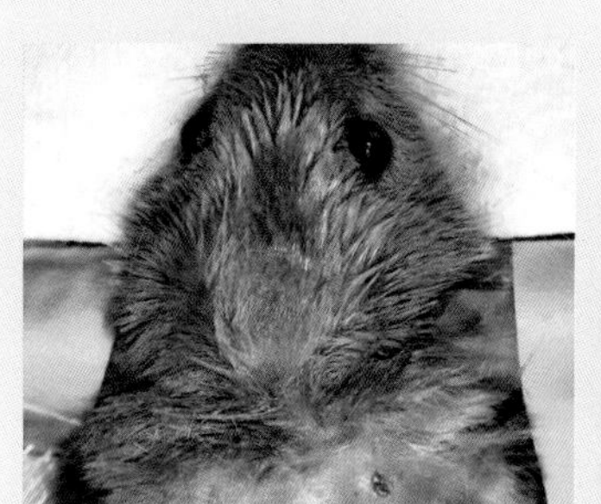

3. 颅顶备皮。→

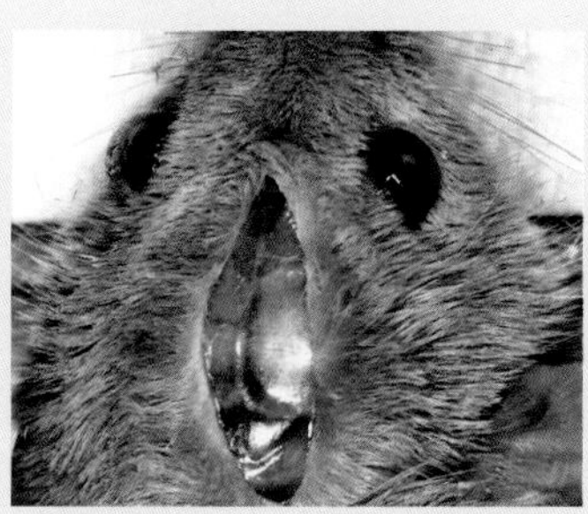

4. 用刀片将头顶皮肤纵向切开，如图所示。→

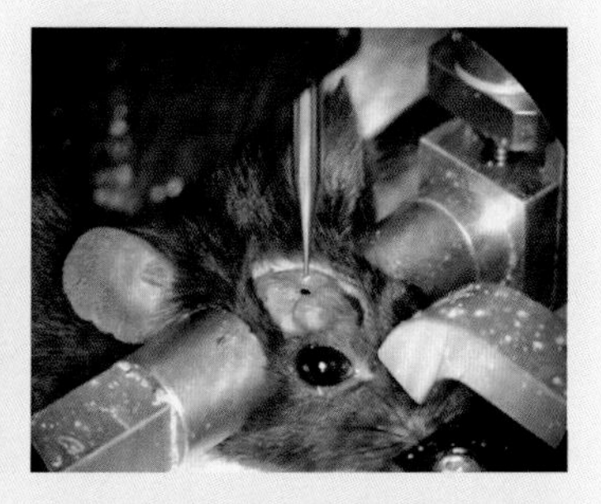

5. 将小鼠固定于三维脑内注射定位器。图中标记了人字点。↓

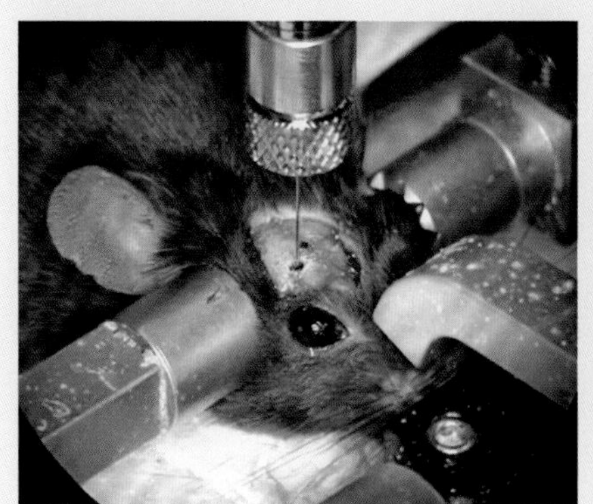

6. 按照实验设计标记进针点。→

7. 按照测算好的颅骨厚度，在进针点钻透颅骨，不伤及软脑膜。↓

8. 松开颊夹。→

9. 在脑预定位置进针。↓

10. 注射药液。↓

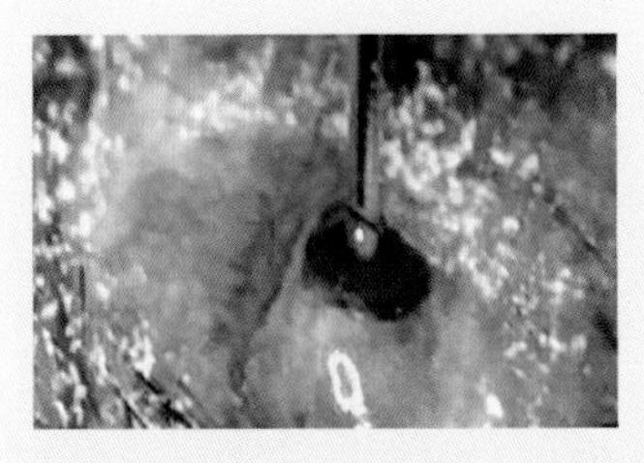

11. 当药液注射完毕后，在颅骨钻孔处滴一滴胶水，匀速拔针。一边拔针，一边注射空气。→

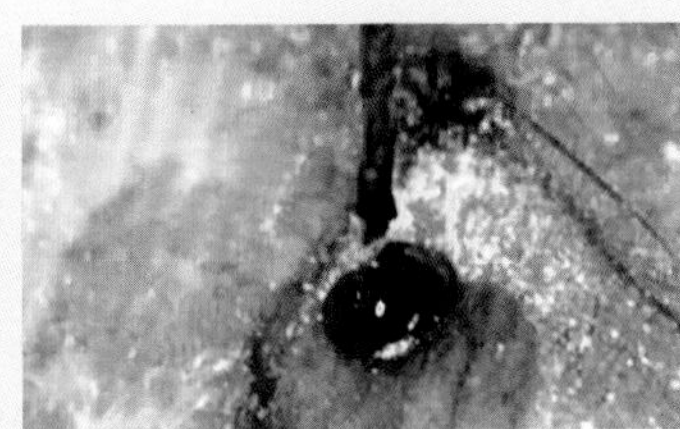

12. 针完全拔出时，数微升空气应恰好注射完毕。这个过程需要约 20 秒钟。→

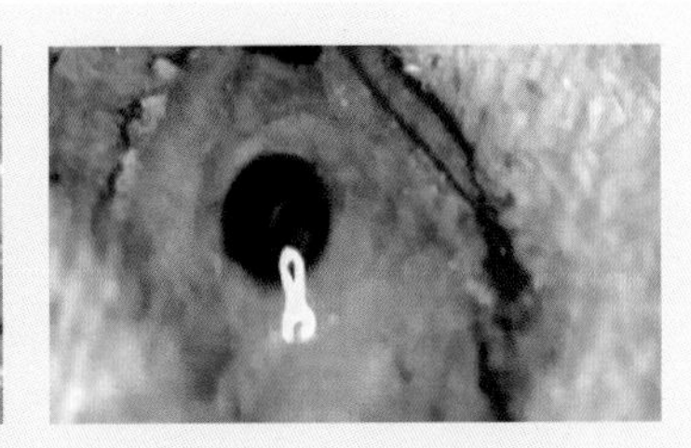

13. 针拔出后，胶水尚未凝固，但是封闭了进针孔，且数微升空气栓塞住针道，因此，不会有药液溢出。↓

14. 稍候，待胶水即将凝固时，将切开的皮肤粘在原位固定。→

15. 停止吸入麻醉，苏醒返笼。

图 71.4　脑内注射法

操作讨论

（1）本实验非常有必要做预实验，以确定吸入麻醉所用的异氟烷浓度、驱使气体压力、注射点、注射深度及精确的药液量、空气量等（图 71.5，图 71.6）。

（2）针道内保存空气，可以防止药液溢出。注入的空气量取决于进针深度。原则上空气应贯穿整个针道，形成空气栓，因此，空气量一般为 1 ～ 3 μL。

（3）在进针孔点组织胶水，可以防止药液和空气外溢。

（4）松开颊夹，避免高颅压。

（5）严格掌握麻醉深度，以保证注射过程中没有颊夹固定时，小鼠不会因为麻醉过深产生深呼吸或麻醉过浅产生任何头部运动。

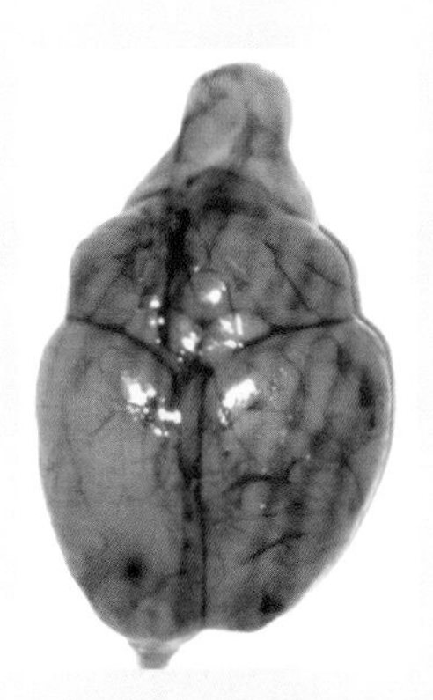

图 71.5　进针部位检查

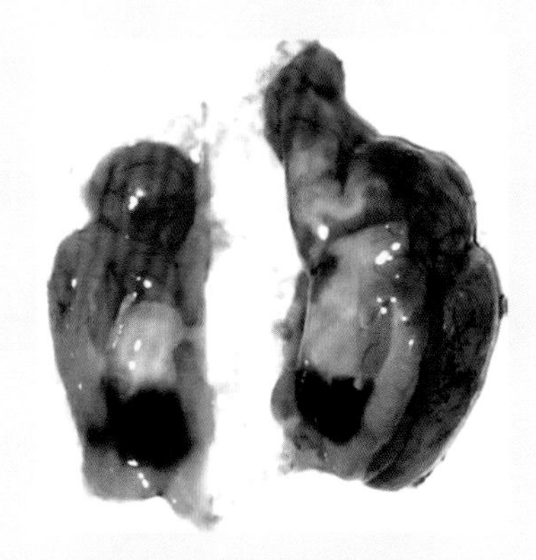

图 71.6　注射部位检测，也可以检测针道药液回流情况

第 72 章

前房注射

一、背景

小鼠眼前房注射是建立青光眼模型的方法之一。在 2 mm 直径的小鼠前房进行穿刺和注射，技术上颇有挑战性，其原因不只是小鼠眼球小，更是前房极浅，操作空间非常小。本章主要介绍小鼠眼前房注射法的操作要点。

二、解剖基础

小鼠眼球（图 72.1）与人眼球的结构基本相同，但形态、大小都存在明显差异。

人眼球的角膜弧度小于巩膜，小鼠眼球呈球形，角膜和巩膜弧度基本相同（图 72.2）；与人角膜相比，小鼠角膜较大，约占眼球表面的 40%，虹膜血管丰富，呈多环网状分布（图 72.3）；结膜囊仅 1 mm 深。眼睑难以翻转。

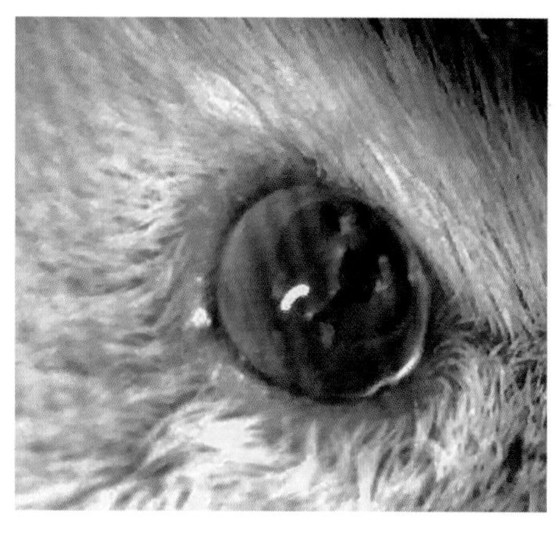

图 72.1　小鼠眼球

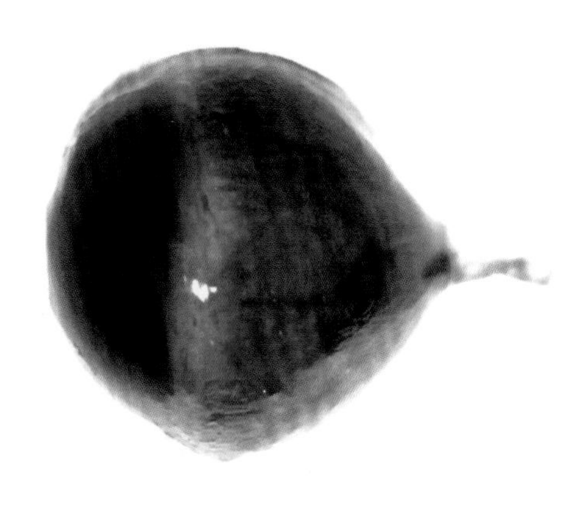

图 72.2　小鼠眼球呈球形

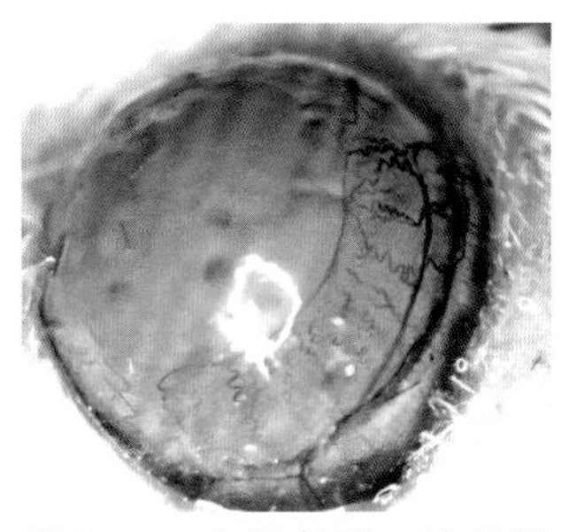

图 72.3　小鼠角膜，示虹膜血管网

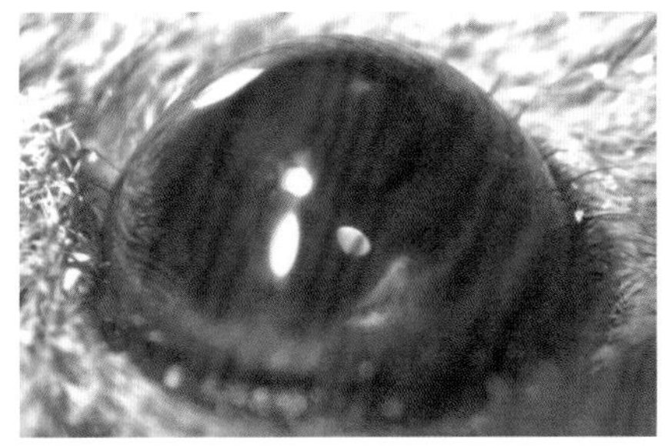

图 72.4　小鼠眼球，示极浅的眼前房

人眼的前房较深，虹膜呈水平状。小鼠眼的前房（图 72.4）极浅，虹膜膨隆，距离角膜很近，留给前房穿刺操作的空间非常小。

三、器械与耗材

31 G 针头胰岛素注射器；抗生素眼药膏。

四、操作方法

以右眼为例介绍眼前房注射法（图 72.5）。▶

1. 小鼠常规麻醉，左侧卧。右眼滴麻药。注射器针头针孔向上，于角膜缘处小角度进针，针尖指向角膜中心。→

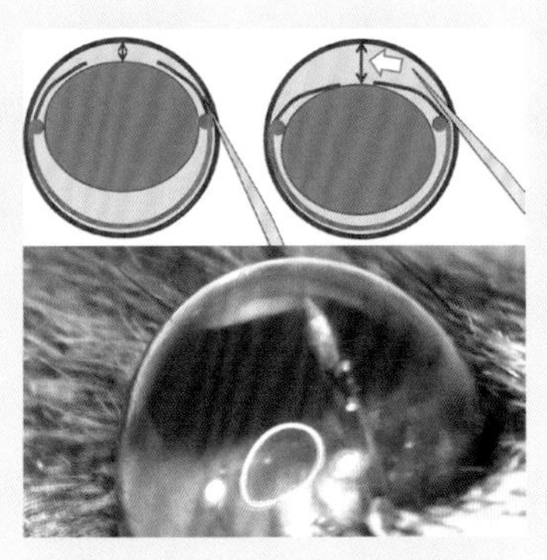

2. 针尖穿入房角后，立即注入少许药液，使虹膜下降，降低角度再推进针尖，以避免针尖触及角膜内面。↓

3. 注射完毕，匀速拔针。如果不是过量注射，一般不会有明显的药物泄露。↓

4. 涂抗生素眼药膏，苏醒返笼。→

5. 青光眼模型，注射后小鼠眼前房明显变深。图中前房有气泡，如箭头所示，以标识为注射后状态。

图 72.5　眼前房注射法

操作讨论

（1）针尖进入角度过大，会触及角膜内面，导致角膜损伤（图 72.6）。

（2）针尖伤及角膜内皮，会立即引发角膜混浊（图 72.7）。▶

（3）前房除了可以注入液体外，还可以注入气体（图 72.8）。由于角膜弹力强，针头细小，注射后气体可以在前房内保留较长时间，直至吸收。

（4）前房注射后是否漏液或漏气，可根据前房的深浅判断（图 72.9）。

图 72.6　针尖角度过大，触及角膜

图 72.7　角膜内皮刺伤致角膜混浊

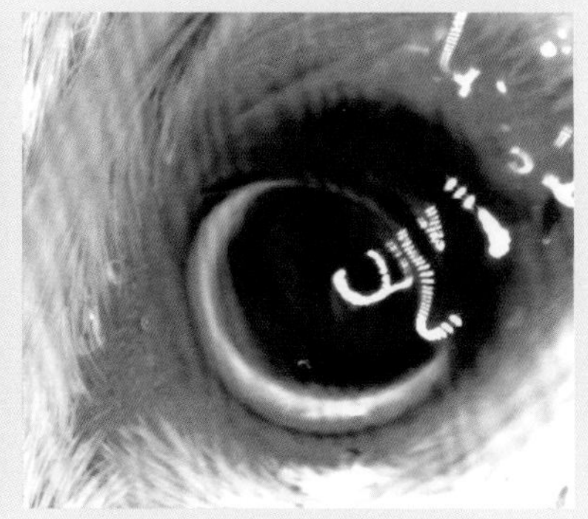

图 72.8　前房注入气体

a. 注射后的深前房。图中表面一层为滴在眼外的生理盐水。第二层为前房。其下方的深色部分为虹膜和晶状体。

b. 如果进针孔漏气，前房很快变浅。虹膜和晶状体甚至可贴附在角膜上。

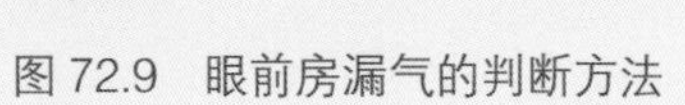

图 72.9　眼前房漏气的判断方法

第 73 章

玻璃体内注射

一、背景

眼玻璃体内注射是一种临床眼科局部给药方法，该方法同样适用于实验小鼠。小鼠不但眼球小，且与人眼玻璃体腔相比，也相对要小得多。因此，注射手法与临床上多有不同。

二、解剖基础

玻璃体位于玻璃体腔中。在人眼中，玻璃体约占眼球体积的 4/5，而小鼠眼后房大部分被巨大的晶状体占据，玻璃体占眼球体积不足 1/2（图 73.1，图 73.2）。

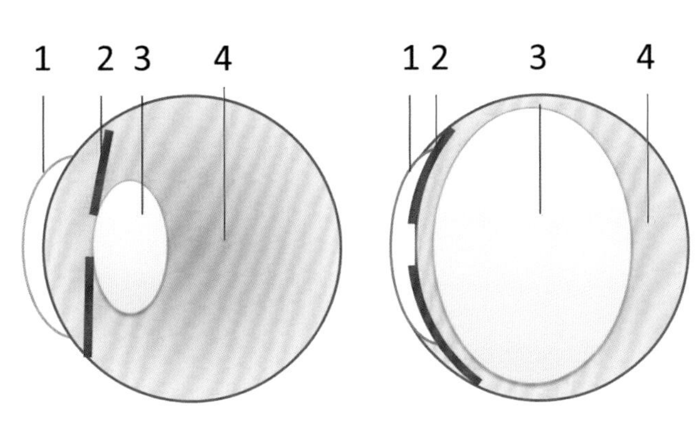

1. 角膜；2. 虹膜；3. 晶状体；4. 玻璃体

图 73.1　人眼球与小鼠眼球结构比较示意。左为人眼球，右为小鼠眼球

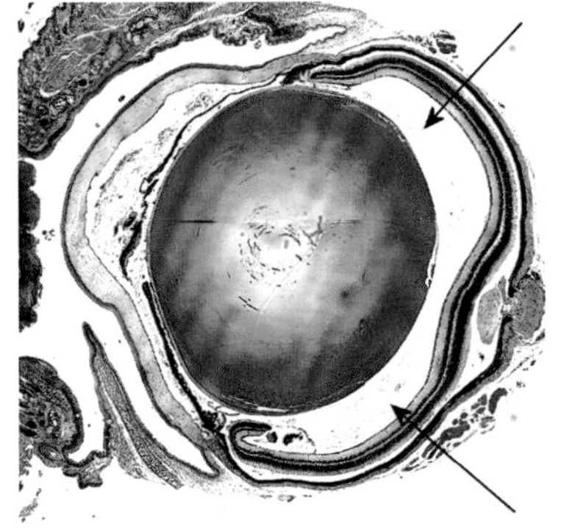

图 73.2　小鼠眼球病理切片，H–E 染色。箭头示小鼠玻璃体腔（宋柳江供图）

三、器械与耗材

31 G 针头胰岛素注射器；麻药。

四、操作方法

以左眼为例介绍玻璃体内注射法（图 73.3）。▶

1. 小鼠常规麻醉。

↓

2. 取右侧卧，左眼水平向上。左眼点麻药。

↓

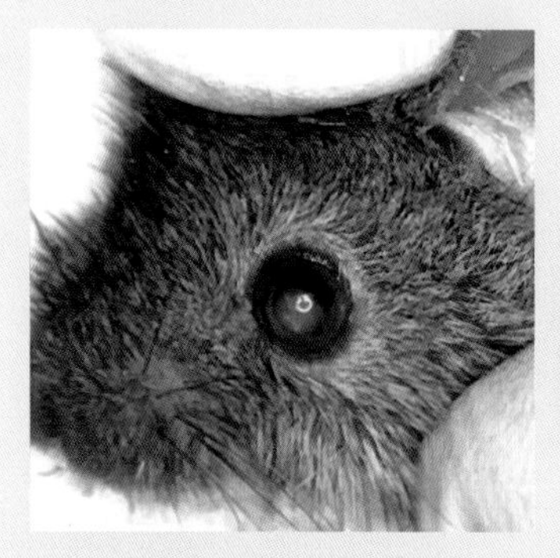

3. 拉紧眼睑，令眼球突出。→

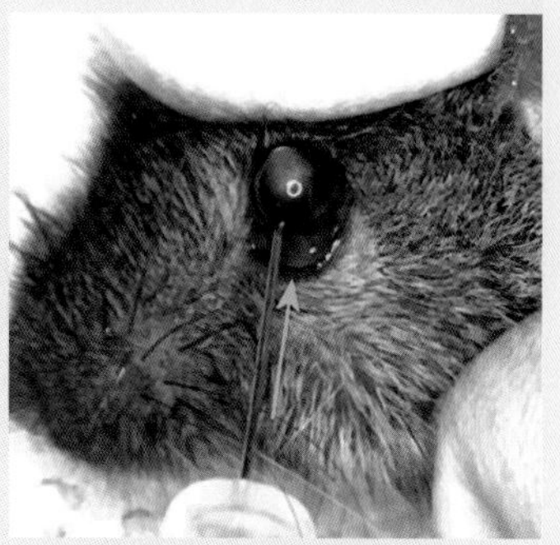

4. 将注射器针头针孔向上，于角膜缘后方进针，针尖方向对准眼球中心。图中箭头示进针方向。↓

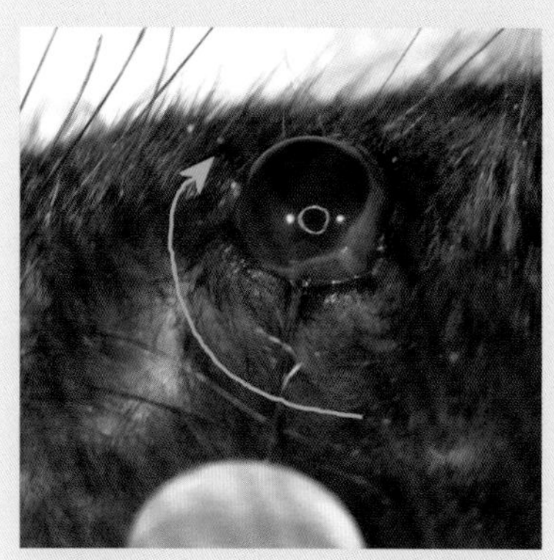

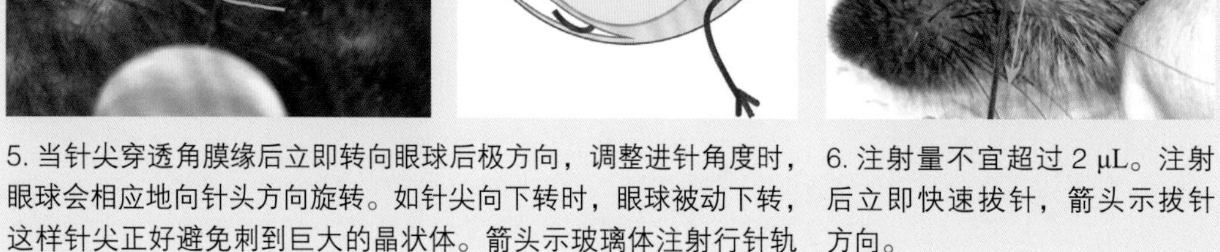

5. 当针尖穿透角膜缘后立即转向眼球后极方向，调整进针角度时，眼球会相应地向针头方向旋转。如针尖向下转时，眼球被动下转，这样针尖正好避免刺到巨大的晶状体。箭头示玻璃体注射行针轨迹。→

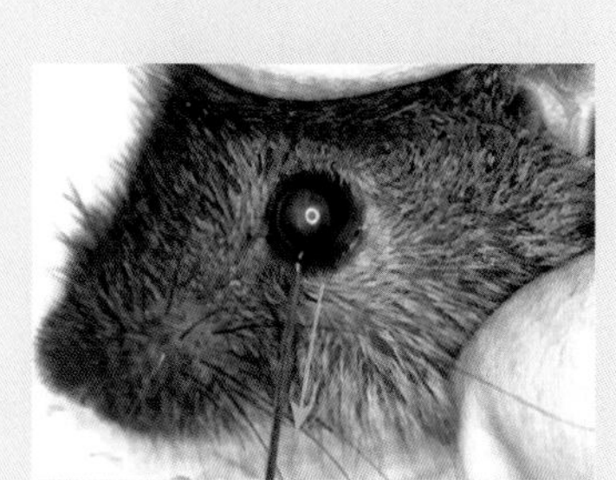

6. 注射量不宜超过 2 μL。注射后立即快速拔针，箭头示拔针方向。

图 73.3　玻璃体内注射法

操作讨论

（1）当针头刺入角膜缘时，眼球会被针尖顶起少许。如果眼球被过高顶起，针尖还不能刺入，表示其不够锐利，需要更换针头。

（2）小鼠眼玻璃体腔很小，过量注射会导致高眼压，一般注射量以 1 ～ 2 μL 为宜。

（3）进针角度要从垂直转变为斜向后方向。不选择垂直角度难以进针，不转变角度会伤及晶状体。

（4）进针不可过深，避免刺伤视网膜。

（5）在直视下观察到药液进入玻璃体内（图 73.4），需要具备三个条件：

① 小鼠术前散瞳。

② 手术室内只保留一个手术台的光源，且不可过强。从小鼠眼睛暴露在光下开始，要在数分钟内完成注射，保证晶状体透明。

③ 药液需要有明显的颜色。

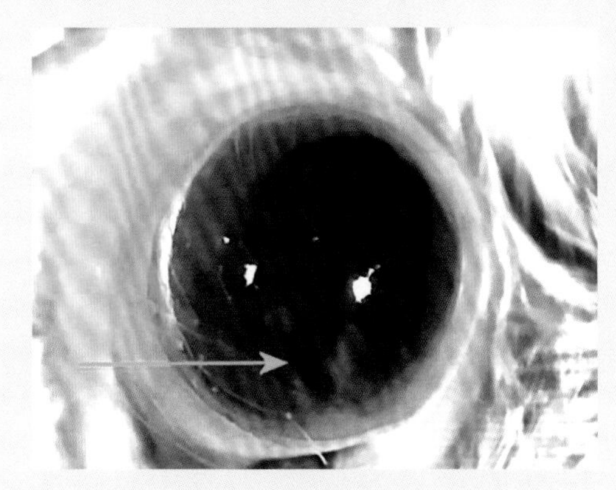

a. 针头进入玻璃体腔，箭头示晶状体后面的针头

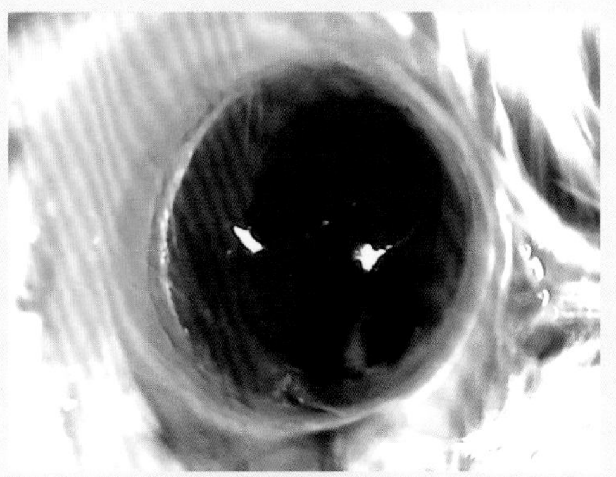

b. 蓝色药液注入玻璃体腔内

图 73.4　小鼠玻璃体注射手术效果

第 74 章

眼球后注射

一、背景

眼球后注射是一种临床眼科局部给药方法，多用于视神经、眼动静脉周围局部给药，或使药物从深部渗入眼球。这个方法也同样适用于实验小鼠。

由于小鼠眼球后空间太小，注射针头相对太大，在不能直视的情况下操作，极易严重损伤眼球后组织器官，尤其是巨大的眼眶静脉窦和哈氏腺，而且损伤常常不易被察觉到。故非迫不得已，不建议采取此方法。

必须行眼球后注射时，精准的进针深度和准确的注射位置，是避免意外损伤的首要条件，在此进行详细介绍。

二、解剖基础

小鼠眼眶与人眼眶相比相对较浅，眼球后的眶内容物主要是眼眶静脉窦和哈氏腺（图 74.1）。眼球后的视神经和眼动静脉为眼外肌（图 74.2，图 74.3）所包绕。在眼球赤道巩

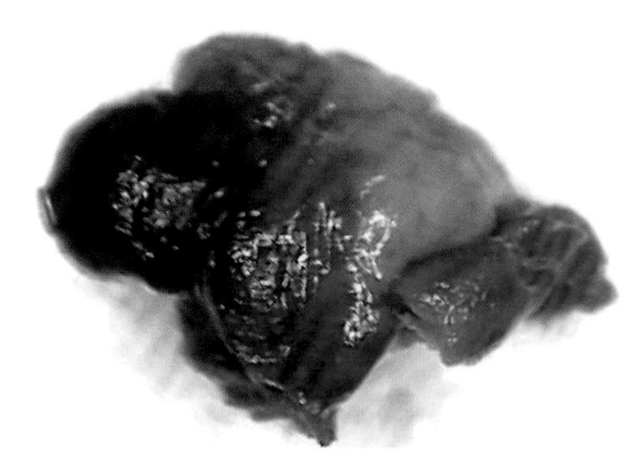

图 74.1　眼眶静脉窦乳胶灌注照。蓝色为眼眶静脉窦，粉色为哈氏腺

图 74.2　去除哈氏腺，提起眼球，可清楚看到眼外肌排列

膜的 12 点、3 点、6 点、9 点 4 个位置有眼上直肌、内直肌、下直肌和外直肌附着。（左、右眼 3 点、9 点位置相反。）眼外肌之间有筋膜连接，形成眼肌鞘。

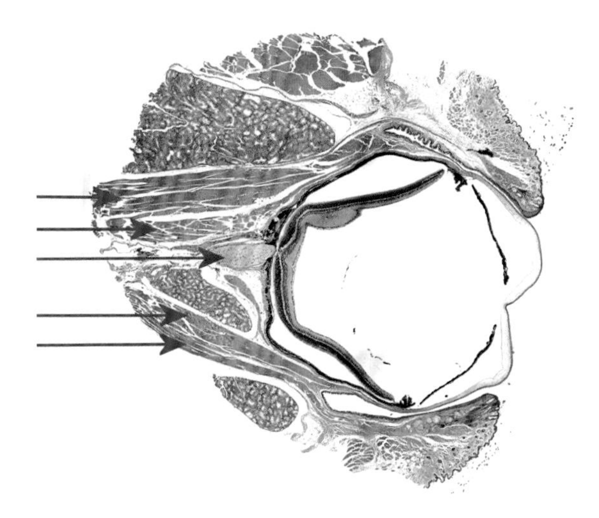

图 74.3　眼球组织切片，H-E 染色。蓝箭头示眼外肌，红箭头示视神经（宋柳江供图）

三、器械与耗材

31 G 针头胰岛素注射器；显微尖镊。

四、操作方法

以右眼为例介绍眼球后注射法（图 74.4）。▶

1. 小鼠常规麻醉，左侧卧。
↓

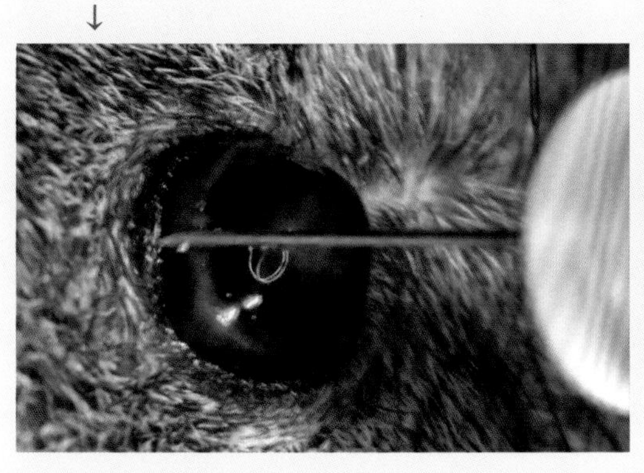

2. 进针部位选择在眼球的 12 点、3 点、6 点、9 点 4 个位置之一。本例选择 9 点位置。↓

3. 用尖镊夹住外上部眼睑向上牵拉，露出结膜囊。→

4. 于角膜缘灰白线后，将针孔面向上，针头贴眼球刺穿结膜囊。↓

5. 针头在球结膜下，贴眼球巩膜外壁进针 1 mm 左右停止。↓

6. 手必须稳定，针尖不能在眼球后随意摆动，以免伤及眼球后组织，如眼动脉和视神经等。↓

7. 回吸，确保没有回血方可注射。因为眼眶静脉窦很容易被刺入，要避免药液注入静脉窦内。缓慢注射，注射量不超过 1 μL，注射后立即快速拔针。

图 74.4　眼球后注射法

操作讨论

（1）进针不要过深，针孔没入即可，避免伤及视神经和眼动静脉。

（2）针头贴着巩膜滑入，进入眼肌鞘内，避免针头进入哈氏腺和眼眶静脉窦。值得注意的是，小鼠的眼球后注射有三种方法：第一种是眼肌鞘内注射，目标是视神经给药，如本章所介绍；第二种是眼眶静脉窦注射 37；第三种是哈氏腺注射。

（3）如果在 9 点处注射药物过量，会见眼球微转向 3 点处并前凸（图 74.5）。

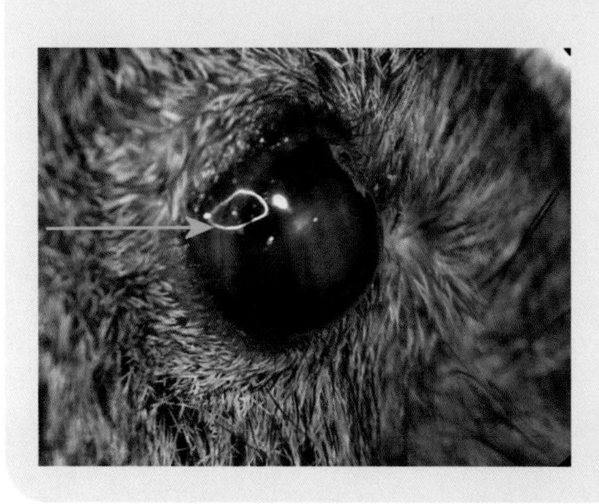

图 74.5　眼球在 3 点处前凸，箭头示前凸方向

第 75 章

肺注射

一、背景

小鼠肺注射用于肺局部给药或肿瘤细胞种植。由于左肺为 1 叶，右肺为 4 叶，因此，用肺注射进行肿瘤细胞种植时，多选择左肺，以避免将细胞注入肺叶之间。给药方法与肿瘤细胞种植类似，不过选择的针头可细小一些，以减小对机体的损伤。

有四种常用的肺肿瘤建模途径：① 小鼠体内长期培养；② 尾静脉注射肿瘤细胞；③ 经气管向肺内灌注肿瘤细胞；④ 经胸壁穿刺直接向肺内注射肿瘤细胞。本章以肿瘤细胞种植为例，介绍肺注射法。

二、解剖基础

小鼠有左肺 1 叶、右肺 4 叶（图 75.1，图 75.2）。从腹面开胸，左、右肺叶内侧部分被心脏遮挡；摘除心脏后，可见完整肺。从俯卧位观察肺，能免去心脏的遮蔽，可见食

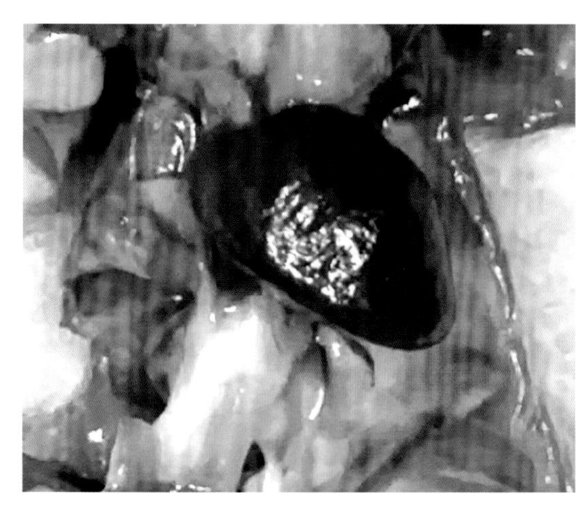

图 75.1 从腹面开胸，暴露肺

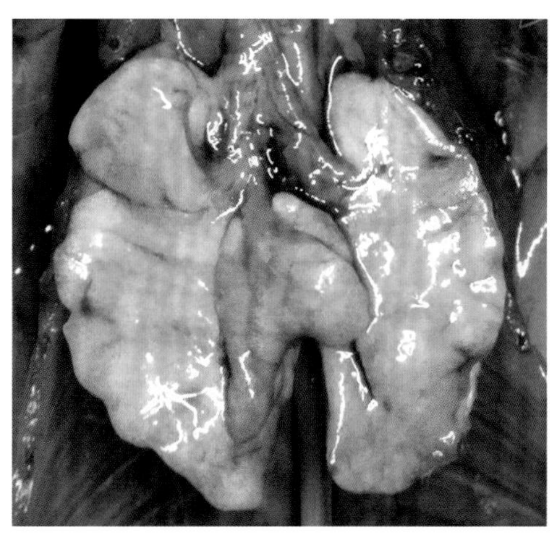

图 75.2 去除心脏后暴露的肺

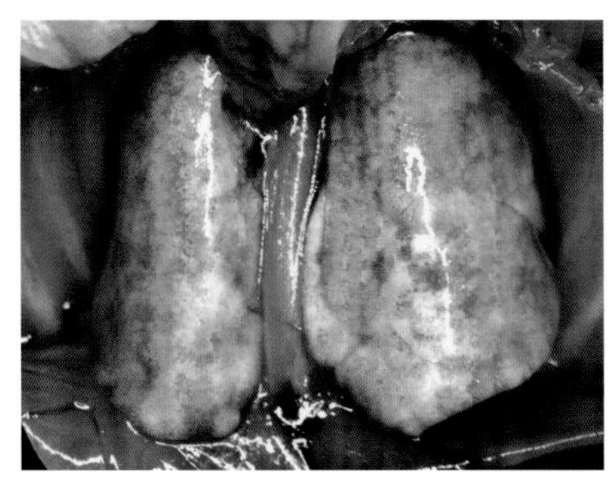

图 75.3　从俯卧位观察肺

道在左、右肺之间（图 75.3）。因小鼠的胸壁很薄，透过胸壁可以看到肺（图 75.4）。为避免将药物注入肺叶之间，多采用左肺注射（图 75.5）。

小鼠左肺侧位体表投影（图 75.5）：冠状面在左肩关节水平线以下，横截面以左上臂后缘为中心。

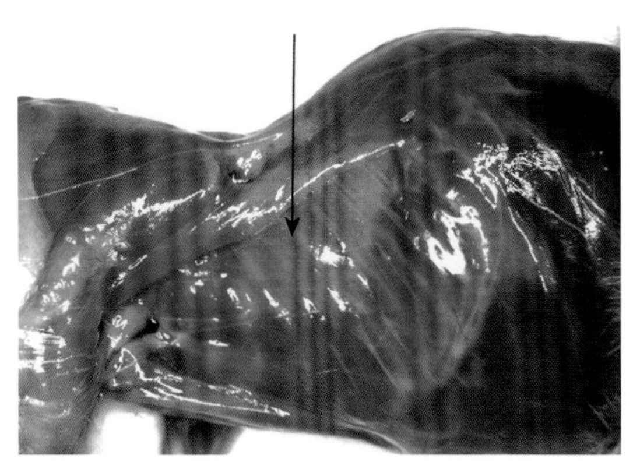

图 75.4　小鼠剥皮后，可透过胸壁看到肺。箭头示左肺叶

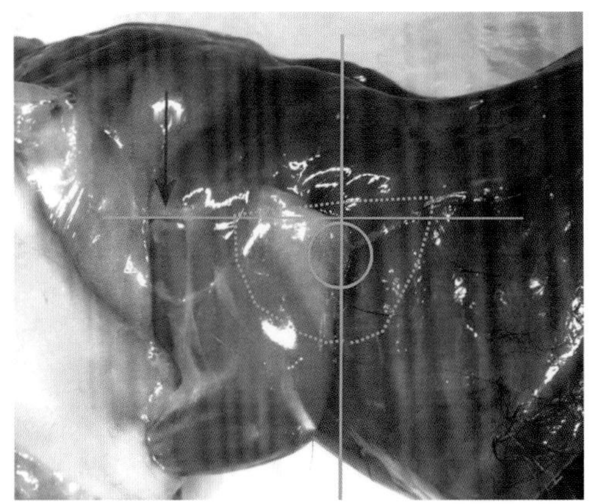

图 75.5　小鼠左肺侧位体表投影。圈示注射部位，箭头示左肩关节，虚线示肺轮廓

三、器械与耗材

胰岛素注射器；29 G 针头，距针尖 5 mm 处将针头弯曲 90°（图 75.6），用于直视下肺注射；29 G 针头，距针尖 6 mm 处将针头弯曲 90°，用于穿皮肺注射；皮肤剪；皮肤镊。

图 75.6　直视下肺注射用针头

四、操作方法

常用的肺注射法包括皮肤切开直视下肺注射法

和穿皮肺注射法两种。后一种方法对小鼠损伤小，操作简单，但是要求更准确的定位注射技术。

（一）直视下肺注射法（图 75.7）▶

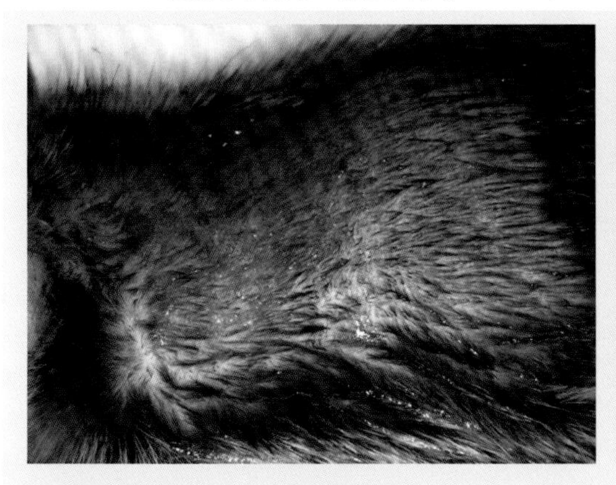

1. 小鼠常规麻醉，左侧胸部备皮。→

2. 取右侧卧位，于腋中线上、肋缘和肩锁关节中间部位，将皮肤纵向剪开 1 cm。用镊子分开皮肤切口，可见胸壁深处的粉红色肺。↓

3. 注射器内吸入 30 μL 细胞悬混液。→

4. 将弯曲的 5 mm 针头完全垂直通过肋间刺入肺中。↓

5. 固定针头不动，匀速注入全部细胞。↓

6. 停止动作数秒后迅速拔针。↓

7. 闭合皮肤切口。

图 75.7　直视下肺注射法

（二）穿皮肺注射法（图 75.8）

1. 小鼠常规麻醉，左侧胸背部备皮。

↓

2. 取右侧卧位，左前肢休息体位。

↓

3. 注射器内吸入 30 μL 细胞混悬液。

↓

4. 确认左肺体表投影。

↓

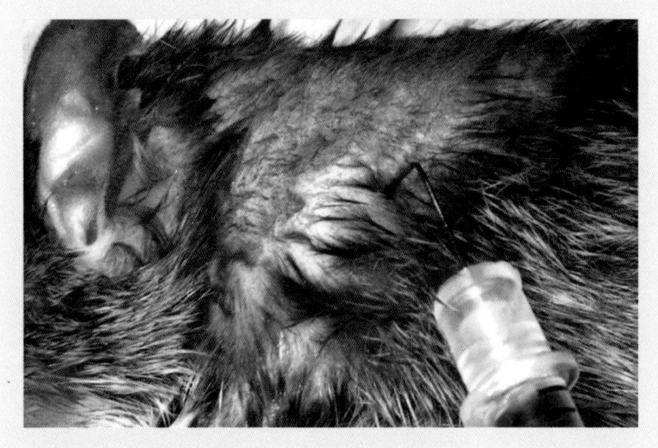

5. 紧贴前臂后缘垂直体表进针，约 6 mm，针头弯曲部分完全进入体内，注意，不要刻意下压。↓

6. 固定注射器匀速注入全部细胞。↓

7. 注射完毕拔针。

图 75.8　穿皮肺注射法

操作讨论

（1）30 μL 注射物可以局限于左肺叶内（图 75.9）。

（2）6 mm 的注射深度不会贯通肺叶，胸腔内不会检测到注射物（图 75.10）。

（3）注射深度应适中（图 75.11）。

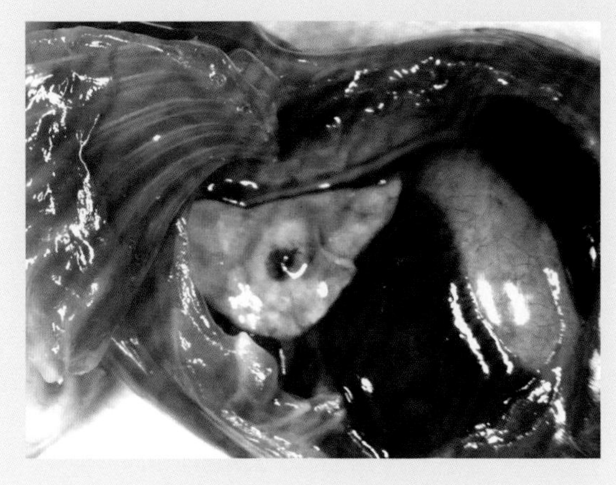

图 75.9　注射物局限于左肺叶内

（4）穿皮肺注射法看起来简单迅速，其实操作难度很大。非熟练者不建议用此法。

（5）进针深度、细胞浓度和注射量等参数，操作者应根据实验室的具体情况通过预试验确定。本章仅提供参考值。

（6）如果需要利用荧光影像观察肿瘤细胞生长状况，不可用组织胶水或金属夹子封闭皮肤切口。

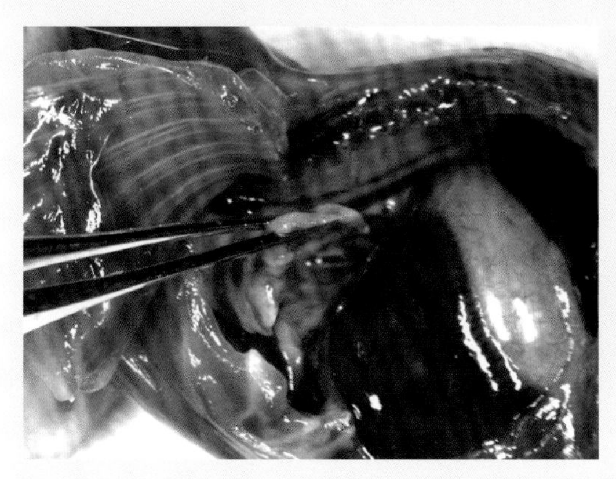

图 75.10　成功注射后，胸腔内无注射物

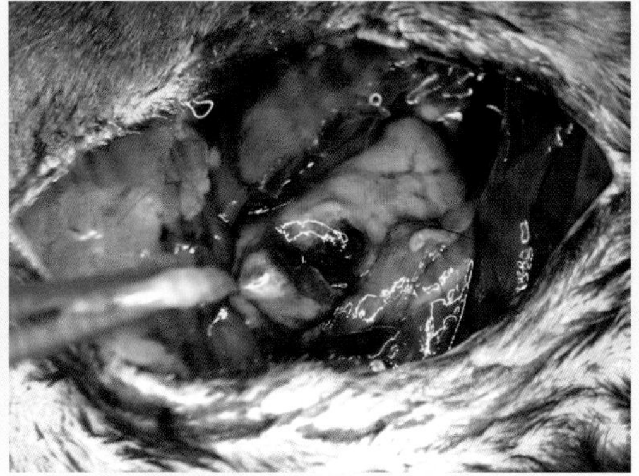

图 75.11　切开注射部位，可见肺深面没有药液漏出，但是肺内有明显的药液蓄积，显示注射深度适中

第 76 章

肝注射

一、背景

小鼠肝给药一般有两种途径：通过血液循环给药和直接肝注射给药。直接肝注射细分为两种方法：① 传统的肝直接注射法；② 肝浆膜下注射法。后一种方法不但对肝的损伤小，而且药物直接入肝。具体可参见“第 61 章 肝浆膜下注射” 61 。

本章主要介绍传统的肝直接注射法的操作，该方法简单、直接，但肝损伤大。希望这种传统的模拟临床的方法能尽快为肝浆膜下注射法所替代。

二、解剖基础

小鼠肝（图 76.1 ～图 76.3）分叶的方法有多种，本章按照 5 叶分法，即 左叶、中叶、右后叶、右前叶和尾叶。肝左叶最大，大部分不被肋骨所覆盖，便于做肝注射。

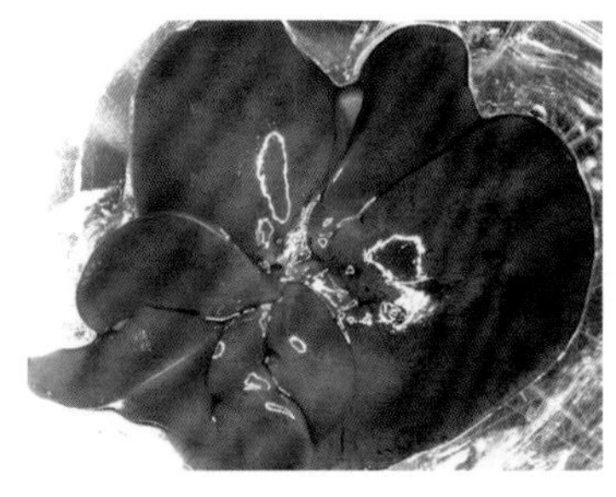
图 76.1　肝背面观

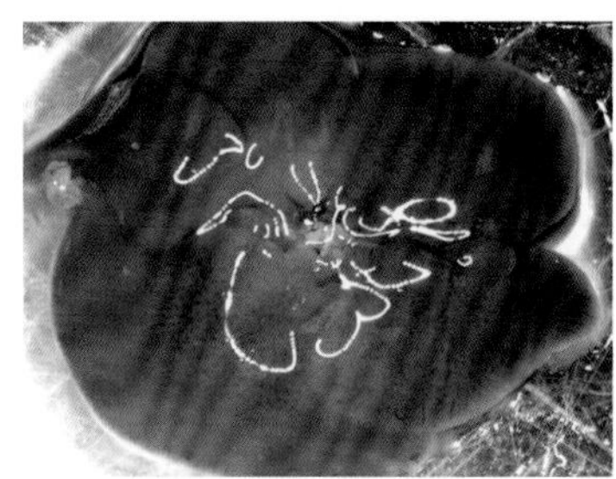
图 76.2　肝前面观

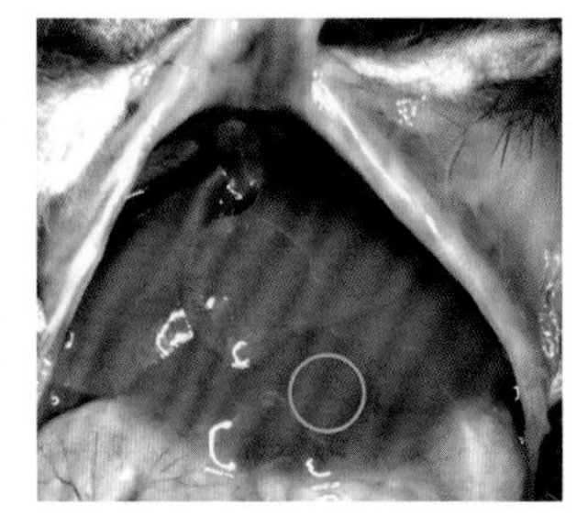
图 76.3　肝手术暴露位置。圈示常用的肝注射部位

肝被包裹在浆膜内，本身属于均匀结构器官（图 76.4）。脾、肺也都归于这一类。所以进针位置要求没有非均匀结构器官（例如，肾、脑组织）那么严格。

图 76.4　肝组织切片，H–E 染色。可见均匀的组织结构，箭头示单层细胞的浆膜

三、器械与耗材

31 G 针头胰岛素注射器；6–0 缝线。

四、操作方法

肝直接注射法见图 76.5。▶

1. 小鼠常规麻醉，腹部备皮。
↓

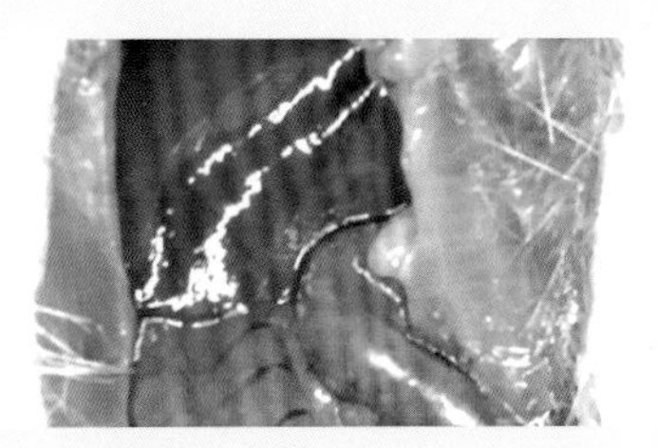

2. 开腹 17 。暴露肝左叶。→

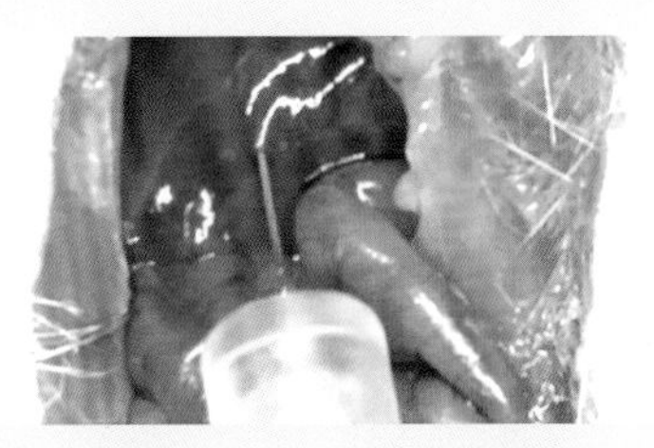

3. 将针头小角度刺入 1 ～ 2 mm，保持针头与肝叶表面平行，并位于肝叶中间，以避免刺穿肝叶。↓

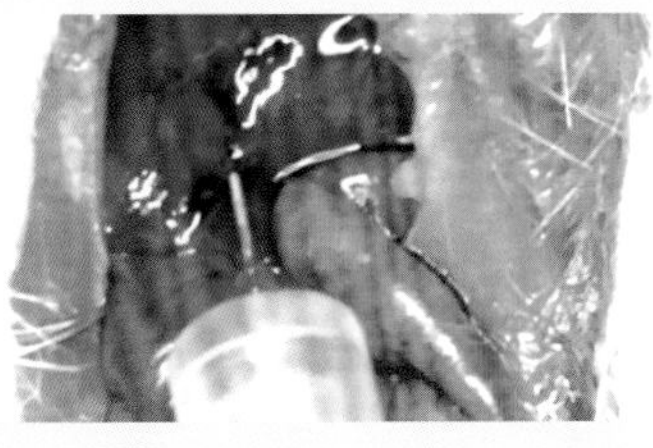

4. 缓慢注射，注射量不宜超过 10 μL。→

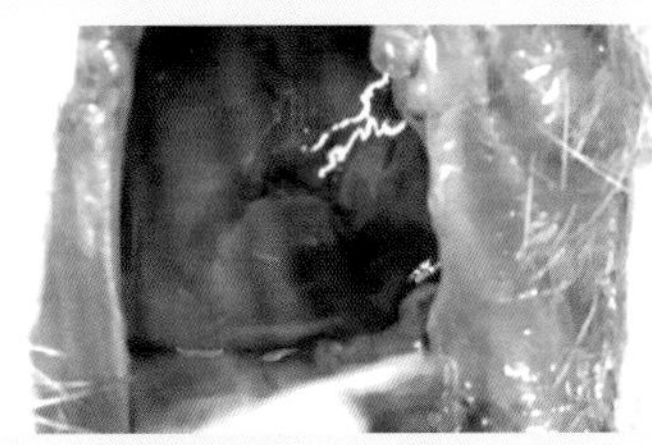

5. 注射后拔针，常见药液立刻溢出，随后伴有出血。用棉签擦拭多无明显止血效果。↓
6. 拔针后用棉签压迫止血 1 ～ 2 分钟。↓
7. 用 6–0 缝线连续缝合腹壁。↓
8. 关闭皮肤切口。

图 76.5　肝直接注射法

操作讨论

（1）注射细胞针头不能小于 27 G，以减低对肿瘤细胞的损伤，但大针头对肝造成的损伤不可忽视。拔针时会有较多出血，应事先安排好止血措施。

（2）肝进针孔止血除了用棉签之外，还可以用止血海绵、组织胶水等。

（3）肝直接注射法有逐渐被肝浆膜下注射法取代的趋势。

第 77 章

脾注射

一、背景

传统的脾注射法是直接将针头刺入脾内进行注射。由于脾的结构紧密，注射后药物在其中存留少，大部分从就近的静脉流出，进入血管彼此相连的邻近器官。所以，在小鼠实验中，可利用该特点行肝肿瘤细胞种植，即肿瘤细胞被注入脾后，通过血管流入肝，并在其中成活。采取脾浆膜下注射也可以达到该目的，而且对脾损伤甚微。所以，目前脾注射的意义仅在于脾内给药，因此，注射量小。本章介绍以脾给药为目的的脾注射法。

二、解剖基础

脾位于小鼠腹腔左侧，有丰富的血管与周围的脏器沟通。

脾（图 77.1）呈弓形，外侧为大弯侧，内侧为小弯侧。其本身的大血管分布在脾头和脾尾小弯侧，如图 77.1 中箭头所示。脾尾静脉由两个分支汇合而成。

脾内组织致密（图 77.2），容纳液体量小。药物注入后，在脾内纵向扩散速度很慢，多不及脾内扩散就迅速进入静脉，流出脾外。图 77.3 显示红色药物仅被注射在脾内局部

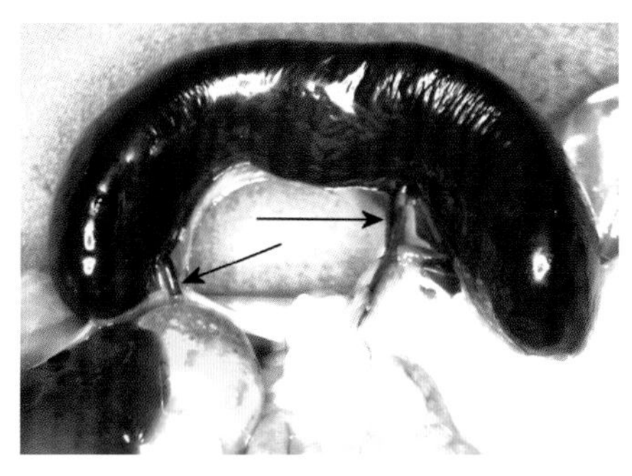

图 77.1　脾。左箭头示脾头静脉，右箭头示脾尾静脉

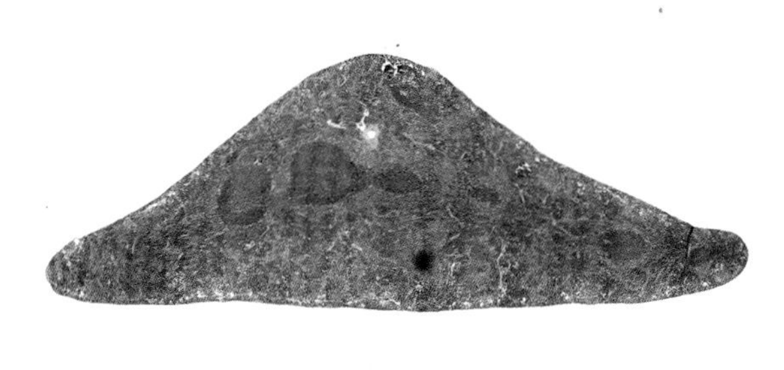

图 77.2　脾横截面组织切片，H–E 染色

位置，但立即从注射点附近的脾静脉中流出，并没有在脾内发生大面积扩散。

脾内注射的药物快速进入的周围器官是肝和胃。在脾尾注射蓝色药物后，肝和胃可见有药物流入，而整个脾内仅有局部蓝染（图 77.4）。

图 77.3　脾内局部注射的红色药物迅速出现在脾静脉中

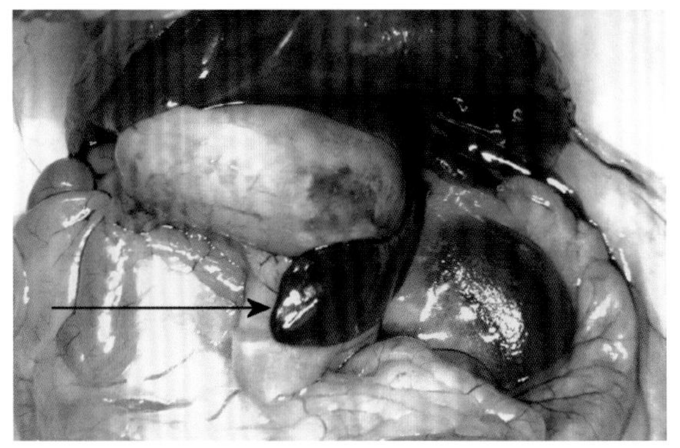

图 77.4　脾尾注射的蓝色药物可见于肝和胃中，箭头示药物从脾尾注入

脾的异常形态除了某些疾病导致的巨脾（图 77.5）（如镰状细胞贫血小鼠），还有各种形态的副脾畸形（图 77.6）。

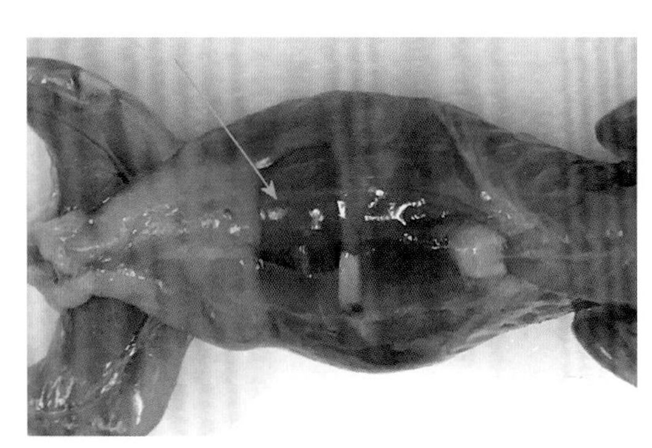

图 77.5　巨脾，如箭头所示

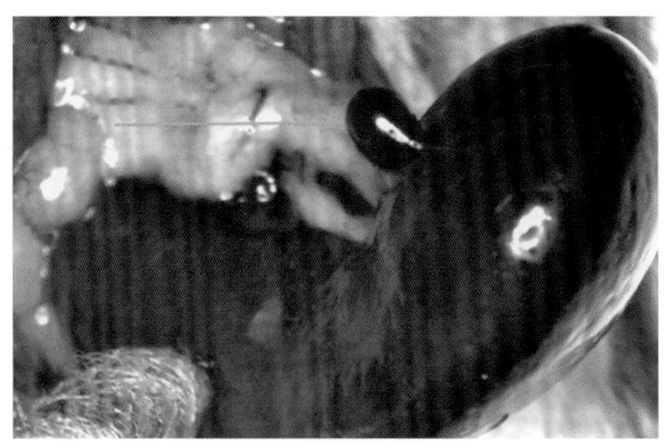

图 77.6　副脾，如箭头所示

三、器械与耗材

31 G 针头胰岛素注射器；显微镊；皮肤剪；纸胶带。

四、操作方法

以脾尾注射为例介绍脾注射法（图 77.7）。▶

1. 小鼠常规麻醉，腹部左侧备皮。
↓

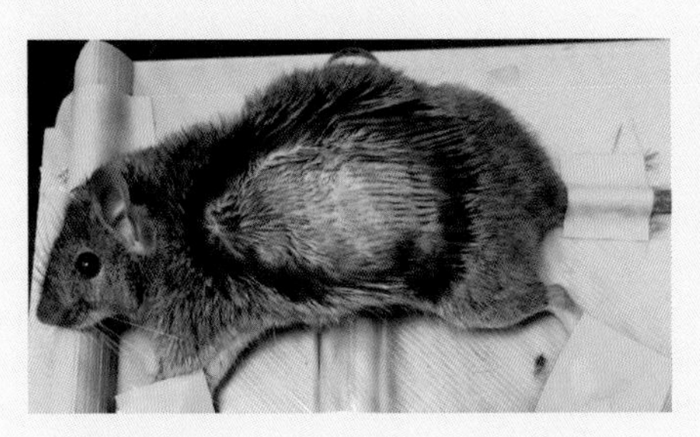

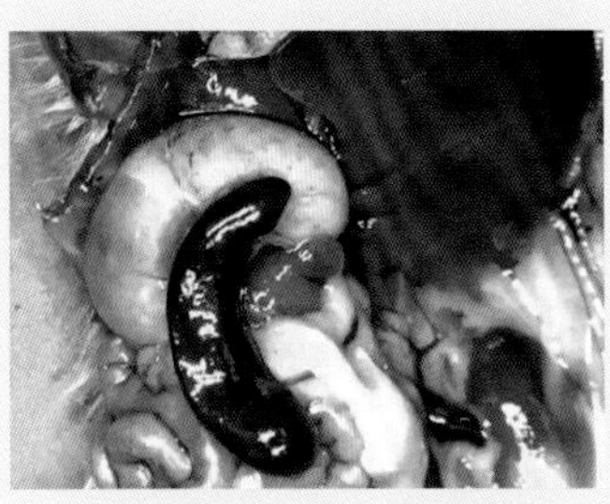

2. 取右斜卧位，腹部垫起，左前后肢、右耳和尾根部用纸胶带固定。↓

3. 于腋中线交叉肋缘后 2 mm 处，平行肋缘剪开腹壁皮肤。↓

4. 透过腹肌确定脾位置，在脾尾处剪开 3 mm 腹壁。→

5. 暴露脾。(为方便读者观察药物进入血液循环的现象，特将脾大面积暴露。)↓

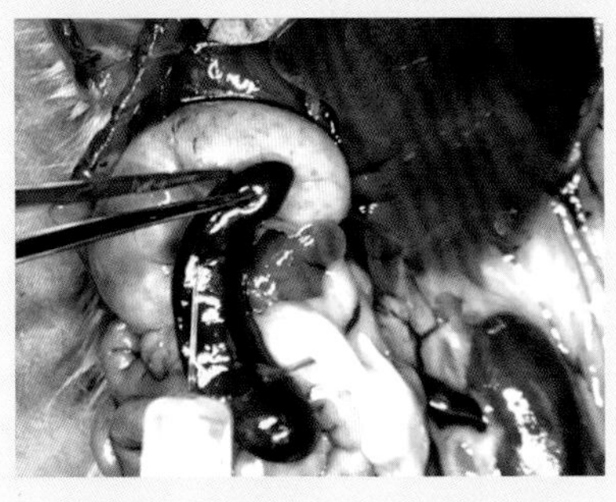

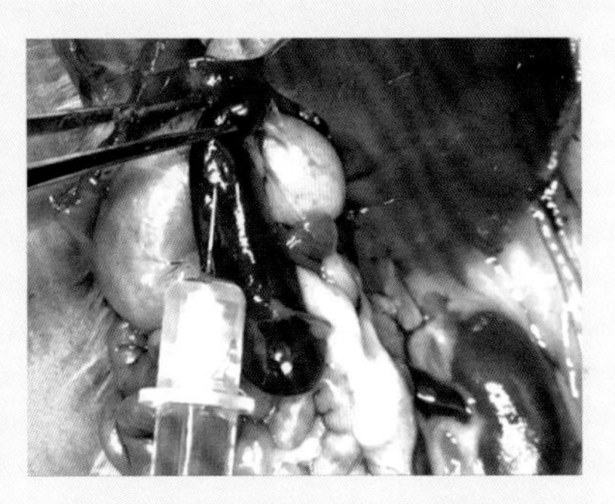

6. 确定脾头部位，用镊子固定脾，将针头斜向下刺入。→

7. 将针头刺入脾 1 mm，停止深入，开始注射。↓

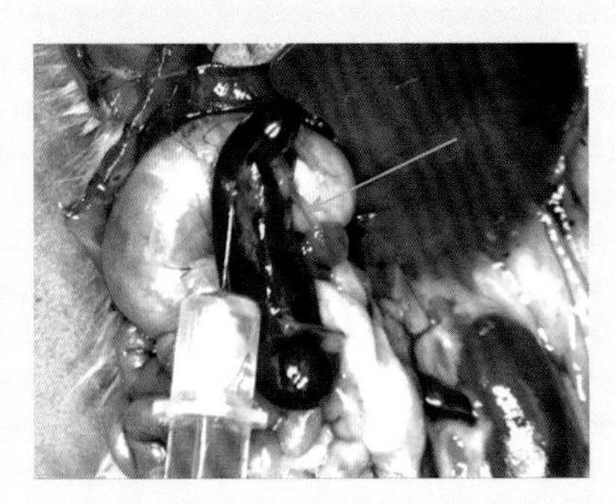

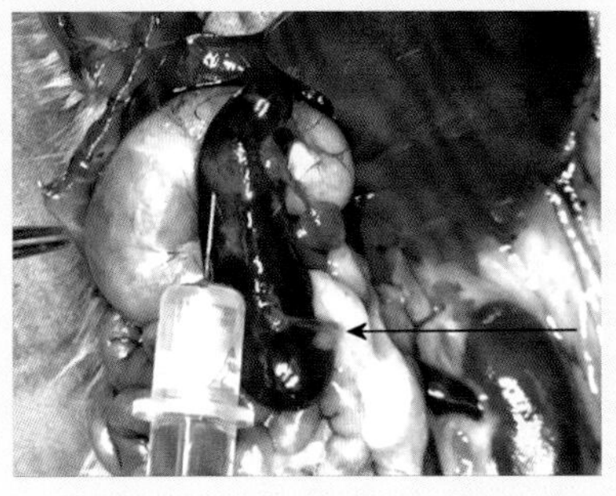

8. 随着药液注入，可见药液在脾局部分布，而不是沿脾纵轴分布。部分药液迅速进入胃左静脉。如图中箭头所示。→

9. 继续注射，可见药液从脾外血管进入脾尾静脉流至脾外。如图中箭头所示。↓

10. 随着药液继续注入，更多的药液由外入内进入脾尾静脉和其他周围器官。→

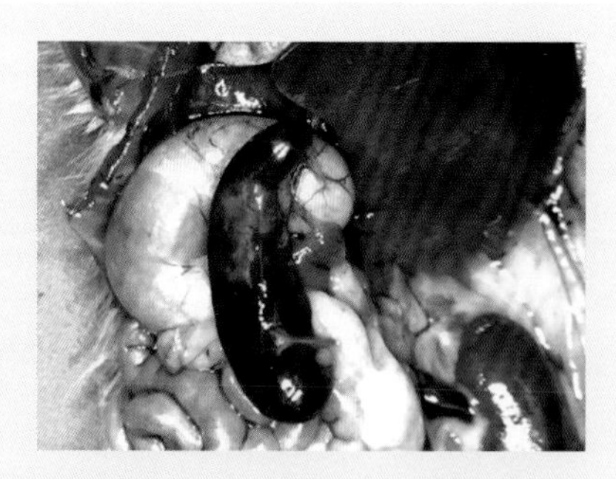

11. 注射完毕，拔针后没有明显药液漏出。

图 77.7　脾注射法

操作讨论

（1）脾注射的不利之处在于针头可对脾造成直接穿孔伤害，药液在脾中分布不均匀；有利之处在于技术要求低。而脾浆膜下注射损伤小，药液沿膜下和通过静脉流出两个方向分布。

（2）脾注射时针头不可进入内弯中线区，避免伤及脾内动脉主支（图 77.8）。

（3）在行脾内注射时，为减轻小鼠损伤，可以采取小切口，暴露脾尾，即可行脾内注射。

（4）对于技术熟练者，巨脾小鼠可以行非直视下穿皮注射。在良好的局部备皮后，脾透皮隐约可见（图 77.9）。▶ 用镊子隔着皮肤固定脾以便于稳定注射。

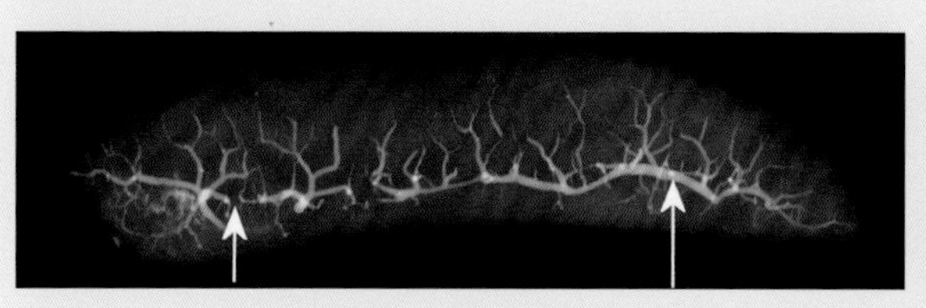

图 77.8　脾内动脉主支，如箭头所示

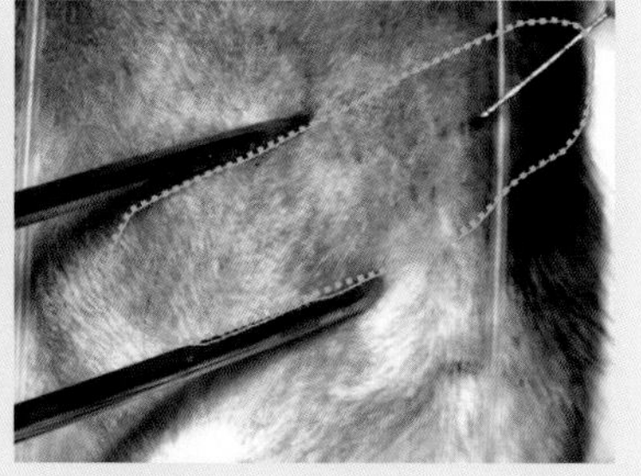

图 77.9　巨脾透皮隐约可见，绿色虚线圈示巨脾部位

第 78 章
肾注射

一、背景

肾注射是肾给药方法之一，也是最直接的方法。肾结构主要分为皮质、髓质和肾盂，注射部位决定了药物的剂量和走向。皮质和髓质密度很高，难以容纳药物，注射剂量仅为数微升；肾盂直通输尿管，可注入较大量药液，药液可由此进入输尿管和膀胱。由于小鼠肾很小，且肾内血管丰富，尤其在狭小的肾盂部位分布有肾动静脉，极容易被针头刺破，使得药物走向难以掌握，因此，针头的刺入位置和深度要求非常精确。

本章介绍肾实质注射法和肾盂注射法。肾实质注射的靶标是肾本身；肾盂注射的靶标是输尿管和膀胱。

二、解剖基础

小鼠肾（图 78.1~ 图 78.3）在腹腔内，左、右各一，左肾偏后，右肾靠前。右肾呈蚕豆状，右肾截面为椭圆形，左肾截面略呈三角形。包裹肾的腹膜脏层称为肾浆膜（肾

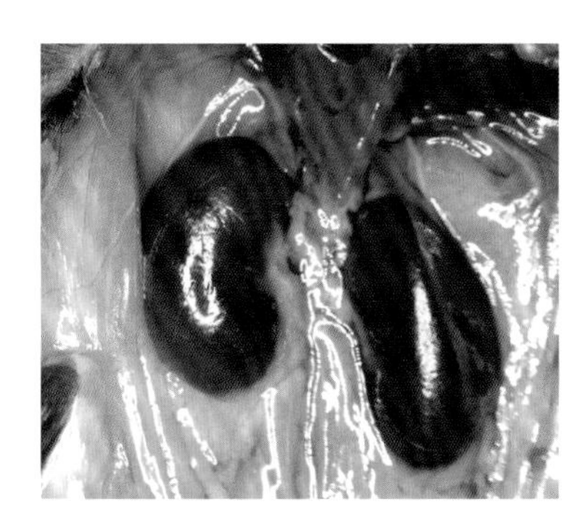

图 78.1　小鼠肾

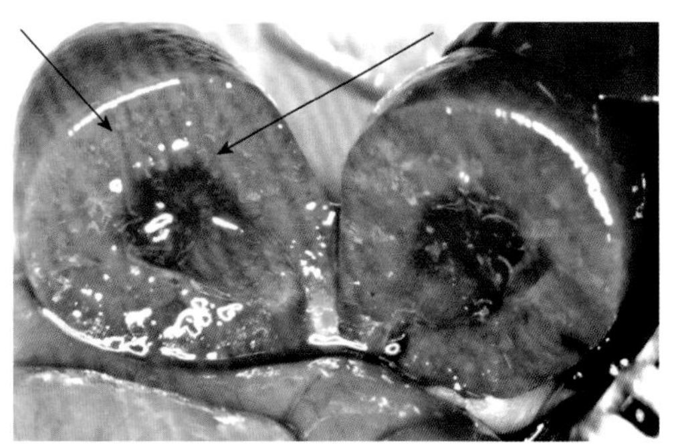

图 78.2　肾横截面，左箭头示肾皮质，右箭头示肾髓质

包膜），肾自身还有纤维膜包裹。纤维膜下为皮质层，其内为髓质层。近肾门（图 78.3）处是肾盂，肾盂连接输尿管。肾门处有肾动静脉出入。

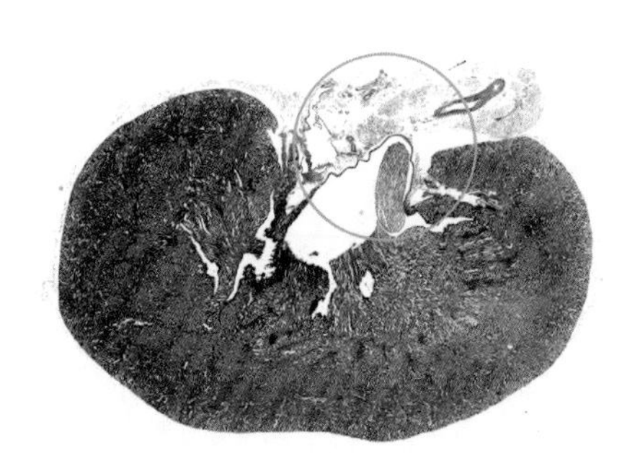

图 78.3　小鼠肾组织切片，H–E 染色。绿圈示肾门

三、器械与耗材

显微镜；31 G 针头胰岛素注射器 。

四、操作方法

（一）肾实质注射法（以右肾为例）（图 78.4）▶

1. 小鼠常规麻醉。腹部备皮，仰卧固定于显微镜下，垫高后腰，固定双后肢。

↓

2. 常规开腹 17 。

↓

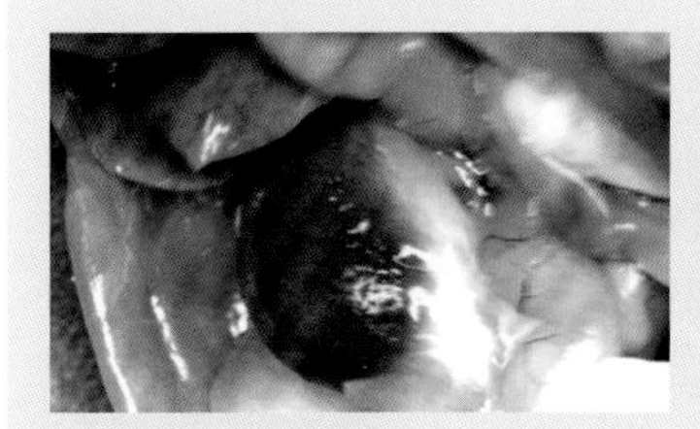

3. 暴露右肾。→

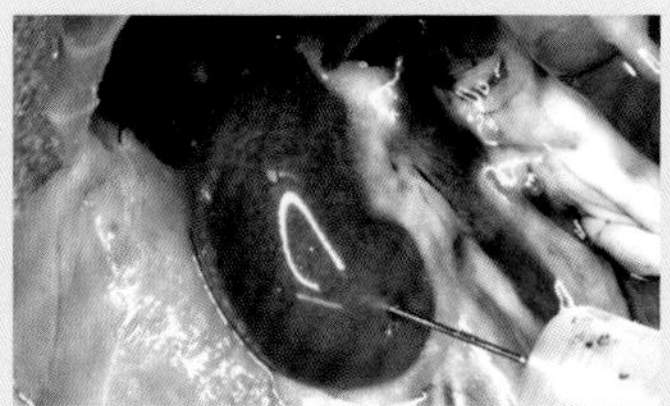

4. 将针头以 30° 刺入后极皮质部 1 mm。→

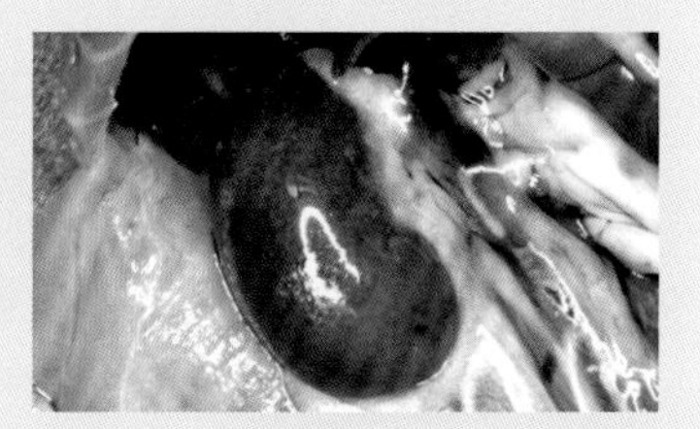

5. 缓慢注射 2 μL 药液后即可拔针，不会有明显的药液溢出。

图 78.4　肾实质注射法

操作讨论

肾实质注射法要控制药液量。注射 2 μL 药液即可见皮质有蓝色药液分布（图 78.5），如果注射大量药液，将导致药液从进针孔溢出。

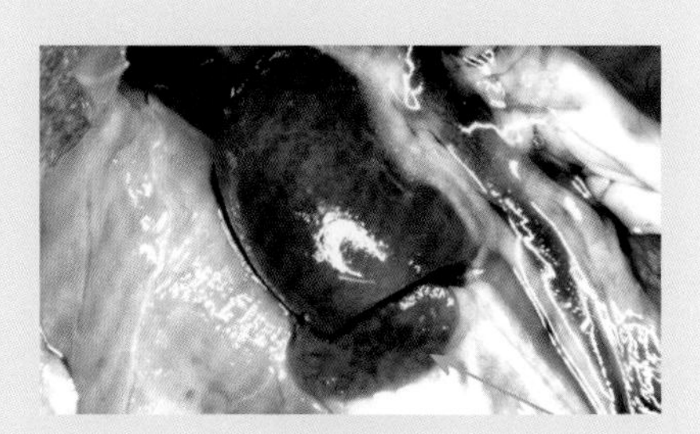

图 78.5　肾实质注射效果，箭头示注射处横截面有蓝色药液分布

（二）肾盂注射法（以左肾为例）（图 78.6）▶

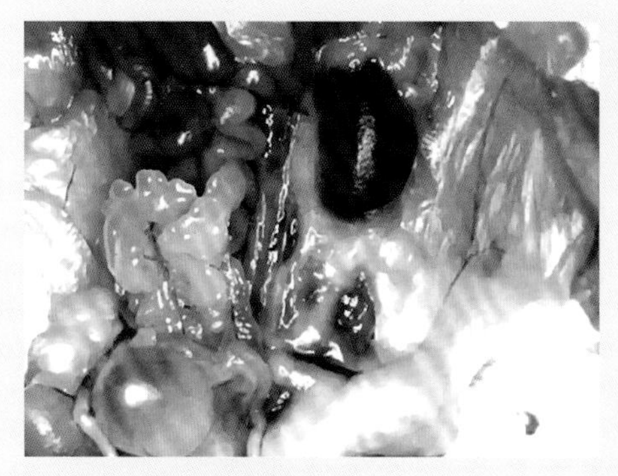

1. 操作同“肾实质注射法”步骤 1 ～ 3，暴露左肾及膀胱、输尿管。→

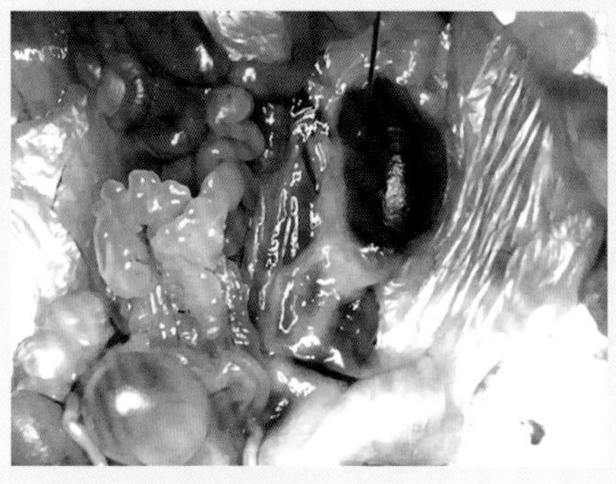

2. 将针头于肾门处刺入 1 mm。↓

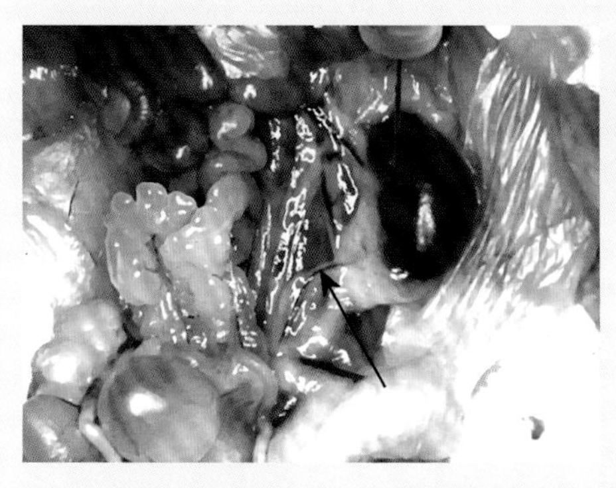

3. 少量注射蓝色药液，可见输尿管蓝染，如图中箭头所示。这表明针头进入肾盂，药液进入输尿管。→

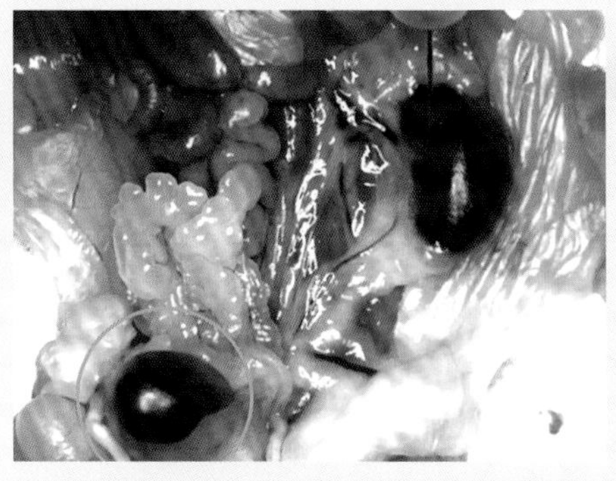

4. 继续匀速注射，可见药液不断进入膀胱。见图中绿圈所示。

图 78.6　肾盂注射法

操作讨论

当进针位置不对，针头在肾内刺破肾静脉分支时，会看到膀胱和肾静脉同时有药液进入，如图 78.7 所示。

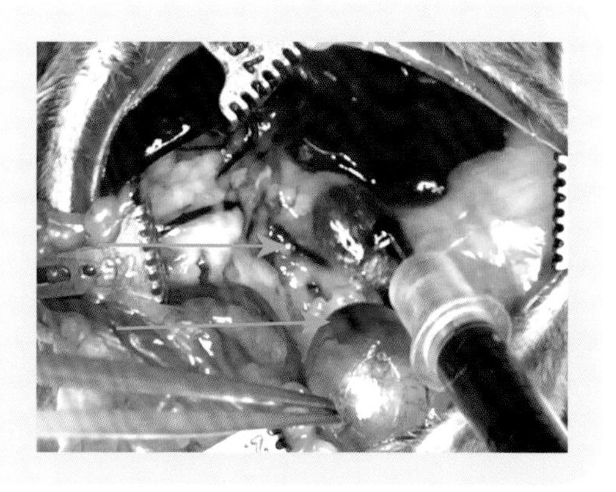

图 78.7　肾静脉分支被刺破，肾静脉和膀胱均蓝染，如箭头所示

第 79 章

精囊注射

一、背景

小鼠精囊需要局部给药时，可以行局部注射。原则是注射量不可太大，针头不可太粗。鉴于精囊液比较黏稠，只要掌握这两个原则，一般注射后不会有大量精囊液和药物从进针孔溢出。

二、解剖基础

小鼠精囊（图 79.1 ～图 79.4）位于腹腔内后腹部，左、右各一，呈羊角状；被腹膜脏层（浆膜）和精囊固有膜双重包裹；内有柱状上皮构成的黏膜层，有大量的黏膜皱褶；精囊内无组织结构，充满白色稍黏稠的精液；精囊管为精液排出的管道，与尿道起始部相连（图 79.5）。

精囊血管呈“动–静–动”模式（图 79.6），两支平行走行的动脉中间夹持一支静脉，给精囊和凝固腺供血。

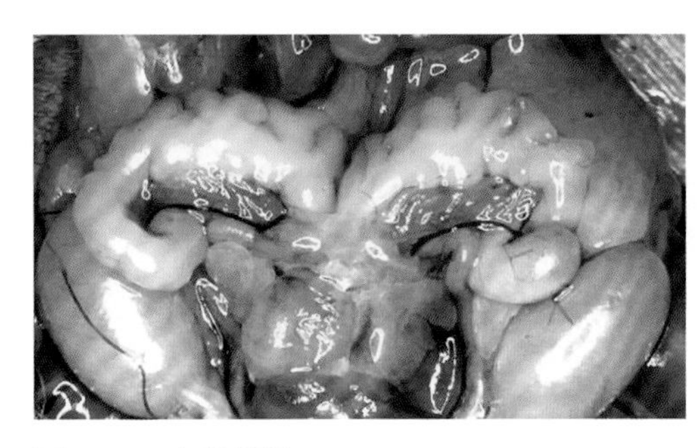

图 79.1　小鼠精囊

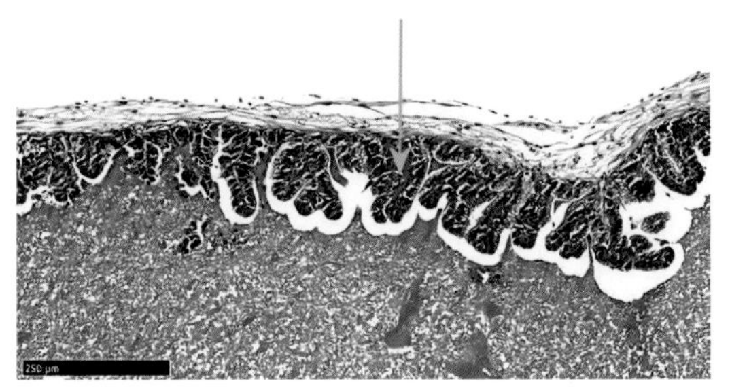

图 79.2　小鼠精囊病理切片，H–E 染色。箭头示黏膜层

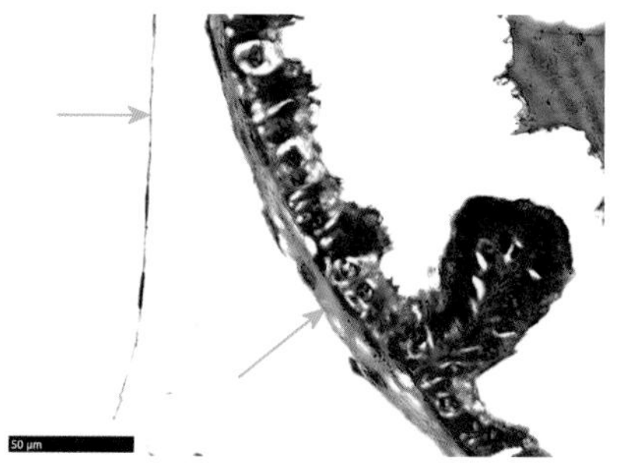

图 79.3　高倍精囊壁组织切片图像。H-E 染色。固有膜厚度不足 10 μm，单层黏膜厚度不足 20 μm，折叠的双层黏膜厚度不足 50 μm。上箭头示浆膜，下箭头示固有膜

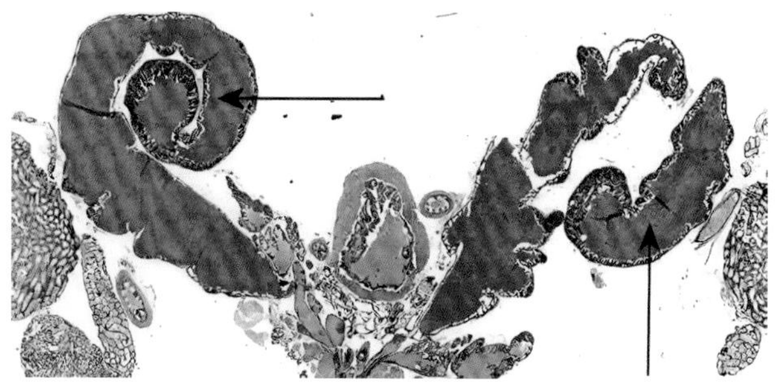

图 79.4　小鼠精囊病理切片，H-E 染色。箭头示精囊内的精液（刘大海供图）

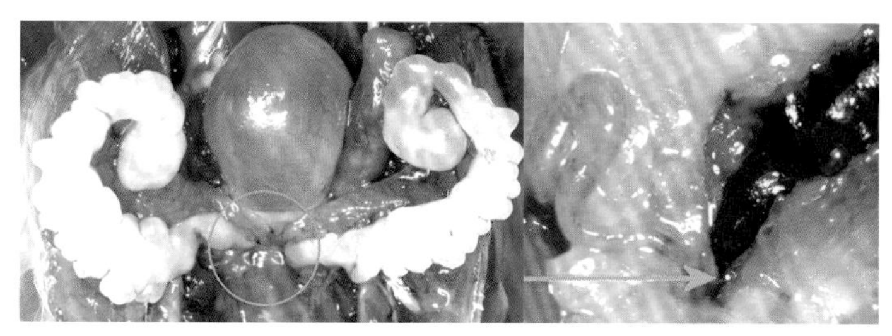

图 79.5　精囊管与尿道起始部相连，如绿圈所示；箭头示连接精囊和尿道的精囊管

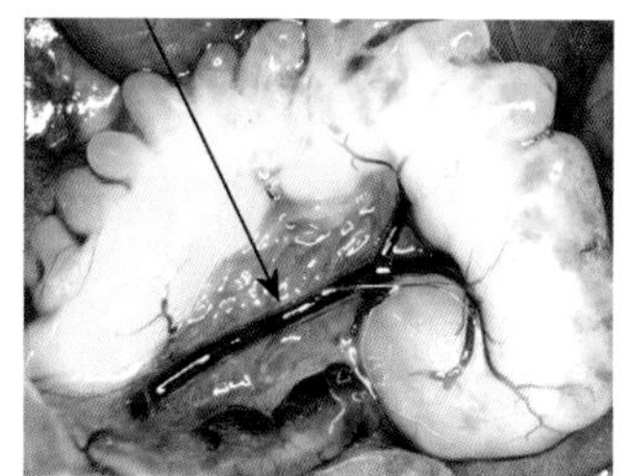

图 79.6　精囊的血液供应，箭头示精囊动脉

三、器械与耗材

31 G 针头胰岛素注射器；显微镊。

四、操作方法

精囊注射法见图 79.7。▶

1. 小鼠常规麻醉，后腹部备皮。

↓

2. 由脐部到包皮腺，沿腹中线开腹，暴露后腹腔 17 。

↓

3. 将针头以小角度刺入精囊，避免刺穿精囊对侧，见右图。

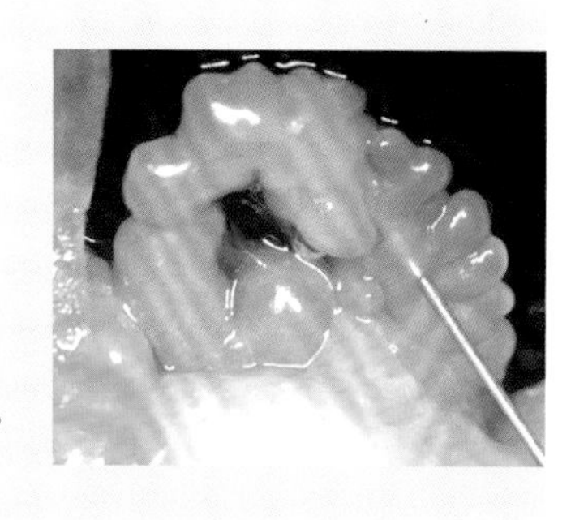

↓

4. 进入 精囊 1 mm 即可缓慢注射药液，注射量不宜超过 10 μL。

↓

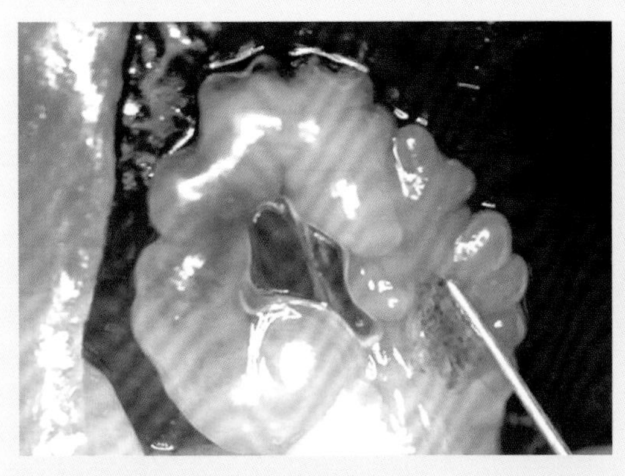

5. 图为注射 2 μL 蓝色药液的状况，部分精囊蓝染。→

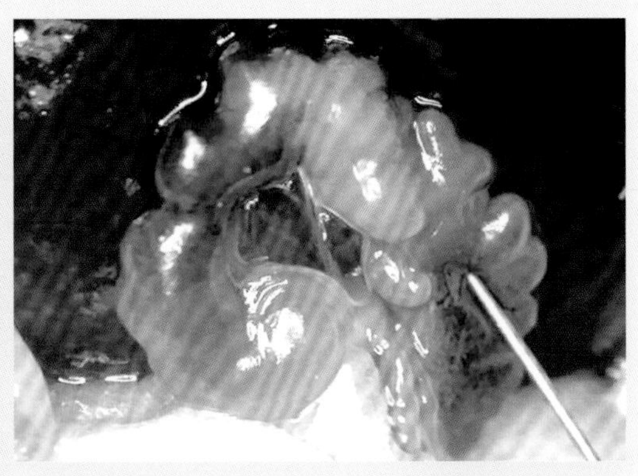

6. 图为注射 4 μL 药液的状况，大部分精囊蓝染。↓

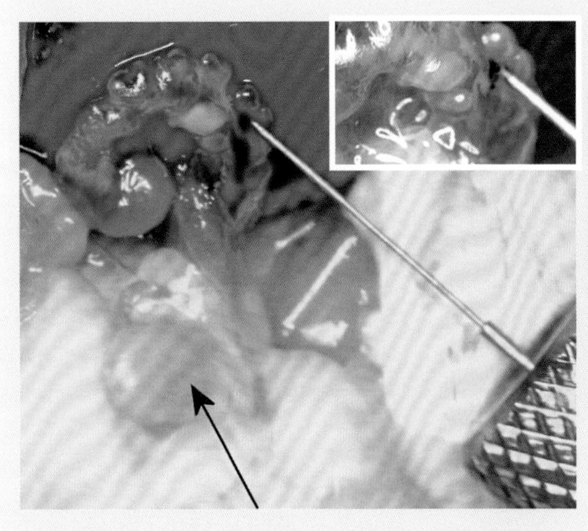

7. 图为注射 10 μL 药液的状况，全部精囊蓝染，且可见少许药液进入膀胱（如箭头所示）。→

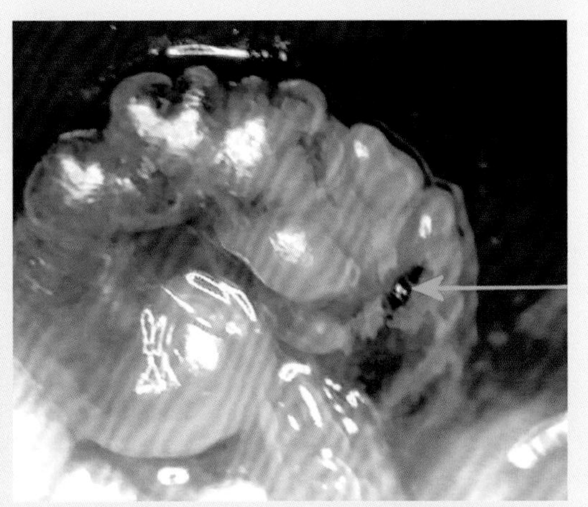

8. 注射完毕拔针，一般不会有明显精液或药物外溢。无须特别用棉签压迫拔针。图中箭头示进针孔。

图 79.7　精囊注射法

操作讨论

（1）药液过量注射，会使药液通过精囊管进入尿道，然后逆向进入膀胱。

（2）单侧精囊灌注不会对另一侧精囊产生影响。图 79.8 显示一侧精囊完全灌注，药物进入膀胱时，另一侧精囊没有药液进入。

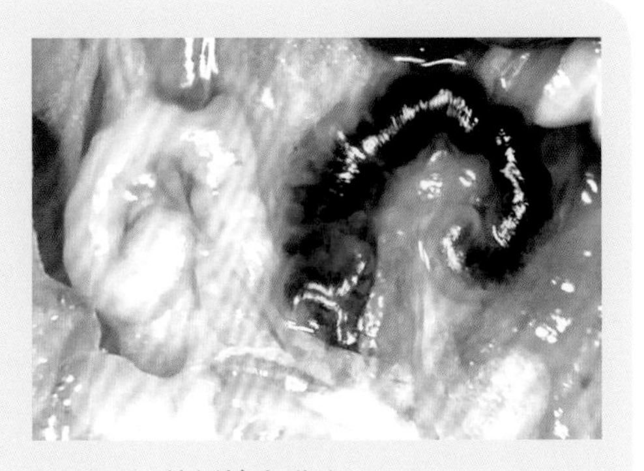

图 79.8　单侧精囊灌注

第 80 章
子宫腔注射

一、背景

常用的小鼠子宫内给药方法有三种：子宫腔注射法、子宫灌注法和全身给药法。前两种方法是局部给药；子宫灌注法可以通过阴道进行，避免手术损伤；子宫腔注射法需要开腹，直视下注射给药。虽然子宫腔注射法对小鼠损伤较大，但好处是可以选择单侧子宫给药，以另一侧子宫做对照，这是其他两种方法无法替代的。

二、解剖基础

小鼠子宫（图 80.1）呈“Y”形，属于双子宫类型，分为子宫体和子宫角。子宫体自阴道顶端向前。子宫角延续子宫体，向左、右斜前行，自然弯曲，各长约 20 mm。子宫角顶端有输卵管，输卵管开口面对卵巢（图 80.2）。子宫侧面有伴行的子宫动静脉（图 80.3）。

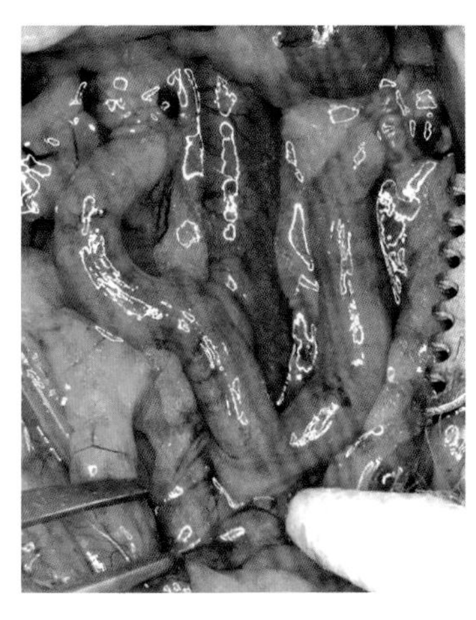

图 80.1　小鼠子宫

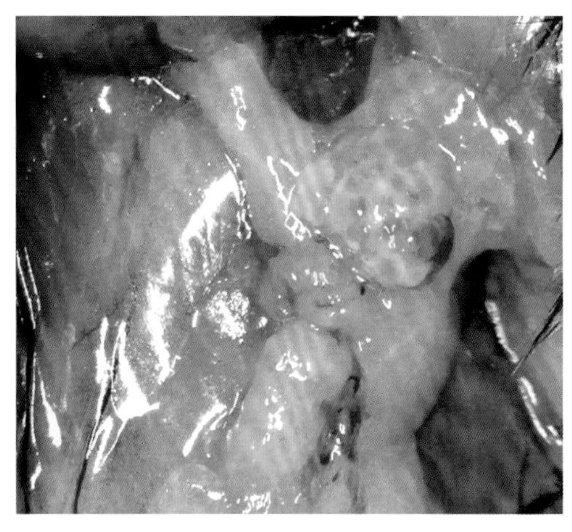

图 80.2　子宫角顶端有输卵管和卵巢

子宫壁最外层有浆膜包裹，浆膜离开子宫后为子宫系膜。浆膜和肌肉之间可见薄薄的浆膜下层（图 80.4）。不同部位的子宫肌肉厚度不均匀，纵行肌下的环形肌分布也不均匀，不同生理周期的子宫内膜厚度差异也很大，所以，即使同一只小鼠，在做子宫穿刺注射时，不同部位穿刺的手感也有明显差异。

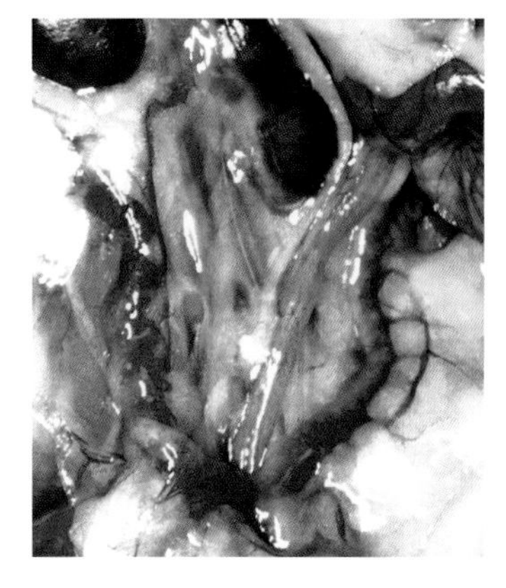

图 80.3　子宫动静脉血管灌注照

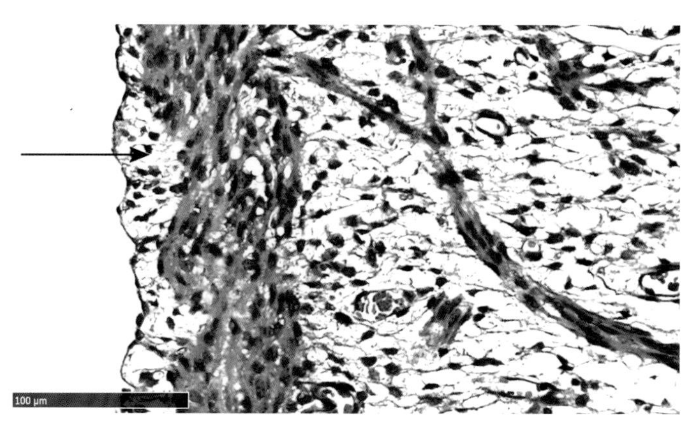

图 80.4　小鼠子宫壁组织切片，H-E 染色。箭头示浆膜下层

三、器械与耗材

31 G 针头胰岛素注射器；显微镊；开睑器（图 80.5）。

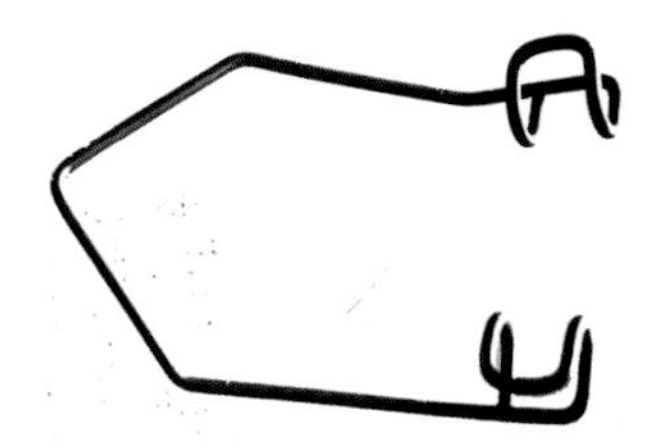

图 80.5　开睑器

四、操作方法

以左子宫为例介绍子宫腔注射法（图 80.6）。▶

1. 小鼠常规麻醉，后腹备皮，开腹 17 。
↓

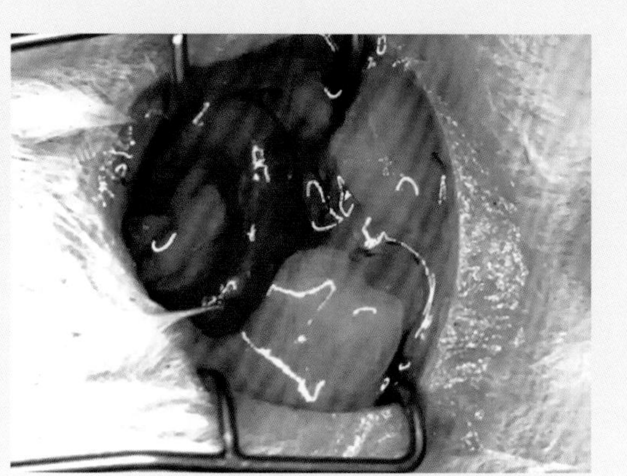

2. 上开睑器，暴露子宫。↓

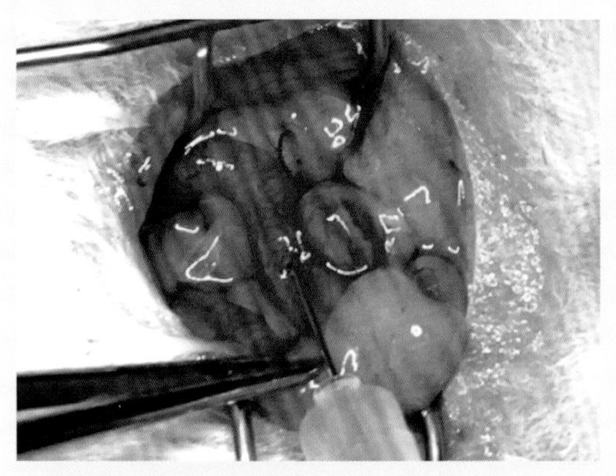

3. 用镊子夹住左子宫角起始部做对抗牵引，将针头以 30° 斜刺入宫腔。→

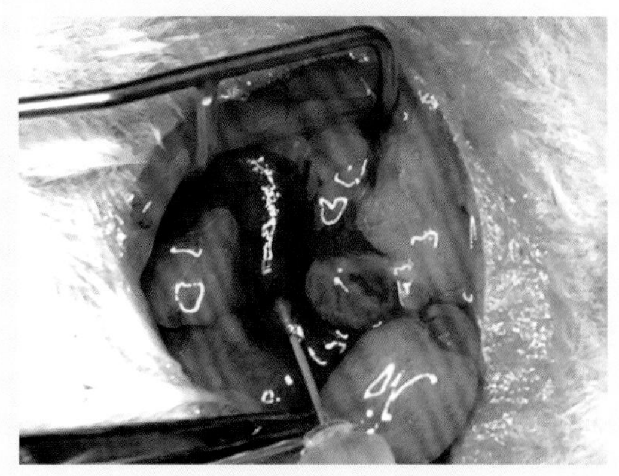

4. 及时调整进针角度，使针头在宫腔内随子宫角度深入 2 mm。注意，不可触及对侧子宫内膜。开始注射药物。↓

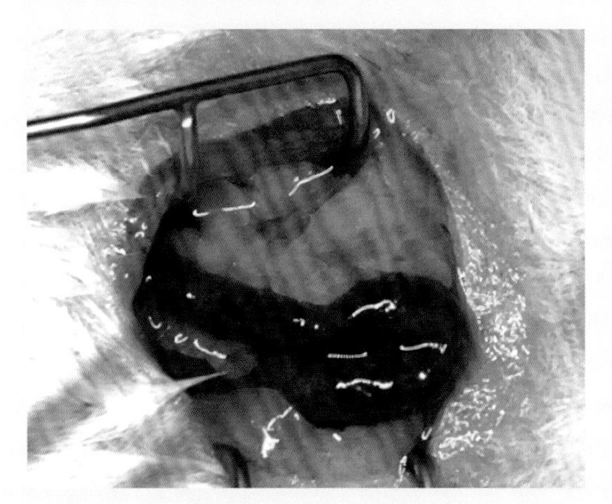

5. 达到设计剂量，即可拔针。通常 50 μL 可以将一侧子宫灌满；100 μL 使子宫高度弯曲充盈。↓

6. 关闭腹壁和皮肤切口。

图 80.6　子宫腔注射法

操作讨论

在行单侧子宫腔注射时，药物不会进入另一侧子宫。若需要双侧子宫都得到药物，需分别行双侧子宫注射，或者行阴道灌注。

第 81 章

腰椎穿刺

一、背景

临床上，腰椎穿刺（以下简称“腰穿”）用于采集脑脊液和蛛网膜下腔给药。对于小鼠，脑脊液多在枕骨大孔采集，而腰穿多用于蛛网膜下腔给药。

二、解剖基础

小鼠有 6 节腰椎，脊髓的末端位于第 4 腰椎（图 81.1）。腰穿多在第 6 腰椎和第 1 骶椎之间进行，避免伤及脊髓。 小鼠腰椎的棘突走向与胸椎的相反（图 81.2），这就决定了腰穿的进针方向是向后下方斜刺入。

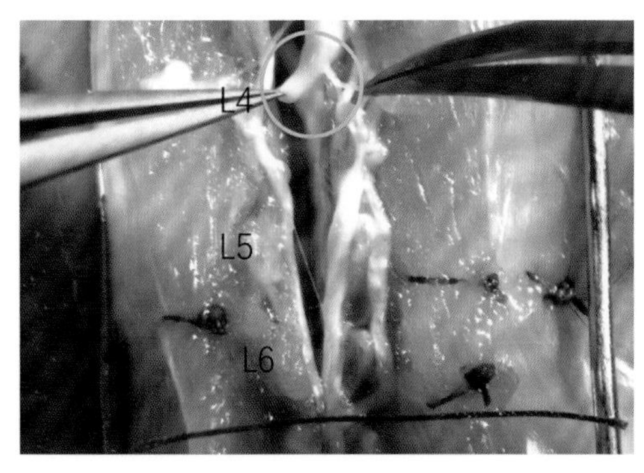

图 81.1　脊髓末端，如灰圈所示

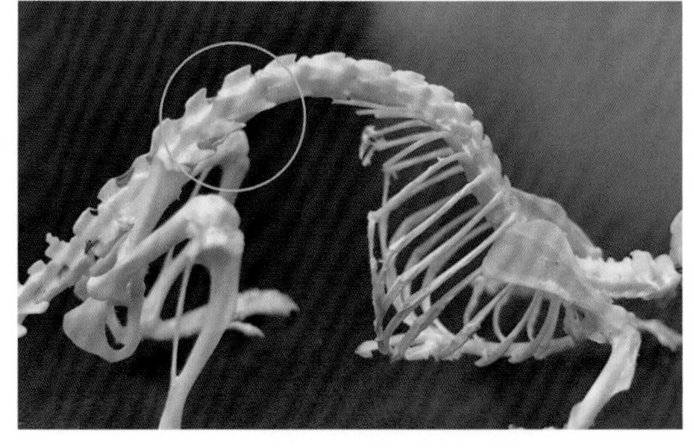

图 81.2　腰椎，绿圈示棘突（伊力扎提 · 伊力哈木供图）

三、器械与耗材

29 G 针头胰岛素注射器，在距针尖 5 mm 处将针头弯曲 90°（图 81.3）。

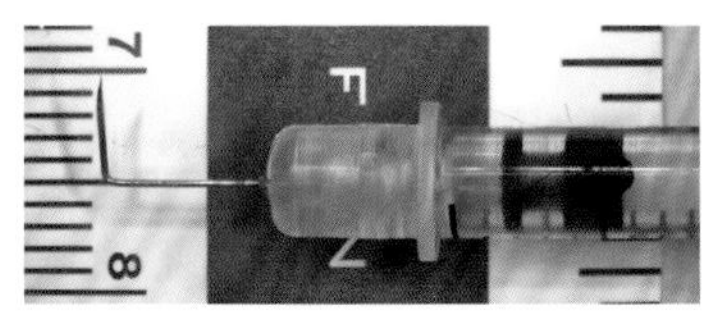

图 81.3　垂直弯曲的针头

四、操作方法

腰穿法见图 81.4。▶

1. 小鼠常规麻醉，腰背部备皮消毒。

↓

2. 取俯卧位，腹部垫高 2 cm，以增大腰椎拱形弯曲。

↓

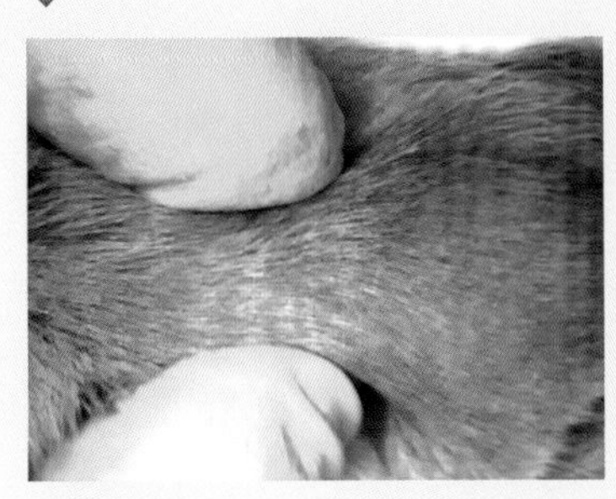

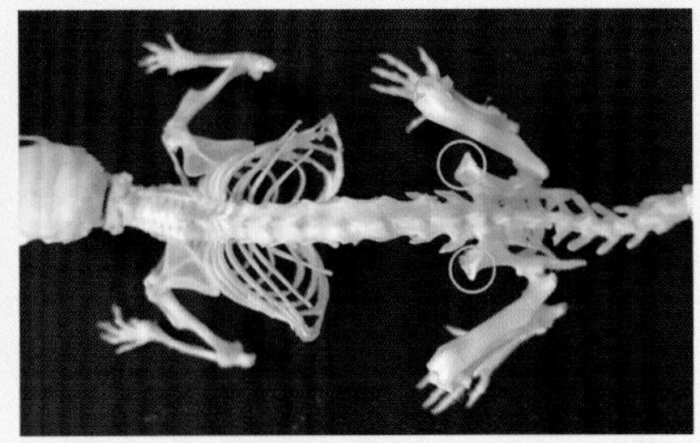

3. 用左手拇指和食指从小鼠两侧捏住腰椎及旁边的腰肌，指尖顶着髂嵴。髂嵴的前方就是第 6 腰椎，右图中绿圈示髂嵴（伊力扎提・伊力哈木供图）。↓

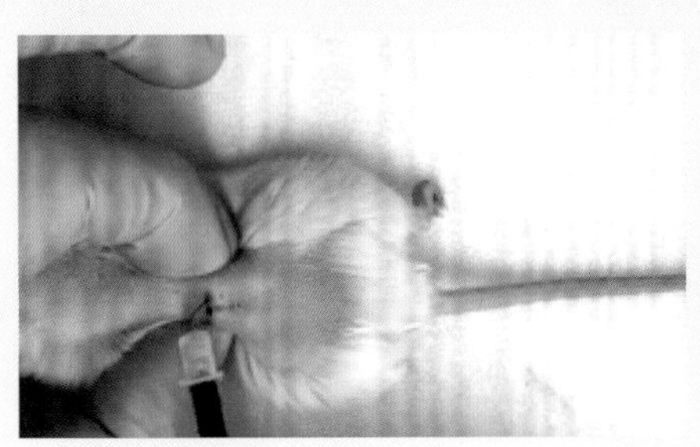

4. 沿第 6 腰椎棘突后斜向后下进针，直至针头弯曲处。→

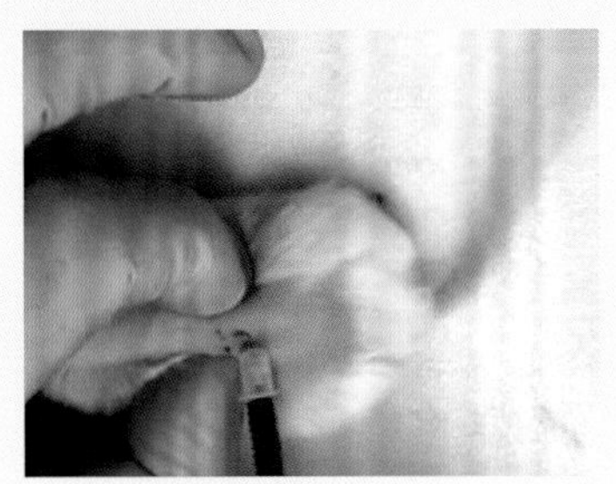

5. 针头进入椎间隙应没有触及硬物的感觉。由于对神经的直接刺激，可见尾部迅速摆动或翘起。↓

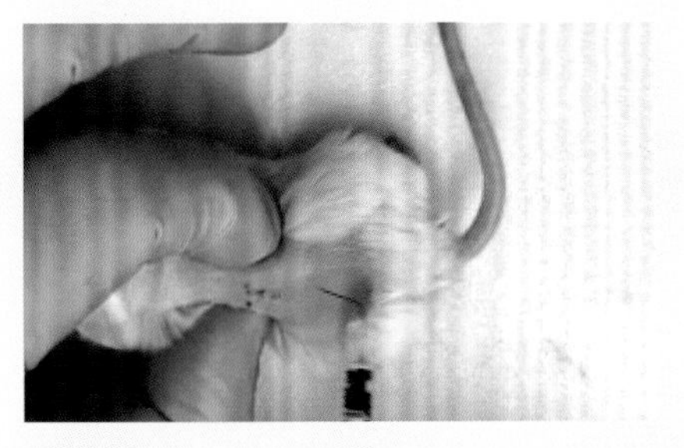

6. 这时可以将针头旋转 90°，针尖水平向前刺入蛛网膜下腔。此期间尾部会随时摆动。→

7. 进入脊髓腔时的手感应是针头左、右活动受限，此时方可注射药液。注射后直接拔针。

图 81.4　腰穿法

操作讨论

（1）腰穿时药物注射量不可超过 10 μL。过量注射可见脑刺激症状，如角弓反张（图 81.5）。

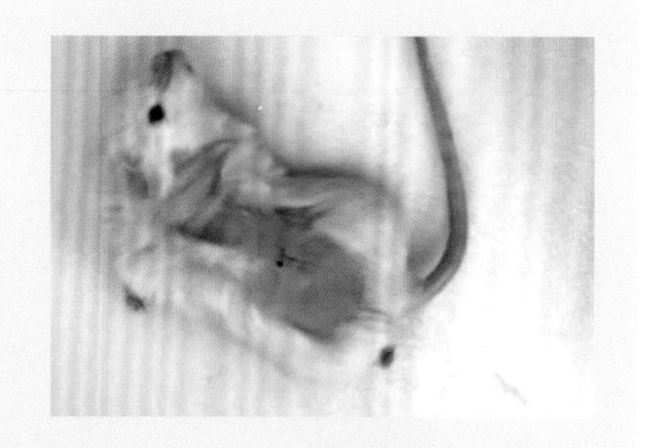

图 81.5　过量注射导致的角弓反张

（2）腰穿注射操作训练方法（图 81.6）。

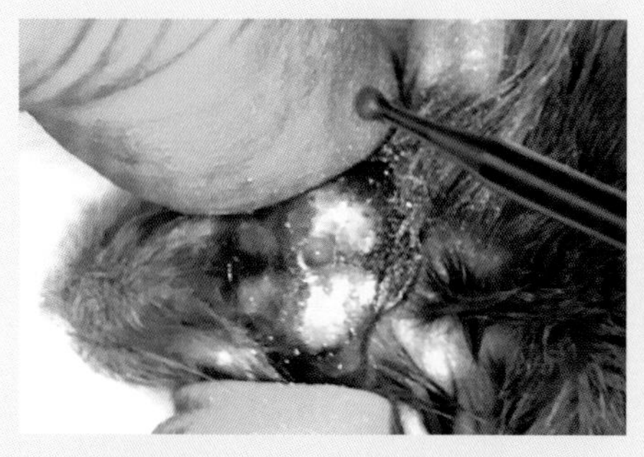

1. 暴露颅骨，打孔。脑脊液流出证明硬脑膜已经穿孔。注意，不要损伤软脑膜。→

2. 用腰穿法注射染料。↓

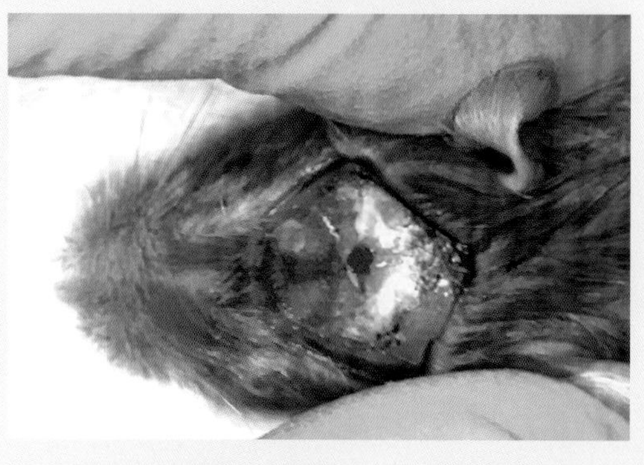

3. 若药液自颅骨穿孔处流出，证明注射到位。→

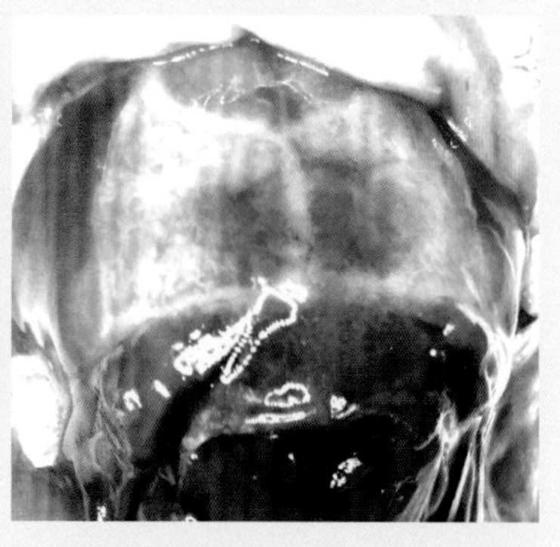

4. 如果没有钻孔设备，可以暴露顶骨，若注射到位在颅骨下将显示染料的颜色。

图 81.6　腰穿注射操作训练方法

第 82 章

骨髓腔注射

一、背景

实验小鼠动物模型中常用到骨髓腔内给药。小鼠最大的骨髓腔在股骨。本章以股骨为例，介绍骨髓腔注射法。胫骨骨髓腔的注射方法类似，只是所用的针头要小一些，注射剂量小一些。

二、解剖基础

成年小鼠股骨（图 82.1）长约 13 mm，骨髓腔内径约 0.5 mm。股骨近端连接髂骨，远端与髌骨、胫骨形成膝关节。远端关节面骨质疏松（图 82.2，图 82.3），针头易于刺入。长骨骨壁坚硬，骨髓腔内容积缺乏弹性变化。

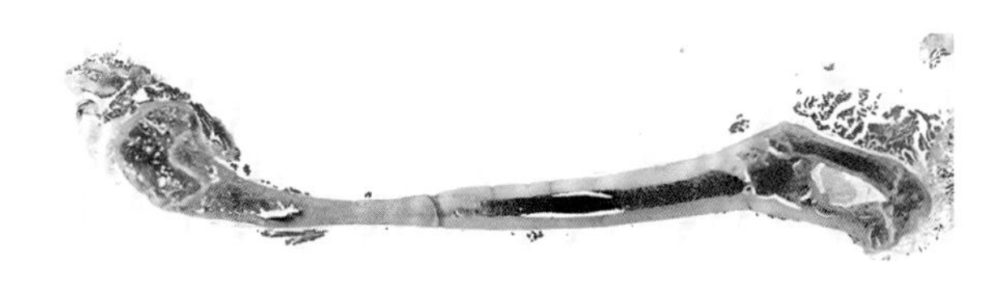

图 82.1　小鼠股骨组织切片，H-E 染色

图 82.2　小鼠股骨远端，示疏松骨组织

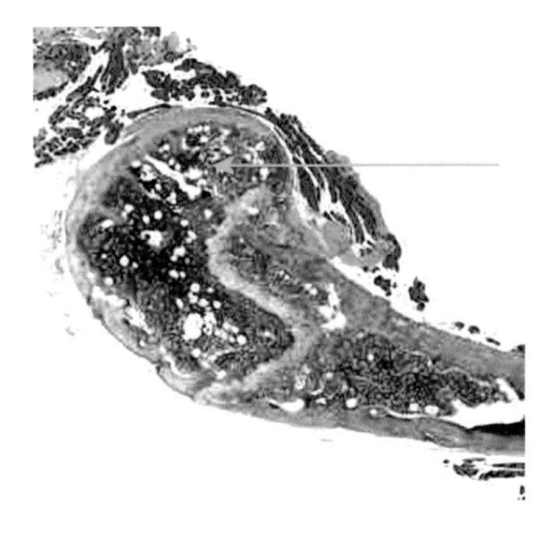

图 82.3　股骨远端断面组织切片，H-E 染色。箭头示疏松骨组织

三、器械与耗材

异氟烷麻醉系统；25 G 长针头，长 16 mm；29 G 长针头，13 mm；1 mL 注射器，吸入药液备用，药液量不超过 10 μL；小鼠控制器（图 82.4）。

图 82.4　小鼠控制器

四、操作方法

以右股骨为例介绍骨髓腔注射法（图 82.5）。▶

1. 小鼠异氟烷吸入深度麻醉。膝关节备皮。
↓

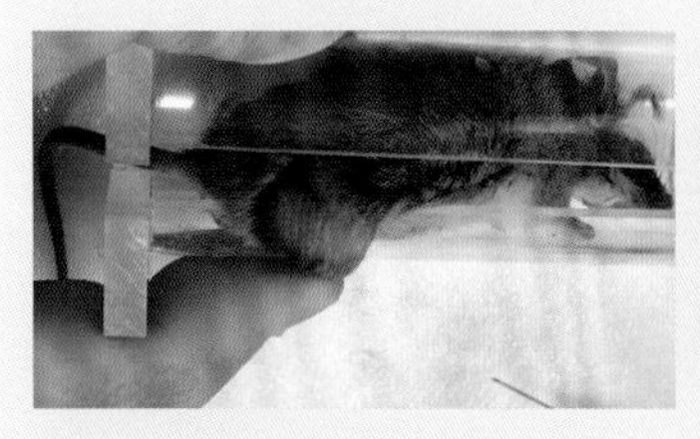

2. 将小鼠脱离气体麻醉，拉入控制器内。将右后肢拉出，小腿按压在控制器外壁上，使膝关节呈小于 90° 弯曲。→

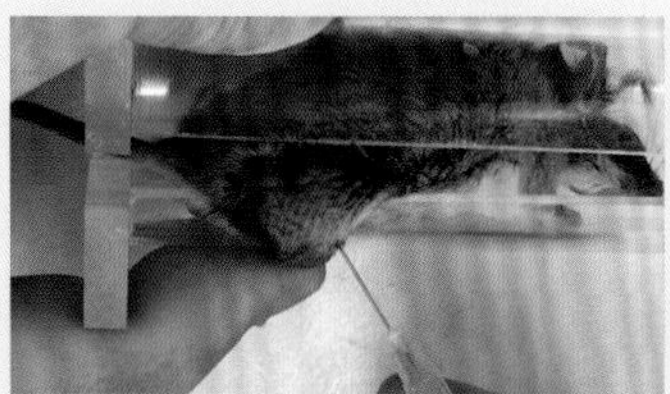

3. 膝关节部皮肤用酒精消毒。将 25 G 针头对准股骨远端端面，针头与股骨同轴方向刺入。→

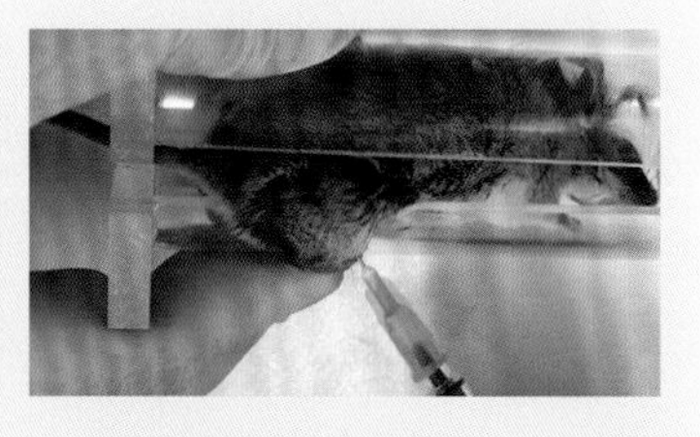

4. 当针尖刺入皮肤后，在股骨远端端面稍微旋转，刺入骨髓腔。在针头几乎全部进入骨髓腔时，可以感觉到针尖已经到达骨髓腔近端。↓

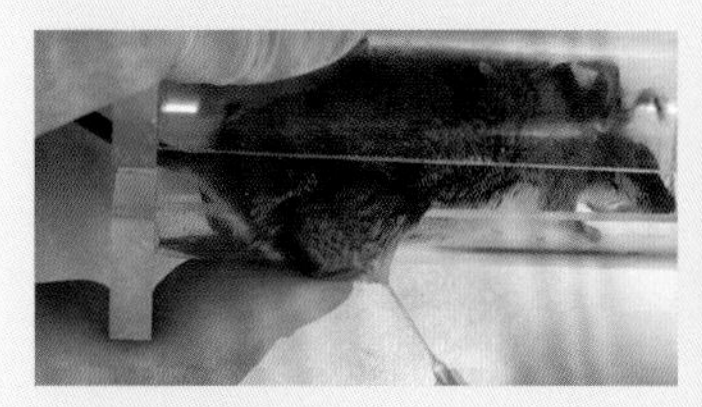

5. 匀速拔针。→

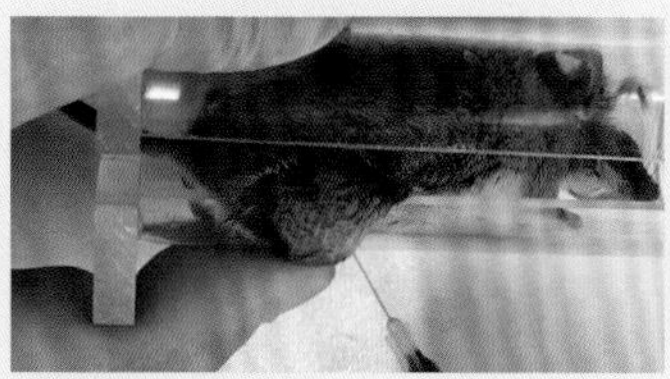

6. 换用已吸入药液的 29 G 针头注射器，从原进针孔刺入骨髓腔。→

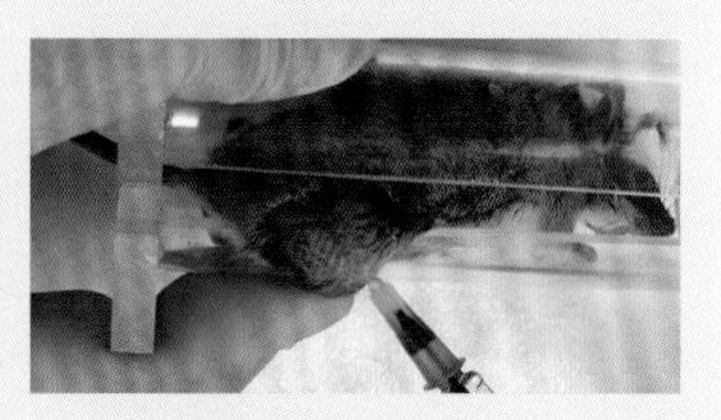

7. 针头全部刺入骨髓腔。↓

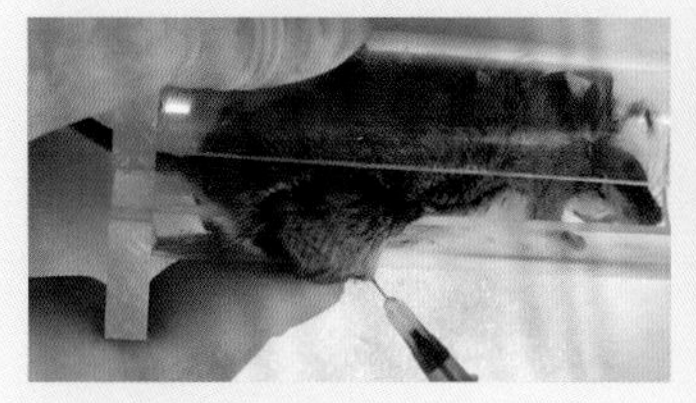

8. 边退针边注射。→

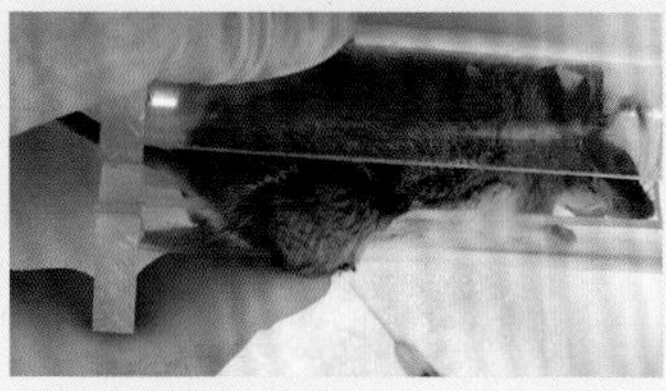

9. 在完全拔出针头之前，将药液全部注入骨髓腔。→

10. 此时，小鼠一般会从麻醉中苏醒。返笼。

图 82.5　骨髓腔注射法

操作讨论

（1）进针方向一定要与股骨同轴，否则会刺穿股骨侧壁。

（2）骨髓腔用较大针头刺入后，将其内部分内容物挤出骨髓腔，为下一步小针头注入药液提供空间。

（3）25 G 针头长 16 mm，针尖抵达骨髓腔顶端时，大部分针头进入骨髓腔（图 82.6）。

（4）29 G 针头长 13 mm，可以基本完全刺入骨髓腔，针尖可以抵达骨髓腔尽头（图 82.7）。边后退边注射，为药液保留在骨髓腔提供了空间。

（5）注射量不可超过骨髓腔容积。图 82.8 显示的是利用蓝色药液检验骨髓腔注射效果，可见骨髓腔内积满药液。

（6）膝关节弯曲时，针尖可以从松软的股骨远端轻松刺入，不必切开皮肤和关节。

（7）此操作大约需要 2 分钟。小鼠深度麻醉，操作开始时小鼠脱离吸入麻醉，在苏醒前可以完成操作。

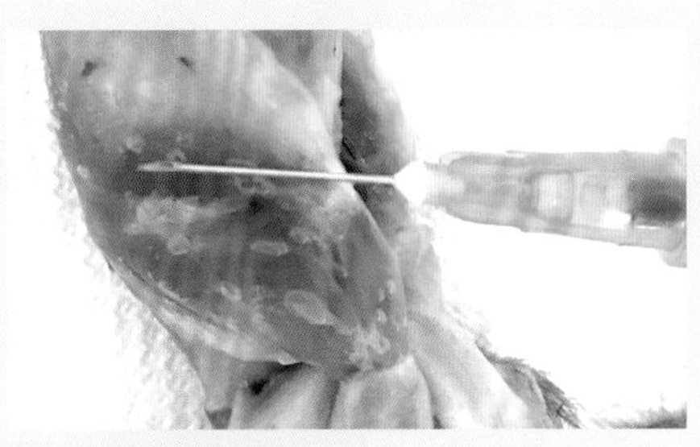

a. 体位测量

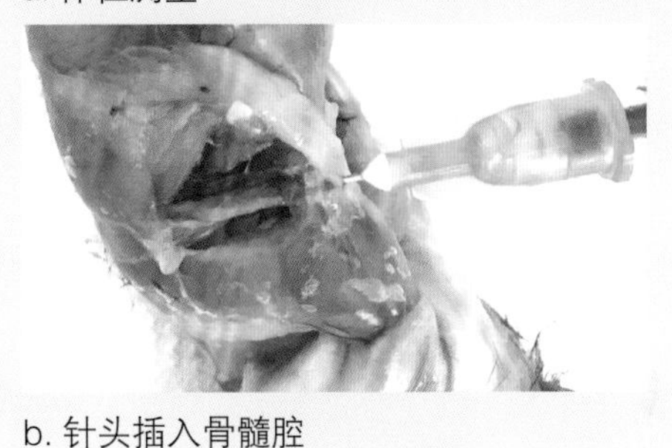

b. 针头插入骨髓腔

图 82.6　25 G 针头在骨髓腔中的状态

图 82.7　29 G 针头在骨髓腔中的状态

a. 注射蓝色药液后，股骨蓝染

b. 股骨断面可见药液

图 82.8　骨髓腔注射效果检验

第 83 章

膝关节腔注射

一、背景

小鼠膝关节常用来制作关节模型。无论是关节腔出血模型，还是局部治疗给药，都常用膝关节腔注射技术。

小鼠膝关节很小，关节腔仅能容纳数微升液体，因此，精准的关节腔注射有很大的挑战性。本章主要介绍膝关节腔注射法的关键技术。

二、解剖基础

小鼠髌骨不在股骨和胫骨之间，而在股骨远端，这一点与人体结构大相径庭。后肢股骨远端背面有两个关节：较小的是股骨 - 髌骨关节；较大的是股骨 - 胫骨关节（膝关节），为本方法所涉关节。膝关节（图 83.1）没有髌骨参与，其表面为髌骨悬韧带。膝关节弯曲

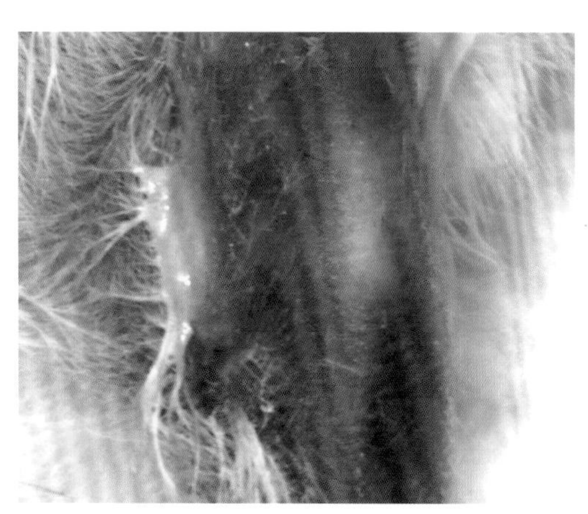

a. 膝关节

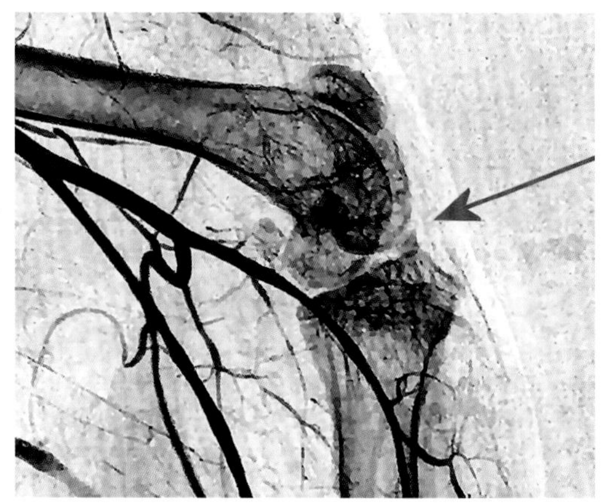

b. 膝关节部位血管造影。箭头示膝关节

图 83.1　小鼠膝关节

时，韧带下面关节腔最大。用细小工具按压表面，可以感觉到下面的“空洞”存在。这个“空洞”是膝关节腔注射的极佳位置。浅色小鼠备皮后，膝关节弯曲时，可见髌骨韧带部位呈白色（图 83.1a，图 83.2）。横向剪断髌骨韧带，暴露股骨远端的内外髁和中间沟，可见理想进针部位（图 83.3）。

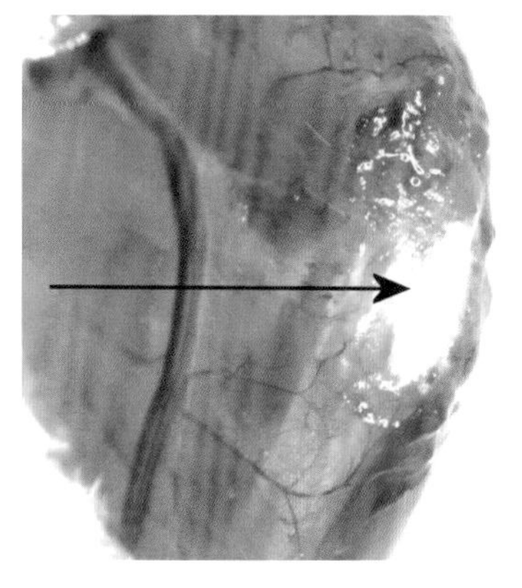
图 83.2　去除皮肤，可见连接到胫骨的白亮的髌骨韧带，如箭头所示

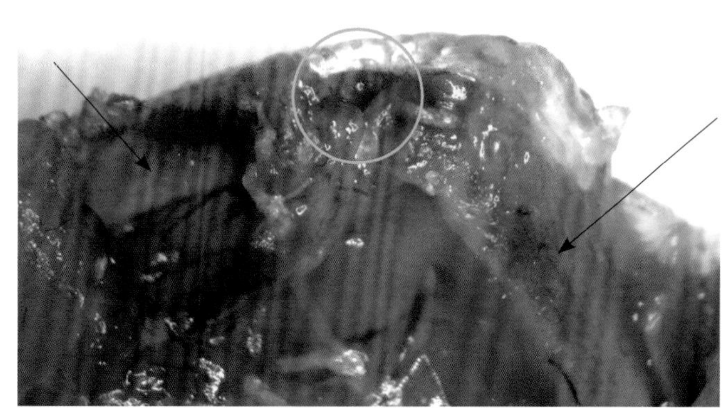
图 83.3　理想进针部位，如绿圈所示。左箭头示胫骨，右箭头示股骨

后肢肌肉很多参与膝关节运动。关节上方有股四头肌，内侧有大收肌、长收肌，直接附着在关节部位的是腘肌（图 83.4）；外侧主要是股二头肌（图 83.5）。

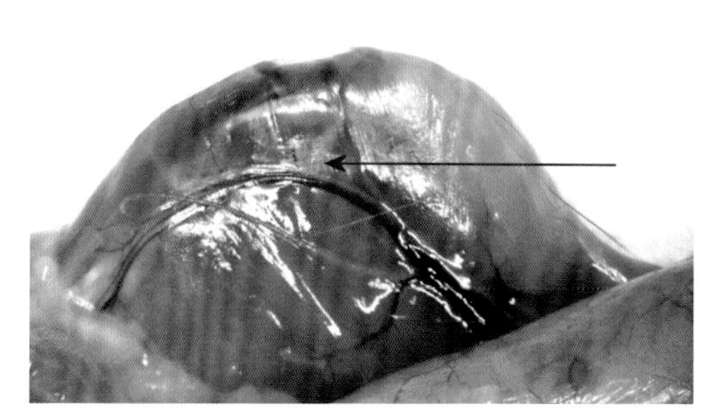
图 83.4　腘肌，如箭头所示

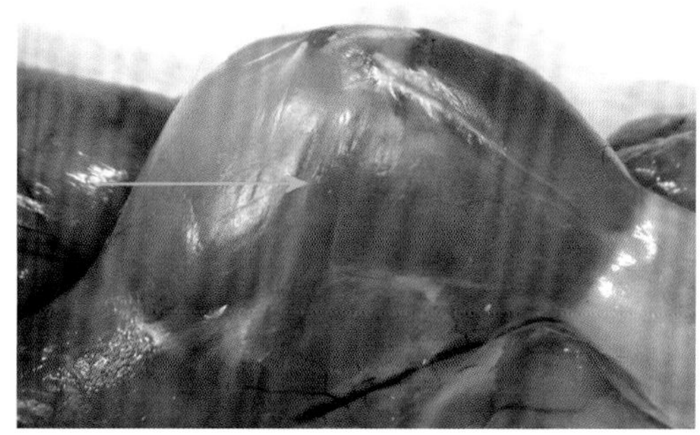
图 83.5　股二头肌，如箭头所示

膝关节周围的血管非常丰富。膝最上动脉（图 83.6）、膝上内侧动脉、膝下内侧动脉、膝上外侧动脉和膝下外侧动脉组成了膝动脉环（图 83.7），且都有同名静脉伴行。

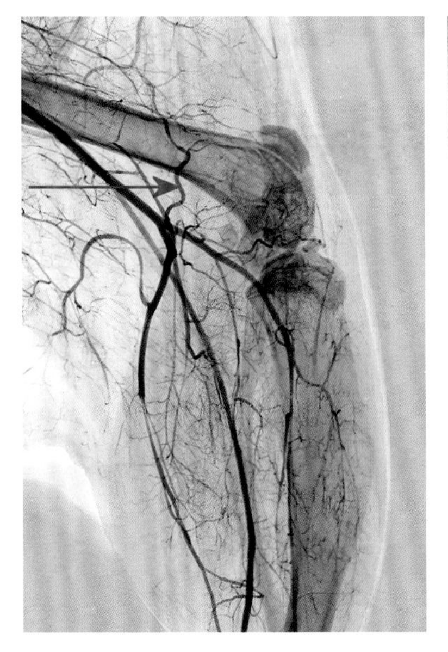

图 83.6　动脉显微血管造影，箭头示膝最上动脉

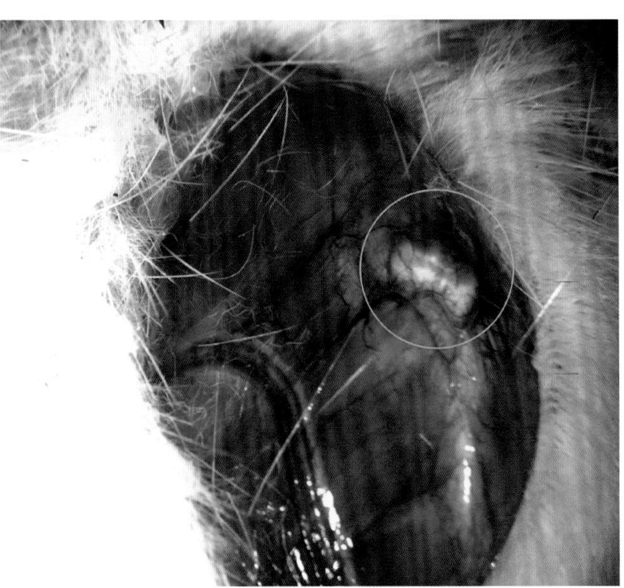

图 83.7　膝动脉环，如绿圈所示

三、器械与耗材

异氟烷麻醉系统；31 G 针头胰岛素注射器，在距针尖 2 mm 处将针头弯曲 90°；小鼠控制器；纸胶带。

四、操作方法

以小鼠右后肢为例介绍膝关节腔注射法（图 83.8）。▶

1. 小鼠异氟烷吸入深度麻醉。

↓

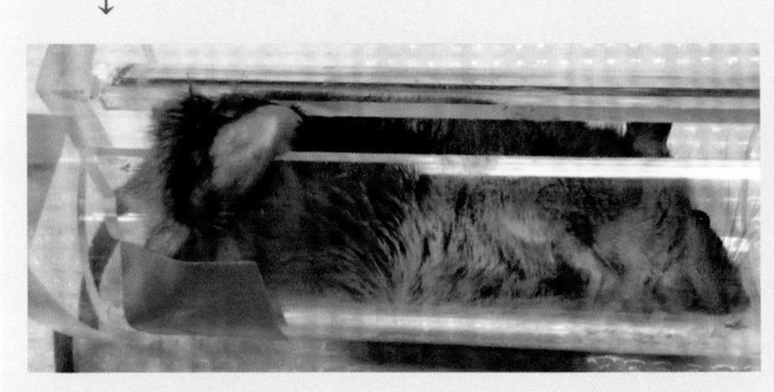

2. 膝部备皮后脱离麻醉。将小鼠安置在控制器内，把右后肢从间隙中拉出，用纸胶带将后爪固定于控制器外壁。→

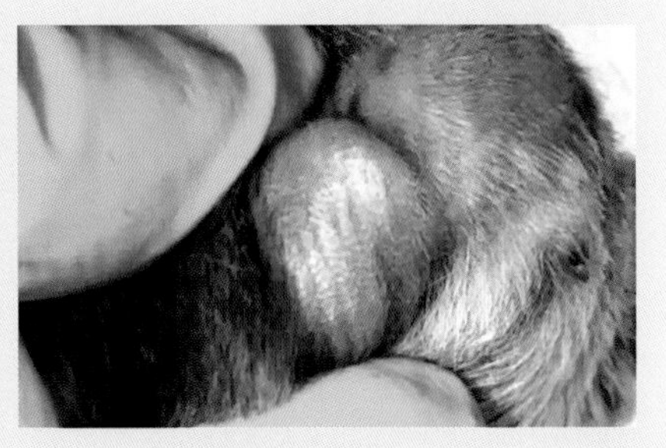

3. 用左手拇指和食指按住膝关节两端。

↓

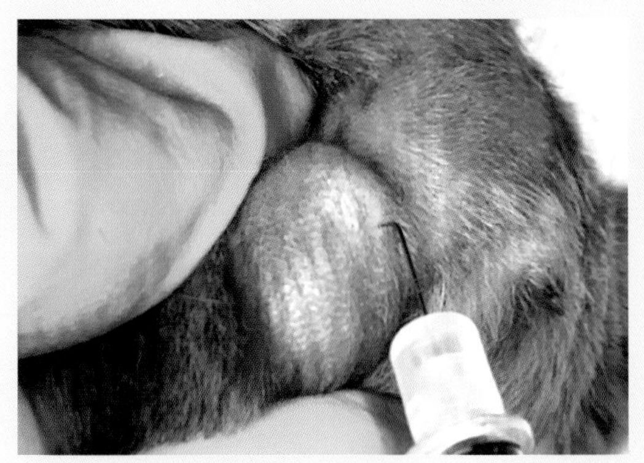

4. 于髌骨悬韧带中部垂直进针。→

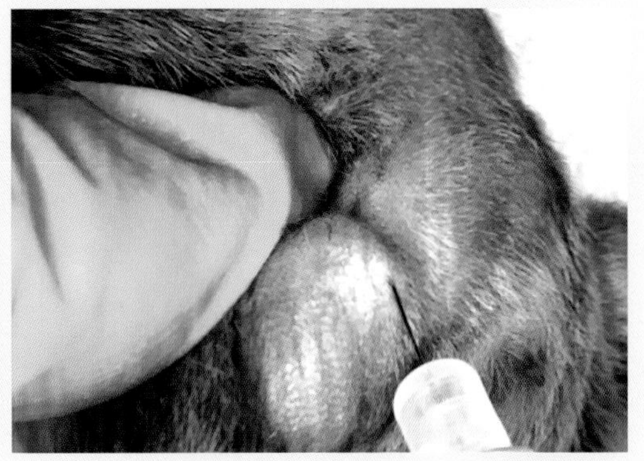

5. 将针头的弯曲部完全刺入体内，稳定针头，匀速注射。↓

6. 注射量为 1 μL，拔针时不会有药液自进针孔溢出。

图 83.8　膝关节腔注射法

操作讨论

（1）由于膝关节腔几乎没有扩张弹性，注射量过大，会发生拔针溢液（图 83.9）。

（2）用染料练习膝关节腔注射时，可在注射后立即剪除膝关节部位的皮肤检验注射效果。成功的注射可以看到染料聚集在膝关节腔内（图 83.10）。

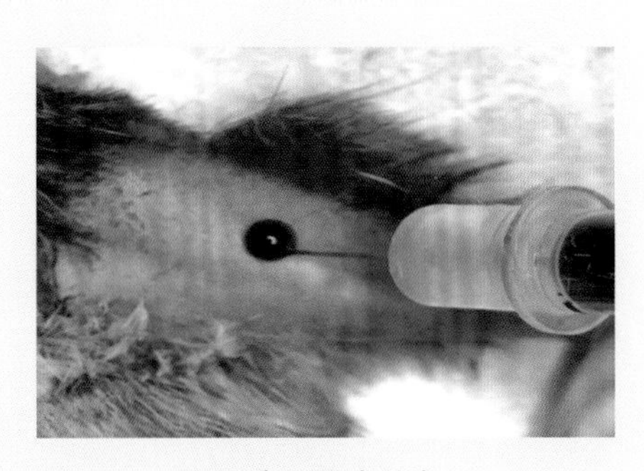

图 83.9　药量过大导致溢液

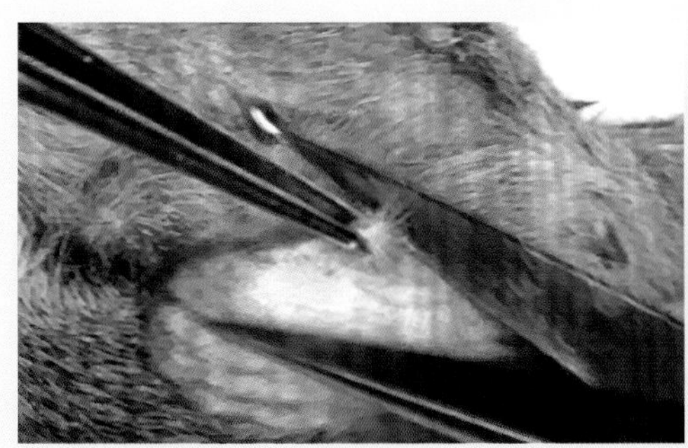

a. 剪除膝关节部位的皮肤

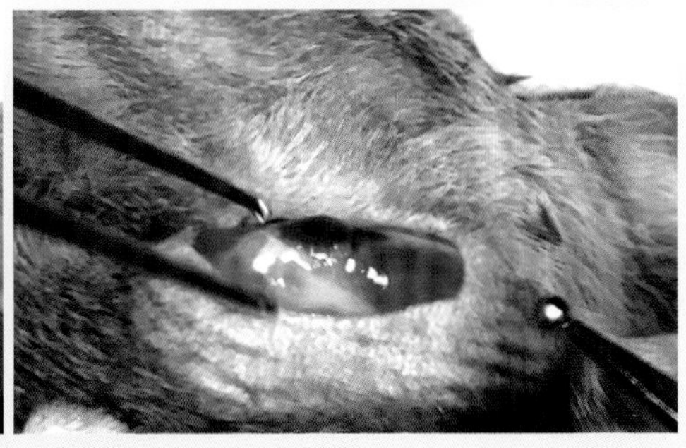

b. 染料聚集在膝关节腔

图 83.10　膝关节腔注射效果检验

第 84 章

腹主动脉筋膜注射

一、背景

在小鼠实验中，腹主动脉和后腔静脉是插管、采血、结扎、血管吻合等操作的常用部位。由于腹主动脉位于腹腔背面，小鼠仰卧时，有肝、肠等脏器覆盖，在开腹后暴露时需特别用心，且过程费时费力。

腹主动脉筋膜又称腹膜后血管神经筋膜，筋膜注射多为两个目的：局部给药、用水分离腹主动脉和后腔静脉。本章针对这两个目的分别介绍不同的操作方法。

二、解剖基础

腹主动脉筋膜（图 84.1）位于腹膜背面，紧贴背部肌肉，正中纵向走行。其腹面被腹膜壁层所覆盖，内有腹主动脉、后腔静脉和神经束。腹主动脉和后腔静脉陆续发出分支，较大的有腹腔干、肝动静脉、肾动静脉、髂腰动静脉、腰动静脉、生殖动脉等。

腹主动脉位于后腔静脉的左背侧方。仰卧位开腹，将肠推开，先看到后腔静脉，打开

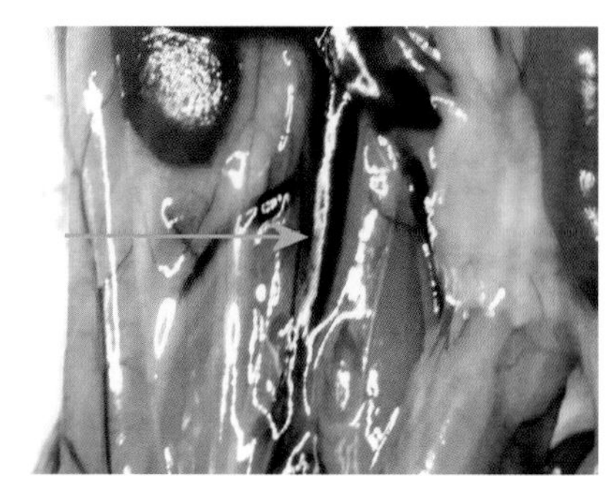

图 84.1　腹主动脉筋膜，如箭头所示

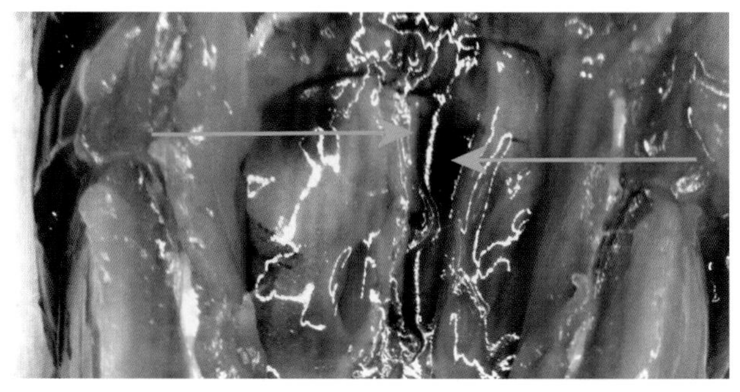

图 84.2　从背侧看腹主动脉和后腔静脉。左箭头示腹主动脉，右箭头示后腔静脉

腹主动脉筋膜后，才能看清楚腹主动脉。从背侧看，腹主动脉不再被后腔静脉所覆盖，解剖结构更清楚。

三、器械与耗材

腹部手术板；31 G 钝针头胰岛素注射器，针头弯曲 60°；31 G 钝针头，针头弯曲 60°；显微尖镊；拉钩；生理盐水；棉签。

四、操作方法

（一）腹主动脉筋膜给药注射法（图 84.3）▶

1. 小鼠常规麻醉，腹部备皮。

↓

2. 将小鼠安置于腹部手术板上，垫高腰部，固定四肢。

↓

3. 开腹 17 。

↓

4. 暴露腹主动脉 18 。图中左为小鼠头侧，右为尾侧。↓

5. 暴露腹膜后的腹主动脉筋膜。→

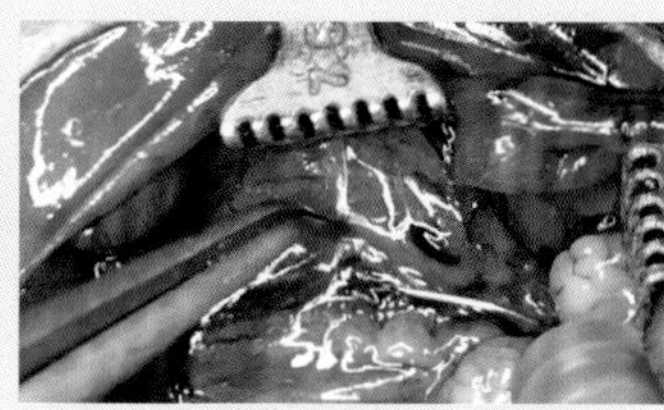

6. 用镊子夹住腹膜做对抗牵引，将胰岛素注射器针头斜向刺入筋膜。→

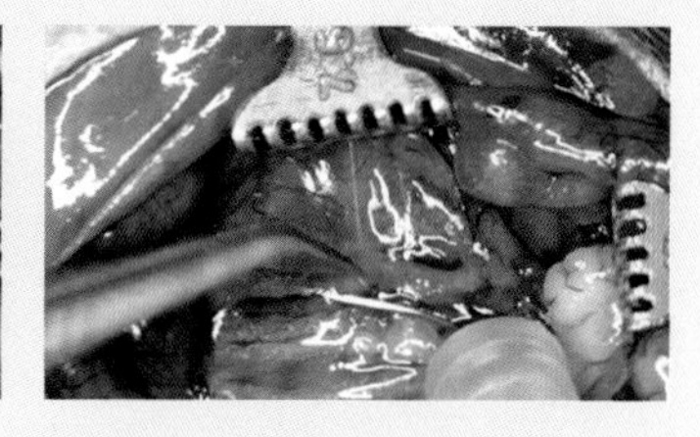

7. 使针头紧贴腹膜外壁潜行，且始终保持针头直视可见，以免伤及血管和神经。↓

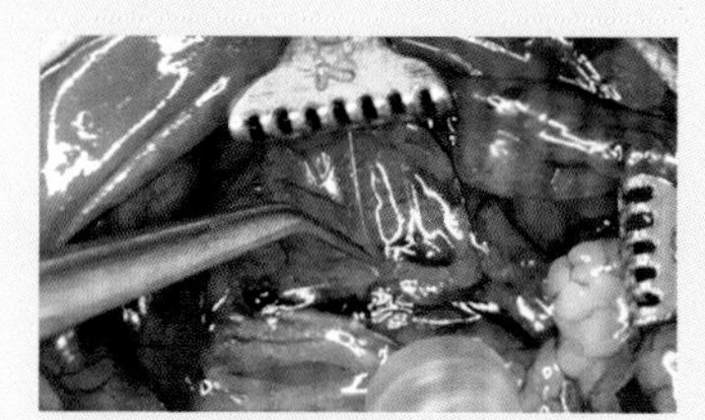

8. 在针头潜行 1 ～ 2 mm 后，即可开始注射。→

9. 注射完毕迅速拔针。→

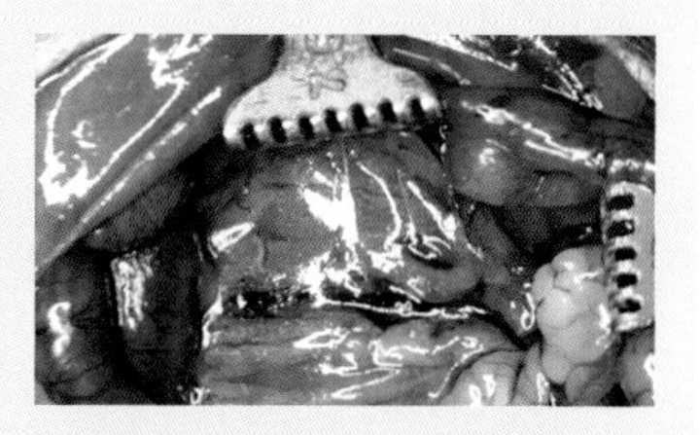

10. 图示蓝色药物注射后效果。只要不是过量注射，药物不会明显溢出。

图 84.3 腹主动脉筋膜给药注射法

操作讨论

术中意外出血的原因有：

① 损伤腹主动脉筋膜部位的血管。在操作时要直视筋膜血管，避免操作损伤。

② 损伤后腔静脉。其原因在于，过度牵拉时，静脉受到压迫，使得部分血管区域没有血流，操作中误以为是非血管区而造成损伤。

（二）动静脉分离筋膜注射法（图 84.4）▶

1. 操作同“腹主动脉筋膜给药注射法”步骤 1 ~ 5。

↓

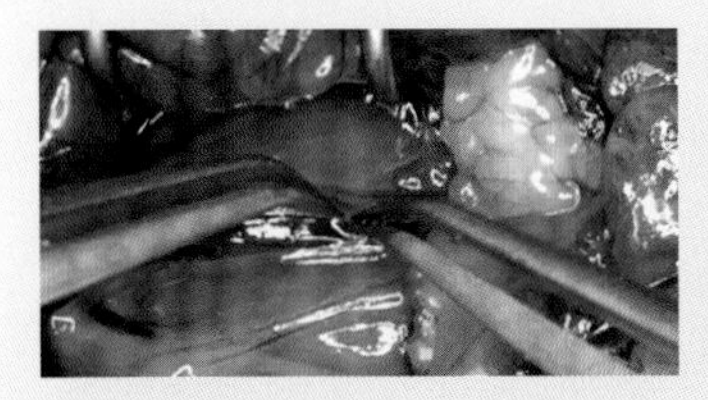

2. 用两把镊子将设计的血管分离区域的筋膜撕开一个小口。→

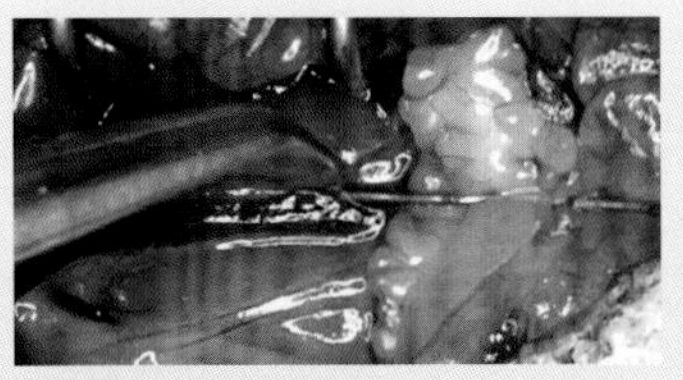

3. 用钝针头由此小口向头侧进入筋膜内。→

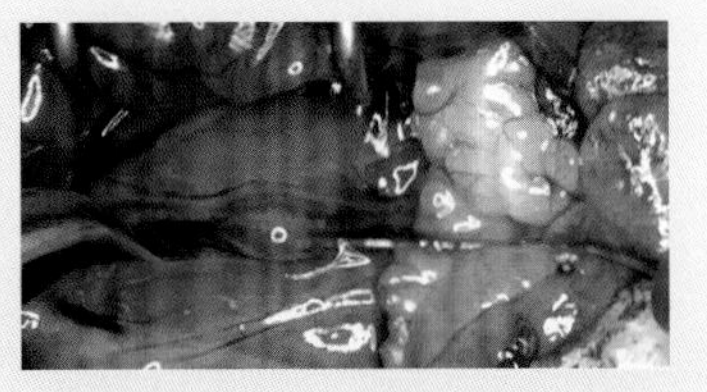

4. 先注入少许生理盐水，使筋膜内产生一个小隆起。↓

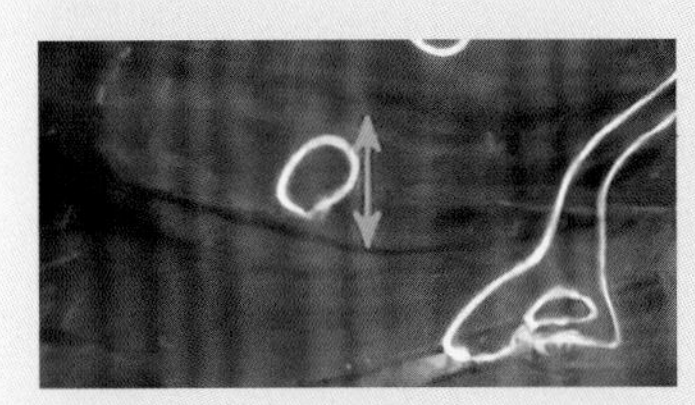

5. 用钝针头顶在动静脉之间继续注射，造成筋膜内高压。在高压下，后腔静脉被压细，与腹主动脉分离。图中下箭头示后腔静脉，上箭头示腹主动脉。可见其间出现明显的间隙。→

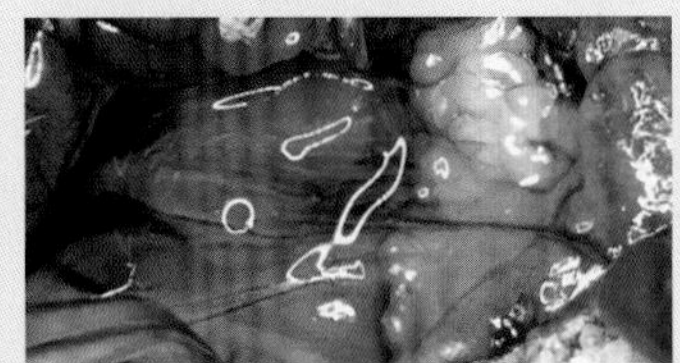

6. 将钝针头插入间隙内边注射边推进，直至完成全部设计分离区域。→

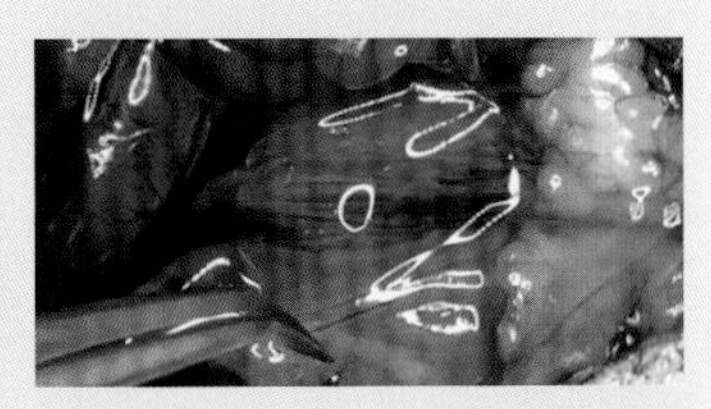

7. 拔出针头后可见动静脉保持分离状态。↓

8. 用镊子撕除充满生理盐水的血管间筋膜，即可较为安全地进一步分离动静脉，再用生理盐水浸湿的棉签清理残余筋膜。

图 84.4　动静脉分离筋膜注射法

操作讨论

（1）动静脉紧密贴在一起时，钝针头不必插入动静脉之间注射，顶在动静脉之间注射即可，利用生理盐水将动静脉挤压分离开。

（2）用耦合剂代替生理盐水效果更好。

第 85 章

股动静脉筋膜下注射

一、背景

股动静脉筋膜下注射主要有两个目的：局部给药和水分离动静脉。前者比后者容易，本章主要介绍后者。

小鼠实验中，股动静脉是插管、抽血、血管吻合等操作的常用部位，不少操作都离不开股动静脉分离。传统分离方法是用镊子直接撕开血管间的筋膜后分离。水分离则是利用筋膜的高吸水性，通过向筋膜内注射大量生理盐水，使动静脉之间的距离扩大，进一步用镊子分离。必要时可以用黏度高的透明液体，如耦合剂来代替生理盐水。

二、解剖基础

参见《手术操作》⑲。图 85.1 箭头示右股动脉。

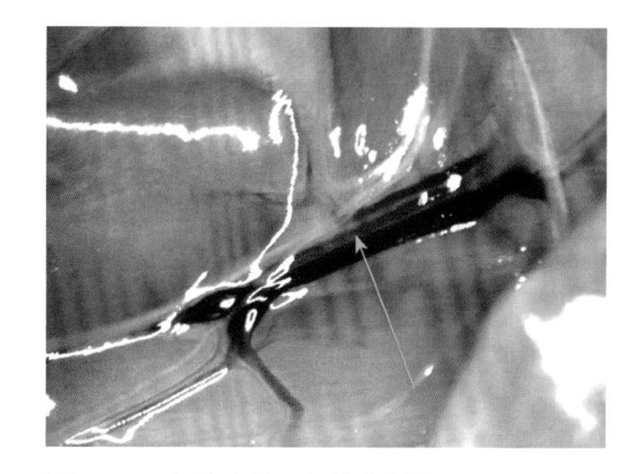

图 85.1 右股动脉，如箭头所示

三、器械与耗材

显微镜；31 G 钝针头；微量注射器；显微尖镊；生理盐水。

四、操作方法

股动静脉筋膜下注射法见图 85.2。▶

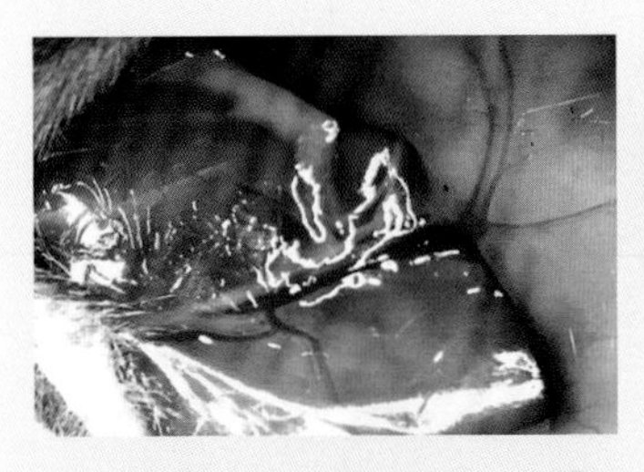

1. 常规麻醉，暴露腹股沟⑲。图示暴露后右腹股沟区。→

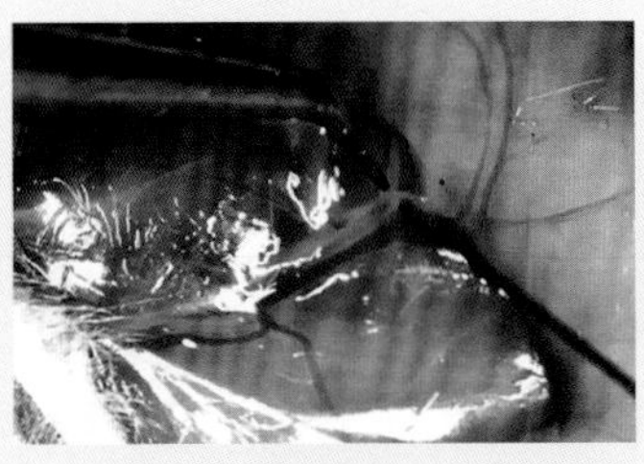

2. 用镊子夹起股动脉筋膜，将钝针头穿透筋膜，顶在股动静脉之间，注入生理盐水。→

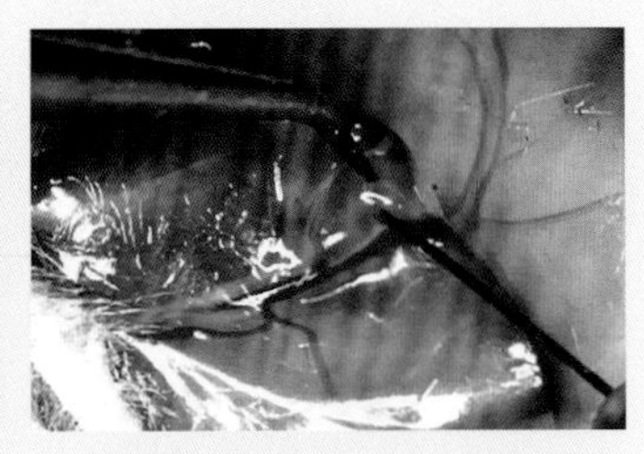

3. 随着生理盐水进入筋膜，可见动静脉和神经分离开来。↓

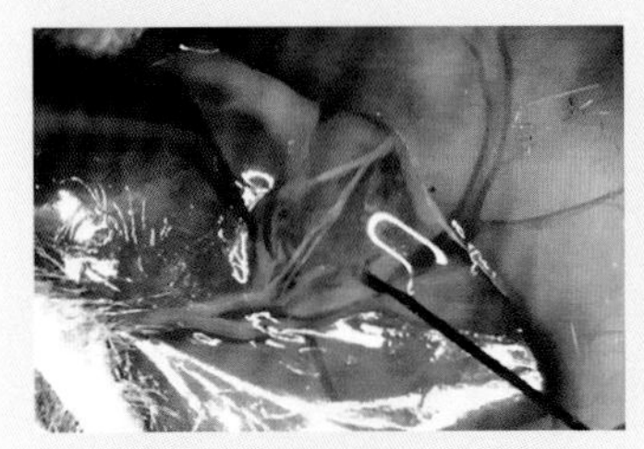

4. 将针头刺入动静脉之间注射，进一步扩大分离距离。→

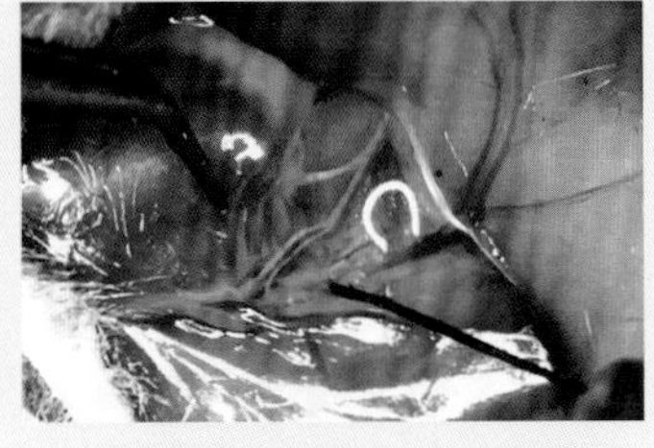

5. 调整针头角度，沿着血管走行，在动静脉之间向血管两端增强注射，使血管分离达到所需的距离。→

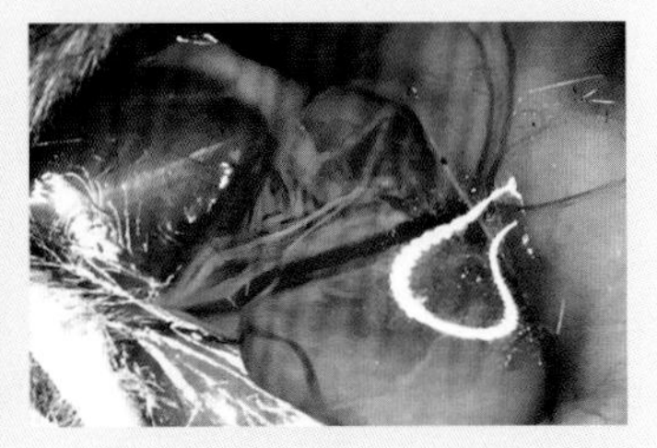

6. 图为分离后的状态。↓

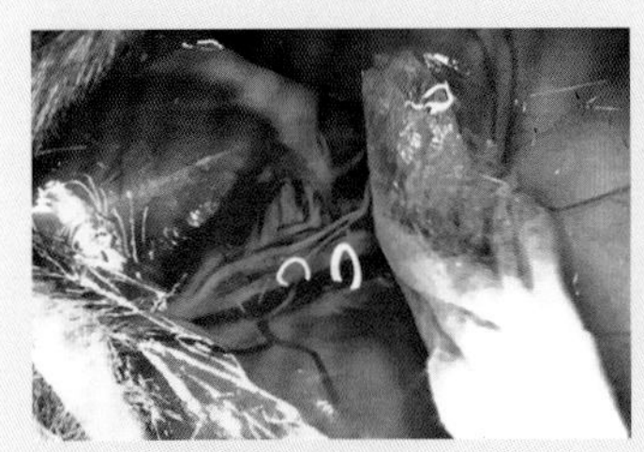

7. 如果筋膜外面有较多的生理盐水，可以用滤纸吸干。→

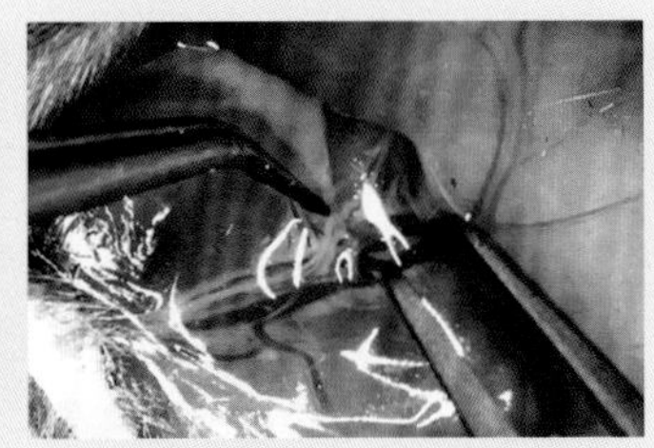

8. 此时动静脉之间出现空隙，用镊子很容易插入其间进行分离。→

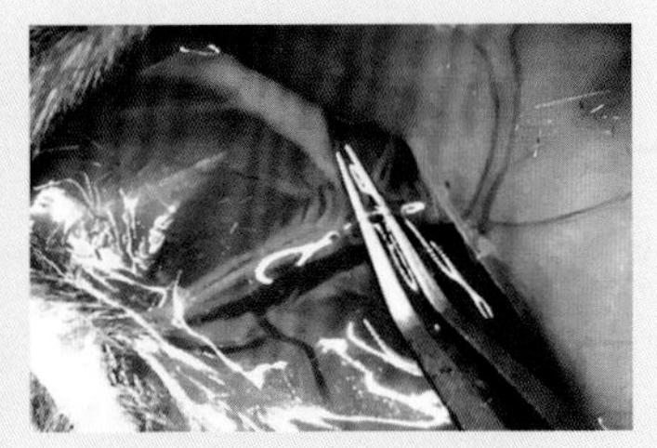

9. 将镊子穿过动脉下方，进一步分离血管。

图 85.2 股动静脉筋膜下注射法

操作讨论

（1）股静脉比动脉薄，将显微尖镊插入动脉下分离，较插入静脉下分离更安全。

（2）该方法可配合照相，更清晰地显示复杂的血管、神经走行。

（3）注射过程中可产生局部高压，股静脉因受挤压而缺血，这时可观察到股静脉血流变得很细，甚至消失。若停止注射，血流马上恢复。

第 86 章

浅筋膜内注射

一、背景

小鼠浅筋膜内注射一般称为皮下注射，多用于皮下给药，比较少用的目的是清理浅筋膜。浅筋膜很薄，在筋膜内注入生理盐水，筋膜可大量吸水而膨胀如琼脂，方便清除。

本章以皮窗模型为例，介绍用于清理浅筋膜的浅筋膜内注射法。

二、解剖基础

背部皮肤（图 86.1）下连接一层薄薄的皮肌层。皮肌与背部肌肉间由浅筋膜填充。

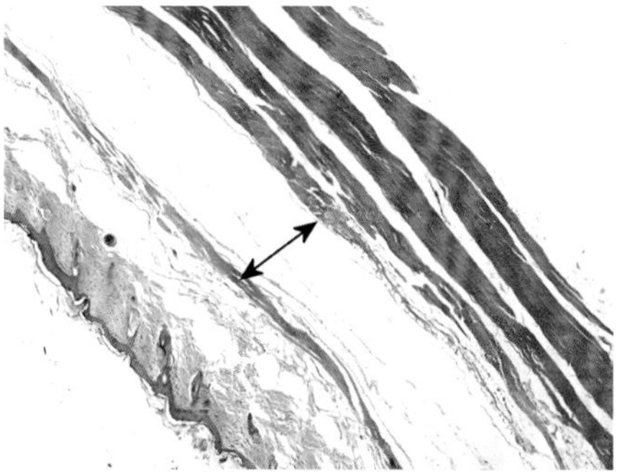

图 86.1　小鼠背部皮肤组织切片，H-E 染色。左下方为皮肤，右上方为背部肌肉，箭头示浅筋膜层（张燕供图）

三、器械与耗材

倒置显微镜；皮窗支架；显微齿镊；显微尖剪；30 G 钝针头；1 mL 注射器；生理盐水。

四、操作方法

用于清理浅筋膜的浅筋膜内注射法见图 86.2。▶

1. 小鼠常规麻醉。背部备皮，植入皮窗支架。

↓

2. 将小鼠置于显微镜下，取右侧卧位。

↓

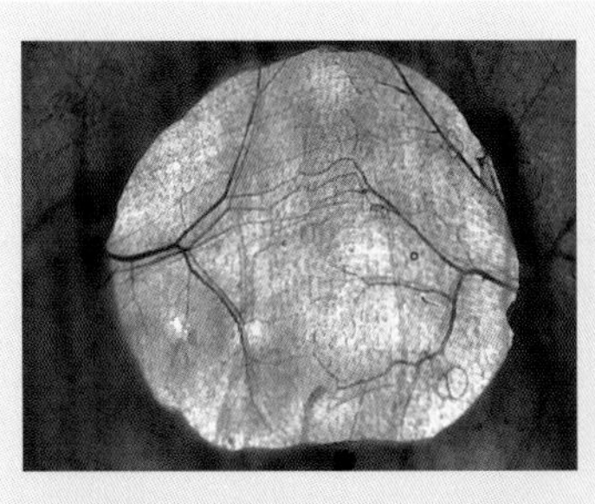

3. 剪除左侧背部皮肤，暴露右侧皮肤内面。开底灯照明。图为显微镜下透照皮窗的皮肤内面，直径约 1 cm。红色线条为皮肤血管。→

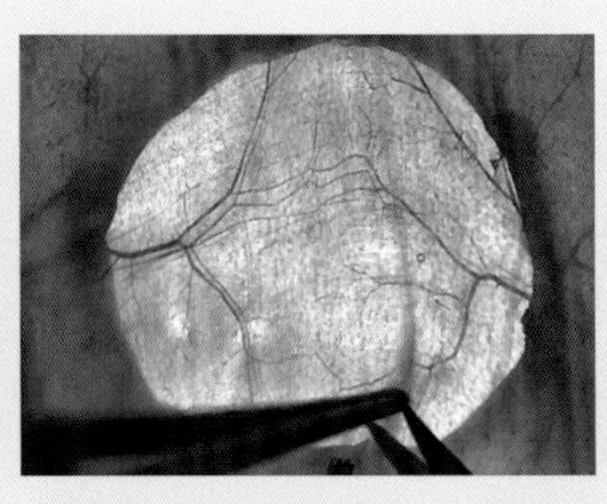

4. 用剪子将边缘部的浅筋膜剪开一个小口。→

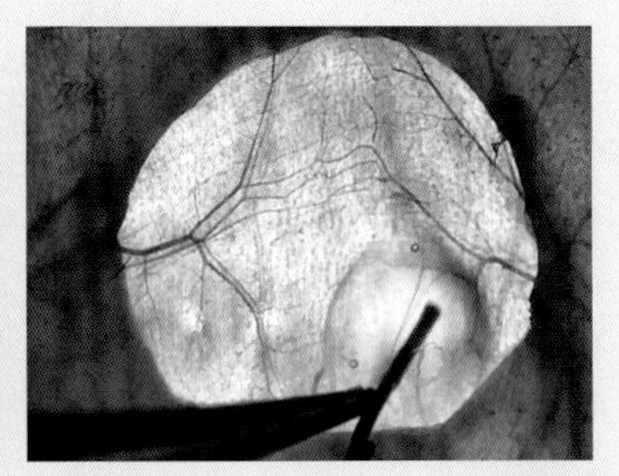

5. 将钝针头由小口进入，紧贴皮肌注入生理盐水，可见筋膜立即膨胀起来。↓

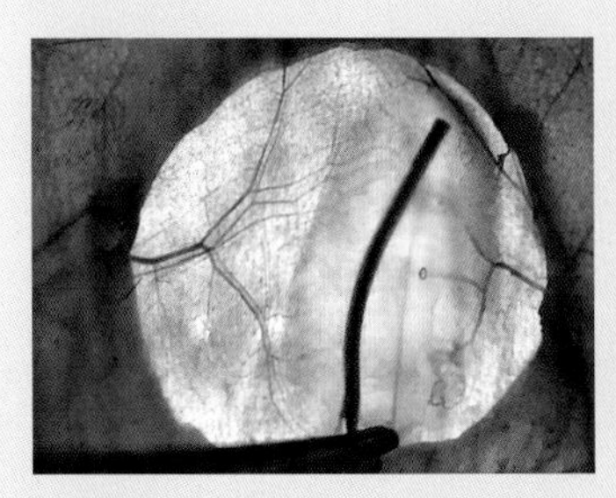

6. 边注入生理盐水边将针头向前深入，直达皮窗边缘。→

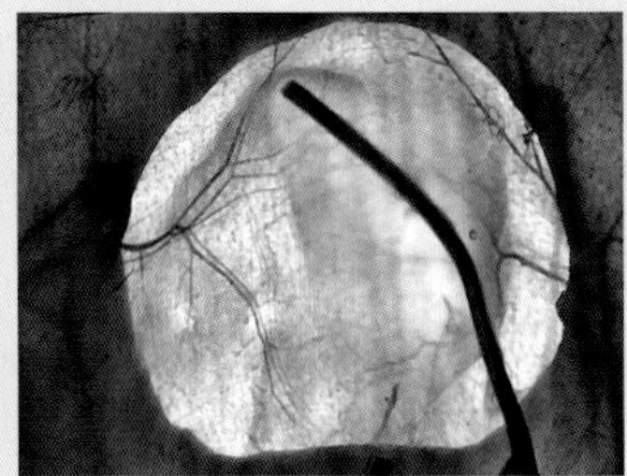

7. 再转向继续注入生理盐水，令皮窗中的所有筋膜因吸收水分而膨隆起来。→

8. 盐水注射完毕。↓

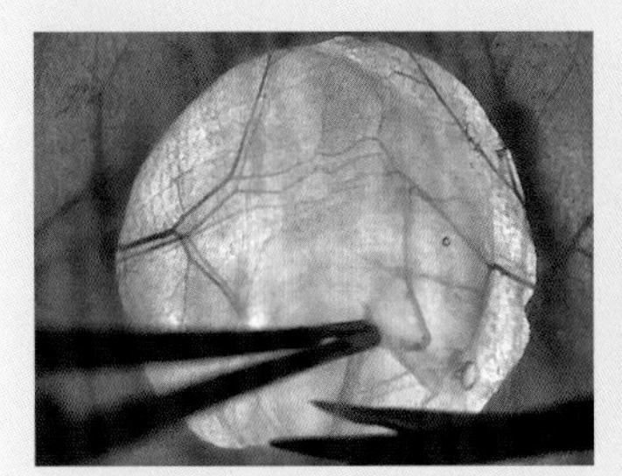

9. 从注射孔沿皮窗下缘剪除筋膜。→

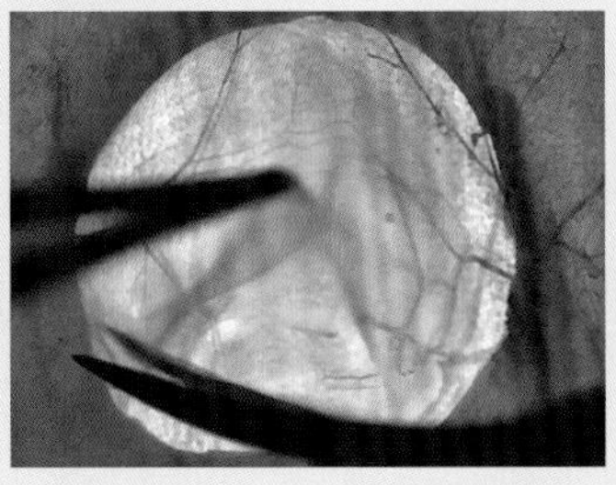

10. 绕着皮窗一周将筋膜剪开。→

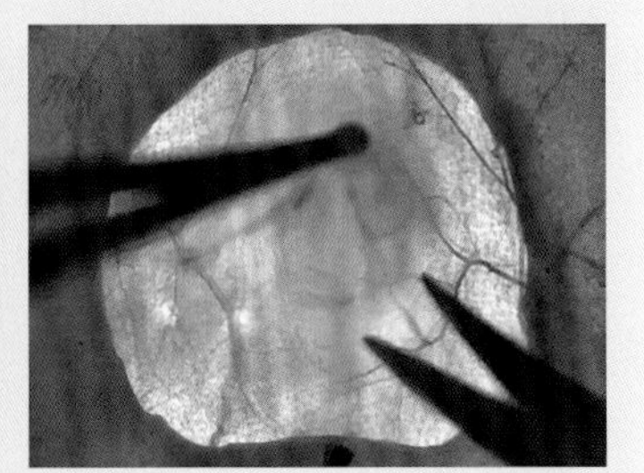

11. 最后剪开中心筋膜，将充水的浅筋膜从皮窗完整清除。

图 86.2　用于清理浅筋膜的浅筋膜内注射法

操作讨论

将一侧皮肤切除后，单纯向皮窗内滴生理盐水，可以令筋膜均匀地由上向下膨胀起来。切除上面的筋膜后，需要继续滴生理盐水。如果从底部注射生理盐水，则可以直接膨胀底部的筋膜，将其一次性剪除。这就是本章介绍的方法。

第 87 章

提睾肌外筋膜内注射

一、背景

小鼠提睾肌非常薄，血管丰富，且铺开面积相对不小，是观察活体血流的极佳部位。暴露并铺开提睾肌，首先要切开阴囊皮肤，清除提睾肌外筋膜。然而，如此薄的筋膜用镊子很难清除干净，但是其吸水性很强，注入大量的水后，会变得像果冻一样，便于清除。

本章以提睾肌外筋膜内注射法为例，介绍筋膜内注射及卷除筋膜技术。

二、解剖基础

小鼠提睾肌包绕睾丸和附睾。其本身由 2 ～ 3 层极薄的骨骼肌组成（图 87.1），根部为三层肌肉，是三层腹肌的延续；顶端为两层腹肌，薄至每层只有单层肌细胞（图 87.2）。提睾肌外面为一层提睾肌外筋膜包绕（图 87.3），而提睾肌外筋膜又被提睾肌外筋膜鞘膜包裹。

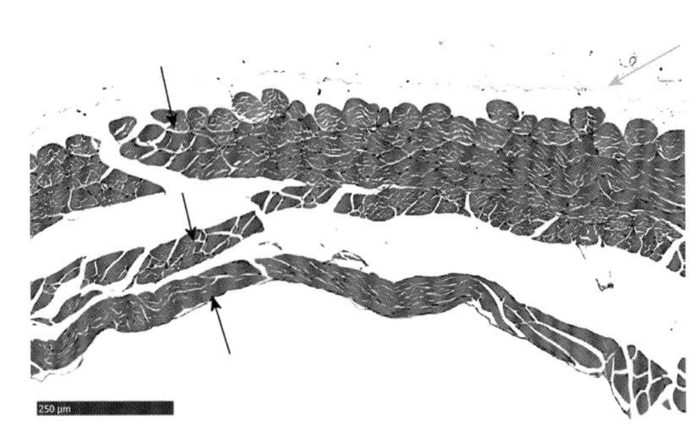

图 87.1　小鼠提睾肌病理切片，H–E 染色。三个箭头示提睾肌的三层肌肉

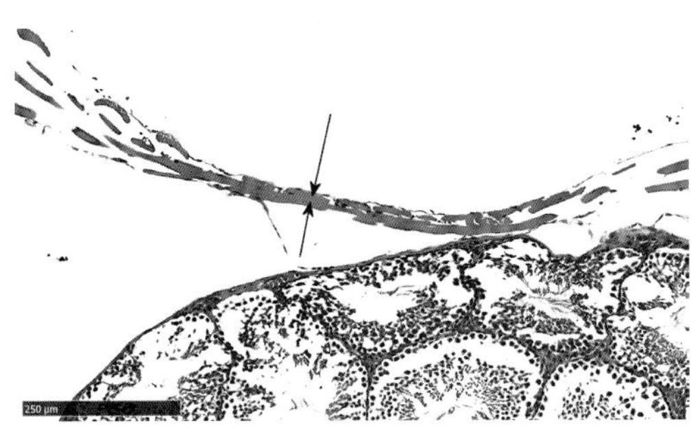

图 87.2　小鼠提睾肌病理切片，H–E 染色。箭头示提睾肌，下面是睾丸

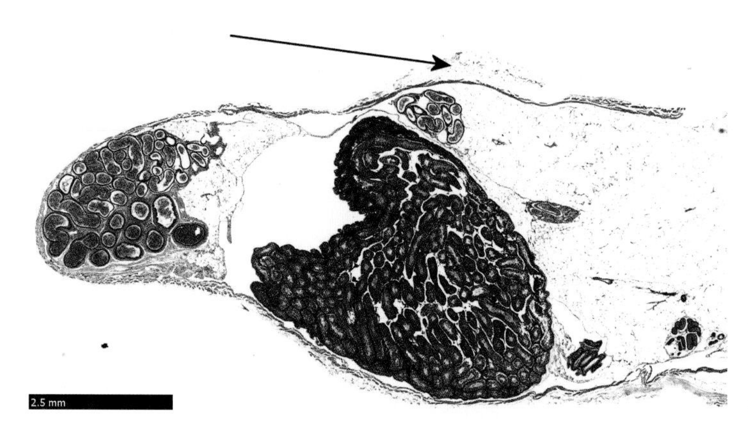

图 87.3 提睾肌外筋膜组织切片，H–E 染色。箭头示提睾肌外筋膜

三、器械与耗材

显微镜；影像手术盘（自制）；脱毛剂；31 G 钝针头；1 mL 注射器；显微尖剪；显微尖镊；塑料泡沫棒（图 87.4）；生理盐水。

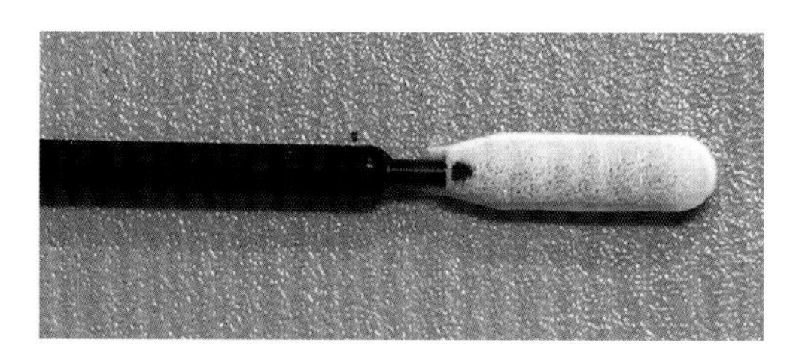

图 87.4 塑料泡沫棒

四、操作方法

以左提睾肌为例介绍提睾肌外筋膜内注射法（图 87.5）。▶

1. 小鼠常规麻醉。阴囊部位用脱毛剂脱毛。
↓

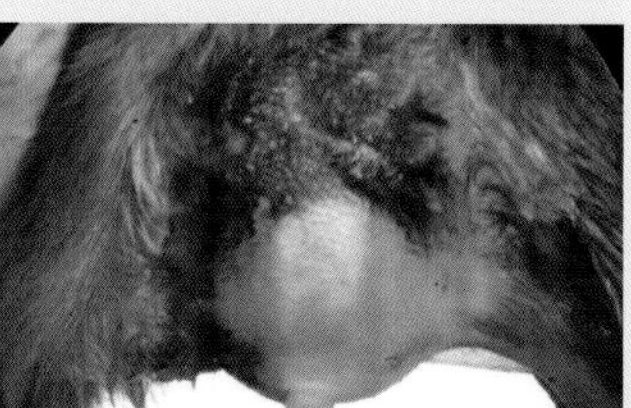

2. 取仰卧位，将小鼠安置于显微镜下的影像手术盘中。→

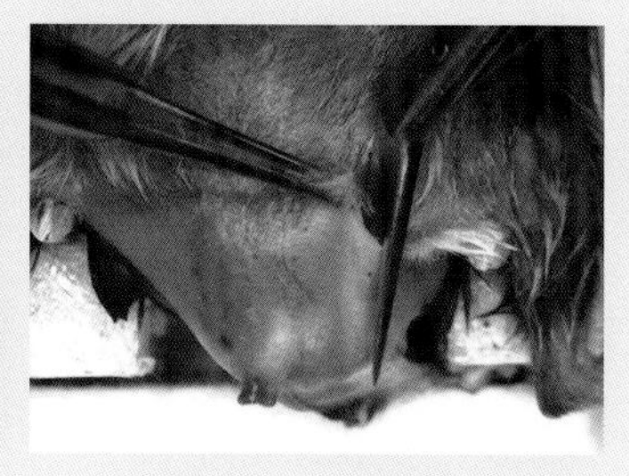

3. 于左侧纵向完全剪开阴囊皮肤。→

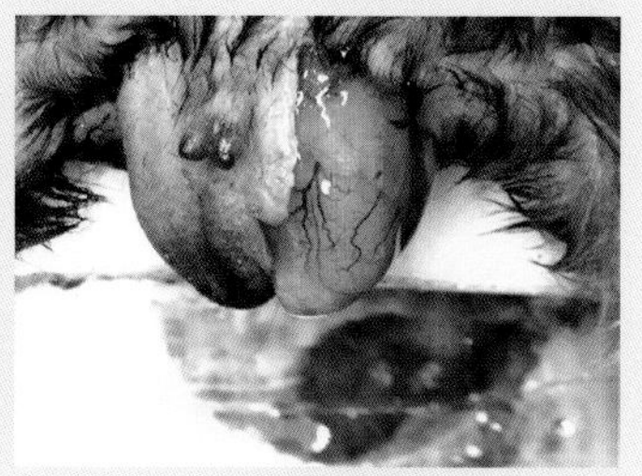

4. 压迫前腹部，使提睾肌随睾丸一起坠出。↓

5. 用钝针头刺穿提睾肌外筋膜鞘膜，向提睾肌外筋膜内注入生理盐水。→

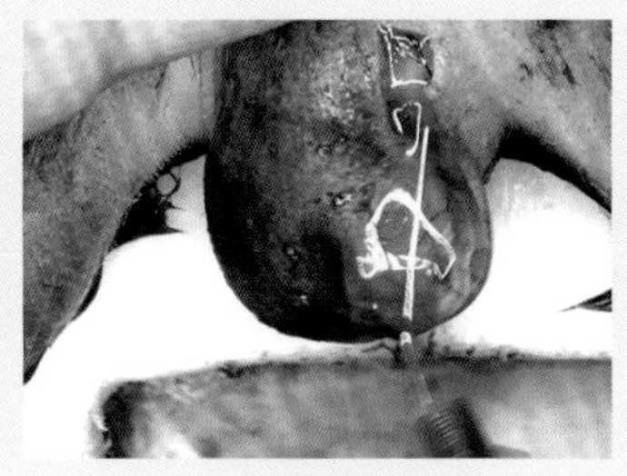

6. 沿提睾肌外筋膜 360° 注入生理盐水约 0.6 mL，令提睾肌外筋膜充分充盈。→

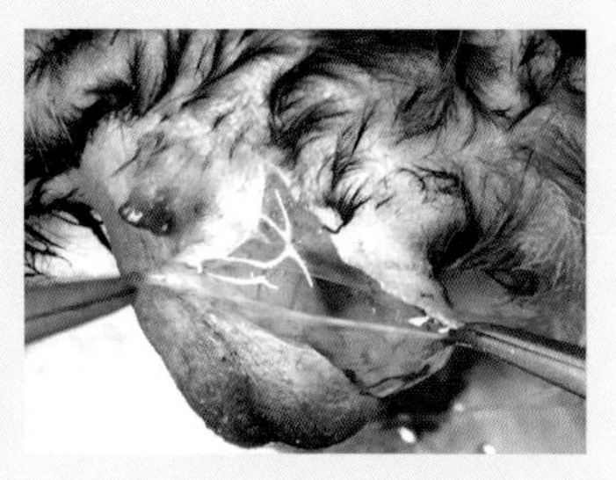

7. 用两把镊子撕开提睾肌外筋膜鞘膜。↓

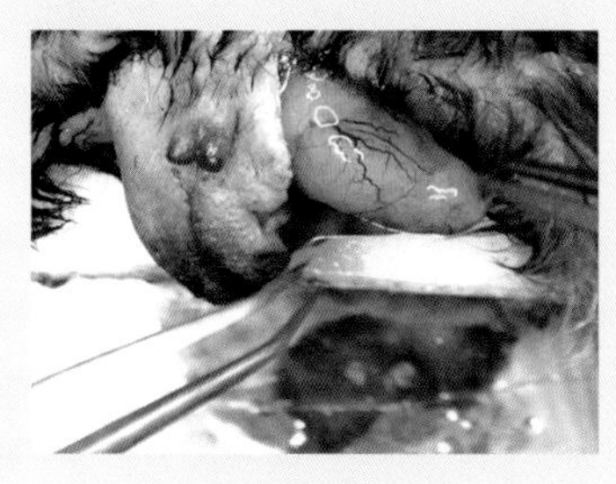

8. 夹住提睾肌外筋膜，拉起睾丸。→

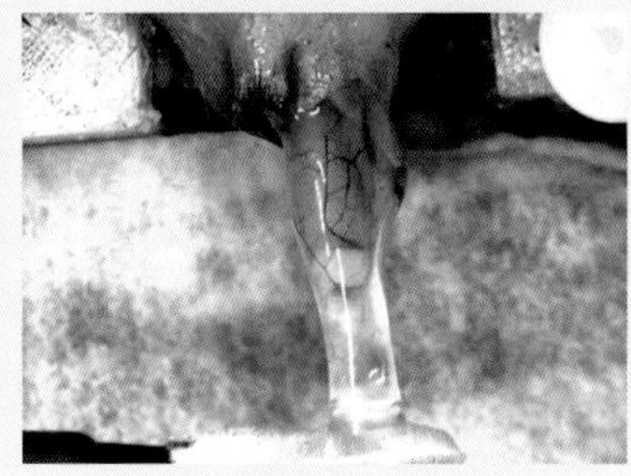

9. 用塑料泡沫棒轻压在筋膜表面，将筋膜旋转卷在塑料泡沫棒上，将其撕脱清除。→

10. 更换 4 支塑料泡沫棒，前、后、左、右各一次，即可将提睾肌表面的外筋膜全部卷起清除干净。

图 87.5　提睾肌外筋膜内注射法

操作讨论

（1）提睾肌外筋膜注入液体后，更容易被柔软的粗糙面卷起，例如，泡沫塑料棒和纤维棒等。

（2）提睾肌外筋膜清理后，需要再次在提睾肌表面注入生理盐水，以确认没有筋膜残留。

（3）卷起筋膜的动作需轻柔，不可反复操作，否则进行下一步影像观察时，会发现提睾肌痉挛。

（4）将睾丸从腹部挤压至阴囊中，要压迫前腹部。压迫靠近阴囊的后腹部，将适得其反。

第 88 章

前列腺筋膜内注射

一、背景

小鼠前列腺筋膜内注射的目的有两种：局部给药和展开前列腺腺管。本章以前列腺左背叶为例，介绍前列腺筋膜内注射法。

二、解剖基础

前列腺有 5 叶（图 88.1，图 88.2），围绕尿道起始部排列，在尿道前面（背面）有左、中、右 3 叶；在尿道后面（腹面）有 2 叶。前列腺管通往尿道，其结构呈团状，聚集成叶，管间为筋膜组织（图 88.3），内有血管走行（图 88.4），管内衬一层立方上皮细胞。前列腺

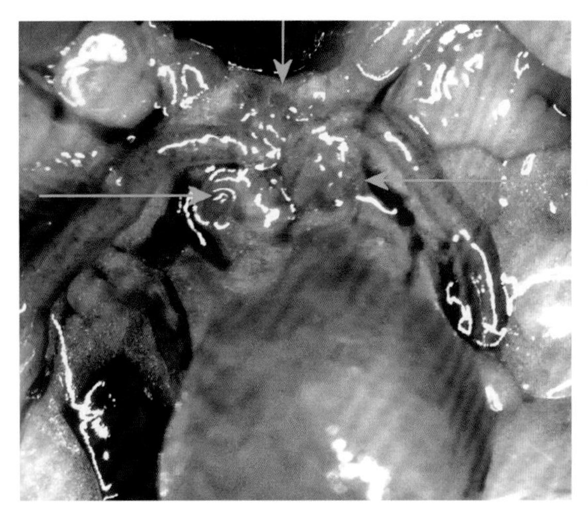

图 88.1 位于尿道前面的前列腺，箭头示左、中、右 3 叶

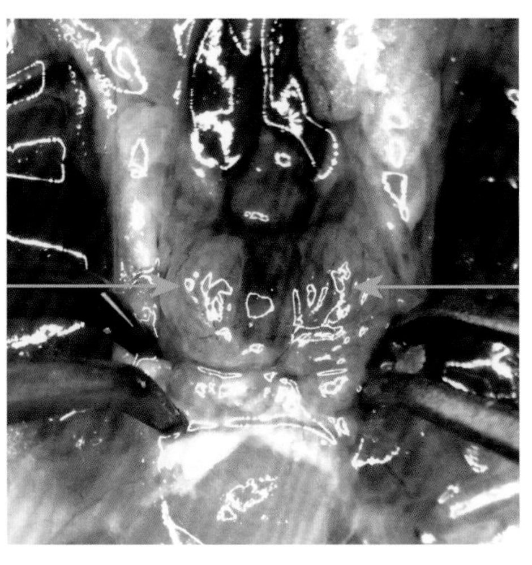

图 88.2 前列腺背面观，尿道后面的 2 叶如箭头所示

管充盈时展平，厚约 6 μm；收缩时折叠、隆起时厚度可达展平时的 4 倍（图 88.5）。

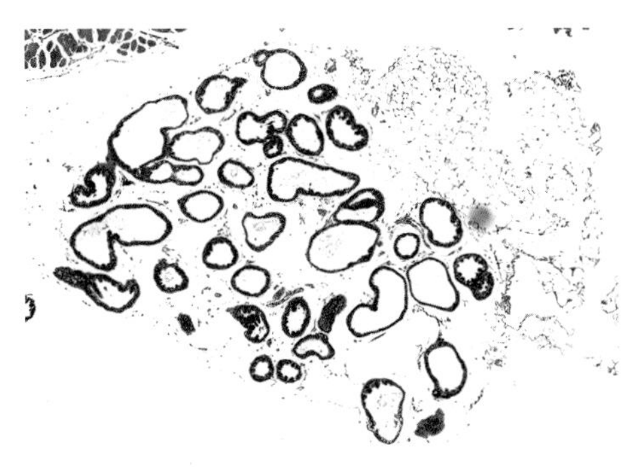

图 88.3　前列腺管组织切片，H–E 染色

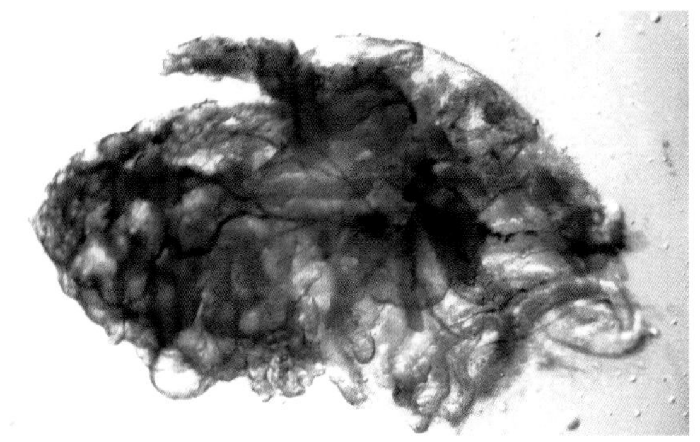

图 88.4　前列腺显微透视照，可见管间有血管走行

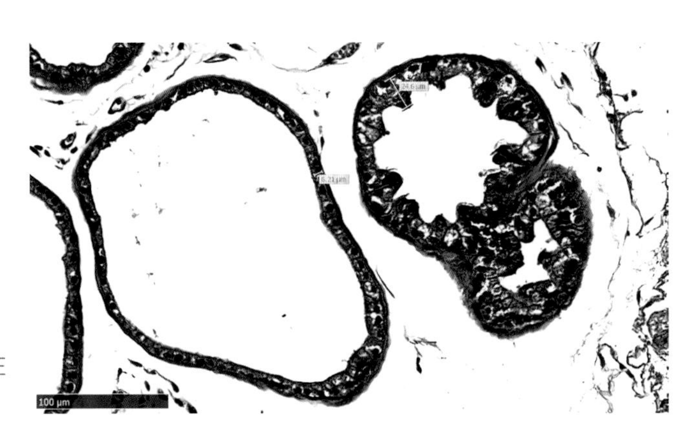

图 88.5　前列腺管组织切片，H–E 染色。示展平和收缩的前列腺管

三、器械与耗材

34 G 针头；微量注射器；显微镊。

四、操作方法

以前列腺左背叶为例介绍前列腺筋膜内注射法（图 88.6）。▶

1. 小鼠常规麻醉，后腹备皮。

↓

2. 开腹 17 。

↓

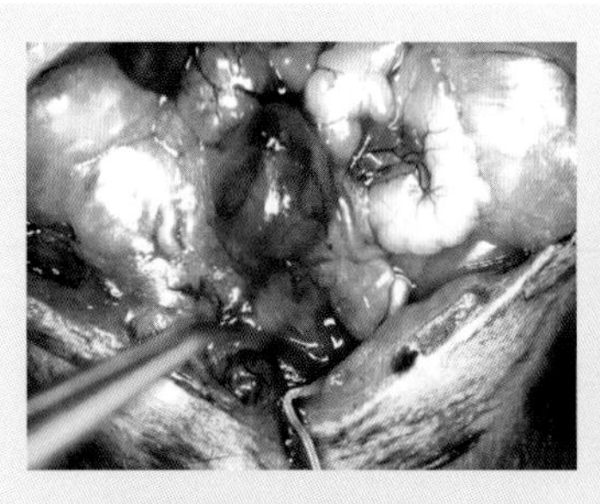

3. 向前翻起膀胱，暴露前列腺背叶。→

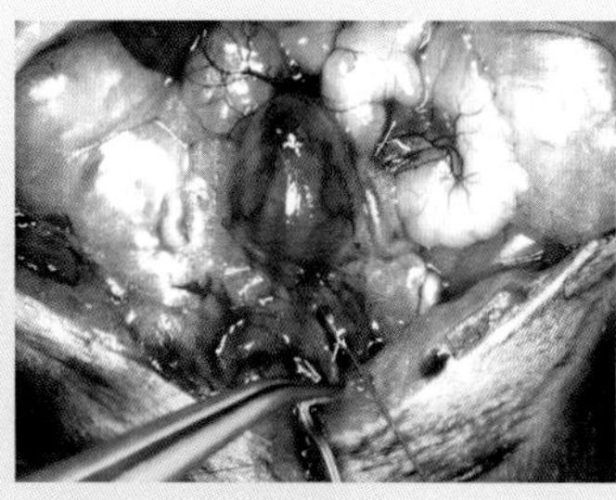

4. 用镊子夹住前列腺左背叶周围的浆膜做对抗牵引，将针头刺入前列腺管间隙。→

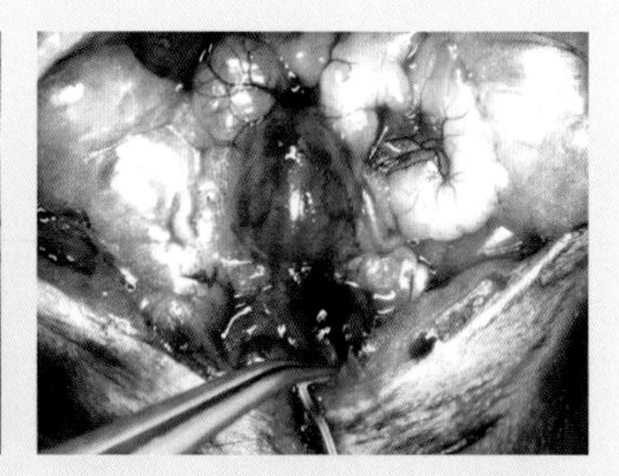

5. 注入 1 μL 药液，即可见前列腺团块整体充盈。↓

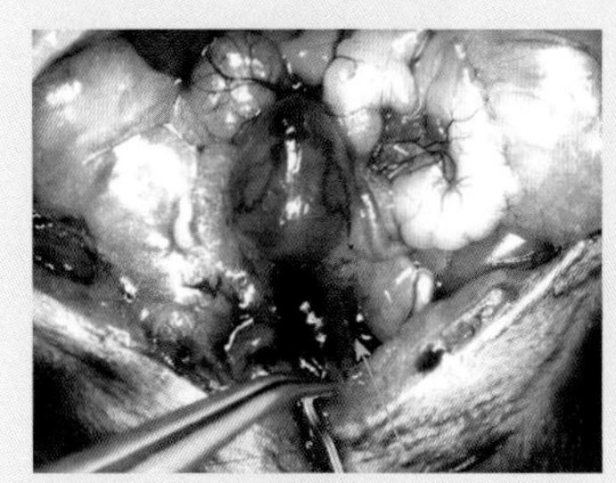

6. 针头前进少许，即到达左背叶顶端。→

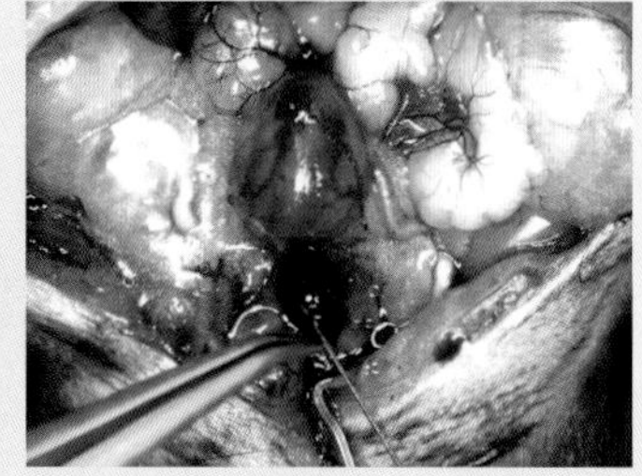

7. 再注射 1 μL 药液，前列腺间被充分充盈。→

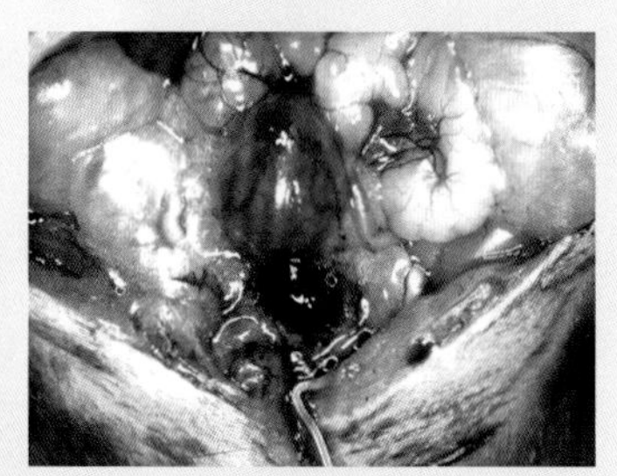

8. 拔针后药液保留在前列腺筋膜内。

图 88.6　前列腺筋膜内注射法

操作讨论

（1）由于前列腺背面和腹面都有左、右对称的前列腺叶，便于在同一只小鼠身上做对照实验。

（2）前列腺筋膜内注射要在显微镜下明确前列腺管走行，注射时应平行于前列腺管刺入其间隙，避免损伤腺管。

第 89 章
淋巴结注射

一、背景

小鼠淋巴结很多，常见的较大的淋巴结有二十多种。淋巴结注射有的是为了局部淋巴结给药，有的是为了种植肿瘤细胞，还有的是为了显示淋巴管。

根据不同的注射方法，本章分别介绍三种淋巴结注射法：派尔集合淋巴结（Peyer 's patches）局部注射法、肠系膜淋巴结延伸注射法和髂淋巴结灌注淋巴管注射法。

二、解剖基础

小鼠淋巴结有一层包膜包裹（图 89.1），包膜下有间隙。淋巴结动静脉和淋巴管穿过包膜进出淋巴结（图 89.2）。

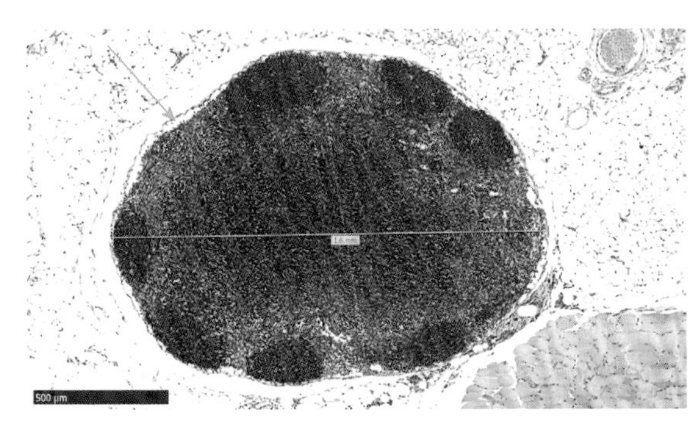

图 89.1　小鼠淋巴结组织切片，H-E 染色。淋巴结包膜与膜下间隙，如箭头所示

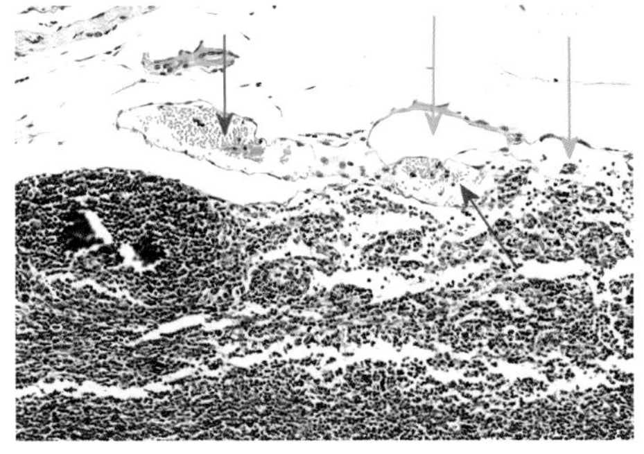

图 89.2　小鼠淋巴结组织切片，H-E 染色。红箭头示血管，绿箭头示淋巴管

有关淋巴结采集的详细信息参见《标本采集》㉟。本章内容涉及相关的三个淋巴结。

（1）派尔集合淋巴结（图 89.3）分散分布于肠浆膜下，呈明显的乳白色凸起，且各淋巴结凸起程度不等，数量不等，可见肠系膜血管走行其上。

（2）盲肠附近的肠系膜可见体内最大的淋巴结：肠系膜淋巴结（图 89.4，图 89.5），长度可达 1 cm 以上，呈香肠样藏于肠系膜脂肪内，常有白色斑点。

（3）髂淋巴结（图 89.6）位于髂总动脉和腹主动脉的夹角处，左、右各一，属于比较大型的淋巴结，容易发现。

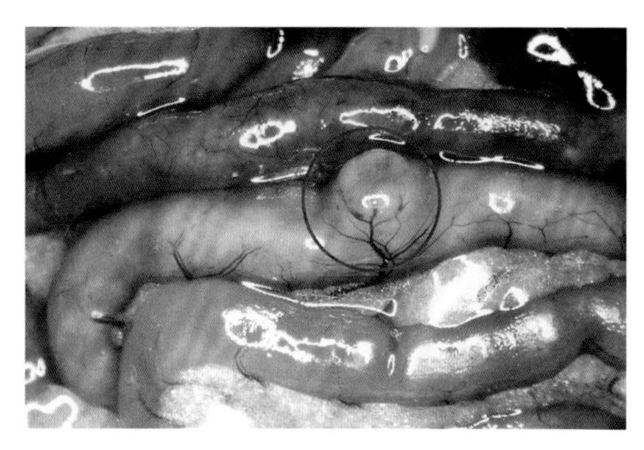

图 89.3　派尔集合淋巴结，如箭头所示

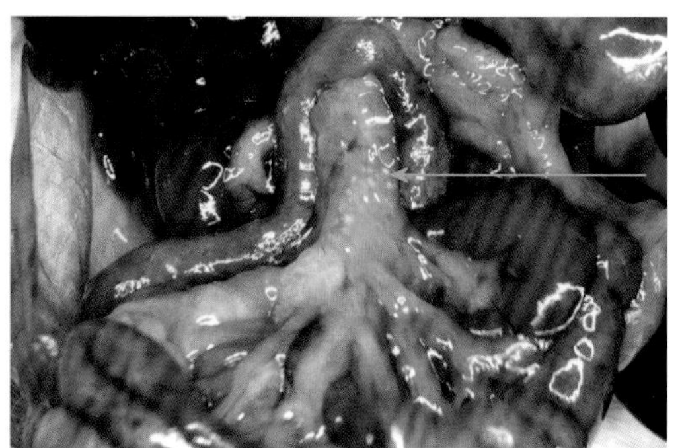

图 89.4　肠系膜淋巴结，如箭头所示

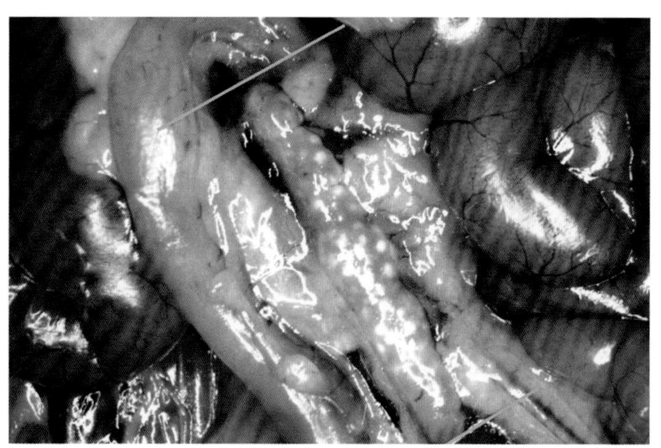

图 89.5　暴露后的肠系膜淋巴结。两直线标记淋巴结两端，可见白色斑点布满肠系膜淋巴结，这是该淋巴结与其他淋巴结的重要区别

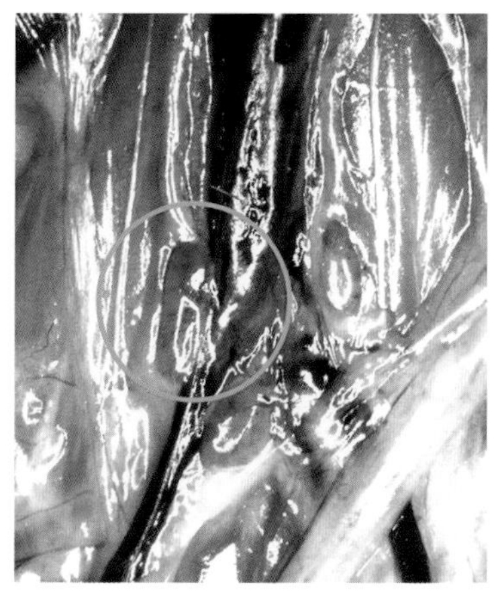

图 89.6　右髂淋巴结，如绿圈所示

三、器械与耗材

显微镜；34 G 针头；25 μL 微量注射器；显微镊；平镊；拉钩。

四、操作方法

（一）派尔集合淋巴结局部注射法（图 89.7）▶

1. 小鼠常规麻醉。

↓

2. 开腹 17 。

↓

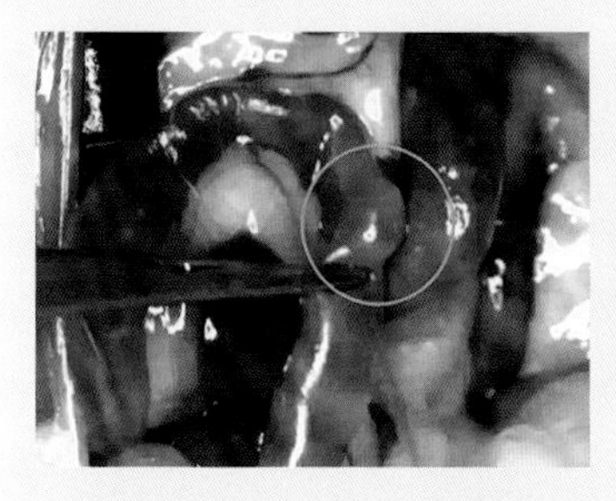

3. 暴露小肠，选择一个派尔集合淋巴结，用显微镊夹住淋巴结前面的肠壁。图中绿圈示派尔集合淋巴结。→

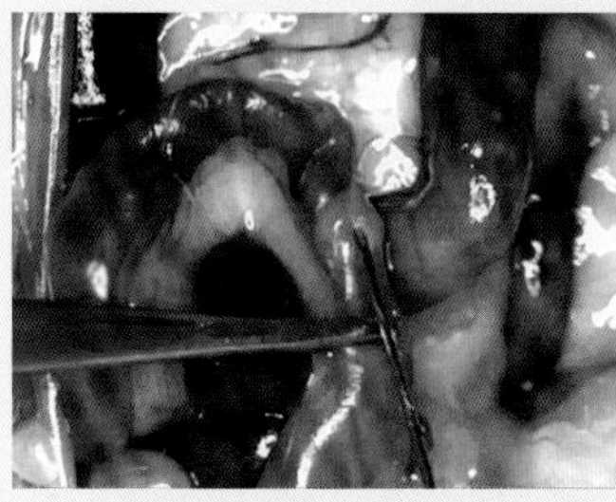

4. 将针头架在显微镊上，针尖对准淋巴结近端。→

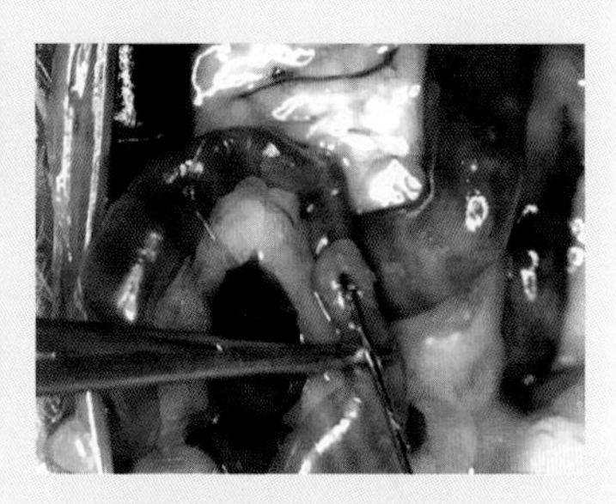

5. 将针头直接刺入淋巴结。↓

6. 看到针孔完全进入淋巴结内，方可开始注射，注射量不可超过 2 μL。→

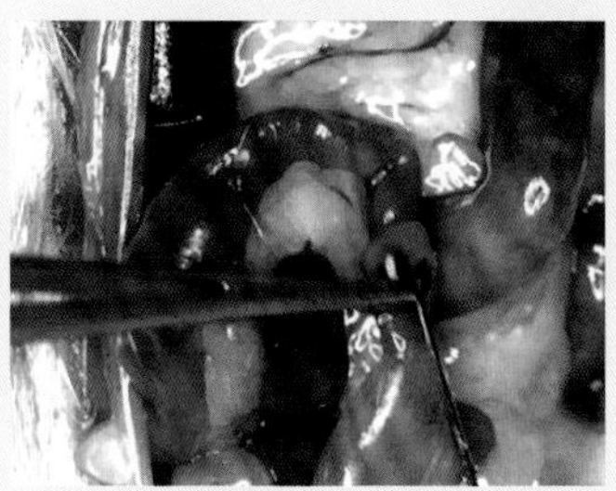

7. 缓慢注射完毕，将显微镊移至进针孔处，压迫进针孔拔针，以防注射液在拔针时外溢。→

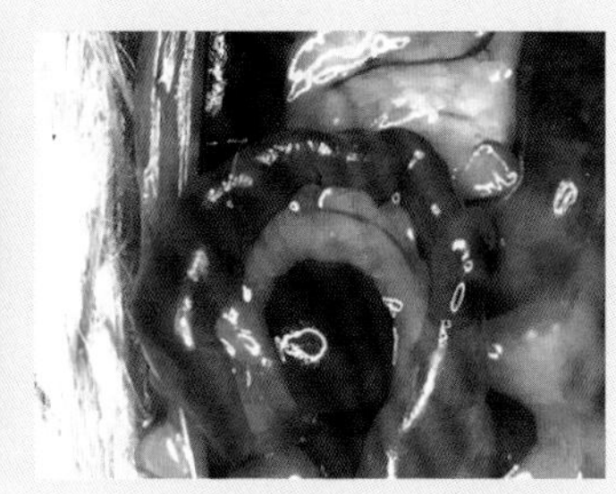

8. 拔针后没有明显的蓝色药液外溢。

图 89.7　派尔集合淋巴结局部注射法

（二）肠系膜淋巴结延伸注射法（图 89.8）

1. 小鼠常规麻醉。

↓

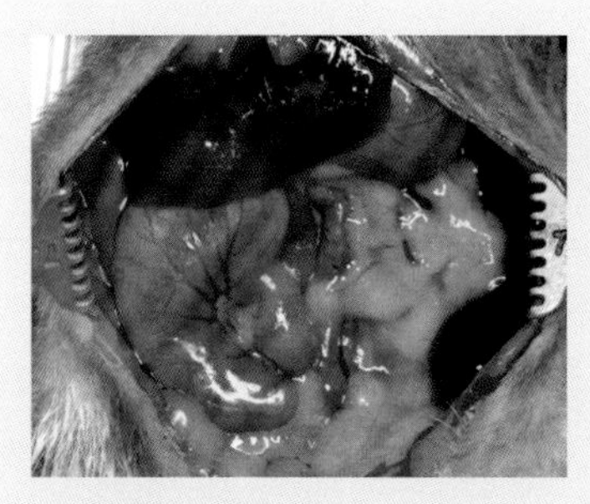

2. 开腹，安置拉钩。→

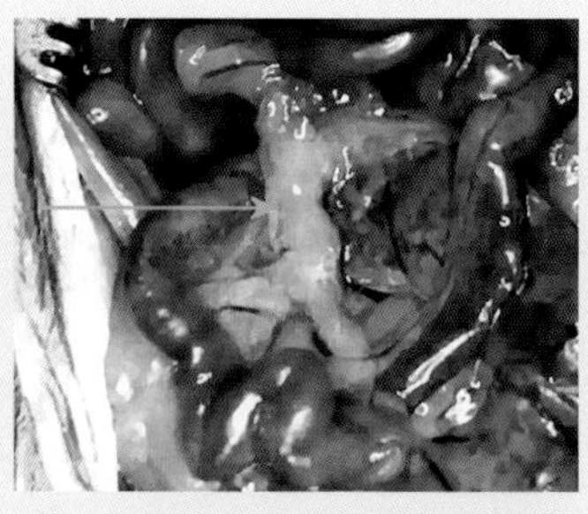

3. 翻起盲肠，发现肠系膜淋巴结的位置，如图中箭头所示。撕开少许肠系膜，暴露肠系膜淋巴结远端。→

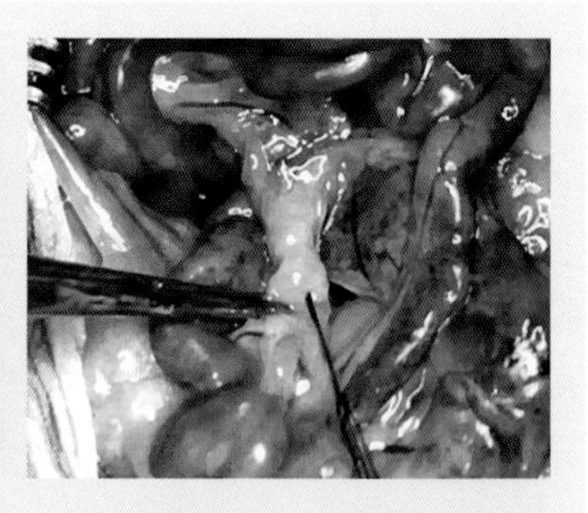

4. 用平镊夹住包裹肠系膜淋巴结的肠系膜做对抗牵引，将针头沿肠系膜淋巴结纵轴方向刺入淋巴结。↓

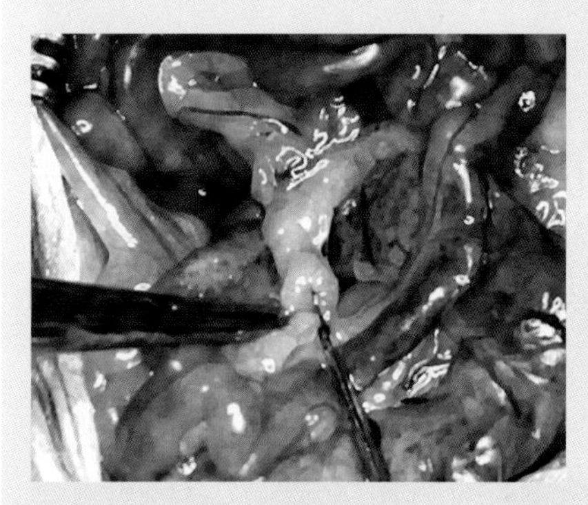

5. 使针头进入淋巴结 1 mm。→

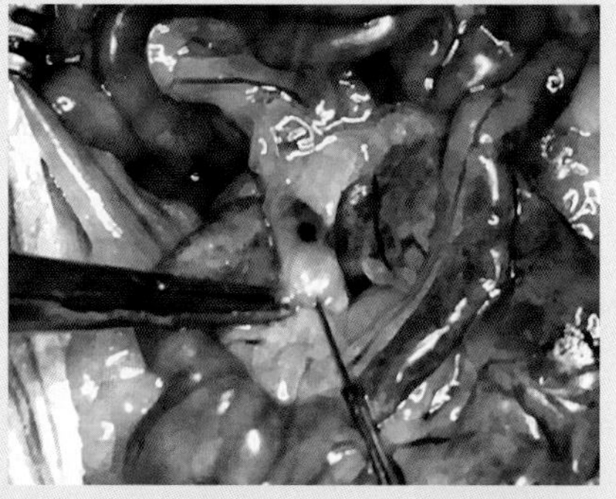

6. 缓慢注射，边注射边将针头缓慢向前推进。↓

7. 达到设计剂量后，拔出针头。↓

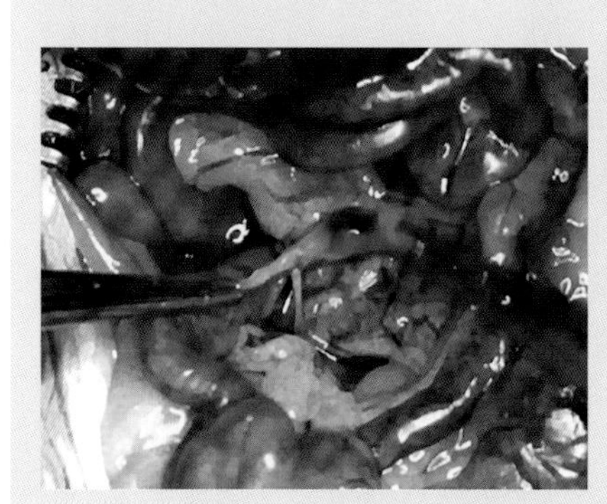

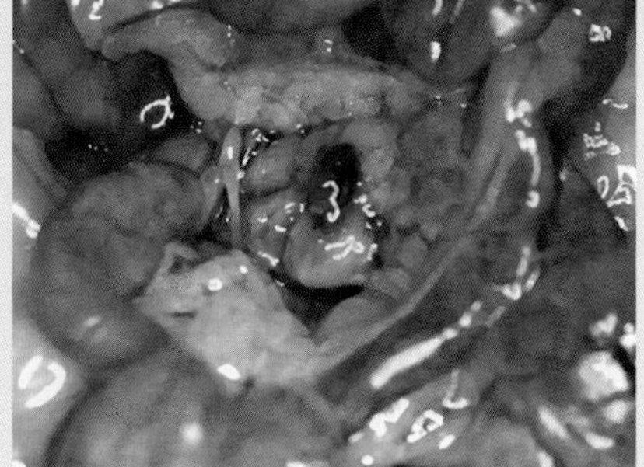

8. 图示剥离肠系膜，暴露注射后的肠系膜淋巴结。

图 89.8　肠系膜淋巴结延伸注射法

（三）髂淋巴结灌注淋巴管注射法（图 89.9）▶

1. 操作同“肠系膜淋巴结延伸注射法”步骤 1 和 2。↓

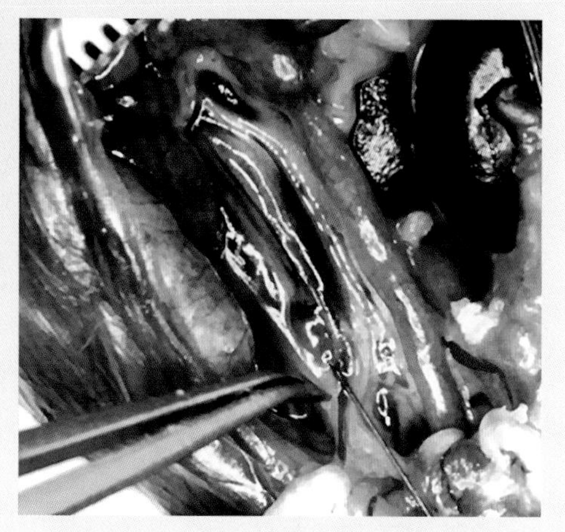

2. 将肠道向左侧翻出，充分暴露腹腔后壁。在腹膜后，右髂总静脉和后腔静脉的夹角处，可见呈椭圆形的右髂淋巴结，如图中绿圈所示。→

3. 用显微镊夹住淋巴结后缘的腹膜做对抗牵引，将针头对准淋巴结后缘刺入。↓

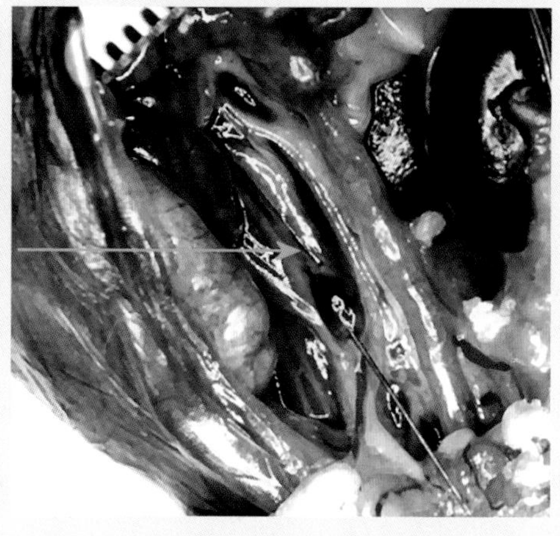

4. 使针孔完全进入淋巴结内，这在显微镜下清晰可见。→

5. 此时可以缓慢注射，立即可见淋巴结前方的淋巴管开始有药液进入。此时放开显微镊，继续缓慢匀速注射数微升药液，可见淋巴结微充盈，淋巴管完全充盈，如图中箭头所示。↓

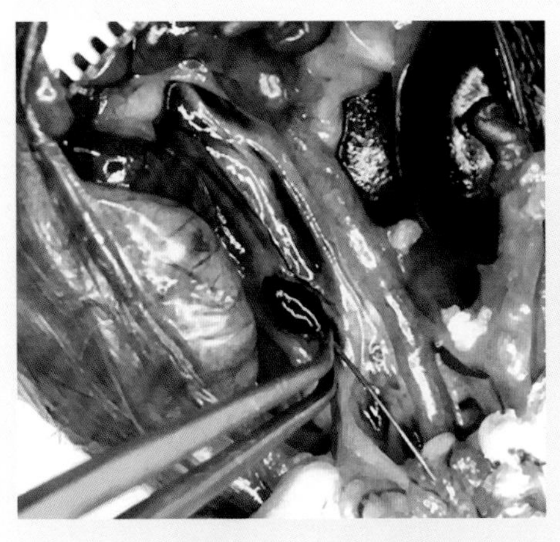

6. 注射到设计剂量时，立即用显微镊压在淋巴结后缘的进针孔处，拔出针头。→

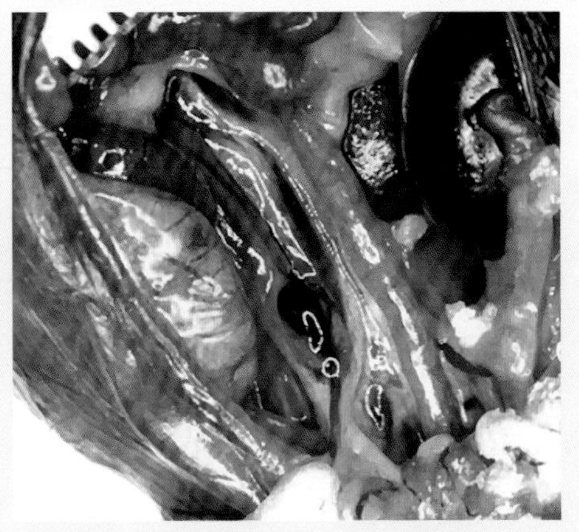

7. 一般不会有大量药液随拔针溢出。↓

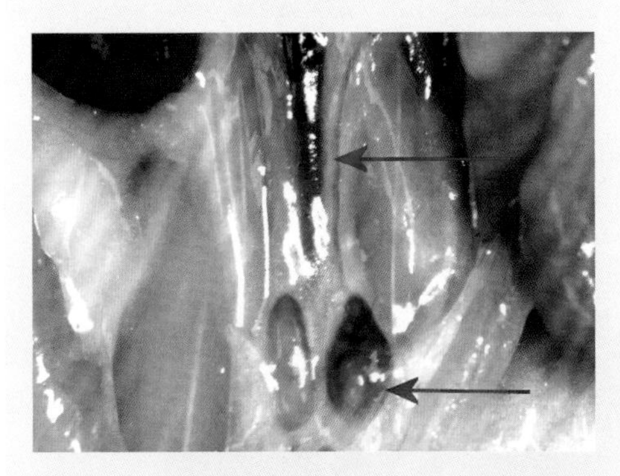

8. 图为左髂淋巴结药液注射效果。红箭头示注射药液后的左髂淋巴结，蓝箭头示被药液充盈的淋巴管。

图 89.9　髂淋巴结灌注淋巴管注射法

操作讨论

必须缓慢推注药液，以防注射超量。建议使用微量注射器，避免使用普通塑料针筒。

第 90 章

神经节注射[①]

一、背景

迷走神经核注射病毒，用于感染中枢神经系统。熟悉迷走神经的走行、神经节的分布位置是迷走神经注射的首要步骤。

二、解剖基础

迷走神经（图 90.1）为混合神经，从几个不同的神经核集合神经纤维，从颈静脉孔出颅（图 90.2，图 90.3），沿着食管两旁，纵贯颈部和胸腔，进入腹部。

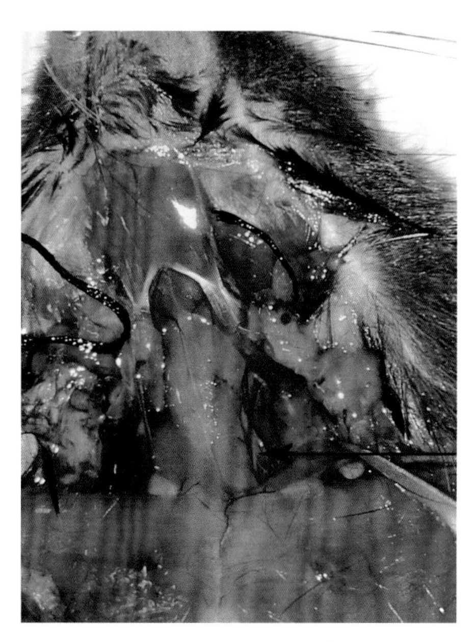

图 90.1　左侧迷走神经及颈总动脉，如箭头所示

① 本章作者：倪鑫炎。

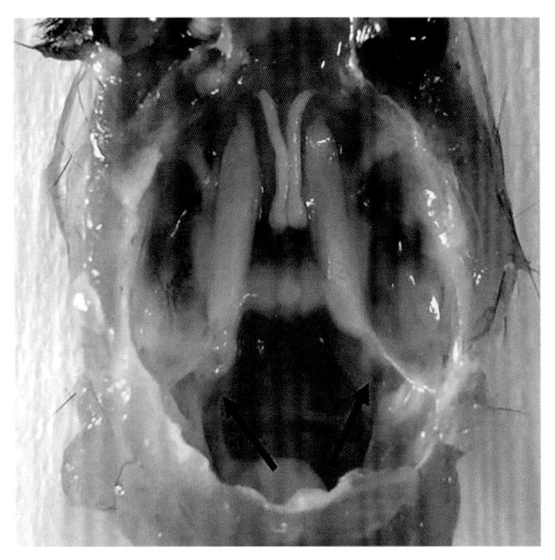

图 90.2　颈静脉孔，如箭头所示

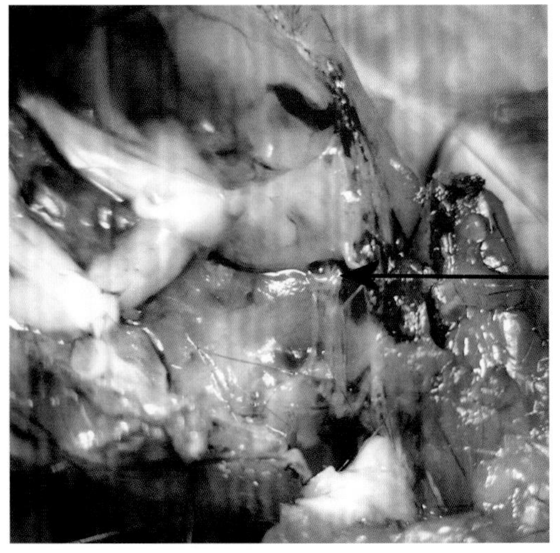

图 90.3　神经纤维束从颈静脉孔穿出，如箭头所示

三、器械与耗材

（1）立体定位仪（KOPF)（图 90.4）；微量注射器（图 90.5）；体视显微镜；用微电极拉制仪拉制的长度 5 mm 的针头；毛细玻璃管。

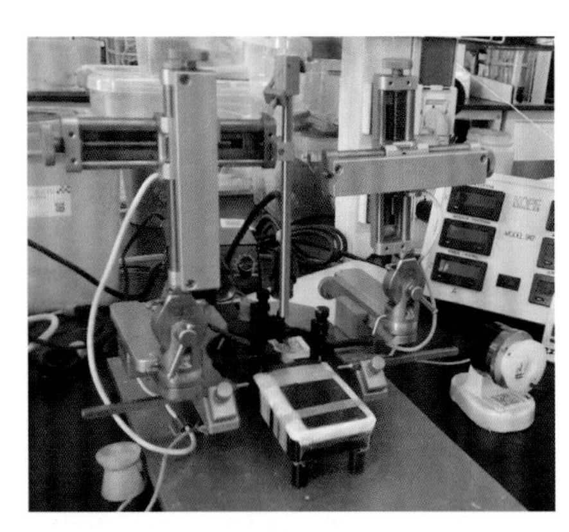

图 90.4　立体定位仪

图 90.5　微量注射器

（2）玻璃针（图 90.6）：用酒精灯拉制，针头烤至圆头。

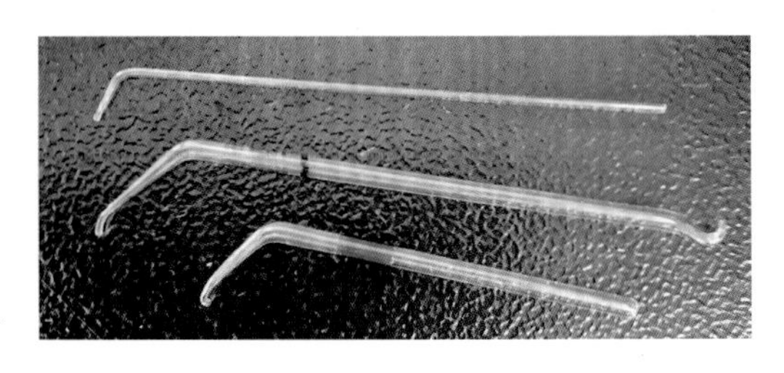

图 90.6　玻璃针

四、操作方法

以注射颈部迷走神经核为例介绍神经节注射法（图 90.7）。

1. 小鼠常规麻醉，颈部备皮。

↓

2. 暴露颈总动脉 ⑮ 。

↓

3. 用玻璃针将颈总动脉鞘挑出至针管弯口处。图示被玻璃针挑起的颈总动脉。→

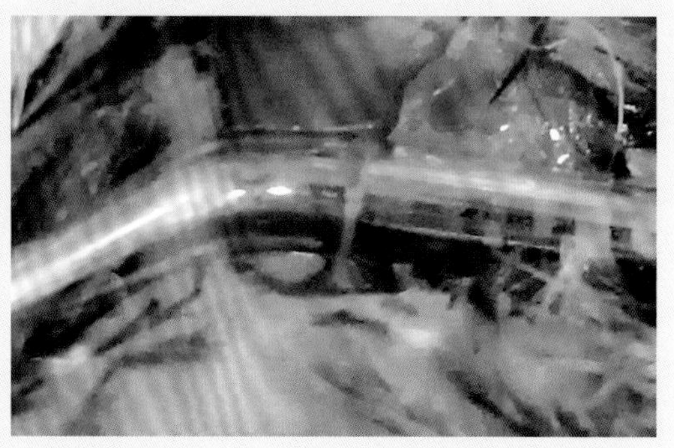

4. 用两根毛细玻璃管协助剥离颈总动脉和颈内静脉，仅余迷走神经架于毛细玻璃管上，如图所示。↓

5. 调整毛细玻璃管及迷走神经的位置，方便注射。↓

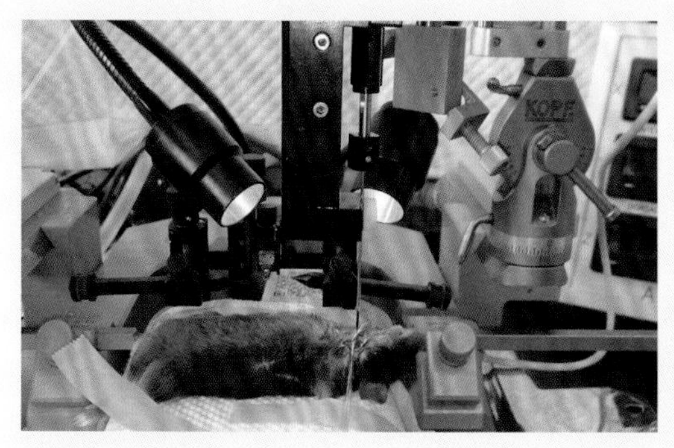

6. 准备注射样品，将微量注射器调节至合适角度和走向，固定于注射台上。→

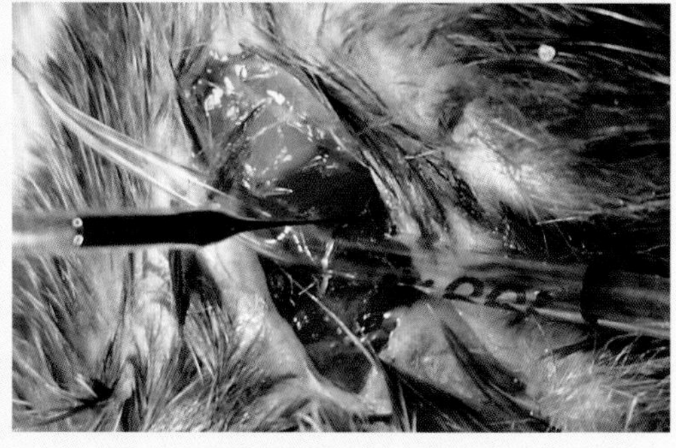

7. 当针尖进入神经髓鞘后开始注射。注射速度每分钟 20 ～ 40 nL，总量为 200 nL。图示玻璃电极在注射迷走神经时的位置。↓

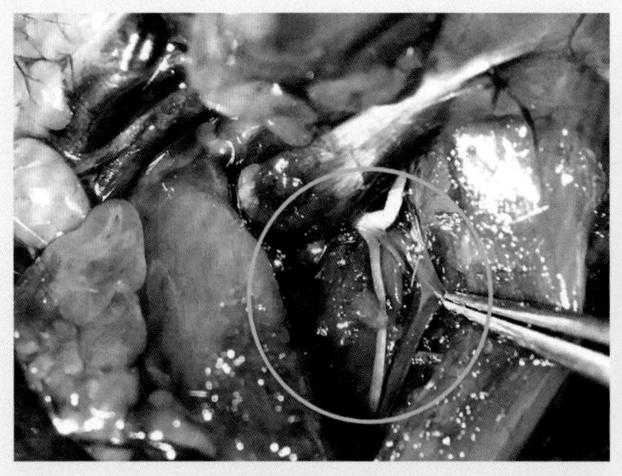
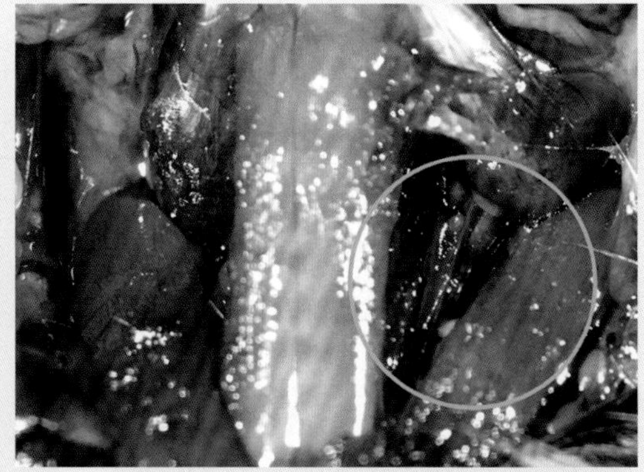

8. 注射效果。左图绿圈示未注射蓝色染料的迷走神经，右图绿圈示注射蓝色染料的迷走神经。

图 90.7　神经节注射法

操作讨论

（1）调节电极走向，使其保持与迷走神经平行走向进针（图 90.8），边进针边微量调节。

（2）玻璃电极针尖应尽量深入，但是不要顶住骨头。

（3）病毒经神经注射成功后，可以看到其在脑部和神经节的荧光表达（图 90.9）。

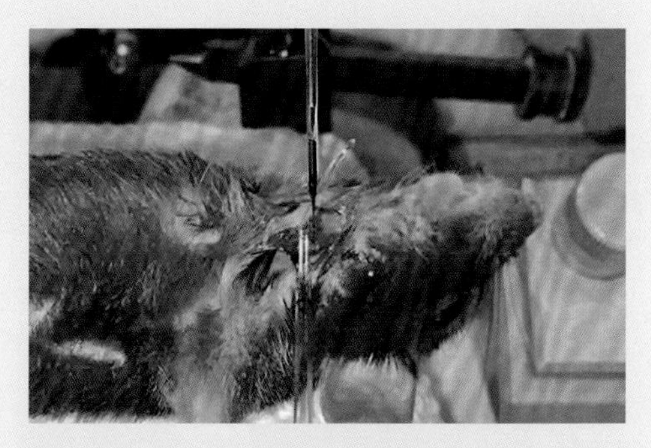

图 90.8　与迷走神经平行走向进针

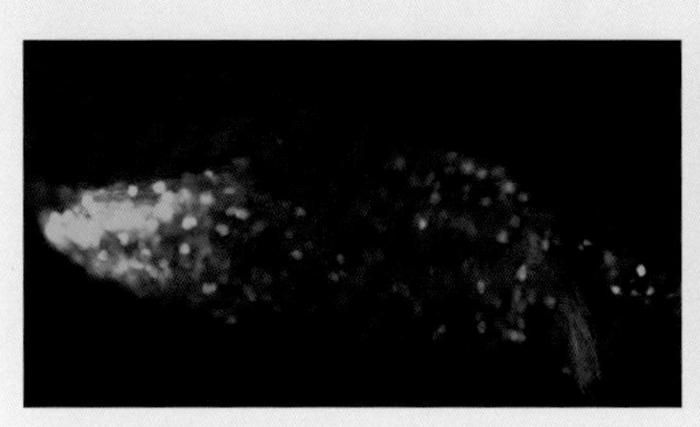

a. AAV 病毒注射 2 ~ 3 周后，神经节内的荧光表达

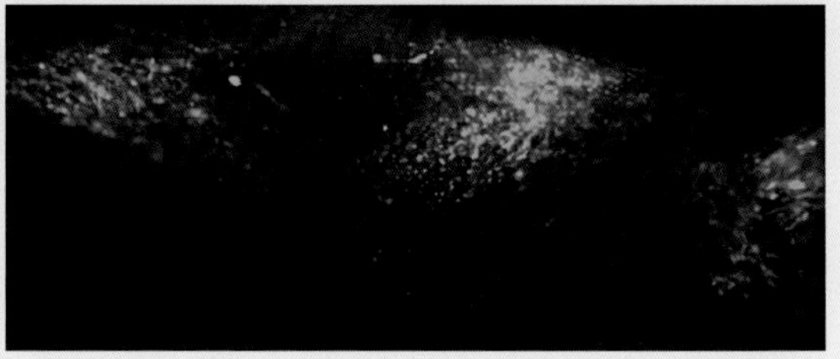

b. AAV 病毒注射 2 ~ 3 周后，在脑部的荧光表达

图 90.9　AAV 病毒成功注射在脑部和神经节的荧光表达

间接给药

第八篇

第 91 章

间接给药概论

小鼠器官给药一般分为直接给药和间接给药两种。直接给药包括将药物注入靶器官或通过表面浸润到靶器官。间接给药主要是以前位器官为通道，将药物通过有直通管道的器官灌注到靶器官，如果一个器官与多个器官直接相通，就需要在灌注前封闭通往其他器官的管道，只保留靶器官的管道通畅，例如，雄鼠的尿道可以连接有精囊、凝固腺、输精管、前列腺和膀胱等，如图 91.1。

间接给药的优点是对靶器官无直接物理损伤，因此，当靶器官难以接受直接物理损伤，或体积小，注射工具进入困难，或位置隐秘，暴露困难时，间接给药是一个很好的途径。例如，直接针刺入肝给药，拔针后导致肝大量出血，通过胆总管灌注肝，可避免肝出血。凝固腺管纤细、脆弱且多分支，难以在每支凝固腺管内注射给药，通过尿道逆向灌

1. 膀胱；2. 凝固腺外叶；3. 凝固腺内叶；4. 输精管；5. 精囊

图 91.1　雄鼠尿道近端通往各器官的管道

注，药物可进入每支凝固腺管。胰腺薄而脆弱，面积相对较大，直接给药难以使药物弥散至全胰腺，通过胆总管向胰腺灌注，可以避免胰腺损伤，同时使药物弥散至全胰腺。

与直接给药相比，间接给药的缺点是：操作相对繁复，且对直接给药器官会造成损伤。

间接给药在降低对小鼠靶器官的损伤方面有重要意义，所以笔者对此做了系列研发，后续章节将系统介绍这些研发成果。值得注意的是，间接给药操作可以实现选择性地对多个器官间接给药，因此，要求操作者不但需要熟悉小鼠解剖结构，而且需要有一定的显微手术技巧。

第 92 章

鼻腔灌注

一、背景

小鼠鼻腔给药的目的是通过鼻黏膜吸收药物，目前主要有两种方式：通过鼻孔滴入药液和雾化室吸入药液。鼻孔滴入药液，药液容易呛入肺，比较危险；雾化室吸入药液虽很安全，但不适于不能溶解的药物，且药物会进入气管和肺。

通过鼻咽管将药液从里向外灌入鼻腔，可以避免药液进入肺和气管的危险。本章介绍通过鼻咽管反向喷灌鼻腔的操作方法和工具制作。

二、解剖基础

小鼠鼻腔（图 92.1, 图 92.2）由软骨和鼻黏膜构成。从软腭后端剪开软腭和硬腭，可以从腹面暴露鼻腔。小鼠鼻咽管前端开口于鼻中隔后端的鼻中隔孔（图 92.3），后端通往咽部。

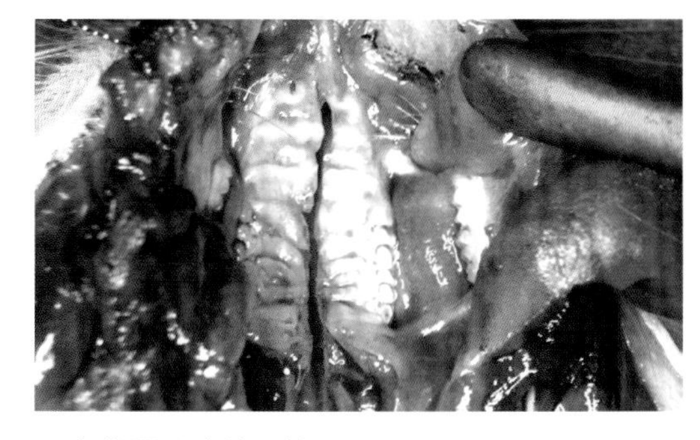

a. 在软腭后端剪开软腭和硬腭

b. 从腹面暴露鼻腔

图 92.1　鼻腔

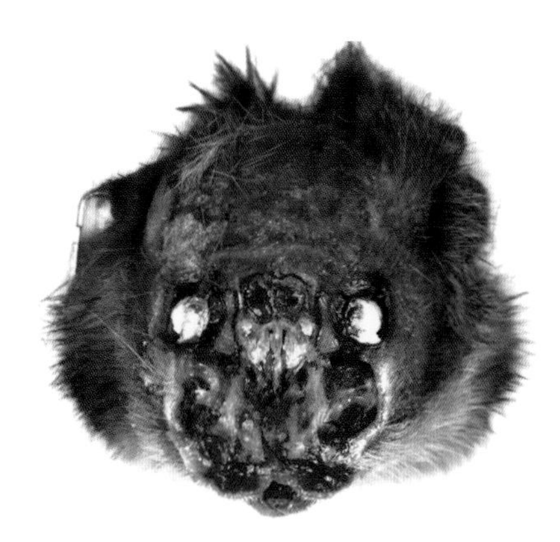

图 92.2　鼻腔截面

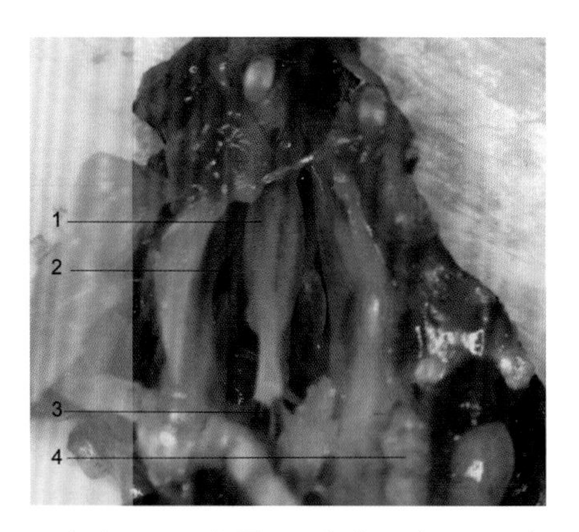

1. 鼻中隔; 2. 鼻甲; 3. 鼻中隔孔; 4. 臼齿

图 92.3　从腹面切开，暴露鼻腔

三、器械与耗材

鼻咽管灌注针头，用小头金属灌胃针弯曲制成（图 92.4）; 1 mL 注射器。

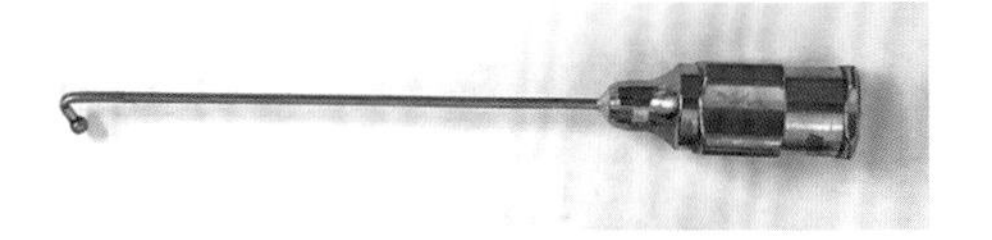

图 92.4　鼻咽管灌注针头

四、操作方法

鼻腔灌注法见图 92.5。▶

1. 将 1 mL 注射器先吸入 0.8 mL 空气，然后吸入 0.2 mL 药液，保持针头向下放置。

↓

2. 小鼠异氟烷深度麻醉。

↓

3. 用常规灌胃手法控制小鼠  。

↓

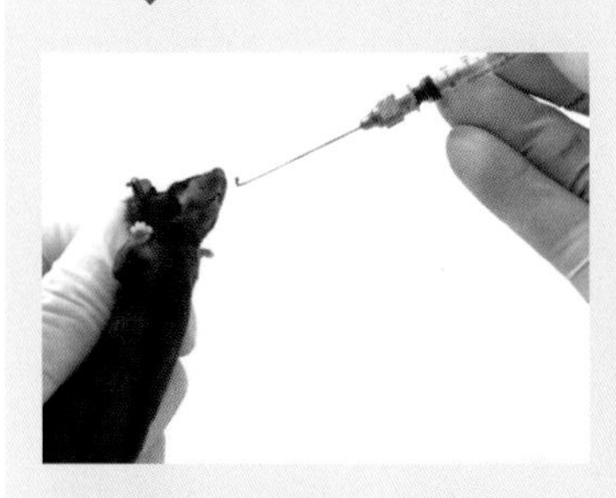

4. 右手持注射器，将灌注针头弯端向小鼠背侧。→

5. 开始进针方法同灌胃。针头贴上颚进针，抵达后咽，针头向腹侧稍压插入食管，同灌胃手法。→

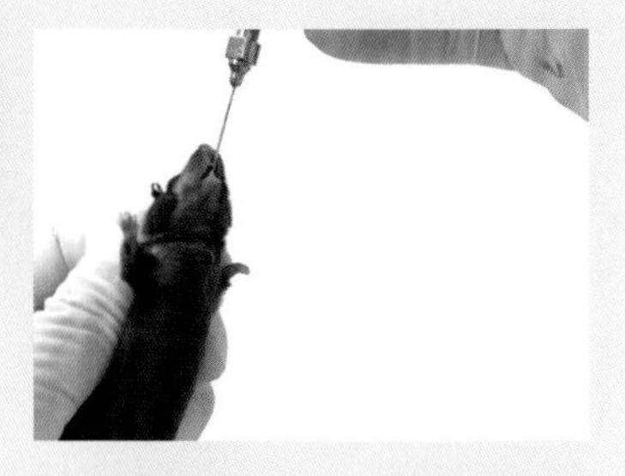

6. 不要旋转针头，直接缓慢向外抽针，同时将针向背侧顶，令针头紧贴着食管后壁向外滑行。↓

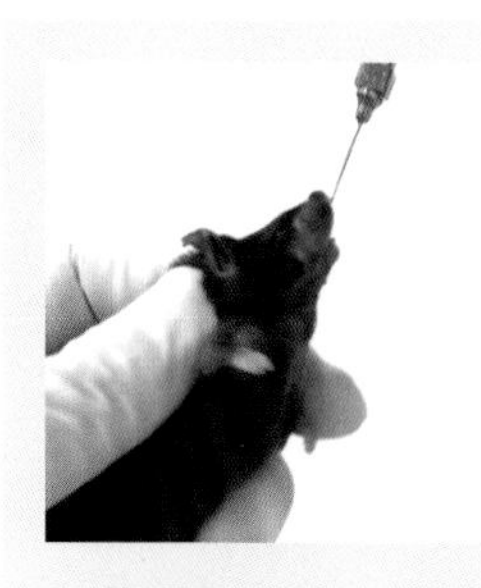

7. 若遇到阻力，意味着针头弯曲部分进入了鼻咽管，不能继续外拉。→

8. 如果此时松开左手，小鼠会因弯针头挂住鼻咽管的后口而悬吊在空中。→

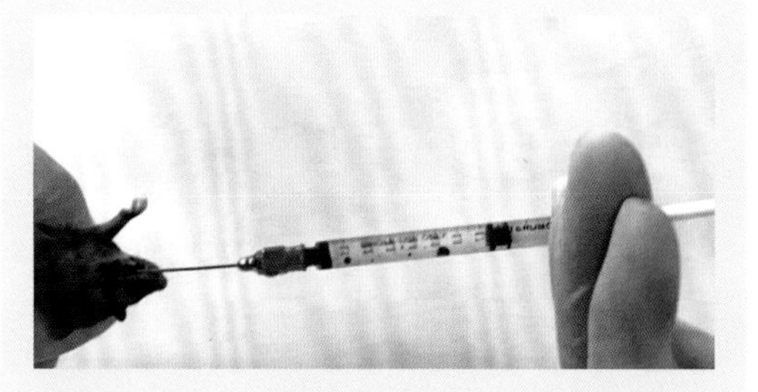

9. 左手旋转小鼠使其趋向水平仰卧位，右手配合，保持弯针头在鼻咽管内。↓

10. 迅速注入药物。↓

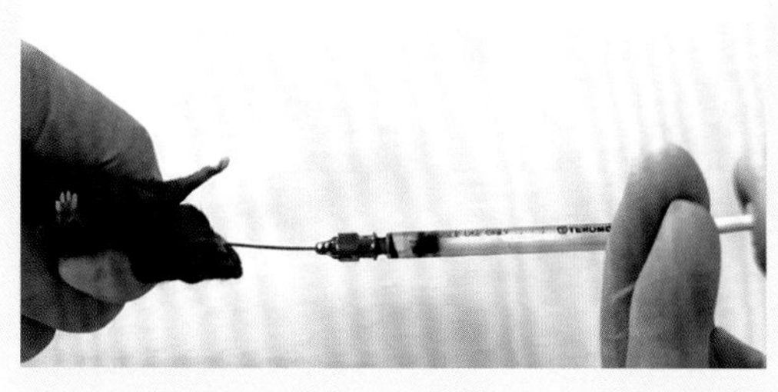

11. 不间断地快速注入针筒内预留的 0.8 mL 空气，利用气流将药物冲出鼻孔。→

12. 将针头向深处插入 1 cm 后，180° 旋转针头，使弯针头从背侧转到腹侧。↓

13. 将针头从口中拔出。↓

14. 如果有水泡自鼻孔冒出，迅速用纸巾轻轻挤压口鼻数下，吸干表面药液。↓

15. 此时小鼠开始苏醒，可以返笼。

图 92.5　鼻腔灌注法

操作讨论

（1）从鼻咽管给药与滴鼻给药方向相反，可以避免液体进入气管和肺。

（2）针筒后部预先吸入空气，是为了保证将药液快速冲出鼻腔，仅使鼻黏膜上粘一层药液。

（3）灌注针的旋转方向很重要。进针时弯曲部需靠背侧，第一次拔针时针头才能进入鼻咽管。注射完毕，针头至少再深入食管 1 cm，使针头完全进入食管，然后再把针头旋转 180°，方能在第二次拔针时将针头拔至口外。

（4）为了掌握好针头的旋转角度，进针前最好把弯曲部分对着针筒刻度，以此作为标志。

（5）由于注射器中的空气不一定每次都能彻底冲出药液，因此，需要迅速用面巾纸蘸干鼻孔表面的药液。轻轻挤压口鼻，可以把口鼻中滞留的药液吸出。

（6）鼻腔灌注效果检查实验（图 92.6）：鼻腔经鼻咽管灌注伊文思蓝染料后，立即处死小鼠，将其鼻咽管剪开，检查染色情况。

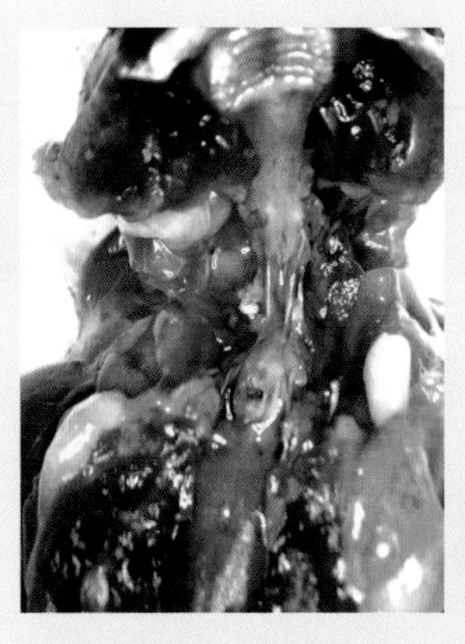

1. 剪开口腔，上面是硬腭，下面是舌头。→

2. 将一根金属棒插入鼻咽管，显示鼻咽管后口。→

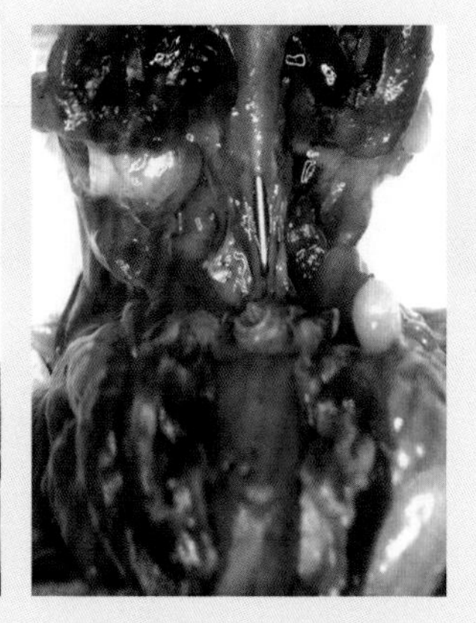

3. 金属棒另一头插入食管。↓

4. 沿着金属棒剪开鼻咽管和软腭后，去除金属棒。→

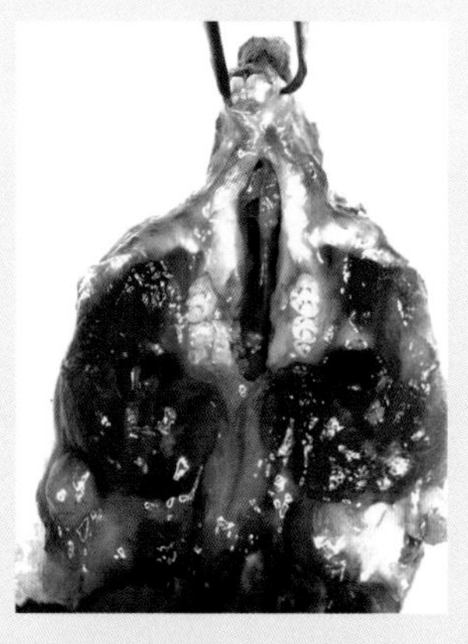

5. 切开硬腭，暴露鼻腔，可见明显蓝染。→

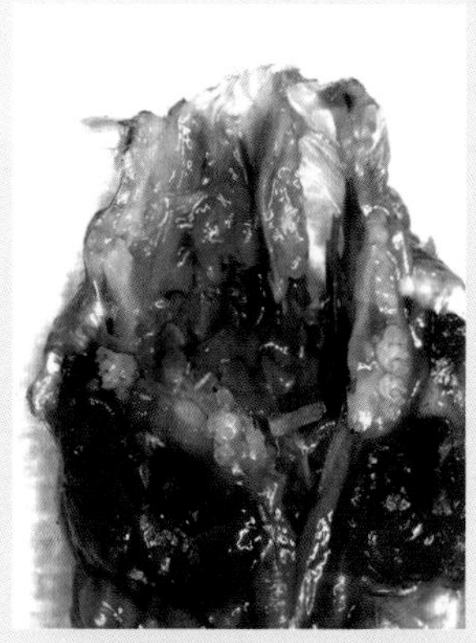

6. 完全暴露鼻腔，可见鼻甲黏膜完全蓝染。

图 92.6　鼻腔灌注效果检查实验

第 93 章
经气管灌注肺

一、背景

制作小鼠肺原位癌模型的方法有多种：如针头直接刺入肺注射肿瘤细胞、尾静脉注射肿瘤细胞和经气管灌注肿瘤细胞，也可通过病毒滴鼻诱发肺原位癌等。

针头直接刺入肺注射对小鼠的损伤较大；尾静脉注射不能保证肿瘤细胞仅分布在肺部，不分布到身体的其他部分，在后续实验中很难区别其他部位的肿瘤是原位移植的，还是转移的。经气管灌注则避免了前两种方法的不足。

流行的经气管灌注法是：注射麻醉小鼠，拉出舌头，在体外灯照的情况下，用喉镜直视喉部进针灌注。本章介绍的灌注方法，无须注射麻醉，无须灯照，无须喉镜，其流程类似灌胃，区别仅在于将灌注针头插入气管而非食管。这种方法方便快捷，基本对小鼠没有物理损伤，唯一的挑战在于操作技术的熟练程度。

二、解剖基础

小鼠咽喉部，咽在背侧，喉在腹侧（图 93.1）。当小鼠处于休息体位时，上颚与后咽呈直线，针头可以直接进入食管（图 93.2）；若头后仰，上颚与喉、气管呈直线，针头可以直接进入气管（图 93.3）。

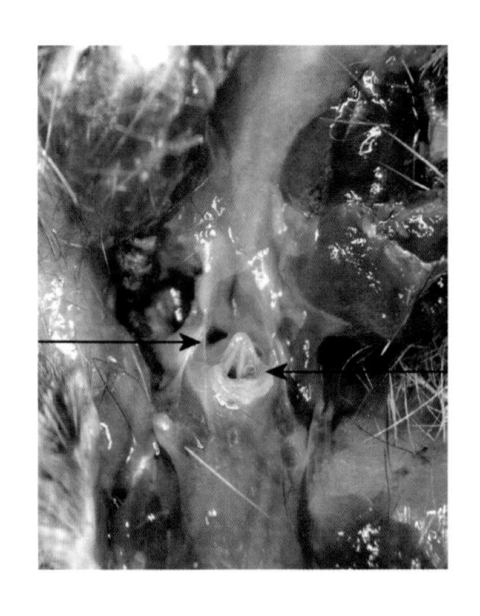

图 93.1　小鼠的咽喉部。左箭头示咽，右箭头示喉

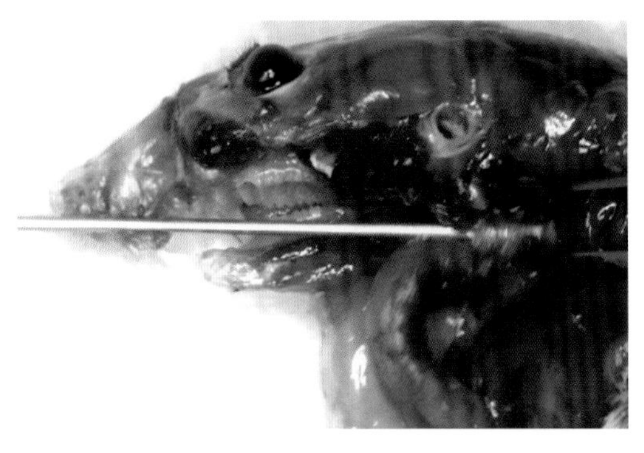

图 93.2 小鼠处于休息体位时，针头可以直接插入食管

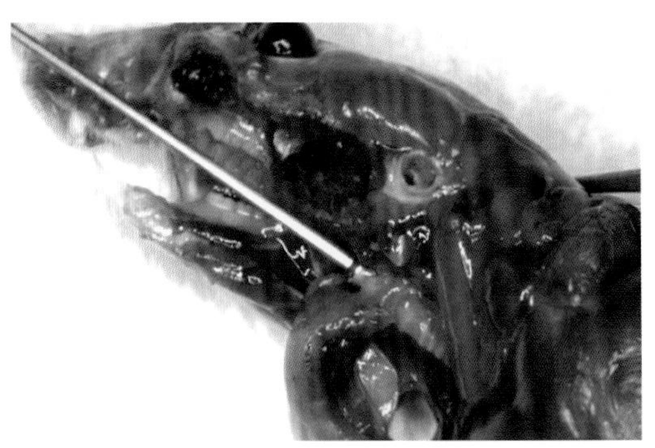

图 93.3 小鼠头后仰，针头可进入气管

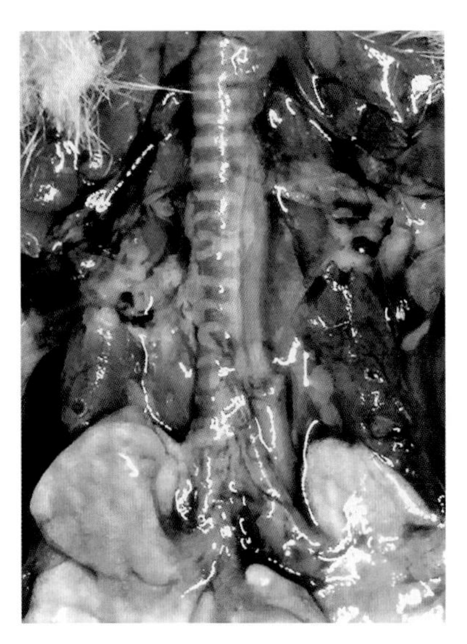

图 93.4 支气管与气管

小鼠右肺 4 叶，左肺只有 1 叶。小鼠的体位，可以改变气管与支气管的夹角（图 93.4）。

三、器械与耗材

22 G 小头直不锈钢灌胃针，长 4 cm；100 μL 微量注射器。

四、操作方法

经气管肺灌注法见图 93.5。▶

1. 小鼠异氟烷深度吸入麻醉。

↓

2. 准备注射器：针头垂直向下吸入 20 μL 空气，再吸入 10 μL 肿瘤细胞（在此以蓝色染料代替肿瘤细胞以明示灌注部位）。再吸入数微升空气。生理盐水冲洗针头表面，清除沾在表面的肿瘤细胞。

↓

3. 从麻醉箱中取出小鼠，以"V"形手势固定。

↓

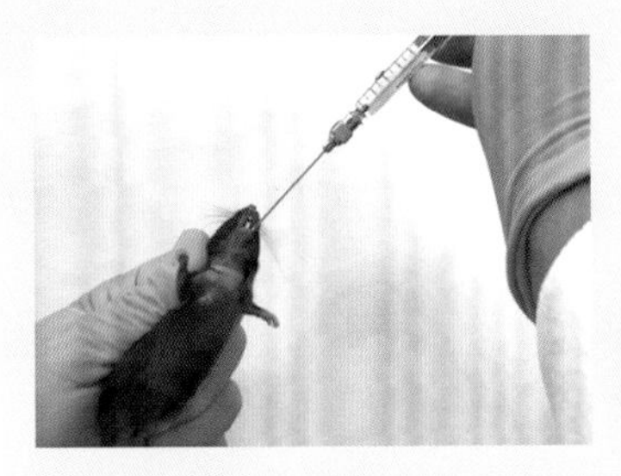

4. 小鼠头部无须刻意后仰，灌胃针直接抵达后咽。→

5. 进而下压，进入食管。箭头示进针方向。→

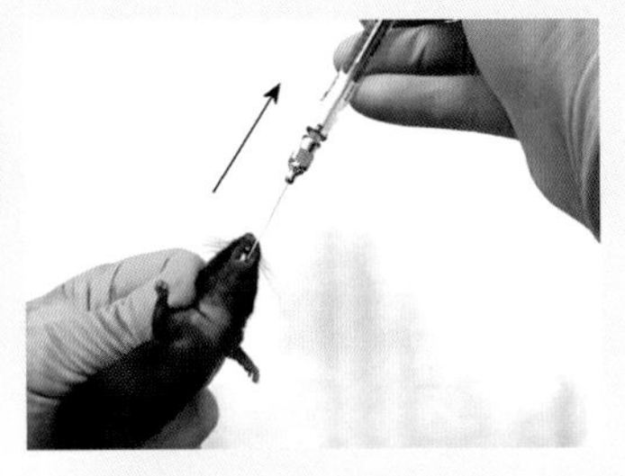

6. 令针头贴食管前壁轻轻外拉，针顶端到达会厌软骨时，有明显的触及硬物感。↓

7. 此时针杆后仰，令喉头与硬腭呈一条直线。↓

8. 胸部向右侧略弯曲，将针头伸入喉头，轻轻进入气管，在不足 1 cm 时，即可感到无法深入，这意味着针头到达左支气管末端。↓

9. 回提少许，不超过 1 mm。↓

10. 匀速注入细胞和空气，直至针芯推到底。↓

11. 拔针。此时小鼠欲苏醒，放回笼中。注意后肢先着地。

图 93.5　经气管肺灌注法

操作讨论

（1）注射器内先吸入 20 μL 空气，目的是为了将肿瘤细胞从气管冲入肺。

（2）最后注射器吸入数微升空气，是为了在进针的过程中，尽量避免肿瘤细胞在灌注前无意中溢出。

（3）如需灌注到双侧肺，针头到达左支气管后，回提数毫米，便于向双侧肺灌入。图 93.6 为经气管灌注后的肺。

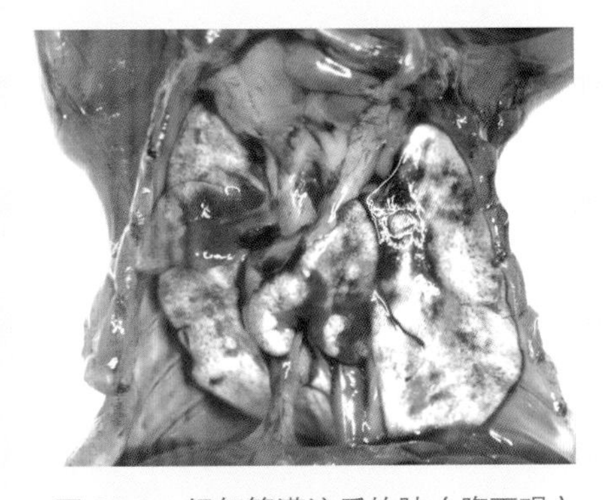

图 93.6　经气管灌注后的肺（腹面观）

（4）如仅需要灌注 1 叶肺，可以选择左肺。进针时将胸部向右弯曲，针头贴着气管左壁探入，有利于针头进入左支气管，无法继续深入时，即可缓慢灌注。效果见图 93.7。

（5）关键技巧：针头从食管回拉时，针头贴着食管腹面滑行，可体会到针头触及会厌软骨的感觉。准确掌握针头所在的位置，及时将小鼠头后仰，针头贴向腹面，进入气管。

（6）技术熟练者可以在 1 分钟内完成操作，若采用吸入麻醉，此时小鼠尚未苏醒，因此，最好不用注射麻醉，否则需长时间等待小鼠苏醒。

（7）进针一定深度受阻，是确认针头到达二级支气管的标志。

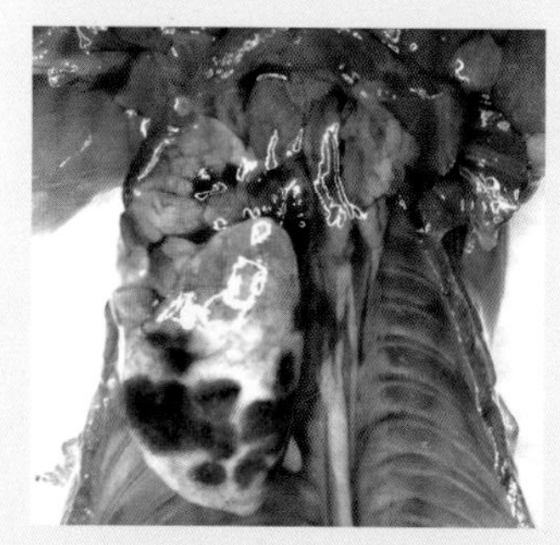
a. 双肺腹面，显示左肺被灌注。右肺没有蓝染。

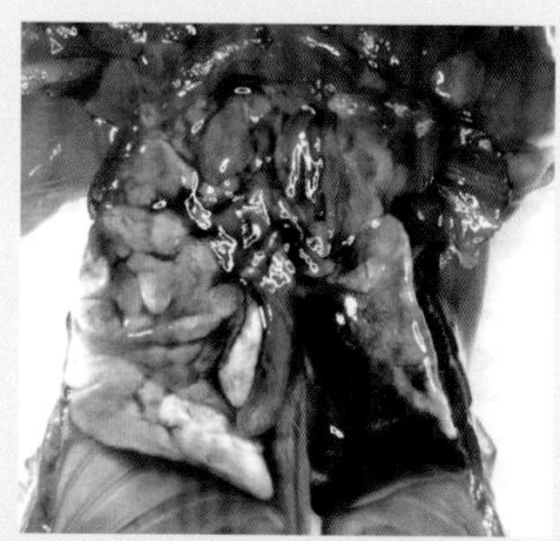
b. 左肺向右翻起，显示左肺背面

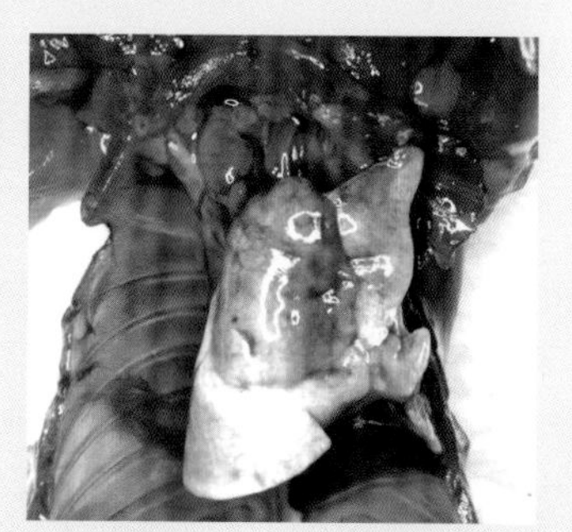
c. 右肺向左翻，没有被灌注迹象

图 93.7　左肺灌注效果

第 94 章
经胆总管灌注肝

一、背景

小鼠肝给药分为直接给药和间接给药。间接给药可以通过全身给药和肝灌注两种方式进行。

血液和胆汁分别通过肝动脉、肝静脉、门静脉和肝总管进出肝，因此，可以通过门静脉顺向灌注、经胆总管逆向灌注等方式行肝灌注。由于肝动脉和肝静脉暴露困难，很少被用于灌注操作。门静脉顺向灌注法参见《手术操作》72。经胆总管逆向灌注法分为手术灌注法和终末灌注法。手术灌注法需尽量减少机体损伤；终末灌注法多要求肝得到充分灌注，在灌注过程中小鼠死亡。本章介绍经胆总管逆向灌注法。

二、解剖基础

小鼠胆汁经肝总管流出肝，通过胆囊管进入胆囊，再通过胆囊管进入胆总管、十二指肠；或者直接从肝总管进入胆总管。胆总管的出口在十二指肠壶腹部内面白色加厚区（图 94.1）。

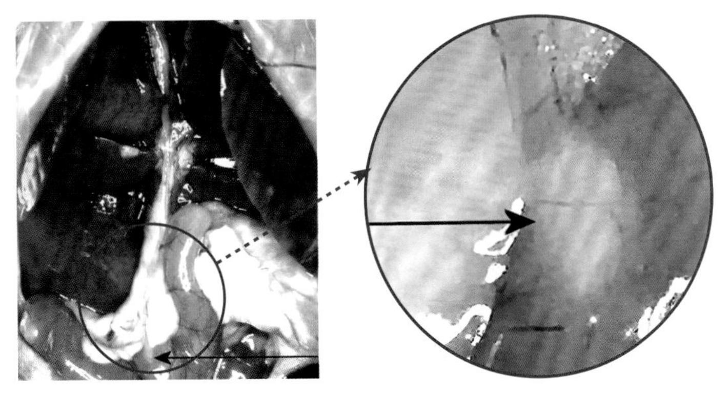

图 94.1　胆总管在十二指肠的出口，为白色加厚区，如箭头所示

从胆总管逆向灌注肝涉及胆囊和胰腺。如果需要避免灌注胆囊，可以临时阻断胆囊管。胆总管发出数支胰胆管（图 94.2）进入胰腺。如果要避免灌注胰腺，针头需要越过胰胆管的开口处，深入接近胆囊管的位置。

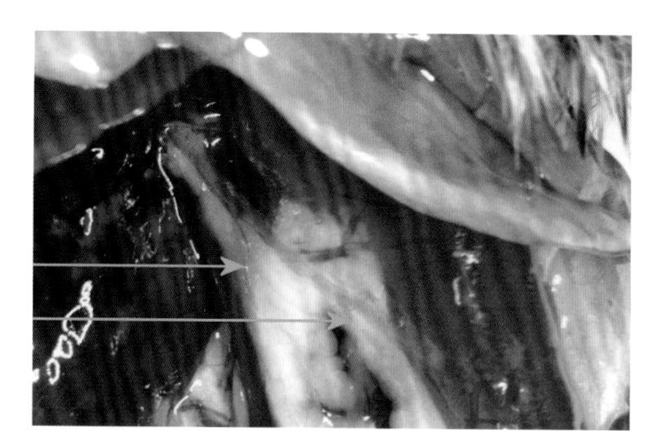

图 94.2　胰胆管，如箭头所示

三、器械与耗材

手术板；显微镜；31 G 钝针头；31 G 针头胰岛素注射器；组织胶水。

四、操作方法

经胆总管逆向肝灌注法见图 94.3。▶

1. 小鼠常规麻醉。腹部备皮。

↓

2. 常规安置于手术板上，开腹 17 。

↓

3. 暴露胆总管 15 。

↓

4. 将小肠向左翻起，暴露十二指肠右侧面和右侧胰腺、门静脉。沿着胆囊找到胆总管，直到十二指肠壶腹部。

↓

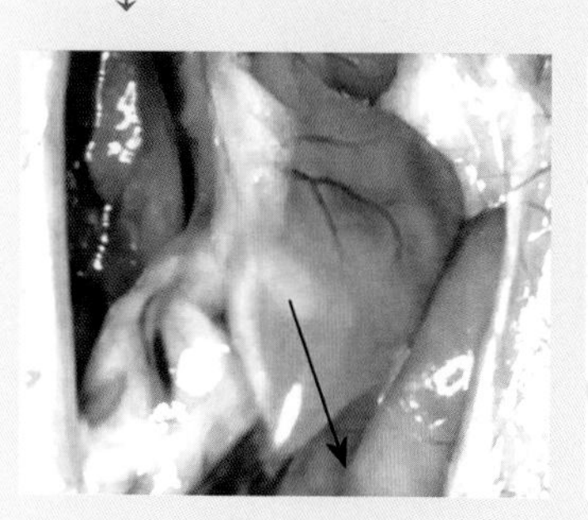

5. 用镊子夹住十二指肠系膜，拉直壶腹部的胆总管。图中箭头示牵拉方向。→

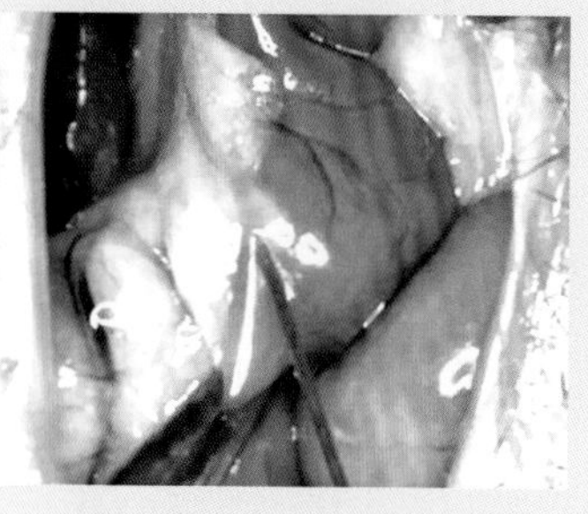

6. 用胰岛素注射器针头刺穿十二指肠后，换钝针头沿着进针孔进入肠内，紧贴内壁插至壶腹部的胆总管出口。→

7. 用钝针头继续深入胆总管，约 2 mm。↓

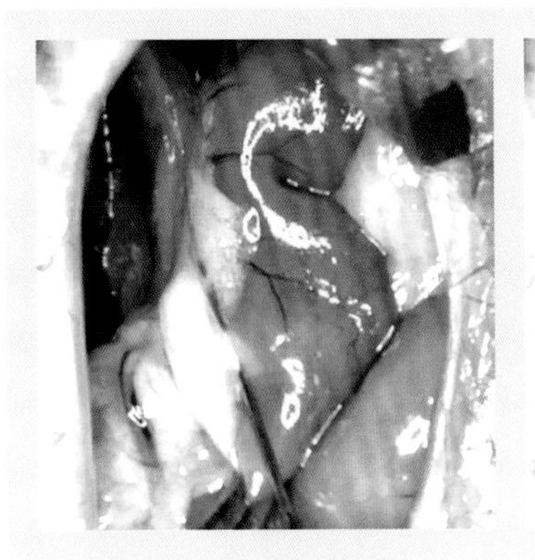

8. 停止深入，开始注射。→

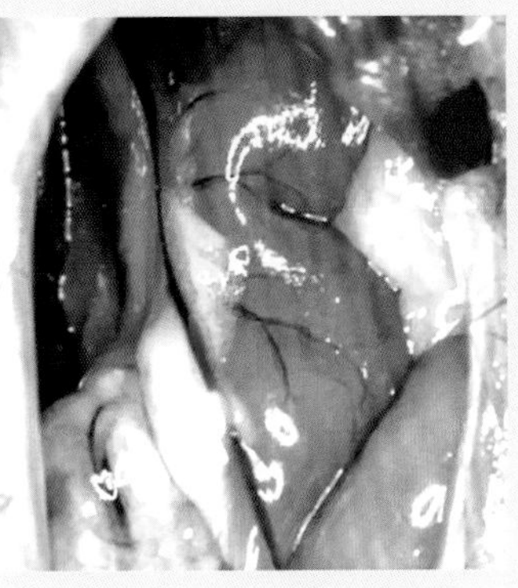

9. 可见药液在胆总管内逆向入肝。→

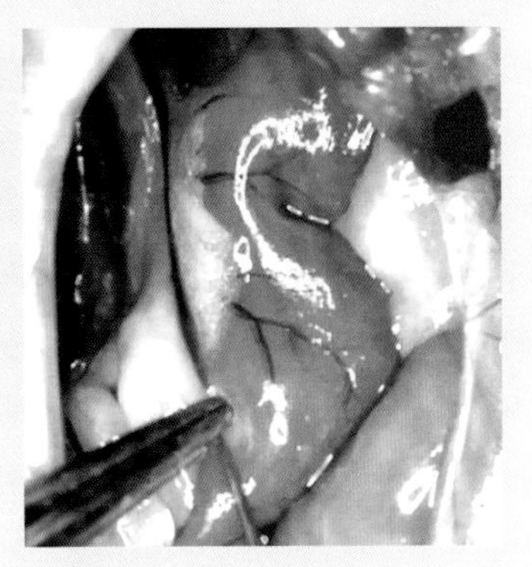

10. 注射完毕，用镊子轻压进针孔拔针。↓

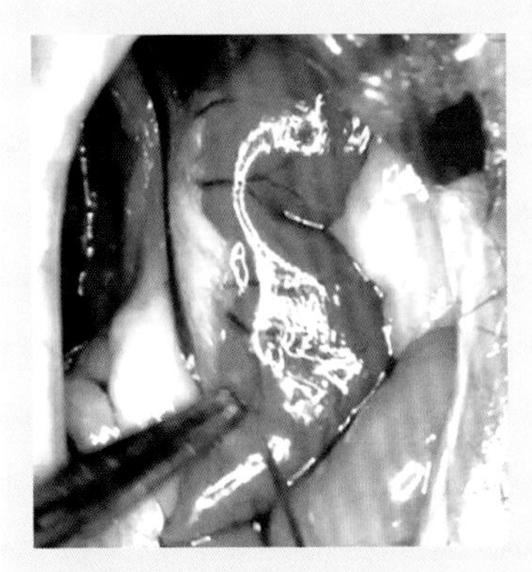

11. 拔针后用镊子保持压迫进针孔 10 秒再松开。→

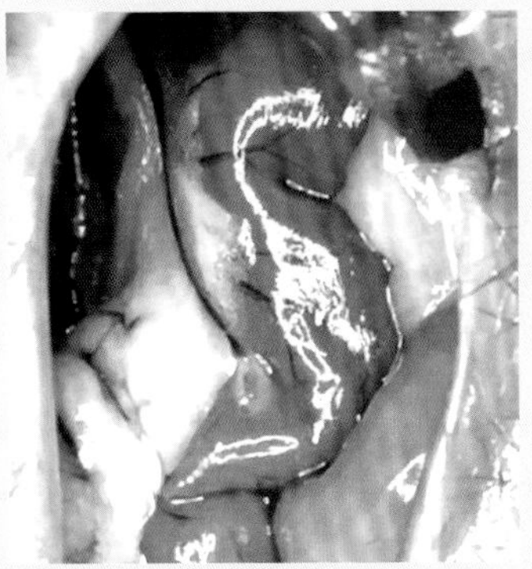

12. 应该没有药液溢出。→

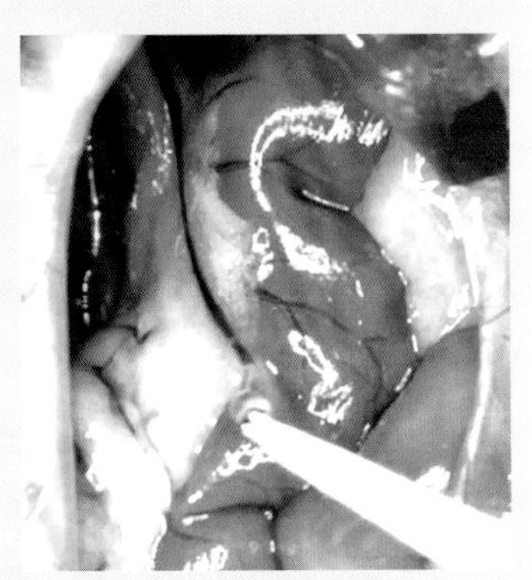

13. 点一滴胶水封闭针孔。↓

14. 封闭腹壁和皮肤伤口，结束手术。

图 94.3　经胆总管逆向肝灌注法

操作讨论

（1）大量灌注药液能形成肝内高压，会有药液从胰胆管进入胰腺（图 94.4）。

（2）如果要避免灌注胰腺，灌注针头需要尽量深入，越过胰管，接近胆囊。

（3）如果要避免药液进入胆囊，灌注前活扣结扎胆囊管。灌注结束后，再撤除结扎线。

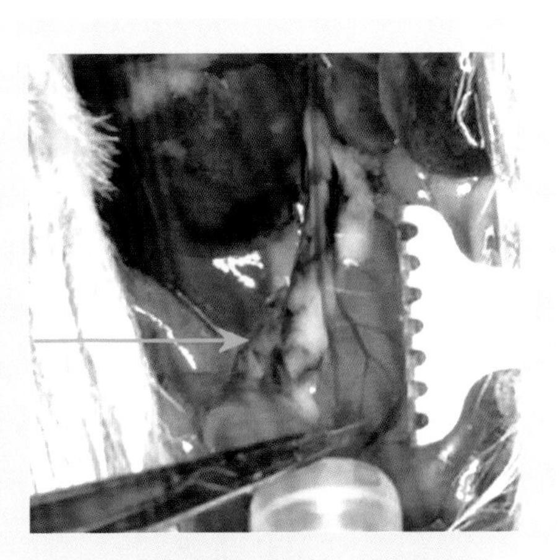

图 94.4　药液进入胰腺，如箭头所示

第 95 章

经胆总管灌注胰腺

一、背景

实验中胰腺给药多用于以下两个目的：一是使药物进入胰腺，发挥疗效；二是充分灌洗分解胰腺组织，以采集细胞。

胰腺局部注射，方法虽然简单，但药液注射到胰腺后弥散不充分，且操作时针头很容易刺穿薄而不规则的胰腺，故在实验中多用胰腺灌注。在《标本采集》中介绍了经胆总管顺向灌注胰腺，采集胰岛细胞的方法 ⑮；本章将介绍胰腺给药中的经胆总管逆向灌注法。

二、解剖基础

小鼠胰腺（图 95.1）很不规则，处于十二指肠和胃的背面。

胰腺分为胃叶、脾叶和十二指肠叶三个部分（图 95.2）。胰胆管不直接进入十二指肠；胃叶和脾叶胰胆管汇合后从脾叶进入胆总管近端；十二指肠叶胰胆管发自胆总管远端；胆总管开口于十二指肠壶腹部（图 94.1）。

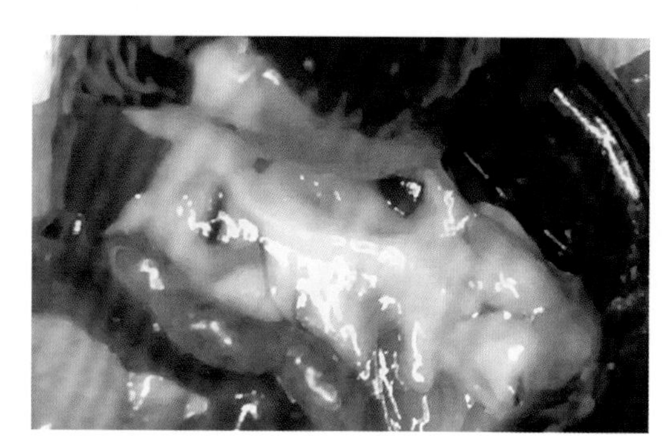

图 95.1　小鼠胰腺腹面观

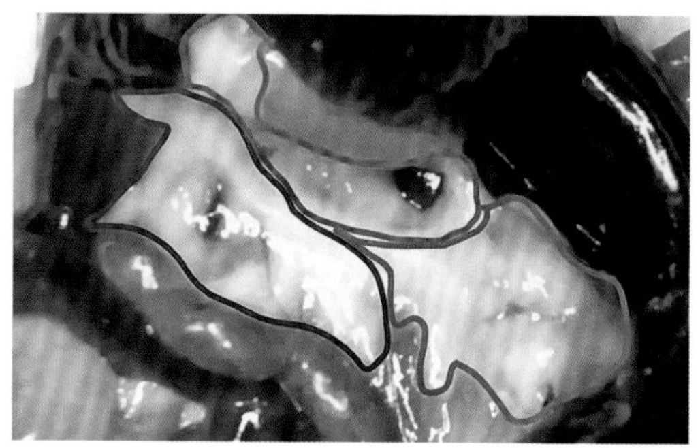

图 95.2　胰腺，红色示胃叶，蓝色示十二指肠叶，绿色示脾叶

三、器械与耗材

31 G 针头胰岛素注射器；31 G 钝针头 +1 mL 注射器；平镊；拉钩；显微镊；显微血管夹；组织胶水；棉签。

四、操作方法

经胆总管逆向胰腺灌注法见图 95.3。▶

1. 小鼠常规麻醉，腹部备皮。

↓

2. 开腹 17 。

↓

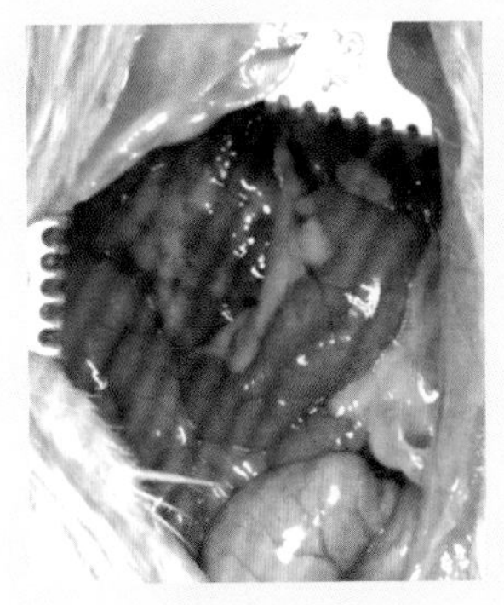

3. 将小肠向左翻起，暴露十二指肠右侧。↓

4. 用显微镊夹住壶腹部向后拉，直至胆囊管，暴露胆总管全长。→

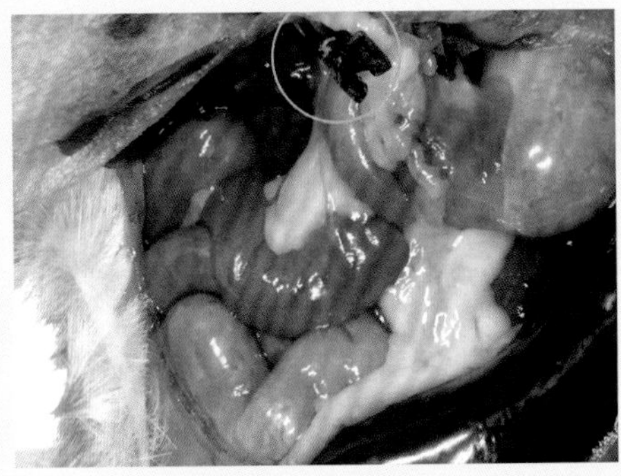

5. 用血管夹夹住胆囊管和胆总管连接处。图中绿圈示血管夹。→

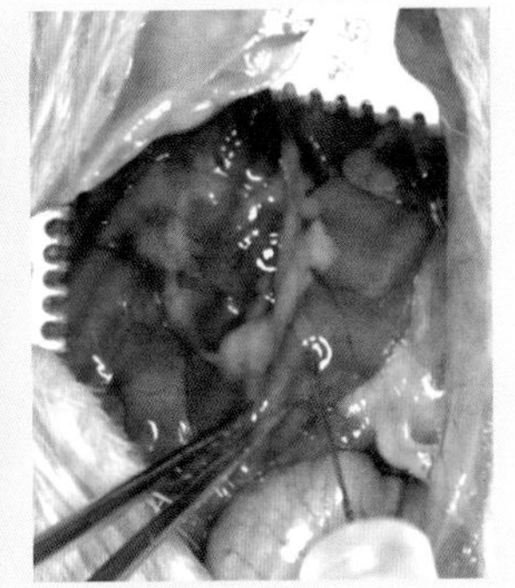

6. 小鼠尾向操作者，用胰岛素注射器针头刺穿十二指肠。穿刺部位见图。↓

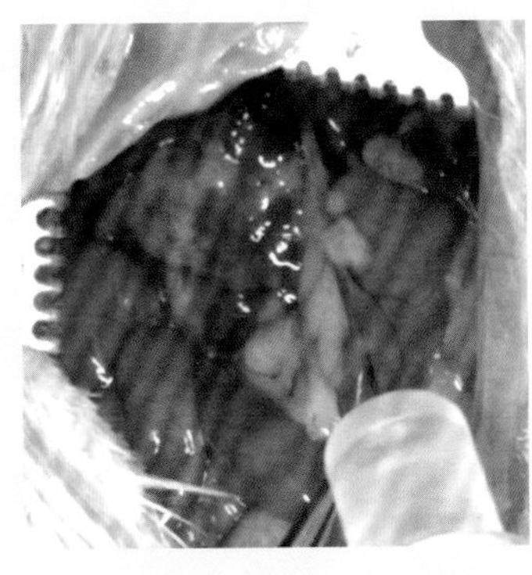

7. 换用钝针头从壶腹部穿孔处逆向插入胆总管出口，前行 1 mm。→

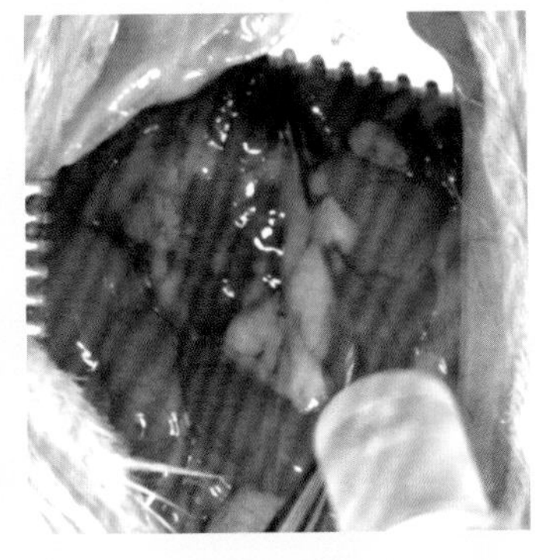

8. 停针，开始缓慢匀速注射。→

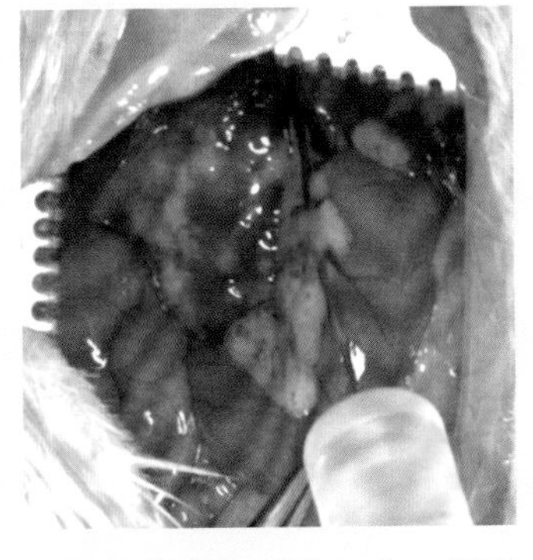

9. 可见药液先后进入十二指肠叶、胃叶和脾叶。↓

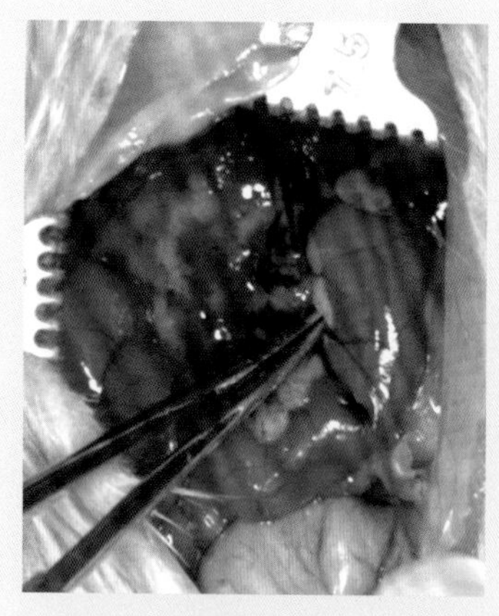

10. 灌注达到指定剂量，用平镊压住十二指肠进针孔，拔出针头。→

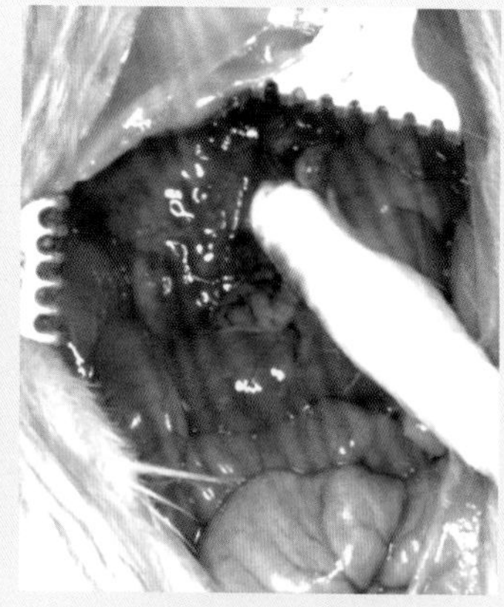

11. 用棉签将十二指肠壁进针孔擦净。→

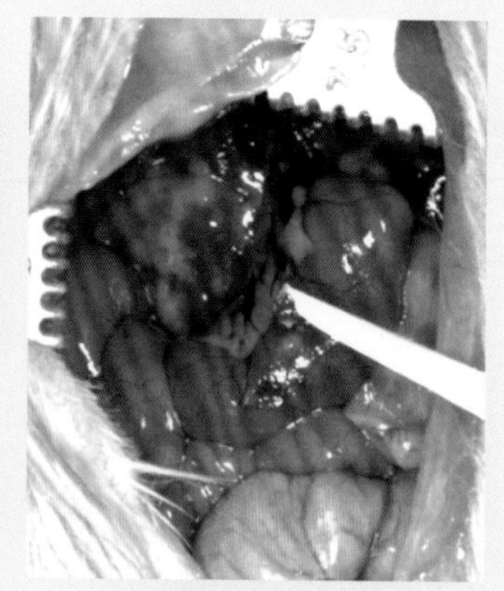

12. 将一滴胶水点在牙签上。↓

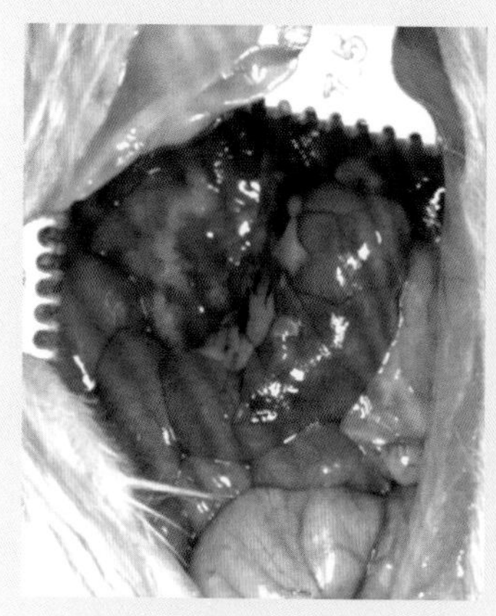

13. 用胶水封闭进针孔。→

14. 放开血管夹。

↓

15. 分层缝合腹肌和皮肤，关腹。

↓

16. 小鼠苏醒后回笼。

图 95.3　经胆总管逆向胰腺灌注法

操作讨论

显微血管夹的使用非常重要，否则，逆向灌注时，灌注液将进入肝中。

第 96 章

经肾盂灌注膀胱

一、背景

小鼠膀胱给药有多种方法，直接注射给药法包括膀胱穿刺法、浆膜下注射法和黏膜下注射法等，但这些方法都会给膀胱或其周围组织造成不同程度的创伤。

间接给药是经过其他器官向膀胱内灌注药物，包括经精囊、凝固腺、尿道、输尿管和肾盂注射药物等，这些方法不会给膀胱造成直接创伤。

肾盂是尿液离开肾的起点，其空间足以容纳小注射针头，故而可以由此灌注膀胱。

二、解剖基础

小鼠的肾盂位于肾的内侧。图 96.1 显示的是肾的侧面，可看到肾门处的肾盂和输尿管。肾盂呈白色半透明小泡状，图 96.2 连接的管状物为游离的输尿管。肾盂非常小，仅

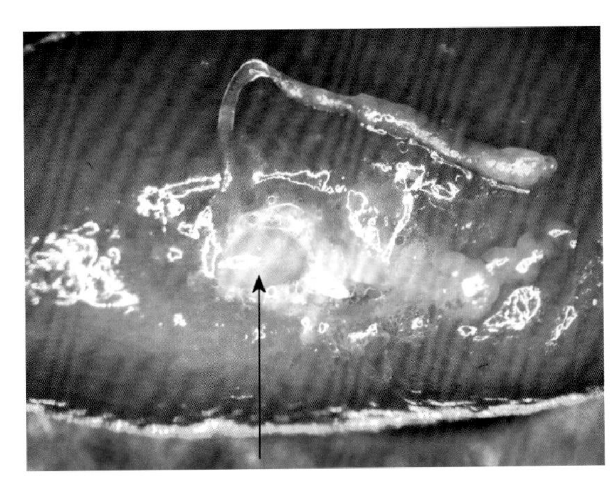

图 96.1　小鼠的肾，箭头示肾盂

图 96.2　肾纵剖面，箭头示肾盂，镊子拉起的是输尿管

容下极小的针头（图 96.3），其周围有丰富的血管（图 96.4）。肾盂通过输尿管（图 96.5，图 96.6）与膀胱相连通。

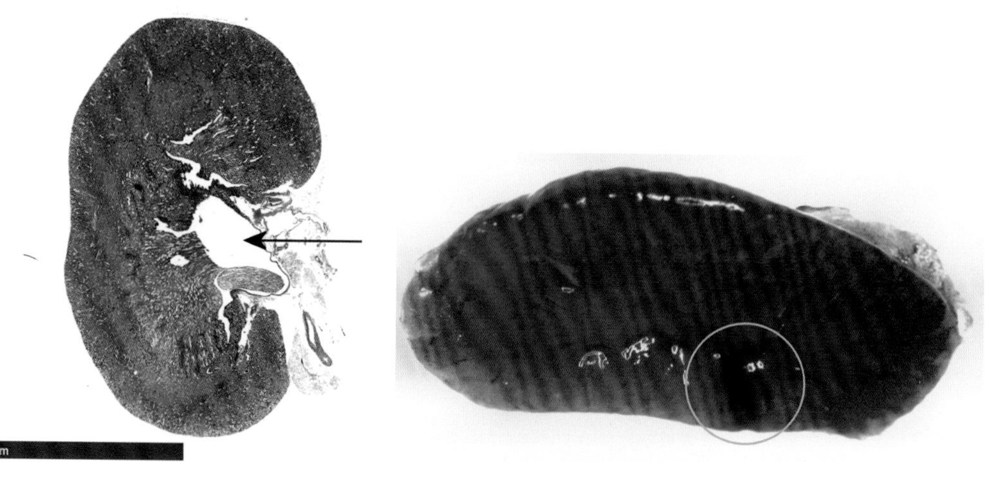

图 96.3　小鼠肾组织切片，H-E 染色。箭头示肾盂

图 96.4　肾盂周围的血管，如绿圈所示

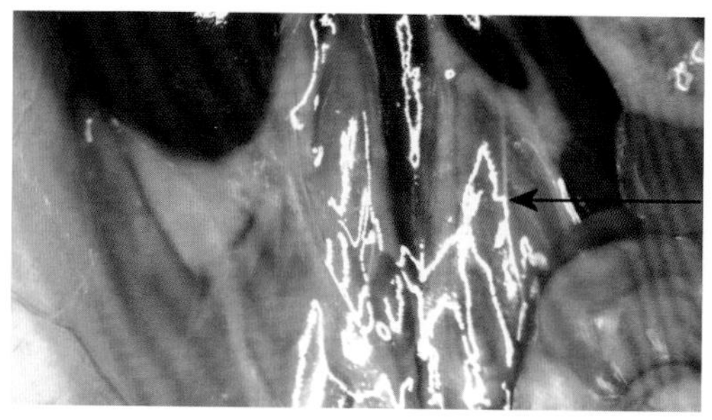

图 96.5　位于腹膜下的输尿管，箭头示左输尿管

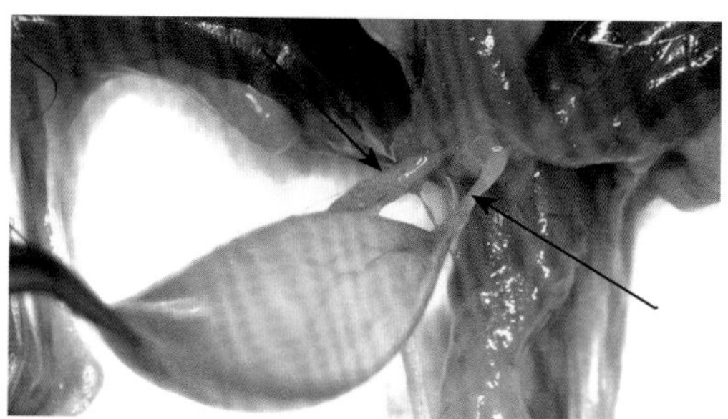

图 96.6　被拉出骨盆口的雌鼠膀胱，箭头示左、右输尿管

三、器械与耗材

显微镜；31 G 针头胰岛素注射器，在距针尖 2 mm 处将针头弯曲 30°；拉钩；棉签。

四、操作方法

经肾盂膀胱灌注法见图 96.7。▶

1. 小鼠常规麻醉，腹部备皮，取仰卧位。

↓

2. 常规开腹。

↓

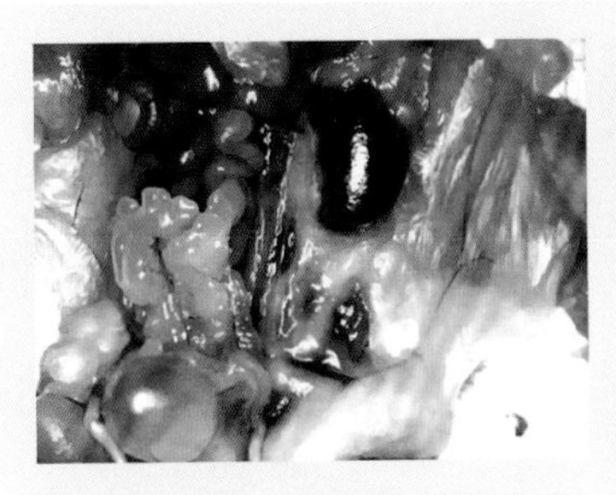

3. 安置拉钩，暴露左肾和膀胱。→

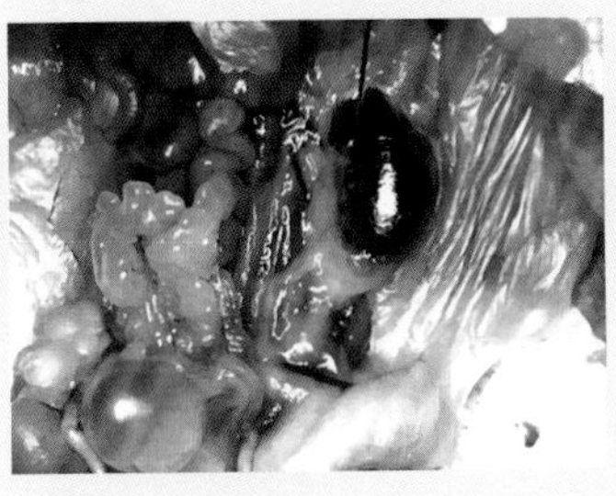

4. 将针头位于肾门旁1 mm处，对准肾盂方向刺入。→

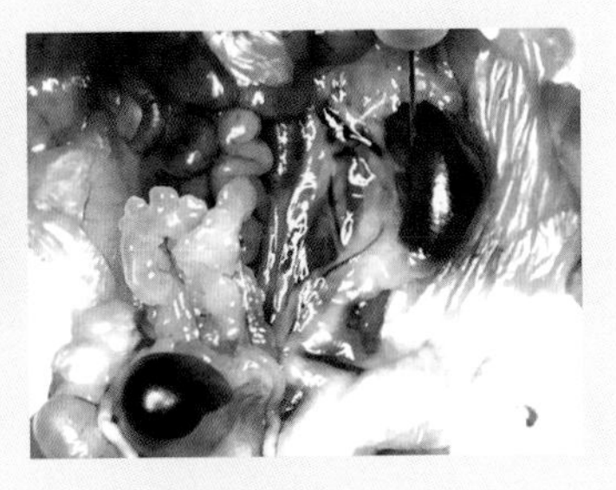

5. 针尖锁定肾盂方向，将针头弯曲部分完全刺入肾内。开始注射，即可见输尿管蓝染。注射数微升后，膀胱开始有药液进入。图中蓝色部分为进入膀胱的药液。蓝色细线为左输尿管。↓

6. 随着注入药液的增加，膀胱充盈加剧。注射达到设计剂量后，用棉签压迫进针孔拔针。↓

7. 关闭腹壁和皮肤切口。

图96.7　经肾盂膀胱灌注法

操作讨论

（1）如果针头刺伤肾内静脉，会发现肾内静脉随着注射发生颜色改变（图96.8）。

（2）由于此方法对肾损伤明显，不建议作为膀胱灌注的首选方法，只能作为备用方法，或术中临时方便采用的方法。

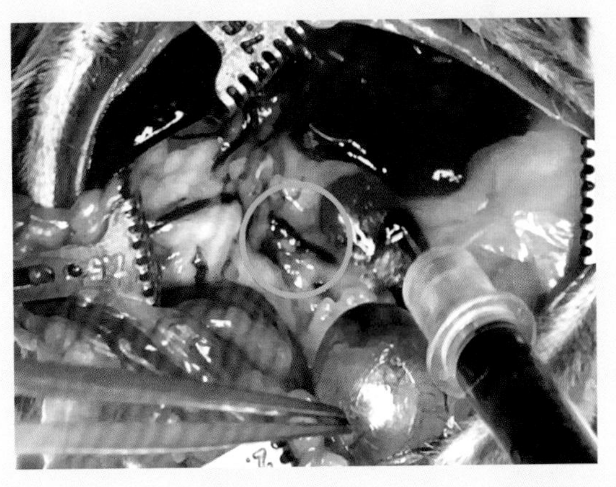

图96.8　刺伤肾内静脉至静脉颜色改变，如绿圈所示

第 97 章

经凝固腺灌注膀胱

一、背景

如果需要向小鼠膀胱给药，又不能将药物直接注入膀胱，可以将药液注入凝固腺管内。由于凝固腺管开口于尿道，开口距离膀胱非常近，药液很容易由此进入膀胱。本章介绍经凝固腺膀胱灌注法。

二、解剖基础

小鼠凝固腺（图 97.1，图 97.2）左、右各有两叶，且两叶紧靠在一起，团缩在精囊弯曲里，靠着精囊的为内叶，另一叶则为外叶。凝固腺和精囊一起被浆膜包裹，浆膜下有分布不均匀的结缔组织。

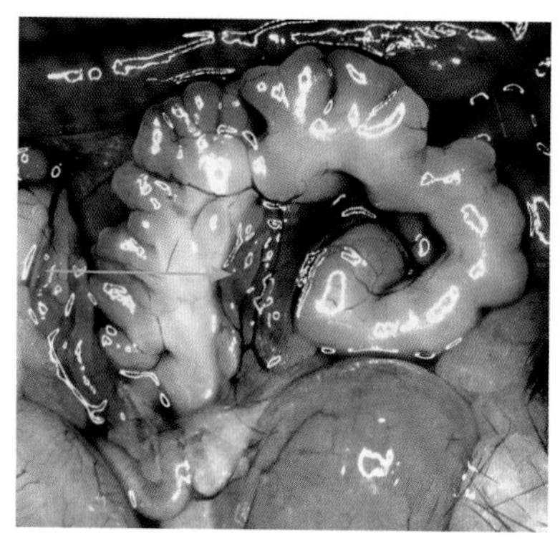

图 97.1　凝固腺，箭头示内叶

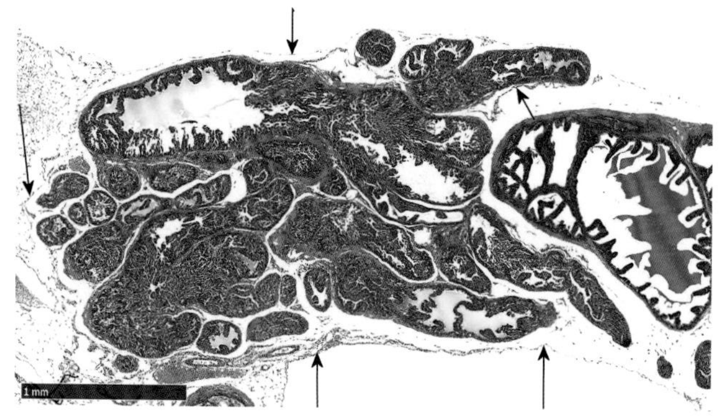

图 97.2　小鼠凝固腺组织切片，H-E 染色。箭头示凝固腺浆膜

凝固腺本身由一层固有膜包裹。仔细分开两叶凝固腺，可见其近端非常靠近（图 97.3），形成凝固腺管，进入尿道（图 97.4）。

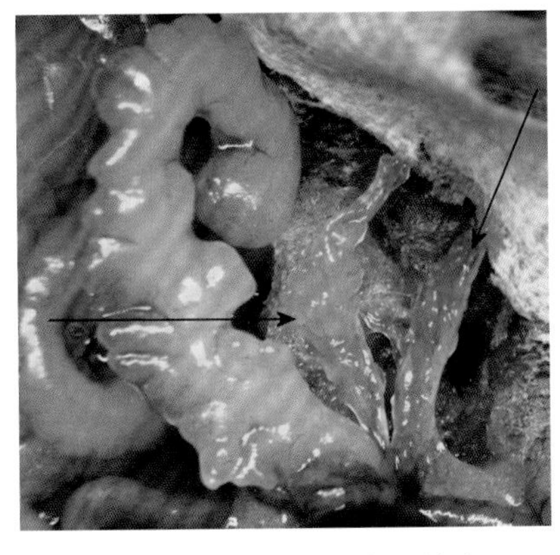

图 97.3　右侧两叶凝固腺与精囊，左箭头示凝固腺内叶，右箭头示凝固腺外叶

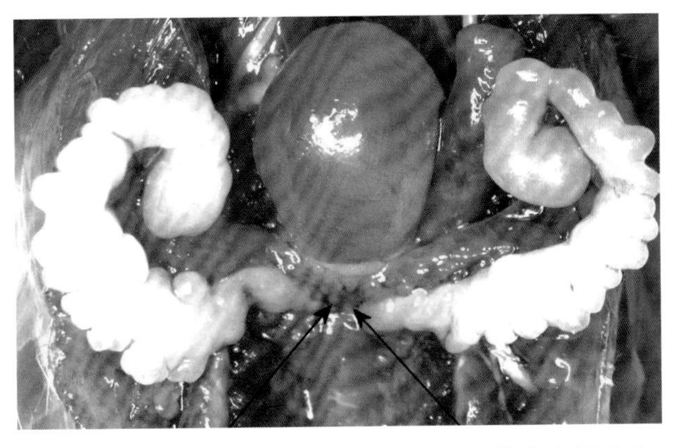

图 97.4　凝固腺背侧观。去除骶椎，暴露精囊和凝固腺。箭头示进入尿道的凝固腺管

由染料灌注凝固腺展开照和凝固腺透照片（图 97.5，图 97.6）可见，凝固腺由平行排列的凝固腺管组成，选择其中的分支进行注射，药液可以通过凝固腺管进入尿道，进而进入膀胱，达到经凝固腺灌注膀胱的目的。

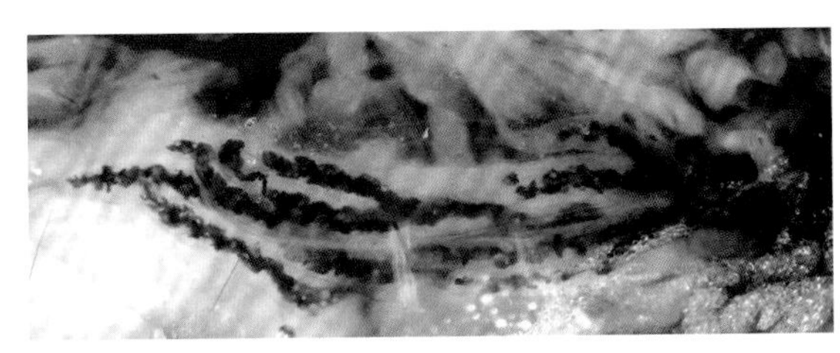

图 97.5　染料灌注凝固腺展开照

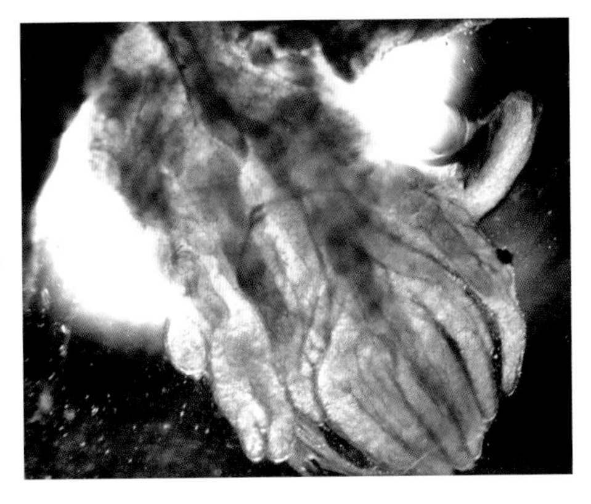

图 97.6　凝固腺透照片

三、器械与耗材

显微镜；31 G 针头胰岛素注射器；显微镊。

四、操作方法

经凝固腺膀胱灌注法见图 97.7。▶

1. 小鼠常规麻醉，腹部备皮。

↓

2. 以仰卧位固定于显微镜下，垫高腰部。

↓

3. 开腹，暴露凝固腺和膀胱。

↓

4. 用镊子夹住凝固腺的远端。→

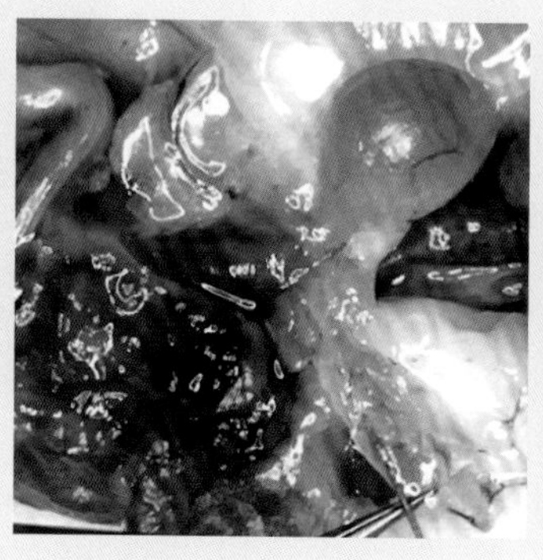

5. 将针头架在镊子上以求稳定，沿凝固腺轴向精准刺入一条凝固腺管。→

6. 缓慢注入药液，可见蓝色药液自腺管进入尿道，如图所示。

↓

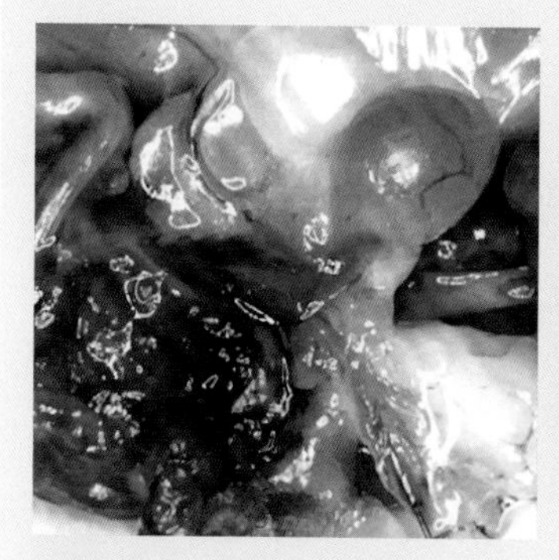

7. 继续注射，可见药液缓慢进入膀胱。→

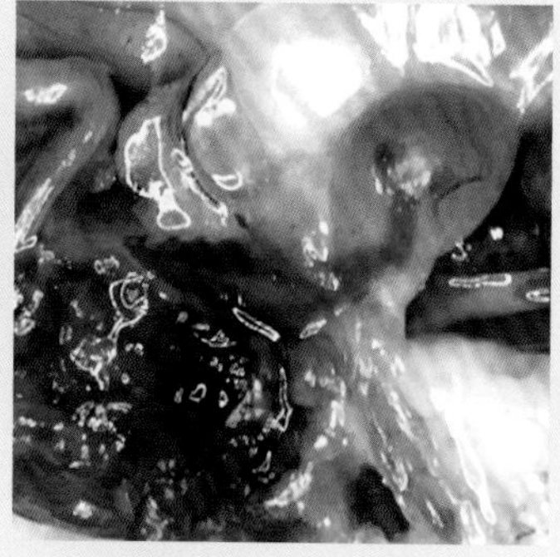

8. 注射达到设计剂量，拔针，基本没有药液自进针孔外溢。

图 97.7　经凝固腺膀胱灌注法

操作讨论

（1）凝固腺包裹在浆膜内，如果针头没有刺入腺管，药液会将浆膜胀起，以致从浆膜中溢出。

（2）这种给药方法适用于开腹手术时的膀胱给药。若单纯为了灌注膀胱，该方法对小鼠的伤害太大。

第 98 章

经尿道灌注精囊

一、背景

雄鼠尿道起始部有 13 条管道进入，这些管道连接输尿管、精囊、凝固腺、输精管和前列腺等器官。若需要灌注某器官，可结扎通向其余器官的管道，仅保留通往该器官的管道，然后从尿道灌注即可达到目的。若小鼠精囊既需要给药，又不允许被损伤，从尿道灌注精囊是可行的方法。

经尿道灌注精囊是一个精细的操作，操作者需熟悉相关器官的解剖结构。

二、解剖基础

雄鼠的精液、凝固液、前列腺液和尿液都排入尿道的起始部位。输尿管、凝固腺管、精囊管、前列腺管紧密地挤在此处汇入尿道（图 98.1 ～图 98.3）。

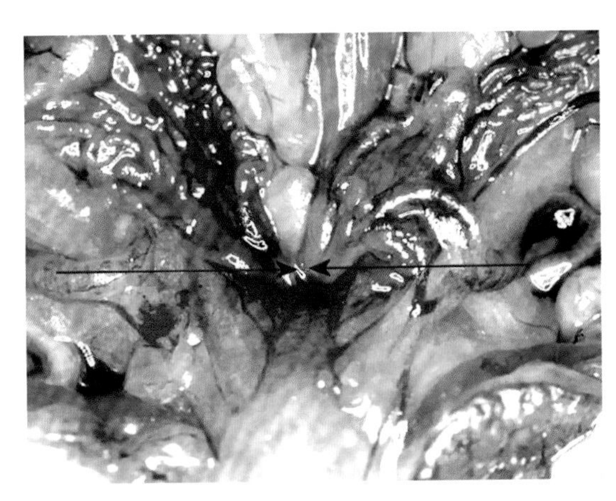

图 98.1　汇入尿道的管道，从外向内排列：外凝固腺管、内凝固腺管、精囊管。箭头示精囊管

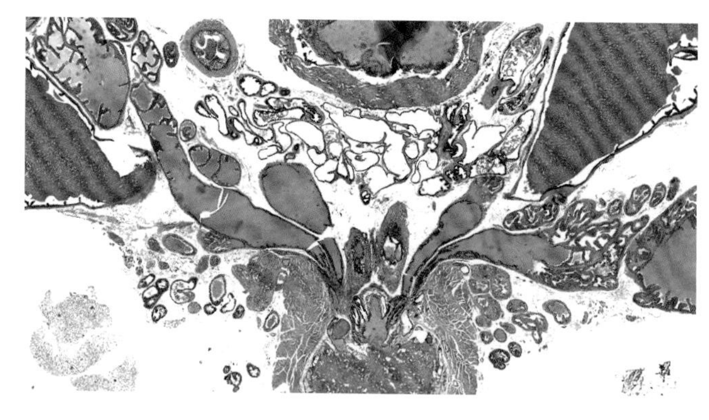

图 98.2　小鼠尿道近端组织切片，H–E 染色。可见几条管道进入尿道（刘大海供图）

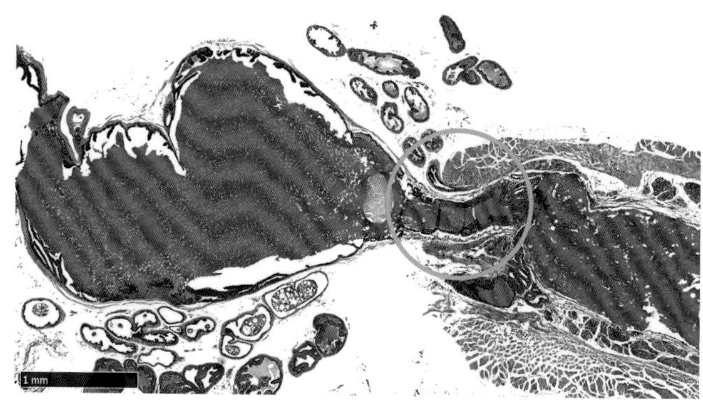

图 98.3　精囊管进入尿道处的组织切片，H–E 染色。绿圈示精囊管，其左边为精囊，右边为尿道（刘大海供图）

三、器械与耗材

手术板；1 mL 注射器；25 G 钝针头；PE 10 导管 5 cm，头端斜切为 45°；7–0 显微缝线；显微镊；硅胶环 。

四、操作方法

经尿道精囊灌注法见图 98.4。▶

1. 连接导管、钝针头、注射器，吸入灌注液 。

↓

2. 小鼠常规麻醉，腹部备皮。

↓

3. 取仰卧位，固定上门齿和双后肢。

↓

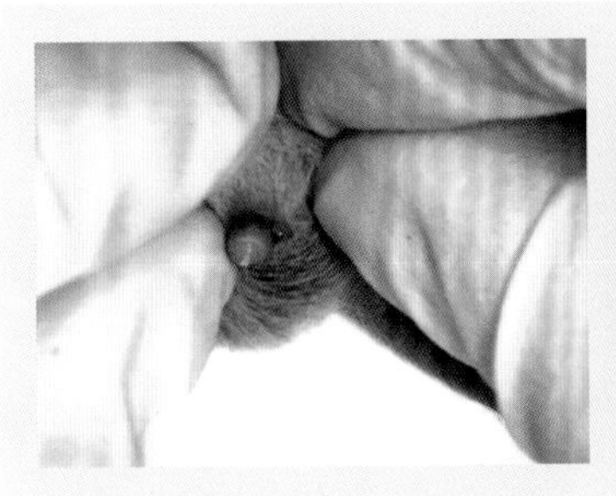

4. 用双手拇指和食指将阴茎头挤出。→

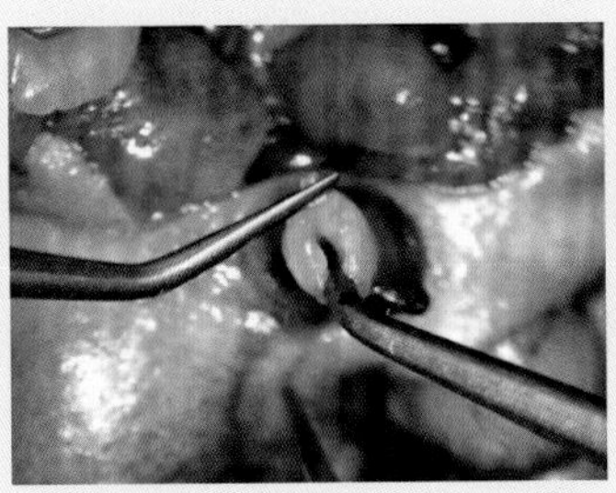

5. 左手用一把镊子夹住阴茎骨远端 (尿道突)，用另一把镊子扩张尿道。→

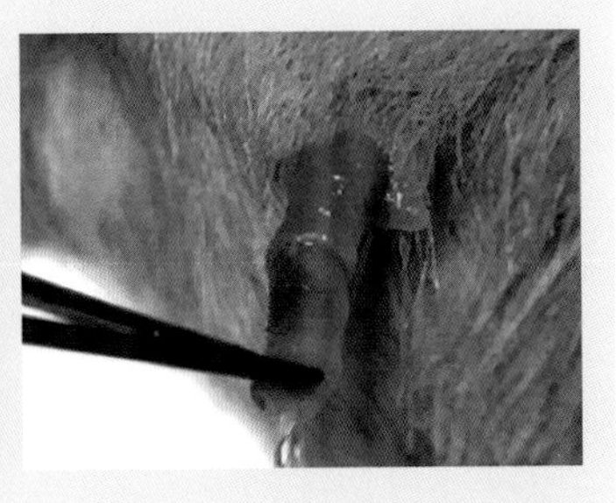

6. 左手用镊子保持夹住阴茎骨，右手插管。↓

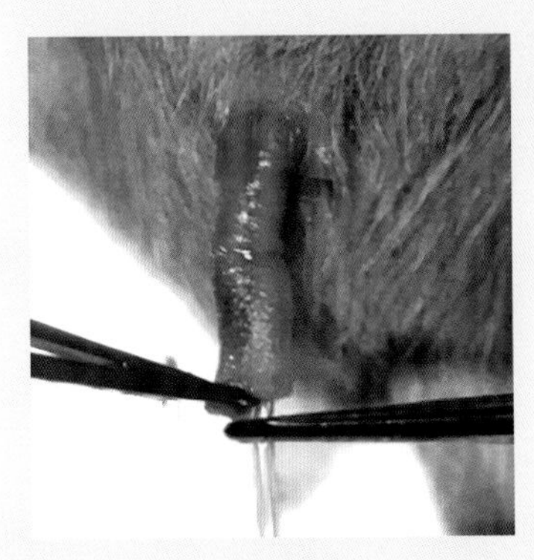

7. 将导管插入至少 1.5 cm。→

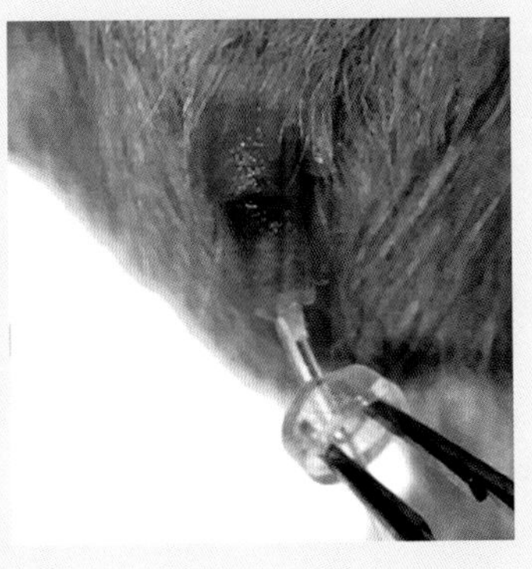

8. 用镊子扩张硅胶环，套入插管。→

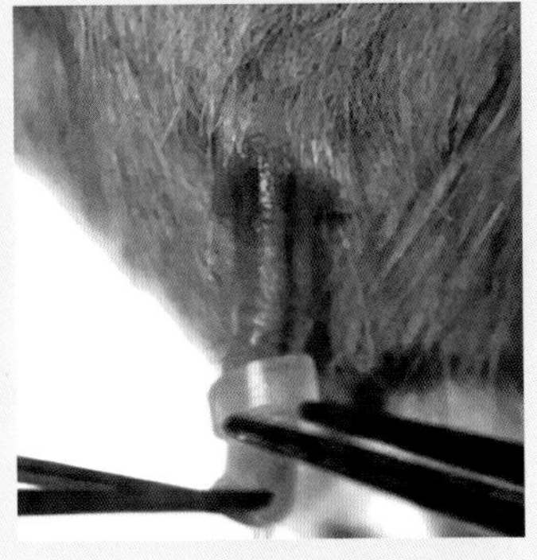

9. 进而将硅胶环套在阴茎上。↓

10. 将硅胶环套过阴茎头，硅胶环远端卡住阴茎骨近端，使之固定在阴茎头外。→

11. 开腹。

↓

12. 如果膀胱充盈，于膀胱顶部斜行穿刺，行膀胱抽尿。

↓

13. 暴露膀胱根部和尿道近端。

↓

14. 除了精囊管，结扎所有进入尿道的管道和膀胱颈。→

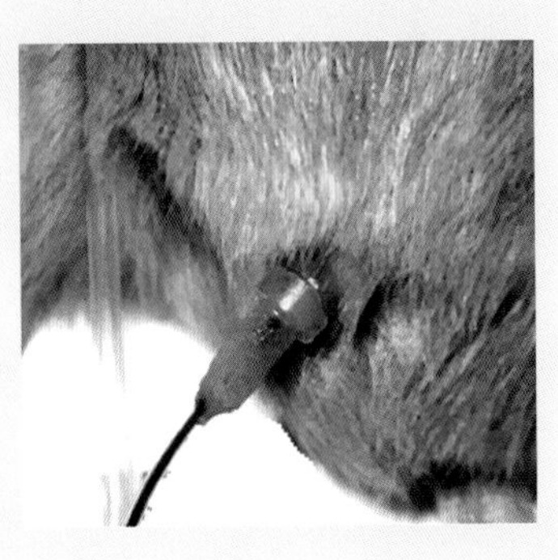

15. 开始灌注。↓

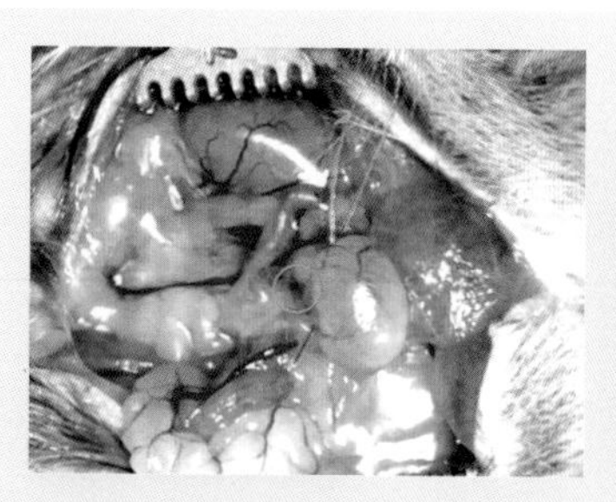

16. 最初可见药物进入右精囊管。如图中绿圈所示。→

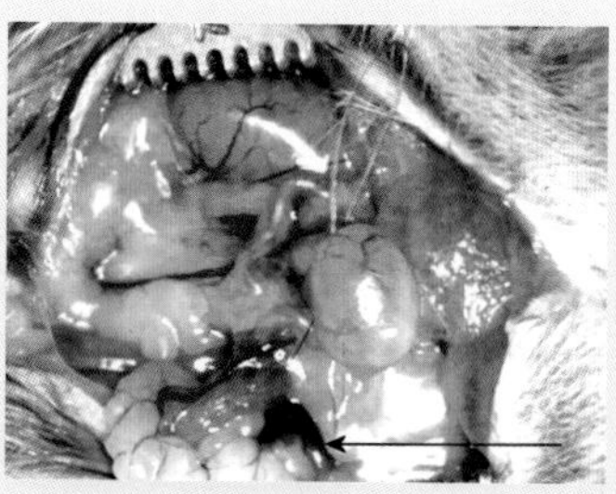

17. 继而可见精囊头部着色，如图中箭头所示。→

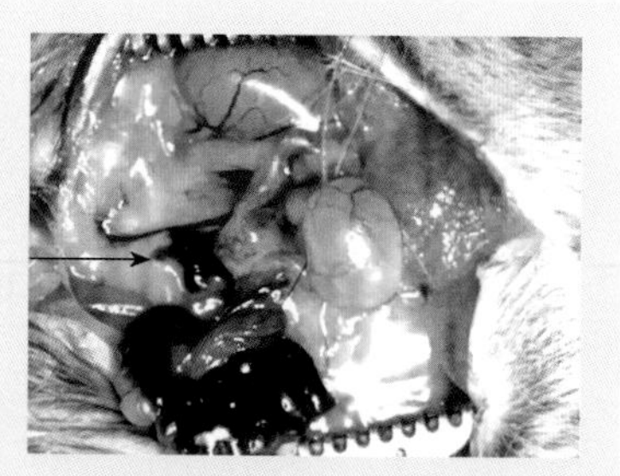

18. 右精囊灌注接近完成时，左精囊开始被灌注。↓

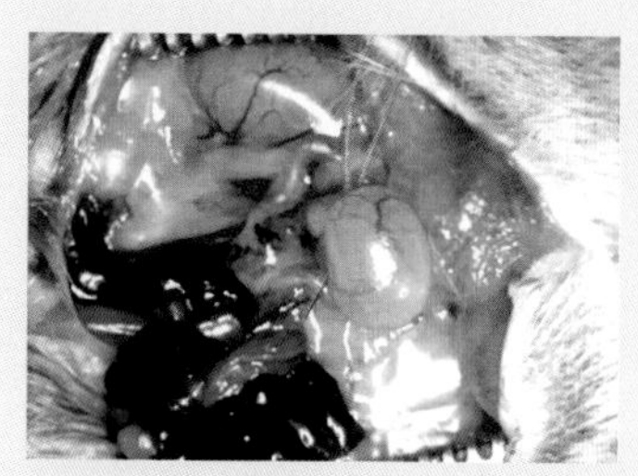

19. 继续灌注，直至左、右精囊均充满药液。→

20. 撤除硅胶环，抽出导管。拆除尿道颈部结扎线，关闭腹壁和皮肤切口。

图 98.4　经尿道精囊灌注法

操作讨论

左、右精囊灌注的顺序取决于灌注时精囊管的顺畅程度。

第 99 章

经尿道灌注前列腺

一、背景

本章所涉实验对象仅为雄鼠。由于小鼠前列腺管小而短，一般针头难以插入腺管内，而前列腺管与尿道相通，若行尿道逆向灌注，可以将药物灌入前列腺。

尿道起始部有多达 13 条细小的管道汇入，行尿道逆向灌注时，需要临时结扎无关管道，因此，要求操作者了解局部解剖结构且具备显微手术技术。

二、解剖基础

小鼠尿道起始部有 13 条管道汇入（图 99.1），其中包括 5 叶前列腺。前列腺（图 99.2，图 99.3）是由多条腺管团聚在一起形成的。

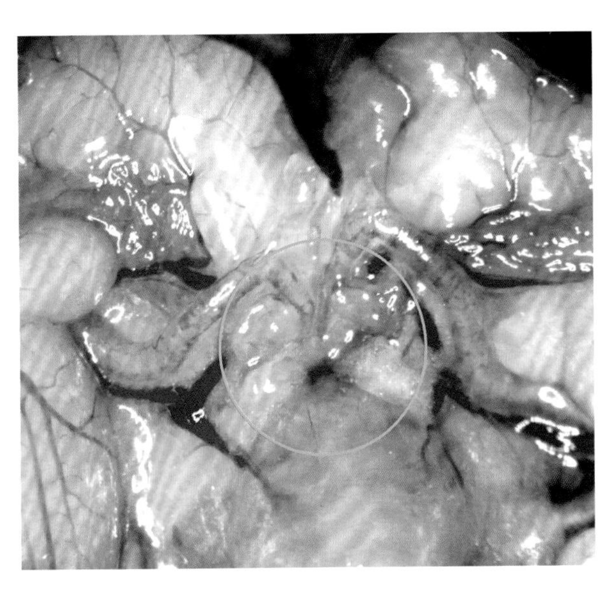

图 99.1　尿道起始部背面观，没有膀胱遮蔽，可见多条管道进入尿道起始部，如绿圈所示

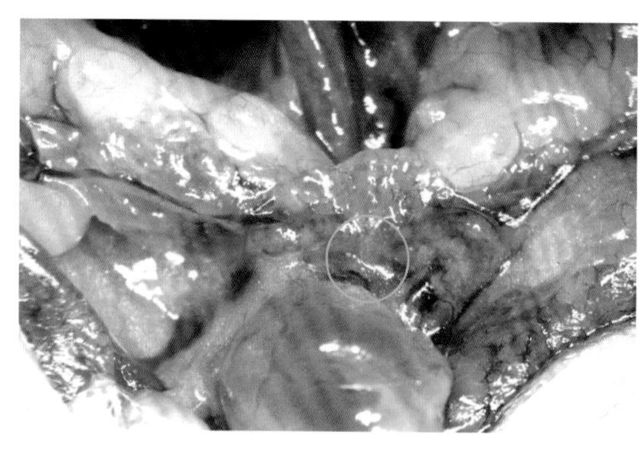

图 99.2　尿道起始部腹面观，把膀胱向尾端翻起，可见腹面中央和两侧前列腺，绿圈示前列腺管进入尿道

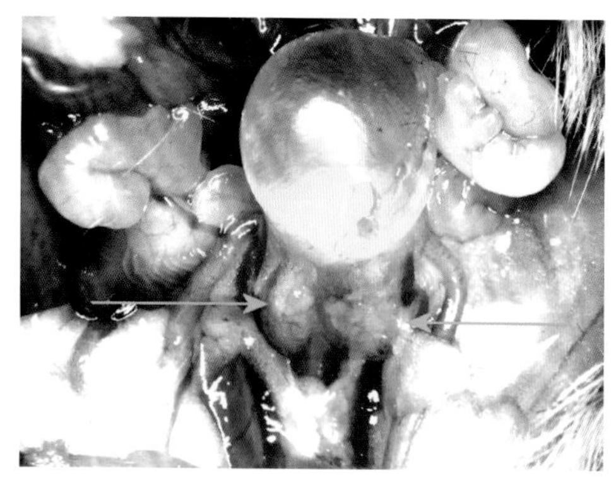

图 99.3　将膀胱向头端翻起，可见背面的左、右前列腺，如箭头所示

如果进行终末实验或尸体解剖，从小鼠背面开腹，没有膀胱遮蔽，用撕尾的方法掀起骶骨和直肠 ㉒ ，即可见背面前列腺（图 99.4），比在腹面观察更方便。

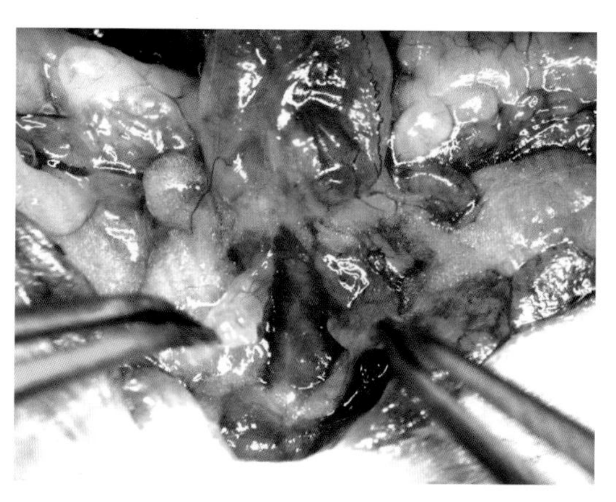

图 99.4　背面前列腺，镊子夹起的为左、右背面前列腺，中央为尿道

三、器械与耗材

（1）灌注用注射器，自制灌注管（图 99.5）：将 1.5 cm PE 10 管、10 cm 硅胶管与 1 mL 注射器依次连接起来。

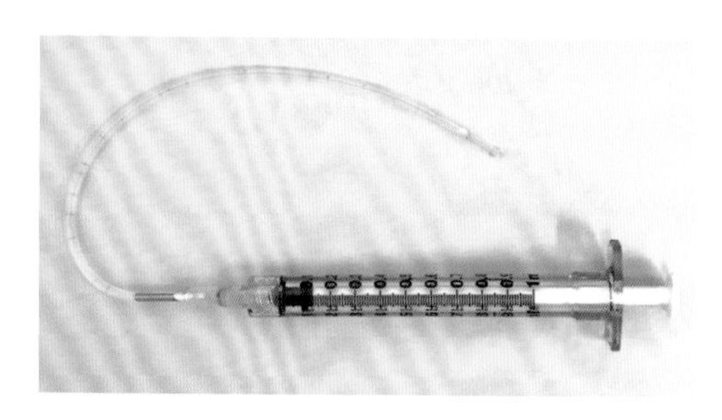

图 99.5　自制灌注管

（2）其他器械与耗材：显微镜；显微镊；拉钩；8–0 显微缝线；6–0 显微缝线。

四、操作方法

经尿道前列腺灌注法见图 99.6。

1. 小鼠常规麻醉，后腹部备皮。
↓

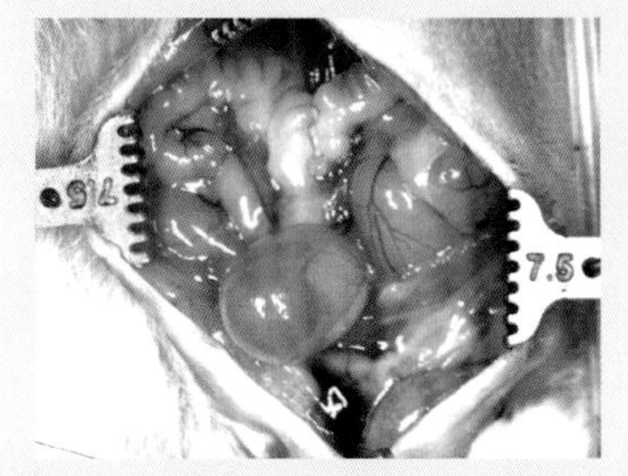

2. 开腹，暴露后腹腔。→

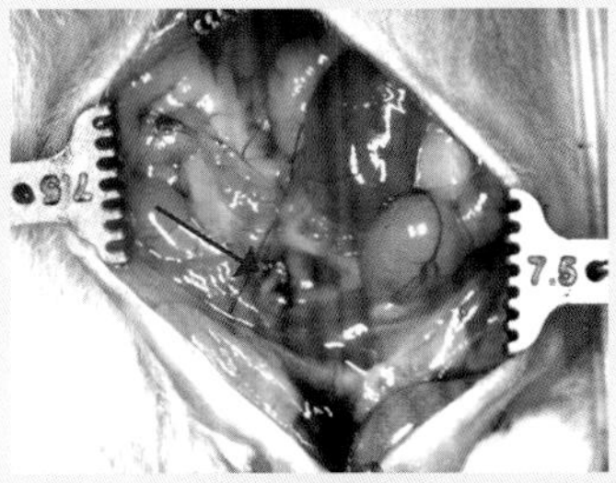

3. 用 8–0 显微缝线活扣结扎两侧精囊管和凝固腺管。→

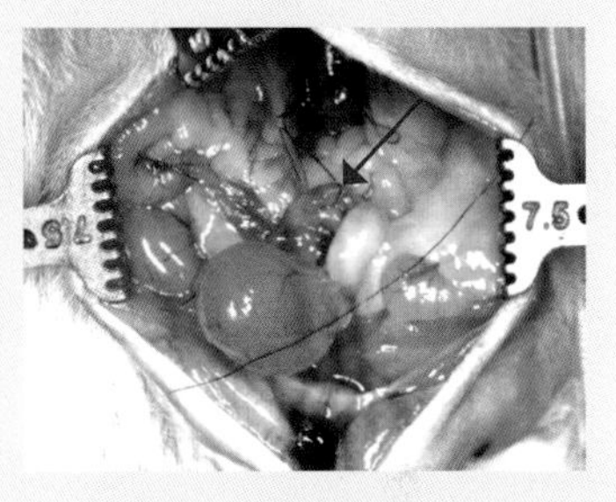

4. 用 8–0 显微缝线活扣结扎两侧输精管。↓

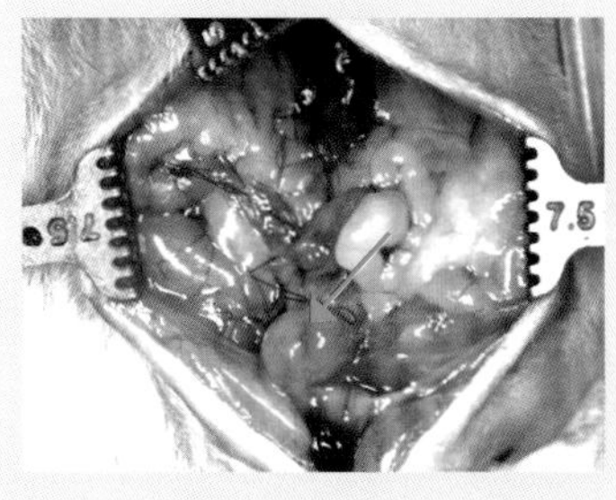

5. 用 8–0 缝线活扣结扎近尿道处的膀胱。→

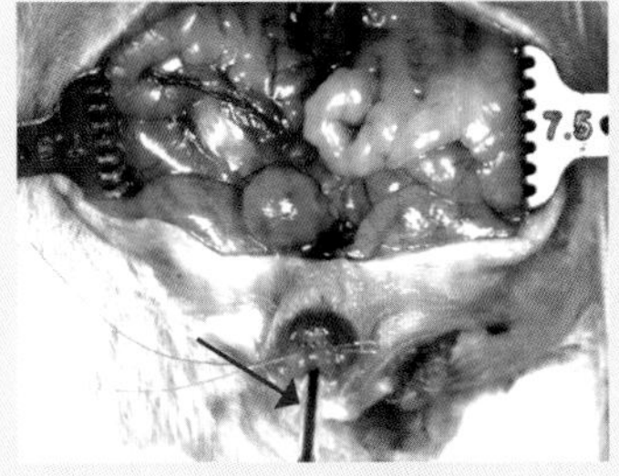

6. 将 PE 管插入尿道口，约 1.5 cm，用 6–0 缝线结扎固定 PE 管 59 。↓

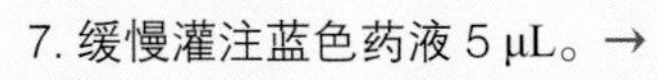

7. 缓慢灌注蓝色药液 5 μL。→

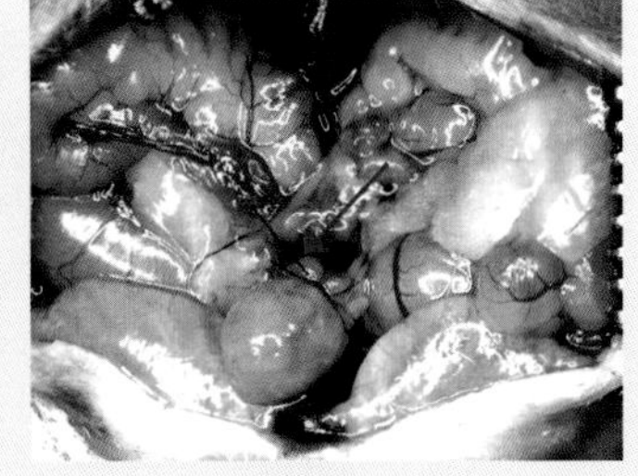

8. 可见尿道起始部有药液进入。↓

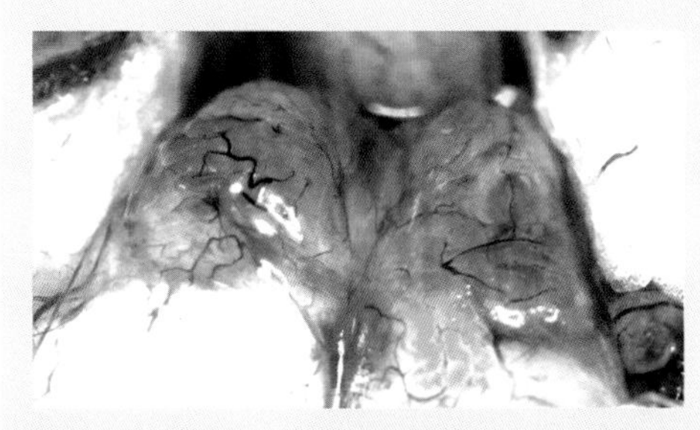

9. 检查前列腺，可见有药液进入。图中显示前列腺特有的形态。→

10. 撤除所有临时结扎线，拔出插管，关闭腹壁和皮肤切口。

图 99.6　经尿道前列腺灌注法

操作讨论

（1）若膀胱结扎不够紧，灌注的药液会进入膀胱（图 99.7）。

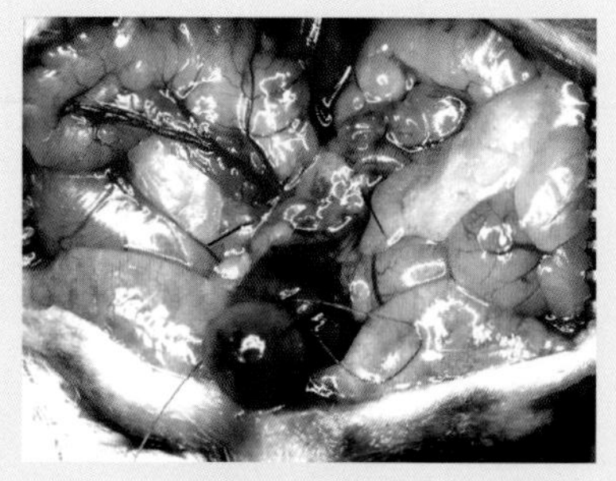
图 99.7　药液进入膀胱

（2）尿道口用 6-0 显微缝线结扎，目的是确保结扎强度，避免药液因灌注压从尿道口溢出。

（3）尿道口结扎线位于阴茎头和阴茎体的连接处。靠阴茎骨阻挡，可以确保结扎线不会向阴茎头滑脱。

第 100 章

经尿道灌注凝固腺

一、背景

小鼠凝固腺给药有三种方式：通过静脉注射，利用全身血液循环给药；局部注射给药；间接灌注给药。

间接灌注给药的优点是药物不必先进入全身血液循环就能够进入凝固腺所有腺管内，且不损伤凝固腺。间接灌注的途径有数种，最方便的是从尿道灌注。

二、解剖基础

凝固腺左、右各有两叶，并排连在一起，呈长梭形，被精囊半环绕。每叶凝固腺靠近尿道起始部有一条凝固腺管与尿道相通（图 100.1）。

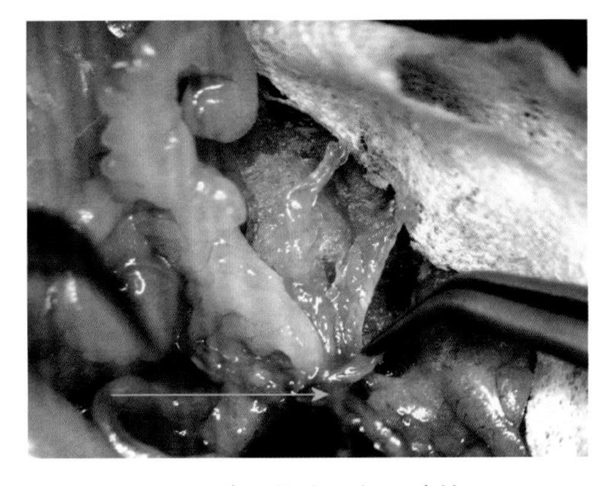

图 100.1　凝固腺，箭头示凝固腺管

三、器械与耗材

PE 10 管 10 cm；1 mL 注射器；挂钩；7-0 显微缝线。

四、操作方法

经尿道凝固腺灌注法见图 100.2。▶

1. 小鼠常规麻醉，腹部备皮。

↓

2. 用 PE 管做尿道插管 59 。

↓

3. 完成插管后，将 PE 管连接注射器。

↓

4. 开腹。

↓

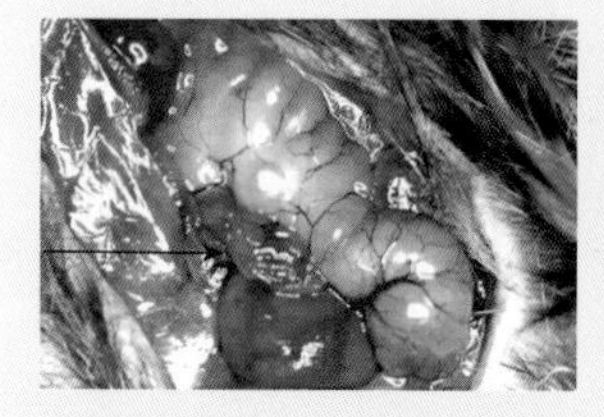

5. 安置拉钩，暴露凝固腺。图中箭头示凝固腺。→

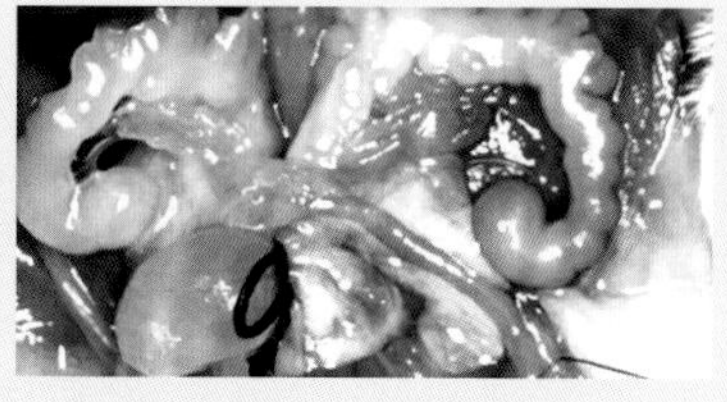

6. 结扎膀胱颈部，阻断尿道和膀胱的连接。→

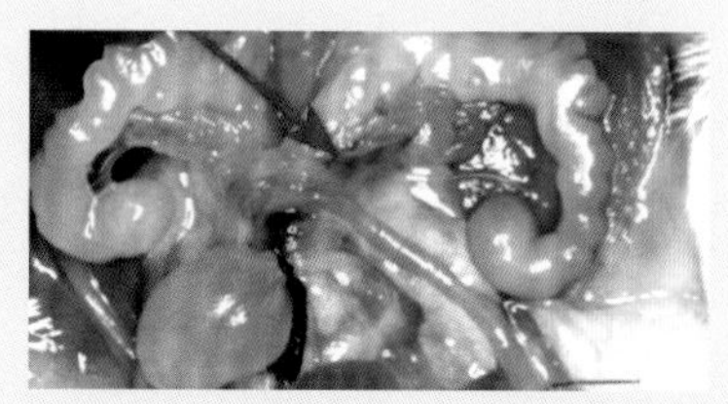

7. 从尿道插管灌注少量蓝色药液，可见左凝固腺蓝染，如箭头所示。↓

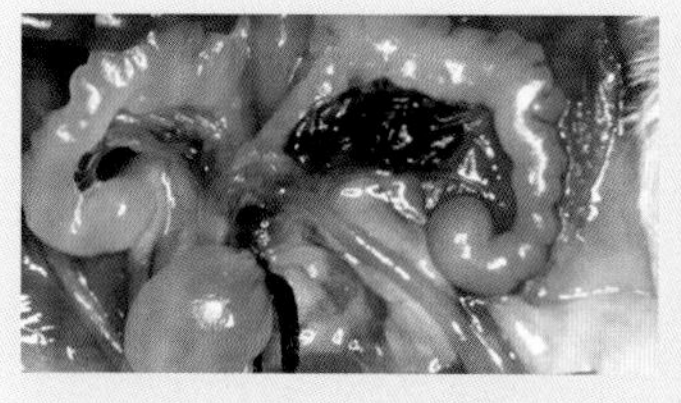

8. 持续灌注，直至左凝固腺全部蓝染，右凝固腺也开始蓝染。→

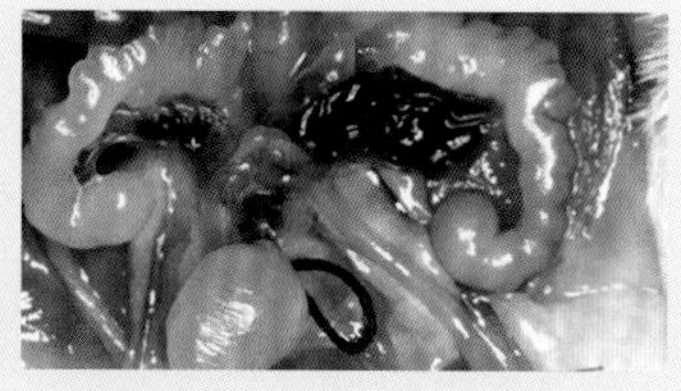

9. 加大灌注量，右凝固腺开始迅速蓝染。→

10. 完成灌注，撤除膀胱结扎线。↓

11. 关闭腹壁和皮肤切口。

图 100.2　经尿道凝固腺灌注法

操作讨论

（1）凝固腺双侧灌注不平衡。灌注次序取决于凝固腺管的通畅程度。图 100.3 为右侧通畅型，可见右凝固腺充盈程度远高于左凝固腺。▶

（2）在行尿道灌注时，一般凝固腺先被充盈，然后才是精囊、前列腺、输精管等被充盈，所以单纯灌注凝固腺，可以不用结扎其他管道。相反，灌注精囊、前列腺等，必须先结扎凝固腺。

图 100.3　红色药液显示凝固腺管通畅状况

第 101 章

经阴道灌注子宫

一、背景

对于小鼠子宫内给药，常用的方式有两种：① 直接刺穿子宫肌肉，行子宫腔内注射，该方法需要开腹，优点是可以行单侧子宫注射；② 经阴道行子宫灌注，该方法无须开腹，缺点是只能行双侧而非单侧子宫灌注。本章介绍经阴道子宫灌注法。

二、解剖基础

雌鼠阴道口（图 101.1）位于尿道口和肛门之间。阴道（图 101.2）相对宽大，有较深的阴道穹隆。阴道前端有子宫颈，两个子宫颈呈腹背排列（图 101.3）。

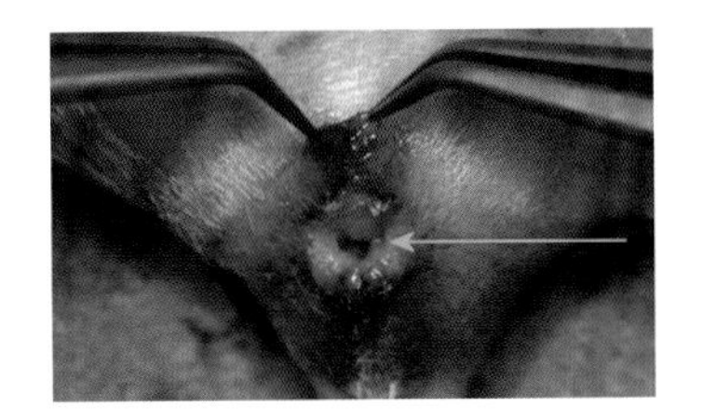

图 101.1　阴道口

图 101.2　雌鼠生殖器官，左圈示子宫体，右圈示阴道

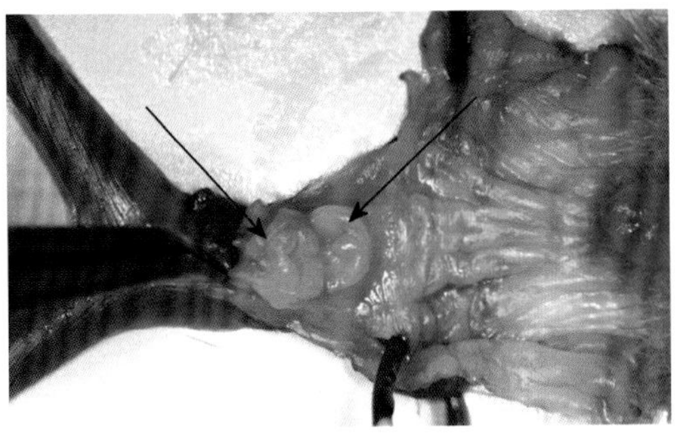

图 101.3　小鼠子宫颈。左箭头示右子宫颈，右箭头示左子宫颈

三、器械与耗材

（1）阴道棒（图 101.4）：光滑塑料棒长 5 cm，直径 2.5 mm，头端直径 1.5 mm。

（2）自制子宫灌注管：PE 10 管，长 2 cm，一端加工成大头（图 101.5a）；另一端连接一根 10 cm 长的硅胶管。硅胶管另一端连接 16 G 钝针头和 1 mL 注射器（图 101.5b）。

（3）其他器械与耗材：显微镊；润滑油；6−0 缝线。

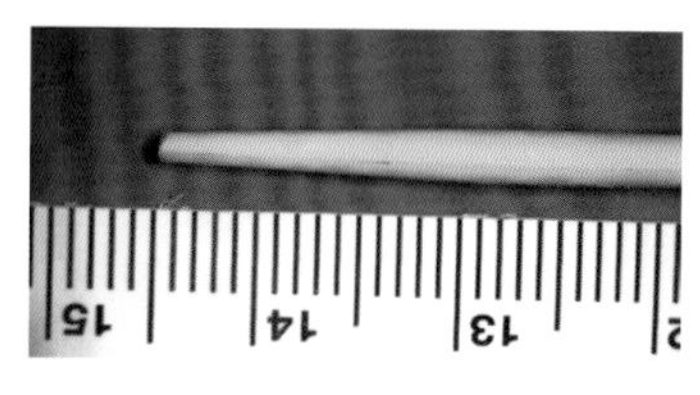

图 101.4　阴道棒

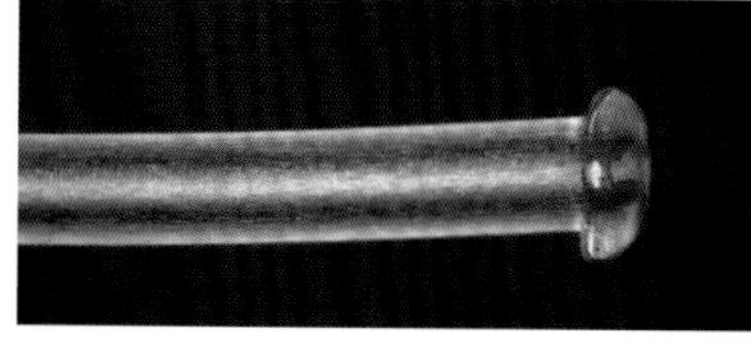

a.

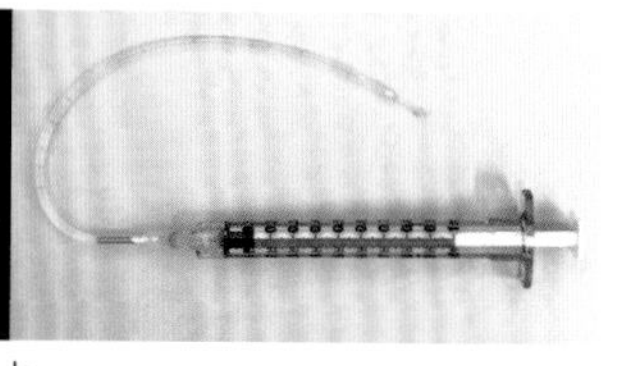

b.

图 101.5　自制子宫灌注管

四、操作方法

经阴道子宫灌注法见图 101.6。▶为叙述清晰，切开腹部皮肤，显示缝针细节。

1. 小鼠常规麻醉，腹部备皮。

↓

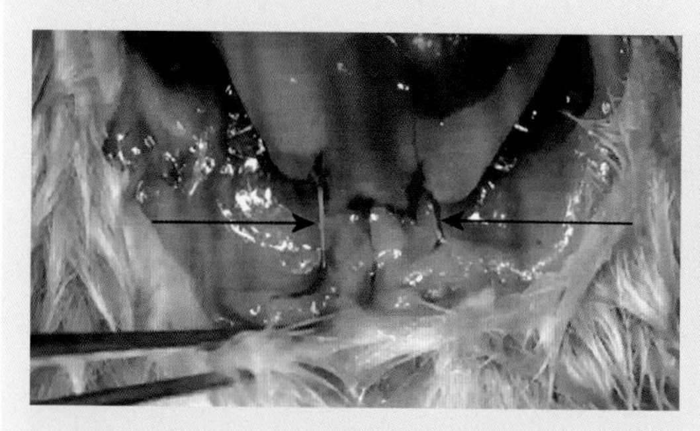

2. 沿腹中线，在后腹部纵向将皮肤划开 1 cm，向后牵拉皮肤切口后缘，暴露包皮腺以及包皮腺动脉，图中箭头示包皮腺动脉。→

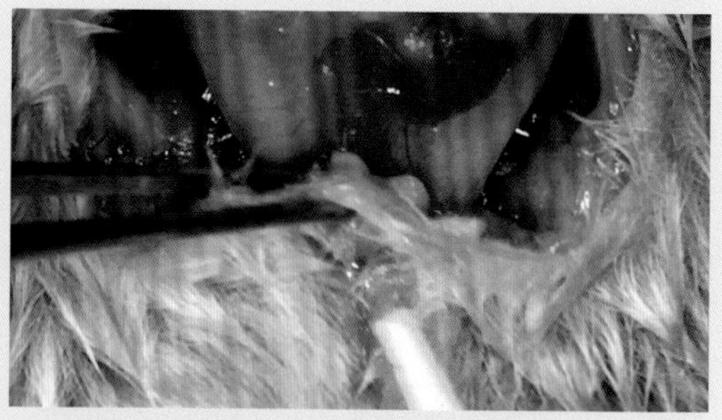

3. 用镊子夹住后部皮缘上提，暴露阴道口，将沾润滑油的阴道棒插入阴道口。↓

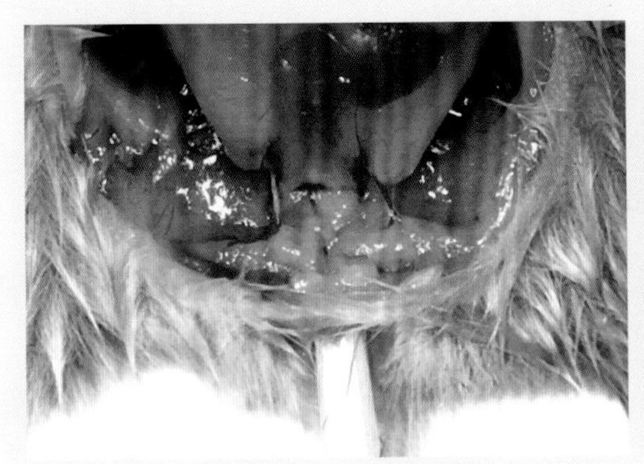

4. 将阴道棒沿着阴道以倾斜角度插入 1 cm。→

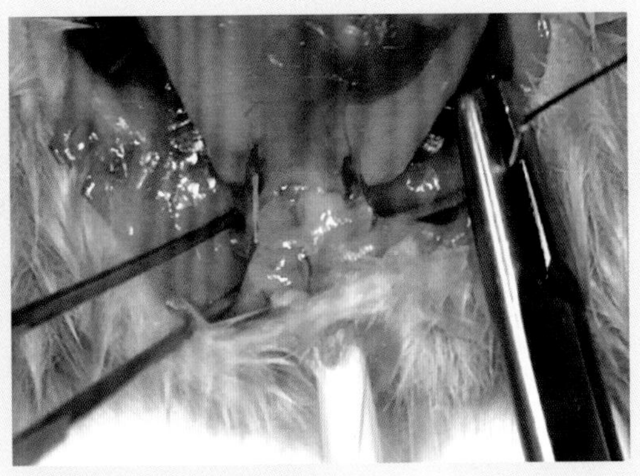

5. 将缝线从阴道下方缝过。↓

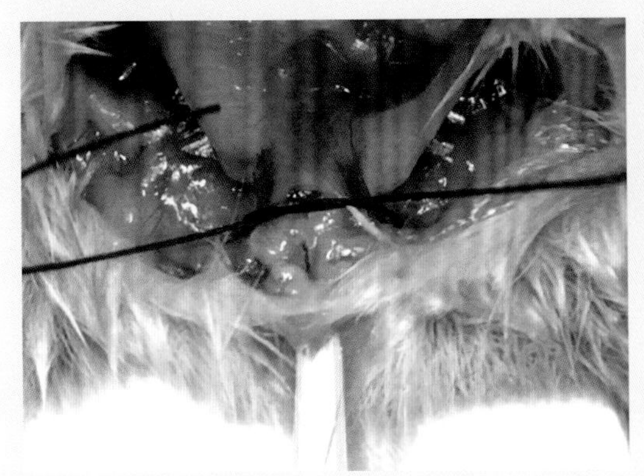

6. 做一个松的预置结扎扣。→

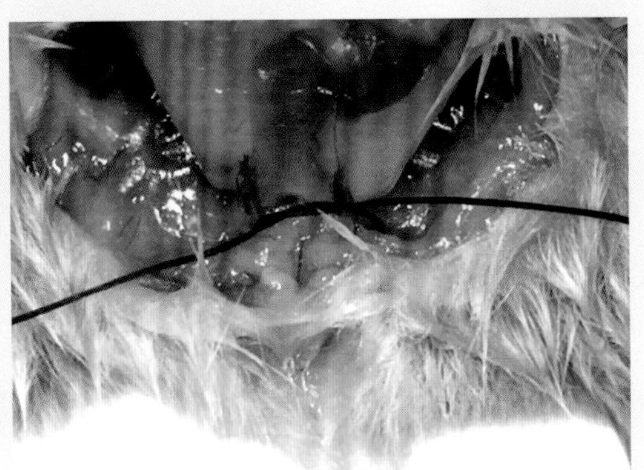

7. 抽出阴道棒。↓

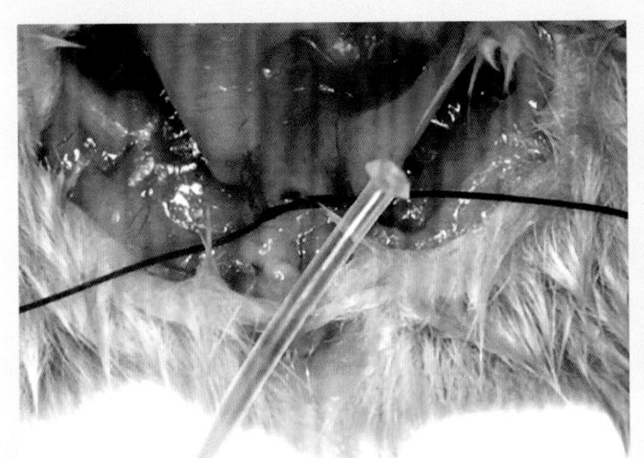

8. 在灌注管内准备好灌注液。→

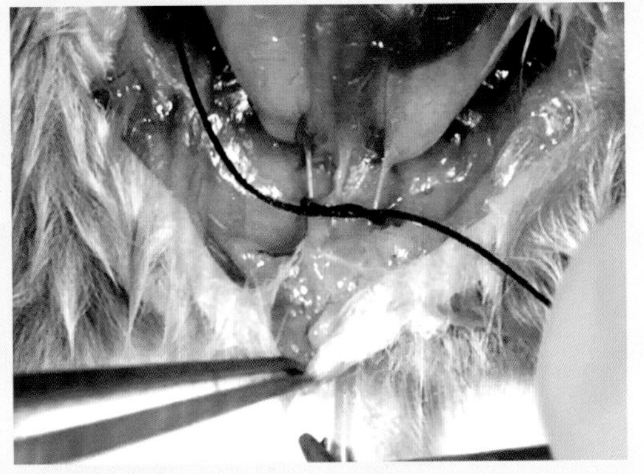

9. 用镊子夹住皮肤切口下缘做对抗牵引，将灌注管插入阴道 1 cm，确认膨大头越过预置结扎线。↓

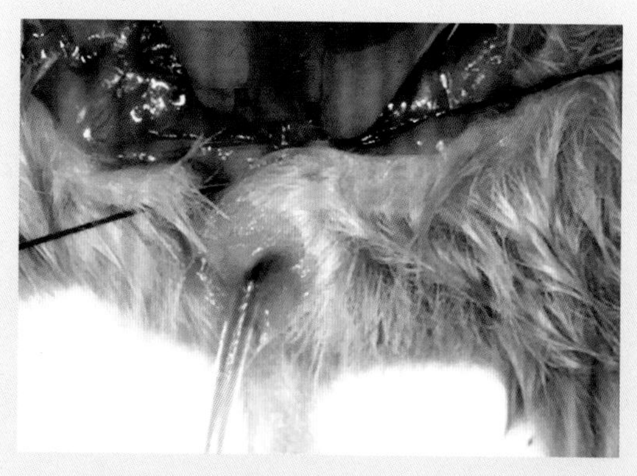

10. 将阴道与灌注管一起结扎，打活结。然后将灌注管向外轻拉，令膨大头卡在结扎线前方。→

11. 开始缓慢灌注。达到设计灌注量，停止。

↓

12. 撤除结扎线，拔出灌注管。

↓

13. 闭合皮肤切口。

图 101.6　经阴道子宫灌注法

操作讨论

（1）根据灌注量，子宫灌注分为少量灌注、全量灌注和充盈灌注（图 101.7）。灌注量的分级，没有固定数量，需要根据小鼠的子宫大小、阴道容量来决定。同一批小鼠的灌注量需要做开腹灌注实验，根据灌注后的子宫形态来决定。

（2）避免单侧子宫灌注的方法。若灌注管插入阴道过深，灌注头顶在一个宫颈上，容易发生单侧灌注（图 101.8）。所以在阴道结扎后，将灌注头向外拉到结扎线，即可避免此状况。

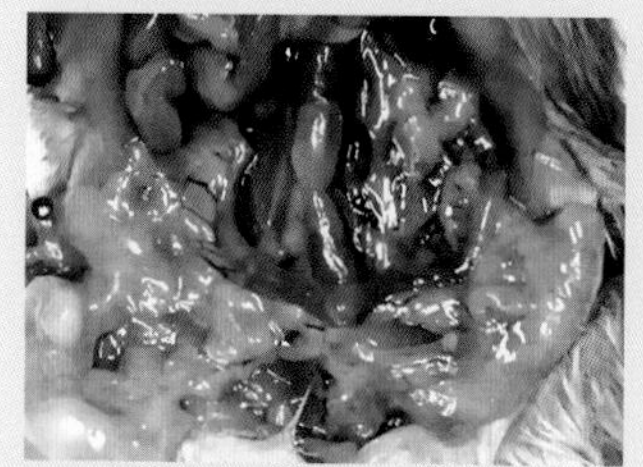

a. 少量灌注：药液充盈 1/2 子宫

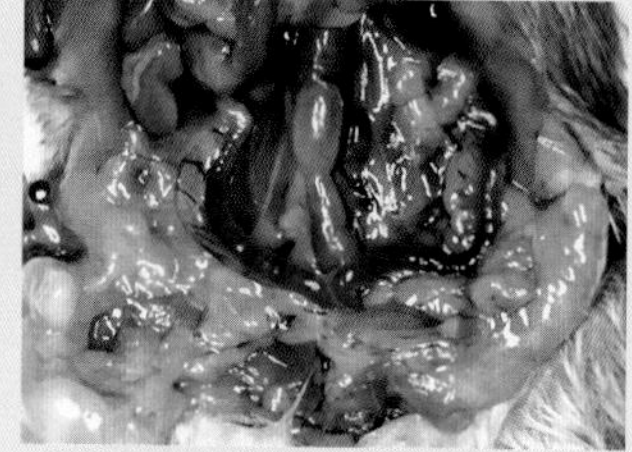

b. 全量灌注：药液充盈全子宫，子宫维持原态

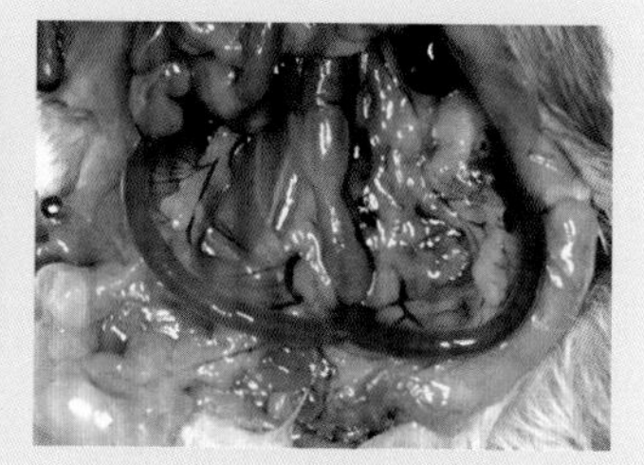

c. 充盈灌注：子宫被灌注液充盈僵直、直径增加

图 101.7　子宫灌注量分级

（3）成熟批量操作。确定了灌注量，熟悉操作后，可行非手术灌注。不用开腹，无须切开皮肤，穿过皮肤预置结扎线，其他操作则与前述方法相同。

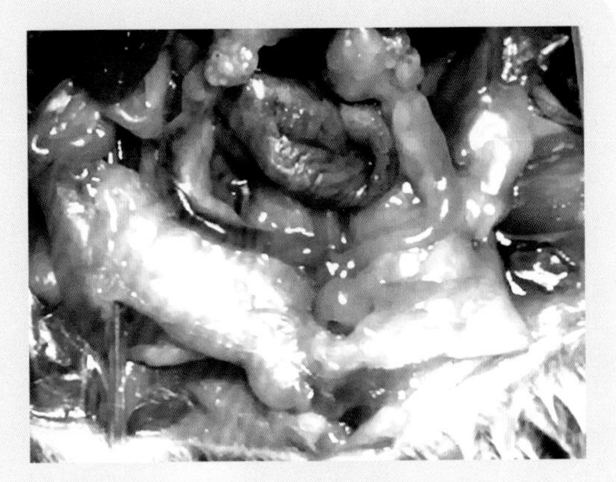

图 101.8 插入阴道过深出现的单侧灌注

实用解剖

1. 骨骼
2. 肌肉
3. 肌肉超显微结构
4. 心脏
5. 动脉
6. 静脉
7. 淋巴系统
8. 消化系统
9. 呼吸系统
10. 雄鼠生殖系统
11. 雌鼠生殖系统
12. 泌尿系统
13. 皮肤及皮下组织
14. 中枢神经系统
15. 脑神经
16. 脊神经
17. 眼部
18. 耳部
19. 面部
20. 腹壁
21. 尾部
22. 腰椎

标本采集

1. 标本采集一般原则
2. 全脑采集
3. 眼球及视神经采集
4. 完整视网膜采集

5 球结膜采集
6 听泡采集
7 甲状腺和甲状旁腺采集
8 大血管病理标本采集
9 胸腺采集
10 脑、脊髓采集
11 心脏采集
12 肺采集及处理
13 肝采集
14 脾采集
15 胰腺采集
16 肾采集
17 提睾肌采集
18 骨髓采集
19 剥皮采集腺体概论
20 泪腺采集
21 腮腺采集
22 耳前腺采集
23 颌下腺采集
24 舌下腺采集
25 冬眠腺采集
26 乳腺采集
27 汗腺采集
28 雄鼠包皮腺采集
29 雌鼠包皮腺采集
30 子宫、阴道采集
31 雌鼠结肠、直肠采集
32 雌鼠膀胱采集
33 尿道球腺采集
34 精浆棒采集
35 淋巴结采集
36 小鼠采血方法选择
37 眼眶静脉窦采血概论
38 毛细玻璃管眼眶静脉窦采血
39 玻璃吸管眼眶静脉窦采血
40 移液枪眼眶静脉窦采血
41 眼眶静脉窦“采血开关”
42 皮肤穿刺眼眶静脉窦采血
43 结膜囊穿刺眼眶静脉窦采血
44 面部皮肤穿刺采血
45 摘眼球采血
46 颈外静脉采血
47 心脏穿刺采血
48 后腔静脉凝血功能血样采集
49 门静脉采血
50 隐动静脉穿刺采血
51 外缘静脉采血
52 跖背静脉采血
53 尾侧动静脉穿刺采血
54 尾中动静脉穿刺采血
55 断尾尖采血
56 膀胱穿刺采尿
57 应激采尿
58 挤压采尿
59 导尿
60 尿砂采尿
61 脑脊液采集
62 胆汁采集

63 精子采集
64 腹水采集
65 精曲小管影像标本采集
66 凝固腺影像标本采集
67 前列腺影像标本采集
68 中耳样本采集
69 皮表样本采集

给药技术

1 灌胃
2 腹腔注射概论
3 常规腹腔注射
4 孕鼠腹腔注射
5 新生鼠腹腔注射
6 巨脾小鼠腹腔注射
7 膀胱充盈腹腔注射
8 首过消除回避腹腔注射
9 肌肉注射概论
10 肌肉外注射
11 大收肌注射
12 胫前肌内注射
13 胫前肌外膜下注射
14 股直肌注射
15 斜方肌注射
16 斜方肌膜下注射
17 腹肌注射
18 股二头肌外膜下注射
19 子宫肌肉注射
20 子宫颈注射
21 皮肤给药概论
22 表皮搽药
23 躯干部皮下注射
24 腹股沟皮下注射
25 新生鼠皮下注射
26 耳廓注射
27 皮内注射
28 皮肌注射
29 全皮注射
30 真皮下层注射
31 泛皮注射
32 腮腺注射
33 乳腺注射
34 雄鼠包皮腺注射
35 汗腺注射
36 静脉注射概论
37 眼眶静脉窦注射
38 舌下静脉注射
39 颈外静脉注射
40 后腔静脉注射

41 门静脉注射
42 盲肠静脉注射
43 肾静脉注射
44 雄鼠生殖静脉注射
45 雌鼠生殖静脉注射
46 髂腰静脉注射
47 腹壁后静脉注射
48 阴茎背静脉注射
49 阴茎头注射
50 股静脉注射
51 股静脉皮支注射
52 股静脉肌支注射
53 隐静脉注射
54 跖背静脉注射
55 尾侧静脉注射
56 膜给药概论
57 眼球表面给药
58 球结膜下注射
59 舌黏膜下注射
60 滴鼻
61 肝浆膜下注射
62 脾浆膜下注射
63 肾浆膜下注射
64 肾纤维膜下注射
65 膀胱膜下注射
66 肠系膜下注射
67 卵巢浆膜下注射
68 睾丸白膜下注射
69 凝固腺管筋膜内注射
70 神经外膜下注射
71 脑内注射
72 前房注射
73 玻璃体内注射
74 眼球后注射
75 肺注射
76 肝注射
77 脾注射
78 肾注射
79 精囊注射
80 子宫腔注射
81 腰椎穿刺
82 骨髓腔注射
83 膝关节腔注射
84 腹主动脉筋膜注射
85 股动静脉筋膜下注射
86 浅筋膜内注射
87 提睾肌外筋膜内注射
88 前列腺筋膜内注射
89 淋巴结注射
90 神经节注射
91 间接给药概论
92 鼻腔灌注
93 经气管灌注肺
94 经胆总管灌注肝
95 经胆总管灌注胰腺
96 经肾盂灌注膀胱
97 经凝固腺灌注膀胱
98 经尿道灌注精囊

99 经尿道灌注前列腺
100 经尿道灌注凝固腺
101 经阴道灌注子宫

手术操作

1 操作须知
2 捉拿手法
3 转移手法
4 注射麻醉
5 吸入麻醉
6 镊子的使用
7 剪子的使用
8 注射器的使用
9 聚乙烯管的加工
10 常用手术体位
11 颅骨暴露
12 舌下静脉暴露
13 颈前区暴露
14 颈外静脉全暴露
15 颈总动脉暴露
16 开胸
17 开腹
18 腹主动脉暴露
19 腹股沟暴露
20 备皮
21 剥皮
22 撕尾
23 手颤的预防及显微手术准备
24 缝合
25 黏合
26 夹合
27 划开
28 咬切
29 皮肤切除
30 肝切除
31 线勒
32 电切
33 切断
34 断尾
35 前房插管
36 气管切开插管
37 气管经口插管
38 肠道插管
39 胆总管插管
40 子宫内膜异位植入
41 肿瘤块皮下植入
42 肾移植

㊸ 血管手术概论
㊹ 血管穿刺
㊺ 血管划开
㊻ 扁针开窗
㊼ 血管横断
㊽ 血管纵剪致栓
㊾ 主动脉弓缩窄
㊿ 垫片断血
51 缝针结扎
52 管线断血
53 血管电凝
54 传统结扎
55 弹力钩断血
56 拉线断血
57 牵引断血
58 血管开窗概论
59 咬切开窗
60 剪切开窗
61 吊线开窗
62 针挑开窗
63 血管插管概论
64 主动脉插管脑灌注
65 传统插管
66 冠状动脉灌注
67 套管针
68 直接插管
69 短路插管
70 穿肌插管
71 静脉植线
72 游离血管插管
73 紧插管
74 穿皮逆向插管
75 先插后接
76 针钩导入
77 扩针孔
78 留置针
79 插管针
80 管箍固定
81 血管处理
82 端端吻合